예제로 배우고 개념 익히는

잡동사니 역학상자 열기

___저자약력

주경광 (朱坰光)

- 연세대학교 물리학과 이학사
- 연세대학교 물리학과 대학원 이학석사
- 캐나다 토론토대학교 물리학과 석사
- 캐나다 토론토대학교 물리학과 박사
- 독일 DESY 연구소 ZEUS 실험 방문연구원 (1993~1996)
- 일본 KEK 연구소 BELLE 실험 박사후연구원 (1997~1999)
- 스위스 CERN 연구소 ATLAS 실험 박사후연구원 (1999~2002)
- 서울대학교 물리학과 초빙조교수 (2002~2004)
- 전남대학교 물리학과 조교수 (2007~2011)
- 전남대학교 물리학과 부교수 (2011~2016)
- 전남대학교 물리학과 교수 (2016~현재)
- 우주소립자연구소 소장 (2016~현재)

▪ 저서

- 현대물리학 속 입자물리 (전남대학교출판부, 2013)
- 입자충돌의 물리학 (전남대학교출판부, 2014), 2015년도 대한민국학술원 선정 우수학술도서

예제로 배우고 개념 익히는
잡동사니 역학상자 열기

인쇄 | 2017년 3월 27일
발행 | 2017년 3월 30일

저자 | 주경광
발행인 | 정병석
발행처 | 전남대학교출판부

등록 | 1981. 5. 21. 제53호
주소 | 61186 광주광역시 북구 용봉로 77
전화 | (062) 530-0571~2 영업부 530-0573
팩스 | (062) 530-0579
홈페이지 | http://www.cnup.co.kr
이메일 | cnup0571@hanmail.net

값 32,000원

ISBN 978-89-6849-396-6 (93420)

이 도서의 국립중앙도서관 출판예정도서목록(CIP)은
서지정보유통지원시스템 홈페이지(http://seoji.nl.go.kr)와
국가자료공동목록시스템(http://www.nl.go.kr/kolisnet)에서 이용하실 수 있습니다.
(CIP제어번호 : CIP2017007467)

예제로 배우고 개념 익히는

잡동사니
역학상자
열기

주경광 지음

전남대학교출판부

머리말

물리하면 "어렵다"라고 생각하는 학생들이 대부분이고, 단순 공식 암식에 시간을 보내는 학생들을 많이 보아왔다. 따라서 이 책은 어렵고 딱딱하게만 느껴진 물리에 대한 이미지를 조금이나마 개선하고 재미와 흥미를 주고 무엇보다도 본인 스스로 문제를 풀 수 있는 절차와 방법들을 생각하게 하려는 의도를 가지고 만들어졌다. 너무 심각하게 생각하거나 읽지 않는 범위에서, 그러나 조금만 생각을 해보면 "아하~ 그렇구나!" 하고 무릎을 칠 수 있는 그런 수준에서 책을 기술하려고 노력하였다. 일반물리 수준과 간단한 미적분 및 삼각함수를 포함한 기초적인 수학적 지식 정도만 가지고 있으면 이해할 수 있게 하였고, 너무 전문적인 이론, 지식, 수식, 내용들은 최대한 피하려고 노력하였다.

우선 이 책은 대학 물리학, (일반)물리학 개론, 강의서, 교과서로 사용하기 위해 만든 것이 아니기 때문에 필요 이상의 공식 유도는 하지 않았고, 이런 부분이 필요한 독자들은 기타 여러 다른 (일반)물리책을 찾아보도록 하였다. 또한 각 단원의 내용에 대한 흐름의 연속성도 크게 고려하지 않았기 때문에 이런 점도 감안해서 읽어주기 바란다. 하지만, 말로 설명하는 부분도 있지만, 그림과 수식을 써야 더욱더 이해가 쉬운 부분에 대해서는 수식과 공식들을 무조건 피하지는 않았다. 즉 물리적 상황을 정확히 인지하고, 또한 어떻게 그림을 올바르게 그리고 수식을 이용해서 풀고, 나온 결과에 대해서 어떤 물리적 해석을 해야 하는지에 대해서는 매우 강조를 하였고, 이런 점이 이 책의 핵심적인 요소이다.

물리학의 토대를 이루는 기본법칙들은 우리 주변의 자연 현상을 이해하는데 필요한 역할을 한다. 사소한 자연 현상일지라도 그냥 흘리지 않고 관심과 흥미를 가지는 것이 일단 중요하고 첫걸음이다. "왜 그럴까? (wonder why?)" 라는 질문을 하고 그에 대한 해답을 끝까지 찾는 꾸준한 자세와 스스로 생각해 보는 습관을 가져야 한다. "궁금함"이 첫 번째 열쇠이다. 즉, 질문하지 않으면 궁금한 것도 없고 또한 대답도 없다. 스스로 생각하고 시도하지도 않기 때문에 실패도 없고 성취도 없다. 따라서 일단 풀려고 도전하지 않는 그 자체가 물리가 어렵다고 말하는 변명이고 실패이다.

한편, 일반 독자들 뿐 아니라, (고3) 수험생, 국가 공무원 준비생, 기타 물리학 시험을 보아야 하는 사람들에게 약간의 도움이 될 수 있게 많은 예제와 해설을 첨가하였지만, 너무 기본적인 단순 예제는 배제하였다. 본 저서가 국가고시, 공무원 시험, 임용고시, 수능, 면접 등을 위한 것이 아니기 때문에 단어, 조사, 콤마, 문장 사용 등을 엄격하게 구별하거나 제한하지는 않았고, 문장 하나하나의 어법, 문법 등을 따지지 않았기 때문에 문제 출제 의도와 독자 개개인에 따른 문제 해석에 대한 약간의 오해의 소지가 있을 수 있다. 본문의 환경 설정 및 그림들도 최대한 독자들이 이해가 쉽고 오해를 줄이는 방향으로 노력하였지만 다르게 전달되거나 잘못 전달이 될 수 있음도 감안해야 한다.

그리고 수업시간에 깊게 다루지 않았던 내용도 부분적으로 포함하였다. 사실, 한 학기 동안 물리학의 시작이라고 할 수 있는 일반물리 역학부분 내용을 자세히 다 다루기에는 시간이 터무니없이 부족하다. 따라서 시간 부족으로 관심이 있어도 넘어가야 했던 내용과 부분도 조금은 다루려고 하였다. 현재 대부분 시중에 나와 있는 물리 교재와 교과서들은 미국 대학 물리 교육과정을 거의 그대로 가져와서 시행한 것이기 때문에 우리 현 상황과 현실에 적합하지 않는 부분과 내용도 매우 많다.

마지막으로 예제를 많이 다루고 이에 대한 그림을 포함한 해설을 첨가하려고 노력하였지만, 예제 자체가 이 책의 목적은 결코 아니다. 궁극적으로는 개념 파악 및 이해가 더 중요하다. 근본 개념을 알지 못하고 예제만 다루고 이해한다면, 예제는 얼마든지 만들어 낼 수 있고, 그 많은 예제를 다 풀어볼 수도 없고, 예제와 똑같은 문제가 시험에 나온다는 보장도 없기 때문에 여러 시험에 대비 한다는 것 자체가 불가능하다. 따라서 여러 예제를 통해 근본적인 개념 이해를 좀 더 쉽게 하고 개념이 구체적으로 어떤 예제에 적용되는 것인지를 알기 위함이다. 생각하는 방법, 문제 접근 방법, 문제 푸는 방법 등이 여러 가지가 있으므로 가능한 경우에는 이런 점들도 할 수 있다면 모두 기술하려고 하였다. 개념 이해와 적용력이 이 책의 핵심이지 예제 자체가 핵심이 아니라는 것을 다시 한 번 강조한다. 물리학 공부의 기초와 토대가 되는 물리 역학부분 이해와 공부에 조그마한 도움이 되기를 바란다.

2017년 3월 1일

전남대에서 저자

제1장 I 운동관련

제2장 I 일과 에너지

제3장 I 충돌관련

제4장 | 회전운동

제5장 | 주기운동

제6장 I 기타

제1장

운동관련

□ 스칼라 (scalar)와 벡터 (vector)

■ 스칼라 (scalar) : 크기만 가지는 물리변수(량)

■ 벡터 (vector) : 크기와 방향까지 알려주는 물리변수(량)

(분류해보기)

질량, 온도, 압력, 부피, 전하량, 몰, 칸델라, sec, 각도, 회전수, rad, 중력, 전기력, 자기력, 속도, 속력, 힘 (力), 에너지, 관성모멘트, 토크, 중력가속도, 만유인력상수, 유전율, 볼츠만 상수, 선운동량, 각운동량, 역학적 에너지 등

▶ 벡터 (vector) 표시

Symbol 표시: $\vec{A}$ 혹은 $\boldsymbol{A}$ (bold 체. 약간 진하고 굵게 표시)

벡터의 크기: A 혹은 $|\vec{A}|$

성분: 1차원 (A_x), 2차원 (A_x, A_y), 3차원 (A_x, A_y, A_z)

▶ 단위벡터: $(\hat{i}, \hat{j}, \hat{k})$ 혹은 $(\hat{x},\ \hat{y},\ \hat{z})$

$\hat{i}$는 x축 단위 벡터 → (의미) 크기는 1이고 방향은 x축, 성분표시 (1, 0, 0)

$\hat{j}$는 y축 단위 벡터 → (의미) 크기는 1이고 방향은 y축, 성분표시 (0, 1, 0)

$\hat{k}$는 z축 단위 벡터 → (의미) 크기는 1이고 방향은 z축, 성분표시 (0, 0, 1)

(예) 단위벡터 사용해 표시하기 $\vec{A} = A_x\hat{i} + A_y\hat{j} + A_z\hat{k}$ 혹은 $A_x\hat{x} + A_y\hat{y} + A_z\hat{z}$

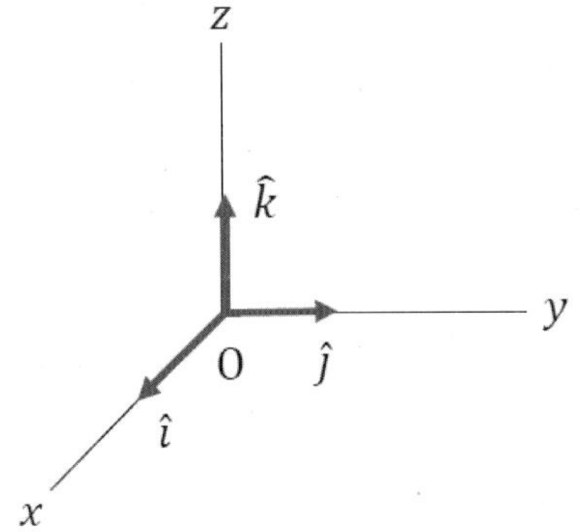

■ 벡터의 합성 (+)

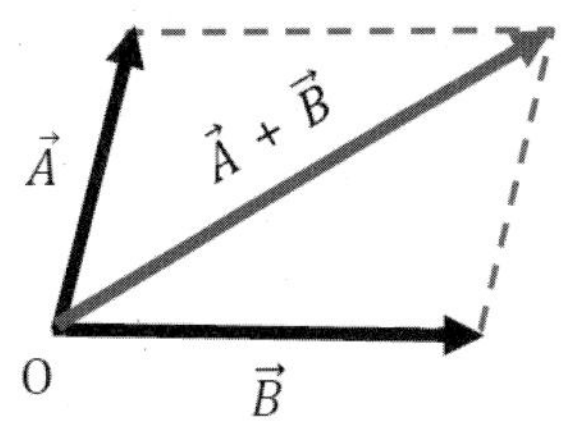

평행사변형법

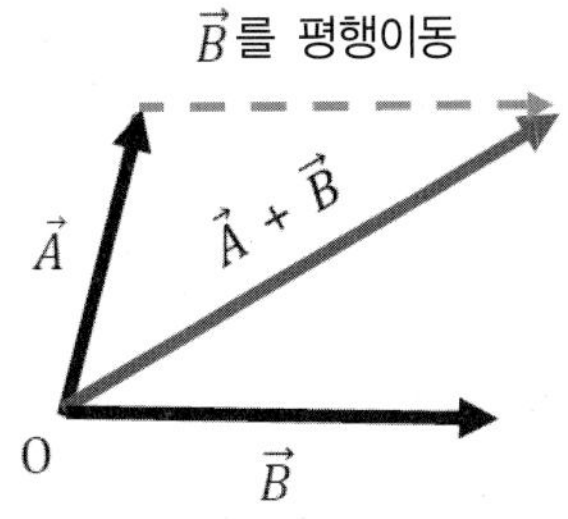

삼각형법

(예) 벡터 합성의 크기

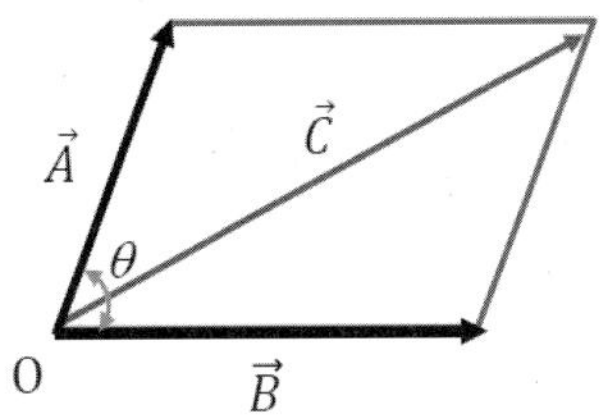

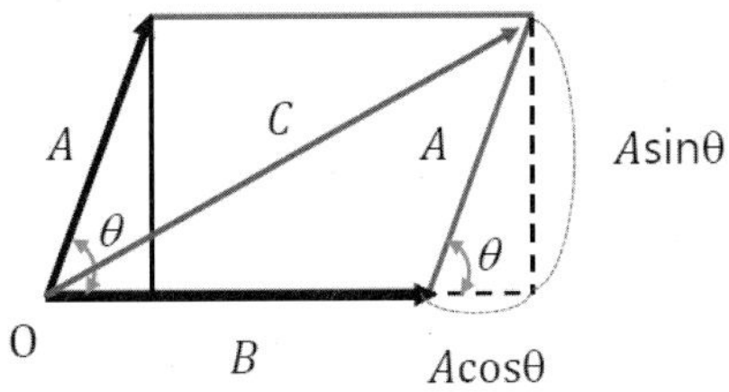

$\vec{C} \equiv \vec{A} + \vec{B}$

벡터 $\vec{C}$의 크기?

직각삼각형 $C^2 = (B + A\cos\theta)^2 + (A\sin\theta)^2$

$$= B^2 + 2AB\cos\theta + A^2\cos^2\theta + A^2\sin^2\theta$$
$$= B^2 + 2AB\cos\theta + A^2(\cos^2\theta + \sin^2\theta)$$
$$= A^2 + 2AB\cos\theta + B^2$$

$\therefore |\vec{C}| \equiv C = \sqrt{A^2 + 2AB\cos\theta + B^2}$

(예) 크기가 f인 두 벡터의 사이 각도가 120^o이다. 합성한 벡터의 크기는?

$\vec{F} \equiv \vec{f} + \vec{f}$

$|\vec{F}| \equiv F = \sqrt{f^2 + 2ff\cos\theta + f^2}$

$$= \sqrt{f^2 + 2ff\cos 120° + f^2}$$
$$= \sqrt{2f^2 + 2f^2(-\sin 30°)} = \sqrt{2f^2 - f^2} = \sqrt{f^2} = f$$

(예) 방향이 서로 직각이고 크기가 6 N과 8 N인 두 힘이 작용하고 있다. 합력의 크기[N]는?

$$\overrightarrow{A} \equiv \overrightarrow{6}$$
$$\overrightarrow{B} \equiv \overrightarrow{8}$$
$$\overrightarrow{C} \equiv \overrightarrow{A} + \overrightarrow{B} \equiv \overrightarrow{6} + \overrightarrow{8}$$

$$\therefore |\overrightarrow{C}| \equiv C = \sqrt{6^2 + 2\times 6\times 8\cos 90° + 8^2}$$
$$= \sqrt{36 + 64} = \sqrt{100} = 10$$

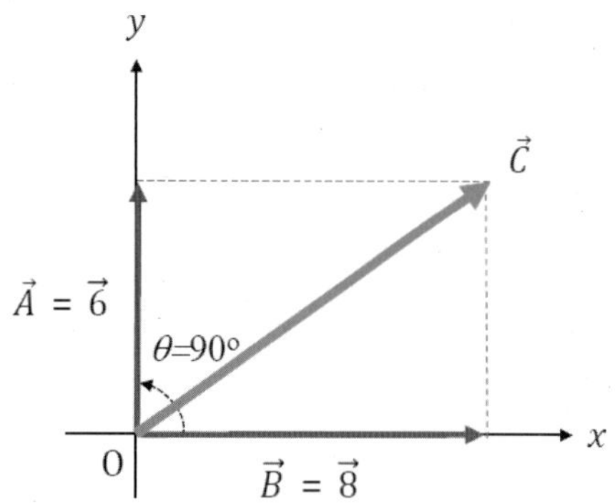

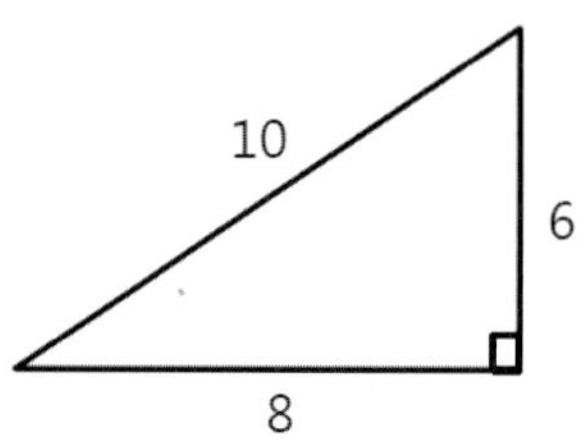

[Note] 이 문제는 벡터라는 개념을 몰라도 수학에서 나온 피타고라라스 정리를 이용하면 바로 풀 수 있다.

$$C^2 = A^2 + B^2 = 6^2 + 8^2 = 100$$

$$\therefore |\overrightarrow{C}| \equiv C = 10$$

☛ **(주의)** $\overrightarrow{6}, \overrightarrow{8}$이 벡터를 나타내기 때문에 단순히 두 개를 더하면 안 된다.

$$\overrightarrow{C} \equiv \overrightarrow{A} + \overrightarrow{B} \equiv \overrightarrow{6} + \overrightarrow{8} \neq \overrightarrow{14}$$

■ 벡터의 차 (-)

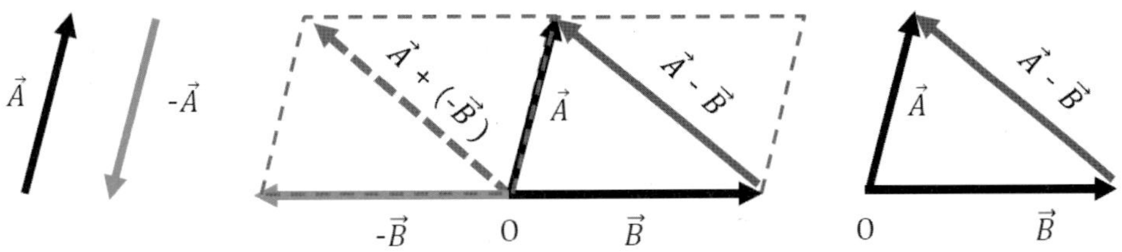

벡터 $\vec{A}$가 있을 때, 벡터 $-\vec{A}$는 크기는 같고 방향이 반대이다.

따라서 $\vec{A}-\vec{B}=\vec{A}+(-\vec{B})$ 이므로, 평행사변형법에 의해 $\vec{A}+(-\vec{B})$를 구한 후, 다시 평행이동을 시키면 최종적으로 $(\vec{A}-\vec{B})$를 구할 수 있다.

앞으로는 위와 같이 복잡하게 하기보다는 $(\vec{A}-\vec{B})$를 구할 때, (−)벡터 끝점에서 바로 (+) 벡터 끝점으로 선을 그으면 된다. (즉, 벡터 $\vec{A}$와 벡터 $\vec{B}$의 시작점을 서로 맞춘 후 $\vec{B}$에서 바로 $\vec{A}$ 쪽으로 선을 그어준다)

■ 벡터의 성분 및 분해

2차원인 경우 $\vec{A}=\vec{A_x}+\vec{A_y}=A_x\hat{i}+A_y\hat{j}$ 혹은 $A_x\hat{x}+A_y\hat{y}$

벡터 $\vec{A}$ 의 성분표시: (A_x, A_y)

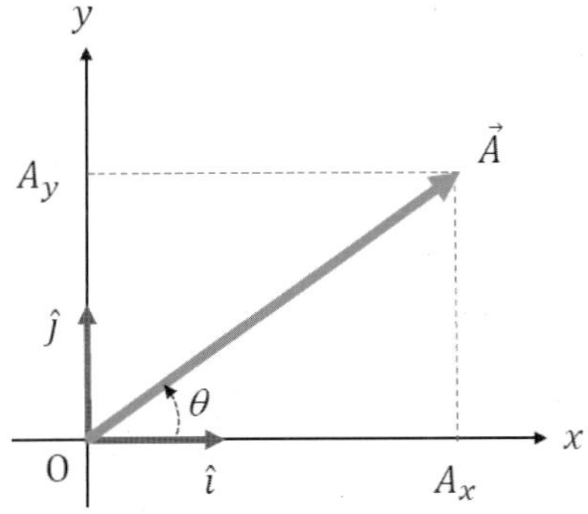

$|\vec{A_x}|=|\vec{A}\cos\theta|$

$|\vec{A_y}|=|\vec{A}\sin\theta|$

양변 제곱

$$A_x^2 = A^2\cos^2\theta$$
$$A_y^2 = A^2\sin^2\theta$$
$$\rightarrow \quad A_x^2 + A_y^2 = A^2$$

벡터 $\vec{A}$ 의 크기 $|\vec{A}|$: $\quad A = \sqrt{A_x^2 + A_y^2}$

각도: $\quad \tan\theta = \dfrac{A_y}{A_x} \quad \rightarrow \quad \theta = \tan^{-1}\left(\dfrac{A_y}{A_x}\right)$

벡터 $\vec{A}$ 성분표시: $\quad \vec{A} = \vec{A_x} + \vec{A_y} = A_x\,\hat{i} + A_y\,\hat{j} = A\cos\theta\,\hat{i} + A\sin\theta\,\hat{j}$

[예제] 철수가 북동쪽으로 500 m 걸어간 후에 남동쪽으로 200 m 걸어갔다. 처음 위치를 원점으로 할 때 최종 위치의 좌표와 처음 위치부터 최종 위치까지의 직선거리 및 동쪽 방향과 이루는 각도는?

[해설]

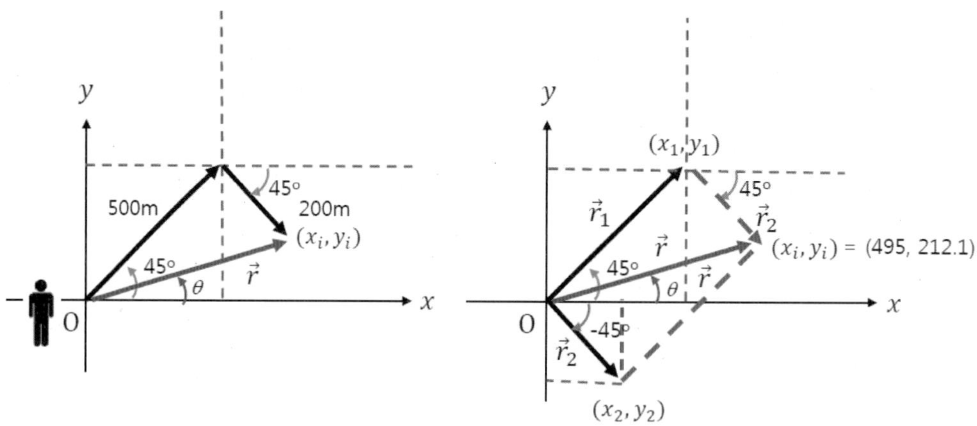

$\vec{r_2}$ 를 원점으로 평형 이동시킨다.

$$\vec{r_1} = x_1\,\hat{i} + y_1\,\hat{j} = (500)\cos45°\,\hat{i} + (500)\sin45°\,\hat{j}$$
$$\vec{r_2} = x_2\,\hat{i} + y_2\,\hat{j} = (200)\cos(-45)°\,\hat{i} + (200)\sin(-45)°\,\hat{j}$$
$$= (200)\cos(45)°\,\hat{i} + (200)(-)\sin(45)°\,\hat{j}$$
$$= (200)\cos(45)°\,\hat{i} - (200)\sin(45)°\,\hat{j}$$

$$\rightarrow \quad \vec{r} = \vec{r_1} + \vec{r_2} = (x_1 + x_2)\,\hat{i} + (y_1 + y_2)\,\hat{j}$$
$$= (500 + 200)\cos(45)°\,\hat{i} + (500 - 200)\sin(45)°\,\hat{j}$$

$$= (700)\cos(45)^\circ\,\hat{i} + (300)\sin(45)^\circ\,\hat{j}$$

$$= (700)\times\frac{\sqrt{2}}{2}\hat{i} + (300)\times\frac{\sqrt{2}}{2}\hat{j} = 495\,\hat{i} + 212.1\,\hat{j}$$

$\vec{r}$의 크기 $|\vec{r}| = \sqrt{(495)^2 + (212.1)^2} = 538.5$ [m]

방향 $\tan\theta = \frac{212.1}{495} \rightarrow \theta = \tan^{-1}\left(\frac{212.1}{495}\right) = 23.2^\circ$

■ 벡터의 내적 (inner product)

(정의) $\vec{A} \cdot \vec{B} \equiv |\vec{A}||\vec{B}|\cos\theta$ (θ는 벡터 $\vec{A}$와 벡터 $\vec{B}$의 사이 각도)

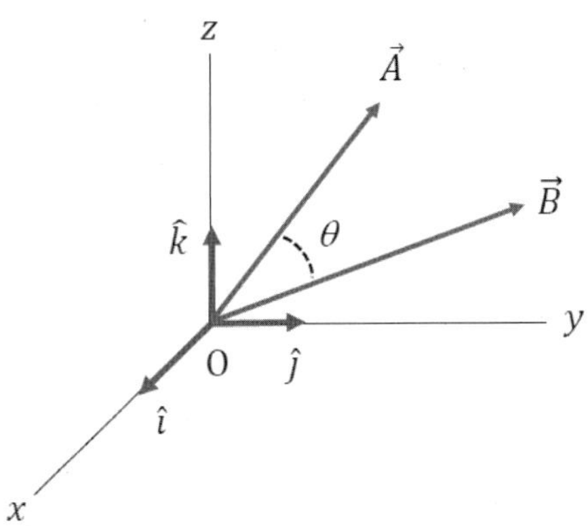

(2차원 경우)

$$\vec{A} = A_x\hat{i} + A_y\hat{j}$$

$$\vec{B} = B_x\hat{i} + B_y\hat{j}$$

$$\vec{A}\cdot\vec{B} = (A_x\hat{i} + A_y\hat{j})\cdot(B_x\hat{i} + B_y\hat{j})$$

$$= A_xB_x(\hat{i}\cdot\hat{i}) + A_xB_y(\hat{i}\cdot\hat{j}) + A_yB_x(\hat{j}\cdot\hat{i}) + A_yB_y(\hat{j}\cdot\hat{j})$$

$$= A_xB_x + A_yB_y$$

[Note] 단위벡터의 크기는 1이다.

$$(\hat{i}\cdot\hat{i}) = |\hat{i}||\hat{i}|\cos0^\circ = 1$$

$$(\hat{i}\cdot\hat{j}) = |\hat{i}||\hat{j}|\cos90^\circ = 0$$

$(\hat{j} \cdot \hat{i}) = |\hat{j}||\hat{i}|\cos 90° = 0$

$(\hat{j} \cdot \hat{j}) = |\hat{j}||\hat{j}|\cos 0° = 1$

각도 (θ) : $\vec{A} \cdot \vec{B} = |\vec{A}||\vec{B}|\cos\theta \rightarrow \cos\theta = \dfrac{\vec{A} \cdot \vec{B}}{|\vec{A}||\vec{B}|}$

(예) $\vec{A} \cdot \vec{A} = |\vec{A}||\vec{A}|\cos 0 = |\vec{A}|^2 \equiv A^2$

또한, $\vec{A} \cdot \vec{A} = A_x A_x + A_y A_y = A_x^2 + A_y^2$

$\therefore$ 벡터 $\vec{A}$의 크기 $|\vec{A}|$: $A = \sqrt{(\vec{A} \cdot \vec{A})} = \sqrt{A_x^2 + A_y^2}$

(정리)

① $\vec{A} \cdot \vec{B} \equiv |\vec{A}||\vec{B}|\cos\theta$

② $\vec{A} \cdot \vec{B} = A_x B_x + A_y B_y$ (2차원인 경우)

③ $\cos\theta = \dfrac{\vec{A} \cdot \vec{B}}{|\vec{A}||\vec{B}|} = \dfrac{A_x B_x + A_y B_y}{\sqrt{A_x^2 + A_y^2}\sqrt{B_x^2 + B_y^2}}$

(심화)

[Note] 내적을 $\sum$를 사용해서 표현

$$\vec{A} \cdot \vec{B} \equiv \sum_i A_i B_i$$
$$= A_1 B_1 + A_2 B_2 + A_3 B_3 \quad \text{(3차원인 경우)}$$
$$\equiv A_x B_x + A_y B_y + A_z B_z$$

(사용) 일과 에너지에서 일 (work)을 정의할 때 이용한다.

일 (Work, W) $\equiv \vec{F} \cdot \vec{x}$ (힘 × 거리를 곱해준다)

$= Fx\cos\theta = F_x x$ ($F_x = F\cos\theta = x$ 방향으로 작용하는 힘)

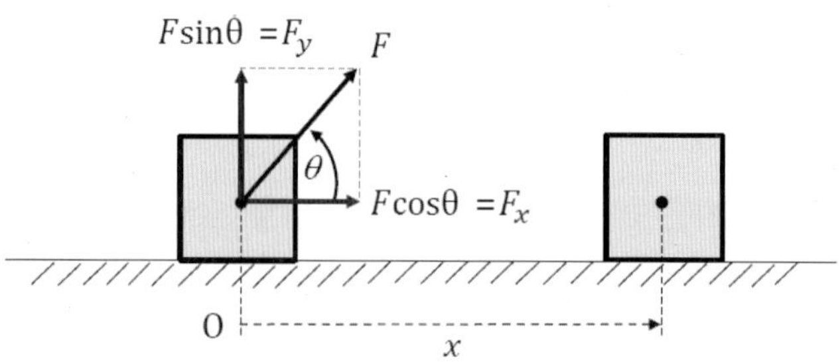

■ 벡터의 곱 (×)

(정의)

① 각도 (θ)가 주어질 때 $\vec{A}\times\vec{B} \equiv |\vec{A}||\vec{B}|\sin\theta$

(θ는 벡터 $\vec{A}$와 벡터 $\vec{B}$의 사이 각도)

② 성분이 주어질 때 (직교 좌표에서)

(방법1) 행렬식 이용

$$\vec{A}\times\vec{B} \equiv \begin{vmatrix} \hat{i} & \hat{j} & \hat{k} \\ A_x & A_y & A_z \\ B_x & B_y & B_z \end{vmatrix}$$

$$\equiv \hat{i}\begin{vmatrix} A_y & A_z \\ B_y & B_z \end{vmatrix} - \hat{j}\begin{vmatrix} A_x & A_z \\ B_x & B_z \end{vmatrix} + \hat{k}\begin{vmatrix} A_x & A_y \\ B_x & B_y \end{vmatrix}$$

$$\equiv \hat{i}(A_yB_z - A_zB_y) - \hat{j}(A_xB_z - A_zB_x) + \hat{k}(A_xB_y - A_yB_x)$$

(방법2) 직접 계산

$$\begin{aligned}\vec{A}\times\vec{B} &= (A_x\hat{i} + A_y\hat{j} + A_z\hat{k})\times(B_x\hat{i} + B_y\hat{j} + B_z\hat{k}) \\ &= (A_x\hat{i}\times B_x\hat{i}) + (A_x\hat{i}\times B_y\hat{j}) + (A_x\hat{i}\times B_z\hat{k}) + \\ &\quad (A_y\hat{j}\times B_x\hat{i}) + (A_y\hat{j}\times B_y\hat{j}) + (A_y\hat{j}\times B_z\hat{k}) + \\ &\quad (A_z\hat{k}\times B_x\hat{i}) + (A_z\hat{k}\times B_y\hat{j}) + (A_z\hat{k}\times B_z\hat{k}) \\ &= A_xB_x(\hat{i}\times\hat{i}) + A_xB_y(\hat{i}\times\hat{j}) + A_xB_z(\hat{i}\times\hat{k}) + \\ &\quad A_yB_x(\hat{j}\times\hat{i}) + A_yB_y(\hat{j}\times\hat{j}) + A_yB_z(\hat{j}\times\hat{k}) + \\ &\quad A_zB_x(\hat{k}\times\hat{i}) + A_zB_y(\hat{k}\times\hat{j}) + A_zB_z(\hat{k}\times\hat{k})\end{aligned}$$

[Note] $\vec{A}\times\vec{B} = -\vec{B}\times\vec{A}$

단위벡터의 벡터의 곱 (×) 계산

$(\hat{i}, \hat{j}, \hat{k})$ 자기 자신과의 곱은 0

$\hat{i}\times\hat{i} = \hat{j}\times\hat{j} = \hat{k}\times\hat{k} = 0$ $(\because \sin 0° = 0)$

$(\hat{i}, \hat{j}, \hat{k})$ cyclic 일 때는 순서대로

$\hat{i}\times\hat{j} = \hat{k}$

$\hat{j}\times\hat{k}=\hat{i}$

$\hat{k}\times\hat{i}=\hat{j}$

즉, $(\hat{i},\hat{j},\hat{k})$, $(\hat{j},\hat{k},\hat{i})$, $(\hat{k},\hat{i},\hat{j})$ 이런 순서로 순차적이다.

$(\hat{i},\hat{j},\hat{k})$가 순차적이 아닐 때 (non-cyclic) $\rightarrow$ (−) 값이 됨

$\hat{j}\times\hat{i}=-\hat{k}$

$\hat{k}\times\hat{j}=-\hat{i}$

$\hat{i}\times\hat{k}=-\hat{j}$

$$\begin{aligned}\vec{A}\times\vec{B}= &\ A_xB_x(0)+A_xB_y(\hat{k})+A_xB_z(-\hat{j})+\\ &\ A_yB_x(-\hat{k})+A_yB_y(0)+A_yB_z(\hat{i})+\\ &\ A_zB_x(\hat{j})+A_zB_y(-\hat{i})+A_zB_z(0)\\ =&\ A_xB_y(\hat{k})+A_xB_z(-\hat{j})+A_yB_x(-\hat{k})+A_yB_z(\hat{i})+A_zB_x(\hat{j})+A_zB_y(-\hat{i})\\ =&\ \hat{i}(A_yB_z-A_zB_y)-\hat{j}(A_xB_z-A_zB_x)+\hat{k}(A_xB_y-A_yB_x)\end{aligned}$$

(상황) $\vec{C}\equiv\vec{A}\times\vec{B}$ 라고 하자. 그러면 $\vec{C}$는 벡터 $\vec{A}$와 $\vec{B}$에 수직이다.

$$\begin{aligned}\vec{A}\cdot\vec{C}&=A_xC_x+A_yC_y+A_zC_z\\ &=A_x(A_yB_z-A_zB_y)-A_y(A_xB_z-A_zB_x)+A_z(A_xB_y-A_yB_x)\\ &=0\end{aligned}$$

즉, 두 벡터의 내적을 했을 때, 0이 된다는 것은 두 벡터 사이의 각이 90도 임을 의미한다.

$\vec{A}\cdot\vec{C}\equiv|\vec{A}||\vec{C}|\cos\theta=0 \rightarrow \cos\theta=0 \rightarrow \theta=90°$

동일 방법으로 $\vec{B}\cdot\vec{C}$ 계산한다.

$$\begin{aligned}\vec{B}\cdot\vec{C}&=B_xC_x+B_yC_y+B_zC_z\\ &=B_x(A_yB_z-A_zB_y)-B_y(A_xB_z-A_zB_x)+B_z(A_xB_y-A_yB_x)\\ &=0\end{aligned}$$

$\rightarrow$ $\vec{B}$와 $\vec{C}$는 90도 임을 의미한다.

위의 2가지를 종합해 볼 때, 최종적으로 다음과 같은 결론을 내릴 수 있다.

$\therefore$ $\vec{C}$는 벡터 $\vec{A}$와 $\vec{B}$에 수직이다

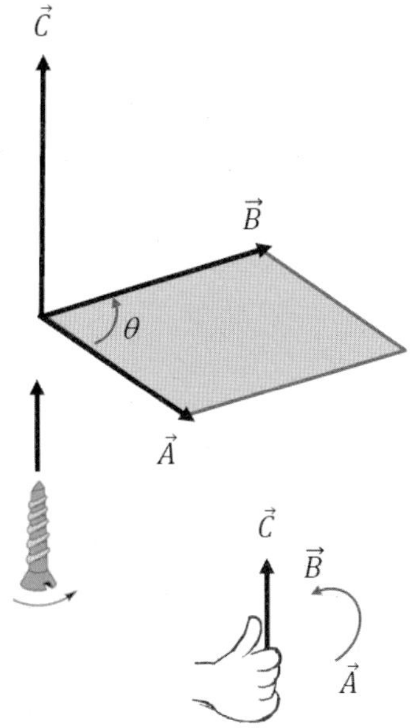

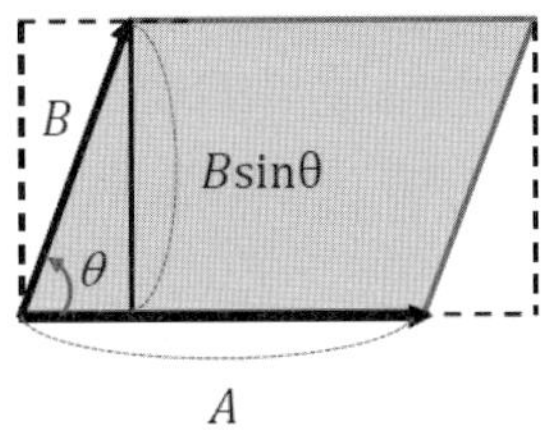

방향:

① 오른 나사 법칙 적용 (나사를 $\vec{A}$에서 $\vec{B}$로 돌렸을 때, 나사가 앞으로 진행하는 방향이 $\vec{C}$의 방향이다)

② 오른손 규칙 적용 (네 손가락을 펴서 벡터 $\vec{A}$에 둔다. 그 다음에 네 손가락을 벡터 $\vec{B}$쪽으로 감아준다. 이 때 엄지가 가리키는 방향이 벡터 $\vec{C}$의 방향이 된다)

벡터의 곱 (×) 의미: $\vec{A}\times\vec{B} \equiv |\vec{A}||\vec{B}|\sin\theta$

▶ 밑변이 A이고 높이가 $B\sin\theta$인 마름모꼴의 면적을 의미한다. (즉, 벡터 $\vec{A}$와 벡터 $\vec{B}$가 만들어 내는 사각형의 면적에 해당한다)

(사용) 회전 운동에서 각운동량 ($\vec{L}$), 토크 ($\vec{\tau}$) 등에 이용한다.

① 각운동량 (angular momentum, $\vec{L}$)

각운동량 $\vec{L}\equiv\vec{r}\times\vec{p}$ (r: 거리, $p\equiv mv=$선운동량), 단위 $[\mathrm{kg}\frac{\mathrm{m}^2}{\mathrm{s}}]$

② 토크 (torque, $\vec{\tau}$)

토크 $\vec{\tau}\equiv\vec{r}\times\vec{F}$ (r: 거리, F: 힘), (거리 × 힘), 벡터량, 단위는 Joule [J] 을 가진다.

✏ **(심화)**

① δ_{ij} (Kronecker delta symbol)

$$\delta_{ij} = \begin{cases} 1 & i=j \\ 0 & i \neq j \end{cases}$$

② ϵ_{ijk} 사용

$$\vec{C} \equiv \vec{A} \times \vec{B}$$

$$C_i = \sum_{j,k} \epsilon_{ijk} A_j B_k$$

ϵ_{ijk} 값은 순환적 (cyclic)이면, $\epsilon_{123} = \epsilon_{231} = \epsilon_{312} = 1$ 이다

ϵ_{ijk} 값은 비순환적 (non-cyclic)이면, $\epsilon_{132} = \epsilon_{213} = \epsilon_{321} = -1$ 이다

ϵ_{ijk} 값은 index 2개 같으면, $\epsilon_{113} = \epsilon_{122} = \epsilon_{133} = \cdot \cdot \cdot = 0$

(참고) 순환적 (cyclic) 의미: 숫자가 1→2→3, 2→3→1, 3→1→2 등으로 순서적으로 나오는 것을 말한다. (비유: 뱀이 입으로 앞에 있는 뱀의 꼬리를 물고 있으면 빙글 빙글 도는 것과 동일하게 간주할 수 있다)

(예) $\vec{C} \equiv \vec{A} \times \vec{B}$

$$C_1 \equiv C_x = \sum_{j,k} \epsilon_{1jk} A_j B_k = \sum_k \epsilon_{11k} A_1 B_k + \sum_k \epsilon_{12k} A_2 B_k + \sum_k \epsilon_{13k} A_3 B_k$$

$$= 0 + \sum_k \epsilon_{12k} A_2 B_k + \sum_k \epsilon_{13k} A_3 B_k \qquad (\because \epsilon_{11k} = 0)$$

$$= (\epsilon_{121} A_2 B_1 + \epsilon_{122} A_2 B_2 + \epsilon_{123} A_2 B_3) + (\epsilon_{131} A_3 B_1 + \epsilon_{132} A_3 B_2 + \epsilon_{133} A_3 B_3)$$

$$= (0 + 0 + \epsilon_{123} A_2 B_3) + (0 + \epsilon_{132} A_3 B_2 + 0) = \epsilon_{123} A_2 B_3 + \epsilon_{132} A_3 B_2$$

$$= \epsilon_{123} A_2 B_3 - \epsilon_{123} A_3 B_2 \qquad (\because \epsilon_{132} = -\epsilon_{123})$$

$= A_2 B_3 - A_3 B_2$

$\equiv A_y B_z - A_z B_y$

$C_2 \equiv C_y$, $C_3 \equiv C_z$ 도 동일하게 하면 된다.

(예) 각운동량 ($\vec{L}$)

$$\vec{L} \equiv \vec{r} \times \vec{p}$$

$$L_i \equiv \sum_{j,k} \epsilon_{ijk} r_j p_k$$

(각자해보기) L_1, L_2, L_3

(해보기) $\vec{A} \cdot (\vec{B} \times \vec{C}) = \vec{C} \cdot (\vec{A} \times \vec{B})$

$$(\vec{B} \times \vec{C})_i = \sum_{j,k} \epsilon_{ijk} B_j C_k$$

$$\vec{A} \cdot (\vec{B} \times \vec{C}) = \sum_{i,j,k} \epsilon_{ijk} A_i B_j C_k \qquad Ⓐ$$

$$(\vec{A} \times \vec{B})_i = \sum_{j,k} \epsilon_{ijk} A_j B_k$$

$$\vec{C} \cdot (\vec{A} \times \vec{B}) = \sum_{i,j,k} \epsilon_{ijk} C_i A_j B_k$$

$$= \sum_{i,j,k} (-\epsilon_{jik}) C_i A_j B_k = \sum_{i,j,k} (-\epsilon_{jik}) A_j B_k C_i = \sum_{i,j,k} \epsilon_{ijk} A_j B_k C_i$$

$$= \sum_{i,j,k} \epsilon_{kij} A_i B_j C_k = \sum_{i,j,k} \epsilon_{ijk} A_i B_j C_k \qquad Ⓑ$$

∴ Ⓐ = Ⓑ

(해보기) $\vec{A} = \hat{i} + 2\hat{j} - \hat{k}$, $\vec{B} = -2\hat{i} + 3\hat{j} + \hat{k}$

① 벡터 $\vec{A}$의 크기 $|\vec{A}|$

$$A = \sqrt{(\vec{A} \cdot \vec{A})} = \sqrt{A_x^2 + A_y^2 + A_z^2} = \sqrt{1^2 + 2^2 + (-1)^2} = \sqrt{6}$$

② 벡터 $\vec{B}$의 크기 $|\vec{B}|$

$$B = \sqrt{B_x^2 + B_y^2 + B_z^2} = \sqrt{(-2)^2 + 3^2 + 1^2} = \sqrt{14}$$

③ $\vec{A}-\vec{B}=(\hat{i}+2\hat{j}-\hat{k})-(-2\hat{i}+3\hat{j}+\hat{k})$

$$=(1+2)\hat{i}+(2-3)\hat{j}+(-1-1)\hat{k}=3\hat{i}-1\hat{j}-2\hat{k}$$

$$|\vec{A}-\vec{B}|=\sqrt{3^2+(-1)^2+(-2)^2}=\sqrt{14}$$

④ 벡터 $\vec{A}$와 벡터 $\vec{B}$의 사이 각도

$$\cos\theta=\frac{\vec{A}\cdot\vec{B}}{|\vec{A}||\vec{B}|}=\frac{A_xB_x+A_yB_y+A_zB_z}{\sqrt{A_x^2+A_y^2+A_z^2}\sqrt{B_x^2+B_y^2+B_z^2}}$$

$$=\frac{1\times(-2)+2\times3+(-1)\times1}{\sqrt{1^2+2^2+(-1)^2}\sqrt{(-2)^2+3^2+1^2}}=\frac{3}{\sqrt{6}\sqrt{14}}=\frac{3}{\sqrt{84}}$$

⑤ $\vec{A}\times\vec{B}\equiv\begin{vmatrix}\hat{i}&\hat{j}&\hat{k}\\1&2&-1\\-2&3&1\end{vmatrix}$

$$=\hat{i}\begin{vmatrix}2&-1\\3&1\end{vmatrix}-\hat{j}\begin{vmatrix}1&-1\\-2&1\end{vmatrix}+\hat{k}\begin{vmatrix}1&2\\-2&3\end{vmatrix}$$

$$=\hat{i}(2+3)-\hat{j}(1-2)+\hat{k}(3+4)=5\hat{i}+\hat{j}+7\hat{k}$$

[예제] $\vec{A}=2\hat{i}+\hat{j}-3\hat{k}$, $\vec{B}=-3\hat{i}+5\hat{j}-2\hat{k}$, $\vec{C}=-\hat{i}-2\hat{j}+4\hat{k}$일 때, $\vec{A}\cdot(\vec{B}\times\vec{C})$는?

[해설]

$$\vec{B}\times\vec{C}\equiv\begin{vmatrix}\hat{i}&\hat{j}&\hat{k}\\-3&5&-2\\-1&-2&4\end{vmatrix}$$

$$=\hat{i}\begin{vmatrix}5&-2\\-2&4\end{vmatrix}-\hat{j}\begin{vmatrix}-3&-2\\-1&4\end{vmatrix}+\hat{k}\begin{vmatrix}-3&5\\-1&-2\end{vmatrix}$$

$$=\hat{i}(20-4)-\hat{j}(-12-2)+\hat{k}(6+5)=16\hat{i}+14\hat{j}+11\hat{k}$$

$$\therefore\ \vec{A}\cdot(\vec{B}\times\vec{C})=2\times16+1\times14+(-3)\times11=32+14-33=13$$

□ 질량과 무게

[예제] 일상생활에서 우리는 "몸무게"라는 말은 자주 사용하지만 "몸질량"이라고는 하지 않는다. 질량 (m)과 무게 (W)를 구별하라.

[해설] ✍ **(비교)**

질량 (m, mass)	무게 (W, weight)
스칼라 (scalar)량	벡터 (vector)량
▪ 물체의 고유한 양 ▪ 어디에서나 불변 (즉, 장소에 따라 변하지 않는다)	▪ 물체에 작용하는 중력의 크기 ▪ 천체에 따라 달라진다. (예, 달의 중력은 지구 중력의 1/6이므로 달에서의 무게는 지구에서의 무게의 1/6이다) ▪ 지구에서도 위치에 따라서 중력가속도 ($\vec{g}$) 값이 차이가 나기 때문에 달라질 수 있다. $\rightarrow g = g(\vec{r})$ ▪ 물체의 질량에 비례한다.
단위 μg, mg, g, kg 등	N (뉴턴), kgf (킬로그램 힘), kg중, dyne (다인), lb (=pound) 등
양팔 저울 (=천칭) 이용 측정	용수철저울, 앉은뱅이저울 이용
▪ 양팔저울을 쓸 때, 국소적으로 중력가속도 ($\vec{g}$) 값은 동일하다고 가정한다.	▪ N을 사용하므로 무게는 힘의 단위를 쓴다. ▪ $F = ma$ [N], $W = mg$ [N] ▪ 1 kgf = 9.8 N

다시 말해 중력가속도 값을 10 m/s^2 이라고 했을 때, 질량이 30 kg짜리 물체의 무게는 300 N이고 질량이 60 kg짜리 물체의 무게는 600 N이다.

(생각해보기) 스칼라 (scalar)량과 벡터 (vector)량. 질량은 왜 스칼라량인가?

(찾아보기) 일상생활에서 1 톤 혹은 25 톤 트럭이라고 할 때 톤 (tonne, t)은 무엇을 나타내는가?

⇒ 1 톤은 1000 kg에 해당된다. kt (킬로톤, 10^3 t), Mt (메가톤, 10^6 t), Gt (기가톤, 10^9 t), Tt (테라톤, 10^{12} t), Pt (페타톤, 10^{15} t), Et (엑사톤, 10^{18} t), Zt (제타톤, 10^{21} t), Yt

(요타톤, 10^{24} t). 또한, TV 뉴스 등에서 메가톤급 파장, 메가톤급 충격, 메가톤급 배우 캐스팅 등을 말할 때, 아주 크다는 의미로 쓰이고 있음을 알 수 있다.

[예제] 일상생활에서 자주 쓰는 "내 (몸)무게가 60 kg이다" 라는 말은 맞는 표현인가?

[해설]

$$질량 \quad m = 60\ \text{kg}$$
$$(몸)무게 \quad W = mg = 600\ [\text{N}]$$

따라서 정확한 표현은 60 kgf (킬로그램 힘) 혹은 60 kg중 이라고 해야 한다. 아니면 "내 몸질량은 60 kg이다"라고 표현하는 것이 정확하다.

(예) "1 kg중"은 몇 N인가?

$$1\ \text{kg중} = 1\,\text{kg} \times 9.8\,\text{m/s}^2 = 9.8\,\text{kg} \cdot \text{m/s}^2 = 9.8\,\text{N}$$

즉, 질량 1 kg인 물체를 지구가 잡아당기는 힘으로 지구에서만 쓸 수 있는 단위이다.

(생각해보기) 목욕탕에 있는 체중계, 마트에서 볼 수 있는 디지털 전자저울 등은 무게를 재는 것일까? 질량을 재는 것일까?

무게를 재는 저울로는 용수철저울, 체중계, 전자저울 등이 있다. 용수철의 탄성력이나 물체가 저울을 누르는 힘을 측정하여 눈금 혹은 수치로 보여준다. 따라서 중력이 다른 공간에 이 저울을 들고 가면 측정값이 다르게 나타난다. 그래서 전자저울의 경우, 우리가 쉽게 조작할 수는 없겠지만 내부에 중력 가속도 보정장치를 가지고 있어야 한다. 그렇지 않으면, 한국에서 만든 저울을 외국에 수출해서 팔수가 없을 것이다.

지구상에서 국소적으로 중력가속도는 동일하기 때문에 무게가 질량에 비례해 무게 측정이 그대로 질량을 측정한 것이 된다고 볼 수 있다. 그러나 엄밀하게 말하면 질량이 같더라도 무게는 지구 위의 장소에 따라 조금씩 달라 질 수 있다. 실생활에서는 무게와 질량을 구분하지 않고 혼동해서 쓰고 있다.

[예제] 다음 중 물체의 질량이 가장 작은 곳은?

① 북극 ② 중위도 ③ 적도 ④ 변함없다

[정답] ④. 물체의 질량은 장소에 관계없이 일정하다.

[예제] 물리학을 배운 학생들에게 "N (뉴턴)이 무엇인가?" 하고 물어보면 힘의 단위라고 아주 쉽게 대답을 한다. 그럼 1 N은 어느 정도의 힘인지 형상화할 수 있는 예를 들어서 설명해보라. (단, 중력가속도 값은 10 $\mathrm{m/s^2}$이라고 한다)

[해설] N (뉴턴)이 힘의 단위라는 것은 대답을 잘한다. 그럼, 구체적으로 어느 정도의 힘을 말하는 것인지 체감할 수 있거나 머릿속에 쉽게 그려볼 수 있게 나타내 보라고 하면 바로 대답하지 못한다. 1 N에 대한 올바른 이미지를 가지고만 있어도 물리학이 훨씬 더 쉽고 재미있고 다가올 것이다.

$$\text{뉴턴의 법칙 } F = ma$$
$$1\mathrm{N} = 1\,\mathrm{kg} \times 1\,\mathrm{m/s^2}$$
$$= 0.1\,\mathrm{kg} \times 10\,\mathrm{m/s^2}$$

따라서 0.1 kg (=100 g)을 드는데 필요한 힘이므로, 대략 100 g 정도에 해당하는 물체를 찾으면 된다. 그림처럼 스포츠 운동에 사용하는 몇 가지 공의 질량을 측정하였다.

골프공 (~45 g)

야구공 (~140 g)

축구공 (~430 g)

이밖에 탁구공 (2.7 g), 테니스공 (~57 g), 당구공 (~420 g), 배구공 (~430 g), 농구공 (~530 g), 볼링공 (4.5 kg ~ 7.2 kg)이다. 따라서 100 g은 대략 골프공 2개 정도에 해당한다고 생각하면 된다.

혹은, 음식점에서 삼겹살 1인분은 가게에 따라 다소 차이가 있지만 두 덩어리를 주는데, 삼겹살 한 덩어리가 대략 ~100 g 정도 된다. 따라서 삼겹살 한 덩어리를 드는데 필요한 힘이라고 생각하면 된다.

☺ **(기초 복습)** 1 N은 몇 dyne인가?

$$1\,\mathrm{N} \equiv \mathrm{kg} \times \mathrm{m/s^2} = 1000\mathrm{g} \times 100\mathrm{cm/s^2} = 10^5\,\mathrm{g} \times \mathrm{cm/s^2} = 10^5\,\mathrm{dyne}$$

[예제] 일상생활에서 "무중력"이란 말을 사용하는데 이 말은 맞는 표현인가?

[해설] "무중력 (無重力, no gravitation)"은 말 그대로 "중력이 없다"라는 뜻이다. 그런데 우주공간의 천체들 사이에는 만유인력 (즉, 중력 $\sim \frac{1}{r^2}$, 장거리 힘, long range force)이 작용하는 것을 우리는 알고 있다. 따라서 중력이 없을 수는 없다. 좀 더 정확한 표현은 "무중량 (weightlessness) 상태" 정도의 표현이 좋다고 생각한다. 그냥 보기에 겉보기 중력이 0인 것처럼 보이는 상태를 의미한다. 따라서 중력과 다른 어떤 힘이 작용해서 마치 이들의 합이 사라지는 것처럼 보이는 것이다.

(상황) 우리가 지상에 있는 방 안에서 들고 있던 물건을 놓으면 모든 물건은 아래로 떨어지는 것을 관측한다. 하지만 우주 정거장 안에 있는 우주 비행사가 들고 있던 물건을 놓으면 아래로 떨어지지 않는 것이다. 같은 상황인데, 무엇이 이런 차이를 만들어 내는지를 아는 것이 문제의 핵심이다.

예로 우주 정거장 안에서 물방울이 떨어지지 않고 둥둥 떠다닌다. 이것을 일반적으로 우리는 무중력의 의미로 쓰고 있다. 즉 우주 정거장 내부의 물방울에 구심력 (=중력)과 크기는 같고 방향이 반대인 원심력 (=관성력)이 작용해 평형을 이루어 우리가 보기에 (겉보기) 중력의 합이 0인 것처럼 보이는 무중량 상태가 된 것이다.

(생각해보기) 우주 정거장에서 작용하는 중력의 크기

우주 정거장은 지상에서 대략 ~400 km 정도의 위치에 있다. 따라서 지상에서 작용하는 중력과 우주 정거장에서 작용하는 중력의 크기를 비교해 볼 수 있다.

지상: $\sim \dfrac{1}{r^2} \simeq \dfrac{1}{(6400\,\text{km})^2}$ Ⓐ

우주정거장: $\sim \dfrac{1}{r^2} \simeq \dfrac{1}{(6400 + 400\,\text{km})^2}$ Ⓑ

$$Ⓑ/Ⓐ = \frac{6400^2}{6800^2} \sim 0.89$$

우주 정거장에서의 중력은 지상에서 중력의 ~10% 정도 밖에는 줄어들지 않았다. 즉, 별 차이가 없다. 따라서 우주 공간이어서, 진공이여서 무중량 상태가 된 것이 아니라는 것을 알 수 있다.

■ 무중량 상태 만들어 보기

① 자이로드롭 (gyro drop). 갑자기 확 떨어질 때 (=자유낙하 할 때) 몸이 약간 붐 뜨는 현상 (=의자에 대한 항력을 느끼지 못한다).

② 자유낙하 하던 스카이다이버가 종단 속도에 도달했을 때 겉보기에는 더 이상의 가속이 없어 무중량 상태로 보인다.

③ 상승하던 전투 비행기가 갑자기 아래 방향으로 곤두박질하며 하강할 때. 중력과 공기 저항으로 인한 반대 방향의 힘이 같아져 보인다.

④ 번지 점프 (bungee jump) 할 때 발에 묶여있는 줄의 장력을 느끼지 못한다.

⑤ 끊어진 엘리베이터 안에 있는 사람과 체중계는 같은 중력가속도를 가지고 떨어진다. 따라서 둘 사이에 서로 누르는 힘이 없어져 체중계 눈금이 0을 보여준다.

⑥ 물속을 돌아다니는 잠수부가 부력과 중력이 같아지는 지점에서 무중량인 것처럼 느낀다.

⑦ 물이 새는 컵을 연직으로 던져보면 올라갔다가 내려오는 자유낙하 하는 동안 컵과 물은 잠시 동안이지만 중력과 관성력이 평형을 이루는 무중량 상태를 만들 수 있다. 그 결과, 물의 압력이 작용하지 않아 구멍으로 물이 새지 않는다. 즉, 물 컵 속의 물은 무중력 상태가 되므로 컵 밖으로 물이 새어 나오지 않는다.

(생각해보기) 가정에서 양초를 태우면 불꽃 모양이 연직으로 세워진 계란 형태(0)임을 알 수 있다. 만약 산소가 존재하는 무중력상태에서 양초에 불을 붙이면 어떻게 될까?

① ② ③ ④

일상생활에서 양초에 불을 붙이면, 빛, 열, 이산화탄소, 수증기 등이 생기며, 우리가 알고 있는 연직으로 세워진 계란 형태의 불꽃 모양을 볼 수 있다 (②번). 이것은 초가 타면서 발생하는 열에 의하여 따뜻한 공기가 위로 올라가고 주변의 찬 공기가 들어와 다시 데워지고 올라가는 대류 현상이다. 하지만, 무중력상태에서는 밀도 차이로 인한 공기의 대류가 일어나지 않는다. 따라서 공기의 움직임이 전혀 없는 무중력의 공간에서 불꽃 주변의 공기가 연소되면서 구 (혹은 원형)모양의 불꽃을 형성한다. 구 형태의 불꽃도 잠깐 동안은 연소하지만 발생되는 이산화탄소와 수증기 등이 촛불 주위를 둘러싸 주위로부터의 새로운 산소의 공급을 차단하기 때문에 우주선 안에 산소가 아무리 많다고 해도 양초 주위의 산소가 사라지면 즉시 꺼져버린다. 따라서 정답은 ①번 형태에 가까운 모양으로 예상할 수 있다.

한편, 우주정거장에서 생활하는 우주 비행사가 호흡을 할 때, 내뱉은 숨은 대류가 일어나지 않기 때문에 그 숨을 다시 들이마시면 산소 결핍이 일어날 수 있다. 따라서 인위적으로 강제적으로 공기를 순환시켜주어야 한다.

(예상해보기) 무중량 상태 하에서

① 시계추 (혹은 단진자)의 운동
② 물과 기름을 혼합
③ 종이비행기 날리기

→ 시계추는 중력이 없기 때문에 왕복운동을 하지 않고, 처음에 초속도를 주면 회전축을 중심으로 원운동 할 것으로 예상한다. 지상에서 물과 기름은 밀도 차이에 의해 무거운 것이 아래쪽으로 가라앉아 분리가 되지만, 무중량 상태에서는 분리가 어려울 것 같다. 비행기의 경우 공기흐름에 의한 날개에 양력을 받는데 아랫방향으로 중력이 없기 때문에 위 방향으로 날아갈 것으로 예상한다.

✍ **(찾아보기)**

▷ 100만 달러 들여 만든 우주 볼펜
▷ 우주공간에서 커피마시기
▷ 무중력 공간에서 물 뿌리기
▷ 빨대로 물속에 기포를 불어 넣기

□ 관성 (慣性)질량과 중력질량

✏ **(개념 심화)**

관성: (사전적 의미) 물체의 통성(通性)의 하나. 물체가 외부의 힘을 받지 않는 한 정지 또는 운동의 상태를 지속하려고 하는 성질

예로 우리가 같은 힘을 주고 테니스공, 축구공, 볼링공을 발로 찬다고 하자. 테니스공은 아주 빠르게 날아가고 축구공은 그보다는 느리게 그리고 볼링공은 아주 서서히 굴러갈 것이다. 이것은 물체마다 관성에 차이가 있다는 것을 의미한다. 이 관성을 양으로 표현한 것이 질량 (質量, 물질의 양, mass)이다. 즉 질량이 크면 관성이 커지고 질량이 작으면 관성도 작다. 따라서 질량은 관성의 척도라고 볼 수 있다.

질량이 m_1인 물체와 m_2인 물체에 동일한 힘을 주었을 때, 가속도를 비교하면 그 물체의 질량을 측정할 수 있다. 즉 $m_1a_1 = m_2a_2$에서 가속도의 비는 $\frac{a_2}{a_1} = \frac{m_1}{m_2}$ 이다. 쉽게 생각해서 현재 질량의 표준은 프랑스의 표준도량형국에 보관된 국제 표준 킬로그램원기인데 이를 사용해서 m_1을 가져온 후, 가속도의 비를 알면 최종적으로 m_2를 알 수 있는 것이다. 이 방법은 가속도의 크기를 이용하여 물체가 가진 질량을 측정하므로 관성질량 (慣 버릇관, 性 성질(품)성, inertia mass)이라고 한다. 하지만, 질량을 측정할 때 매번 가속실험을 해야 한다고 하면 매우 번거로울 것이다. 그러나 무게가 관성질량에 비례한다는 사실을 이용하면 쉽게 질량을 측정할 수 있다. 국소적으로 중력가속도 ($\vec{g}$) 값은 동일하기 때문에 단순히 저울로 중력의 크기를 비교해도 질량 측정이 가능하다. 무게 비교를 통해 측정한 질량을 중력질량 (gravitational mass)이라고 한다. 즉, 질량의 표준인 킬로그램원기의 무게와 물체의 무게를 양팔저울을 사용하여 비교 측정하면 된다. 놀랍게도 중력질량과 관성질량은 서로 정확히 일치한다.

□ 중력가속도 ($\vec{g}$)

☛ **(관측적 사실)**

① 물체에 관계없이 (질량, 크기, 부피 등) 모든 물체는 같은 중력가속도 값을 가진다.

② 지표면 근처에서 중력 가속도 ($\vec{g}$)의 크기 $g = 9.8 \ \mathrm{m/s^2}$ = 상수 = 일정

[Note]

① 벡터 표시: $\vec{g}$

② $\vec{g}$의 크기: 지표면 근처에서는 크기는 $9.8 \ \mathrm{m/s^2}$이고 방향은 지구 중심이다.

③ 실제로는 거리(=높이)의 함수. $\vec{g} = g(\vec{r})$

[예제] 지구 질량을 M, 반경을 R이라고 할 때, 거리 (r)에 따른 중력가속도 (g)의 크기를 나타내 보면?

[해설]

($r > R$ 인 경우)

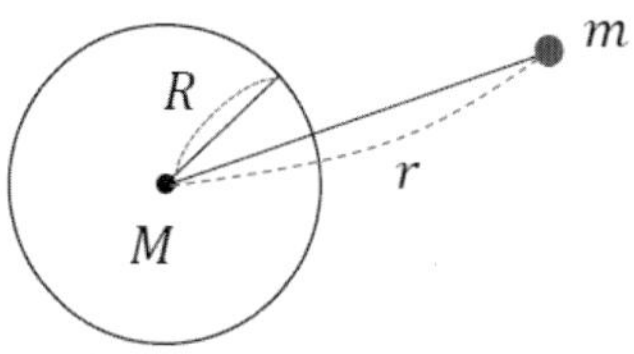

지구 전체 질량 (M)이 지구 중심에 모여 있다고 생각하고 지구 중심에서 거리 (r)만큼 떨어진 곳의 중력은 만유인력 법칙에 의해 다음과 같다.

$$F = G\frac{Mm}{r^2} = mg$$

$$\therefore g = \frac{GM}{r^2}$$

따라서 중력가속도 값은 상수가 아니라 거리의 함수임에 주목해야 한다. (→ 거리 제곱에 반비례)

$$\therefore g = g(r)$$

만약, 지구반경 6370 km, 지구질량 5.97×10^{24} kg을 이용해서 계산을 하면,

$$\rightarrow g = \frac{GM}{r^2} = \frac{(6.67 \times 10^{-11} \mathrm{N \cdot m^2/kg^2})(5.97 \times 10^{24} \mathrm{kg})}{(6.37 \times 10^3 \mathrm{km})^2} = 9.81 \,\mathrm{m/s^2}$$

이므로, 지표면 근처에서 중력가속도 값은 $9.8 \,\mathrm{m/s^2}$로 일정하다고 가정하며, 이 값이 우리가

일반적으로 이야기 하는 중력가속도 상수 값이다.

[Note] $g = 9.81\,\mathrm{m/s^2} = 32\,\mathrm{ft/s^2}$

(예) 1kg 물체에 작용하는 만유인력의 크기는?

$F = G\dfrac{Mm}{r^2} = mg = 1\mathrm{kg} \times 9.8\mathrm{m/s^2} = 9.8[\mathrm{N}]$ (← 지구표면에서)

($r < R$ 인 경우)

지구내부의 경우 지구 중심에서 거리가 r일 때까지의 지구 질량을 m'이라고 하자. 지구의 밀도 분포를 일정하다고 가정한다.

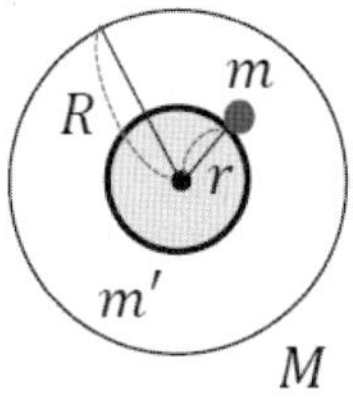

만유인력

$$G\frac{m'm}{r^2} = mg$$

$$\therefore\ g = G\frac{m'}{r^2}$$

밀도 정의

$$\rho \equiv \frac{M}{V} = \frac{M}{(4/3)\pi R^3}$$

$$\rightarrow \rho = \frac{m'}{\frac{4}{3}\pi r^3}$$

$$m' = \rho\frac{4}{3}\pi r^3 = \frac{M}{\frac{4}{3}\pi R^3} \cdot \frac{4}{3}\pi r^3 = M\left(\frac{r}{R}\right)^3$$

따라서

$$\therefore\ g = G\frac{m'}{r^2} = G\frac{M\left(\frac{r}{R}\right)^3}{r^2} = \left(\frac{GM}{R^3}\right)r = (\text{상수})r$$

이므로 지구 내부의 경우 중력가속도 값은 거리에 비례함을 알 수 있다. 두 상황을 종합하면 다음 그림과 같다.

지구 내부 ($r < R$) $\quad g \propto r$

지구 외부 ($r > R$) $\quad g \propto \dfrac{1}{r^2}$

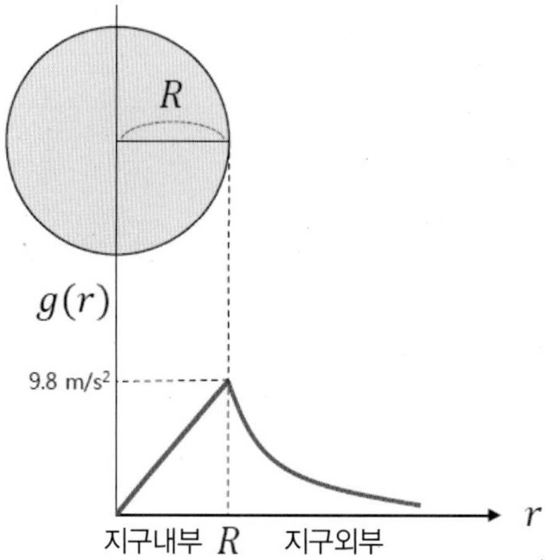

(요약)

- 중력가속도 (g) 값은 상수가 아니라 거리 (r)의 함수이다. 일반적으로 말하는 $9.8\,m/s^2$로 일정하다는 것은 지표면 근처의 값으로 지표면에서는 동일하다고 가정해 문제를 푼다.
- 대부분의 경우 문제 풀이 시에는 계산의 간편함을 위해 $10\ m/s^2$로 주어지는 경우가 많다.

[예제] 지구 표면으로부터 깊이가 D인 철광산의 갱도 안에서 측정한 중력가속도 값은? (단, 지구의 반경은 R이고, g_s는 지구 표면에서의 중력가속도이고 지구의 밀도는 균일하고 구라고 가정한다)

[해설]

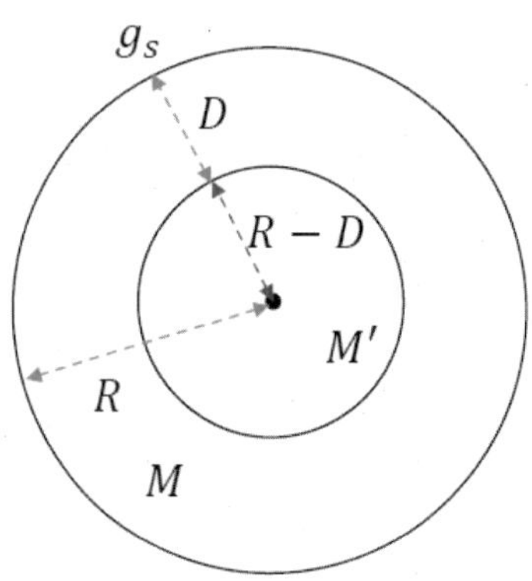

임의 지점 r에서 중력가속도 $g(r) = G\dfrac{M}{r^2}$

지구 표면에서의 중력가속도 $g_s = G\dfrac{M}{R^2}$

반경 $(R-D)$로 만들어진 구의 질량 $M^{'}$

지구 밀도 $\rho = \dfrac{M}{V} = \dfrac{M}{\frac{4}{3}\pi R^3} = \dfrac{M'}{\frac{4}{3}\pi (R-D)^3} \quad \rightarrow \quad M' = \dfrac{(R-D)^3}{R^3} M \qquad (\because$ 밀도 균일)

지구 내부 $(R-D)$ 지점에서의 중력가속도 $g_{(R-D)} = G\dfrac{M'}{(R-D)^2}$

$$\therefore g_{(R-D)} = G\frac{1}{(R-D)^2} \times \frac{(R-D)^3}{R^3} M = G\frac{M}{R^3}(R-D)$$

$$= G\frac{M}{R^2}\frac{1}{R}(R-D) = G\frac{M}{R^2}\left(1-\frac{D}{R}\right)$$

$$= g_s\left(1-\frac{D}{R}\right)$$

☛ **(읽어보기)** 무리하게 다이어트를 하지 않고 몸무게가 줄어든 것처럼 잠시 착각에 빠지게 하는 방법은 높은 산 정상에서 혹은 높이 날아가는 비행기 안에서 몸무게를 잰다. 즉, 중력가속도는 $g \propto \dfrac{1}{r^2}$ 이므로 거리가 높아짐에 따라 작아진다.

(토론해보기) 만약에 만유인력 상수 $G = 6.67 \times 10^{-11}\mathrm{N \cdot m^2/kg^2}$ 값이 현재보다 커진다면 어떤 현상이 일어나겠는가?

(예) 무수히 많겠지만, 몇 가지 예는 다음과 같다.

- 추시계의 진동수가 변한다. $(\because T \propto \sqrt{\dfrac{l}{g}},\ g = \dfrac{GM}{R^2})$
- 용수철 진자의 주기하고는 관계없다. $(\because T \propto \sqrt{\dfrac{m}{k}})$
- 위치에너지의 개념이나 운동량보존의 법칙은 관계없다.

[예제] 지표면에서 중력 가속도가 g이다. 지표면에서부터 높이가 지구 반경의 절반이 되는 위치에서의 중력가속도는?

[해설]

지표면에서 중력가속도 $g = \dfrac{GM}{R^2}$

지구 중심으로부터 $\dfrac{3}{2}R\left(=R+\dfrac{1}{2}R\right)$인 지점에서의 중력 가속도

$$\therefore g_{\frac{3}{2}R} = \frac{GM}{\left(\frac{3}{2}R\right)^2} = \frac{4}{9}\frac{GM}{R^2} = \frac{4}{9}g$$

[예제] 지구 반지름의 2배인 행성이 있다. 행성표면에서의 중력가속도는 지구 표면에서의 중력가속도의 몇 배인가? (단, 지구는 밀도가 균일한 구이고, 행성의 밀도도 지구와 동일하다)

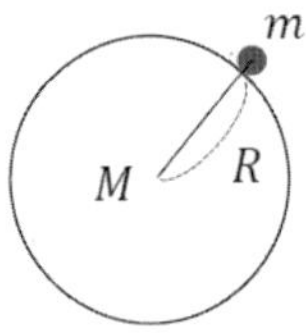

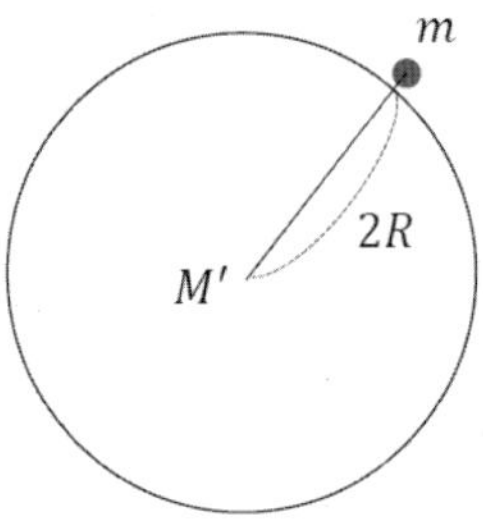

[해설]

지구 표면에서 중력 가속도 (g) $\qquad mg = G\dfrac{mM}{R^2} \rightarrow g = \dfrac{GM}{R^2}$

행성 표면에서 중력 가속도 (g') $\qquad mg' = G\dfrac{mM'}{(2R)^2} \rightarrow g' = G\dfrac{M'}{4R^2}$

지구 밀도 $\rho \equiv \dfrac{M}{V} = \dfrac{M}{\dfrac{4}{3}\pi R^3}$

행성 밀도 $\rho \equiv \dfrac{M'}{V} \qquad \rightarrow M' = \rho\dfrac{4}{3}\pi(2R)^3 = \rho\left(\dfrac{4}{3}\pi R^3\right)\times 8 = 8M$

$\therefore g' = G\dfrac{M'}{4R^2} = G\dfrac{8M}{4R^2} = 2\left(\dfrac{GM}{R^2}\right) = 2g$

따라서 행성표면에서의 중력가속도는 지구 표면에서의 중력가속도의 2배이다.

[예제] 지표면 위 어느 지점에서의 중력가속도 값이 해수면에서의 중력가속도 값의 1/4이다. 해수면으로부터 이 지점의 높이[km]는?

[해설]

해수면 위 어떤 지점 (x)

지구반경 (R), 지구질량 (M)

임의의 r지점에서 중력가속도 $g(r) = \dfrac{GM}{r^2}$

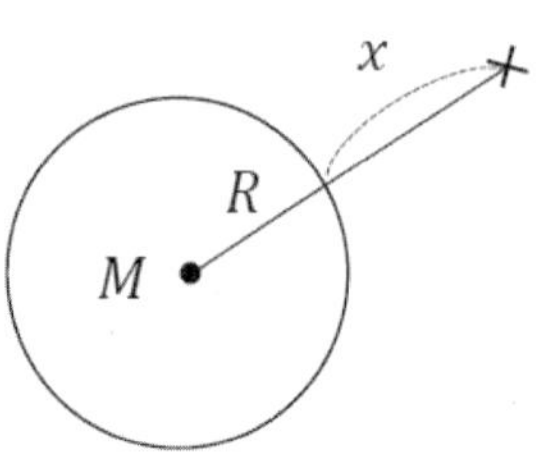

문제의 조건 $g(x) = \frac{1}{4}g(R)$

$\rightarrow G\frac{M}{(R+x)^2} = \frac{1}{4}G\frac{M}{R^2}$

$(R+x)^2 = 4R^2$

$R^2 + 2Rx + x^2 = 4R^2 \rightarrow 3R^2 - 2Rx - x^2 = 0$

$(R-x)(3R+x) = 0 \rightarrow x = R, -3R$

$\therefore x = R$ (지구반경, 6400 km) ($\because$ 음수 값은 버린다)

[예제] 부피 V_0인 행성 A의 표면에서 중력가속도가 g_0이다. 행성 B는 행성 A와 밀도가 같지만 부피가 $8V_0$일 때, 행성 B 표면에서의 중력가속도는? (단, 행성의 밀도는 균일하고, 구형이며, 외부 천체에 의한 상호작용과 행성의 자전운동은 없다고 가정한다)

[해설]

행성 A 밀도 $d_A = \frac{M_A}{V_0} = \frac{M_A}{\frac{4}{3}\pi r_A^3}$

행성 B 밀도 $d_B \equiv \frac{M_B}{V_B} = \frac{M_B}{\frac{4}{3}\pi r_B^3} = \frac{M_B}{8V_0} = \frac{M_B}{8\times\frac{4}{3}\pi r_A^3}$

문제 조건 $d_A = d_B \rightarrow \frac{M_A}{\frac{4}{3}\pi r_A^3} = \frac{M_B}{8\times\frac{4}{3}\pi r_A^3}$ ($\because$ 밀도 동일)

$\therefore M_A = \frac{M_B}{8} \rightarrow M_B = 8M_A$

$d_B = \frac{M_B}{V_B} = \frac{M_B}{\frac{4}{3}\pi r_B^3} = \frac{8M_A}{\frac{4}{3}\pi r_B^3} = d_A = \frac{M_A}{\frac{4}{3}\pi r_A^3}$

$\frac{8}{r_B^3} = \frac{1}{r_A^3} \rightarrow r_B^3 = 8r_A^3$

$\therefore r_B = 2r_A$

즉, 밀도가 동일할 경우 부피가 8배가 크다는 것은 반지름은 2배, 질량은 8배 크다는 것을 의미한다.

행성 A 중력가속도 $g_0 = \frac{GM_A}{r_A^2}$

행성 B 중력가속도 $g_B = \frac{GM_B}{r_B^2} = \frac{G(8M_A)}{(2r_A)^2} = 2\frac{GM_A}{r_A^2} = 2g_0$

따라서 행성 B 표면에서의 중력가속도는 행성 A 표면에서의 중력가속도의 2배이다.

(생각해보기) 중력의 방향은 지구 중심이라고 하는데, 이것은 항상 참인가?

지구상의 모든 물체는 지구의 중심 방향으로 힘을 받는다. 그런데 지구는 회전을 하고 있기 때문에 이 효과도 고려해 주어야 한다. 따라서 중력은 두 물체 사이에 작용하는 만유인력과 회전에 의해 생기는 원심력의 합이다.

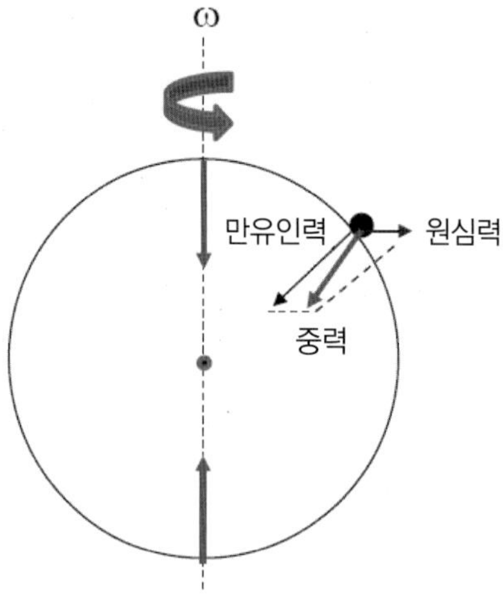

∴ 중력 = 만유인력 + 원심력

원심력 ($F = ma = m\dfrac{v^2}{r} = mrw^2$)은 적도에서 가장 크다. 지구 자전축의 북극과 남극에서는 원심력이 없기 때문에 중력과 만유인력이 동일하다. 따라서 엄밀히 말하면 중력이 지구 중심 방향은 북극과 남극에서만이다. 하지만 일반적으로 말할 때 원심력의 값이 적기 때문에 중력과 만유인력을 동일하게 사용한다.

☛ 중력은 극지방에서 가장 크고 적도지방에서 가장 작다. (또한, 엄밀히 말해 지구는 완전한 구가 아니라, 타원체이므로, 적도 반경이 극반경보다 길다. 적도 반지름은 6,378km이며 극반지름은 6,357km이다. 적도 반지름이 극반지름 보다 약 21 km가 길다)

✍ **(찾아보기)**

장소	위도	중력가속도 (g) [m/s^2]
북극	90°	9.832
서울	37°	9.799
적도	0°	9.780

(각자해보기) 적도에서 중력과 원심력의 크기를 비교해 보라.

(생각해보기) 용수철저울을 사용한다고 할 때, 지구의 어디에서 고기를 사면 양이 많을까? 파는 사람 입장에서는 항상 같은 양의 고기를 팔려고 한다면 무엇을 측정해야 할까?

→ 극지방에서 중력은 최대이다. 또한 용수철저울의 탄성은 위치에 관계가 없다. 따라서 중력이 적은 적도지방에서는 고기의 양이 많아야 용수철저울의 눈금이 동일할 것이다. 판매자가 용수철저울 말고 양팔 저울을 사용해서 질량을 측정하면 장소에 관계없이 일정한 고기의 양을 팔 수 있다.

[정답] 적도지방, 질량

✏ **(심화)**

(상황) 균일한 구와 입자 사이에 작용하는 중력을 계산

이제까지는 크기를 가지고 있는 물체도 점입자 (point-like particle)로 취급해서 물체의 모든 질량이 질량 중심 한 점에 모여 있다고 가정해서 문제를 풀었다. 이제 크기를 고려해서 문제를 풀어보자.

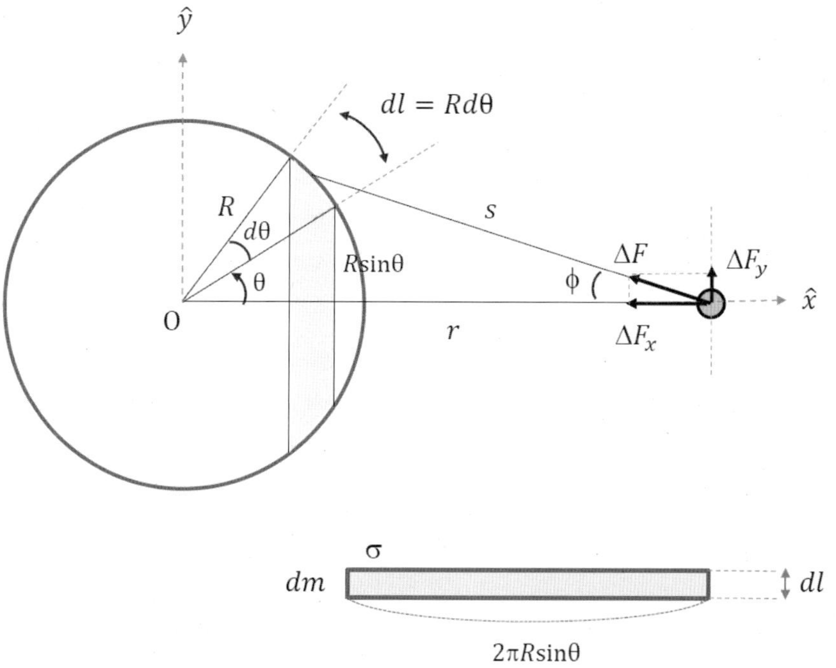

질량 M, 반경 R인 균일한 구를, 사과를 깎으면 마치 껍질이 생기듯이, 원형 고리 형태의 구 껍질로 나누어보자. 원호에 해당하는 dl은 $d\theta$가 굉장히 작은 경우 곡선이 아니라 직선에 해당한다고 볼 수 있어, 밑변의 길이가 $2\pi R\sin\theta$, 높이가 dl에 해당하는 사각형의 면적을 구할 수 있다.

$$\sigma \equiv \frac{dm}{dA} \quad (\text{면질량} = \text{단위 면적당 질량} \equiv \frac{M}{4\pi R^2})$$
$$= \frac{dm}{dl \times 2\pi R\sin\theta}$$

$$\therefore\ dm = \sigma dl 2\pi R\sin\theta = \sigma R d\theta 2\pi R\sin\theta = \sigma 2\pi R^2 \sin\theta\, d\theta$$

껍질에서 거리가 s 떨어진 입자사이에 작용하는 힘 $(\overrightarrow{\Delta F})$을 x성분과 y성분으로 분해할 수 있는데, 껍질의 아래쪽에서도 작용하는 힘이 있기 때문에, 결국 대칭성에 의해 y성분은 서로 상쇄되고, 최종 힘은 x성분만을 합한 것이 된다.

$$F = \int \Delta F_x = \int \Delta F\cos\phi = \int G\frac{mdm}{s^2}\cos\phi$$
$$= \int_G G\frac{m\sigma 2\pi R^2 \sin\theta\, d\theta}{s^2}\cos\phi = Gm\sigma 2\pi R^2 \int_0^\pi \frac{\sin\theta\, d\theta \cos\phi}{s^2}$$

코사인 법칙 $\quad r^2 + R^2 - 2rR\cos\theta = s^2 \quad \rightarrow rR\sin\theta\, d\theta = s ds$

적분 구간

$\theta = 0 \ \rightarrow r^2 + R^2 - 2rR\cos 0 = s^2 \qquad \therefore\ s = r - R \qquad (\because\ r > R\,)$

$\theta = \pi \ \rightarrow r^2 + R^2 - 2rR\cos 180 = s^2 \qquad \therefore\ s = r + R \qquad (\because\ r > R\,)$

또한 $\cos\phi = \dfrac{s^2 + r^2 - R^2}{2rs}$ 를 사용

$$F = Gm\sigma 2\pi R^2 \int_0^\pi \frac{\sin\theta\, d\theta\cos\phi}{s^2} = Gm\sigma 2\pi R^2 \int_{r-R}^{r+R} \frac{\frac{sds}{rR}}{s^2}\frac{s^2 + r^2 - R^2}{2rs}$$
$$= Gm\sigma 2\pi R^2 \int \frac{s^2 + r^2 - R^2}{2Rr^2 s^2} ds = Gm\frac{M}{4\pi R^2} 2\pi R^2 \int \frac{s^2 + r^2 - R^2}{2Rr^2 s^2} ds$$
$$= \frac{GmM}{4Rr^2} \int_{r-R}^{r+R} \left(1 + \frac{r^2 - R^2}{s^2}\right) ds$$

$$= \frac{GmM}{4Rr^2}\left[s|_{r-R}^{r+R} + (r^2 - R^2)(-)\left(\frac{1}{s}\right)|_{r-R}^{r+R}\right] = \frac{GmM}{4Rr^2}\left[(r-R)-(r-R)+(r^2-R^2)\left(\frac{1}{r+R}-\frac{1}{r-R}\right)\right]$$

$$= \frac{GmM}{4Rr^2}\left[2R + (r^2 - R^2)\left(\frac{2R}{r^2 - R^2}\right)\right] = \frac{GmM}{4Rr^2}4R$$

$$= \frac{GmM}{r^2}$$

(일반화) $\vec{F} = G\frac{mM}{r^2}\hat{r}$

크기: $G\frac{mM}{r^2}$

방향: $(-1)\hat{r}$ (두 입자가 서로 힘을 작용하는 방향으로 중력은 인력이므로 서로 잡아 당기는 방향)

이 결과는 균일한 구 껍질 형태의 물체와 입자 사이에 작용하는 힘 (=인력)은 구 껍질의 전체 질량이 그 중심에 모여 있는 것과 동일하다. 즉 점입자처럼 취급가능하다는 것이다.

(생각해보기) 균일한 구 껍질 내부에 있는 입자에 작용하는 중력은 0이다.
→ 대칭성을 생각할 것. 서로 상쇄된다.

[예제] 다음 표는 구 모양을 띤 행성 A, B, C, D의 질량과 반지름을 상대적으로 나타낸 것이다. 행성표면에서 질량 m인 물체에 작용하는 무게가 가장 큰 행성은? (단, 각 행성들의 밀도는 균일하다)

행성	A	B	C	D
질량	M	$2M$	$6M$	$12M$
반지름	R	R	$2R$	$3R$

[정답] 행성 B

$W = mg = G\frac{mM}{r^2}$

행성 A　$G\frac{mM}{R^2}$

행성 B　$G\frac{m2M}{R^2} = 2G\frac{mM}{R^2}$

행성 C $\quad G\dfrac{m6M}{(2R)^2} = \dfrac{6}{4}G\dfrac{mM}{R^2}$

행성 D $\quad G\dfrac{m12M}{(3R)^2} = \dfrac{12}{9}G\dfrac{mM}{R^2}$

[예제] 지구와 달 사이 거리가 R이고 달의 질량이 지구 질량의 1/81이라고 할 때, 지구와 달 사이에 물체의 무게가 없어지는 위치는?

[해설]

지구에 의한 중력과 달에 의한 중력이 서로 평형이 되는 위치를 찾으면 된다.

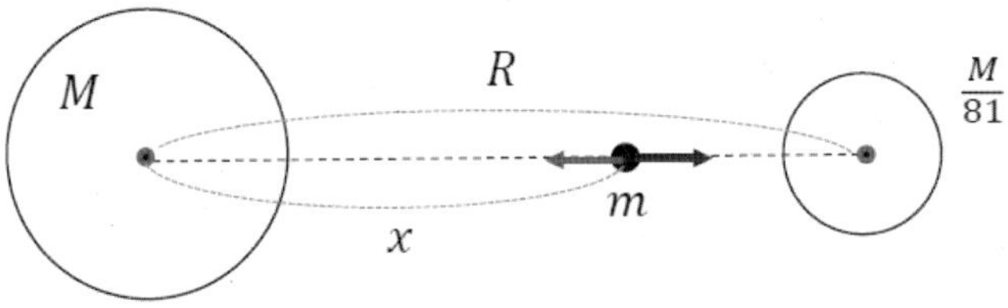

$$G\frac{M\times m}{x^2} = G\frac{m\times\dfrac{M}{81}}{(R-x)^2}$$

$$x^2 = 81(R-x)^2 = 81R^2 - 162Rx + 81x^2$$

$$81R^2 - 162Rx + 80x^2 = 0$$

$$(9R-8x)(9R-10x) = 0$$

$$x = \frac{9}{8}R,\ \frac{9}{10}R$$

$\therefore x = \dfrac{9}{10}R = 0.9R \qquad$ ($\because \dfrac{10}{8}R$은 달을 지나 오른쪽에 있으므로 원하는 해는 아니다)

□ 이동거리와 변위

✍ **(알아두기)**

■ 이동거리 (distance) : 물체가 실제로 이동한 경로의 총 길이

■ 변위 (위치의 변화량, displacement) : 처음 위치에서 나중 위치까지의 직선거리와 방향 (=위치의 변화량)

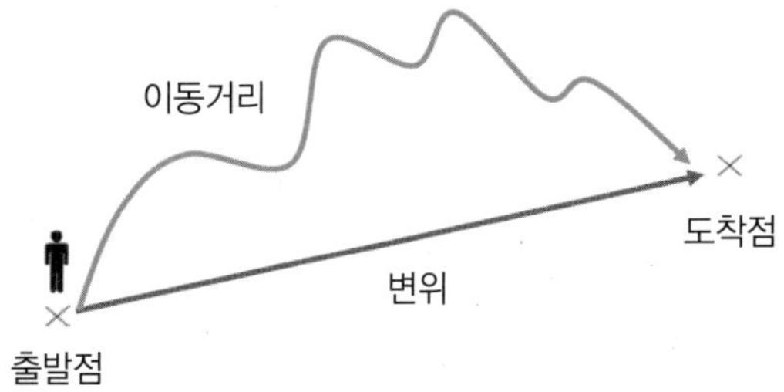

(생각해보기) 이동거리와 변위는?

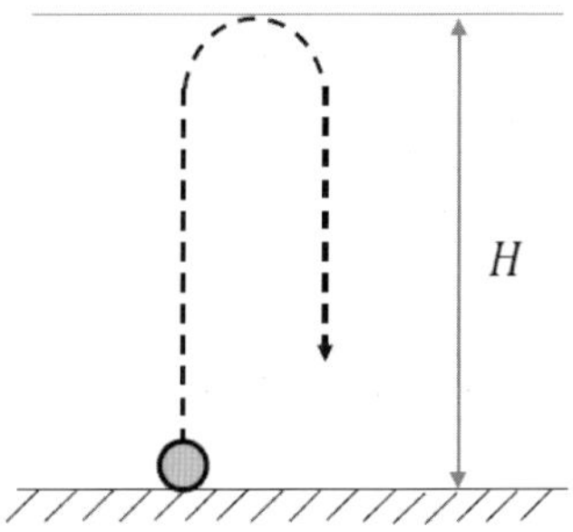

[예제] 반경이 100 m인 원형운동장을 한 바퀴 돌아 제자리로 돌아왔다. 이동거리[m]와 변위[m]는?

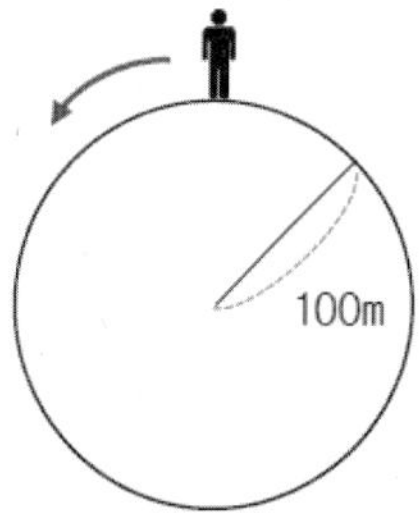

[해설] 이동거리 = $2\pi r = 2\pi \times 100 = 200\pi$. 변위는 제자리이므로 0이다.

□ 속력과 속도

■ **속력 (速力, speed)** ≡ 이동거리/시간 [m/s]. 스칼라 (scalar)양으로 크기만 가진다. 일종의 "빠르기"이다.

■ **속도 (速度, velocity)** ≡ 변위/시간 [m/s]. 벡터 (vector)양으로 크기와 방향을 가진다.

▸ 벡터식 표기 $\vec{v} \equiv \dfrac{\Delta \vec{x}}{\Delta t} = \dfrac{\vec{x_f} - \vec{x_i}}{t_f - t_i}$

▸ 크기 고려 $v \equiv \dfrac{\Delta x}{\Delta t}$ (혹은 $v \equiv \dfrac{dS}{dt}$). $\Delta x =$ 변위 변화량, $\Delta S =$ 이동거리 변화량

(생각해보기) 속력 (速力)은 스칼라량인가? 벡터량인가? 일반적으로 힘 (力)이 들어가는 용어는 대부분 벡터량이다. 그런데, 왜 속력 (速力)은 스칼라량으로 로 분류되었다. 왜?

중력 (重力, gravitational force), 전기력(電氣力, electric force), 자기력(磁氣力, magnetic force) 등은 크기와 방향을 가지는 벡터양이다. 즉 영어의 force를 번역하는 과정에서 힘에 해당하는 한자 (힘력, 力)를 적은 것이다. 하지만, 속력 (速力)의 경우 원래 영어 단어는 speed로 어디에 보아도 force가 없다. 한편 영어의 velocity는 중국 혹은 일본에서 速度 (빠를 속, 법도 도)라고 번역을 한 것인데, 굳이 의미를 따지자면 "빠르기의 정도"라고 할 수 있을 것 같고, 이런 외국 번역서를 가지고 공부한 초기의 국내 과학자들이 우리말로 음만 달아 놓은 것이라고 볼 수 있을 것 같다. 따라서 어떤 것이 스칼라이고 벡터인지 혼동이 되면, 고유명사이므로 그냥 speed, velocity라고 하는 것도 하나의 방법이라고 개인적으로 생각한다. 또한 속력과 속도의 의미를 정확히 알고 주어진 문제에서 둘을 구별해서 쓰지 않아도 되는 상황이라면 굳이 구분하지 않아도 된다.

□ 상대속도

(상황) 달리는 자동차 안에서 밖을 보면 마치 자신은 정지하고 있고 역으로 건물이 뒤로 움직이는 것처럼 보이고, 지면에 있는 사람은 그냥 건물은 정지해 있다.

상대속도: 운동하고 있는 관측자 (A)가 본 물체 (B)의 속도

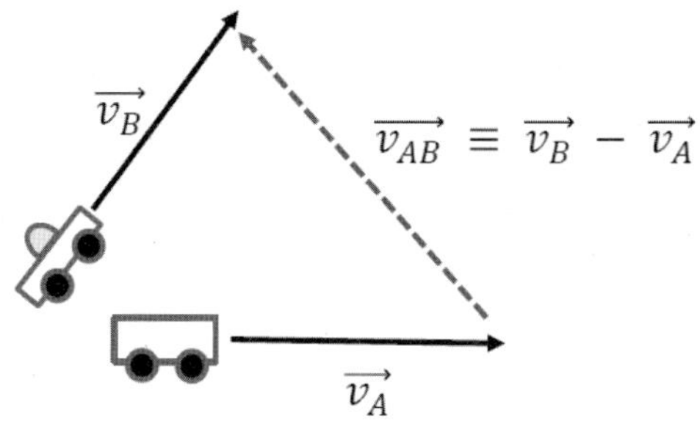

(정의) $\overrightarrow{v_{AB}} \equiv \overrightarrow{v_B} - \overrightarrow{v_A}$ (상대방 속도−자신의 속도로 정의한다)

☛ 물론 반대로 정의할 수 있는데, 그럴 경우 v_{AB}는 (−)값을 얻게 된다.

[예제] 그림처럼 차 A가 60 km/h, 차 B가 80 km/h로 동쪽 (E)으로 움직이고, 차 C는 70 km/h로 서쪽 (W)으로 움직인다. v_{AB}, v_{AC}는?

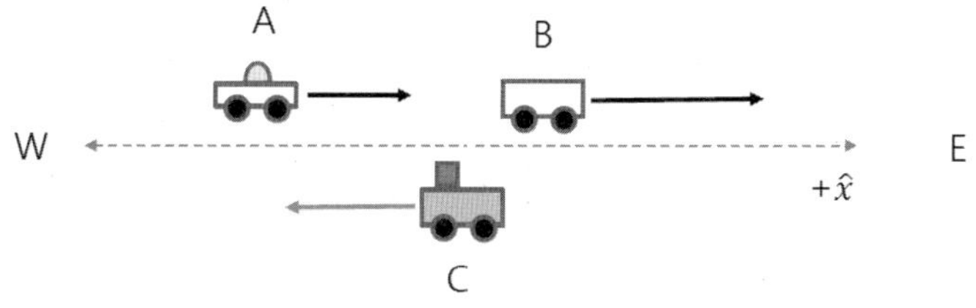

[해설]

동쪽 (E)을 $+\hat{x}$ 방향으로 선택했다.

$\overrightarrow{v_{AB}} \equiv \overrightarrow{v_B} - \overrightarrow{v_A}$

$\therefore v_{AB} = v_B - v_A = 80 - 60 = 20 \quad \text{km/h}$

즉, A가 B를 보았을 때, 자신보다 20 km/h 빠른 속도로 동쪽 (E)으로 가고 있다고 생각한다.

$\overrightarrow{v_{AC}} \equiv \overrightarrow{v_C} - \overrightarrow{v_A}$

$\therefore\ v_{AC} = v_C - v_A = -70 - 60 = -130$ km/h [(−)의미 방향반대. 서쪽 방향]

A가 보았을 때 C는 서쪽으로 130 km/h의 굉장히 빠른 속도로 홱 지나감을 느낀다. 이것을 반대편에서 오는 차가 빨리 내 쪽으로 다가옴을 느끼는 일상생활의 경험과도 일치한다.

[예제] 물체 A는 북쪽으로 2 m/s로 움직인다. 동쪽으로 3 m/s로 움직이는 물체 B에서 물체 A의 운동을 측정할 때, 상대속도의 크기[m/s]와 방향은?

[해설]

관측자 (A)가 본 물체 (B)의 속도 $\overrightarrow{v_{AB}} \equiv \overrightarrow{v_B} - \overrightarrow{v_A}$

문제의 조건에 의해 물체 B가 본 물체 A의 속도 $\overrightarrow{v_{BA}} \equiv \overrightarrow{v_A} - \overrightarrow{v_B}$

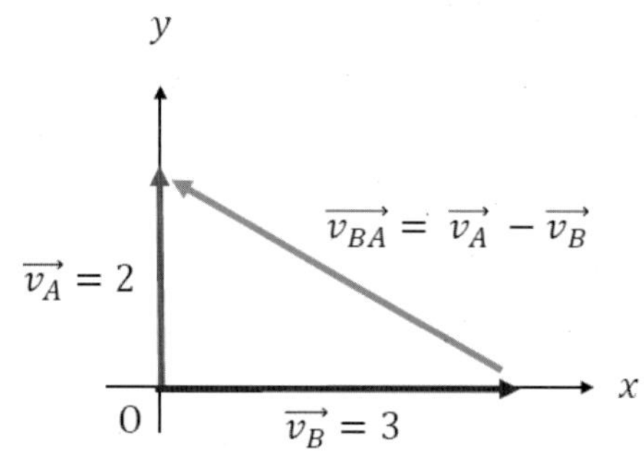

크기 $\overrightarrow{v_{BA}} = \sqrt{2^2 + 3^2} = \sqrt{13}$

방향: 북서쪽

[예제] 그림처럼 배를 타고 강을 건너려고 한다. 강물은 동쪽으로 8 km/h로 흐르고, 배는 강물에 대하며 북쪽으로 6 km/h로 가고 있다. 강둑에 있는 관측자가 측정한 배의 속도[km/h]는?

[해설]

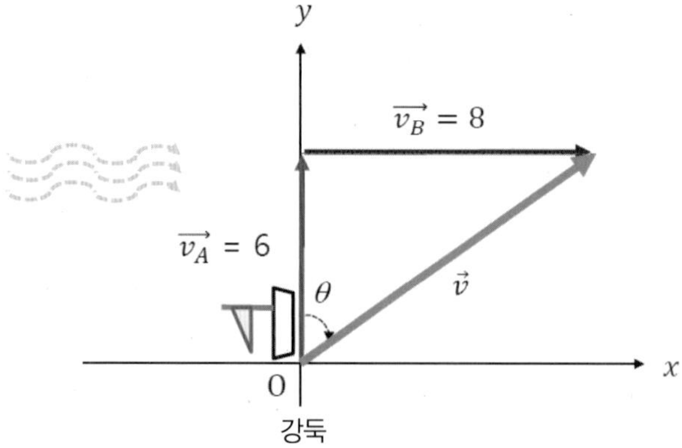

$\vec{v} = \overrightarrow{v_A} + \overrightarrow{v_B}$

x 성분 $\quad v_x = v_{A_x} + v_{B_x} = 0 + 8 = 8$ [km/h]

y 성분 $\quad v_y = v_{A_y} + v_{B_y} = 6 + 0 = 6$ [km/h]

벡터 표기법

$\vec{v} = v_x\,\hat{i} + v_y\,\hat{j} = 8\hat{i} + 6\hat{j}$

크기 $|\vec{v}| = \sqrt{v_x^2 + v_y^2} = \sqrt{8^2 + 6^2} = \sqrt{100} = 10$ [km/h]

각도 $\tan\theta = \dfrac{v_{B_x}}{v_{A_y}} = \dfrac{8}{6} = \dfrac{4}{3}$

$\therefore \theta = \tan^{-1}\left(\dfrac{4}{3}\right) \simeq 52^0$

[예제] 그림처럼 강물의 속력이 4 m/s일 때 A지점에서 8 m/s 속력으로 출발해서 B지점에 도달하려면 몇도 각도로 출발해야 하는가?

[해설]

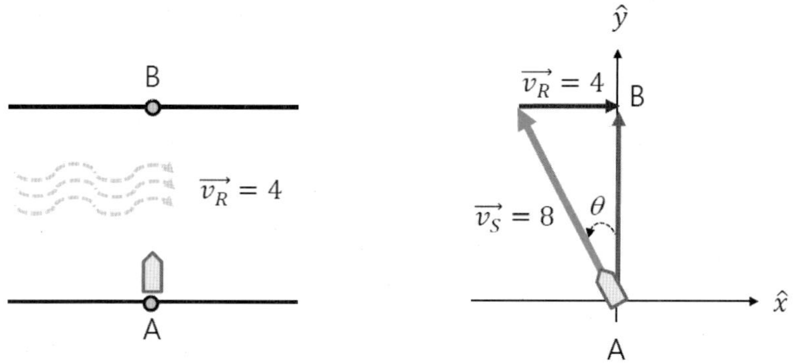

강물이 서쪽에서 동쪽으로 흐르기 때문에 경험적으로도 A에서 B로 똑바로 출발한다면, B지점에 도달하지 못한다. 따라서 배는 기수를 조금 북서쪽 방향으로 해야 할 것이다.

배의 속도 $v_S = 8$ m/s

강물의 속도 $v_R = 4$ m/s

$\sin\theta = \dfrac{4}{8} = \dfrac{1}{2}$

$\therefore \theta = 30^0$ (즉, A지점에서 북서쪽 30도 방향으로 출발해야 최종적으로 B지점에 도달한다)

[예제] 빗방울이 수직으로 4 m/s 속력으로 내린다. 철수가 15 m/s로 수평방향으로 뛰어 갈 때, 빗방울이 수직방향과 이루는 각도는?

[해설]

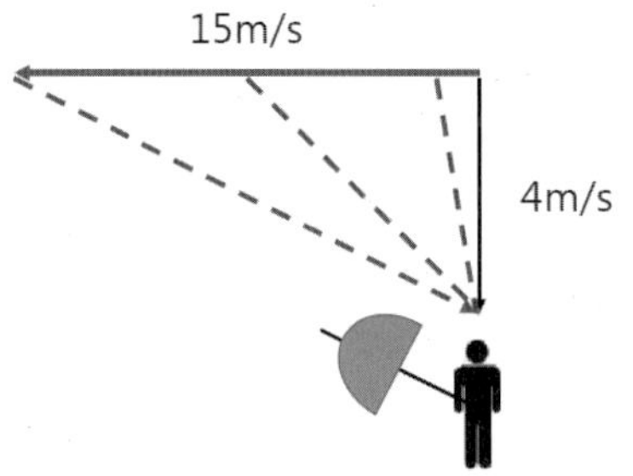

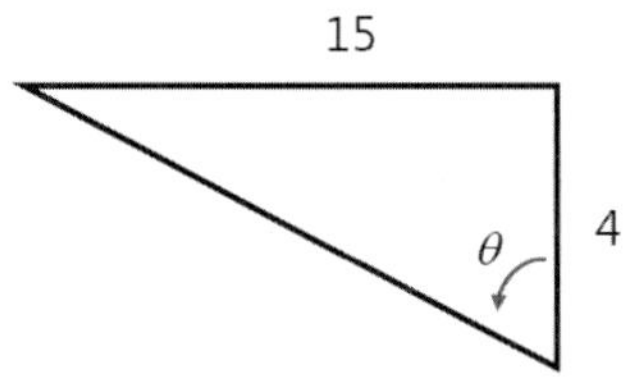

경험적으로 철수가 정지해 있다면 빗방울은 수직으로 떨어지기 때문에 우산을 수직으로 똑바로 들고 있으면 된다. 이제 철수가 수평으로 뛰기 시작하면, 빗방울이 앞에서 오는 것처럼 느끼기 때문에 우산을 앞으로 기울어야 한다. 빨리 뛸수록 우산의 각도를 더 기울여야 한다.

$$\tan\theta = \frac{15}{4}$$

$$\therefore \theta = \tan^{-1}\left(\frac{15}{4}\right) = 75^o$$

[예제] 서쪽으로 3 m/s로 가는 사람이 4 m/s로 북쪽으로 불어오는 바람을 느낄 때, 실제 바람의 속도와 방향은?

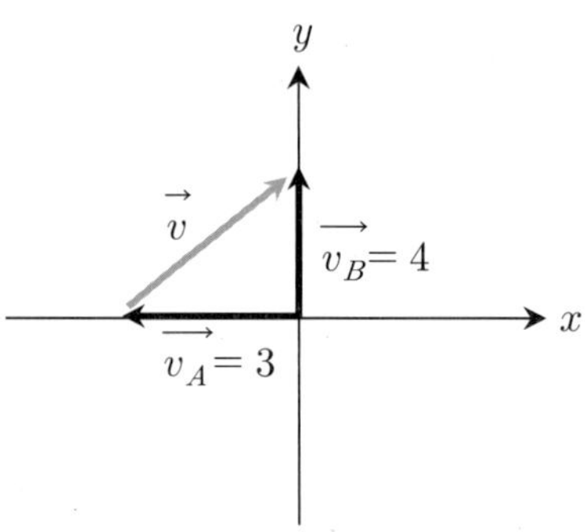

[해설] $\overrightarrow{v_{AB}} \equiv \overrightarrow{v_B} - \overrightarrow{v_A}$

크기: $|\vec{v}| = 5$

방향: 북동쪽

[예제] 그림처럼 등속으로 달리는 차속에서 통 위에 있는 공을 수직으로 쏘아 올렸다. 지면에 있는 관측자가 보았을 때 떨어지는 공의 위치는?

[해설]

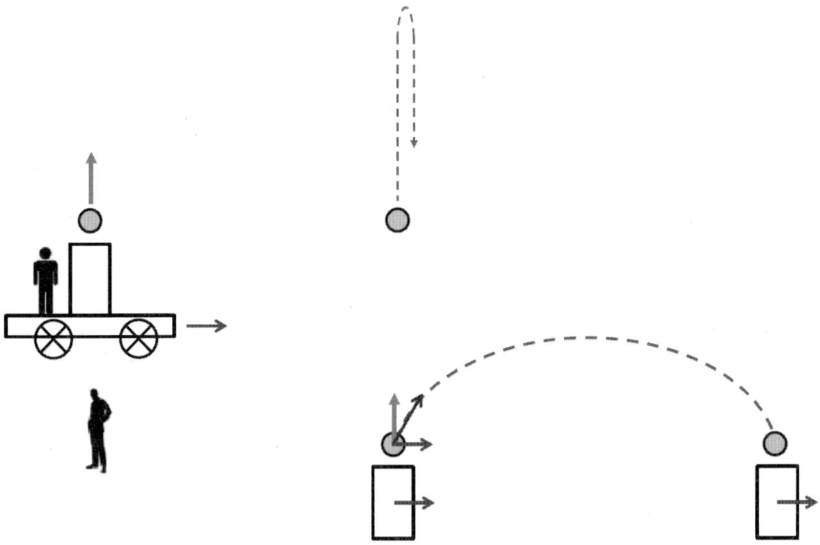

차속에 있는 관측자의 경우 공을 수직으로 위로 던지면 최고점까지 올라갔다가 다시 제자리로 돌아와 다시 통속으로 들어간다고 말한다. 그런데 지면의 관측자가 수직위로 던진 공을 보면, 오른쪽의 속도 성분과 수직위의 속도 성분을 가짐을 보게 된다. 수평으로는 등속운동을 하고, 수직으로는 최고점까지는 연직상방운동을 한 후, 최고점에서는 연직하방 운동 (즉, 자유낙하 운동)을 한다. 따라서 공은 포물선 궤적을 그리는 것을 알 수 있다. 공이 떨어지는 시간과 위치에 차 역시 정확히 같은 그 지점에 와 있기 때문에 공을 다시 통속으로 떨어진다.

□ 등속도 운동과 등가속도 운동

등속도 운동과 등가속도 운동		
속도 (velocity)	$v \equiv \dfrac{dx}{dt} = \dot{x}$	단위 시간 (t)에 따른 변위 (x)
가속도 (acceleration)	$a \equiv \dfrac{dv}{dt} = \dfrac{d^2x}{dt^2} = \ddot{x}$	단위 시간에 따른 속도 (v) 변화량
운동방정식	$v = v_0 + at$	v_0 (초기속도) v (나중속도) 일반적으로 x_0 (초기 기준위치)는 0으로 택한다.
	$x = x_0 + v_0t + \dfrac{1}{2}at^2$	
	$v^2 - v_0^2 = 2a(x - x_0)$	

☛ $a \to 0$ 일 때 등가속도 운동이 등속 운동으로 간다.

$v = v_0 + at \;\to\; v = v_0$ (처음 속도와 나중 속도가 같다는 것은 속도가 일정하다는 의미)

$x = v_0t + \dfrac{1}{2}at^2 \;\to\; x = v_0t$ (이동거리는 시간이 지나감에 따라 증가한다)

$v^2 - v_0^2 = 2ax \to v^2 - v_0^2 = 0$

$\therefore v = v_0$ (등속 운동)

(유도해보기) $v^2 - v_0^2 = 2ax$

(방법1)

가속도 $a \equiv \dfrac{\Delta v}{\Delta t} = \dfrac{v_f - v_i}{t_f - t_i} = \dfrac{v - v_0}{t - 0}$

$v - v_0 = at$

$\therefore v = v_0 + at$ Ⓐ

평균속도 $\bar{v} = \dfrac{v_0 + v}{2}$ (산술적 평균)

(속도가 일정한 비율로 증가하기 때문에 평균속도를 처음과 나중 속도의 중간 값을 취할 수 있다)

그림에서 등가속도 운동의 속도-시간 그래프에서 면적은 이동거리 (=변위)를 나타낸다.

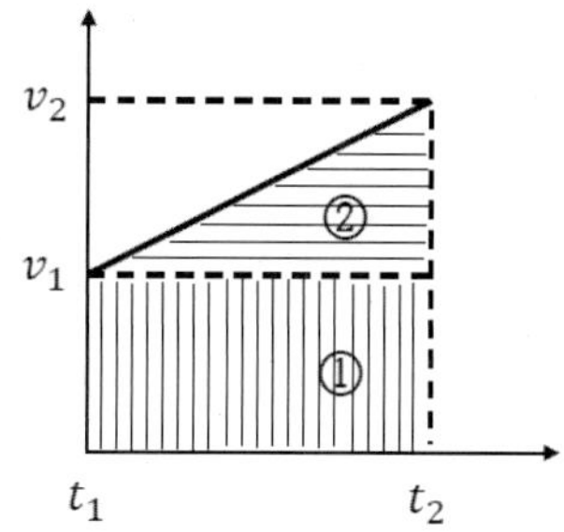

$\Delta t = t_2 - t_1$

평균속도 $\bar{v} \equiv \dfrac{\text{변위}}{\text{시간}} =$ (①면적 + ②면적) / Δt

$$= \frac{v_1 \Delta t + \frac{1}{2}(v_2 - v_1)\Delta t}{\Delta t} = \frac{v_1 + v_2}{2}$$

→ 평균속도는 처음 속도 (v_1)와 나중 속도 (v_2)의 산술적 평균임을 알 수 있다. 하지만 이것은 등가속도 운동에서만 해당된다.

평균속도 정의 $\bar{v} \equiv \dfrac{\Delta x}{\Delta t} = \dfrac{x_f - x_i}{t_f - t_i}$

$$= \frac{x - x_0}{t - 0}$$

$$x - x_0 = \bar{v}\, t \qquad \text{Ⓑ}$$

$$\therefore x = x_0 + \bar{v}\, t = x_0 + \left(\frac{v_0 + v}{2}\right)t = x_0 + \frac{1}{2}(v_0 + v_0 + at)t$$

$$= x_0 + v_0 t + \frac{1}{2}at^2$$

Ⓐ식 $\quad t = \dfrac{v - v_0}{a}$

Ⓑ식 $\quad x = x_0 + \bar{v}\, t = x_0 + \left(\dfrac{v_0 + v}{2}\right)\left(\dfrac{v - v_0}{a}\right) = x_0 + \dfrac{(v + v_0)(v - v_0)}{2a}$

$$x - x_0 = \frac{(v + v_0)(v - v_0)}{2a}$$

$$\therefore v^2 - v_0^2 = 2a(x - x_0)$$

(방법2)

$$F = ma = m\frac{dv}{dt} = m\ddot{x}$$

가속도 $\ddot{x} \equiv \dfrac{dv}{dt} = a$ $\qquad$ ($\because$ 등가속도 운동의 경우, $a =$ 상수)

$dv = a\,dt$

양변 적분 $\int dv = \int a\,dt$

$v(t) = at + C_1$ $\qquad\qquad$ (C_1 = 적분상수)

초기 조건 (initial condition): $v(t=0) = v_0$

$v(t=0) = a \times 0 + C_1 = v_0 \quad \rightarrow \quad C_1 = v_0$

$v(t) = at + v_0$

$\therefore\ v(t) = v_0 + at$

속도 $\dot{x} \equiv \dfrac{dx}{dt} = v$

$\dfrac{dx}{dt} = v(t) = v_0 + at \quad \rightarrow \quad dx = (v_0 + at)dt$

양변 적분 $\int dx = \int (v_0 + at)dt$

$x(t) = v_0 t + \dfrac{1}{2}at^2 + C_2$ $\qquad\qquad$ (C_2 = 적분상수)

초기 조건: $x(t=0) = x_0$

$x(t=0) = x_0 = v_0 \times 0 + \dfrac{1}{2}a \times 0^2 + C_2 \quad \rightarrow \quad C_2 = x_0$

$\therefore\ x(t) = x_0 + v_0 t + \dfrac{1}{2}at^2$

(토론해보기) 그림은 물체가 마찰이 없는 수평면에서 움직이는 위치를 1초 간격으로 나타낸 것이고 시간에 따른 물체의 위치 간격은 동일할 때 이 물체의 운동에 대해 논의해 보면?

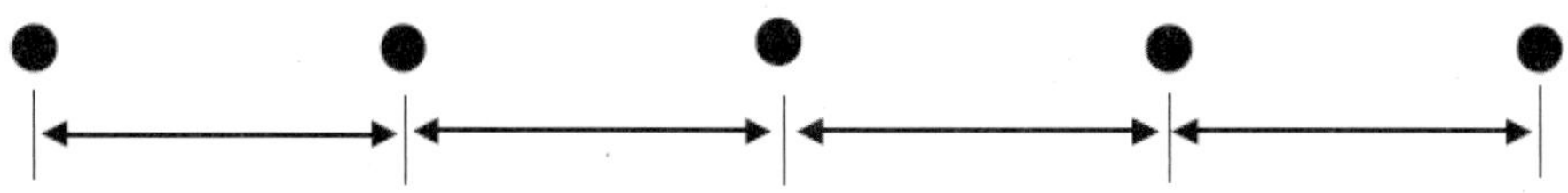

⇒ 시간에 따른 위치 변화량이 일정하기 때문에 등속도운동이다. 한편, 속도 변화량이 없기 때문에 가속도는 0이다. 작용하는 알짜힘은 0이다. 등속도 운동이므로 시간에 따른 위치는 계속 증가한다.

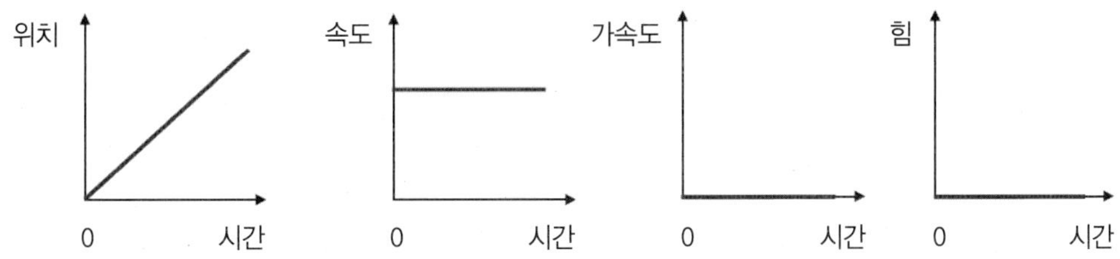

(토론해보기) 물체의 초속도가 0이고 자유낙하 할 때 시간에 따른 가속도, 속도, 변위의 그래프에 대해 논하면?

$y = v_0 t + \frac{1}{2}at^2 \rightarrow y = \frac{1}{2}gt^2$ $(\because a = g)$

$v = v_0 + at \rightarrow v = gt$ (기울기 $= g =$ 중력가속도)

$v^2 - v_0^2 = 2ay \rightarrow v^2 = 2gy$ ($y = \frac{1}{2g}v^2 \rightarrow y \propto v^2$ 형태의 이차함수 그래프)

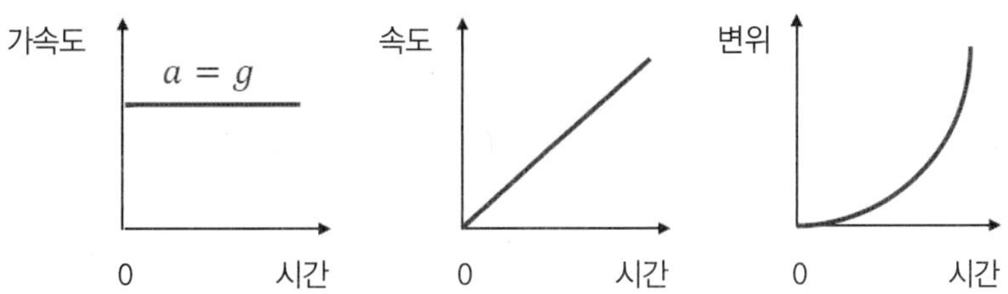

[예제] 두 지점 AB 사이를 자전거를 타고 갈 때는 20 km/h의 속력으로 갔다가 돌아올 때는 30 km/h의 속력으로 돌아왔다. 왕복하는 동안 이 자전거의 평균속력 [km/h]은?
① 23 ② 24 ③ 25 ④ 26

[해설] 평균속력 = 총거리/총시간. AB사이 거리를 x라고 하자. 따라서 $2x/[(x/20) + (x/30)] = 24$ km/h 이다. 여기서 주의할 점은 평균이라고 해서 단순히 (20 + 30)/2 = 25 [km/h]가 아님에 유의한다. 정답은 ②번이다.

☞ **(주의)**

평균속력은 산술평균이 아니라, 조화평균이다! 갈 때 속도를 v_1, 돌아올 때 속도를 v_2라고 할 때, 평균속력은 $\bar{v} = \frac{v_1 + v_2}{2}$이 아니라, $\bar{v} = \frac{2}{\frac{1}{v_1} + \frac{1}{v_2}} = \frac{2v_1 v_2}{v_1 + v_2}$이다. n까지 일반화를 하면,

$\bar{v} = \frac{n}{\frac{1}{v_1} + \frac{1}{v_2} + \cdots + \frac{1}{v_n}}$ 이다.

(예) 전체거리 절반을 40 km/h의 속력으로 가다가 남은 절반은 60 km/h의 속력으로 갔을 때, 평균속력은 $2x/[(x/40) + (x/60)] = 48$ km/h 이다. 즉 이것은 이동 전체 거리를 48 km/h로 간 경우와 같은 시간이 소요된 것이다. 만약 이동하는데 걸리는 전체시간의 반을 40 km/h의 속력으로 가다가 남은 시간의 반은 60 km/h의 속력으로 갔다고 하면, 평균속력은 $(40 + 60)/2 = 50$ km/h 임을 비교 이해하면 이 둘의 차이를 쉽게 알 수 있다.

(예) 총 100 km를 자동차가 가는데 처음 40 km는 20 km/h로 나머지 60 km는 30 km/h로 간다고 할 때, 전체 평균 속력[km/h]은?

처음 40 km 가는 데 걸린 시간 $= \dfrac{40}{20} = 2$ [h]

나중 60 km 가는 데 걸린 시간 $= \dfrac{60}{30} = 2$ [h]

∴ 평균속력 = 총거리/총시간 $= \dfrac{100}{4} = 25$ [km/h]

[예제] 정지해 있던 물체가 등가속도 운동을 한다. 5초와 6초 사이에 22 m 이동하였다면 물체의 가속도[m/s²]는?

[해설]

$$x = v_0 t + \frac{1}{2}at^2$$

5초 후 거리 $x_5 = 0 \times 5 + \dfrac{1}{2}a \times 5^2 = \dfrac{25}{2}a$

6초 후 거리 $x_6 = 0 \times 6 + \dfrac{1}{2}a \times 6^2 = \dfrac{36}{2}a$

$$x_6 - x_5 = 22 = \frac{36}{2}a - \frac{25}{2}a = \frac{11}{2}a$$

$$\therefore\ a = \frac{2 \times 22}{11} = 4 \ \ [\text{m/s}^2]$$

[예제] 물체가 자유낙하를 할 때 매 초당 낙하 거리의 비는?

[해설]

$$y = v_0 t + \frac{1}{2}at^2 \quad \rightarrow \quad y \propto t^2$$

(거리) 0 : 1 : 4 : 9 : 16 : • • •

(거리의 비) (1-0) : (4-1) : (9-4) : (16-9) : • • •

∴ 1 : 3 : 5 : 7 : • • •

[예제] x축을 따라 움직이는 입자의 위치가 시간에 따라 $x(t) = 7 + 9t - 2t^3$ 으로 주어진다. $t = 3$ 일 때 입자의 속도[m/s]는? (단, 거리 단위는 미터(m)이고 시간은 초(s)이다)

[해설]

$x(t=3) = 7 + 9 \times 3 - 2 \times 3^3 = 7 + 27 - 54 = -20$ [m]

속도는 거리를 시간에 따라 1번 미분하면 된다.

속도 $v \equiv \dfrac{dx}{dt} = 9 - 6t^2$

$v(t=3) = 9 - 6 \times 3^2 = 9 - 54 = -45$ [m/s] $\quad$ ($\rightarrow -\hat{x}$ 방향)

☛ **(주의)**

속도 $\equiv$ 거리/시간 $= \dfrac{7 + 9 \times 3 - 2 \times 3^3}{3} = \dfrac{-20}{3}$ [m/s]가 아님에 주의한다.

[예제] 활주로의 길이가 0.5 km에 비행기가 착륙하여 10 m/s^{2}로 일정하게 감속하여 정지하였다. 착륙 직전 비행기의 속력[m/s]은?

[해설] $v^2 - v_0^2 = 2ax$

$\rightarrow -v_0^2 = 2 \times (-10) \times (0.5 \times 10^3)$ $\quad$ [$\because$ 비행기 정지 $v = 0$, 감속 $\rightarrow$ 방향 $(-)$]

$\therefore v_0 = 100$ [m/s]

[예제] 활주로 길이가 1000 m이다. 정지상태의 비행기가 일정한 가속도로 20초 후에 이륙하였을 때 비행기의 속력[m/s]은?

[해설]

$x = v_0 t + \dfrac{1}{2}at^2$

$= \dfrac{1}{2}at^2 \quad (\because v_0 = 0)$

$1000 = \dfrac{1}{2}a \times 20^2 \quad \rightarrow \quad a = 5$ [m/s^2]

$v = v_0 + at$

$= at = 5 \times 20 = 100$ [m/s]

[예제] 물체가 속력 v로 미끄러지면서 거리 d만큼 움직이다가 정지하였다. 물체의 속력을 2배로 하면 정지거리는 얼마가 되는가? (단, 공기저항은 무시한다)

[해설]

처음 속력 v_0일 때

$$v^2 - v_0^2 = 2ax$$

$$\rightarrow\ 0^2 - v_0^2 = 2ad \qquad (\because v = 0\ \text{정지하므로 나중 속력은 0})$$

$$\therefore\ a = -\frac{v_0^2}{2d} \quad (\text{감속의 의미})$$

처음 속력 $2v_0$일 때

$$0^2 - (2v_0)^2 = 2ax = 2(-\frac{v_0^2}{2d})x \quad (\because v = 0\ \text{정지하므로 나중 속력은 0})$$

$$-4v_0^2 = -\frac{v_0^2}{d}x \quad \rightarrow\ x = 4d \qquad (\text{즉 4배가 된다})$$

(토론해보기) 높이가 H인 건물 옥상에서 물체를 초속도가 0인 상태로 자유낙하 시켰더니 지상에 도달할 때까지 시간이 s초 이였다. 또한 동시에 동일한 물체를 수평방향으로 초속도v_0로 던졌을 때, 낙하시간은?

⇒ 낙하시간은 정확히 자유낙하 시간과 동일한 s초가 걸린다. (각자 수식으로 풀어본다)

(토론해보기) 다음 그래프는 어떤 물체의 직선상 운동을 나타낸 것으로 운동 상태는?

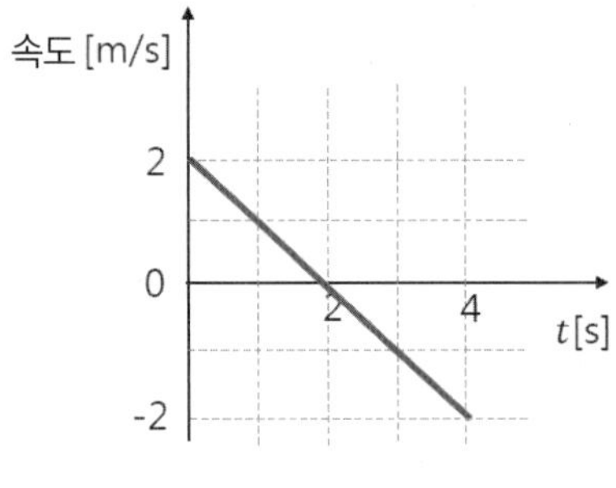

▷ 시간이 흐를수록 속도는 2초까지는 속력이 감소한다.

▷ 2초 이후에 다시 속력이 증가하는데 음수(−)이므로 운동 방향이 반대이다.

▷ 운동 방향이 1번 바뀌었다.

▷ 0초 때의 물체의 위치와 4초 때 물체의 위치는 같다. → 변위는 0이다.

▷ 2초일 때 가속도의 크기는 $-1\ m/s^2$이다. (가속도는 시간에 따른 속도 변화량이기 때문에 그래프의 기울기를 나타내므로 어느 점이든 상관없이 동일하다)

[예제] 사과나무에 매달려 있던 사과가 떨어진 후 1초 후에 지상에 도달하였다면 떨어진 높이[m]와 평균속도[m/s]는? (단, 공기 저항은 무시하고, 중력가속도는 10 m/s^{2}이다)

[해설] 자유낙하

$$y = v_0 t + \frac{1}{2}at^2$$

떨어진 높이 $H = v_0 t + \frac{1}{2}at^2 = \frac{1}{2}gt^2$ $\quad$ ($\because v_0 = 0$ 초속도 0)

$$H = \frac{1}{2} \times 10 \times 1^2 = 5 \ [\text{m}]$$

평균속도 = 총거리/총시간 = $\frac{5}{1} = 5$ [m/s]

[예제] 건물 위 옥상에서 물체를 수평으로 속력 40 m/s로 던졌는데, 지표면에 닿는 순간 속력이 50 m/s였다. 옥상에서 지표면까지 걸리는 시간[s]은? (단, 공기저항은 무시하고 중력가속도는 10 m/s^{2}이다)

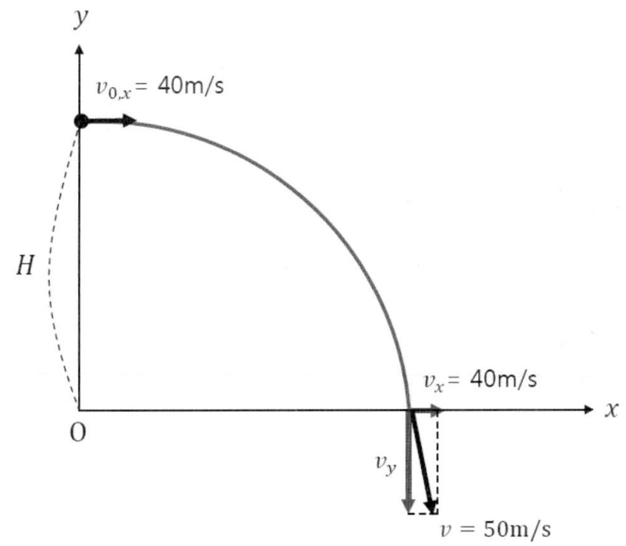

[해설]

$$v^2 = v_x^2 + v_y^2$$

$$50^2 = 40^2 + v_y^2 \quad \rightarrow \quad v_y^2 = 2500 - 1600 = 900$$

$$\therefore v_y = 30 \ [\text{m/s}]$$

y방향: 등가속도 운동 (=자유낙하)

$$v_y^2 - v_{0,y}^2 = 2aH \qquad \rightarrow \quad v_y^2 - 0 = 2gH$$

$$\therefore \ H = \frac{v_y^2}{2g} = \frac{30^2}{2\times 10} = \frac{900}{20} = 45 \ [\text{m}]$$

$$y = v_{0,y}t + \frac{1}{2}at^2 \qquad \rightarrow \ H = 0\times t + \frac{1}{2}gt^2 = \frac{1}{2}gt^2$$

$$45 = \frac{1}{2}\times 10\times t^2$$

$$\therefore \ t^2 = 9 \quad \rightarrow \quad t = 3\,[\text{s}]$$

[예제] 그림처럼 높이가 다른 절벽 한쪽에서 다른 쪽으로 물체를 던져서 보내려고 한다. 최소속력[m/s]은? (단, 공기저항은 무시하고 중력가속도는 10 m/s^{2}이다)

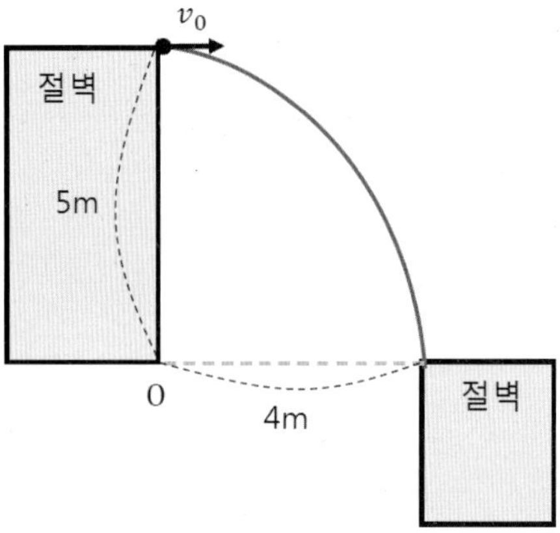

[해설]

수직방향 (연직방향, 등가속도 운동. 자유낙하. $a = g$)

$$y = v_0t + \frac{1}{2}at^2 \ \rightarrow \ v_0t + \frac{1}{2}gt^2$$

$$\rightarrow \ 5 = 0\times t + \frac{1}{2}gt^2 = \frac{1}{2}\times 10\times t^2$$

$$\therefore t = 1 \ \ [\text{s}]$$

수평방향 (등속도 운동)

$$x = v_0t$$

$\rightarrow \ 4 = v_0 t = v_0 \times 1$

$\therefore v_0 = 4$ [m/s]

✏ **(심화문제)** 비스듬히 던진 물체의 운동 (수평방향과 θ의 각도를 주었을 때)

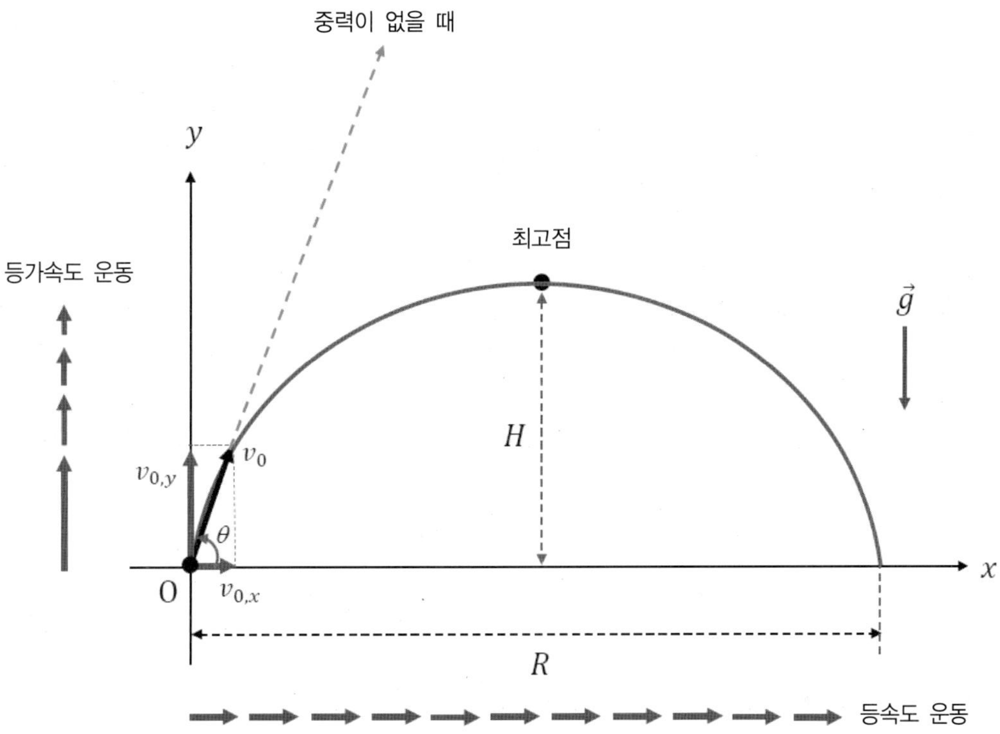

$v_{0,x} = v_0 \cos\theta$

$v_{0,y} = v_0 \sin\theta$

$\therefore \ v_0 = \sqrt{v_{0,x}^2 + v_{0,y}^2}$

수직방향 (연직방향): 등가속도 운동

운동방정식

$v = v_0 + at \qquad \rightarrow \qquad v_y = v_{0,y} - gt$

$y = v_0 t + \frac{1}{2}at^2 \quad \rightarrow \quad y = v_{0,y}t - \frac{1}{2}gt^2$

최고점에서의 y방향 속력은 0

$v_y = v_{0,y} - gt \quad \rightarrow \quad 0 = v_{0,y} - gt$

$$\therefore\ t = \frac{v_{0,y}}{g} = \frac{v_0 \sin\theta}{g}$$ (최고점까지 도달 시간)

최고점까지의 수직방향 높이 (H)

$$H = v_{0,y}t - \frac{1}{2}gt^2$$

$$= v_0 \sin\theta \times \frac{v_0 \sin\theta}{g} - \frac{1}{2}g\left(\frac{v_0 \sin\theta}{g}\right)^2$$

$$= \frac{v_0^2 \sin^2\theta}{g} - \frac{v_0^2 \sin^2\theta}{2g} = \frac{v_0^2 \sin^2\theta}{2g}$$

수평도달거리 (R)

$R = v_{0,x}\, T = v_{0,x} \times (2t)$ ($\because T = 2t$, 총시간은 최고점 도달 시간의 2배이다)

$$= v_0 \cos\theta \times 2t = v_0 \cos\theta \times 2 \times \frac{v_0 \sin\theta}{g}$$

$$= \frac{2v_0^2 \cos\theta \sin\theta}{g}$$

[Note] $\sin(\alpha + \beta) = \sin\alpha \cos\beta + \cos\alpha \sin\beta$

$\sin(\theta + \theta) = \sin 2\theta = \sin\theta \cos\theta + \cos\theta \sin\theta = 2\cos\theta \sin\theta$

$$\therefore\ R = \frac{v_0^2 \sin 2\theta}{g}$$

최대 수평도달거리는 $\theta = 45^0$ 일 때이다.

$$\therefore\ R_{max} = \frac{v_0^2 \sin(2 \times 45)^0}{g} = \frac{v_0^2}{g}$$

물체의 운동 궤적은 어떻게 되는가?

$x = v_{0,x}t = (v_0 \cos\theta)t$ Ⓐ

$y = v_{0,y}t - \frac{1}{2}gt^2 = (v_0 \sin\theta)t - \frac{1}{2}gt^2$ Ⓑ

Ⓐ에서 $t = \dfrac{x}{v_0 \cos\theta}$

Ⓑ에 대입

$$y = (v_0 \sin\theta) \times \frac{x}{v_0 \cos\theta} - \frac{1}{2} g \left(\frac{x}{v_0 \cos\theta}\right)^2$$
$$= \frac{\sin\theta}{\cos\theta} x - \frac{g}{2v_0^2 \cos^2\theta} x^2$$
$$\equiv ax - bx^2 \text{ 형태}$$

이차함수 그래프로 포물선을 나타낸다.

(생각해보기) 그림처럼 같은 속력으로 포탄을 발사 했다고 할 때 A와 B중 어느 것이 먼저 맞을까?

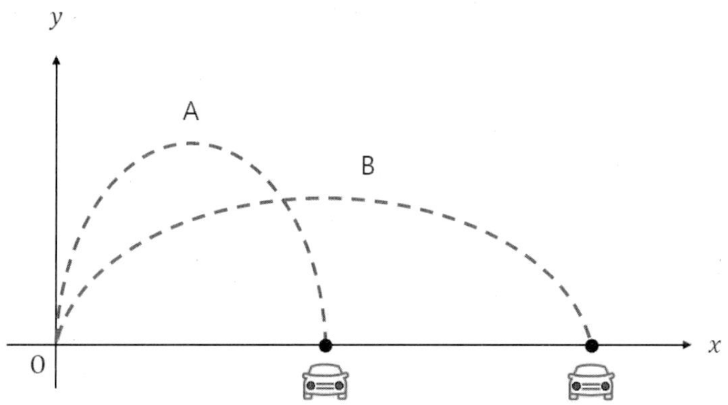

(방법1)

채공시간 ($T = 2t$, 총시간은 최고점 도달 시간의 2배이다)

$$\therefore \ T = 2t = \frac{2v_{0,y}}{g} = \frac{2v_0 \sin\theta}{g}$$

각도 (θ)가 클수록 채공시간도 길어진다. 따라서 B가 먼저 맞는다.

(방법2)

수평 거리는 생각하지 말고, 연직 상방 운동만 고려했을 때, A가 B보다 높기 때문에 올라가는 시간이 더 걸린다. 최고점 올라가는 시간의 2배 만큼 같은 시간에 수평방향의 거리를 간다.

$T_A > T_B \quad \rightarrow \quad$ B가 먼저 맞는다.

✍ **(알아두기)**

- **수직** (垂直): 수학적으로 두 직선이 서로 90° 일 때 이 두 직선은 서로 수직이라고 한다. 영어로 표현할 때 'perpendicular'라는 표현을 쓴다.
- **연직** (鉛直, 납연 곧을직): 한자의 의미는 우리가 납덩어리에 실을 매달아 들었을 때 똑바로 있는 것을 말한다. 따라서 연직방향이라는 것은 납덩어리가 가리키는 방향으로, 즉, 중력의 방향을 나타내는 것으로 지구 중심 방향을 의미한다고 볼 수 있다. 영어 표현은 'vertical'이다.

→ '연직'과 '수직'은 거의 같은 의미로 사용되고 있으나 실제로 연직이라는 말은 실생활에서는 거의 사용하지 않고 있다. 물리에서 중력 관련 문제를 풀 때, 어떤 면에 대해 수직방향은 여러 가지가 가능하기 때문에, 정확한 의미 전달을 위해 연직방향 (= 지구 중심 방향)이라는 표현을 사용하는 것이 더 바람직하다고 생각한다.

(예) 수직상방, 수직하방 등 이런 표현을 역학문제를 다룰 때 쓰지 않는다.

(토론해보기) 농구선수 마이클 조던은 골대에서 먼 지점에서도 점프하여 날아오면서 덩크슛을 성공하는데, 이를 본 사람은 "제자리에서 점프하는 것보다 뛰어와서 점프하는 것이 채공시간이 더 긴 것 같다"라고 말한다. 각 경우 채공시간에 대해 논하면?

▷ 제자리에서 점프하는 경우

채공시간 $T = 2t = \dfrac{2v_0}{g}$ Ⓐ

▷ 뛰어와서 점프하는 경우

채공시간 $T = 2t = \dfrac{2v_{0,\,y}}{g} = \dfrac{2v_0 \sin\theta}{g}$ Ⓑ

만약 초속도 v_0가 같다면 Ⓐ > Ⓑ 이다. 그러나 실제로 뛰어와서 점프하는 경우 더 큰 v_0를 가질 수 있게 만들 수 있다면, Ⓐ < Ⓑ로 Ⓑ의 채공시간을 더 길게 만들 수 있다.

[예제] 그림처럼 20 m 높이에 매달려 있는 원숭이를 향해 30도 각도로 20 m/s 속도로 총을 쏘았다. 총알이 발사되는 순간 원숭이는 손을 놓아 아래로 떨어졌다.

① 원숭이는 몇 초 후에 총알에 맞겠는가?

② 총알이 원숭이에 명중하는 높이 [m]는?

[해설]

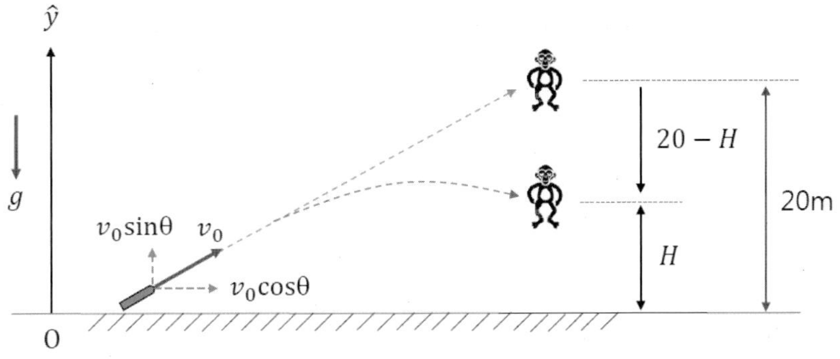

① 원숭이가 $(20-H)$만큼 떨어지는 시간 (t) $\quad 20-H=v_{0,\text{원숭이}}t+\frac{1}{2}gt^2$

$$20-H=\frac{1}{2}gt^2 \qquad (\because \text{자유낙하}) \qquad Ⓐ$$

총알의 y축 연직상방 운동방정식 $\quad y=(v_0\sin\theta)t-\frac{1}{2}gt^2 \qquad Ⓑ$

같은 높이 (H)에서 원숭이가 총알을 맞으려면 Ⓐ와 Ⓑ가 같아지는 시간 (t)이다.

식 Ⓐ $\quad H=20-\frac{1}{2}gt^2$

식 Ⓑ $\quad H=(v_0\sin\theta)t-\frac{1}{2}gt^2$

Ⓐ = Ⓑ $\quad 20-\frac{1}{2}gt^2=(v_0\sin\theta)t-\frac{1}{2}gt^2 \quad \rightarrow 20-20\sin 30°\,t=0$

$$20-20\times\frac{1}{2}\times t=20-10t=0$$

$$\therefore t=2\,[\text{s}]$$

② $H=20-\frac{1}{2}gt^2=20-\frac{1}{2}\times 9.8\times 2^2=0.4\,[\text{m}]$

[Note] 사냥꾼을 보아도 원숭이가 그냥 무시하고 제자리에 있었으면 총알을 맞지 않았을 것이다. 혹시 동물 애호가이시라면 왜 원숭이냐고 반문하실지 모르겠지만, 그냥 단순 물리 문제라고 이해해 주시길 바란다.

□ 뉴턴 제1법칙 (=관성의 법칙)

✍ **(알아두기)**

"물체에 알짜힘이 작용하지 않으면 정지한 물체는 계속 정지해 있으려하고 운동하는 물체는 계속 움직이려고 한다." 알짜힘 (net force)이란 물체에 작용하는 모든 합력이라고 생각하면 된다. 관성 (inertia)이란 현재의 상태를 그대로 유지하려는 성질이다. 설악산 흔들바위와 같이 질량이 큰 물체는 관성이 큰 것이고, 스타이로폼 [영어: styrofoam, 또는 독일어: 스티로폴 (Styropor)] 조각 같이 질량이 작은 물체는 관성이 작다.

■ 정지 상태를 유지하려고 하려는 관성의 법칙 적용 예

① 자동차가 갑자기 출발하면 사람들은 뒤쪽으로 쏠린다.
② 종이를 손가락으로 튕기면 동전은 컵 속으로 떨어진다.
③ 이불을 방망이로 두드리면 먼지가 털린다.
④ 식탁보 위에 잔을 놓고 식탁보를 빨리 잡아당기면 식탁보만 빠진다.
⑤ 쌓아둔 나무도막 중 하단에 있는 도막을 망치로 치면 하나는 빠지고 위쪽 나머지 도막들은 그대로 내려온다.

■ 운동 상태를 유지하려고 하려는 관성의 법칙 적용 예

① 자동차가 갑자기 정지하면 사람은 앞으로 쏠린다. (즉, 가고 있는 차에 있는 사람은 관성에 의해 계속 앞으로 가려고 하는데, 차가 갑자기 정지하므로 앞으로 급격히 쏠려 운전대에 충돌하게 된다)
② 달리던 사람이 돌부리에 걸리면 넘어진다.
③ 삽으로 흙을 떠서 던지면 흙이 날아간다. 즉, 삽은 정지하지만, 삽에 있는 흙은 운동 상태를 계속 유지하려고하기 때문에 앞으로 날아간다.
④ 망치자루를 바닥에 치면 망치머리가 들어간다.

(부연설명) 속도가 변하려면 무엇인가 원인이 있어야 한다. 물체가 외부의 영향을 받지 않는다면, 정지하거나 혹은 일정 속도로 움직여야 하는 것이다. 아리스토텔레스는 물체는 기본적으로 정지하려는 속성을 가졌다고 생각을 했는데 이것은 일상 경험하고 일치한다. 하지만 갈릴레이는 물체가 정지하는 이유는 외부에서 마찰력이 작용하고 있기 때문이라고 생각했다.

(생각해보기) 비 내리는 칠흑같이 어두운 밤 공동묘지 옆을 차를 타고 지나가는데 백미러로 뒤를 보니 머리를 풀어 헤치고 하얀 소복을 한 여인이 있는 것이 아닌가? 혼비백산 할 뻔 했지만 곧 정신을 가다듬고 과연 귀신인지 사람인지를 구별하려고 노력하였다. 운전자는 어떤 행동을 취했을까?

자동차 브레이크를 밟아보아서 앞으로 쏠리면 사람이고 그대로 있으면 귀신이다. 관성은 질량의 크기에 비례하기 때문에 사람은 영향을 받지만, 귀신은 질량이 없으므로 관성의 영향을 받지 않는다.

☛ **(게임하기)** 동전을 여러 개 탑처럼 쌓아올린 상태에서 맨 밑 동전 빼내기

어떻게 하면 동전 더미를 무너뜨리지 않고 맨 밑 동전을 잘 빼낼 수 있을까? 방법은 여러 가지가 있을 수 있는데 관성을 이용한다.

① 동전 맨 밑 부분을 최대한 빨리 확 끌어당긴다.
② 바둑알 튕기기 하듯이, 그림처럼 다른 동전을 놓고 손가락으로 튕기면 동전 더미는 모양을 그대로 유지하고 새로운 동전이 맨 밑을 다시 메운다. 결국 동전 더미가 무너지지 않고 원래 형태를 유지하는 것은 관성 때문이다.

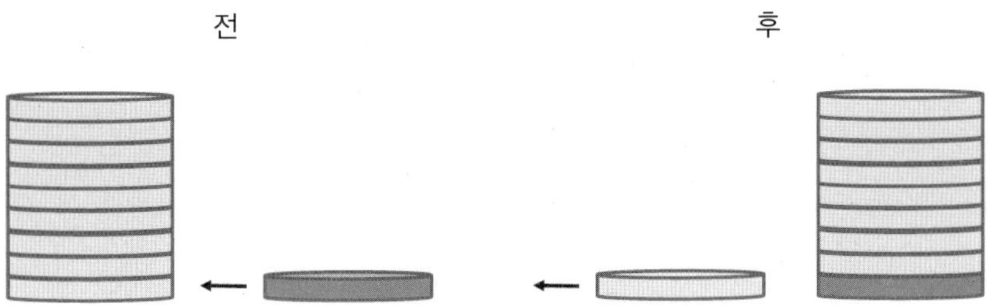

[예제] 다음 중 관성과 관계없는 것은?
① 이불의 먼지를 턴다.
② 삽으로 흙을 파서 흙을 던진다.
③ 차가 갑자기 정지하면 앞으로 넘어진다.
④ 식탁보 위에 물건을 올려놓고 식탁보를 갑자기 당기면 식탁보만 끌려온다.
⑤ 대포를 쏘면 포신이 뒤로 밀린다.

[정답] ⑤번으로 작용-반작용이다.

■ 관성의 원리를 이용한 우리 주변의 장치

① 안전띠: 차가 급정거 할 때 자동차 바퀴는 브레이크 라이닝 (brake lining)에 의해 회전이 멈추고 차의 관성에 의해 미끄러지면서 마찰력을 받지만 차 안 사람은 외부로부터 아무런 힘을 받지 않는다. 따라서 만약 안전띠를 매지 않으면 몸은 그대로 앞쪽으로 운동하는 것과 같고 머리등을 자동차 유리창에 부딪칠 것이다. 따라서 "안전띠는 생명띠"라는 것을 항시 명심하자.

② 지진계: 그림처럼 무거운 추를 매단 실을 좌우로 흔들면 추는 관성 때문에 흔들리지 않고 손만 좌우로 흔들린다. 따라서 추에 펜을 달고 원통 기록지가 흔들리게 하면 지진파가 기록되는 원리이다.

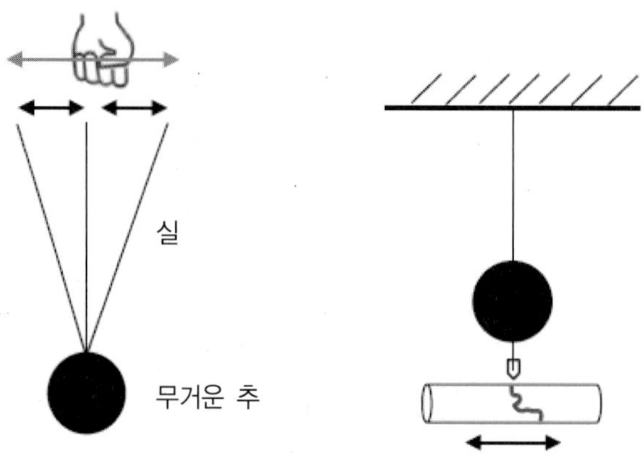

③ 세탁기 탈수의 원리

세탁통에 젖은 빨래를 넣고 회전시킨다고 하자. 빨래가 세탁통 벽면을 밀면 작용-반작용에 의해 세탁통 역시 안쪽으로 빨래를 민다. 이 힘들이 평형상태를 이루어 빨래는 벽면에 붙어 정지 상태로 계속 회전할 수 있지만, 물은 이런 힘을 제공 받지 못해서 세탁통에 뚫려 있는 구멍을 통해 밖으로 빠져 나올 수밖에 없다.

□ 뉴턴 제2법칙 (=가속도의 법칙)

✍ **(알아두기)**

"물체에 알짜힘이 작용하면 가속도가 생긴다. 방향은 알짜힘의 방향이고 크기는 물체의 질량과 가속도를 곱한 것과 동일하다."

(생각해보기) 복잡하게 생각하지 말고 단순히 볼 때 물체에 힘을 주면 바로 속도의 증감하고 관련이 있어 $F=mv$가 될 것 같은데 왜 가속도와 관련되어 $F=ma$라고 생각했을까?

만약 $F=mv$라고 하자. 힘이 $F=0$ 이면 $mv=0$ 이고 $v=0$ 이 되어야 한다. 하지만 등속운동의 경우 (예, 마찰 없이 얼음판을 미끄러져 가는 물체), 작용하는 알짜힘 (net force)은 없지만 속도 $v=$ 일정 (constant)하게 움직이다. 따라서 $F=mv$는 잘 맞지 않는다. 이제 $F=ma$라고 할 때는 다음과 같다.

$$F=ma=0 \qquad (\because F=0)$$
$$\rightarrow \ a \equiv \frac{dv}{dt}=0$$
$$\therefore v= \text{ 상수 (일정, constant)} \ \rightarrow \ \text{등속운동}$$

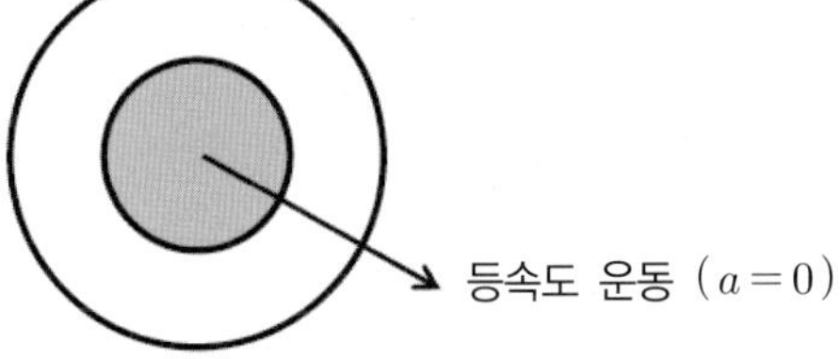

즉, 등속도 운동은 등가속도 운동에서 가속도가 $a=0$ 인 특별한 경우 (=부분집합)에 해당함을 알 수 있다.

(일반화) 다수의 외력 ($=\sum \vec{F_i}$)이 작용

$$\vec{F}_{tot} \equiv \sum_i \vec{F_i} = m\vec{a}$$

즉, 왼쪽 항은 외력의 합 ($\sum \overrightarrow{F_i}$)에 의한 원인 제공을, 오른쪽 항은 결과 ($\vec{a}$)를 나타낸다고 볼 수 있다.

$\therefore$ 원인 → 결과

(토론해보기) 그림은 비행기가 활주로에 착륙한 후부터 정지할 때까지의 속도-시간을 나타낸 것이다. 비행기 운동에 대해 논의해 보면?

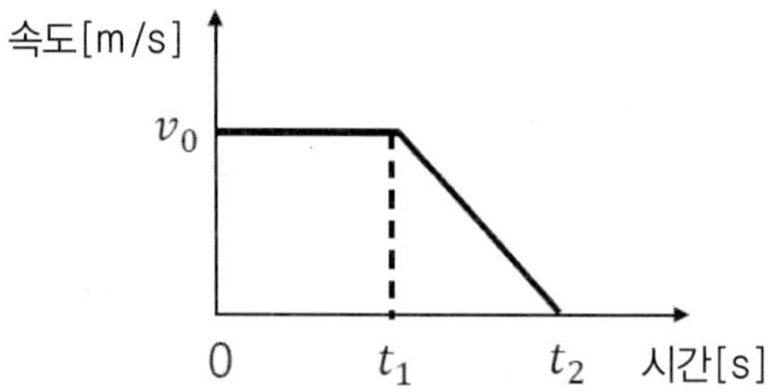

▷ 시간 $0 \sim t_1$ 까지는 등속도 운동이므로 작용하는 알짜힘은 0이다.

▷ 시간 $0 \sim t_2$ 동안 총 이동한 거리는?

면적 = 이동한 거리

$$= v_0 t_1 + \frac{1}{2}(t_2 - t_1) \times v_0 = \frac{1}{2} v_0 t_1 + \frac{1}{2} v_0 t_2 = \frac{1}{2} v_0 (t_1 + t_2)$$

▷ 속도 v_0가 2배가 되면 $0 \sim t_1$ 동안 이동한 거리는?

$s = vt$ 이므로 $2v_0 t = 2(v_0 t)$ 에 의해 2배가 된다.

▷ 시간 $t_1 \sim t_2$ 동안 가속도의 방향은 감속이기 때문에 운동방향과 반대 방향임을 알 수 있다.

가속도 $a = \dfrac{\Delta v}{\Delta t} = \dfrac{0 - v_0}{t_2 - t_1} = -\dfrac{v_0}{t_2 - t_1}$

(생각해보기) 힘에는 접촉력 (contact forces)과 비접촉력 (non-contact forces)이 있다.

- **접촉력**: 물체와 직접적인 물리적 접촉에 의한 것으로, 상식적으로 우리가 통상적으로 생각하는 힘이다.

(예) 용수철 잡아당기기, 수레 당기기, 공차기, 테니스 공치기 등

- **비접촉력**: 접촉하지 않아도 상호간 서로 힘을 주고받는다.

(예) 태양과 지구 사이에 작용하는 만유인력, 중력에 의한 사과 낙하, 양전하 음전하 사이에 작용하는 전기력, N극과 S극 사이에 작용하는 자기력 등

☛ 즉, 꼭 접촉을 하지 않아도 (우리가 몸으로 직접 느끼지 못해도) 물체 사이에 작용하고 있는 힘이 있다는 사실에 주목해야 한다)

[예제] x축 방향으로 10 m/s의 속도로 운동하던 질량 100 kg의 물체에 $-x$방향으로 100 N의 힘을 5초간 준 후의 물체의 속도 [m/s]는?

[해설]

$\vec{F} = m\vec{a}$

$100 = 100 \times (-a)$ $\qquad$ ($\because$ 반대방향으로 가속도 생긴다)

$a = -1$ [m/s²]

$v = v_0 + at$

$\therefore v = 10 + (-1) \times 5 = 5$ [m/s]

[예제] 질량 5 kg인 물체가 초기 속도 2 m/s로 운동하였는데, 일정한 힘이 작용하여 10 m를 이동한 후에는 속도가 8 m/s가 되었다. 작용한 힘[N]은?

[해설]

$\vec{F} = m\vec{a}$

$v^2 - v_0^2 = 2ax$

$8^2 - 2^2 = 2a \times 10$

$60 = 20a \rightarrow a = 3$ [m/s²]

$\therefore F = 5 \times 3 = 15$ [N]

[예제] 질량 2000 kg인 자동차가 40 m/s로 달리다가 브레이크를 밟았는데 10초 후에 정지하였다. 브레이크에 가해지는 힘[N]은?

[해설]

$v = v_0 + at$

$0 = 40 + a \times 10 \rightarrow a = -4$ [m/s²] $\qquad$ ($\because$ 가속도가 반대 방향으로 작용)

$F = ma$

$= 2000\,\text{kg} \times (-4\,\text{m/s}^2) = -8000\,\text{kg} \cdot \text{m/s}^2 = -8000\,[\text{N}]$

(생각해보기) 가속도와 힘이 동일한 경우는 어떤 때인가?

$F = ma = 1\text{kg} \times a = a$ (즉, 질량이 1kg일 때이다)

□ 뉴턴 제3법칙 (=작용-반작용의 법칙)

✍ **(알아두기)**

"물체 A가 물체 B에 힘을 작용하면 물체 B는 크기는 같고 방향이 반대인 힘을 물체 A에 작용한다."

$$\overrightarrow{F_{AB}} = -\overrightarrow{F_{BA}}$$

$$\rightarrow |F_{AB}| = |F_{BA}| \equiv F \qquad \text{(크기는 동일)}$$

(−) 부호는 반대 방향임을 나타낸다.

F_{AB}는 A가 B에 작용하는 힘이고, F_{BA}는 B가 A에 작용하는 힘을 나타낸다.

■ 작용 반작용의 예

	상황	작용 (action)	반작용 (reaction)
①	땅위에 물건이 놓여있다.	지구가 물건을 잡아당긴다.	물건이 지구를 잡아당긴다.
②	벽을 치면 아프다.	사람이 벽을 친다.	벽이 사람을 친다.
③	로켓이 연료 분사 하면서 앞으로 나아간다.	로켓이 가스를 아래로 분사한다.	가스가 로켓을 위로 민다.
④	사람이 걸어 나간다.	사람의 발이 땅을 뒤로 민다.	땅이 사람의 발을 앞으로 민다.
⑤	노를 저으면서 배가 앞으로 간다.	노가 물을 뒤로 민다.	물이 노를 앞으로 민다.
⑥	사과가 나무에서 떨어진다.	지구가 사과를 당긴다.	사과가 지구를 당긴다.
⑦	포탄을 쏠 때 포신이 뒤로 밀린다.	포신이 포탄을 발사한다.	포탄이 포신을 뒤로 밀어낸다.
⑧	얼음판에서 두 사람이 서로 보고 밀 때 두 사람 모두 밀린다.	사람 A가 사람 B를 민다.	사람 B도 사람 A를 민다.
⑨	철봉에 매달려 있다.	사람이 철봉을 당긴다.	철봉도 사람을 당긴다.
⑩	지구와 달 사이에 만유인력이 작용한다.	지구가 달을 끌어당긴다.	달도 같은 크기의 힘으로 지구를 끌어당긴다.

(생각해보기) 짐수레를 끄는 소가 일하기 싫어서 주인한테 "뉴턴의 제 3법칙에 의하면 내가 짐수레를 끌려고 해도 똑같은 힘으로 짐수레가 나를 끌기 때문에 짐수레를 끌 수가 없다"라고 주장한다면 도대체 뭐가 이상한 일인가?

머리 좋은 소의 맹점은 자신의 주장을 짐수레에 국한한 것이다. 자신이 짐수레를 끌면 이제 반작용으로 짐수레가 자신에게 크기는 같고 방향이 반대인 힘이 작용하는 것은 맞으므로 움직일 수 없게 보인다. 그러나 자신이 땅을 뒤로 밀면 땅이 역으로 자신을 밀어주기 때문에 앞으로 나아갈 수 있게 된다.

(생각해보기) 우리가 체중계에 "몸무게를 단다"는 것은 무슨 의미인가?

우리가 체중계 위에 올라가 있을 때, 아랫방향으로 중력 (mg)이 작용하고, 크기는 같고 방향이 반대인 수직항력 (N)이 나타나는데, 작용에 대한 반작용인 수직항력이 체중계에 나타나는 것이다.

☛ 뉴턴 방정식의 위대함: 초기 조건 (initial condition)만 알면, 임의의 (x, t) 에서 물체가 어떻게 움직이는지를 예측할 수 있다.

(예)
① 세종 11년 (1429년): 달이 심성의 큰 별을 범함
② 고종 2년 (1865년): 태백성이 사자위에 나타남
③ 75년 내외의 주기로 움직이는 핼리혜성, 2020년 내외에 지구 방문예정

☛ **(읽어보기)** "라플라스의 악마"

프랑스 수학자 피에르 시몽 라플라스 (Pierre-Simon Laplace, 1749~1827)의 가설에서 고안된 가상의 존재로 우주에 있는 모든 원자의 정확한 위치와 운동량을 알고 있는 존재가 있다면 뉴턴 법칙에 의해 현재의 모든 상황을 설명해 줄 수 있고, 미래까지 예언할 수 있다는 것이다. 즉, 운동의 초기 조건만 충분히 알면 지상의 물체뿐만 아니라 천체의 운동 역시 정확하게 예상할 수 있다고 생각했던 것이다. 신이 아니라 '악마'인 이유는 이것이 과학의 산물, 인간 이성의 창조물이기 때문이다. 현대 과학으로 넘어 오면서 상대론, 불확실성 원리로 인해 미시 세계에서는 적용이 안 된다는 것을 알 수 있다.

□ 마찰력 (friction)

(상황) 물체에 힘 (F)을 주고 손을 놓았다고 하자. 물체는 오른쪽으로 이동하다가 멈출 것이다. 그 원인과 이유는?

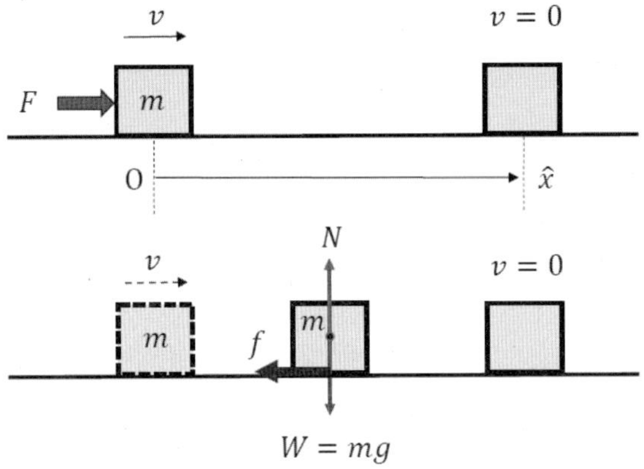

마찰력 $f_{k(s)} = \mu_{k(s)} N$

(방향: 운동방향에 반대 방향으로 작용)

f : 마찰력 (friction)

$\mu_{k(s)}$: 미끄럼[운동]마찰계수(정지마찰계수)

N : 수직항력 ($\rightarrow$ $N = W = mg$)

정지마찰력: 물체에 힘을 주어도 물체가 움직이지 않을 때의 마찰력

최대정지마찰력 ($f_{s,\max}$): 물체가 정지해 있다가 움직이기 시작하는 순간의 마찰력의 크기

$\mu_{s,\max}$: 최대 정지 마찰계수

운동마찰력: 물체가 운동하는 동안 작용하는 마찰력, $f_k = \mu_k N$

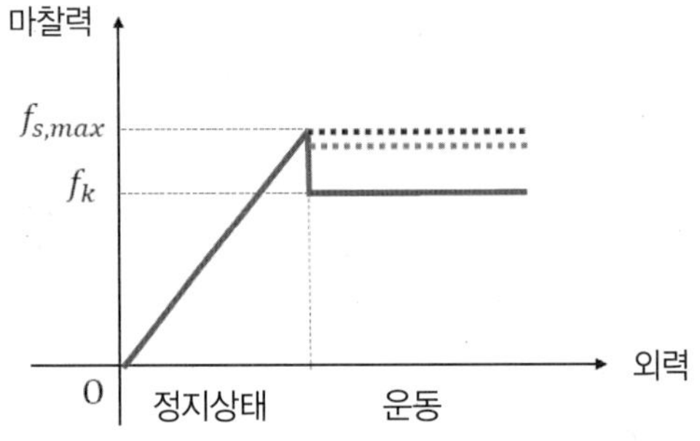

그림처럼 최대정지마찰력이 작용할 때, 물체는 이제 막 움직일 듯 말 듯 주저하고 있는 상태이다. 그런데 이것보다 외력이 조금이라도 크면 물체는 드디어 움직이기 시작할 것이다. 따라서 일반적으로 f_k를 $f_{s,\,\max}$보다 아래쪽에 그리고 있다.

[예제] 수평면위에 있는 물체에 10 N의 힘을 주었더니 5 m/s^{2}의 가속도가 생겼다. 물체의 질량이 1 kg일 때 마찰력[N]은?

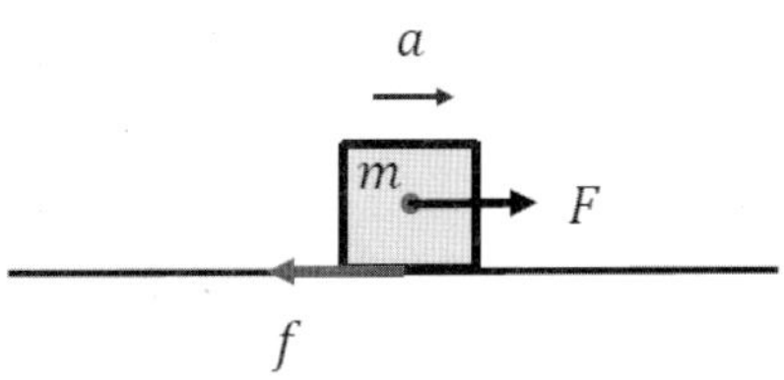

[해설]

$F - f = ma$ (F = 외력, f = 마찰력, a = 가속도)

$10 - f = 1 \times 5$ [kg]

$\therefore\ f = 5$ [N]

[예제] 자동차가 수평도로에서 90 km/h로 달리고 있다. 급브레이크를 밟아 바퀴가 잠기면서 차가 미끄러지면서 정지하였다. 제동거리[m]는? (단, 운동마찰계수는 0.25, 정지마찰계수는 0.5, 중력가속도는 10 m/s^{2}이다)

[해설]

$v_0 = 90\ \text{km/h} = 90 \times \dfrac{1000\ \text{m}}{3600\ \text{s}} = 25\ \text{m/s}$

$F = ma = -\mu mg$ (∵ 마찰력은 방향이 반대)

$\rightarrow\ a = -\mu g = -0.25 \times 10 = -2.5\ \text{m/s}^2$

$v^2 - v_0^2 = 2aS\ \rightarrow\ 0^2 - v_0^2 = 2aS$

$\therefore\ S = \dfrac{-v_0^2}{2a} = \dfrac{-25^2}{2 \times (-2.5)} = 125$ [m]

□ (운동의 법칙 관련) 예제 모음

[예제] 대패 날을 빼기 위해 망치로 대패의 어느 부분을 두드려야 하는가?

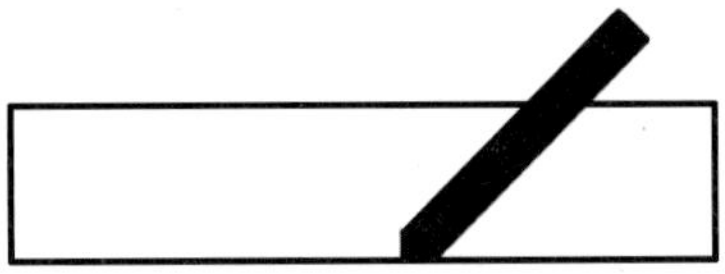

[해설] 대패 머리를 툭툭 치면 대패는 움직이는데, 대패 날은 관성 때문에 움직이려 하지 않는다. 현재 대패 날이 꽂혀 있는 각도 상 대패 머리를 계속 치면 대패는 아래 방향으로 움직인다. 즉 이것은 대패 날 입장에서는 날이 위 방향 쪽으로 이동하는 것이고 결국은 조금씩 빠지는 것에 해당한다.

[예제] 무거운 추를 가는 실로 매달았다. 추의 아래쪽을 갑자기 당길 때와 천천히 당길 때 실의 어느 부분이 끊어지는지를 예상해 보면?

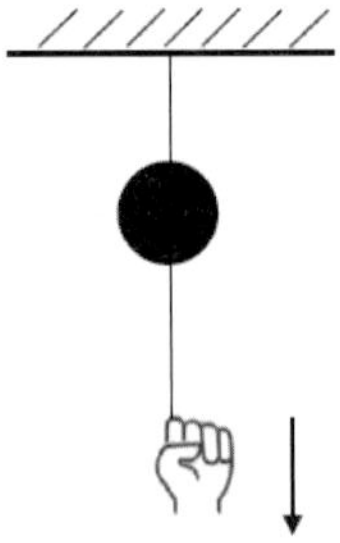

[해설] 실을 갑자기 당기면 추는 관성에 의해 그대로 정지하려고하기 때문에 아래쪽 실이 끊어진다. 서서히 당기면 힘이 추에 전달될 것이고 당기는 힘과 추의 무게에 의해 위쪽 실이 끊어질 것이다.

[예제] 비커 안에 물이 들어있다. 수레가 오른쪽으로 움직이는데 시간에 따라 속력이 증가한다고 할 때 비커 안 물높이 변화는?

[해설] 수레의 속력이 증가할 때 물은 뒤쪽으로 쏠린다.

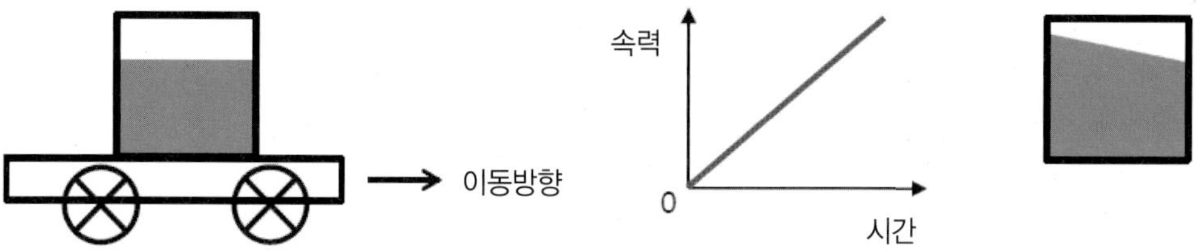

[예제] 만약 물높이가 그림처럼 되었다면, 속력은 어떻게 되는가?

[해설] 물높이가 앞쪽으로 쏠린 것이므로 수레가 정지하려는 것을 의미한다. 따라서 시간에 따라 속력이 느려진다.

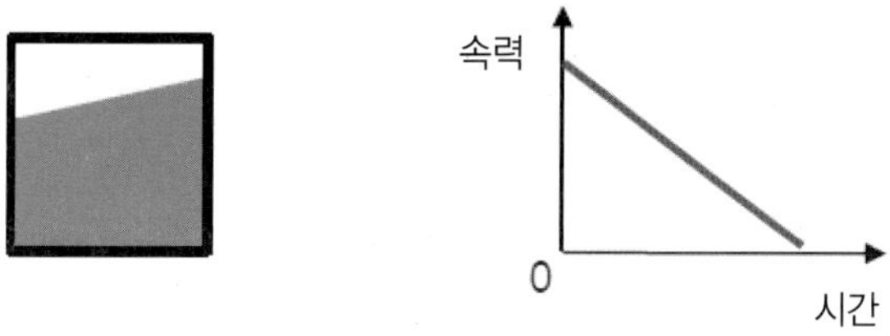

[예제] 다음은 뉴턴의 운동 제 1법칙의 설명과 가장 관계가 먼 것은?

① 젖은 빨래를 흔들면서 털 때 물이 빠져나간다.
② 무거운 바위를 움직일 때 지레를 이용하면 힘이 덜 든다.
③ 기차의 제동장치는 자동차 제동장치보다 더 강력하다.
④ 버스가 커브 길을 돌아갈 때 몸이 바깥으로 쏠린다.

[해설] 빨래는 흔들면 움직이지만, 물은 관성 때문에 제자리에 머물게 되어 물이 빨래에서 빠져나간다. 기차는 자동차보다 질량 (관성)이 크기 때문에 정지시키려면 자동차보다 강력한 제동장치가 필요하다. 버스가 커브 길을 돌아갈 때, 원운동 역시 중심방향 가속도 운동이므로 중심에서 멀어지는 방향으로 관성력 (=원심력)이 작용하며, 지레 이용은 힘이 덜 들어가는 일의 원리와 관계가 있다. 따라서 정답은 ②번이다.

[예제] 그림처럼 질량이 각각 m_1, m_2, m_3인 세 개의 물체가 줄로 연결되어 천장에 매달려 있다. 장력 T_1, T_2, T_3는? (단, 줄의 질량은 무시하고, $m_1 = 0.1$ kg, $m_2 = 0.2$ kg, $m_3 = 0.3$ kg이고 중력가속도는 10 m/s^{2}이다)

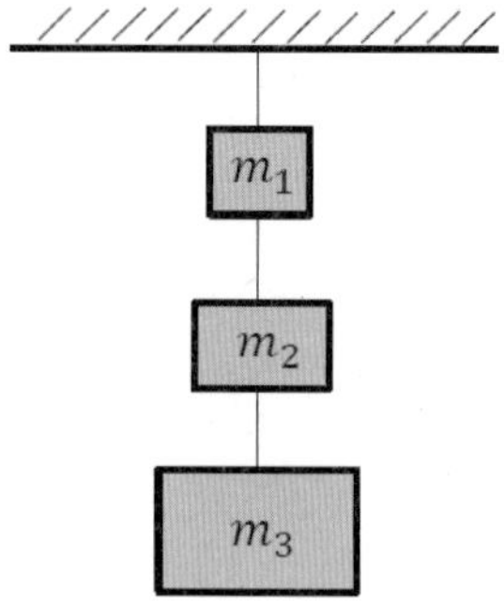

[해설] 이런 종류의 문제를 풀기 위해서는 우선 각 물체에 작용하는 모든 힘을 찾은 후 운동방정식을 적용하는 것이다.

뉴턴 제 2법칙 $\vec{F}_{tot} \equiv \sum_i \vec{F_i} = m\vec{a}$

왼쪽 항이 모든 힘의 합력 ($\vec{F}_{tot} \equiv \sum_i \vec{F_i}$)이고 이 합력에 의해 오른쪽 항인 가속도 (a)가 생긴다.

따라서 작용하는 모든 힘을 찾아 그려보면 다음과 같다. m_1과 m_2에서 작용하는 중력의 경우, 독자들의 보는 것의 편의를 위해 중심점에서 약간 왼쪽 편에 그렸다.

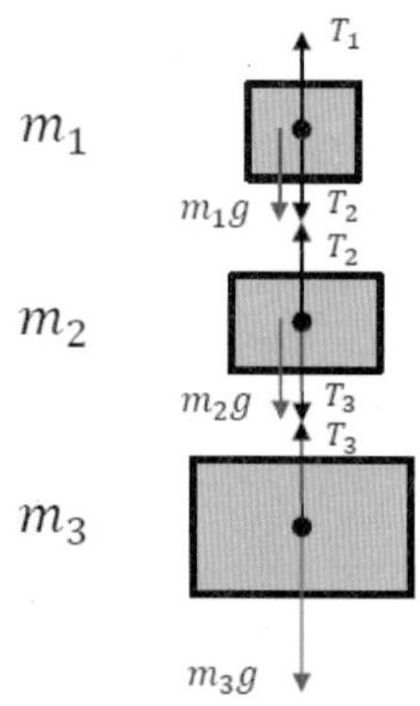

물체가 정지하고 있으므로 가속도는 0이다 → $a = 0$

(물체 m_3) $m_3 g - T_3 = m_3 a = 0$ Ⓐ

(물체 m_2) $m_2 g + T_3 - T_2 = m_2 a = 0$ Ⓑ

(물체 m_1) $m_1 g + T_2 - T_1 = m_1 a = 0$ Ⓒ

미지의 변수가 3개 (T_1, T_2, T_3)이고, 방정식이 3개 (Ⓐ, Ⓑ, Ⓒ)이므로 연립해서 풀면 된다.

$\therefore \quad T_3 = m_3 g = 0.3 \times 10 = 3\text{ N}$

$T_2 = m_2 g + T_3 = 0.2 \times 10 + 3 = 5\text{ N}$

$T_1 = m_1 g + T_2 = 0.1 \times 10 + 5 = 6\text{ N}$

(검토) 위 그림을 다시 생각해보면 그림처럼 m_1, m_2, m_3가 하나로 합해진 물체가 그냥 천장에 매달려 있는 것과 동일하고 장력하고 중력하고 평형을 이루고 있는 상태이다.

$$m_1 + m_2 + m_3 \equiv M$$

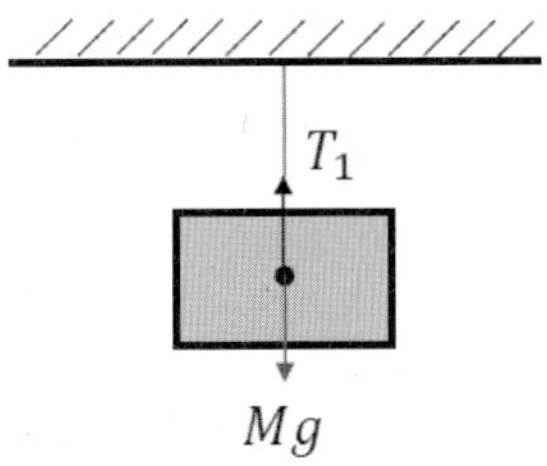

$$\rightarrow \quad T_1 = Mg = (m_1 + m_2 + m_3)g$$
$$= (0.1 + 0.2 + 0.3) \times 10 = 6\text{ N}$$

[예제] 그림처럼 질량이 각각 m_1, m_2, m_3인 세 개의 물체가 줄로 연결되어 마찰이 없는 수평면에 놓여있는데 오른쪽으로 힘 (F)을 주어 잡아 당겼다. 장력 T_1, T_2는? (단, 줄의 질량은 무시하고, $F = 12\text{ N}$, $m_1 = 1\text{ kg}$, $m_2 = 2\text{ kg}$, $m_3 = 3\text{ kg}$이고 중력가속도는 10 m/s^2이다)

[해설]

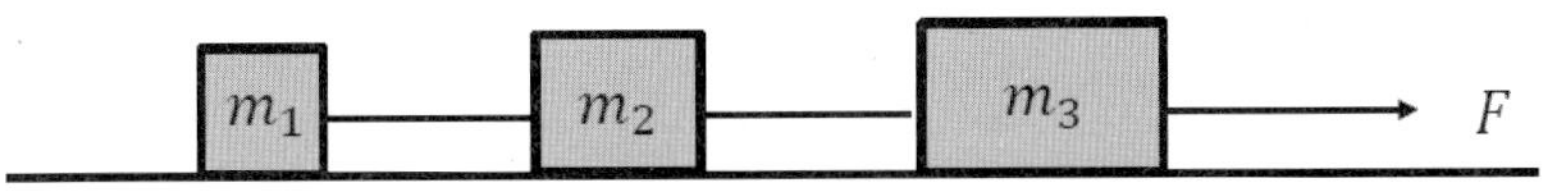

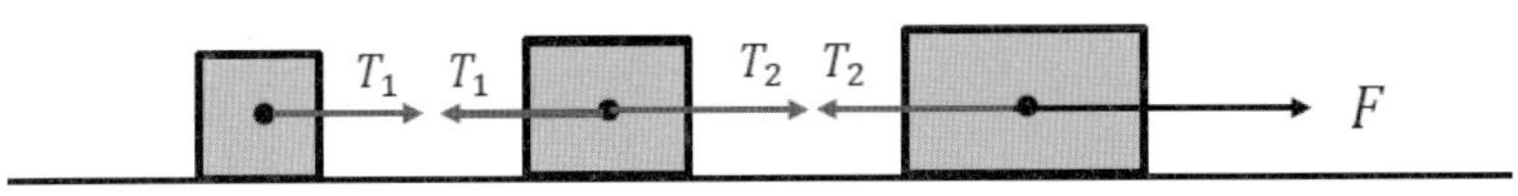

[Note] 같이 붙어 움직이는 물체의 운동은 똑같은 가속도가 작용한다.

오른쪽으로 힘이 작용하기 때문에 가속도가 생긴다. 힘이 m_2에 전달되고 (T_2), 이것의 반작용에 의해 m_3에도 크기는 같고 방향이 반대인 힘 (=장력, T_2)가 작용한다. 또한 m_1에 T_1이 전달된다. 이것의 반작용으로 m_2에도 T_1이 작용한다.

(물체 m_3) $F - T_2 = m_3 a$ Ⓐ

(물체 m_2) $T_2 - T_1 = m_2 a$ Ⓑ

(물체 m_1) $T_1 = m_1 a$ Ⓒ

미지의 변수가 3개 (T_1, T_2, a)이고, 방정식이 3개 (Ⓐ, Ⓑ, Ⓒ)이므로 연립해서 풀면 된다.

Ⓑ식 $T_2 - T_1 = T_2 - m_1 a = m_2 a$ $\therefore T_2 = m_1 a + m_2 a$

Ⓐ식 $F - T_2 = F - (m_1 a + m_2 a) = m_3 a$ $\therefore F = m_1 a + m_2 a + m_3 a$

$$\rightarrow a = \frac{F}{m_1 + m_2 + m_3} = \frac{12}{1+2+3} = 2\ [\mathrm{m/s^2}]$$

$T_1 = m_1 a = 1 \times 2 = 2\ [\mathrm{kg \cdot m/s^2} = \mathrm{N}]$

$T_2 = m_1 a + m_2 a = 1 \times 2 + 2 \times 2 = 6\ [\mathrm{N}]$

(검토) 세 물체가 서로 연결되어 있으므로, 각자 움직이는 것이 아니라, 함께 움직인다. 따라서 한 물체로 취급이 가능하다.

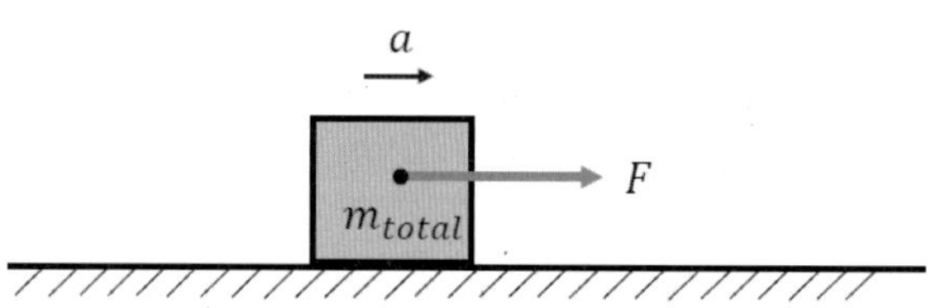

$m_{total} = m_1 + m_2 + m_3 = 1 + 2 + 3 = 6\,\mathrm{kg}$

$\therefore F = m_{total}\, a$

$12 = (1+2+3) \times a$ $\rightarrow a = 2\ [\mathrm{m/s^2}]$

(물체 m_3) $F - T_2 = m_3 a$

$12 - T_2 = 3 \times 2 \rightarrow T_2 = 6\ [\mathrm{N}]$

(물체 m_2) $T_2 - T_1 = m_2 a$

$6 - T_1 = 2 \times 2 \rightarrow T_1 = 2\ [\mathrm{N}]$

[예제] 그림처럼 질량 m인 물체에 수평으로 힘을 가해 벽에 붙어있게 하였다. 정지마찰계수가 μ일 때 물체가 떨어지지 않기 위한 최소의 힘은? (단, 중력가속도는 g이다)

[해설]

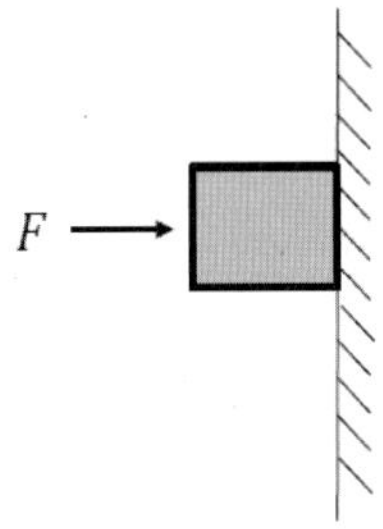

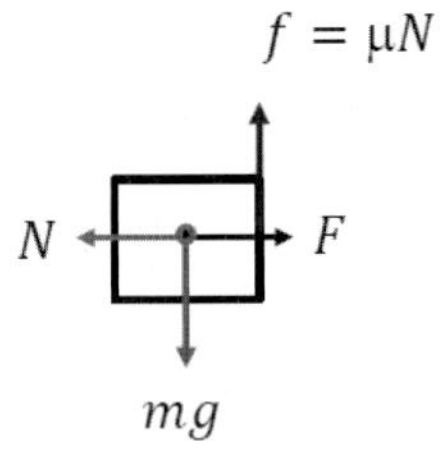

중력 = 마찰력 (∵ 아래로 미끄러지지 않으려면)

$mg = \mu N$

$= \mu F$ (∵ $F = N$, 수평방향으로 평형)

$\therefore F = \dfrac{mg}{\mu}$

[예제] 그림처럼 질량 1 kg인 물체를 단단한 수직 벽면에 대고 40 N의 힘을 벽면에 대해 60도 방향으로 가하고 있고 물체는 움직이지 않고 정지 상태에 있다. (단, 중력가속도는 10 m/s^2 이다)

① 물체가 벽면을 누르는 힘에 대한 벽면의 수직항력[N]은?

② 물체와 벽면 사이에 작용하는 마찰력의 크기[N]와 방향은?

[해설]

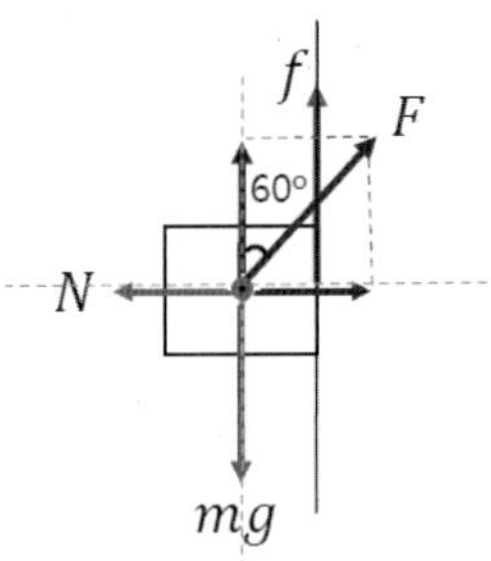

① 수직항력 $N = F\sin\theta = 40\sin 60° = 40 \times \dfrac{\sqrt{3}}{2} = 20\sqrt{3}$ [N]

② 수직방향 힘의 평형

작용하는 힘의 코사인 성분과 마찰력의 합이 중력하고 크기는 같고 방향은 서로 반대이다.

$F\cos\theta + f = mg$ ($\leftarrow f = \mu N$, 마찰력)

$f = mg - F\cos\theta$

$\therefore f = 1 \times 10 - 40\cos 60° = 10 - 40 \times \dfrac{1}{2} = -10$ [N] (즉, 중력의 반대 방향)

[예제] 그림처럼 질량 m인 물체가 평형을 이룰 때 장력 T_1, T_2의 비는?

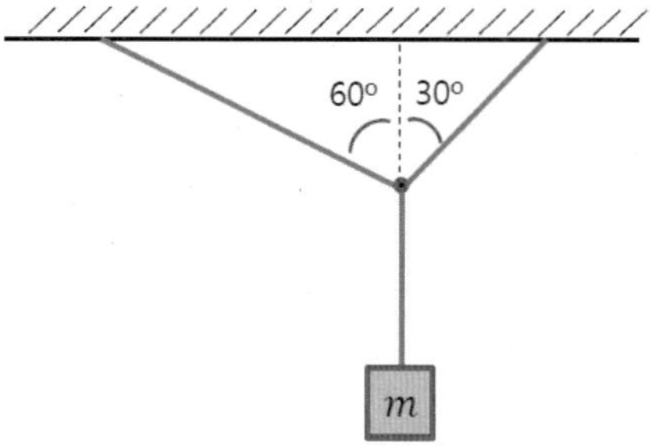

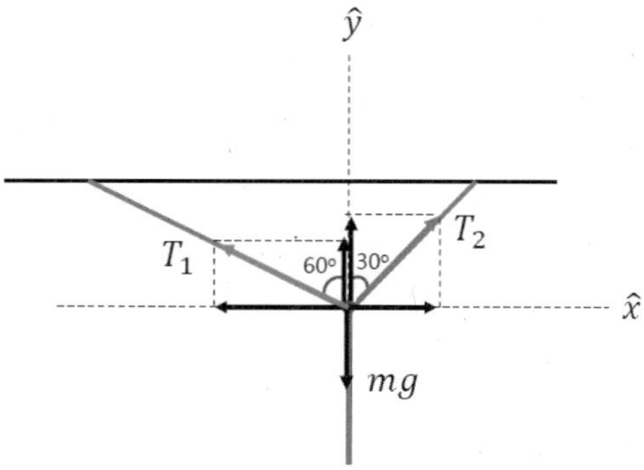

[해설] 줄에 작용하는 장력을 찾은 후 벡터 분해를 한다.

힘의 평형

x축 $T_1 \sin 60 = T_2 \sin 30$ Ⓐ

y축 $T_1 \cos 60 + T_2 \cos 30 = mg$ Ⓑ

Ⓐ식 $T_1 \times \frac{\sqrt{3}}{2} = T_2 \times \frac{1}{2} \quad \rightarrow \quad T_2 = \sqrt{3}\, T_1$

Ⓑ식 $T_1 \times \frac{1}{2} + \sqrt{3}\, T_1 \times \frac{\sqrt{3}}{2} = mg \quad \rightarrow \quad T_1 = \frac{mg}{2}$

$\therefore \ T_2 = \sqrt{3}\, T_1 = \frac{\sqrt{3}}{2} mg$

$\rightarrow \ T_1 : T_2 = \frac{mg}{2} : \frac{\sqrt{3}}{2} mg$

$= 1 : \sqrt{3}$

(생각해보기) 철봉에 매달릴 때, 두 팔의 간격을 어떻게 해야 하는가?

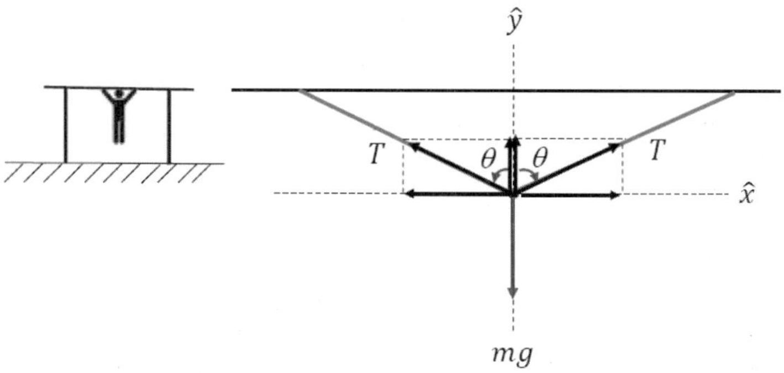

$$T\cos\theta + T\cos\theta = mg$$
$$2T\cos\theta = mg$$
$$\therefore\ T = \frac{mg}{2\cos\theta}$$

$$\theta = 0^0 \ \rightarrow\ T_{\min} \simeq \frac{mg}{2}$$
$$\theta = 90^0 \ \rightarrow\ T_{\max} \simeq \infty$$

따라서 두 팔의 간격이 넓을수록 무겁게 느껴진다. 힘을 적게 들려면 철봉에 두 팔을 모아서 똑바로 매달리면 된다.

[예제] 그림처럼 마찰이 없는 빗면위에 질량 2 kg인 물체 A와 질량 m인 물체 B가 실로 연결되어 있다. 두 물체가 정지하기 위한 물체 B의 질량[kg]은?

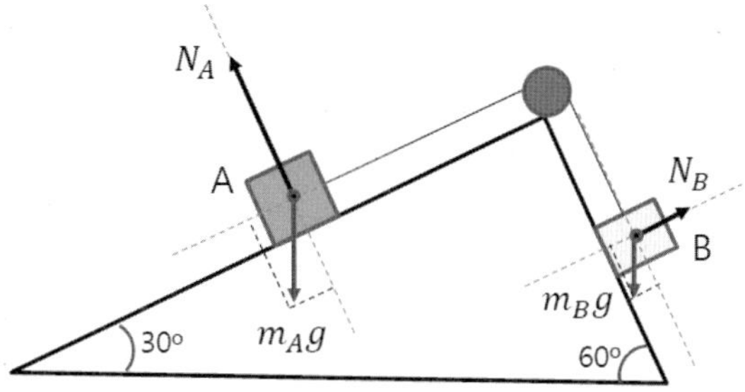

[해설] 두 물체 작용하는 힘을 모두 표시하면 중력 $(m_A g, m_B g)$하고 수직항력 (N_A, N_B)이다. 이 힘을 빗면을 따라서 분해한다.

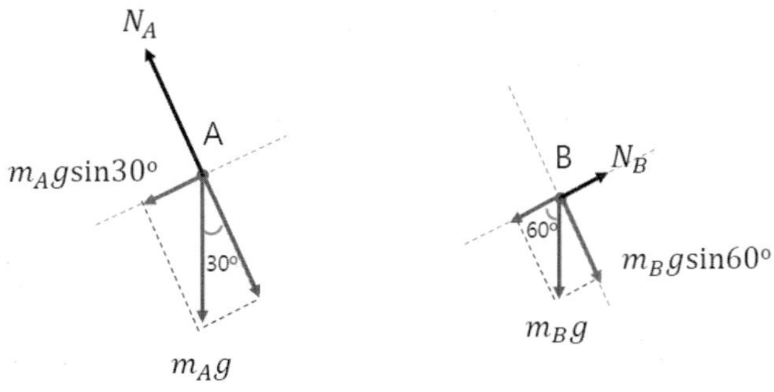

힘의 평형

$$m_A g\ \cos30^o = N_A$$
$$m_B g\ \cos60^o = N_B$$

즉, 수직 항력 방향의 힘은 서로 상쇄된다. 결국 남는 힘은 빗면을 따른 성분 밖에 없고, 이 두 힘이 평형을 이루는 것이다.

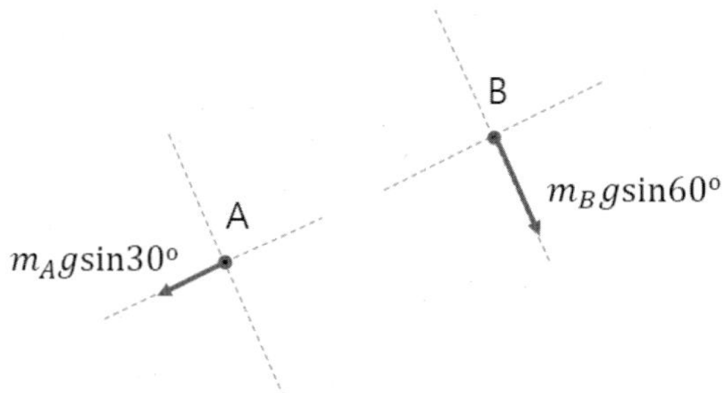

양쪽 빗면을 미끄러져 내려가는 힘이 서로 평형이다.

$$m_A g\ \sin30° = m_B g\sin60°$$

$$2 \times \frac{1}{2} = m_B \times \frac{\sqrt{3}}{2}$$

$$\therefore\ m_B = \frac{2}{\sqrt{3}} = \frac{2\sqrt{3}}{3}$$

(생각해보기) 그림에서 평형을 이루어 정지상태에 있을 때 추의 무게는? (단, 마찰은 무시한다)

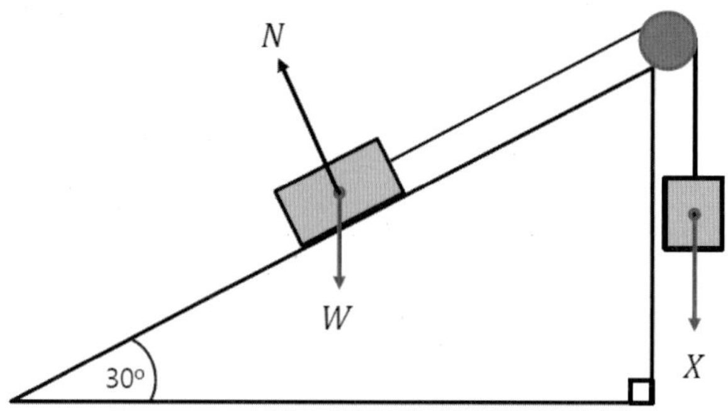

$W\sin30^o = X$ $\qquad$ (X = 미지 물체의 무게)

$$\therefore\ X = \frac{W}{2}$$

[예제]

① 그림처럼 각도 θ, 높이 h, 빗면길이 S인 경사면에 정지해 있던 질량 m인 물체가 A 경로 혹은 B 경로를 통해 내려온다. A 경로의 경우 마찰력 없이 미끄러져 내려오고 B 경로는 자유낙하이다. 지면에 도달했을 때 두 경우 물체의 속도는 각각 얼마인가?

② 지면에 도달하는 시간을 서로 비교해 보면?

③ 수평면과 θ의 각도를 이루는 경사면 위에 질량이 m인 물체가 놓여있다. 물체가 미끄러지지 않고 경사면에 붙어 있을 최대 정지마찰계수 (μ)는?

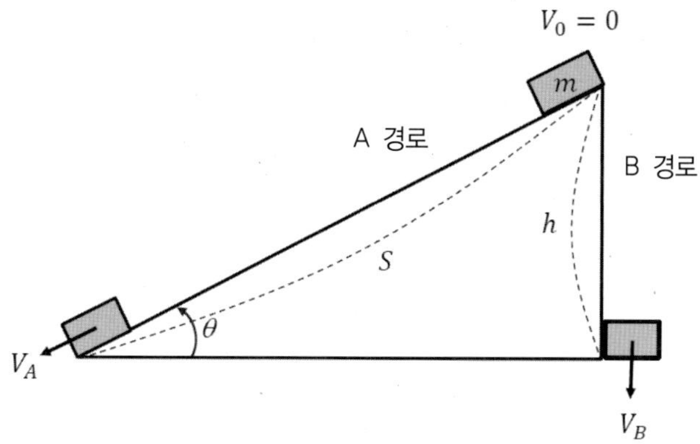

[해설] ① 마찰이 없는 경우

A 경로는 질량 m인 물체가 빗면과 마찰 없이 각도가 θ인 경사면을 거리S 만큼 미끄러져 내려오는 경우이고, B 경로는 높이 h 만큼의 자유낙하에 해당된다.

(A 경로) $v^2 - v_0^2 = 2aS$

$v^2 = 2aS$ $\quad$ ($\because v_0 = 0$. 초기에 정지 상태에서 출발했으므로)

$\sin\theta = \dfrac{h}{S}$

$\therefore v_A^2 \equiv v^2 = 2a\dfrac{h}{\sin\theta}$

물체가 A 경로를 따라 운동하고 있을 때 물체에 작용하는 모든 힘을 그려보면 다음과 같다. 중력 $(= mg)$은 빗면의 수평성분 $(= mg\sin\theta)$과 수직성분 $(= mg\cos\theta)$으로 벡터 분해를 할 수 있다.

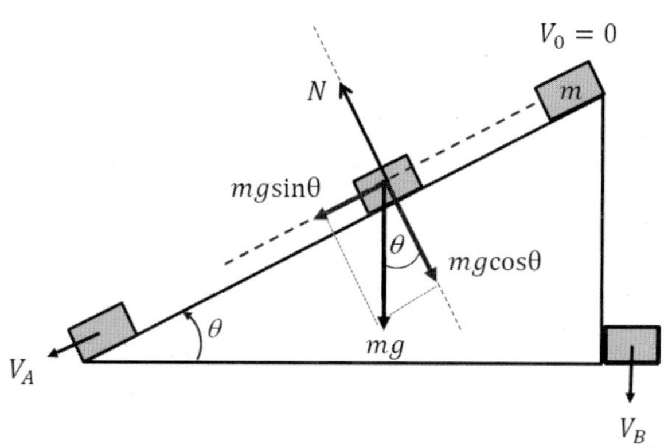

뉴턴 제 2법칙

수직항력 (N)과 중력의 $mg\cos\theta$ 성분 값이 동일 $\quad \rightarrow N = mg\cos\theta$

$mg\sin\theta = ma \quad \rightarrow \quad a = g\sin\theta$

☛ **(Tip)** 힘을 분해할 때 각도를 잘못 잡으면 $\sin\theta$와 $\cos\theta$가 서로 뒤바뀔 수 있다. 이것을 빨리 확인하는 방법은 빗면의 각도를 $\theta \to 90°$ 으로 했을 때, 자유낙하이므로 $a = g$가 되어야 한다. 따라서 빗면이라는 것은 쉽게 생각하면 일종의 중력 완화 장치라고 볼 수 있다.

$$v^2 = 2a\frac{h}{\sin\theta} = 2g\sin\theta \times \frac{h}{\sin\theta} = 2gh$$

$$\therefore v_A \equiv v = \sqrt{2gh}$$

(예) 빗면의 각도가 30도이고 정지상태의 물체가 10 m를 미끄러져 내려왔다고 할 때, 걸리는 시간[s]은? (단, 중력가속도는 10 m/s^{2}이다)

$$S = v_0 t + \frac{1}{2}at^2$$

$$= \frac{1}{2}at^2 = \frac{1}{2}g\sin\theta t^2 \qquad (\because v_0 = 0,\ a = g\sin\theta)$$

$$10 = \frac{1}{2} \times 10 \times \sin 30° \times t^2$$

$$\therefore t = 2\ [\mathrm{s}]$$

(B 경로) 자유낙하

$$v^2 - v_0^2 = 2aS \qquad \to \quad v^2 = 2gh \qquad (\because v_0 = 0,\ a = g)$$

$$\therefore v_B \equiv v = \sqrt{2gh}$$

따라서 A 경로를 택하던지 B 경로를 택하던지 지면에 도달할 때의 최종 속도는 동일하다. 또한 물체의 질량 (m)에 관계없음을 알 수 있다.

②

(A 경로) $S = v_0 t + \frac{1}{2}at^2 = \frac{1}{2}at^2 \qquad (\because v_0 = 0)$

$$\frac{h}{\sin\theta} = \frac{1}{2}g\sin\theta t^2$$

$$\therefore\ t \equiv t_A = \sqrt{\frac{2h}{g\sin^2\theta}} = \sqrt{\frac{2h}{g}}\frac{1}{\sin\theta}$$

(B 경로) $h = v_0 t + \frac{1}{2}at^2 = \frac{1}{2}gt^2 \qquad (\because v_0 = 0,\ a = g)$

$$\therefore\ t \equiv t_B = \sqrt{\frac{2h}{g}}$$

따라서 t_A와 t_B를 비교해 보면 $t_A \geq t_B$ 이므로 A 경로가 시간이 더 걸린다.

③ 마찰이 있는 경우

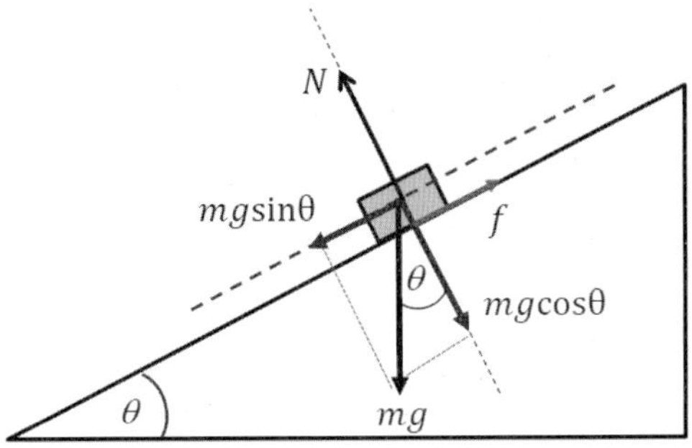

$N = mg\cos\theta$ (N: 수직항력)

$mg\sin\theta - f = ma = 0$ ($\because a = 0$, 정지한 경우)

마찰력 $f = \mu N = \mu mg\cos\theta$

$\rightarrow mg\sin\theta - \mu mg\cos\theta = 0$

$\therefore \mu = \tan\theta$

운동하는 경우 ($a \neq 0$)

$mg\sin\theta - f = ma$

$mg\sin\theta - \mu mg\cos\theta = ma$

$\therefore a = g(\sin\theta - \mu\cos\theta)$

(검증)

만약 마찰력이 없다면 $a = g(\sin\theta - \mu\cos\theta) \rightarrow a = g\sin\theta$ 로 앞의 결과와 일치한다.

[예제] 수평인 지면과 30도의 경사각을 가진 마찰 없는 경사면을 따라 물체를 위쪽 방향으로 2 m/s 속력으로 발사하였다. 물체가 경사면을 따라 올라갔다가 발사된 위치로 내려올 때까지 이동한 거리[m]와 시간[s]은? (단, 공기저항은 무시하고, 중력가속도는 10 m/s^2이다)

[해설]

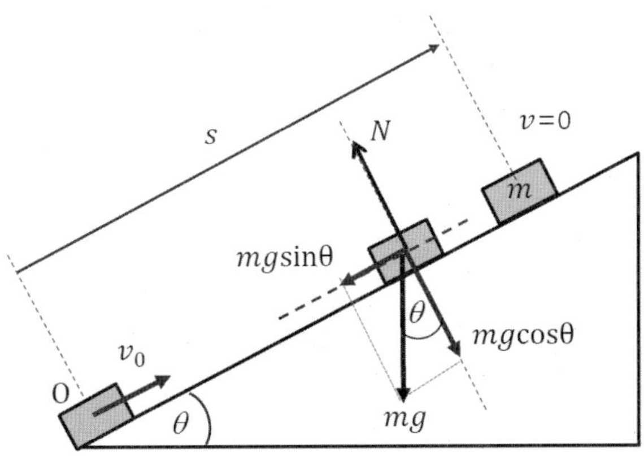

운동방정식 $-mg\sin\theta = ma \;\rightarrow\; a = -g\sin\theta$

$v^2 - v_0^2 = 2as \;\rightarrow\; 0^2 - v_0^2 = 2as$

$-v_0^2 = 2(-g\sin\theta)s$

$$s = \frac{v_0^2}{2g\sin\theta} = \frac{2^2}{2\times10\times\sin30°} = \frac{4}{2\times10\times\frac{1}{2}} = 0.4$$

$\therefore$ 총거리 $= 2s = 2\times0.4 = 0.8$ [m]

$v = v_0 + at = v_0 - g\sin\theta t \;\rightarrow\; 0 = v_0 - g\sin\theta t$

$$t = \frac{v_0}{g\sin\theta} = \frac{2}{10\sin30°} = \frac{2}{10\times\frac{1}{2}} = \frac{2}{5}$$

$\therefore$ 총시간 $= 2t = 2\times\frac{2}{5} = \frac{4}{5} = 0.8$ [s]

[예제] 그림처럼 반지름이 R인 원형 고리가 지표면 위에 놓여있는데 점 A에서 점 B까지 직선 철사로 연결되어 있고 철사에 꿰어진 구슬이 이동한다. A에서 구슬의 속력이 0일 때, B까지 도달하는데 걸린 시간 (t)은? (단, 고리의 모양과 위치는 고정되어 있고, 모든 마찰과 공기저항은 무시하며, 중력가속도는 g이다)

[해설]

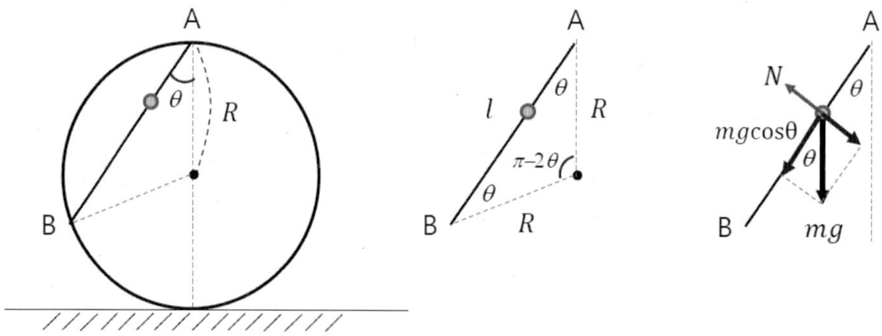

AB 거리$(\equiv l)$

$l^2 = R^2 + R^2 - 2RR\cos(\pi - 2\theta)$ $\qquad$ ($\because$ cosine 2법칙)

$\quad = 2R^2 - 2R^2(-\cos2\theta) = 2R^2(1+\cos2\theta)$

$\quad = 2R^2(1 + 2\cos^2\theta - 1) = 4R^2\cos^2\theta$ $\qquad$ ($\because \cos2\theta = 2\cos^2\theta - 1$)

$\therefore l = 2R\cos\theta$

$$mg\cos\theta = ma \rightarrow a = g\cos\theta$$

$$l = v_0 t + \frac{1}{2}at^2 = \frac{1}{2} \times g\cos\theta \times t^2 \qquad (\because v_0 = 0)$$

$$\therefore t = \sqrt{\frac{2l}{g\cos\theta}} = \sqrt{\frac{2 \times 2R\cos\theta}{g\cos\theta}} = \sqrt{\frac{4R}{g}}$$

[Note] 수직 ($\theta = 0$)으로 떨어진다면, 자유낙하 운동이다

$$y = v_0 t + \frac{1}{2}at^2 \rightarrow 2R = \frac{1}{2}gt^2$$

$$\therefore t = \sqrt{\frac{4R}{g}}$$

(각자 확인해 보기) 원형 고리의 어느 지점으로 떨어지던지 동일시간이 걸린다.

[예제] 그림처럼 마찰이 없는 수평면에 질량 4 kg과 질량 6 kg인 물체가 서로 나란히 있는데 20 N의 힘을 왼쪽에서 주었다. 질량 4 kg인 물체가 질량 6 kg인 물체에 가하진 힘의 크기 [N]는?

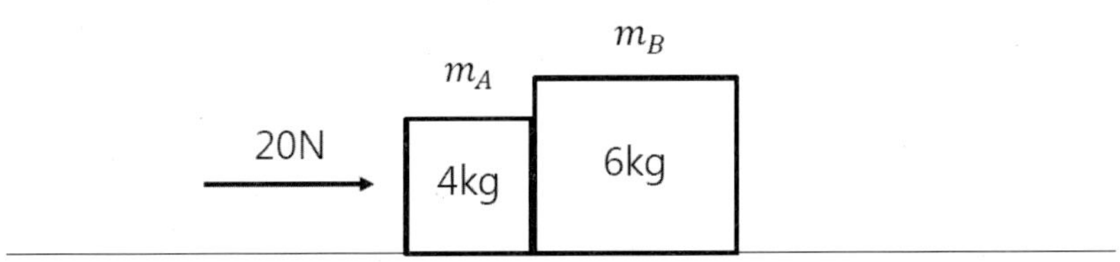

[해설] 외부에서 힘을 주었을 때 물체의 운동이다. 뉴턴 제 2법칙 (힘-가속도 법칙)과 제 3법칙 (작용-반작용 법칙)을 사용하여 문제를 풀 수 있다.

(방법1)

A물체와 B물체가 서로 나란히 붙어 있으므로, 둘을 합해서 하나의 물체로 (A+B)로 간주할 수 있다.

뉴턴 제 2법칙 $\qquad F = (m_A + m_B)a$

$$\therefore a = \frac{F}{(m_A + m_B)} = \frac{20}{4+6} = 2\ [\mathrm{m/s^2}]$$

m_A에 작용하는 힘 $F_A = m_A a = 4 \times 2 = 8$ [N]

m_B에 작용하는 힘 $F_B = m_B a = 6 \times 2 = 12$ [N]

즉, 20 N의 힘이 물체 A에 8 N, 물체 B에 12 N으로 각각 나누어져 작용함을 알 수 있다.

(방법2)

각 물체에 작용하는 모든 힘을 찾고 뉴턴 제 2법칙을 적용한다. 물체 A와 B에 작용하는 모든 힘은 찾아서 그려야 한다. m_B가 m_A에 반작용하는 힘을 f라고 한다. 왼쪽에서 F의 힘이 물체 A와 B에 작용했을 때, 각각의 물체에 작용하는 힘은 그림과 같다.

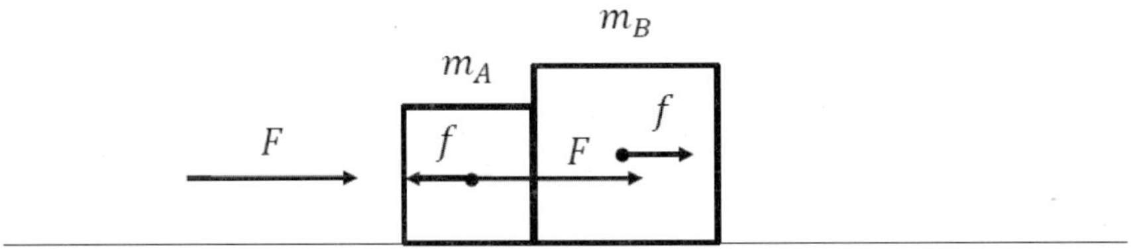

물체 A에는 F의 힘이 직접적으로 전달 될 것이고, 계속해서 물체 B에 영향을 줄 것인데, 이때의 힘을 f라고 하자. 작용-반작용에 의해 물체 B도 물체 A에 크기는 같고 방향이 반대인 힘 f를 줄 것이다.

m_A에 작용하는 총 힘 $F - f = m_A a$

m_B에 작용하는 총 힘 $f = m_B a$

$$\rightarrow F = (m_A + m_B)a$$

$$\therefore a = \frac{F}{(m_A + m_B)} = \frac{20}{4+6} = 2\,[\mathrm{m/s^2}]$$

$$f = m_B a = 6 \times 2 = 12\ [\mathrm{N}]$$

[예제] 그림처럼 질량이 m인 정지해 있는 물체에 수평면과 30°로 힘이 가해졌다. 물체를 움직이기 위해 필요한 최소한의 힘의 크기[N]는? (단, 정지 마찰계수는 0.5이고 중력가속도는 g이다)

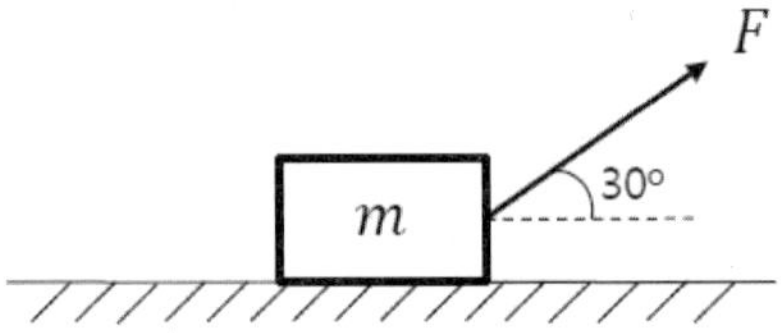

[해설] 물체에 작용하는 모든 힘을 그려보면 다음과 같다. 힘 (F)의 (x, y) 성분, 중력 (mg), 수직항력 (N), 마찰력 (μN)이다.

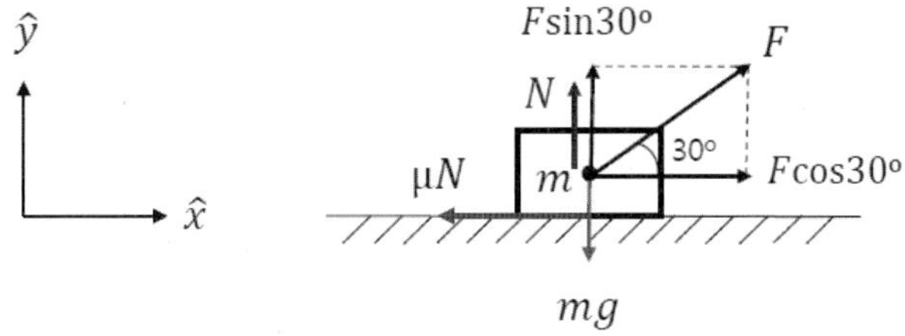

(x 방향) $F\cos 30^o = \mu N$ Ⓐ

(y 방향) $N + F\sin 30° = mg$ Ⓑ

Ⓐ와 Ⓑ를 연립해서 푼다.

$$F\cos 30° = \mu(mg - F\sin 30°)$$

$$F(\cos 30° + \mu\sin 30°) = \mu mg$$

$$\therefore F = \frac{\mu mg}{(\cos 30° + \mu\sin 30°)} = \frac{0.5 \times mg}{\frac{\sqrt{3}}{2} + 0.5 \times \frac{1}{2}} = \frac{2mg}{2\sqrt{3} + 1}$$

[예제] 그림처럼 질량이 2 kg인 물체에 수평면과 30도로 20 N의 힘이 가해졌을 때, 수평 방향 가속도의 크기[N]는? (단, 운동마찰계수는 0.2이고, 중력가속도는 10 m/s^{2}이다)

[해설]

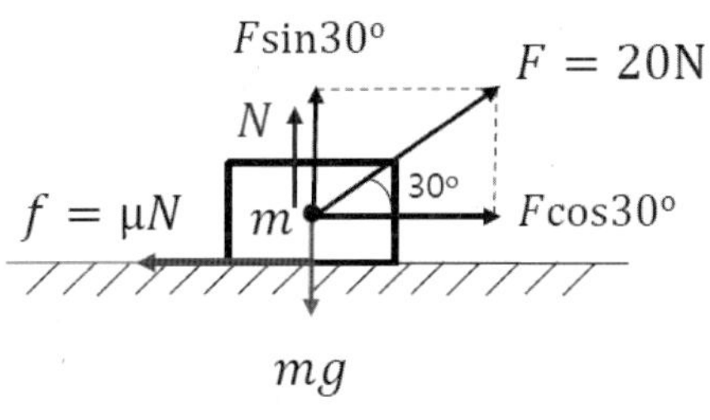

$$N + F\sin\theta = mg$$

$$F\cos\theta - \mu_k N = ma$$

$$\rightarrow F\cos\theta - \mu_k(mg - F\sin\theta) = ma$$

$$20\cos 30° - 0.2(2 \times 10 - 20\sin 30°) = 2a$$

$$\therefore a = \frac{1}{2}(10\sqrt{3} - 2) = 5\sqrt{3} - 1$$

[예제] 그림처럼 마찰이 없는 수평면 위에 질량 m_A인 물체 A위에 질량 m_B인 물체 B가 놓여 있다. 수평방향의 힘 $\vec{F}$이 A에 작용하여 서서히 힘의 크기를 증가시켰을 때 B가 A위에서 미끄러지기 시작하였다. A와 B의 정지마찰계수는?

[해설]

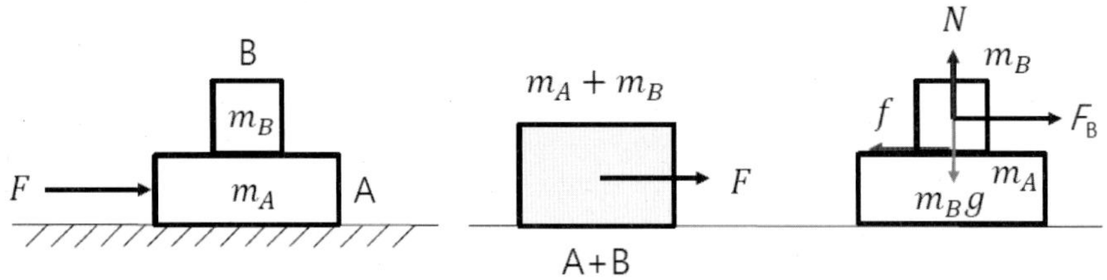

힘(F)을 서서히 증가시키기 때문에 두 물체 (A+B)는 한 덩어리로 간주할 수 있고, 이 외력에 의해 가속도 (a)가 생길 것이다. 또한 수직방향으로는 움직이지 않기 때문에 이쪽 방향의 힘과 운동은 고려할 필요가 없다.

[Note] 만약 F가 짧은 시간에 급격히 작용한다면 관성의 법칙에 의해 물체 A만 쑥 빠져버리는 경우가 생길 수도 있는데 이런 상황은 피해야 한다. 또한 물체 A와 B사이에 마찰이 작용하고 있지 않으면 물체 A만 움직일 것이다.

뉴턴 방정식 $F = ma$

$$F = (m_A + m_B)a$$

$$\therefore a = \frac{F}{(m_A + m_B)}$$

이제 힘(F)을 서서히 증가시키면 어느 순간에 물체 A와 B가 더 이상 서로 붙어 있지를 못하고, 미끄러지기 시작할 것이다. 바로 이 순간의 힘 (F)이 얼마인지를 구하는 문제이다. 즉 정지마찰에 의해 물체 B가 움직이지 않는데, 외부 힘 (F)이 점점 더 커져 정지마찰력을 능가해 버리면 물체 B를 더 이상 잡아 둘 수가 없기 때문에 미끄러지기 시작한다.

정지마찰력 (f) = 물체 B에 작용하는 힘 (F_B)

$$f = F_B$$

$$\mu N = m_B a \qquad (N\text{: 물체 B에 작용하는 수직항력})$$

$$\mu m_B g = m_B \frac{F}{(m_A + m_B)}$$

$$\therefore \mu = \frac{F}{(m_A + m_B)g}$$

[예제] 그림처럼 마찰이 없는 수평면 위에 질량이 각각 $m, 2m, m$인 세 물체 A, B, C가 놓여있다. 수평방향으로 힘 F가 A에 작용할 때, 세 물체가 동일한 가속도로 함께 운동한다면 A와 B 사이의 마찰력은?

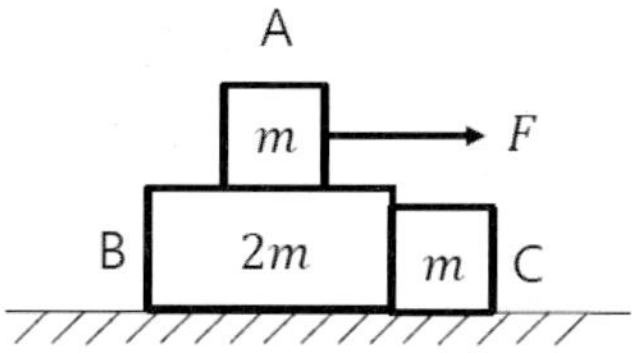

[해설] 그림처럼 힘이 오른쪽 (⇒)으로 작용할 때 물체가 같이 움직인다고 했기 때문에 멀리서 이 세 물체를 바라본다면 한 덩어리로 보일 것이다. 이 힘에 의한 가속도를 구할 수 있다.

$$F = (m + 2m + m)a = 4ma$$

$$\therefore a = \frac{F}{4m}$$

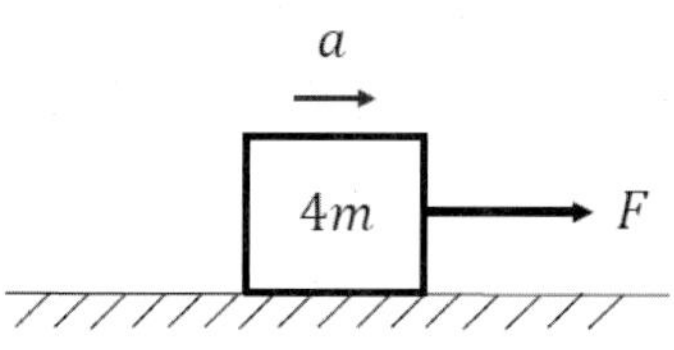

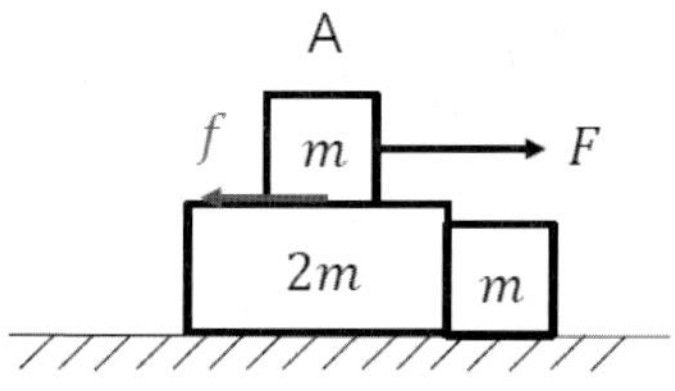

만약에 물체 A와 B사이에 마찰이 없다면, 물체 A는 그냥 오른쪽으로 가다가 물체 B에서 떨어져 버릴 것이다. 따라서 물체 A와 B사이에는 마찰력이 작용해야 한다.

물체 A에 대한 운동방정식 $\qquad F - f = ma \qquad (f\text{: 마찰력})$

$$\therefore f = F - ma = F - m \times \frac{F}{4m} = \frac{3}{4}F$$

따라서 마찰력 (f)은 외부 힘F의 $\frac{3}{4}F$이 작용한다.

[예제] 아빠 (60 kg)하고 아이 (30 kg)하고 마찰을 무시할 수 있는 얼음판 위에 서로 마주보고 있다. 아빠가 아이를 일정한 세기의 힘으로 밀 때 아빠와 아이의 시간 (t)에 따른 속도 (v) 변화를 나타내면?

[해설] 뉴턴 제 3법칙에 의해 두 사람은 같은 힘을 받는다.

서로 미는 짧은 시간 동안 힘이 작용하여 가속도가 생긴다.

$m_1a_1 = m_2a_2$ (∵ 작용-반작용, $m_1 = 60$ kg, $m_2 = 30$ kg)

$\rightarrow a_1 = \dfrac{30}{60}a_2 = \dfrac{1}{2}a_2$

서로 손이 떨어진 후에는 서로 반대 방향으로 등속으로 움직이다.

$\therefore v_1 = \dfrac{1}{2}v_2$ (∵ $a \equiv \dfrac{v}{t}$)

v_1: 서로 손이 떨어진 후 등속 운동하는 아빠의 속도
v_2: 서로 손이 떨어진 후 등속 운동하는 아이의 속도

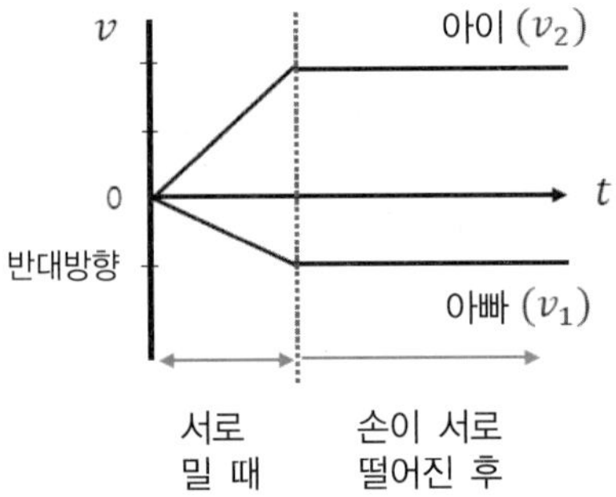

즉, 두 사람의 질량이 다르기 때문에 가속도가 다르고 속도로 달라서 이동 거리도 다르다. 위 상황을 몇 가지 요약을 하면 다음과 같다.

① 아빠와 아이 모두 뒤로 밀려난다.
② t초 후 아빠와 아이의 속도는 다르다.
③ 아빠가 아이를 미는 동안 아빠와 아이는 같은 힘을 받는다.
④ 아빠와 아이가 t초 동안 얻은 가속도의 크기는 다르다.
⑤ t초간 아빠가 이동한 거리는 아이가 이동한 거리와 다르다.

[예제] 수평 얼음판 위에 질량 50 kg인 철수와 질량 40 kg인 영희가 한 줄의 양 끝을 잡고 수평으로 서로 당기고 있다. 영희가 40 N의 힘을 받을 때 철수의 가속도는?

[해설] 뉴턴 제 3법칙

철수와 영희는 같은 힘을 받는다.

$F = ma \rightarrow a = \dfrac{F}{m}$

$\therefore a = \dfrac{F}{m} = \dfrac{40}{50} = 0.8 \ \ [\mathrm{m/s^2}]$

[예제] 어떤 사람이 정지한 엘리베이터 바닥위에 놓인 체중계 위에 올라가서 눈금을 보니 m kg이었다. 엘리베이터가 운동할 때 체중계가 가리키는 눈금의 변화를 비교하면?

[해설]

① 정지 혹은 등속도 운동 ($a = 0$)

운동방정식 $mg - N = 0$

$\therefore$ 수직항력 $N = mg$

따라서 수직항력 (N)이 체중계에 표시되는 것이므로 엘리베이터 안 사람은 실제 무게(mg)를 본다.

② 위로 운동 (=상승)

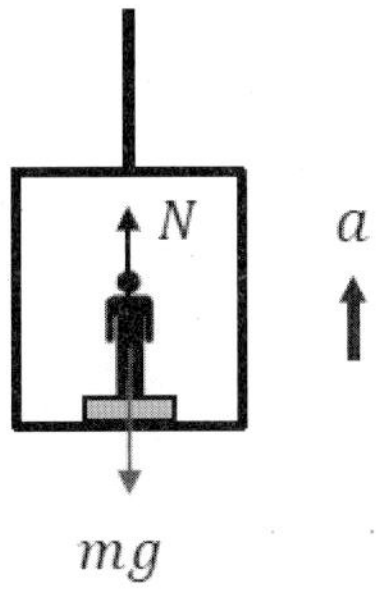

중력을 아래 방향이라고 할 때 a는 엘리베이터 케이블 (cable, 줄)에 의해 지탱되고 가속된다.

운동방정식 $mg - N = -ma$ (∵ 중력과 방향 반대)

∴ 수직항력 $N = m(g + a)$

따라서 실제무게 보다 증가된 것을 본다.

③ 아래로 운동 (=하강)

운동방정식 $mg - N = ma$ (∵ 중력과 같은 방향)

∴ 수직항력 $N = m(g - a)$

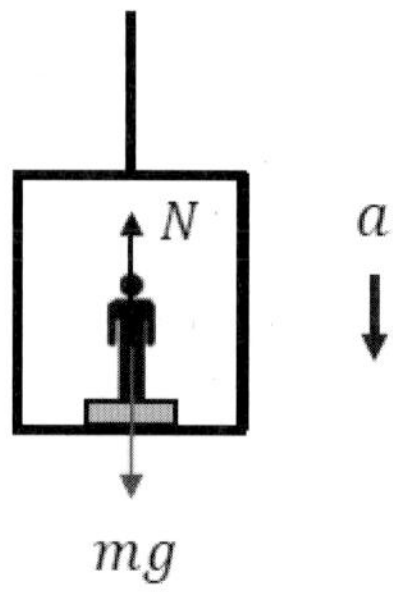

따라서 실제무게 보다 감소된 것을 본다.

④ 줄이 끊어진 경우

실제 상황에서는 절대로 일어나서는 안 되는 경우이지만, 이 경우는 자유낙하와 동일하다.

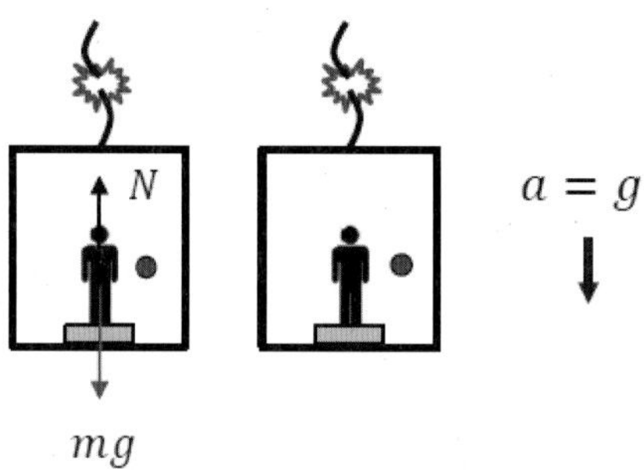

운동방정식 $mg - N = mg$ (∵ 자유낙하)

∴ 수직항력 $N = 0$

엘리베이터 안에 있는 모든 것 (사람, 체중계, 공)은 같은 중력가속도 (g)를 가지고 떨어진다. 사람과 체중계 사이에는 서로 누르는 힘이 없어져 체중계 눈금이 0을 가리킨다. 따라서 엘리베이터 안 사람은 무게를 느끼지 못해 무중력 상태를 경험한다.

(생각해보기)

① 번지 점프할 때 사람은 발목에 묶여 있는 줄의 장력을 느낄까?
사람과 줄 모두 자유 낙하하는 것이므로 사람은 발목에 묶여 있는 줄의 장력을 느끼지 못한다.

② 두 물체를 묶어서 자유낙하 시키면 줄의 장력은 어떻게 되는가?

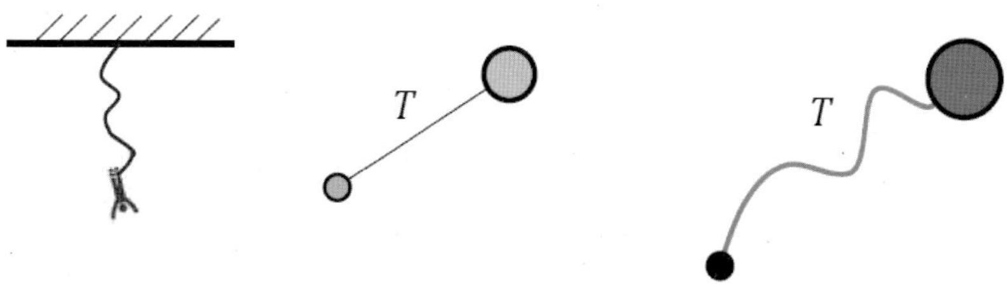

[예제] 어떤 사람이 정지한 엘리베이터 바닥에 놓은 체중계 위에 올라서서 눈금을 보니 50 kg이었다. 엘리베이터가 위로 $1\mathrm{m/s^2}$로 가속된다면 체중계나 나타내는 눈금은? (단, 중력가속도는 $10\ \mathrm{m/s^2}$이다)

[해설] 운동방정식 $mg - N = -ma$ (∵ 중력과 방향 반대)

$$\therefore N = mg + ma = m(g+a)$$
$$= 50 \times (10+1) = 50 \times 11 = 55 \times 10 = 55\ \mathrm{kg}중\ (혹은\ 55\ \mathrm{kgf})$$

[정답] 55 kg

✍ **(복습)** 다이어트를 하지 않고 몸무게를 빼는 방법

① 지상 위 높은 곳에서 몸무게를 잰다. (∵ $g \propto \frac{1}{r^2}$)

② 지구 내부로 땅굴을 파면서 들어간다. (∵ $g \propto r$)

(해보기) 몸무게를 10% 줄이기 위해서는 지구 내부로 몇 km나 들어가야 하나?

③ 내려가는 엘리베이터에서 몸무게를 잰다. (∵ $g' = g + a$)

□ 종단속력 (terminal velocity, v_t)

(질문)

① 빗방울은 맞아도 왜 안 아픈가?

② 스카이다이버 (skydiver)는 낙하산을 언제 펼쳐야 할까?

그림처럼 공기저항을 받는 물체의 자유낙하운동을 고려하자. 공기저항에 의해 생긴 가속도는 속도($= kv$)에 비례하고 중력에 반대 방향으로 작용한다고 가정한다.

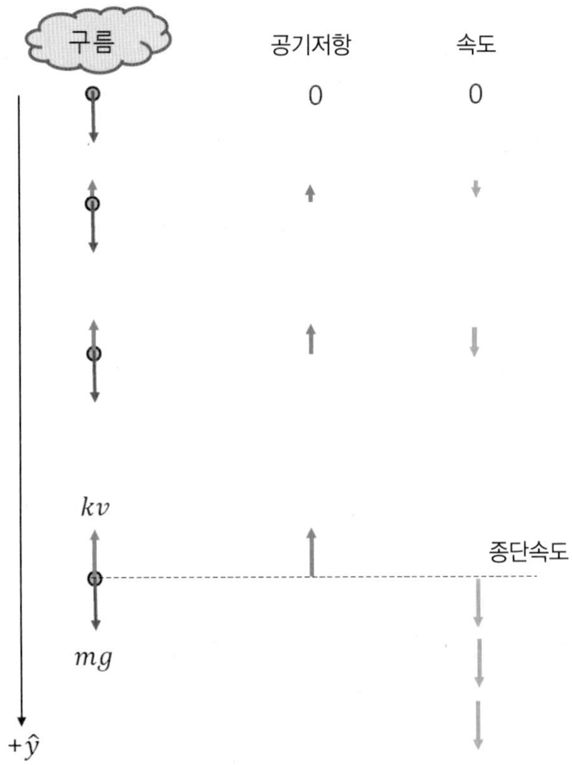

$$a \equiv \frac{dv}{dt} = \ddot{x} = g - kv \qquad (\because \text{ 공기저항은 반대방향으로 작용})$$

운동방정식 $\quad F = ma = m\frac{dv}{dt} = mg - kv$

$$\frac{dv}{g - \frac{k}{m}v} = dt$$

$$\frac{d(g-\frac{k}{m}v)}{g-\frac{k}{m}v}\times\left(-\frac{m}{k}\right)=dt$$

양변 적분

$$\int\frac{d(g-\frac{k}{m}v)}{g-\frac{k}{m}v}=-\frac{k}{m}\int dt$$

$$\ln(g-\frac{k}{m}v)=-\frac{k}{m}t+C \qquad (C=\text{상수})$$

$$g-\frac{k}{m}v=e^{-\frac{k}{m}t+C}=e^{-\frac{k}{m}t}e^{C}\equiv Ae^{-\frac{k}{m}t} \qquad (e^{C}\equiv A=\text{상수})$$

초기조건 $v(t=0)=0$

$$g-\frac{k}{m}\times 0=Ae^{-\frac{k}{m}0}=A$$

$$\therefore\ A=g$$

$$\frac{k}{m}v=g-Ae^{-\frac{k}{m}t}=g-ge^{-\frac{k}{m}t}$$

$$\therefore\ v(t)=\frac{mg}{k}(1-e^{-\frac{k}{m}t})$$

만약 $t\to\infty$ 이면 $v\equiv v_t\simeq\frac{mg}{k}(1-e^{-\frac{k}{m}\infty})=\frac{mg}{k}$

종단속도 (terminal velocity, v_t)

$$\therefore\ v_t=\frac{mg}{k}$$

(다른 표현)

다시 말해 종단속도에 도달하면 (공기)저항력과 중력이 평행을 이루어 더 이상 속력이 증가하지 않는다.

$a \equiv \dfrac{dv}{dt} = \ddot{x} = g - kv$

운동방정식 $\quad F = ma = m\dfrac{dv}{dt} = mg - kv$

$a \equiv 0 = mg - kv \quad \rightarrow \quad v \equiv v_t = \dfrac{mg}{k}$

(예) 자유낙하 하는 질량 m인 물체에 작용하는 공기저항이 속도에 비례하며, 비례상수는 k이다. 종단 속도는?

종단 속도에 도달했을 때 $\quad mg = kv \quad \rightarrow \quad \therefore v_t = \dfrac{mg}{k}$

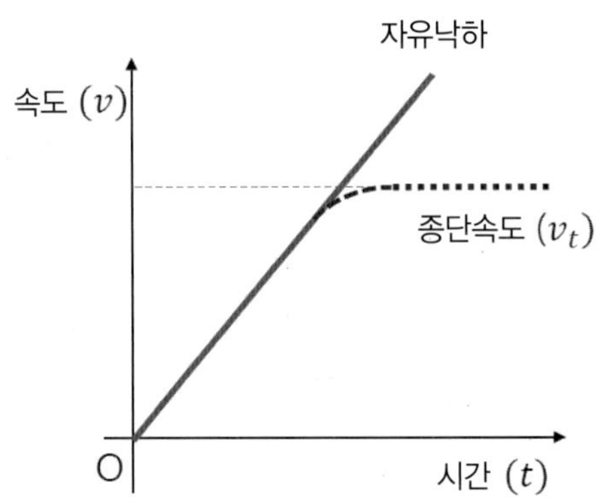

$v(t) = \dfrac{mg}{k}(1 - e^{-\frac{k}{m}t}) = v_t(1 - e^{-\frac{1}{\tau}t})$

$t \rightarrow \infty$ 이면 $v(t) \rightarrow v_t$에 접근한다. 즉 $v_t = \dfrac{mg}{k}$ 이다.

$\tau \equiv \dfrac{m}{k}$ (특성시간, characteristic time)

$t = \tau \quad \rightarrow \quad v(t = 1\tau) = v_t(1 - e^{-\frac{1}{\tau}\tau}) = v_t(1 - e^{-1}) = v_t(1 - 0.368) \simeq 0.63\,v_t$

$t = 4\tau$가 되면 $v(t = 4\tau) \simeq 0.98\,v_t$ 이므로, 종단속도 98% 정도에 도달한다.

따라서 빨리 종단 속도에 도달하려면 τ가 작게 (즉, k가 큰 값)을 가지게 하면 된다.

t (시간)	v (속력)
τ	63%
2τ	86%
3τ	95%
4τ	98%

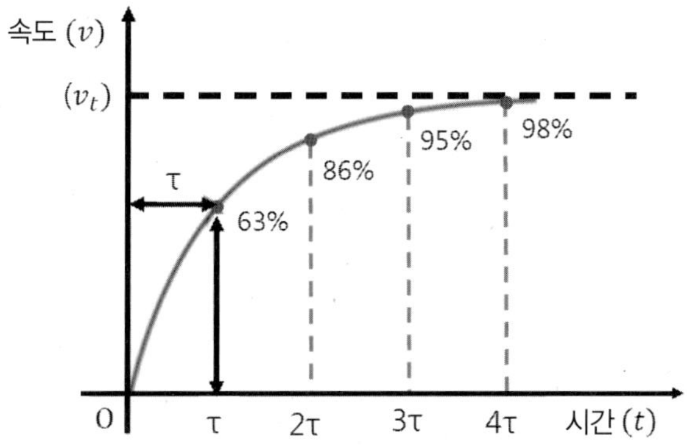

(예) 스카이다이버의 종단속도는 ~200 km/h 정도인데 낙하산은 펴서 표면적을 크게 하여 최종 종단속력을 ~20 km/h$(= 20 \times \frac{1000\text{m}}{3600\text{s}} = 5.5\text{m/s})$ 정도 되게 한다고 한다.

✍ (정리)

스카이다이버가 떨어질 때 처음속력은 0이지만, 자유낙하하면서 속력은 점점 증가한다. 속력이 증가하면 공기의 저항도 증가하는데, 어느 순간 중력가속도와 공기의 저항이 같아지는 지점에 도달한다. 이 때 부터는 속력은 더 이상 증가하지 않는데 이 속력을 종단속도라 하고, 등속운동을 한다. 이제 낙하산을 펼치면 공기 저항이 크게 증가하여 낙하속력이 급격히 감소하게 되고 최종 종단속도에 도달하여 안전하게 지상에 착륙할 수 있다.

☛ (읽어보기)

실제로 일어나서는 안 되는 일이지만, 기네스북에 의하면 비행기 사고로 낙하산 없이 떨어져서 다행히 눈으로 뒤덮인 계곡에 떨어져서 뼈가 부러지는 중상을 입기는 했지만 생명을 건진 사람이 있는데, 고도 ~6700 m이였다고 한다. 사람이 낙하할 경우 ~600 m정도 떨어지면 속도가 일정해진다고 하는데 대략 초속 ~50 m라고 한다. (만약, 공기저항 없이 자유 낙하한다면, $v^2 - v_0^2 = 2gS$, $v^2 \sim 2 \times 10 \times 600$, $v \sim 110$ m/s 정도가 된다)

또한 고도로 훈련을 받은 다이빙 선수들이 물 위 ~10 m에서 떨어질 때 아무 일이 없지만, 100 m 이상에서 떨어진다면 콘크리트에 부딪친 것과 다름이 없다. 따라서 우리가 물 위 높은 곳에서 다이빙할 때는 특히 조심해야 한다.

[예제] 반지름 r, 밀도 ρ인 빗방울이 저항력 krv를 받아 공기 중에서 낙하한다. 빗방울의 종단속도 (v_t)는?

[해설]

운동방정식 $F = ma = m\dfrac{dv}{dt} = mg - krv$

빗방울의 밀도 $\rho \equiv \dfrac{m}{V}$

빗방울의 질량 $m = \rho V = \rho \dfrac{4}{3}\pi r^3$

종단속도에 도달 $F = mg - krv \rightarrow 0$ (∵ 빗방울에 작용하는 합력은 0)

$$\therefore v_t \equiv v = \frac{mg}{kr}$$

$$= \frac{\frac{4}{3}\pi r^3 \rho g}{kr} = \frac{4\pi r^2 \rho g}{3k}$$

[예제] 질량 1 kg인 우박이 공기 중에서 낙하하고 있을 때 공기 저항력은 $-5v$[N]이다. 우박의 종단속도[m/s]는? (단, v[m/s]이고, 중력가속도는 10 m/s^{2}이다)

[해설]

$F = mg - 5v$

$0 = mg - 5v$

$$\therefore v_t \equiv v = \frac{mg}{5}$$

$$= \frac{1 \times 10}{5}\left[\frac{\text{kg} \cdot \text{m/s}^2}{\text{kg/s}}\right] = 2 \text{ [m/s]}$$

□ 후크 (Hooke)의 법칙

(상황) 용수철 운동은 진동운동의 대표적인 예이다. 그림처럼 마찰이 없는 평면위에 질량 m인 물체가 용수철 상수 k인 용수철에 연결되어 원점 ($x=0$)에 놓여 있다. 외력을 주어 물체를 오른쪽으로 x_0만큼 잡아당긴 후 물체를 가만히 놓았다고 할 때, 이 물체의 운동을 기술하고자 한다.

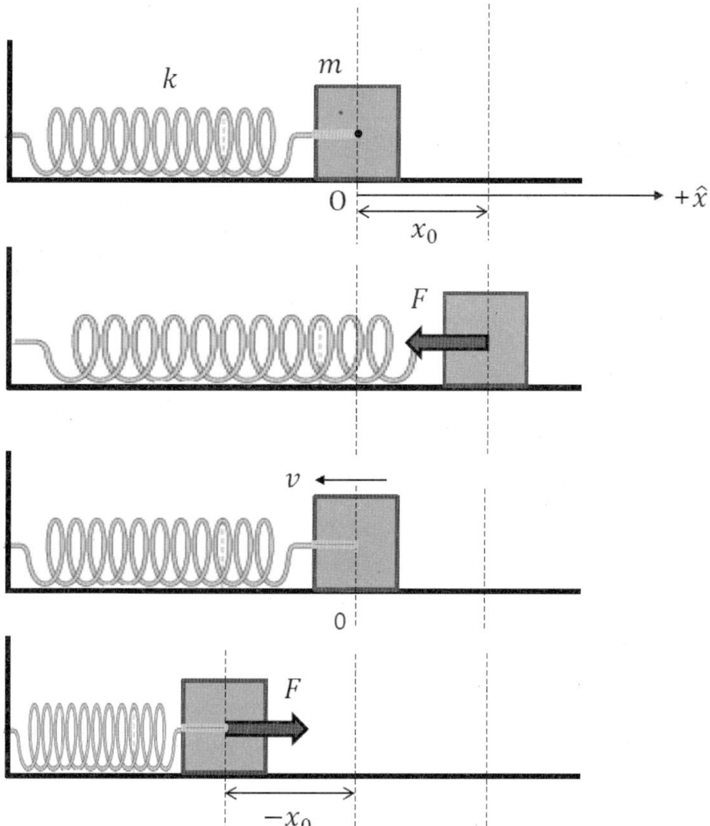

용수철을 늘리면 다시 제자리로 되돌아가려고 한다는 것은 경험상 알고 있다. 용수철에 힘이 작용한다고 볼 수 있으며 항시 평형위치로 향하기 때문에 복원력이라고 한다. 늘어나는 길이 (x)가 길면 길수록 복원력 (F)도 커진다. 평형 위치를 원점으로 하여 용수철이 늘어나는 (오른쪽) 방향을 $+x$ 방향으로 정하자. 물체의 변위가 x일 때, 복원력은 다음과 같다.

$F = -kx$ (← Hooke's law 의미: $F \propto x$ 이고, 비례상수가 k라는 것)

단위: $k = \dfrac{F}{x}$ [N/m]

여기서 (−)의 의미는 늘어나는 $+x$ 방향 (오른쪽)에 대해 복원력은 반대방향 (왼쪽)으로 작용함을 나타내기 위함이다.

이제 물체가 복원력에 의해 왼쪽으로 이동하면, 원점을 최대의 속력 (v)을 가지고 통과하고, 원점을 지나 왼쪽 편으로 가면서 용수철이 $-x_0$ 위치까지 압축된다. 그럼 다시 원점으로 돌아가려는 복원력이 오른쪽으로 작용한다.

운동방정식 (뉴턴 제 2법칙)

$F = ma = m\ddot{x}$ (→ a 가속도)

$m\ddot{x} = -kx$

가속도 $a = -\dfrac{k}{m}x$

$m\ddot{x} + kx = 0$

$\ddot{x} + \dfrac{k}{m}x = 0$

$\therefore\ \ddot{x} + w^2 x = 0,\quad w^2 \equiv \dfrac{k}{m}$ (→ w: 각진동수)

$$\text{주기 } (T) \equiv \frac{2\pi}{\omega} = \frac{2\pi}{\sqrt{\frac{k}{m}}} = 2\pi\sqrt{\frac{m}{k}}$$

위와 같은 운동방정식의 전형적인 해 (solution)는 $x = x_0 \sin wt$ 혹은 $x = x_0 \cos wt$ 형태이다.

► 용수철 진자의 주기는 진폭에 관계없다.

(검증) 시도 해 (trial solution)

$$x \equiv x_0 \sin wt$$

$$\dot{x} = x_0 w \cos wt$$

$$\ddot{x} = -x_0 w^2 \sin wt$$

$$\ddot{x} + w^2 x = 0 \text{ 에 대입} \qquad \text{Ⓐ}$$

$$\rightarrow -x_0 w^2 \sin wt + w^2 x_0 \sin wt = 0$$

$$\therefore 0 = 0$$

즉, Ⓐ식과 같은 이차 미분 방정식의 해는 여러 가지가 존재할 수 있다 (예로, sin, cos, exponential 등). 만약 해를 $x_0 \sin wt$ 로 하고, 양변에 대입했을 때, 왼쪽 항과 오른쪽 항이 모두 0으로 같기 때문에, $x_0 \sin wt$ 는 해임을 알 수 있다. 따라서 주기운동의 전형적인 해는 sin, cos, exponential 등이다.

☛ (읽어보기)

용수철 상수 (k)는 후크의 법칙에서 $F = -kx$ 일차 직선의 기울기에 해당한다. 힘과 늘어난 길이는 비례 관계에 있다 ($F \propto x$). 하지만, 이것은 모든 $x[0, \infty]$ 에 대해서 성립하는 것이 아니고 제한이 있다. 용수철 (혹은 고무줄)은 어느 영역에서만 일정한 비율로 늘어난 것이지, 이 한계를 넘어서면 줄이 끊어지기나 너무 늘어나서 원래 상태로 복원이 안 될 수도 있기 때문이다. 따라서 후크의 법칙 ($F = -kx$)은 어느 특정 구간 내에서만 성립한다.

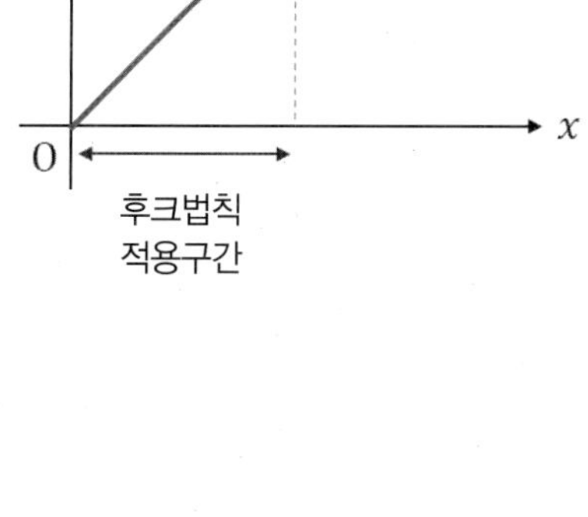

■ 탄성계수 (E)와 용수철 상수 (k)

(상황) 용수철 상수가 k인 용수철이 있다. 이 용수철을 반으로 자를 때, 잘린 용수철의 용수철 상수는 어떻게 되는가?

그냥 단순하게 생각하면 용수철을 잘랐다고 해서 용수철 상수 (k)가 변하는 것이 이상하다고 여길 것이다. 마치 밀도가 d인 큰 소금 덩어리를 잘게 부셨다고 해서 밀도가 변하지 않는 것과 동일할 것 같다는 생각이 들 것이다.

① 탄성 (彈性, elasticity): 물체에 외력을 가하면 물체가 변형될 것인데, 외력을 제거하면 원래의 모양으로 되돌아오는 성질.

② 소성(塑性; plasticity): 물체에 외력을 가하면 물체가 변형될 것인데, 외력을 제거해도 원래의 모양을 회복하지 못하고 변형된 채로 남아 있는 성질.

☞ **(알 수 있는 것)**

앞에서 언급했듯이 용수철은 어느 특정 구간에서만 용수철의 고유 성질을 유지하는 것이지, 큰 힘이 작용하면 용수철은 끊어지거나 복원이 불가능하다. 따라서 탄성한계가 존재하며, 모든 구간에서 원래대로 되돌아 올 수 있는 완전 탄성체는 없다고 볼 수 있다.

(예) 길이가 l, 단면적이 A인 줄(고무줄, 용수철, 고체막대 등)에 힘 (F)을 가해 늘렸을 때, 변형량 (x)은?

$$\rightarrow x \propto \frac{l}{A}F$$

즉, 경험적으로도 길이가 길수록 큰 힘이 작용할수록 변형이 크게 일어날 것이고, 단면적이 두꺼울수록 변형시키기가 어려울 것이다.

$$\rightarrow F \propto \frac{A}{l}x$$

위 식에서 비례상수를 E로 하자.

$$\rightarrow F = E\frac{A}{l}x \equiv kx$$

$$\therefore k \equiv \frac{A}{l}E$$

E (탄성계수, elastic modulus)

단위: $\frac{\mathrm{N}}{\mathrm{m}^2} \equiv \mathrm{Pa}$ (파스칼, 압력의 단위)

재료의 강성도(stiffness)를 나타내는 것으로 재료의 고유값이다. 용수철 상수 (k)는 물체의 형상이나 재질이 바뀌면 값이 달라지지만, 탄성 계수 (E)는 재료가 같은 한 일정한 값을 가진다.

(예) 고무줄을 반으로 접었을 때 용수철 상수는?

반으로 접어도 탄성계수는 동일하다. 길이는 $\frac{1}{2}l$이고, 단면적은 $2A$가 된다.

$\rightarrow k = \frac{2A}{\frac{1}{2}l}E = 4\frac{A}{l}E$ (즉, 4배가 된다)

[Note] 이것은 마치 도선의 저항의 경우와 상황이 비슷하다.

$R \propto \frac{l}{A}\rho$ (R: 저항, ρ: 비저항)

✍ **(정리)**

$k \equiv \frac{A}{l}E$

→ 용수철 상수 (k)를 크게 만들려면 (즉, 용수철이 잘 늘어나지 않게 하려면) 단면적 (A)을 크게 하고, 길이 (l)를 짧게 하면 된다.

[예제] 탄성계수가 k인 용수철의 단진동 주기가 4초이다. 만약 탄성계수가 $2k$가 된다면 주기는?

[해설]

$k \equiv \frac{A}{l}E$

$T \equiv 2\pi\sqrt{\frac{m}{k}} = 2\pi\sqrt{\frac{m}{\frac{A}{l}E}} = 2\pi\sqrt{\frac{ml}{AE}}$

$E = k$ 일 때, $T(E=k) = 2\pi\sqrt{\frac{ml}{AE}} = 2\pi\sqrt{\frac{ml}{Ak}} = 4$ [s]

$E = 2k$ 일 때, $T(E=2k) = 2\pi\sqrt{\frac{ml}{AE}} = 2\pi\sqrt{\frac{ml}{A2k}} = 2\pi\sqrt{\frac{ml}{Ak}} \times \frac{1}{\sqrt{2}}$

$$\therefore\ T(E=2k)=2\pi\sqrt{\frac{ml}{Ak}}\times\frac{1}{\sqrt{2}}=4\times\frac{1}{\sqrt{2}}=2\sqrt{2}\quad[\mathrm{s}]$$

[예제] 용수철 상수가 k인 용수철을 2:1의 길이 비로 자른 후, 그림처럼 질량 m인 물체에 연결하고 양쪽 벽 사이에서 수평으로 진동하도록 하였을 때, 진동 주기는?

[해설]

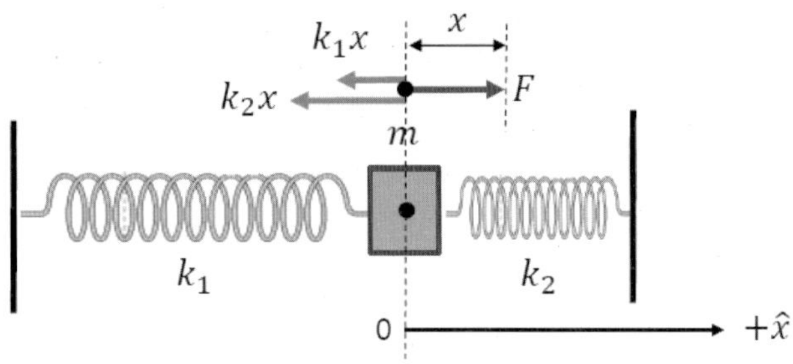

k를 2:1의 길이 비로 나누었을 때, 각각을 k_1, k_2라고 하자.

$$k\equiv\frac{A}{l}E$$

$$k_1=\frac{A}{\frac{2}{3}l}E=\frac{3A}{2l}E=\frac{3}{2}k\qquad(\because A,\ E=\text{ 변화 없다고 가정})$$

$$k_2=\frac{A}{\frac{1}{3}l}E=\frac{3A}{l}E=3k$$

x만큼 약간 오른쪽으로 잡아 당겼을 때 운동방정식

$$m\ddot{x}=-k_1x-k_2x=-\frac{3}{2}kx-3kx=-\frac{9}{2}kx$$

$$\therefore\ m\ddot{x}+\frac{9}{2}kx=0$$

$$\ddot{x}+\frac{9k}{2m}x=0\quad\rightarrow\quad\ddot{x}+w^2x=0\quad\left(w^2\equiv\frac{9k}{2m}\right)$$

$$\therefore\ T=\frac{2\pi}{w}=\frac{2\pi}{\sqrt{\frac{9k}{2m}}}=\frac{2\pi}{3}\sqrt{\frac{2m}{k}}$$

(상황) [연직 용수철 진자] 그림처럼 용수철을 연직으로 매달았다고 하자. (앞 경우에서 90도 회전시켜, 용수철이 공중에 매달려 있는 경우를 생각한다)

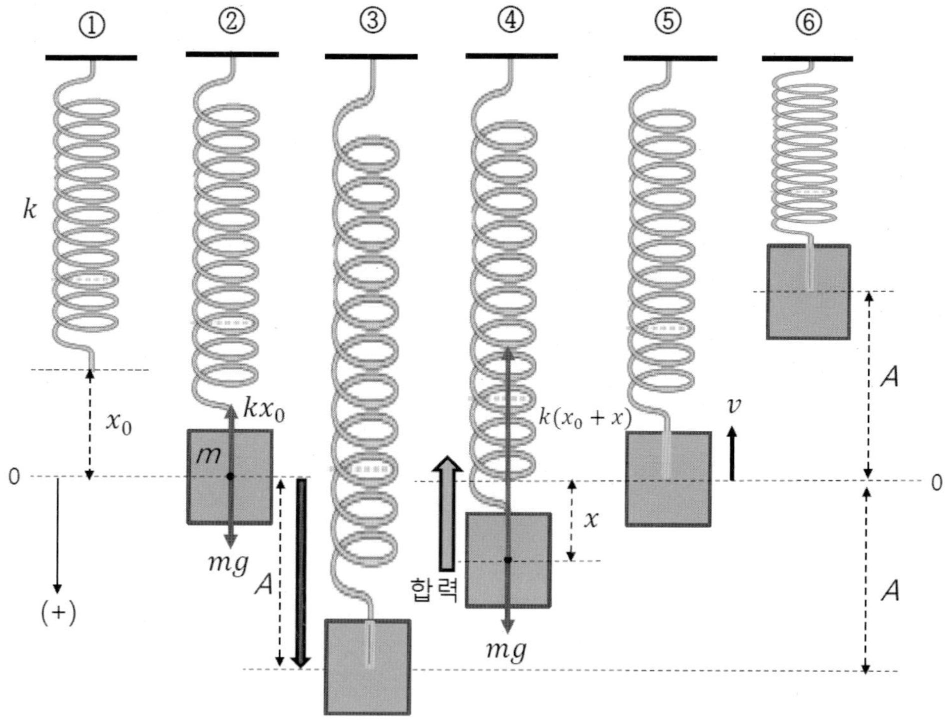

① 용수철 상수가 k인 용수철을 연직으로 매단다.

② 평형상태: 질량이 m인 물체를 매달아 놓으면 길이가 x_0만큼 늘어나고 복원력 (kx_0)은 중력 (mg)과 평형상태를 이루는데, 이 위치를 기준점으로 한다.

$$mg = kx_0$$

$$\text{용수철 상수} \quad k = \frac{mg}{x_0}$$

③ 평형위치에서 힘을 주어 A만큼 아랫방향으로 잡아당긴 후 놓는다.

④ 진동하는 순간 임의의 지점: 아랫방향을 (+)로 하자. 임의의 $(+x)$ 지점에서 물체에 작용하는 용수철에 의한 탄성력은 kx_0에 kx를 합한 $k(x_0+x)$가 될 것이고 방향은 윗 방향 (−)이다. 또한 아랫방향으로 중력 (mg)이 작용한다. 따라서 물체에 작용하는 합력 (=알짜힘) F는 다음과 같다.

$$F = mg - k(x_0 + x)$$
$$= mg - kx_0 - kx = kx_0 - kx_0 - kx = -kx$$

$$\therefore\ F = -kx$$

운동방정식

$$m\ddot{x} = -kx$$
$$m\ddot{x} + kx = 0$$
$$\ddot{x} + \frac{k}{m}x = 0$$

$$\therefore\ \ddot{x} + w^2 x = 0$$

$$w^2 \equiv \frac{k}{m} = \frac{\frac{mg}{x_0}}{m} = \frac{g}{x_0}$$

⑤ 평형상태 지점으로 다시 되돌아온다. 원점을 지나는 순간 속도 (v)는 최대가 된다.
⑥ 원점을 지나 (−)방향으로 A만큼 압축된다.

(질문) A만큼 잡아당겼다가 놓으면 ($t = 0$) 전개되는 운동을 기술하고 평형 위치를 위 방향으로 통과할 때 속도와 물체가 제일 높은 위치에 있을 때의 가속도는?

시도 해 (trial solution)

$x \equiv C\sin wt$ (C: 상수로 진폭과 관련)

초기 조건: $x(t=0) = A$

$x(t=0) = C\sin(w \times 0) = 0$ 이 되어버려서 초기 조건을 만족하지 않는다. 즉 시도 함수를 sine으로 잡으면 안 된다는 것을 의미한다.

두 번 째 시도 해 (trial solution)

$x \equiv C\cos wt$

$x(t=0) = C\cos(w \times 0) = C = A$

$$\therefore\ C = A$$

해 $x \equiv C\cos wt = A\cos wt = A\cos\sqrt{\frac{k}{m}}t = A\cos\left(\sqrt{\frac{g}{x_0}}t\right)$

속도 $\dot{x} = -Aw\sin wt = -A\sqrt{\frac{g}{x_0}}\sin\sqrt{\frac{g}{x_0}}t$

가속도 $\ddot{x} = -Aw^2\cos wt = -A\frac{g}{x_0}\cos\sqrt{\frac{g}{x_0}}t$

- 물체가 평형위치 (원점)를 위로 통과할 때 속도

→ $\cos wt = \cos\theta = \cos\frac{\pi}{2}$ 일 때이다 (즉 각도가 $\frac{\pi}{2}$ 이다)

$\dot{x} = -Aw\sin wt = -A\sqrt{\frac{g}{x_0}}\sin\frac{\pi}{2} = -A\sqrt{\frac{g}{x_0}}$

- 물체가 제일 높은 위치에 있을 때 가속도

→ $\cos wt = \cos\theta = \cos\pi$ 일 때이다 (즉 각도는 π 이다)

$\ddot{x} = -Aw^2\cos wt = -A\frac{g}{x_0}\cos\pi = A\frac{g}{x_0}$

☛ 결론적으로, 수직 용수철 진자는 원점을 중심으로 $[-A, A]$ 사이를 주기적으로 왕복 운동한다. 또한 F와 x의 관계는 수평면위에서 움직이는 용수철 진자와 같으므로 주기 (T)도 동일하다.

$$\therefore \text{ 주기 } (T) \equiv \frac{2\pi}{\omega} = \frac{2\pi}{\sqrt{\frac{k}{m}}} = 2\pi\sqrt{\frac{m}{k}}$$

[Note] 주기가 물체의 질량 (m)과 용수철 상수 (k)에만 의존한다. 따라서 m과 k만 동일하다면, 용수철이 수평면에서 운동하던지, 수직으로 매달려 운동하던지 주기는 동일하다.

□ 용수철 연결

■ 직렬연결

그림처럼 용수철 상수가 각각 k_1, k_2인 두 개의 용수철을 서로 직렬로 연결할 때 합성 용수철 상수 값 (k_{total})은?

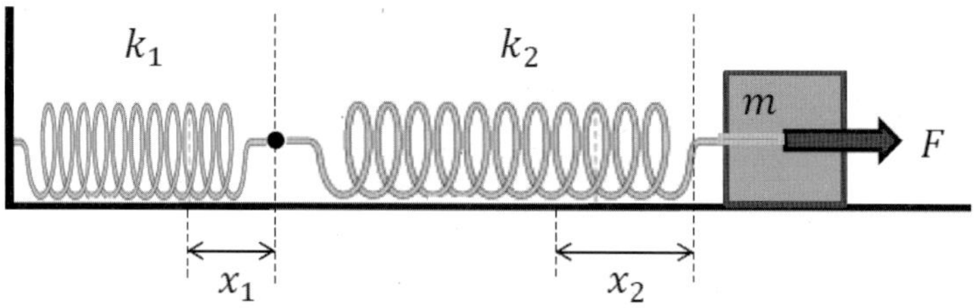

[핵심] 두 용수철에 작용하는 힘은 동일하고, 각각 늘어난 길이를 x_1, x_2라고 할 때, 총 늘어난 길이는 $x = x_1 + x_2$ 이다.

$$x = x_1 + x_2$$

$$\frac{F}{k} = \frac{F}{k_1} + \frac{F}{k_2} \qquad (\because \text{Hooke의 법칙 } F = kx)$$

$$\frac{F}{k} = F\left(\frac{1}{k_1} + \frac{1}{k_2}\right)$$

$$\rightarrow \frac{1}{k} = \left(\frac{1}{k_1} + \frac{1}{k_2}\right) \equiv \frac{1}{k_{total}}$$

$$\therefore \text{ 합성 용수철 상수 값 } k_{total} = \frac{k_1 k_2}{k_1 + k_2}$$

(중요) 이것은 그림처럼 마치 용수철 상수가 k_{total}인 1개의 용수철을 매달아 운동을 시키는 것과 동일한 (equivalent) 효과를 가짐을 알 수 있다.

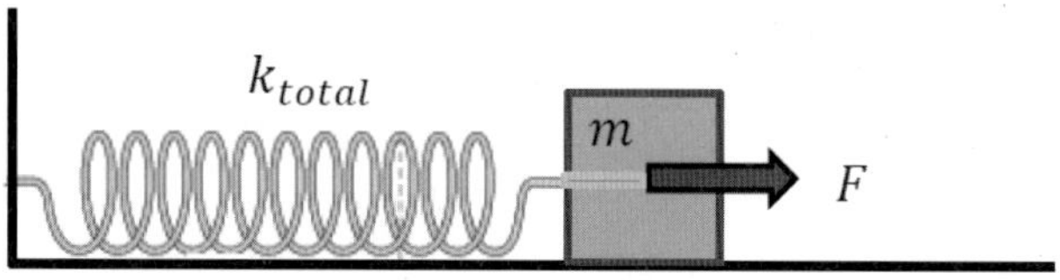

$$\text{용수철 상수 값 } k_{total} = \frac{k_1 k_2}{k_1 + k_2}$$

(각자 생각해 보기) 만약 용수철을 3개 직렬 연결했을 때, 합성 용수철 상수 값 (k_{total})은?

[정답] $\frac{1}{k_{total}} = \left(\frac{1}{k_1} + \frac{1}{k_2} + \frac{1}{k_3}\right)$

■ 병렬연결

그림처럼 용수철 상수가 각각 k_1, k_2인 두 개의 용수철을 서로 병렬로 연결할 때 합성 용수철 상수 값 (k_{total})은?

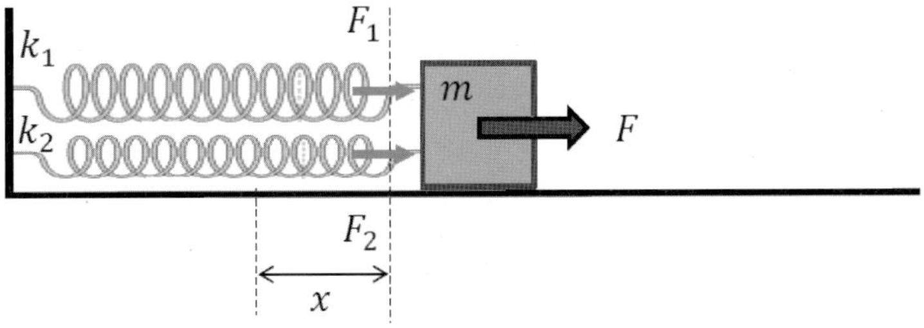

[핵심] 작용하는 힘이 두 개의 용수철에 분산되지만 ($F = F_1 + F_2$), 각 용수철이 늘어난 길이는 x로 동일하다.

힘 $F = F_1 + F_2$

늘어난 길이는 x로 동일

$\rightarrow kx = k_1 x + k_2 x$

$k = k_1 + k_2 \equiv k_{total}$

$\therefore$ 합성 용수철 상수 값 $k_{total} = k_1 + k_2$

(중요) 이것은 그림처럼 마치 용수철 상수가 k_{total}인 1개의 용수철을 매달아 운동을 시키는 것과 동일한 (equivalent) 효과를 가짐을 알 수 있다.

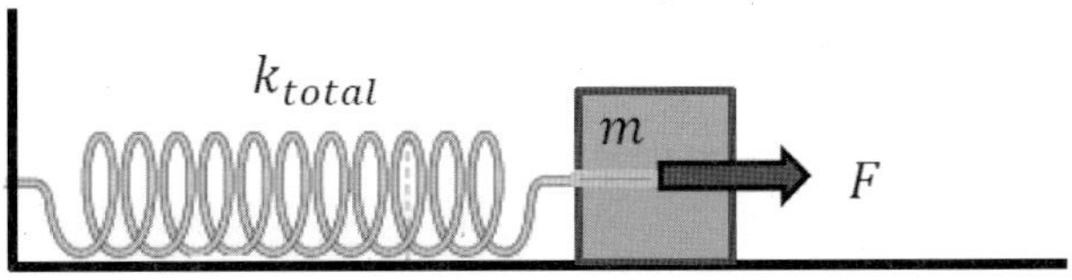

용수철 상수 값 $k_{total} = k_1 + k_2$

(각자 생각해보기) 만약 용수철을 3개 병렬 연결했을 때, 합성 용수철 상수 값 (k_{total})은?

[정답] $k_{total} = k_1 + k_2 + k_3$

(실생활 제품 찾아보기) 스프링 완력기

3선~5선으로 된 스프링 완력기를 통해 직접 직렬・병렬연결 체험을 해 볼 수 있다.

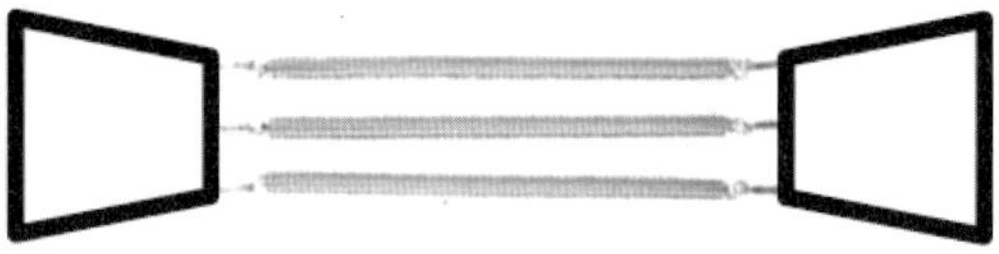

스프링이 더 많이 연결된 완력기일수록 늘리기가 어렵다는 것은 직접 해보면 경험 상 바로 알 수 있다. 이것을 용수철의 병렬연결과 동일한 것이므로, 최종 합성 용수철 상수는 용수철이 더해 질 때마다 $k_{total} = k_1 + k_2 + k_3 + \cdot \cdot \cdot \cdot + k_n$ 과 같이 계속 더해지기 때문이다.

(각자해보기) 일반물리 수준에서 직렬, 병렬연결에 대한 내용은 4가지 정도이다. (용수철, 저항, 축전기, 코일)

① 저항 (resistor)의 직렬 • 병렬연결 시 합성 저항 (R_{eq})은?

[정답] 직렬연결 $R_{eq} = R_1 + R_2$

병렬연결 $\frac{1}{R_{eq}} = \frac{1}{R_1} + \frac{1}{R_2}$

② 축전기 (condensor)의 직렬 • 병렬연결 시 합성 전기용량 (C_{eq})은?

[정답] 직렬연결 $\frac{1}{C_{eq}} = \frac{1}{C_1} + \frac{1}{C_2}$

병렬연결 $C_{eq} = C_1 + C_2$

③ 코일 (coil)의 직렬 • 병렬연결 시 합성 자체유도상수 (L_{eq})는?

[정답] 직렬연결 $L_{eq} = L_1 + L_2$

병렬연결 $\frac{1}{L_{eq}} = \frac{1}{L_1} + \frac{1}{L_2}$

[예제] 용수철이 20 N의 힘을 가하면 0.2 m 늘어난다. 수평면에서 용수철 두 개를 직렬 연결하여 0.5 kg의 물체를 매달고 10 N의 힘을 주어 당긴 후 놓았을 때, 단진동 주기[s]는? (단, 모든 마찰과 공기저항은 무시한다)

[해설]

용수철 상수 $k = \dfrac{F}{x} = \dfrac{20}{0.2} = 100$ [N/m]

용수철 직렬연결 합성 용수철 상수 값

$$\frac{1}{k_{total}} = \left(\frac{1}{k_1} + \frac{1}{k_2}\right)$$

$$= \left(\frac{1}{k} + \frac{1}{k}\right) = \frac{2}{k} = \frac{2}{100} \qquad (\because k_1 = k_2 = k\ )$$

$\therefore k_{total} = 50$

$$\text{주기 } (T) = 2\pi\sqrt{\frac{m}{k}} \rightarrow 2\pi\sqrt{\frac{m}{k_{total}}}$$

$$= 2\pi\sqrt{\frac{0.5}{50}} = 2\pi\sqrt{\frac{1}{100}} = \frac{\pi}{5} \quad \text{[s]}$$

[예제] 용수철 상수가 k_1, k_2 용수철을 수직으로 연결하였다. 무게가 W인 물체를 매달았을 때 늘어난 길이는?

[해설]

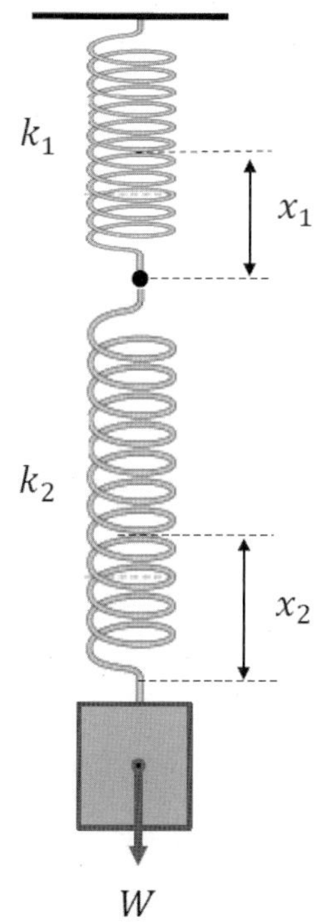

후크의 법칙

k_1 용수철 늘어난 길이 $\quad x_1 = \dfrac{W}{k_1}$

k_2 용수철 늘어난 길이 $\quad x_2 = \dfrac{W}{k_2}$

총 늘어난 길이 $x \equiv x_1 + x_2$

$$= \frac{W}{k_1} + \frac{W}{k_2} = W\left(\frac{1}{k_1} + \frac{1}{k_2}\right) = \frac{W(k_1 + k_2)}{k_1 k_2}$$

[예제] 그림처럼 질량 (m)인 물체가 용수철 상수 k_1, k_2 용수철 사이에 수직으로 연결되어 있다. 늘어난 길이 (x)는?

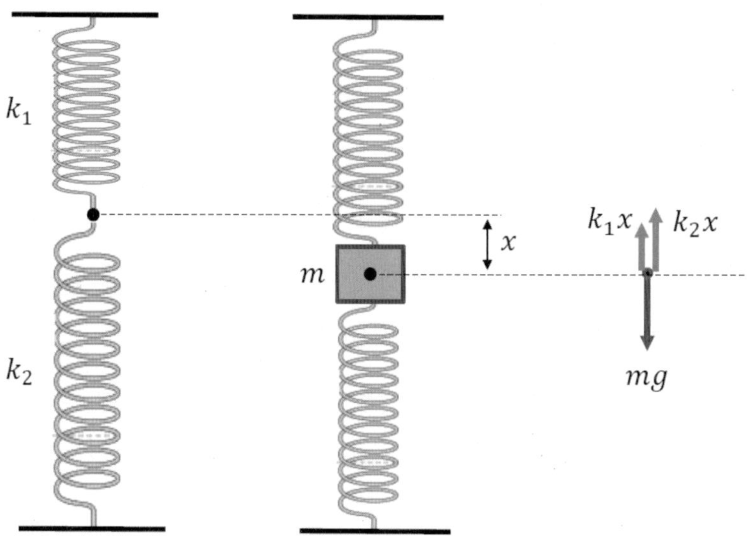

[해설]

초기에 용수철 상수 k_1과 용수철 상수 k_2를 가진 두 개의 용수철이 평형 상태 (원점)에 있다. 이제 질량 m인 물체를 사이에 연결하면 물체에 작용하는 중력에 의해 용수철 k_1은 길이가 늘어날 것이고, 용수철 k_2는 길이가 줄어들 것이다. 길이 (x)에서 두 용수철이 평형을 이루고 있다고 하자.

물체에 작용하는 총 힘

- 용수철 k_1은 x만큼 길이가 늘어났기 때문에 반대 방향 (=줄어들려고 하는 방향)으로 복원력 작용: $\quad k_1 x$

- 용수철 k_2는 x만큼 길이가 줄어들었기 때문에 반대 방향 (=늘어나려고 하는 방향)으로 복원력 작용: k_2x

힘의 평형 $mg = k_1x + k_2x$

$$\therefore x = \frac{mg}{k_1 + k_2}$$

[예제] 용수철 상수가 k_1, k_2인 용수철이 있다. 자연적인 길이는 각각 50 cm이다. 그림처럼 직렬 연결하고 벽 간격이 70 cm인 사이에 집어넣었다고 하면 각 용수철의 길이[cm]는? (단, 용수철의 무게는 무시한다)

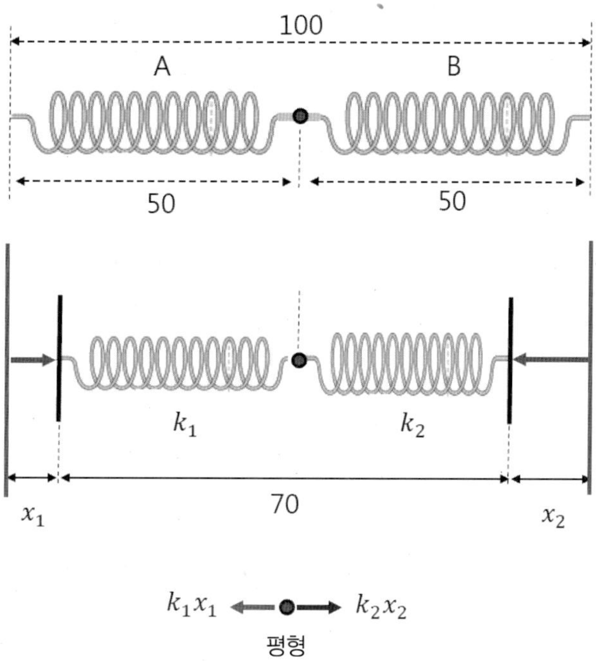

[해설]

용수철 A, 용수철 상수 k_1
용수철 B, 용수철 상수 k_2라고 하자.

원래 두 개의 용수철을 직렬연결하면 100 cm일 것이다. 이것을 70 cm 벽 사이에 집어넣었기 때문에 줄어든 길이는 100 − 70 = 30 cm이다. 이 줄어든 길이는 용수철 A와 용수철 B가 용수철 상수 크기만큼 나누어 가진다.

x_1 : 용수철 A의 줄어든 길이

x_2 : 용수철 B의 줄어든 길이

$\therefore 30 = x_1 + x_2$ Ⓐ

또한 용수철 A와 B가 서로 평형상태에 있을 것이다.

$k_1 x_1 = k_2 x_2$ Ⓑ

즉, 미지의 변수가 2개 (x_1, x_2)이고 식이 2개 (Ⓐ, Ⓑ)이므로 연립방정식을 풀 수 있다.

$$x_1 = 30 - x_2$$
$$k_1 x_1 = k_1(30 - x_2) = k_2 x_2$$
$$(k_1 + k_2)x_2 = 30k_1$$
$$\therefore \ x_2 = \frac{30k_1}{k_1 + k_2}$$
$$x_1 = 30 - \frac{30k_1}{k_1 + k_2} = \frac{30k_2}{k_1 + k_2}$$

(예) $k_1 = \frac{5}{2}, k_2 = \frac{5}{4}$ [N/m]라고 하면, $x_1 = \frac{30 \times (5/4)}{5/2 + 5/4} = 10$, $x_2 = 20$ [cm]

벽 사이에 낀 용수철 A의 길이 =자연적 길이 $- x_1 = 50 - x_1 = 50 - 10 = 40$ [cm]

벽 사이에 낀 용수철 B의 길이 =자연적 길이 $- x_2 = 50 - x_{12} = 50 - 20 = 30$ [cm]

(다른 생각) 실제로 그림을 그려서 생각해 본다.

길이조건 $x_1 + 70 + x_2 = 100$ (즉, $x_1 + 70 + x_2$ 을 합해 놓으면 원래 길이 100 cm가 되어야 한다)

평형조건 $k_1 x_1 = k_2 x_2$

위 두 가지 조건을 풀면, x_1, x_2를 구할 수 있고, 앞의 결과와 동일함을 알 수 있다.

용수철 상수 값 (k)가 클수록 늘어나거나/줄어드는 길이가 작다는 것 (즉, 변형을 일으키기가 어렵다)을 알 수 있다.

[예제] 그림처럼 각각 질량이 m_A, m_B인 두 물체가 마찰이 없는 수평면 위에서 용수철로 연결되어 있다. 물체 m_B에 힘 F를 계속 작용하였다. 두 물체가 운동하는 동안 늘어난 용수철의 길이 (x)는? (단, 용수철 상수는 k이고, 용수철의 무게는 무시한다)

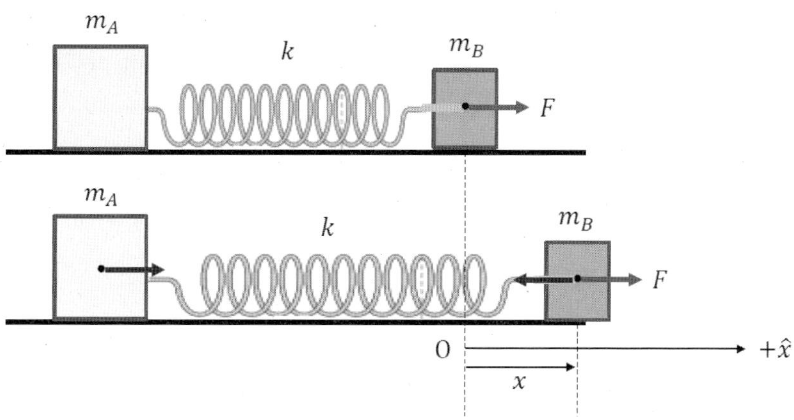

[해설] 생각할 수 있는 방법은 여러 가지가 있을 수 있다. 가장 쉽게 상황을 이해할 수 있는 것은 $m_A > m_B$ 이라고 해 보자. 그러면 물체 m_B에 힘이 작용해도 m_A가 더 무겁기 때문에 움직이지 않고 단순히 물체 m_B만 x만큼 움직일 것이라고 간주할 수 있다. 만약 설령 물체 m_A이 움직인다고 해도 m_B이 움직이는 거리와 m_A이 움직이는 거리를 서로 적당히 배분할 것이지만, 전체 움직이는 거리는 여전히 x로 동일할 것이다.

물체 m_A의 운동방정식　　$f = m_A a$

물체 m_B의 운동방정식　　$F - f = m_B a$

후크의 법칙　　$f = kx$

미지의 변수: 2개 (a, x)

방정식: 　2개

$$f = m_A a = kx \quad \rightarrow \quad a = \frac{kx}{m_A}$$

$$F - f = F - kx = m_B a = m_B \frac{kx}{m_A}$$

$$\rightarrow \quad F = kx + m_B \frac{kx}{m_A} = x\left(k + \frac{m_B k}{m_A}\right)$$

$$\therefore x = \frac{F}{\left(k + \frac{m_B k}{m_A}\right)} = \frac{m_A F}{m_A k + m_B k} = \frac{1}{k} \frac{m_A F}{m_A + m_B}$$

가속도　$f = m_A a = kx \quad \rightarrow \quad a = \dfrac{kx}{m_A}$

$$\therefore \; a = \frac{kx}{m_A} = \frac{k}{m_A} \frac{1}{k} \frac{m_A F}{m_A + M} = \frac{F}{m_A + m_B}$$

(검증) $m_A > m_B$ 일 때 $x = \frac{1}{k}\frac{m_A F}{m_A + m_B} = \frac{1}{k}\frac{m_A F}{m_A\left(1+\frac{m_B}{m_A}\right)} \sim \frac{1}{k}\frac{m_A F}{m_A(1+0)} \sim \frac{F}{k}$ 이다.

$\therefore\ F \sim kx$

즉, m_A가 매우 무겁기 때문에 전혀 움직이지 않는 것은 마치 왼쪽에 벽이 설치된 것으로 간주할 수 있고, 이 벽에 용수철이 연결되어 있고 질량 m_B을 x만큼 늘렸을 때, 후크의 법칙이 적용되는 상황과 동일하다고 볼 수 있다.

[Note] 동일한 가속도 발생 상황

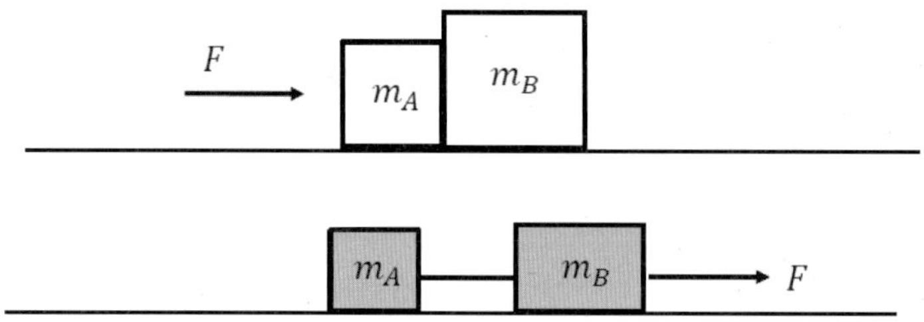

무엇을 사용해 연결하던지 가속도는 모두 → $a = \frac{F}{m_A + m_B}$ 임을 알 수 있다.

[예제] 용수철 양쪽에 질량 m물체가 매달려 있다. 이 용수철을 압축한 후 실로 두 물체를 잡아맨 다음 실을 끊으면 물체는 진동한다. 진동 주기 (T)는?

[해설]

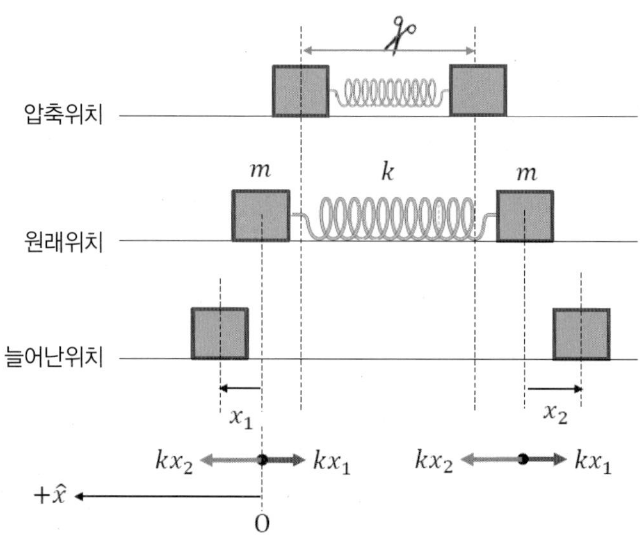

좌표의 기준을 왼쪽 물체를 기준으로 왼쪽 방향으로 가는 쪽으로 잡는다.

운동방정식

왼쪽 물체 $m\ddot{x}_1 = -kx_1 + kx_2 \quad \rightarrow \quad m\ddot{x}_1 = k(x_2 - x_1)$ Ⓐ

오른쪽 물체 $-m\ddot{x}_2 = -kx_1 + kx_2 \quad \rightarrow \quad m\ddot{x}_2 = k(x_1 - x_2)$ Ⓑ

Ⓐ－Ⓑ $m(\ddot{x}_1 - \ddot{x}_2) = -2k(x_1 - x_2)$

$$(\ddot{x}_1 - \ddot{x}_2) + \frac{2k}{m}(x_1 - x_2) = 0$$

$$(\ddot{x}_1 - \ddot{x}_2) + w^2(x_1 - x_2) = 0, \qquad w^2 \equiv \frac{2k}{m}$$

두 물체의 상대 운동의 주기 $T \equiv \frac{2\pi}{w} = \frac{2\pi}{\sqrt{\frac{2k}{m}}} = 2\pi\sqrt{\frac{m}{2k}}$

(각자해보기) 두 물체의 질량이 m, M일 때, 진동 주기 (T)는?

[정답] $T = 2\pi\sqrt{\frac{mM}{(M+m)k}}$

[예제] 그림처럼 마찰이 없는 경사각 θ인 빗면위에 질량 m인 물체가 용수철 상수 k에 매달려 있다.

① 늘어난 용수철의 길이 (x)는?

② 주기 (T)는?

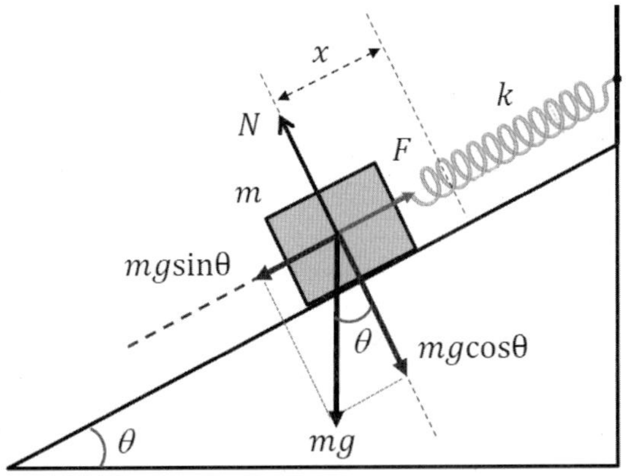

[해설]

① 힘의 평형: 중력 mg의 $mg\sin\theta$ 성분과 복원력 kx가 서로 평형이다.

$$\rightarrow mg\sin\theta = kx$$

$$\therefore x = \frac{mg\sin\theta}{k}$$

② 정지해 있던 스프링에 질량 m인 물체를 달아서 가만히 놓았을 때 주기 (T)는?

[Note] 스프링의 경우, 주기 (T) $\equiv \dfrac{2\pi}{\omega} = \dfrac{2\pi}{\sqrt{\dfrac{k}{m}}} = 2\pi\sqrt{\dfrac{m}{k}}$

즉, 물체의 질량 (m과 k에만 의존한다. 따라서 스프링이 θ각도로 매달려 있던 수평면에서 운동을 하던, 혹은 수직으로 매달려 운동하던지 주기에는 변화가 없다.

(예) 길이 12 cm인 용수철에 30 g의 물체를 달았더니 길이가 15 cm가 되었다. 이 용수철 끝에 40 g의 물체를 마찰이 없는 경사각 30도인 빗면에 설치하였을 때 용수철의 총길이[cm]는? (단, 중력가속도는 10 m/s^{2}이다)

$$F = kx \quad \rightarrow \quad k = \frac{F}{x}$$

$$\therefore k = \frac{F}{x} = \frac{mg}{x} = \frac{30\times10^{-3}\times10}{3\times10^{-2}} = 10\,[\mathrm{N/m}]$$

$$mg\sin\theta = kx$$

늘어난 길이 $x = \dfrac{mg\sin\theta}{k} = \dfrac{40\times10^{-3}\mathrm{kg}\times10\mathrm{m/s^2}\times\sin30}{10\mathrm{N/m}} = 2\times10^{-2}$ [m]

∴ 총길이 = 원래길이 + 늘어난 길이 = 12 cm + 2 cm = 14 cm

✏ **(개념 심화)**

□ 좌표계

물체의 위치와 운동 등을 기술하기 위해 좌표계를 잡을 수 있는데 무슨 규칙이 있는 것이 아니라 관측자에게 편리하도록 잡을 수 있다. 즉 같은 (물리적) 상황을 기술하는데 있어 관측자마다 자신에게 편리한 좌표계를 도입할 수 있다. 그래서 같은 (물리적) 상황을 관측자에 따라 겉보기에는 다르게 기술할 수도 있지만 실제 물리법칙은 동일하게 적용되어야 한다.

□ 관성좌표계 (慣性座標系)

관측자나 관측자가 속한 계가 정지해 있거나 등속도 운동을 하는 경우로 뉴턴의 운동 1법칙이 성립하는 좌표계이다. 예로, 지표면에 정지하고 있는 관측자나 일정한 속도를 갖는 모든 계(frame)를 관성좌표계에 해당한다고 볼 수 있다. 모든 관성 좌표계에서 물리 법칙은 동일하게 적용할 수 있다.

□ 겉보기 무게

저울로 측정된 무게. 관성좌표계에서는 실제 무게와 동일하지만, 가속좌표계에서는 실제무게와 다르다. 겉보기 무게는 가속 방향에 따라 실제 무게보다 클 수도 있고 적을 수도 있다.

(생각해보기) 엘리베이터 문제를 관성좌표계/가속좌표계와 연관해서 다시 풀어보자.

① 엘리베이터가 정지한 경우

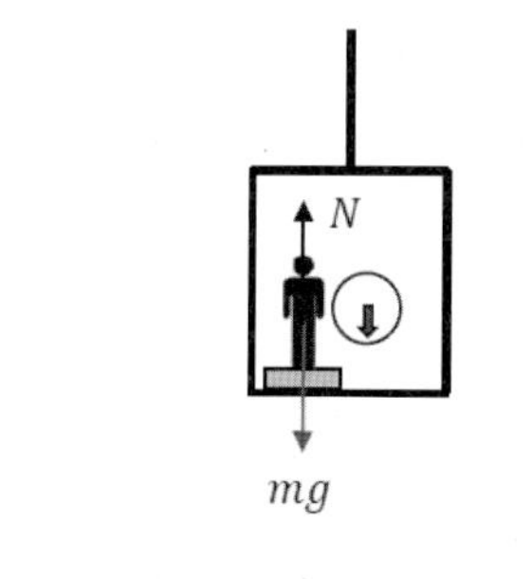

정지

체중을 측정한다는 것은 체중계에 가해지는 힘을 보는 것이다. 만약 체중계의 상황이 달라지면 체중도 다르게 측정되는 것이다. 간단한 예로, 달에 가서 측정하면 달의 중력이 지구보다 약하기 때문에 체중 또한 다르게 측정된다.

정지해 있는 엘리베이터의 경우 엘리베이터 안에 있는 철수의 몸무게는 수직항력과 중력이 평형이다. 체중계에 표시되는 것이 겉보기무게 (수직항력, N)인데 이 경우는 실제 몸무게 (mg)와 동일하다.

$$\therefore \text{ 겉보기 무게} = \text{실제 무게} \qquad (\because \text{ 정지한 경우})$$

② 엘리베이터가 가속도 a로 아래 방향 (⇓)으로 운동

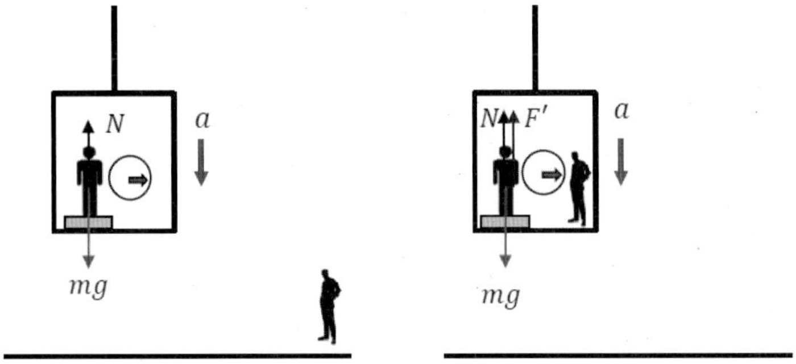

■ (관측자가 지면에 있는 경우) 즉, 관성좌표계에 있는 관측자의 해석

엘리베이터 안에 있는 철수 역시 같은 가속도를 가지고 아랫방향으로 운동한다. 지상에 있는 관측자가 볼 때 철수에 작용하는 모든 힘 (F_{total})은 중력 (mg)과 체중계가 떠받치는 수직항력 (N) 뿐이다.

운동방정식 $\vec{F}_{total} = m\vec{a}$

$$mg - N = ma$$

$$\therefore N = mg - ma$$
$$= m(g-a) = mg'$$

따라서 체중계의 눈금 (겉보기 무게)은 실제 무게 (mg)보다 ma 만큼 감소한 만큼 보여진다.

하강할 때 겉보기 중력가속도 (g') $\rightarrow g' \equiv g - a$

■ (관측자가 엘리베이터 안에 있는 경우) 즉, 가속좌표계에 있는 관측자의 해석

엘리베이터가 아래로 움직이기 시작할 때 (가속도 운동 중), 엘리베이터 안의 사람은 체중이 가벼워지는 것 같은 느낌을 받는다.

밖이 보이지 않는 엘리베이터 안의 관측자가 외부의 상황을 전혀 알지 못하는 상태에서 갇혀 있다고 해보자. 즉, 본인이 방안에 있는지 혹은 엘리베이터 안에 있는지 특별히 서로 다른 상황이 아니기 때문에 구별할 수가 없을 것이다. 그런데 몸무게를 측정하기 위해 체중계에 나타나는 눈금을 보니까 정지할 때 보다 적게 나타나므로 이 상황을 설명하기 위해 어떤 가상의 힘이 위로 작용해 체중계의 눈금이 감소한 것으로 생각한다.

이 운동의 법칙을 성립하기 위해 관성력이 도입된다. 철수에 작용하는 힘은 중력 (mg), 수직항력 (N) 그리고 가상의 힘 (F')이 서로 평형을 이루어 관측자에게는 정지해 있는 것처럼 보인다.

$$m\vec{g} + \vec{N} + \vec{F'} = 0$$

$$mg = N + F'$$

$$\therefore N = mg - F' = mg - ma = m(g-a) \equiv mg'$$

관성력 (inertia force) $F' \equiv ma$

($\rightarrow$ 즉, 가속도 a에 의해 관성력 F'이 생긴다고 생각하면 된다)

가속좌표계에 있는 관측자에게는 가속도의 방향과 반대 방향으로 가상의 힘이 작용하고 있는 것처럼 보인다. 이 가상의 힘을 관성력 (F')이라고 한다.

$\therefore$ 하강할 때 겉보기 중력가속도 (g') $\rightarrow g' = g - a$

[Note] 관성력이 생기는 주변 환경

어떤 계가 가속 운동할 때 (즉, 속도가 시시각각 변하는 계) 그 안의 물체는 관성 때문에 그 안에서만 느끼는 가상의 힘인 관성력을 받는다.

(예) 인공위성 안 원심력, 가속하는 버스 내 물체, 코리올리 힘, 엘리베이터 안 등

③ 엘리베이터가 가속도 a로 윗 방향 (⇑)으로 운동

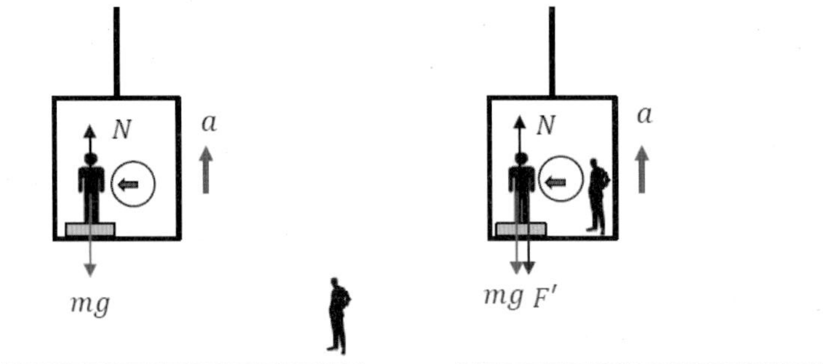

■ (관측자가 지면에 있는 경우) 즉, 관성좌표계에 있는 관측자의 해석

운동방정식 $\vec{F}_{total} = m\vec{a}$

$$mg - N = m(-a)$$

$$\therefore N = mg + ma$$

$$= m(g+a) = mg'$$

올라갈 때 겉보기 중력가속도 (g') → $g' \equiv g + a$

따라서 체중계의 눈금 (겉보기 무게)은 실제 무게 (mg)보다 ma 만큼 증가한 만큼 보여진다.

(검증) 가속도가 0이면 $N = mg$이다. 이럴 경우 엘리베이터는 장력에 의해 지탱이 되지만 윗 방향으로 가속은 시키지 못할 것이다. 따라서 위로 가속을 시키려면 무게 이상의 힘이 작용해야 한다.

■ (관측자가 엘리베이터 안에 있는 경우) 즉, 가속좌표계에 있는 관측자의 해석

체중계, 엘리베이터와 자기 자신도 모두 같이 움직이기 때문에 상대적으로는 서로 정지하고 있다. 이제 엘리베이터 안의 관측자는 외부의 상황을 전혀 알지 못하는 상태에서 자신이 갇혀 있다고 생각하는데, 체중계에 나타나는 눈금을 보니까 정지할 때 보다 크게 나타나므로 이 상황을 설명하기 위해 어떤 가상의 힘이 아래로 작용해 체중계의 눈금이 증가한 것으로 생각한다.

$$m\vec{g} + \vec{N} + \vec{F'} = 0$$

$$mg + F' = N$$

$$\therefore N = mg + F' = mg + ma \equiv mg'$$

관성력 (inertia force) $F' \equiv ma$

올라갈 때 겉보기 중력가속도 $(g') \rightarrow g' = g + a$

(요약)

엘리베이터 안에서 질량 m인 물체가 받는 관성력은 가속도의 방향과 반대 방향으로 작용한다.

① 하강할 때 ($\Downarrow$) $N = mg - F' = mg - ma \equiv mg'$ $\rightarrow g' = g - a$
(관성력이 위로 작용해 체중이 감소하는 쪽으로)

② 상승할 때 ($\Uparrow$) $N = mg + F' = mg + ma \equiv mg'$ $\rightarrow g' = g + a$
(관성력이 아래로 작용해 체중이 증가하는 쪽으로)

(읽어보기) 공공기관을 방문하면 계단에 "1계단 오를 때 0.15 cal 소모, 수명 4초 증가"라는 표지판을 볼 수 있을 것이다. 따라서 엘리베이터 문제를 생각하며, 올라갈 때는 실제 체중보다 더 많이 표시되어 싫어할 수도 있으니까, 다이어트도 할 겸 꼭 계단을 이용해서 올라가는 습관을 가지자.

1계단 오를 때
0.15cal ⇩ 수명 4초 ⇧

(생각해보기) 지구 중력가속도의 3배 혹은 4배로 가속 상승 할 때 느끼는 중력가속도의 크기는? 우주 비행사가 느끼는 중력가속도의 크기는? 지상에서 훈련은 어떻게 할까? 영화를 보면 빠르게 회전하는 로봇 캡슐에 앉아 훈련하는 우주 비행사의 얼굴은 일그러져 보인다. 다른 방법 훈련 방법은 없을까? 또는 외부 큰 행성으로 가야 하는가?

앞에서 중력질량과 관성질량은 서로 정확히 일치한다고 했다. 따라서 중력가속도와 관성가속도는 동일하다고 볼 수 있기 때문에 지상에서도 $0.5g, 3g, 5g$ 등의 상황을 인공적으로 만들어 낼 수 있다. 지상에서 자유낙하는 물체는 모두 g로 떨어지지만, 빗면을 사용하면, 중력을 완화할 수 있다. 즉, 빗면은 일종의 중력 완화장치라고 했다. 이제 관성 가속을 이용해서 g보다 큰 값도 만들어 낼 수도 있다. 가장 간단한 실생활에서의 장치는 우리 조상들과 춘향이가 타던 그네를 생각하면 된다. 물론 발을 굴려 빠르게 회전해야 한다. 또한 우주 비행사를 훈련시키는 회전 로봇 캡슐이 빠른 속도로 회전할 때 인공적으로 만들어 낼 수 있다.

✍ **(정리)** "인공 중력 발생 장치"의 예

① 중력 완화장치: 빗면 ($a = g\sin\theta$)
② 중력 증가장치: 그네

(생각해보기) 줄이 끊어진 경우

① (관측자가 지면에 있는 경우)

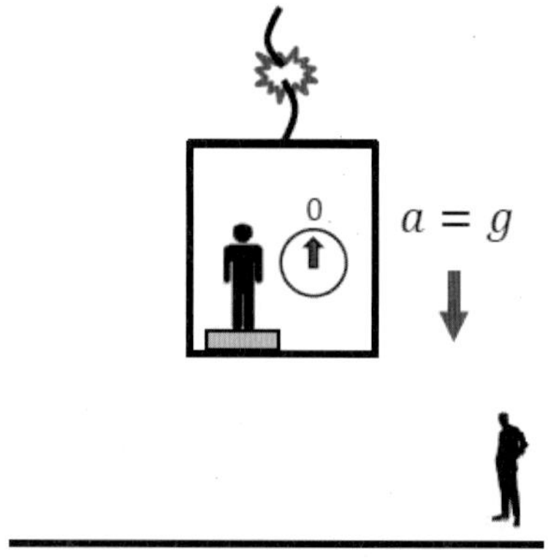

철수, 체중계 모두 엘리베이터와 같은 중력 가속도 (g)로 떨어지고 있어 철수는 체중계를 누를 수가 없고 수직항력도 없기 때문에 체중계의 눈금은 0을 가리킨다.

② (관측자가 엘리베이터 안에 있는 경우)

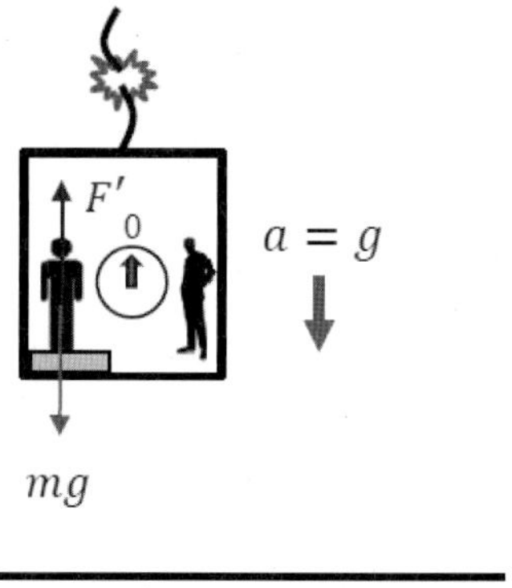

외부 상황 (예, 줄이 끊어진 것)을 알지 못하는 엘리베이터 안에 있는 관측자는 체중계 눈금이 0을 나타내는 것을 보고, 중력이외에 어떤 힘이 반대방향으로 작용한다고 생각한다.

즉, 중력이 작용하고 있지만 합력이 0이 되어야하기 때문에 중력과 크기는 같고 방향이 반대인 가상의 힘 ($F' = mg$)인 관성력이 필요하다. 엘리베이터 관측자가 보는 겉보기 무게는 $mg - mg = 0$ 이다.

(생각해보기) 버스가 일정한 가속도 (a)를 가지고 달릴 때 버스 안의 손잡이에 작용하는 힘

① 버스 밖에 있는 사람이 볼 경우

버스가 오른쪽 (⇒)으로 움직인다고 하자. 손잡이는 연직선과 θ각으로 기울어져 가속 운동하는 것처럼 보인다. 손잡이에 작용하는 힘은 줄의 장력 (T)과 중력이다. 이 두 힘의 합력이 손잡이에 가속도 (a)를 생기게 하여 버스와 같이 등가속도 직선운동을 하면서 기울어진 상태를 유지한다고 생각한다.

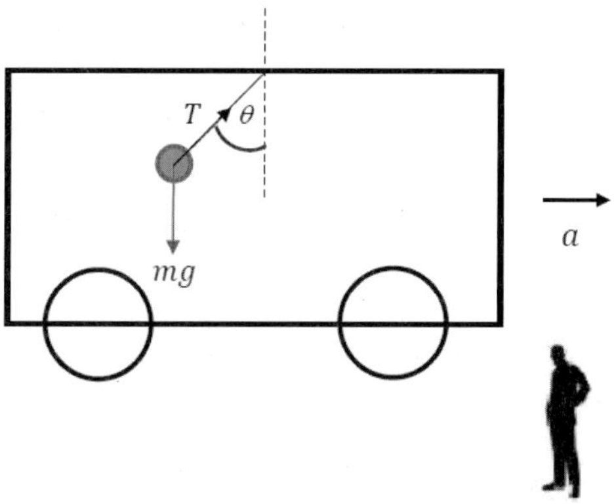

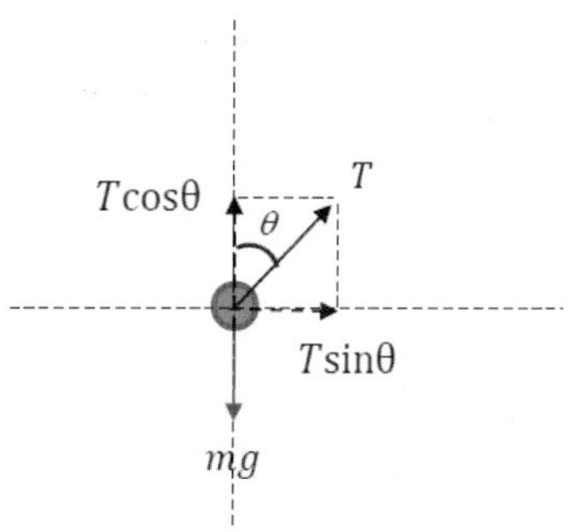

x-성분:　　$T\sin\theta = ma$　　(장력의 x-축 성분에 의해 등가속도 운동을 한다고 생각한다)
y-성분:　　$T\cos\theta = mg$

$$\therefore a = g\tan\theta$$

② 버스에 타고 있는 사람이 볼 경우

물리를 모르고 관성력을 모르는 사람도 쉽게 생각할 수 있다. 외부의 상황 (차가 가고 있는지, 날고 있는지 등)을 전혀 모르는 차 내부에 있는 관측자는 자신이 방 안에 갇혀 있는 것이나 다를 바가 없기 때문에 초기에는 혹시 무슨 이유 때문에 손잡이가 잠시 각도 θ를 이루고 있을 수도 있지만, 결국은 중력에 의해 손잡이가 수직으로 매달려 있을 것으로 예측할 것이다. 그런데 여전히 손잡이가 각도 θ를 가지고 있으니까 이 상황을 어떻게 설명하려고 할 것인가?

버스 안에 있는 사람은 손잡이와 사람 모두 버스와 같이 등가속도로 움직이고 있으므로 사람에 대한 손잡이의 상대 가속도는 0이 되어 손잡이는 힘의 평형상태라고 생각한다. 즉, 손잡이는 연직방향과 각도 θ을 이루고 기울어진 채로 계속 정지해 있는 것처럼 보인다. 계속 정지해 있다는 것은 관성의 법칙에 의해 외력이 없어야 한다. 그러나 손잡이에는 장력과 중력만이 작용하고 있어 이 두 힘만으로 기울어져 있는 손잡이가 평형을 이룰 수 없으므로, 이 사람에게는 운동의 법칙이 성립하지 않는 것처럼 느낀다. 그래서 버스 안의 사람에게도 운동의 법칙이 성립한다고 느낄 수 있게 하기 위해서 장력과 중력 외에 가속도 (a)와 반대방향으로 또 다른 가상적인 힘 (F')이 작용하는 것으로 생각한다. 그런데 이 힘은 실제로 누군가가 잡아 당겨서 만든 힘이 아니고 가상적인 힘이다.

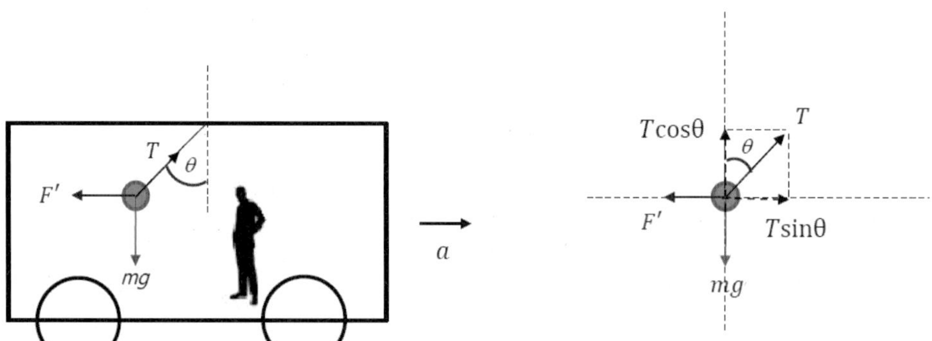

가속도 운동하는 버스 안의 사람이 본 손잡이의 평형 조건 (=평형방정식)

$$m\vec{g} + \vec{T} + \vec{F'} = 0$$

$$\therefore \vec{F'} = -(m\vec{g} + \vec{T}) = -m\vec{a}$$

x-성분 $\quad F' = T\sin\theta$

y-성분 $\quad mg = T\cos\theta$

$$\rightarrow \frac{F'}{mg} = \frac{\sin\theta}{\cos\theta} = \tan\theta$$

$$F' = mg\tan\theta \quad \rightarrow \quad ma = mg\tan\theta$$

관성력 $|F'| = m|a|$ (→ 즉, 가속도 a에 의해 관성력 F'이 생긴다)

$\therefore a = g\tan\theta$ (즉, 버스 밖에 있는 사람이 볼 경우와 동일한 결과)

[예제] 버스가 가속도 10 m/s^{2}로 등가속도 직선운동을 할 때 질량 m인 추가 연직선에서 기울어져 정지하고 있다. (단, 공기저항, 마찰 무시하고 중력가속도 크기는 10 m/s^{2}이다)

① 기울어진 각도 (θ)는?

② 추가 30도 기울어져 있었다면 버스의 가속도 크기[m/s^2]는?

③ 30도에서 매단 추가 끊어졌다면 추가 버스 안에서 받는 가속도의 크기[m/s^2]는?

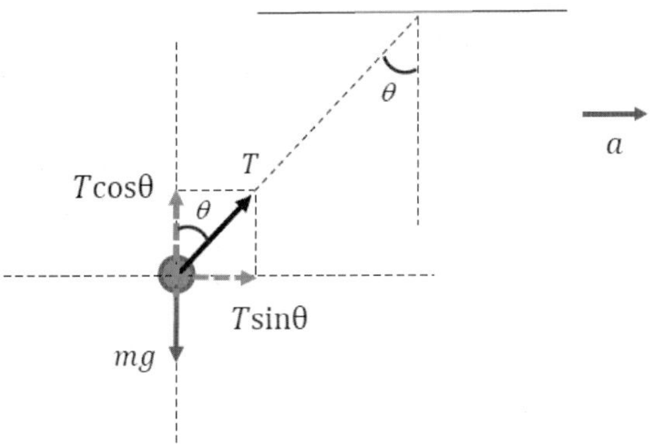

[해설]

① 힘의 평형 $\quad T\cos\theta = mg$

$T\sin\theta = ma$

$\tan\theta = \frac{a}{g} = \frac{10}{10} = 1$

$\therefore \theta = 45^0$

② $a = g\tan\theta$

$= 10 \times \tan 30^0 \simeq 5.8$ [m/s^2]

③ 실이 끊어지면 장력은 없어지고 중력 (mg)과 관성력 (ma)만이 작용하고 합력의 방향이 장력하고 반대방향이어야 한다. 따라서 가속도의 방향이 연직선과 30도를 이루어야 한다.

가속도의 크기 (a') $\quad ma' = \sqrt{(mg)^2 + (ma)^2}$

$$\therefore a' = \sqrt{g^2 + a^2} = \sqrt{10^2 + 5.8^2} \simeq 11.3 \ [\mathrm{m/s^2}]$$

(생각해보기) 반경 R인 커브를 v의 속도를 가지고 도는 버스 내의 진자의 경우

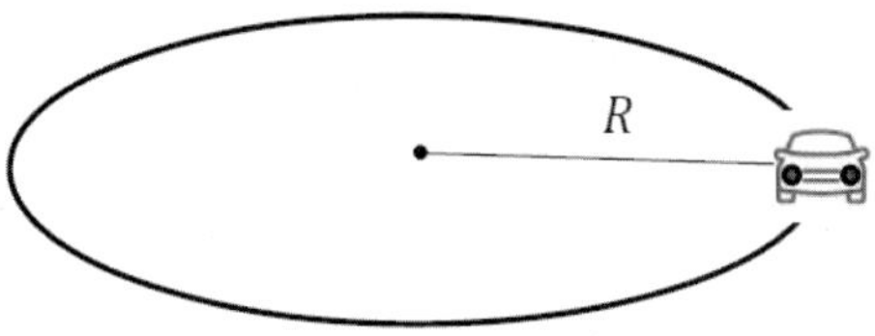

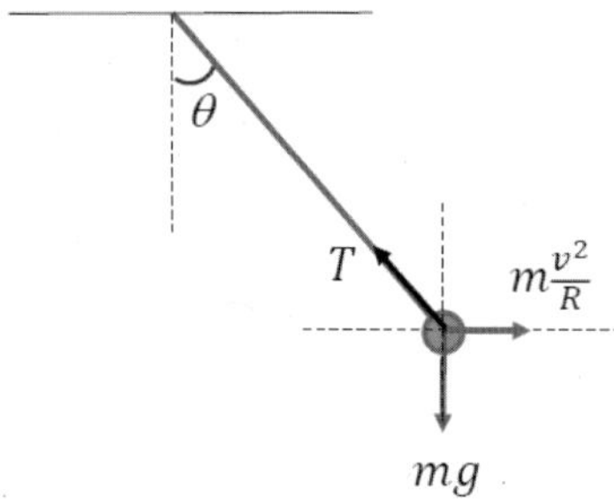

(버스에 타고 있는 관측자가 진자를 볼 경우) 버스가 반경 R인 커브를 돌 때 진자는 관성력인 원심력에 의해 θ만큼 기울어진다.

$$m\vec{g} + \vec{T} + \vec{F'} = 0$$

$$F' = ma = m\frac{v^2}{R}$$

$$\text{장력} \quad T = \sqrt{(mg)^2 + \left(m\frac{v^2}{R}\right)^2}$$

만약 T가 없다면 버스 내에서 진자가 받는 가속도는 중력에 의한 가속도와 원운동에 의한 가속도의 합이다.

$$a' = \sqrt{g^2 + \left(\frac{v^2}{R}\right)^2}$$

$$T\sin\theta = m\frac{v^2}{R}$$

$$T\cos\theta = mg$$

$$\rightarrow \tan\theta = \frac{m\frac{v^2}{R}}{mg} = \frac{v^2}{Rg}$$

$$\therefore v = \sqrt{Rg\tan\theta}$$

제2장

일과에너지

□ 일이란?

✍ **(알아두기)**

$$\text{일 (Work, } W) \equiv \vec{F} \cdot \vec{x} \qquad \text{(힘} \times \text{거리)}$$

$$= Fx\cos\theta = F_x x \qquad (F_x \equiv F\cos\theta \rightarrow x\text{방향으로 작용하는 힘}$$

$$F_y \equiv F\sin\theta \rightarrow y\text{방향으로 작용하는 힘)}$$

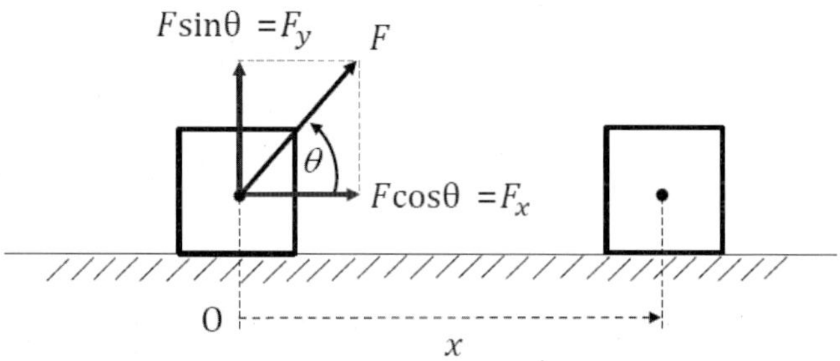

(의미) 힘이 작용한 방향으로 물체가 그 방향으로 움직일 때 일을 해 주었다.

(단위) $\mathrm{Nm} \equiv \mathrm{J} = \mathrm{kg}\frac{\mathrm{m}}{\mathrm{s}^2}\mathrm{m} = \mathrm{kg}\frac{\mathrm{m}^2}{\mathrm{s}^2}$ (Joule, 줄)

1 J = 1 N의 힘을 주어서 (힘의 방향으로) 1 m을 움직였을 때, 해준 일

☞ **(비유)** 수업을 듣는 학생에게 이런 비유를 하나 해 주었는데, 기억을 해두면 도움이 될 것이다. "삼겹살 1인분은 ~200 g으로 대부분 두 덩어리가 나오는데, 그 중 한 덩어리 100 g을 드는 것은 1 N이고, 이제 고기를 구워서 팔을 뻗어 1 m 떨어진 상대방 먹으라고 내가 해 주는 일이 바로 1 J에 해당한다."

(일반화) 힘이 상수가 아니라 거리의 함수일 경우, $\vec{F} = \vec{F}(\vec{x})$

$$W_{ork} \equiv \int \vec{F} \cdot d\vec{x}$$

(생각해보기) 과학에서 일의 양이 0인 경우

일상생활에서 사용하는 "일을 열심히 했다"라는 것과 과학에서 사용하는 일의 개념과는 반드시 일치하지는 않는다. 어떤 경우가 있는가?

일의 정의는 $W \equiv \vec{F} \cdot \vec{x} = Fx\cos\theta$ 이므로 W를 0으로 만들 수 있는 경우는 3가지 $(F, x, \cos\theta)$가 있다.

① 작용 힘 (F)이 0인 경우
(예) 마찰이 없는 수평면에서 물체의 이동

- 드라이아이스가 일정 속력으로 이동한다.
- 얼음판 위에서 아이가 탄 썰매가 일정 속력으로 움직인다.

② 이동거리 (x)가 0인 경우
(예) 엄청 힘을 주었으나 물체는 전혀 움직이지 않는다.

- 흔들바위를 열심히 땀나게 밀었다.
- 무거운 물체를 들고 제자리에 서서 매우 힘들게 벌을 섰다.
- 역기를 든 상태로 가만히 서 있었다.

③ 힘의 방향과 물체의 이동 방향이 수직 $(= 90^o)$인 경우
(예) 인공위성, 우주정거장, 쥐불놀이, 쟁반 위 물건 올려놓고 이동하기 등

- 인공위성에 작용하는 구심력은 원의 중심이고 인공위성의 진행방향은 원의 접선방향으로 둘은 수직이다.
- 쥐불놀이 할 때, 끈에 작용하는 구심력과 깡통의 운동 방향은 수직이다.
- 세계 토픽을 보면 웨이터가 쟁반위에 물 컵을 올려놓고 빨리 달리기 시합을 하는 것을 볼 수 있다. 물 컵에 작용하는 중력은 아래 방향인데 달리는 방향하고 수직이다.
- 무거운 007 가방을 들고 수평으로 계속 걸어간다.

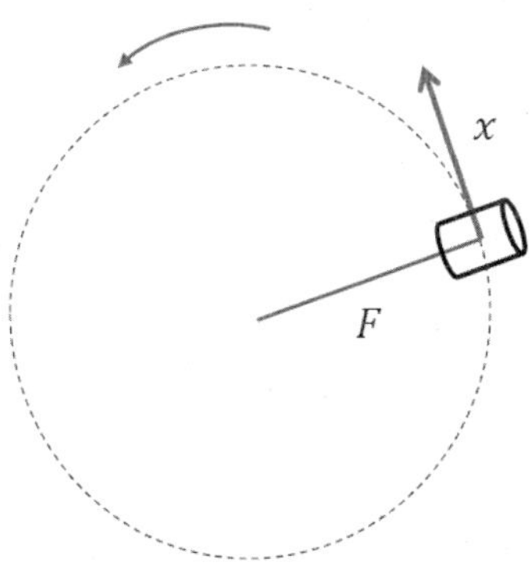

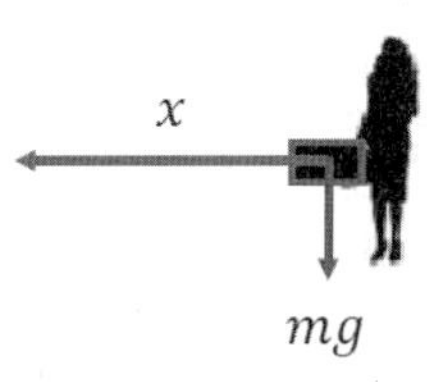

[예제] 그림처럼 물체의 진행방향과 60°로 10 N의 힘을 주었더니 10 m를 진행하였다. 해준 일[J]은?

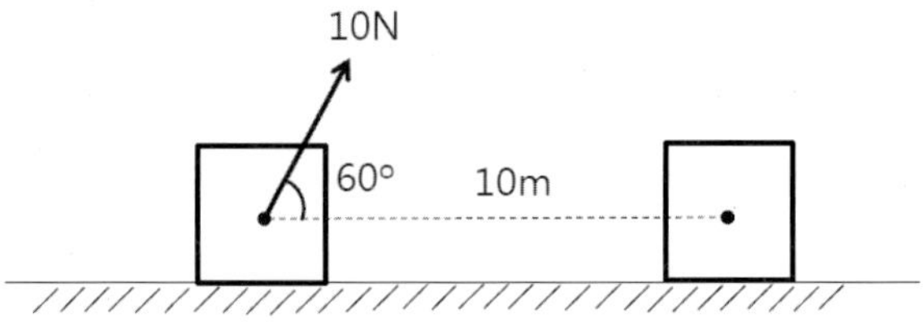

[해설] 일 $W = \vec{F} \cdot \vec{x} = Fx\cos\theta$

$$= Fx\cos 60° = 10 \cdot 10 \cdot \cos 60° = 100 \times \frac{1}{2} = 50\ [\mathrm{J}]$$

[예제] 줄 (Joule, J)의 단위로 표시될 수 없는 것은?

① 힘 × 거리 ② 전하량 × 전류 ③ 질량 × 속도 ④ 볼츠만 상수 × 온도 ⑤ 압력 × 부피
⑥ 칼로리 (cal) ⑦ 킬로와트시 (kWh) ⑧ 마력 (hp) ⑨ 전자볼트 (eV) ⑩ 뉴턴미터 (N · m)
⑪ 관성능률 × 각속도^2 ⑫ 플랑크상수 × 진동수 ⑬ 전하량 × 전압

[정답] ②, ③, ⑧, ⑪ (일 혹은 에너지의 단위가 아닌 것을 찾는다)

(생각해보기) 그림처럼 3명의 사람이 물체를 옮기는 상황이 발생하였다. 오른쪽 A와 왼쪽 B 그리고 공중에 있는 C가 있을 때 각자의 일을 기술하면?

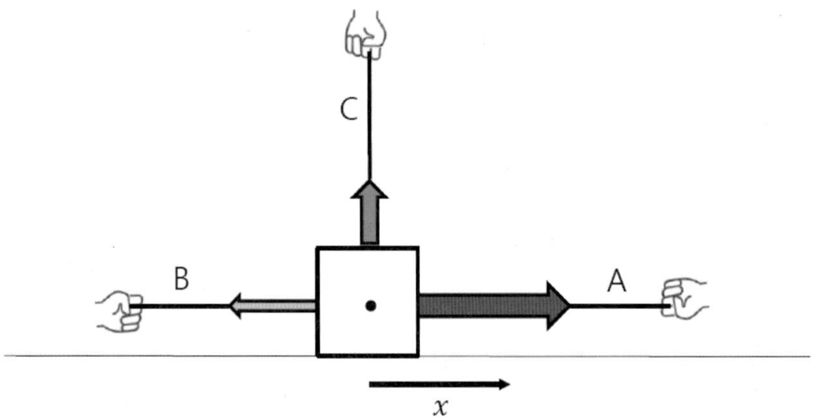

물체가 이동하는 방향이 오른쪽 방향이므로 A는 열심히 일을 한 사람이고 B는 일을 했지만 방해를 (180°) 하는 사람이고 C 본인은 열심히 물체를 들고 있으니까 일을 했다고 주장하지만 놀고 있는 (힘과 이동방향이 90°) 상황이다. 즉 힘을 열심히 발휘해도 과학에서 일은 0이다.

(생각해보기) 일의 정의를 보면 음수 (−)값을 가질 수 도 있다. 어떤 경우가 $W<0$ 인가?

일은 $W \equiv \vec{F} \cdot \vec{x} = Fx\cos\theta$ 이다, 힘 (F)도 거리 (x)도 음수가 될 수 가 없다. 따라서 가능성은 $\cos\theta$가 180도 이면 가능하다. 즉, 힘의 방향과 이동방향이 반대이면 상황을 만족한다. 이런 경우의 대표적인 예는 마찰력에 의해 한일이 있다.

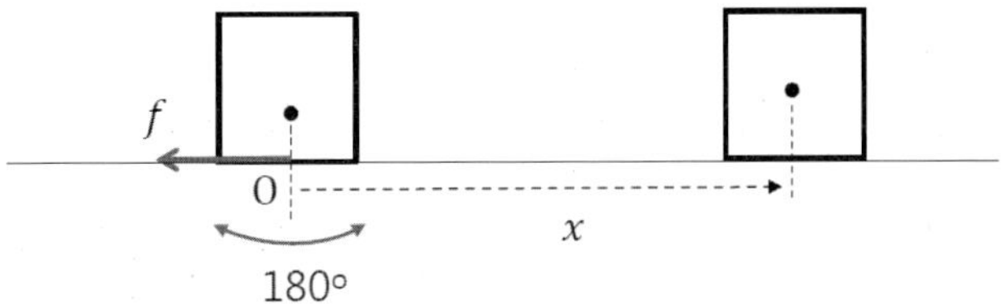

[예제] 힘 $F_x = 2x+1$ 로 주어진다. 이 힘으로 물체를 원점에서 3 m 밀었다. 한 일[J]은?

[해설] $W_{ork} = \int \vec{F} \cdot d\vec{x}$

$$= \int_0^3 (2x+1)\,dx = x^2 + x|_0^3 = 9+3 = 12\,[\mathrm{J}]$$

[예제] 정지해 있던 질량 m인 물체에 일정한 힘 F를 t초 동안 주어서 수평으로 직선운동을 시켰다. 해준 일은? (단, 마찰은 무시한다)

[해설]

일 $W = \vec{F} \cdot \vec{x} = Fx$ ($\because$ $\cos 0° = 1$, 힘과 이동방향이 동일 방향)

이동거리 (x)가 주어지지 않아서 이것을 구해야 한다.

등가속도 운동 $x = v_o t + \frac{1}{2}at^2 = \frac{1}{2}at^2$ ($\because v_0 = 0$ 초기상태 정지)

뉴턴 제 2법칙 $F = ma \rightarrow a = \frac{F}{m}$

이동거리 (x) $x = \frac{1}{2}at^2 = \frac{1}{2}\left(\frac{F}{m}\right)t^2$

일 (W) = 힘 × 이동거리 = $F\frac{1}{2}\left(\frac{F}{m}\right)t^2 = \frac{F^2t^2}{2m}$

[예제] 일과 이동거리가 2차원 형태로 주어지는 경우 일[J]과 각도는?

$$\vec{F} = 1\hat{i} + 2\hat{j}$$
$$\vec{r} = 3\hat{i} + 4\hat{j}$$

[해설]

[Note] $\vec{A} = A_x\hat{i} + A_y\hat{j}$

$$\vec{B} = B_x\hat{i} + B_y\hat{j}$$

$$\vec{A} \cdot \vec{B} = A_xB_x + A_yB_y = |\vec{A}||\vec{B}|\cos\theta$$ ($|\vec{A}|$ 는 벡터 A의 크기)

$$\therefore \cos\theta = \frac{\vec{A} \cdot \vec{B}}{|\vec{A}||\vec{B}|} = \frac{A_xB_x + A_yB_y}{|\vec{A}||\vec{B}|}$$

$$\vec{A} \cdot \vec{A} = A_xA_x + A_yA_y = A_x^2 + A_y^2 = |\vec{A}||\vec{A}|\cos 0° = |\vec{A}|^2$$

$$\vec{B} \cdot \vec{B} = B_xB_x + B_yB_y = B_x^2 + B_y^2 = |\vec{B}||\vec{B}|\cos 0° = |\vec{B}|^2$$

$$\therefore |\vec{A}| = \sqrt{A_x^2 + A_y^2}$$

$$\cos\theta = \frac{\vec{A} \cdot \vec{B}}{|\vec{A}||\vec{B}|} = \frac{A_xB_x + A_yB_y}{|\vec{A}||\vec{B}|} = \frac{A_xB_x + A_yB_y}{\sqrt{A_x^2 + A_y^2}\sqrt{B_x^2 + B_y^2}}$$

일(W) $= \vec{F} \cdot \vec{r}$

$$= F_x x + F_y y$$
$$= 1 \times 3 + 2 \times 4 = 11$$

각도 $\cos\theta = \dfrac{1 \times 3 + 2 \times 4}{\sqrt{1^2 + 2^2}\sqrt{3^2 + 4^2}} = \dfrac{11}{\sqrt{5}\sqrt{25}} = \dfrac{11}{\sqrt{125}}$

$$\therefore \theta = \cos^{-1}\left(\frac{11}{\sqrt{125}}\right)$$

(생각해보기) 만약 3차원으로 확장된다면?

□ 일률 (power, P)

일률 ($P_{ower} = P \equiv \frac{dW}{dt}$)

(의미) 1W 란 1초당 1J 의 일을 하는 것.

(단위) $\frac{\text{J}}{\text{s}} \equiv \text{W}$ (watt)

▸ 1 kgf • m/s = 1초에 1 kgf의 물체를 1 m 들어 올리는 일률

1 kgf • m/s = 9.8 N • m/s = 9.8 J/s = 9.8 W

$$P = \frac{W}{t} = \frac{Fx}{t} = Fv \qquad (\because v \equiv \frac{x}{t},\ \text{속력})$$

[Note] 전자기학

전기 회로 P_{ower} = 전압 (V) × 전류 (A)

(의미) 1V 의 전압으로 1A 의 전류가 흐를 때 1W 이다.

전력량 ≡ 전력 × 시간

(의미) 1W 의 전력을 1시간 동안 사용했을 때의 전력

(단위) [$\text{Wh} = \frac{\text{J}}{\text{s}}\text{s} = \text{J}$] 즉, 전력량은 일의 단위인 [J]을 가진다.

$\therefore 1\text{Wh} = 1\text{W} \times 1\text{h} = 1\frac{\text{J}}{\text{s}} \times 3600\,\text{s} = 3600\ \text{J}$

$1\text{kWh} = 3600\ \text{kJ}$

(참고) 일률의 단위로 hp (horse power, 마력, 馬力)이 있는데 이것은 무엇인가?

마력 (馬力)이란 말 그대로 말 한 마리가 끄는 힘을 의미한다. 그림처럼 1765년 당시 영국산 순종 말 한마리가 1초에 75 kg 물체를 1 m 들어 올리는데 해 준일. $1\text{hp} \simeq 746\frac{\text{J}}{\text{s}} = 746\text{W}$ 로 환산된다. 개개 말마다 일할 수 있는 능력의 차이가 있을 수 있으므로 이런 정의는 다소 애매모호하다고 볼 수 있다. 자동차의 일률을 나타내는 단위로 주로 쓰인다.

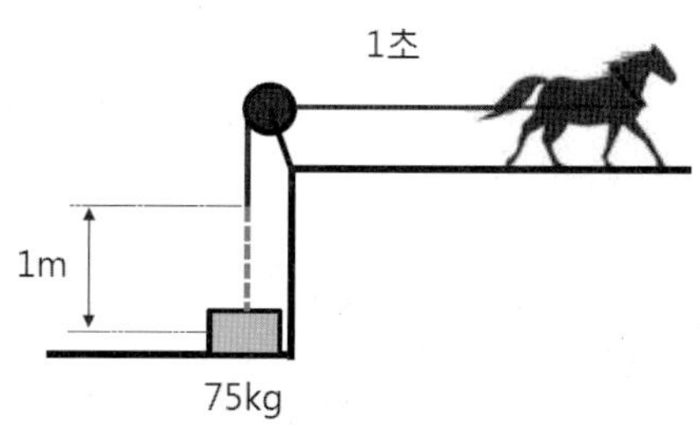

(예) 출력이 300마력이라는 것은 300마리 말들이 마차 한 대를 끌고 있는 모습을 떠올리면 되고 실제 이런 일이 일어난다면 상상만 해도 엄청난 장관일 것 같다.

[예제] 그림처럼 질량 10 kg인 정지해 있던 물체에 힘을 가했을 때 속도와 시간의 그래프를 나타낸다. 이 힘이 가해지는 5초 동안의 일률[W]은?

[해설]

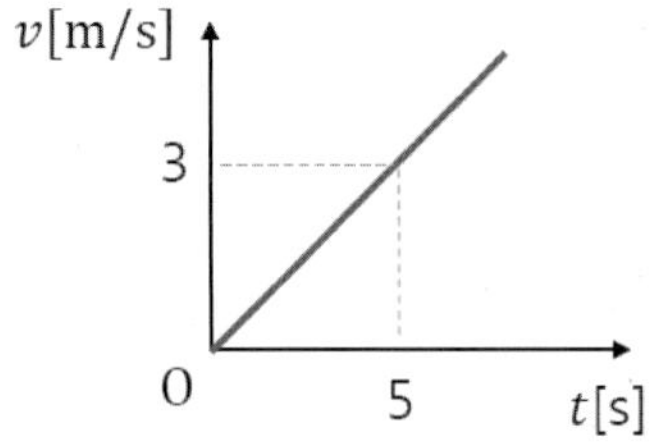

$$P = \frac{W}{t} = \frac{Fx}{t} = Fv$$

시간에 따라 속도가 계속 증가 $a \equiv \frac{\Delta v}{\Delta t} = \frac{3}{5}$ [m/s²]

작용하는 힘 $F = ma = 10 \times \frac{3}{5} = 6$ [N]

$x = v_0 t + \frac{1}{2}at^2 = \frac{1}{2} \times \frac{3}{5} \times 5^2 = \frac{15}{2}$ [m] $(\because v_0 = 0)$

일 $W = Fx = 6 \times \frac{15}{2} = 45$

$\therefore P = \frac{W}{t} = \frac{45}{5} = 9$ [W]

[예제] 10 kg의 물체가 50 m/s의 종단속도로 떨어지고 있다. 공기저항에 의해 소모되는 일률은? (단, 중력가속도는 10 m/s²이다)

[해설]

공기 저항에 의해 에너지가 빠져나가는데 작용하는 힘 F' 이라고 하자. 구체적으로 F' 의 형태가 주어지지 않아도 문제를 해결하는 것은 지장이 없다.

$$P \equiv \frac{dW}{dt} = \frac{d(F's)}{dt} = F'\frac{ds}{dt} = F'v$$

종단속도 (v_t)에 도달했을 때 $mg = F'$

$\therefore P = F'v_t = mgv_t = 10 \times 10 \times 50 = 5000$ [J/s]

□ 일-운동에너지 정리

(상황) 그림처럼 마찰이 없는 수평면 위에서 속도 v_1으로 직선운동하고 있는 질량 m인 물체에 일정한 힘 (F)을 가하여 물체를 x_1에서 x_2까지 이동시켰을 때 속도가 v_2가 되었다고 하자. 즉, 물체를 움직이려면 외부에서 일 (W)을 해 주어야 한다.

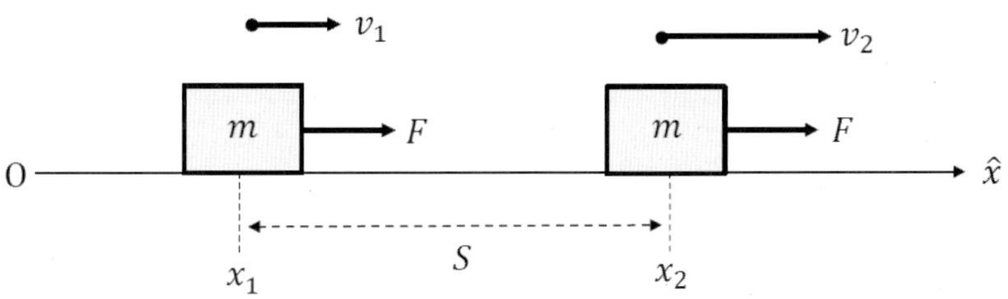

(방법1)

$$W_{ork} \equiv \int_1^2 \vec{F} \cdot d\vec{x} \qquad \text{[단위: N • m } \equiv \text{J]}$$

$$= \int_1^2 m\vec{a} \cdot d\vec{x} = \int_1^2 m\frac{dv}{dt}dx \qquad (\because \cos 0^o = 1\text{, 같은 방향})$$

$$= m\int_1^2 \frac{dx}{dt}dv = m\int_1^2 vdv = \frac{1}{2}mv^2|_1^2$$

$$= \frac{1}{2}mv_2^2 - \frac{1}{2}mv_1^2$$

✏ 운동에너지 (kinetic energy, KE) $\equiv \frac{1}{2}mv^2$ [단위: $kg\frac{m^2}{s^2} \equiv J$]

$$W = \frac{1}{2}mv_2^2 - \frac{1}{2}mv_1^2 = (KE)_2 - (KE)_1 \equiv \Delta(KE)$$

∴ 해 준일 = 운동에너지 (KE)의 변화량

$$W \equiv \vec{F} \cdot \vec{x} = \frac{1}{2}mv_2^2 - \frac{1}{2}mv_1^2$$

☛ 일-운동에너지 정리: "우리가 해 준일이 운동에너지의 변화량으로 나타난다."

☛ **(읽어보기)** 일과 에너지는 동격이고 단위도 같다. 다시 말해, 일을 해 주면 에너지가 생기고 에너지가 있으면 일을 할 수 있는 능력이 있다는 것이다. 대부분의 물리 교과서들은 일 (work)과 에너지 (energy)를 함께 다룬다. 영어 제목도 "Work and Energy"라고 하지 "Work or Energy", "Work", "Energy" 등으로 쓴 책은 거의 없다. 번역도 "일과 에너지"라고 하지 "일 혹은 에너지" 등으로 번역하지 않는다. 즉 이 말은 "일"과 "에너지"는 쌍둥이라는 것을 다시 한 번 강조하고 싶다.

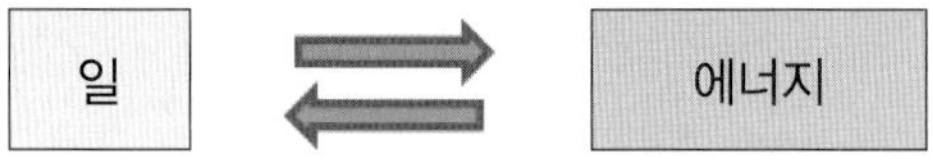

(방법2)

등가속도 운동 $v_2^2 - v_1^2 = 2aS \qquad (\because v^2 - v_0^2 = 2aS,\ S = x_2 - x_1)$

$$\rightarrow a = \frac{v_2^2 - v_1^2}{2S}$$

뉴턴법칙 $F = ma$

$$= m\frac{v_2^2 - v_1^2}{2S}$$

일 (W) $FS = \frac{1}{2}mv_2^2 - \frac{1}{2}mv_1^2$

$\therefore$ 해 준일 = 운동에너지 (KE)의 변화량

(방법3)

$$\vec{F} = \frac{d\vec{p}}{dt}$$

$$\vec{F}\cdot\vec{v} = \frac{d\vec{p}}{dt}\cdot\vec{v} = \frac{d(m\vec{v})}{dt}\cdot\vec{v}$$

[Note] $\frac{d}{dt}(\vec{A}\cdot\vec{B}) = \frac{d\vec{A}}{dt}\cdot\vec{B} + \vec{A}\cdot\frac{d\vec{B}}{dt}$

$$\frac{d}{dt}(\vec{v}\cdot\vec{v}) = \frac{d\vec{v}}{dt}\cdot\vec{v} + \vec{v}\cdot\frac{d\vec{v}}{dt} = 2\vec{v}\cdot\frac{d\vec{v}}{dt} = 2\vec{v}\cdot\dot{\vec{v}}$$

$$\vec{F}\cdot\vec{v} = \frac{d(m\vec{v})}{dt}\cdot\vec{v} = m\frac{d(\vec{v})}{dt}\cdot\vec{v} = \frac{1}{2}m\frac{d}{dt}(\vec{v}\cdot\vec{v}) = \frac{d}{dt}\left(\frac{1}{2}mv^2\right)$$

$$= \frac{d}{dt}(\text{KE}) \equiv \frac{dT}{dt}$$

$$\text{KE} \equiv T = \frac{1}{2}mv^2$$

$$\vec{F} \cdot \frac{d\vec{x}}{dt} = \frac{dT}{dt} \qquad (\because\ v = \frac{d\vec{x}}{dt})$$

$$\vec{F} \cdot d\vec{x} = dT$$

양변 적분

$$\int \vec{F} \cdot d\vec{x} = \int_1^2 dT = T_2 - T_1$$

$$\therefore\ W = (\text{KE})_2 - (\text{KE})_1 \equiv \Delta(\text{KE})$$

[예제] 질량이 4 kg인 물체가 10 m/s의 속력으로 움직이고 있다. 이 물체가 정지할 때까지 할 수 있는 일의 양은?

[해설] 운동에너지 (KE) $= \frac{1}{2}mv^2$

$$= \frac{1}{2} \times 4 \times 10^2 = 200\ [\text{J}]$$

200 J의 (운동)에너지를 가지고 있다. 일을 하면 에너지가 생기고, 에너지를 가지고 있으면 일을 할 수 있는 능력을 가지고 있고 서로 전환이 가능하다. 즉, 에너지와 일을 동격이다. 따라서 200 [J] 만큼 일을 할 수 있다.

[예제] 정지해 있던 질량 m인 물체가 일정한 힘 F을 받아 가속도 운동을 하고 있다. 처음으로부터 1초, 2초, 3초 때의 운동에너지 (KE)비는?

[해설]

$F = ma \rightarrow a = \frac{F}{m}$ (힘이 작용하기 때문에 가속도가 생겨난다)

$v = v_0 + at = at \quad (\because v_0 = 0)$

$$\text{KE} = \frac{1}{2}mv^2 = \frac{1}{2}m(at)^2 = \frac{1}{2}ma^2t^2$$

$$\text{KE} \propto t^2$$

$\therefore$ KE(1초): KE(2초): KE(3초) $= 1^2 : 2^2 : 3^2$

[예제] 질량 m인 물체의 시간에 따른 변위가 $x(t)=3t+2t^2$ 로 주어진다. 시간 $(t=2)$에 물체에 가해지는 힘[N]과 운동에너지[J]는?

[해설]

변위 $x(t)=3t+2t^2$

(순간) 속도 $v(t)\equiv\dfrac{dx}{dt}=3+4t \quad\rightarrow\quad v(t=2)=3+4\times2=11$ [m/s]

(순간) 가속도 $a(t)\equiv\dfrac{dv}{dt}=4$ [m/s^2]

힘 $F=ma=m4=4m$ [N]

운동에너지 (KE) $=\dfrac{1}{2}mv^2=\dfrac{1}{2}m\times(11)^2=\dfrac{121m}{2}$ [J]

위 운동을 좀 더 자세히 살펴보면 등속도, 등가속도 운동은 아니다.

t[s]	x[m]	v[m/s]	a[m/s^2]
1	$3+2=5$		
2	$6+8=14$	9/1 = 9	
3	$9+18=27$	13/1 = 13	4/1 = 4
4	$12+32=48$	21/1 = 21	7/1 = 7

[예제] 수평면 위에 정지하고 있던 어떤 물체에 속력을 v가 되도록 하는 일이 W이였다. 만약 속력을 $2v$가 되도록 하려면 해 주어야 하는 일은?

[해설] 해 준일 = 운동에너지 (KE)의 변화량

$W\equiv FS=\dfrac{1}{2}mv_2^2-\dfrac{1}{2}mv_1^2$

정지 상태 → 속력 v $\qquad W=\dfrac{1}{2}mv^2-\dfrac{1}{2}m\times0^2=\dfrac{1}{2}mv^2$

속력 v → 속력 $2v$ $\qquad W'=\dfrac{1}{2}m(2v)^2-\dfrac{1}{2}mv^2=3\times\dfrac{1}{2}mv^2=3W$

$W'=3W$

[예제] 총신의 길이가 50 cm인 총에 질량 20 g인 총알이 3200 N의 힘이 작용해 발사될 때 총구에서 총알의 속력[m/s]은?

[해설] 해 준일 = 운동에너지 (KE)의 변화량

$$W \equiv Fx = \frac{1}{2}mv^2 - \frac{1}{2}mv_0^2$$

$$= 3200 \times 50 \times 10^{-3}\text{m} = \frac{1}{2} \times 0.2 \times 10^{-3}\text{kg} \times v^2 - \frac{1}{2} \times 0.2 \times 10^{-3}\text{kg} \times 0^2$$

$$\therefore v^2 = \sqrt{16 \times 10^4} \quad \rightarrow \quad v = 400 \text{ [m/s]}$$

[예제] 그림처럼 수평면 위에서 정지해 있던 질량이 5 kg인 물체에 40 N의 힘을 60°방향으로 주어 10 m 이동했을 때 속도가 8 m/s가 되었다. 마찰력이 해준 일[J]은?

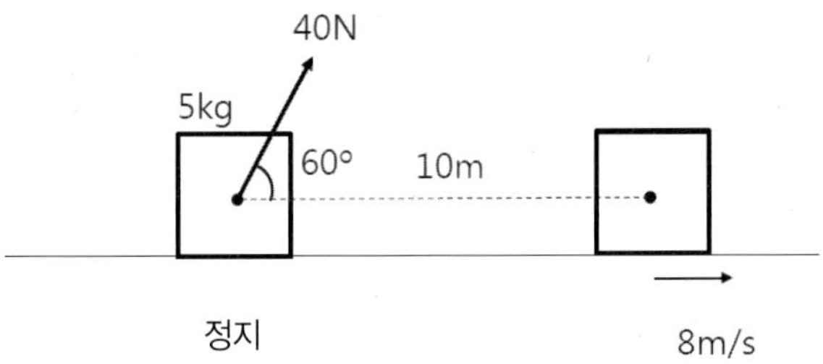

[해설]

마찰력이 없을 경우 해준 일

$$W = \vec{F} \cdot \vec{x} = Fx\cos\theta = 40 \times 10 \times \cos 60° = 200 \text{ [J]} \qquad \text{Ⓐ}$$

운동에너지의 변화량 $\Delta(\text{KE}) = \frac{1}{2}mv_f^2 - \frac{1}{2}mv_i^2$

$$= \frac{1}{2} \times 5 \times 8^2 - \frac{1}{2} \times 5 \times 0^2 = 160 \text{ [J]} \qquad \text{Ⓑ}$$

☛ 일-운동에너지 정리: 해 준일 = 운동에너지 (KE)의 변화량

따라서 Ⓐ와 Ⓑ의 차이만큼이 마찰력이 가져간 부분이다 (200 − 160 = 40 [J]).

만약 마찰력이 없다면 최종 속도 (v_f)는 얼마일까?

$$\vec{F} \cdot \vec{x} = \frac{1}{2}mv_2^2 - \frac{1}{2}mv_1^2$$

$$40 \times 10 \times \cos 60° = \frac{1}{2} \times 5 \times v_f^2$$

$$\therefore v_f = \sqrt{80} \sim 8.9 \text{ [m/s]}$$

즉, 마찰력에 의해 8 m/s 밖에 안 됨을 알 수 있다.

[예제] 질량이 2000 kg이고 초기 속도가 36 km/h 인 자동차가 브레이크를 걸어 50 m 진행하다 정지하였다. 타이어에 작용한 노면과 타이어의 마찰력 (=제동력)은 얼마인가?

(방법1) $v^2 - v_0^2 = 2aS$

$$\rightarrow a = -\frac{v_0^2}{2S} \qquad (\because v = 0)$$

$$a = \frac{\left[36 \times \frac{1000\text{m}}{3600\text{s}}\right]^2}{2 \times 50\text{m}} = -1\left[\frac{\text{m}}{\text{s}^2}\right] \qquad \text{(방향 반대 의미)}$$

$$\therefore F = ma = 2000\text{kg} \times 1\frac{\text{m}}{\text{s}^2} = 2000 \ \ [\text{N}]$$

(방법2) $FS = \frac{1}{2}mv_f^2 - \frac{1}{2}mv_i^2 = -\frac{1}{2}mv_i^2 \quad (\because v_f = 0\ )$

$$\rightarrow F = \frac{-\frac{1}{2}mv_i^2}{S} = \frac{-\frac{1}{2}2000\text{kg}\left(36 \times \frac{1000\text{m}}{3600\text{s}}\right)^2}{50\text{m}}$$

$\therefore F = -2000$ [N] (음수는 방향반대 의미)

[예제] 마찰이 없는 수평면 위에 정지 상태로 놓여있는 질량 4 kg인 물체에 힘을 작용하여 6 m를 이동시켰다. 그림은 이 물체에 작용하는 힘의 크기를 이동거리에 따라 나타낸 것이다. 물체가 6 m를 지나는 순간의 속력[m/s]은?

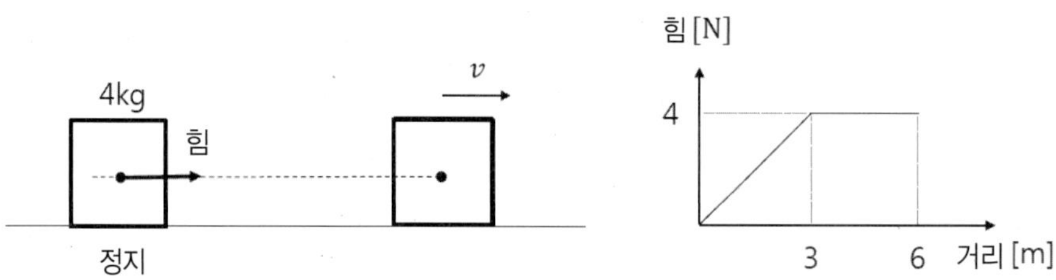

[해설] 힘-거리의 그래프에서 면적은 해 준일이다.

$$W = \left(\frac{1}{2} \times 3 \times 4\right) + (3 \times 4) = 6 + 12 = 18\,[\text{J}]$$

일-운동에너지 정리 $W = \frac{1}{2}mv_2^2 - \frac{1}{2}mv_1^2 \ \rightarrow \ 18 = \frac{1}{2} \times 4 \times v_2^2 - \frac{1}{2} \times 4 \times 0^2$

(∵ 초기 속력 0)

$\therefore v_2 \equiv v = 3$ [m/s]

□ 중력이 한 일

(상황) 그림처럼 중력장에 물체가 있을 때 이 물체를 놓으면 떨어진다. 이 말은 중력이 이 물체에 대해 일을 해 준 것이다 (그렇지 않으면 물체가 떨어지지 않을 것이다). 또한, 지면에 있는 물체를 위로 집어 올리기 위해서는 역으로 우리가 중력에 거슬러서 일을 해 주어야 한다. 그럼 질량 m인 물체가 초기 위치 h_i에서 나중위치 h_f로 자유 낙하할 때 중력이 한일은?

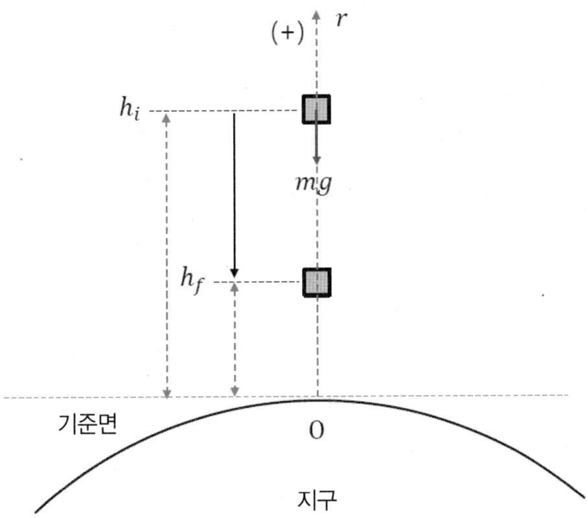

$$\text{중력이 한일 } W_{i\to f} \equiv \int_{h_i}^{h_f} \vec{F} \cdot d\vec{r}$$

$$= \int_{h_i}^{h_f} mgr\cos 180^o = -mgr|_{h_i}^{h_f} = -mg(h_f - h_i)$$

($\because$ 변위와 중력의 방향이 반대 $\rightarrow \cos 180^0$)

✏ 위치에너지 (potential energy, PE) $\equiv$ mgh [단위: $\mathrm{kg}\dfrac{\mathrm{m}}{\mathrm{s}^2}\mathrm{m} = \mathrm{kg}\dfrac{\mathrm{m}^2}{\mathrm{s}^2} = \mathrm{J}$]

$W_{i\to f} = -mg(h_f - h_i) = -$ $[(PE)_f - (PE)_i] \equiv -\Delta(PE)_{if}$

[Note]

① 변화량 ≡(나중 – 처음). 즉 $\Delta(PE)_{AB} \equiv (PE)_B - (PE)_A$ 라고 한다.

② $h_f - h_i =$ (음수 값). 따라서 $W = -mg(h_f - h_i) = (-)(-) =$ (양수 값). 즉, 중력입장에 보았을 때, 중력 본인이 외부에 일을 해 주었기 때문에 (+) 값이다.

☞ **(요약)**

① 중력이 한일은 위치에너지 변화량의 음수 값이다 [$W = -\Delta(\mathrm{PE})$].

② $(-, +)$ 의미: 내 입장에서 외부에서 일을 받으면 $(-)$이고, 내가 외부로 직접 일을 해 주면 $(+)$이다.

☛ (같은 상황 해석) 열역학 제 1법칙과 전기장에서의 위치에너지

- 열역학 제 1법칙: $Q = \Delta U + W$ (에너지 보존법칙). 어떤 계에 외부에서 열이 유입 $(+)$되면, 내부에너지 (ΔU)를 만족시키고 여분의 에너지로 기체가 외부에 일을 해 $(+)$ 준다.
- 전기장에서도 전하를 움직이려면 전기장에 대항해서 우리가 일을 해 주어야 한다.

③ 중력에 의한 일은 높이차에만 의존하며 경로에는 무관하다.

④ 간단하게 그림처럼 기준면에서 높이 h만큼에 있을 때, 위치에너지 (PE) 값은 mgh라고 생각하면 된다.

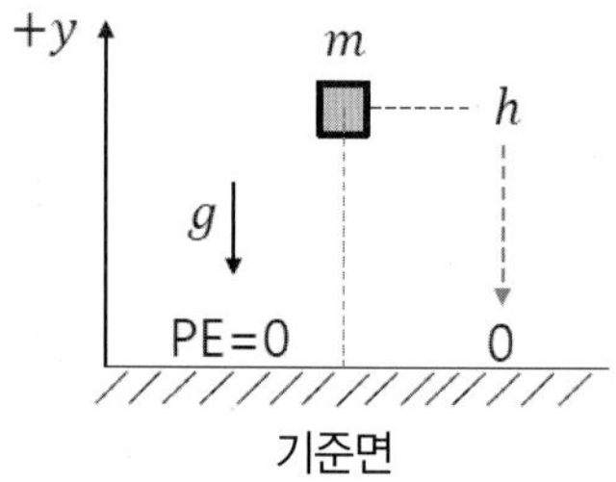

$$W = -\Delta(\mathrm{PE}) = -[(\mathrm{PE})_f - (\mathrm{PE})_i] = -[0 - (\mathrm{PE})_i] = (\mathrm{PE})_i = \mathrm{PE}$$

$$W = \int_h^0 \vec{F} \cdot d\vec{y} = mg\cos 180° \, y|_h^0 = (-1)mg(0-h) = mgh$$

$$\therefore \ \mathrm{PE} = mgh$$

실제로 기준점의 위치는 우리가 임의로 정할 수 있기 때문에 위치에너지의 절대 값은 중요하지 않으며 위치에너지의 변화만이 물리적으로 의미가 있다.

[예제] 그림처럼 두 물체 A와 B의 중력에 의한 위치에너지 (PE)의 비 $E_A : E_B$ 는?

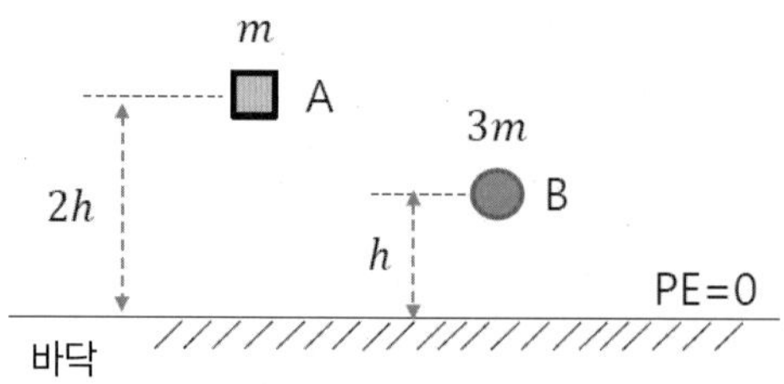

[해설]

물체 A의 위치 에너지 $(PE)_A = mg\times 2h = 2mgh$

물체 B의 위치 에너지 $(PE)_B = 3mg\times h = 3mgh$

$\therefore\ E_A : E_B = 2:3$

[예제] 질량 m인 물체를 연직상방으로 v_0의 속도로 던졌다. 물체가 다시 지면에 떨어질 때까지 시간에 따른 위치에너지의 그래프를 그려보면?

[해설] 연직상방운동 $y = v_0 t - \frac{1}{2}gt^2$

중력에 의한 위치 에너지 $(PE) = mg\times y$

$$= mg\left(v_0 t - \frac{1}{2}gt^2\right)$$

→ PE $\propto -c_1 t^2 + c_2 t$ 형태 (즉, $f(x) = -ax^2 + bx$ 의 2차 함수 형태)

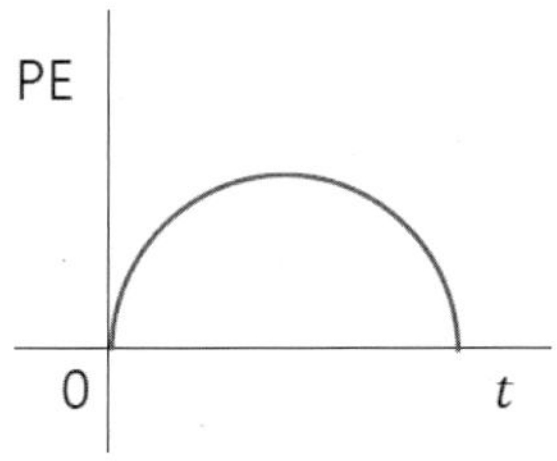

(상황) 그림처럼 질량 m인 물체를 초기 위치 h_i에서 나중위치 h_f로 들어 올리는 경우

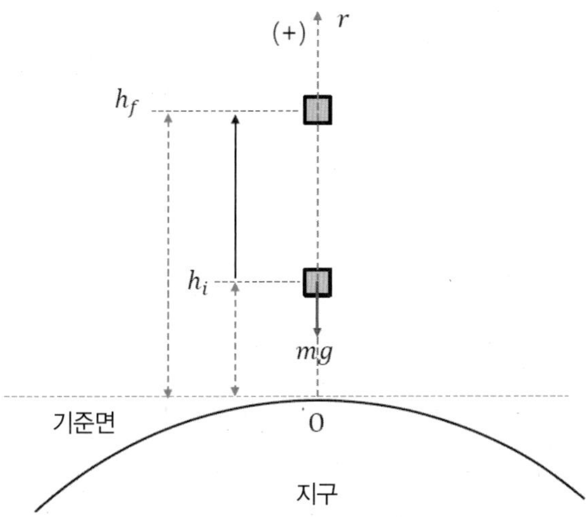

중력이 한 일 $W_{i\to f} \equiv \int_{h_i}^{h_f} \vec{F} \cdot d\vec{r}$

$$= \int_{h_i}^{h_f} mgr\cos 180° = -mgr|_{h_i}^{h_f} = -mg(h_f - h_i)$$

(∵ 변위와 중력의 방향이 반대 → cos180°)

$$W_{i\to f} = -mg(h_f - h_i) = -[(PE)_f - (PE)_i] = -\Delta(PE)$$

[Note] $h_f - h_i =$ (양수 값). $W = -mg(h_f - h_i) = (-)(+) =$ (음수 값). 물체를 위로 들어올리기 위해서는 중력에 거슬러서 우리가 일을 해 주어야 한다. 따라서 (−) 값의 의미는 중력의 입장에서는 중력 본인 스스로 한 것이 아니라, 사람에 의해 일이 행해졌다는 의미로 해석하면 된다.

(상황) 우리가 물체를 h만큼 올릴 때 해 주어야 하는 일

사람이 한 일

$$W \equiv \int_{h_i}^{h_f} \vec{F} \cdot \vec{ds} = \int_{h_i}^{h_f} F\,ds\cos\theta = \int_{h_i}^{h_f} mg\,dy = mgy|_{h_i}^{h_f} = mg(h_f - h_i) = mgh$$

$=$ 양수 값 $(+)$

(∵ 물체를 들어올리기 위해서는 사람 입장에서는 중력과 크기는 같고 방향이 반대인 힘을 주어야 한다. 이 힘과 변위하고 방향은 동일 방향이다)

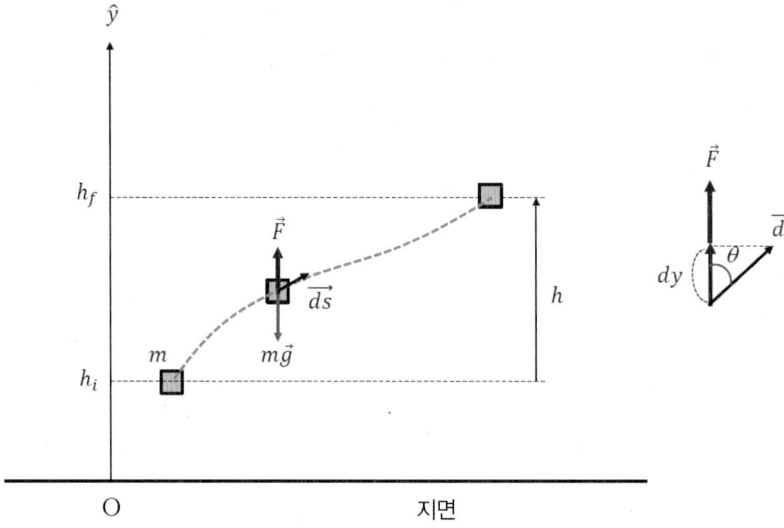

⇔ **(요약)**

위치에너지 PE $\equiv$ mgh

사람이 해 준 일 $W =$ $\text{PE}(h_f) - \text{PE}(h_i) = \Delta(\text{PE}) = (+)$ 값

중력이 한 일 (= 중력이 받은 일): 중력이 한 일은 위치에너지 변화량의 음수 값이다.

$$W = -\Delta(\text{PE})$$

$$W = -[\text{PE}(h_f) - \text{PE}(h_i)] = -\Delta(\text{PE}) = (-) \text{ 값}$$

[예제] 질량 50 kg인 물체가 2초 동안 자유낙하 한다. 지구가 이 물체에 한 일[J]은? (단, 중력가속도는 10 m/s^2이다)

[해설]

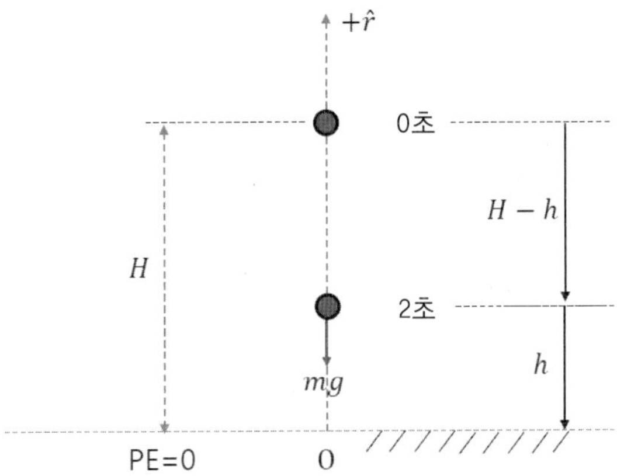

중력이 한 일은 위치에너지 변화량의 음수 값이다.

$$W = -\Delta(\text{PE})$$
$$= -(mgh - mgH) = mg(H-h)$$

자유낙하 $y = v_0 t + \frac{1}{2}gt^2 = \frac{1}{2}gt^2 \quad (\because v_0 = 0)$

0초 시 (기준) 높이 $y = 0$

2초 시 떨어진 높이 $y \equiv (H-h) = \frac{1}{2}g \times 2^2 = 2g = 2 \times 10 = 20[\text{m}]$

$\therefore W = mg(H-h) = 50 \times 10 \times 20 = 10000$ [J]

■ 보존력과 비보존력

✍ **(알아보기)**

(상황1) 지면에 있는 물체를 h만큼 들어 올리려면 (중력에 거슬러서) 우리가 일을 해 주어야 한다 (+). 그러나 반대로 h만큼의 높이에 있는 물체를 놓으면 우리는 일을 할 필요가 없으므로 (중력이 알아서 일을 해 주기 때문에) 이것을 (−) 일이라고 하자. 그럼 총 일은 0이고 제자리로 돌아 올 수 있다.

(상황2) 마찰이 있는 지면에서 물체를 거리 x만큼 움직일 때, 우리는 마찰에 거슬러서 일을 해 주어야한다 (+). 반대로 거리 x에 있는 물체를 원점으로 다시 되돌리려면 물체를 그냥 놓는다고 해서 원점으로 돌아오는 것이 아니기 때문에 이번에도 마찰에 거슬러서 일을 해 주어야한다 (+). 따라서 총 일은 2배가 된다.

☛ 보존력: 간단히 말해 내가 한 일을 되돌려 받을 수 있다.
(예) 중력, 탄성력, 만유인력, 전기력 등

☛ 비보존력: 마찰, 열, 저항, 소리 등으로 에너지가 자꾸 빠져 나가기 때문에 내가 한 일을 되돌려 받을 수 없다.
(예) 마찰력, (공기) 저항력 등

(요약) 보존력 (예, 중력) 이 한일은 위치에너지 변화량의 음수 값이다.

① $W_{A \to B} = -\Delta(\mathrm{PE})_{\mathrm{AB}} \equiv -[(\mathrm{PE})_{\mathrm{B}} - (\mathrm{PE})_{\mathrm{A}}]$ 혹은

② $\Delta(\mathrm{PE})_{\mathrm{AB}} \equiv [(\mathrm{PE})_{\mathrm{B}} - (\mathrm{PE})_{\mathrm{A}}] = -\int_A^B \vec{F} \cdot d\vec{r}$ 로 표시할 수 있는데 둘은 같은 표현이다.

[예제] 다음 중 보존력에 해당하지 않은 힘은?

① 중력　　② 용수철 탄성력　　③ 마찰력　　④ 구심력

[정답] ③

□ 탄성력에 의한 위치에너지 (=탄성에너지, PE)

(상황) 용수철을 x만큼 늘리기 위해서는 외부에서 우리가 일을 해 주어야 한다. 역으로 x만큼 늘려진 용수철을 놓으면 스스로 일을 할 수 있는 능력을 가지고 있다. 그럼, 얼마만큼 일을 해 주어야 하는가?

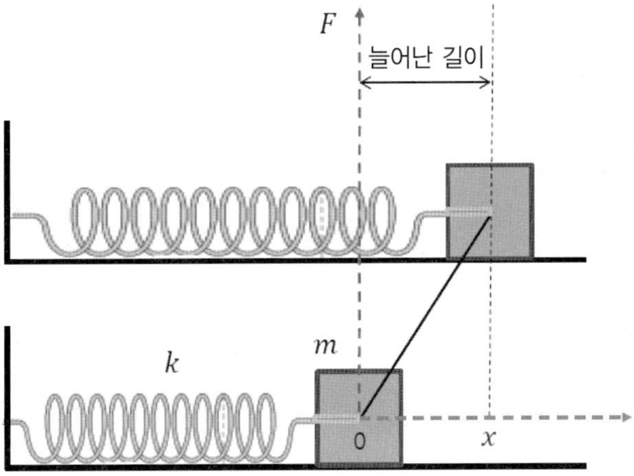

Hooke's law $\vec{F} = -k\vec{x}$ (크기만 고려 $F = kx$)

k: 용수철 상수 [N/m]

(−)의 의미: 늘어나는 $+x$방향 (오른쪽)에 대해 복원력은 반대방향 (왼쪽)으로 복원력이 작용

x만큼 늘리기 위해 해주어야 할 일 W (work) $= \int_0^x \vec{F} \cdot d\vec{x} = \int_0^x kx dx = \frac{1}{2}kx^2$

그림처럼 x축은 거리 (x)로, y축은 힘 ($F = kx$)로 축을 잡으면, 사각형의 면적은 (밑변 × 높이)이므로 $x \times kx = kx^2$이다. 이 사각형 면적의 반에 해당하는 삼각형의 넓이가 $\frac{1}{2}kx^2$이므로 이것은 해 준일 (W)에 해당한다.

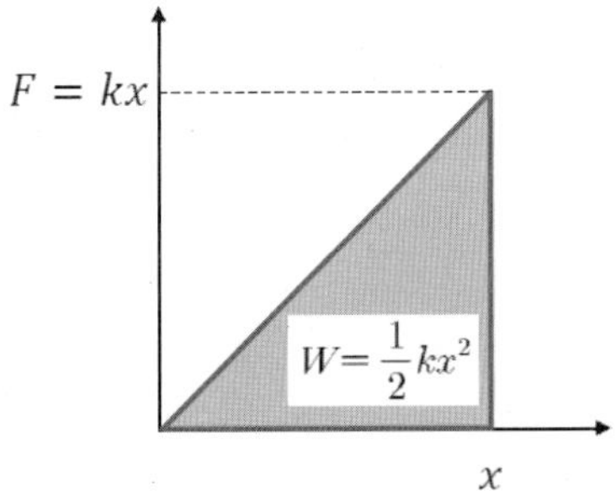

✏ (용수철 운동에 의한) 탄성 (위치)에너지 (potential energy, PE) $\equiv \frac{1}{2}kx^2$

[단위: $\frac{\mathrm{N}}{\mathrm{m}} \cdot \mathrm{m}^2 = \mathrm{N} \cdot \mathrm{m} \equiv \mathrm{J}$]

☛ **(주의)** 용수철을 x만큼 늘리기 위해 해 주어야하는 일 (W)

일 ≡ 힘 • 거리 $(W \equiv Fx,\ F = kx)$

$W = Fx = kx\,x = kx^2$

이런 식으로 할 수 없다! 왜냐하면 힘 (F)이 상수라면 여기에 거리 (x)를 곱하면 바로 일이 될 것이다. 하지만, 힘이 거리의 함수이기 때문에 두 개를 바로 곱할 수 없고, 적분을 해 주어야 하는 것이다. [$\because F = F(x)$]

☛ **(읽어보기)** 탄성 운동에너지 (KE)인가? 탄성 위치에너지 (PE)인가? 혹은 탄성에너지인가?

영어의 potential energy (PE)를 일반적으로 퍼텐셜에너지 혹은 위치에너지로 번역을 해서 쓰고 있다.

(예)

- Gravitational potential energy (중력 위치에너지, 중력 퍼텐셜에너지)
- Elastic potential energy (탄성 위치에너지, 탄성 퍼텐셜에너지)

Potential을 위치라고 번역을 해 버리면 별로 좋지 않은 번역이라고 생각한다. 예로, 가장 많이 쓰는 중력 위치에너지처럼 단순히 물체의 연직 위치에 따른 중력에 의한 에너지만 연상될 수 있기 때문이다. 하지만 "potential"이란 단어는 잠재적으로 내포되어 있는 에너지의 의미를 가진다는 것에 주목해야 한다. 즉, 물체의 위치에 따라, 배열에 따라, 상태에 따라 등등 일을 할 수 있는 능력을 가지고 있고, 이것은 다시 에너지로 환원할 수 있다는 의미로 받아들이면 좋다. 즉, 실질적인 위치의 의미가 아니더라도 잠정적 (=잠재적)인 에너지를 가지고 있어 일 혹은 다른 형태의 에너지로 변환될 수 있다는 의미이다.

따라서 "위치"라는 말을 꼭 고집할 필요 없이

Gravitational potential energy (중력 위치에너지) → 중력 퍼텐셜에너지 (혹은 그냥 단순히 줄여서 중력에너지)

Elastic potential energy (탄성 위치에너지) → 탄성 퍼텐셜에너지 (혹은 단순하게 줄여서 탄성에너지)

로 쓰는 것이 이해가 더 쉽다고 생각한다.

(요약)

물체가 어떤 지점 (=위치, x)에 있을 때, 잠재적인 에너지를 내포하고 있다면 "퍼텐셜 에너지" 즉, 위치에너지란 표현을 써도 무방하다.

- 중력에 의한 위치에너지 (PE) $\rightarrow mgh$ (연직 높이, 위치 h)
- 용수철에 의한 위치에너지 (PE) $\rightarrow \frac{1}{2}kx^2$ (수평면 혹은 연직방향으로 놓여 있을 수 있음, 위치 x)

☛ 이동거리에 따른 탄성력에 의한 위치 에너지 (PE)의 그래프

PE $= \frac{1}{2}kx^2$ (즉, $f(x) \propto ax^2$ 의 2차 함수 형태)

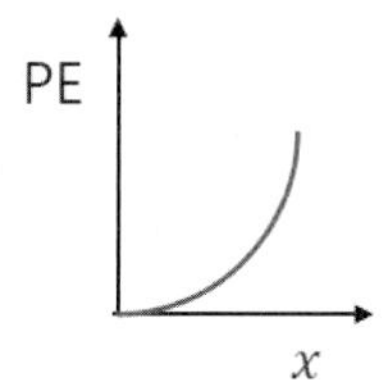

(예) 용수철을 l만큼 잡아당길 때와 $2l$만큼 잡아당길 때 탄성력에 의한 위치에너지 비는?

$$\text{PE} = \frac{1}{2}kx^2$$

$$\text{PE}(l) = \frac{1}{2}kl^2,\ \text{PE}(2l) = \frac{1}{2}k(2l)^2 = 2kl^2$$

$$\therefore \text{PE}(l)/\text{PE}(2l) = \frac{1}{2}kl^2/2kl^2 = 1/4$$

(심화) 용수철 상수 k 구하기

여러 가지가 있겠지만, 수평면에 연결된 용수철을 90도를 회전시켜 연직면으로 돌려 본다. (단, 용수철의 질량은 무시한다)

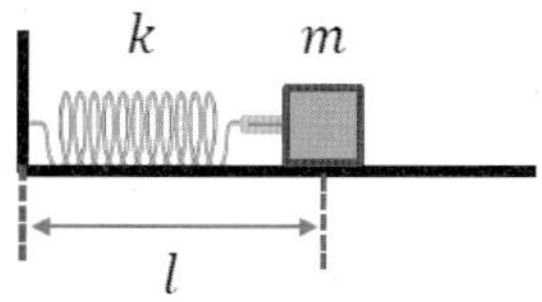

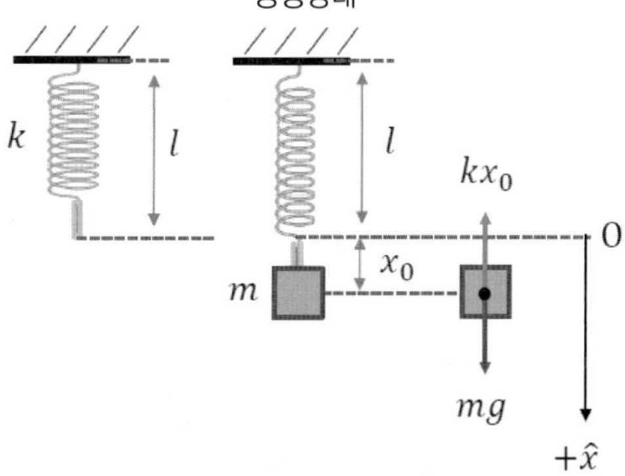

용수철 원래 길이 l이라고 하자. 90도 돌려 연직으로 돌린다. 용수철의 질량은 무시하기 때문에 원래 길이 l은 동일하다. 이제 질량 m인 물체를 매달았을 때, 용수철이 x_0만큼 늘어난 후 평형상태에 있다고 하자. 이 평형상태에서 아랫방향의 중력하고 위 방향의 복원력이 크기는 같고 방향은 반대이다.

$\rightarrow\ mg = kx_0$

$\therefore k = \dfrac{mg}{x_0}$ (즉, 늘어난 길이만 측정하면 용수철 상수를 구할 수 있다)

[예제] 원점에서 길이를 20 cm 늘이는데, 한 일이 4 J이라며 용수철 상수[N/m]는?

[해설] $\text{PE} = \dfrac{1}{2}kx^2$

$4 = \dfrac{1}{2}k(0.2)^2 = \dfrac{1}{2}k \times 0.04$

$\therefore k = \dfrac{2 \times 4}{0.04} = 200\ \text{[N/m]}$

[예제] 그림처럼 수평면 위에서 나무토막의 한쪽 끝이 고정된 용수철에 연결되어 있다. 0 ~ 10 cm까지 잡아당길 때 한 일이 W라고 할 때, 10 ~ 20 cm까지 당기는 동안 한 일은?

[해설]

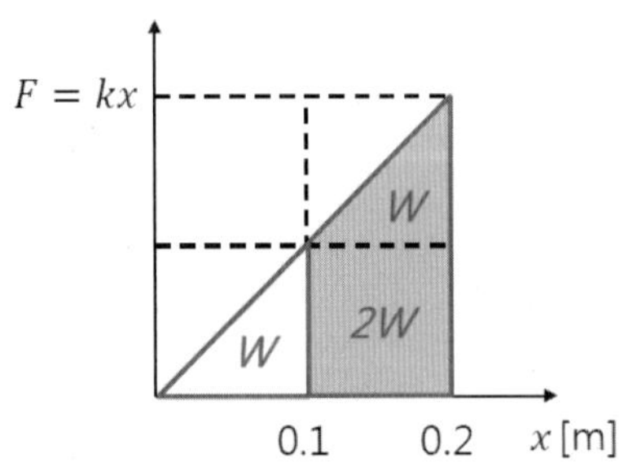

F와 x의 그래프에서 해 준일은 면적에 해당한다. 따라서 x[0.1~0.2] 사이의 면적을 구하면 된다.

$\therefore 2W + W = 3W$

□ 역학적 에너지 보존 법칙

■ 보존력의 경우

(간단 유도) 그림처럼 질량 m인 물체를 자유낙하 시켜 보자. 좌표 기준은 바닥면에서부터 연직 상방이 $+\hat{y}$방향으로 택했다.

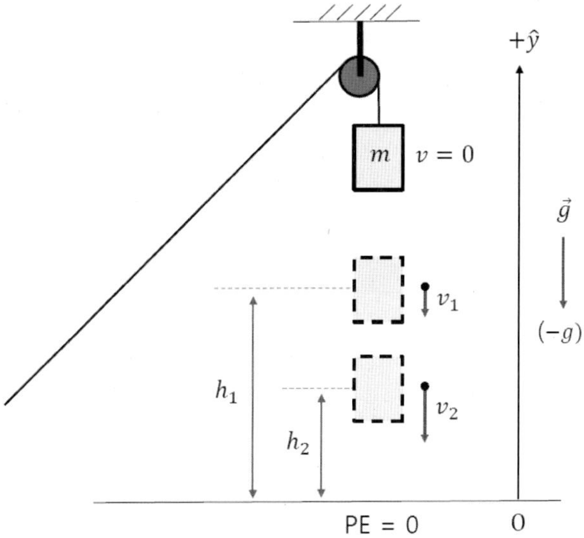

[Note] 운동방정식 $v^2 - v_0^2 = 2a(x_2 - x_1) = 2a \times (\text{나중위치} - \text{처음위치}) = 2aS$

$\rightarrow\ v_2^2 - v_1^2 = 2(-g)(h_2 - h_1)$ (∵ 중력가속도는 $-g$방향이다)

$\frac{1}{2}(v_2^2 - v_1^2) = g(h_1 - h_2)$

양변에 m을 곱해준다. $\frac{1}{2}m(v_2^2 - v_1^2) = gm(h_1 - h_2)$

$\therefore\ \frac{1}{2}mv_1^2 + mgh_1 = \frac{1}{2}mv_2^2 + mgh_2$

역학적 에너지 ≡ 운동에너지 (KE) + 위치에너지 (PE)

운동에너지 (KE) $= \frac{1}{2}mv^2$ [J]

(중력에 의한) 위치에너지 (PE) $= mgh$ [J]

역학적 에너지 보존 법칙: Δ(KE + PE) = 0 (→ 즉, 역학적 에너지의 변화량은 없다)
→ KE + PE = 상수 = 일정

이 말은 초기 상태의 역학적 에너지 값과 나중 상태의 역학적 에너지 값이 같다는 것을 의미한다.

∴ [운동에너지 (KE) + 위치에너지 (PE)]$_{초기}$ = [운동에너지 (KE) + 위치에너지 (PE)]$_{나중}$

(일반화) 만약 용수철에 의한 탄성위치에너지도 존재한다면, 이 항까지 포함해 주면 된다.

(용수철에 의한) 탄성위치에너지 (PE_s) = $\frac{1}{2}kx^2$ [J]

역학적 에너지 ≡ 운동에너지 (KE) + 위치에너지 (PE) + 용수철 위치에너지 (PE_s)

역학적 에너지 보존 법칙: Δ(KE + PE + PE_s) = 0

→ KE + PE + PE_s = 상수 = 일정

∴ [운동에너지 (KE) + 위치에너지 (PE) + (PE_s)]$_{초기}$ = [운동에너지 (KE) + 위치에너지 (PE) + (PE_s)]$_{나중}$

☞ **(요약)** 쉽게 말해, 에너지는 여러 형태로 전환되지만 그 총량은 항시 일정하게 보존된다는 것이다.

(토론해보기) 직관력 테스트

(예1) 지면 위 h에 있는 물체를 같은 속력으로 A, B, C, D 방향으로 던질 때, 지면에 도달 직전 속력이 가장 큰 것은?

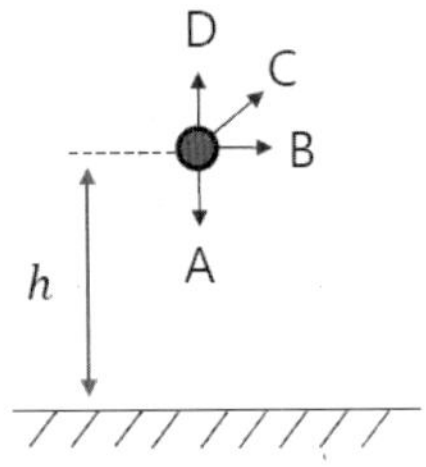

역학적 에너지 보존 $\frac{1}{2}mv_0^2 + mgh = \frac{1}{2}mv^2$ → 동일

(예2) 동시에 A는 자유낙하 시키고 B는 수평방향으로 던졌다. 지면에 도착하는 시간과 속력은?

▷ 도착시간은 동일
▷ 지면 도달 시 속력

① 자유낙하 $v = v_0 + gt = 0 + gt = gt$

② 오른쪽으로 던졌을 때 수평방향 $v_x = v_0$

수직방향 $v_y = v_0 + gt = gt$ (∵ 자유낙하)

$v = \sqrt{v_x^2 + v_y^2} = \sqrt{v_0^2 + (gt)^2}$

∴ 속력은 B가 A보다 크다.

(토론해보기) 높이 H되는 A지점에서 질량 m인 물체를 떨어뜨렸다. 자유 낙하하는 물체의 역학적 에너지 보존에 대해 논의하면? (공기 저항 무시)

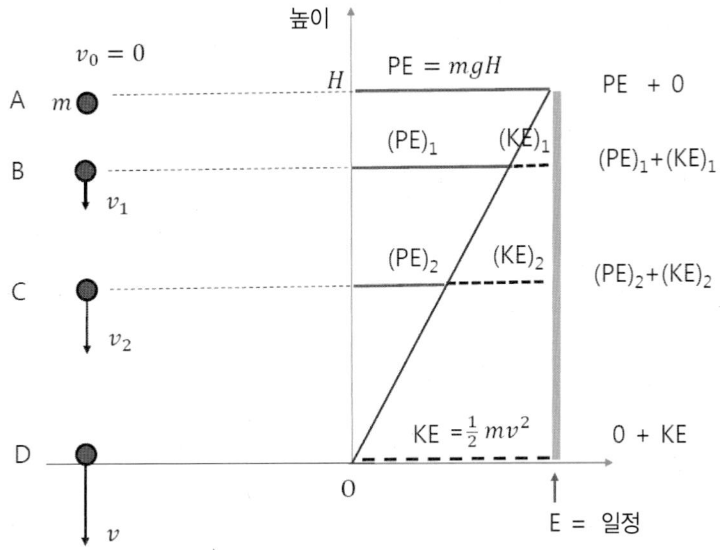

초기에 물체는 지면 위 H높이에서 정지 상태에 있기 때문에 위치에너지만 존재한다. 이제 물체가 떨어지면서 속력은 점점 증가한다. 최종적으로 지면에 도달했을 때는 위치에너지 (PE)가 모두 운동에너지 (KE)로 변환된다.

▷ 역학적 에너지 보존 $(KE)_i + (PE)_i = (KE)_f + (PE)_f$

$$0 + mgH = \frac{1}{2}mv^2 + 0$$

$$\therefore v = \sqrt{2gH}$$

(A)지점에서는 위치에너지 (potential energy, PE)만 있다. 물체가 (B)와 (C)지점을 통과하면서 적당량의 (KE + PE)로 변환되고, 지면 (D)에서는 모두 운동에너지 (kinetic energy, KE)로 바뀐다. 하지만 낙하하는 어느 지점에서도 총 역학적 에너지 (E)는 항시 일정하다.

자유낙하는 등가속도 운동이기 때문에 운동 상태는 다음 운동방정식으로 기술 할 수 있다.

$v = v_0 + gt$

$y = v_0 t + \frac{1}{2}gt^2$

$v^2 - v_0^2 = 2gS$

▷ 낙하거리 (h)에 따른 PE와 KE 그래프

PE $= mgh$ (임의의 높이 h에서)

$mgH =$ KE + PE

KE $= mgH -$ PE $= mgH - mgh$

→ 높이 (h)에 따라 선형 감소 (PE)와 증가 (KE)를 한다.

▷ 낙하시간 (t)에 따른 PE와 KE 그래프

자유낙하 $v = v_0 + gt = gt$ ($\because v_0 = 0$)

$h = v_0 t + \frac{1}{2}gt^2 = \frac{1}{2}gt^2$

KE $= \frac{1}{2}mv^2 = \frac{1}{2}m(gt)^2 \propto t^2$ (증가)

PE $= mgh = mg(\frac{1}{2}gt)^2 \propto t^2$ (감소)

→ 시간 (t)에 따라 2차 함수적 감소 (PE)와 증가 (KE)를 한다.

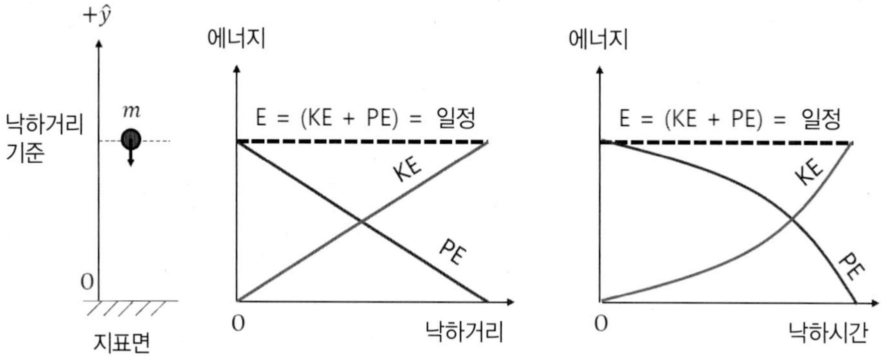

▷ 매초 당 낙하거리의 비는 얼마인가?

$y = v_0 t + \frac{1}{2}gt^2$

→ 거리 $\propto t^2$

거리　　　　$1 : 2^2 : 3^2 : 4^2 \ldots$

거리의 비　　$1 : (4-1=3) : (9-3-1=5) : (16-5-3-1=7) \ldots$

$\therefore 1 : 3 : 5 : 7 \ldots$

▷ 매초 당 운동에너지 (KE)의 비는 얼마인가?

$$\text{KE} = \frac{1}{2}mv^2 = \frac{1}{2}m(gt)^2 \propto t^2$$

$\therefore 1 : 2^2 : 3^2 : 4^2 \ldots$

[예제] 물체를 지표면 위에서 15 m 높이에서 자유낙하 시켰다. 운동에너지가 위치에너지의 2배가 되는 곳의 위치는 지표면에서 몇[m]인가? (단, 공기저항은 무시한다)

[해설]

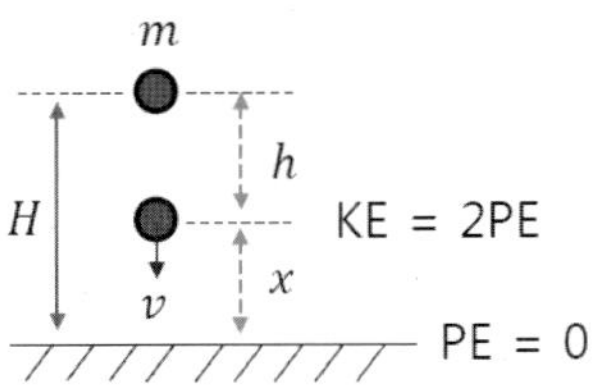

역학적 에너지 보존　　$mgH = \frac{1}{2}mv^2 + mgx \quad \rightarrow \quad v^2 = 2gH - 2gx$

문제 조건:　　지상 위 x 높이에서 KE = 2PE가 된다고 하자.

$$\text{KE} = 2\text{PE} \quad \rightarrow \quad \frac{1}{2}mv^2 = 2mgx$$

$$x = \frac{\frac{1}{2}mv^2}{2mg} = \frac{v^2}{4g}$$

$$x = \frac{v^2}{4g} = \frac{2gH - 2gx}{4g}$$

$$2gH - 2gx = 4gx \quad \rightarrow \quad 6gx = 2gH$$

$$\therefore x = \frac{2gH}{6g} = \frac{H}{3} = \frac{15}{3} = 5 \ [\text{m}]$$

(생각해보기) 진자의 운동이 그림처럼 되었다고 하자. 처음 진자가 가지고 있던 (역학적)에너지는 어떻게 된 것인가?

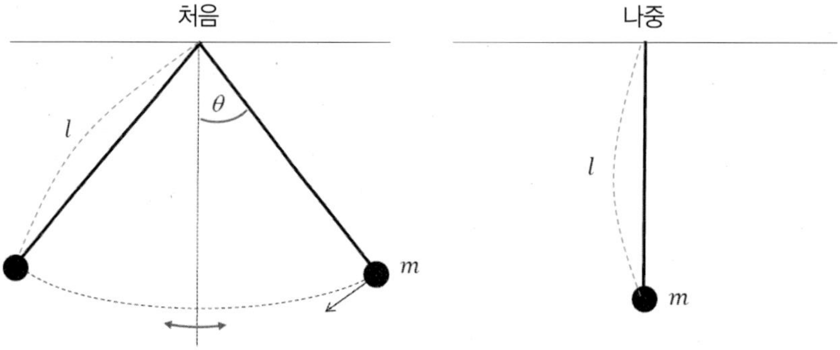

실질적으로 진자가 운동하면 추가 주변의 공기 입자들과 충돌해서 에너지가 빠져나가면서 공기의 온도가 조금이라도 상승할 것이고, 또한 진자가 매달린 천정 벽하고 실하고의 마찰도 있기 때문에 열이나 소리 등으로 에너지가 빠져나간다. 이상적인 경우는 이런 것들을 다 무시하고 역학적 에너지가 항상 보존된다고 생각하는 것이다.

(생각해보기) 용수철 경우. 역학적 에너지를 시간에 따라 미분해 보기

역학적 에너지 E = KE + PE = $\frac{1}{2}m\dot{x}^2 + \frac{1}{2}kx^2$

양변을 시간 (t)로 미분 $\rightarrow m\ddot{x} + kx = 0$

∴ 운동 방정식을 얻을 수 있다.

(생각해보기) 경사면을 내려오는 경우. 역학적 에너지를 시간에 따라 미분해 보기

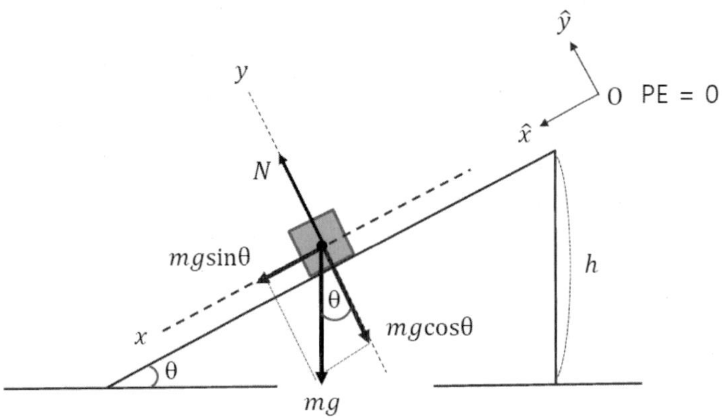

운동에너지 KE $= \frac{1}{2}m\dot{x}^2$

위치에너지 PE $= -mgh$ (∵ 기준이 바닥면이 아니라 맨 꼭대기로 잡았다)

$= -mgx\sin\theta$ (∵ $\sin\theta = \frac{h}{x}$)

역학적 에너지 E = KE + PE = $\frac{1}{2}m\dot{x}^2 - mgx\sin\theta$

양변 미분 $m\ddot{x} - mg\sin\theta = 0 \quad \rightarrow a \equiv \ddot{x} = g\sin\theta$ (→ 가속도를 구할 수 있다)

(토론해보기) 기준 위치 선택에 따른 PE 계산하기 (단, 물체 질량 60 kg, 높이 10 m, 중력가속도는 10 m/s^{2}이다)

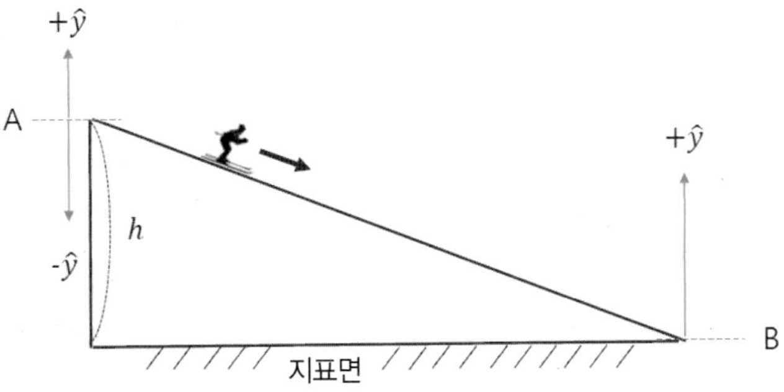

▷ (A) 지점 (=최고점)을 기준으로 택할 때

$\Delta(\mathrm{PE}) = (\mathrm{PE})_f^B - (\mathrm{PE})_i^A = (\mathrm{PE})_i^B - 0 = \mathrm{PE} = mg(-h)$ ($\because -y$ 방향)

$= 60 \times 10 \times (-10) = -6 \times 10^3$ [J]

중력이 한 일 $W_{A\to B} = -\Delta(\mathrm{PE}) = -(-6\times 10^3) = 6\times 10^3$ [J] Ⓐ

→ 즉, 중력 입장에서는 이 만큼 일을 해 주어야 한다.

▷ (B) 지점 (=최저점 = 지표면)을 기준으로 택할 때

$\mathrm{PE} = mgh = 60 \times 10 \times 10 = 6 \times 10^3$ [J]

$\Delta(\mathrm{PE}) = (\mathrm{PE})_f^B - (\mathrm{PE})_i^A = 0 - (\mathrm{PE})_i^A = -\mathrm{PE} = -mgh = -6\times 10^3$ [J]

중력이 한 일 $W_{A\to B} = -\Delta(\mathrm{PE}) = -(-6\times 10^3) = 6\times 10^3$ [J] Ⓑ

∴ Ⓐ = Ⓑ (즉, 기준면에 관계없다)

[예제] 그림처럼 마찰이 없는 평면위에 수평으로 놓인 용수철에 한 쪽은 벽에 고정되어 있고, 다른 한쪽 끝에는 질량이 m인 물체를 연결하였다. 물체를 평형 점으로 부터 잡아당겼다가 놓으면 진폭이 A인 일차원 단순조화운동을 한다.

① 임의의 지점 (x)에서의 속도는?

② 이 물체가 $x = \dfrac{A}{2}$ 지점을 지나는 순간에 물체의 운동에너지 (KE) 값은? (단, 용수철의 질량과 공기의 저항은 무시하고 용수철 탄성계수가 k이다)

③ 이 물체가 $x = \dfrac{A}{2}$ 지점을 지나는 순간에 물체의 운동에너지 (KE)와 전체에너지 (E)의 비율 (KE/E)은?

[해설]

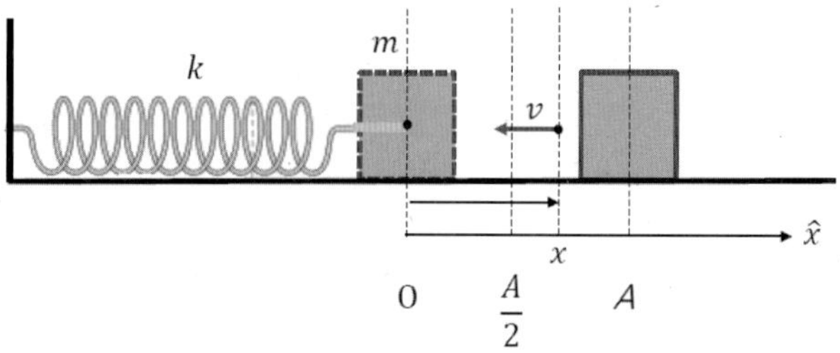

① 역학적 에너지 보존

임의의 지점 (x)에서의 속도 (v)

[운동에너지 (KE) + 탄성에너지 (PE)]$_{초기}$ = [운동에너지 (KE) + 탄성에너지 (PE)]$_{나중}$

$$0+\frac{1}{2}kA^2=\frac{1}{2}mv^2+\frac{1}{2}kx^2$$

$$v^2=\frac{k}{m}(A^2-x^2)$$

$$\therefore\ v=\sqrt{\frac{k}{m}(A^2-x^2)}$$

② $x=\dfrac{A}{2}$ 지점에서 운동에너지 (KE)

$$\mathrm{KE}\left(\frac{A}{2}\right)=\frac{1}{2}mv^2=\frac{1}{2}m\times\frac{k}{m}\left[A^2-\left(\frac{A}{2}\right)^2\right]=\frac{3}{8}kA^2$$

③ 전체 에너지 (E) $=\dfrac{1}{2}kA^2$

$$\therefore\ \frac{\mathrm{KE}}{\mathrm{E}}=\frac{\frac{3}{8}kA^2}{\frac{1}{2}kA^2}=\frac{3}{4}$$

[예제] (Atwood 도르래) 그림처럼 두 물체가 고정도르래를 통해 실로 연결되어 있다. 초기에는 같은 높이에 있도록 손으로 잡고 있다가 놓으니까 두 물체의 높이차가 h가 되었다. 이때까지 걸린 시간을 구하라. 또한, 실의 장력을 구하라. (단, 실의 질량은 무시하며 $m_A < m_B$ 이다)

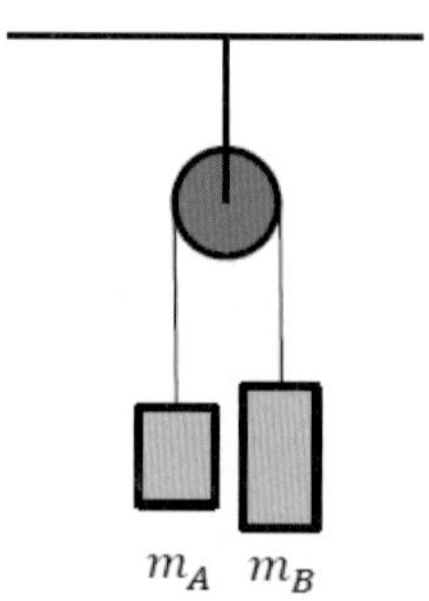

[해설] 물체에 작용하는 모든 힘과 두 물체의 총 높이차가 h인 상태를 그림으로 그려보면 다음과 같다. $m_A < m_B$ 이므로 m_B쪽으로 떨어진다고 하자. 처음에는 같은 높이에 원점에 있었지만 나중에는 기준점으로부터 m_A는 $h/2$ 위쪽으로 올라가고 m_B는 $h/2$만큼 아래쪽으로 떨어진 것이라고 볼 수 있다.

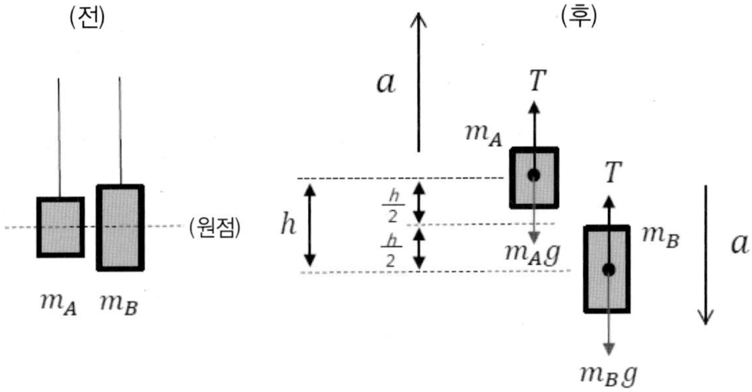

(방법1) 운동방정식 이용

(물체 m_B) 운동방정식 $m_Bg - T = m_Ba$ ①

(물체 m_A) 운동방정식 $T - m_Ag = m_Aa$ ②

미지의 변수가 2개 (T, a) 이고 방정식이 2개 (①, ②)이므로 연립해서 풀 수 있다.

$$m_Bg - (m_Ag + m_Aa) = m_Ba$$

$$\therefore a = \left(\frac{m_B - m_A}{m_A + m_B}\right)g$$

②번식 $T = m_Ag + m_Aa$

$$= m_Ag + m_A\frac{m_Bg - m_Ag}{m_A + m_B} = \frac{2m_Am_B}{m_A + m_B}g$$

한편, 다음을 얻을 수 있다.

$$S = v_0t + \frac{1}{2}at^2 = \frac{1}{2}at^2 \qquad (\because v_0 = 0)$$

$$\rightarrow \frac{h}{2} = \frac{1}{2}at^2$$

$$\therefore t = \sqrt{\frac{h}{a}} = \sqrt{\frac{h}{\frac{m_Bg - m_Ag}{m_A + m_B}}} = \sqrt{\frac{(m_A + m_B)}{(m_B - m_A)}\frac{h}{g}}$$

(방법2) 역학적 에너지 보존을 사용

☛ 역학적 에너지 보존 법칙

$\Delta(KE + PE) = 0$

$[$운동에너지 $(KE) +$ 위치에너지 $(PE)]_{최고점} = [$운동에너지 $(KE) +$ 위치에너지 $(PE)]_{최저점}$

운동에너지 $(KE) = \frac{1}{2}mv^2$

위치에너지 $(PE) = mgh$

$\rightarrow 0 + 0 = \frac{1}{2}m_A v^2 + m_A g\frac{h}{2} + \frac{1}{2}m_B v^2 - m_B g\frac{h}{2}$

($\because m_B$는 m_A하고 반대방향으로 이동. m_B는 기준에서 아랫방향으로 움직여서 $-$값을 취했다)

$\frac{1}{2}(m_A + m_B)v^2 = (m_B - m_A)g\frac{h}{2}$

$v^2 = \left(\frac{m_B - m_A}{m_A + m_B}\right)gh$

수직방향으로 등가속도 운동을 한다고 볼 수 있다.

$v^2 - v_0^2 = 2aS \rightarrow v^2 = 2a\frac{h}{2} = ah \quad (\because v_0 = 0)$

따라서 두 식을 비교하면 a를 구할 수 있다.

$\therefore a = \left(\frac{m_B - m_A}{m_A + m_B}\right)g$

✏ **(심화)** m_A, m_B가 늘어나지 않는 길이가 l인 줄로 연결되어있다. 역학적 에너지 보존을 사용해서 문제를 풀어보자. (단, $m_A > m_B$ 라고 한다)

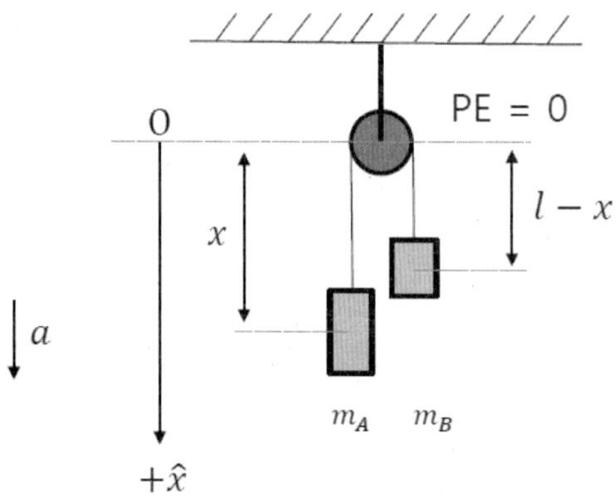

[Note] 중력이 한 일은 위치에너지 변화량의 음수 값이다.

$$W = -\Delta(\mathrm{PE}) = -[(\mathrm{PE})_f - (\mathrm{PE})_i] = -[(\mathrm{PE})_f - 0] = -(\mathrm{PE})_f = -\mathrm{PE}$$

$$W = \int_0^x \vec{F} \cdot d\vec{x} = mg\,x|_0^x = mgx$$

$$\therefore \ \mathrm{PE} = -mgx$$

$$\mathrm{KE} = \frac{1}{2}m_A\dot{x}^2 + \frac{1}{2}m_B\dot{x}^2$$

$$\mathrm{PE} = -m_A g x - m_B g(l-x)$$

역학적 에너지 $E = \mathrm{KE} + \mathrm{PE}$

$$E = \frac{1}{2}m_A\dot{x}^2 + \frac{1}{2}m_B\dot{x}^2 - m_A g x - m_B g(l-x)$$

양변 미분

$$m_A\ddot{x} + m_B\ddot{x} - m_A g + m_B g = 0$$

$$\therefore a \equiv \ddot{x} = \frac{m_A - m_B}{m_A + m_B}g$$

[예제]

① 그림처럼 실의 한쪽 끝에 물체 B가 매달려 있는데 그 실은 마찰이 없는 고리 위를 지나 물체 A와 연결되어 있다. 책상의 마찰을 무시할 때, 물체의 가속도와 실의 장력을 구하면? (단, $m_B > m_A$ 이고 실의 질량은 무시한다)

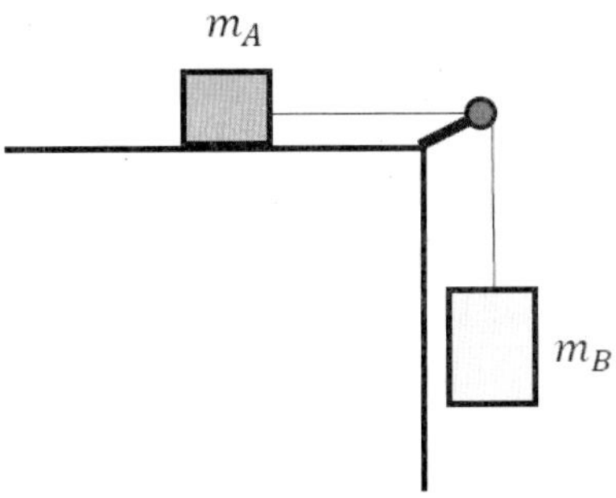

② 만약 책상 바닥에 마찰이 작용한다고 할 때, 물체의 가속도를 구하면? (단 운동마찰계수는 μ라고 한다)

③ m_B가 높이 h만큼 떨어졌을 때 속력 (V)은?

[해설]

① 물체 A와 물체 B에 작용하는 모든 힘을 그려보면 다음과 같다. 물체 A와 물체 B는 실로 연결되어 있기 때문에 따로 따로 움직이는 것이 아니라 동시에 같이 움직인다.

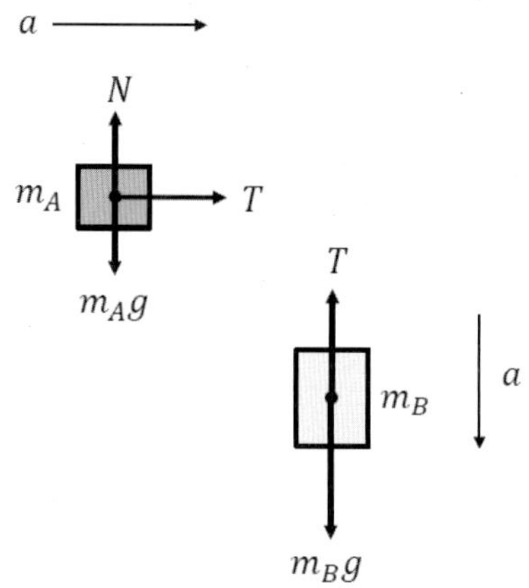

(물체 A) 마찰이 없는 책상위에 있는 물체 A에는 아래 방향으로 중력 ($m_A g$)이 작용하고 책상 바닥이 물체에 수직 항력 (N)을 작용한다. 이 두 힘은 서로 크기는 같고 방향은 반대이므로 상쇄되어 이 수직 방향으로는 움직이지 않는다.

$$\therefore\ W_A = m_A g = N$$

그러나 실에 의한 장력 (T)로 인해 책상 바닥에 수평방향으로는 가속운동을 한다.

$$\therefore\ T = m_A a \qquad Ⓐ$$

(물체 B) 아래 방향으로 중력 ($W_B = m_B g$)이 작용하고 위쪽으로 실에 의한 장력 (T)이 작용한다. 따라서 최종합력은 이 두 힘의 차가 될 것이고, 이 힘에 의해 아래쪽으로 가속된다.

$$\therefore\ m_B g - T = m_B a \qquad Ⓑ$$

Ⓐ와 Ⓑ식에서 미지의 변수가 2개 (a, T)이고 방정식이 2개이므로 해를 구할 수 있다. 연립방정식을 풀면

$$m_B g - m_A a = m_B a$$

$$\therefore\ a = \frac{m_B}{m_A + m_B} g$$

$$\therefore\ T = m_A a = \frac{m_A m_B}{m_A + m_B} g$$

② 마찰이 있을 경우 물체 A와 물체 B에 작용하는 모든 힘을 그려보면 다음과 같다. 앞 문제와 다른 점은 마찰력 ($f = \mu N = \mu m_A g$)이 작용하는 것이다.

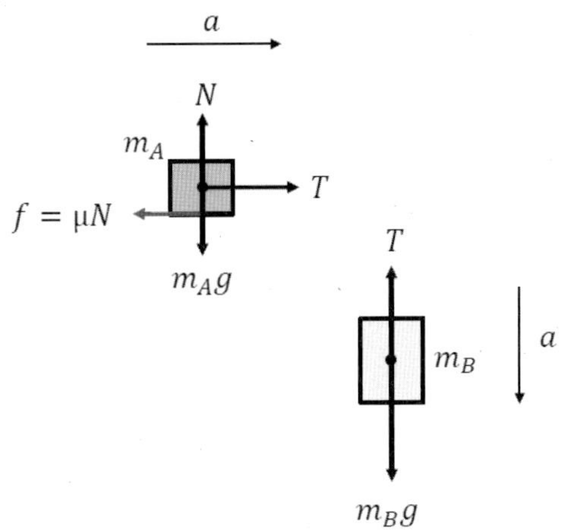

(물체 A) $T - \mu N = m_A a$

$\therefore T - \mu m_A g = m_A a$ Ⓐ

(물체 B) $m_B g - T = m_B a$ Ⓑ

Ⓐ와 Ⓑ식을 연립해서 풀면,

$$m_B g - (m_A a + \mu m_A g) = m_B a$$

$$\therefore a = \frac{m_B g - \mu m_A g}{m_A + m_B}$$

만약 마찰이 없으면 ($\mu = 0$) 가속도는 $a = \dfrac{m_B}{m_A + m_B} g$이므로 앞 문제의 결과가 됨을 알 수 있어 문제를 잘 풀었다고 검증할 수 있다.

③

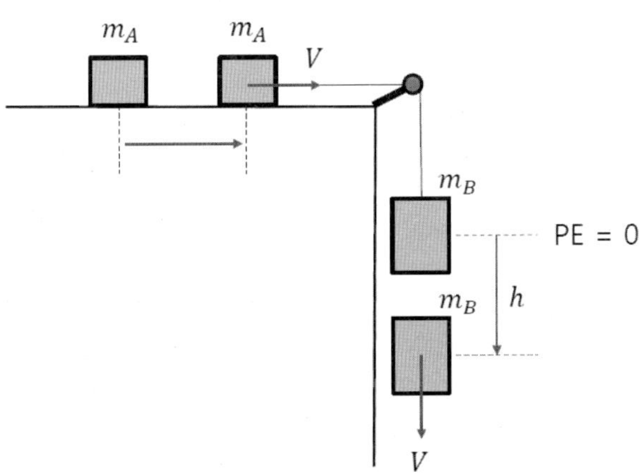

(방법1) 등가속도 운동 $v^2 - v_0^2 = 2aS$

$$\rightarrow V^2 - 0^2 = 2ah$$

$$\therefore V = \sqrt{2ah} = \sqrt{2\frac{m_B}{m_A + m_B}gh}$$

(방법2) 역학적 에너지 보존

[운동에너지 (KE) + 위치에너지 (PE)]$_{최고점}$ = [운동에너지 (KE) + 위치에너지 (PE)]$_{최저점}$

$$0 + 0 = \frac{1}{2}m_A V^2 + 0 + \frac{1}{2}m_B V^2 - m_B gh$$

$$\rightarrow V^2 = \frac{2m_B gh}{m_A + m_B}$$

$$\therefore V = \sqrt{\frac{2m_B gh}{m_A + m_B}}$$

[예제] 그림처럼 각도 θ, 높이 h, 빗면길이 S인 경사면에 정지해 있던 질량 m인 물체가 미끄러져서 내려온다. 바닥에서의 속력은?

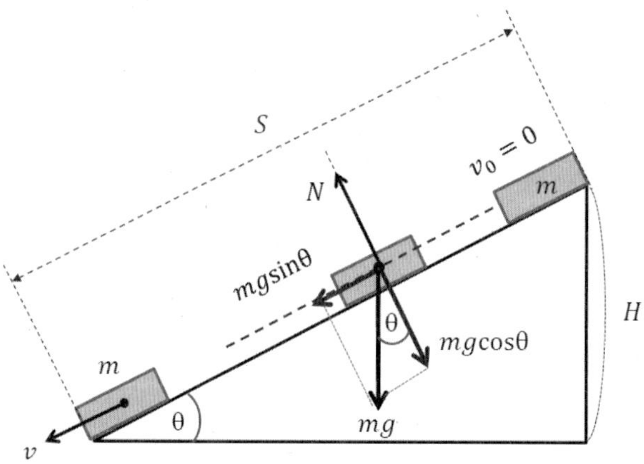

[해설] 문제를 푸는 방법은 여러 가지이다.

① 뉴턴 운동 방정식 사용

$v^2 - v_0^2 = 2aS$

$v^2 = 2aS$ ($\because v_0 = 0$. 초기에 정지 상태에서 출발했으므로)

$\sin\theta = \frac{h}{S}$

$\therefore v^2 = 2a\frac{h}{\sin\theta}$

뉴턴 제 2법칙

수직항력 (N)과 중력의 $mg\cos\theta$ 성분 값이 동일 $\rightarrow N = mg\cos\theta$

$mg\sin\theta = ma \quad \rightarrow \quad a = g\sin\theta$

$$v^2 = 2a\frac{h}{\sin\theta} = 2g\sin\theta \times \frac{h}{\sin\theta} = 2gh$$

$\therefore v = \sqrt{2gh}$

② 해 준일 = 운동에너지 (KE)의 변화량

$$W = \frac{1}{2}mv_2^2 - \frac{1}{2}mv_1^2 = (\mathrm{KE})_2 - (\mathrm{KE})_1 \equiv \Delta(\mathrm{KE})$$

$$\int_1^2 \vec{F} \bullet d\vec{r} = \frac{1}{2}mv^2 - \frac{1}{2}mv_0^2 = \frac{1}{2}mv^2 \qquad (\because v_0 = 0)$$

$$\rightarrow \int_1^2 mg\sin\theta\, ds = \frac{1}{2}mv^2$$

$$mg\sin\theta\, s|_1^2 = \frac{1}{2}mv^2$$

$$mg\sin\theta\, S = \frac{1}{2}mv^2 \rightarrow g\sin\theta\, S = \frac{1}{2}v^2 \qquad (\because S \equiv s_2 - s_1)$$

$$v^2 = 2gS\sin\theta = 2gH \qquad (\because \sin\theta = \frac{H}{S})$$

$\therefore v = \sqrt{2gH}$

③ 역학적 에너지 보존 법칙

$\Delta(\mathrm{KE} + \mathrm{PE}) = 0$

[운동에너지 (KE) + 위치에너지 (PE)]최고점 = [운동에너지 (KE) + 위치에너지 (PE)]최저점

$$0 + mgH = \frac{1}{2}mv^2 + 0$$

$$\therefore v = \sqrt{2gH}$$

(예) $m = 100$ kg, $S = 6$ m, $H = 3$ m일 때, 빗면을 따라 물체를 밀어 올리려고 한다. 이 물체를 밀어 올리는 데 필요한 최소한의 힘[kg중]?

$W = FS = mg\sin\theta\, S = mgh$

$F \times 6 = 100 \times g \times 3 \quad \rightarrow \quad F = 50g = 50 \times 10 = 500$ [N]

$\therefore F =$ 50 kg중

[예제] 그림처럼 질량 2 kg인 물체가 수평면에서 높이 2 m인 P지점을 속력 10 m/s로 통과한다. 곡면을 따라 운동하여 R지점까지 올라가 순간적으로 정지한다. Q지점의 높이[m]는? (단, 물체의 크기, 공기저항, 모든 마찰은 무시하고, 중력가속도는 10 m/s^{2}이다)

[해설]

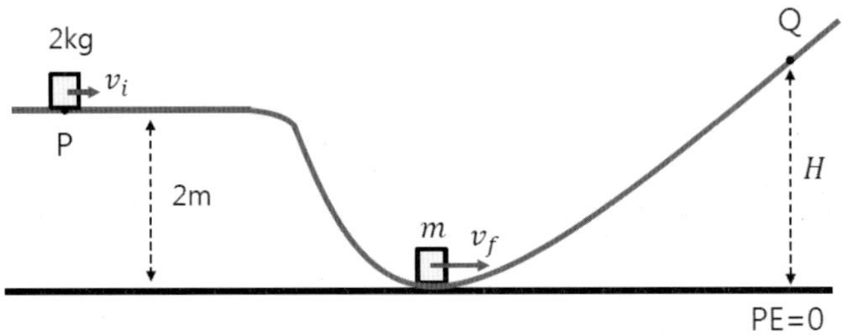

역학적 에너지 보존

물체가 $h(=2\,\text{m})$만큼 내려온 후 지면에서 속도 (v_f)

$\frac{1}{2}mv_i^2 + mgh = \frac{1}{2}mv_f^2$ (∵ 지면에서 PE $=0$)

$\frac{1}{2}\times 2\times(10)^2 + 2\times 10\times 2 = \frac{1}{2}\times 2\times v_f^2$

$100+40 = v_f^2 \quad \rightarrow v_f = \sqrt{140}$ [m/s]

빗면을 따라 Q지점까지 올라간 높이 (H)

$\frac{1}{2}mv_f^2 + 0 = 0 + mgH$ (∵ Q지점에서 물체 순간 정지)

$\frac{1}{2}\times 2\times(\sqrt{140})^2 = 2\times 10\times H \quad \rightarrow 140 = 20H$

$\therefore H = 7$ [m]

[Note] 만약 초기에 초속력 (v_i)을 가지지 않는다면 높이가 2 m에서 내려왔기 때문에 역학적 에너지 보존에 의해 H도 2 m가 올라가야 하고 7 m가 될 수는 없다. 그러나 물체가 초기에 운동에너지 (KE)를 가지고 있기 때문에 이것이 나중 위치에너지 (PE)로 전환되는데 공헌을 해서 초기 높이 보다 더 높은 곳까지 올라갈 수 있는 것이다.

[예제] 그림처럼 마찰이 없는 수평면에 질량 m_1 물체가 용수철 상수가 k인 스프링 연결되어 있다. 질량 m_2 물체가 v_0속력으로 와서 충돌 후 순간적으로 붙어서 함께 운동한다. 스프링 최대 압축 길이는?

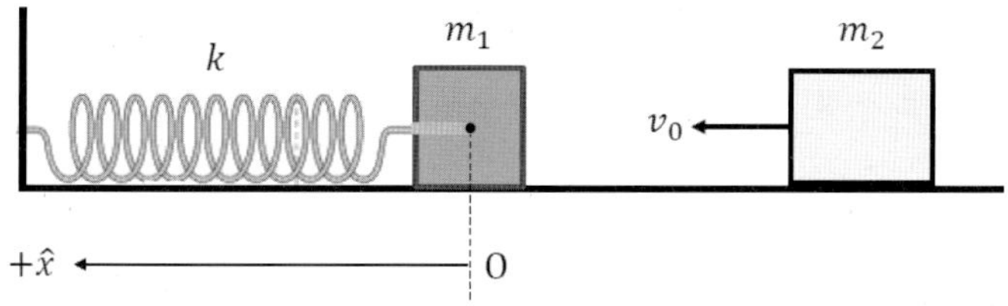

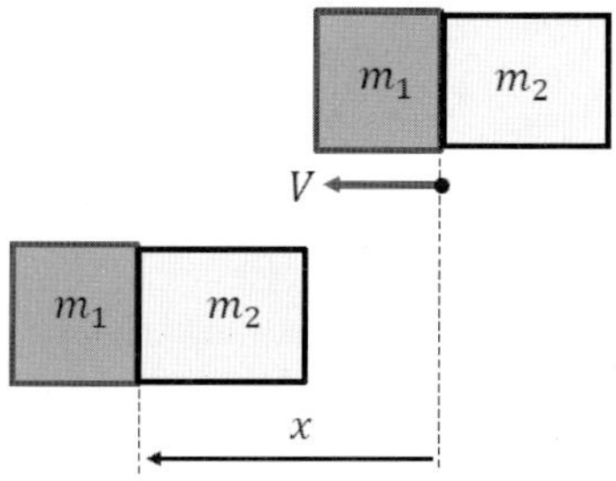

[해설]

운동량 보존 $m_1 \times 0 + m_2 \times v_0 = (m_1 + m_2)V$

충돌 직 후 두 물체가 붙여서 이동하는 초기 속력 (V)

$$\therefore V = \frac{m_2 v_0}{m_1 + m_2}$$

역학적 에너지 보존

$$\frac{1}{2}(m_1 + m_2)V^2 = \frac{1}{2}kx^2$$

$$x^2 = \frac{(m_1 + m_2)V^2}{k} = \frac{m_1 + m_2}{k}\left(\frac{m_2 v_0}{m_1 + m_2}\right)^2 = \frac{m_2^2 v_0^2}{k(m_1 + m_2)}$$

$$\therefore x = \frac{m_2 v_0}{\sqrt{k(m_1 + m_2)}}$$

[예제] 그림처럼 마찰이 없는 수평면에 질량 0.5 kg인 물체를 0.1 m 만큼 잡아당긴 후 놓았다. 최대 속력[m/s]과 최대 가속도[m/s^2]는? (단, $k = 200$ N/m이고 용수철 질량과 공기저항은 무시한다)

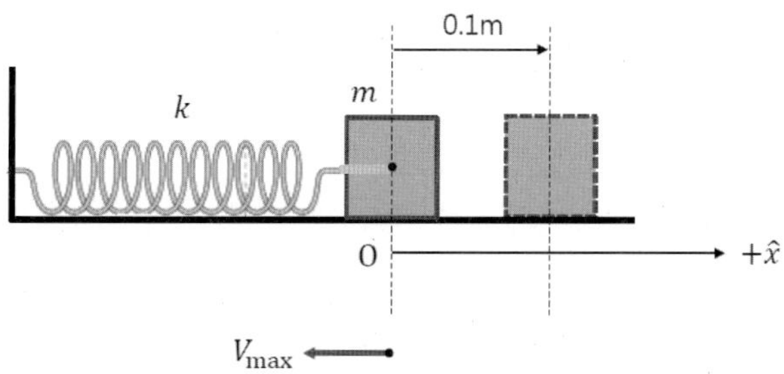

[해설]

역학적 에너지 보존 $\frac{1}{2}m\times 0^2 + \frac{1}{2}kx^2 = \frac{1}{2}mv^2 + \frac{1}{2}k\times 0^2$

$$0 + \frac{1}{2}kx^2 = \frac{1}{2}mv^2 + 0$$

$$v^2 = \frac{k}{m}x^2 = \frac{200}{0.5}(\frac{1}{10})^2 = 4$$

$\therefore v \equiv v_{\max} = 2$ [m/s] (원점을 지날 때 속력)

시간 $t \equiv \frac{S}{v} = \frac{0.1}{2} = \frac{1}{20}$ [s] (원점까지 걸린 시간)

(최대)가속도 $a \equiv \frac{\Delta v}{\Delta t} = \frac{2-0}{\frac{1}{20}-0} = 40$ [m/s²]

[예제] 수직 용수철 진자. 각 위치에서 역학적 에너지는?

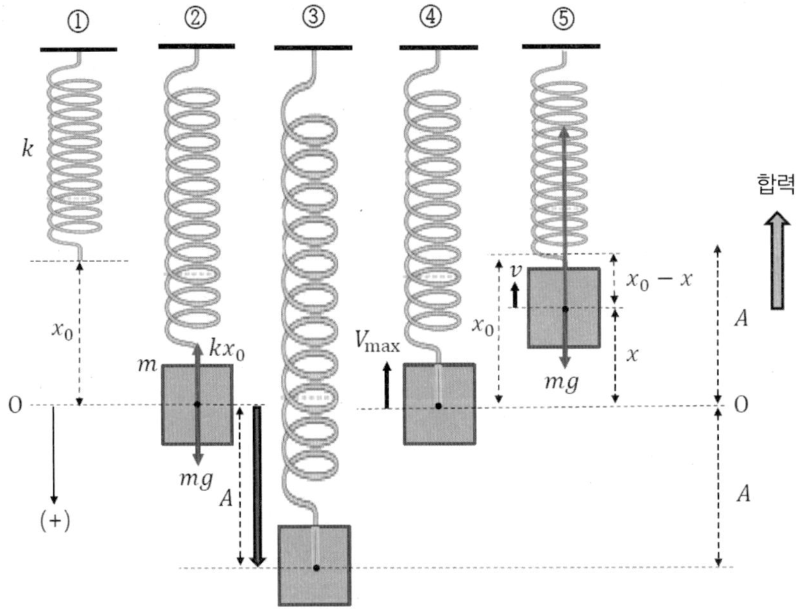

[해설]

① 용수철 상수가 k인 용수철을 연직으로 매단다.

② 평형상태: 질량이 m인 물체를 매달아 놓으면 길이가 x_0만큼 늘어나고 복원력 (kx_0)은 중력 (mg)과 평형상태를 이루는데, 이 위치를 기준점으로 잡는다.

$\rightarrow mg = kx_0$

③ 평형위치에서 힘을 주어 A만큼 아랫방향으로 잡아당긴 후 놓는다.

운동에너지 (KE) $= 0$ (∵ 순간 정지 상태)

용수철에 저장된 탄성에너지 $(PE)_s = \frac{1}{2}k(x_0 + A)^2$

중력에 의한 위치에너지 $(PE)_g = -mgA$ (∵ 기준점 보다 A만큼 아랫방향에 있다)

$$\text{역학적 에너지} = (KE) + (PE)_s + (PE)_g$$
$$= \frac{1}{2}k(x_0 + A)^2 - mgA = \frac{1}{2}k(x_0 + A)^2 - kx_0A$$
$$= \frac{1}{2}kx_0^2 + kx_0A + \frac{1}{2}kA^2 - kx_0A = \frac{1}{2}kx_0^2 + \frac{1}{2}kA^2$$

④ 원점으로 돌아오는 위치로 속도가 최대 (V_{max})인 지점이다.

운동에너지 (KE) $= \frac{1}{2}mV_{max}^2$

용수철에 저장된 탄성에너지 $(PE)_s = \frac{1}{2}kx_0^2$

중력에 의한 위치에너지 $(PE)_g = 0$ [∵ 기준점 (=원점)에 있다]

$$\text{역학적 에너지} = (KE) + (PE)_s + (PE)_g$$
$$= \frac{1}{2}mV_{max}^2 + \frac{1}{2}kx_0^2$$

[Note] 앞 문제 결과에서,

$$w^2 \equiv \frac{k}{m}$$

$v_{max} = \sqrt{\frac{kx_0^2}{m}} = \sqrt{w^2x_0^2} = x_0w$ 를 이용해서 다시 적을 수 있다.

($v_{max} \to V_{max}$ 이고 x_0에 해당하는 것이 A이며 w는 동일 기호)

$$\therefore \text{역학적 에너지} = \frac{1}{2}mV_{max}^2 + \frac{1}{2}kx_0^2 = \frac{1}{2}m(Aw)^2 + \frac{1}{2}kx_0^2 \quad (\because V_{max} = Aw)$$
$$= \frac{1}{2}mA^2\frac{k}{m} + \frac{1}{2}kx_0^2 = \frac{1}{2}kA^2 + \frac{1}{2}kx_0^2$$

즉, 이 결과는 ③에서 얻은 결과와 동일함을 알 수 있다.

→ 역학적 에너지 보존

⑤ 원점을 지나 x만큼 압축할 때 속도가 v라고 하자.

지점 ④에서의 용수철에 저장된 탄성에너지 $\frac{1}{2}kx_0^2$에서 거리가 x만큼 더 줄어들었기 때문에 지점 ⑤에서의 용수철에 저장된 탄성에너지는 $\frac{1}{2}k(x_0 - x)^2$ 이다. 즉, ①번 위치에서 볼 때 용수철의 변화된 길이는 $(x_0 - x)$이다.

운동에너지 (KE) $= \frac{1}{2}mv^2$

용수철에 저장된 탄성에너지 $(\mathrm{PE})_\mathrm{s} = \frac{1}{2}k(x_0 - x)^2$

중력에 의한 위치에너지 $(\mathrm{PE})_\mathrm{g} = mgx$

$$
\begin{aligned}
\text{역학적 에너지} &= (\mathrm{KE}) + (\mathrm{PE})_\mathrm{s} + (\mathrm{PE})_\mathrm{g} \\
&= \frac{1}{2}mv^2 + \frac{1}{2}k(x_0 - x)^2 + mgx \\
&= \frac{1}{2}mv^2 + \frac{1}{2}k(x_0 - x)^2 + kx_0x \qquad (\because mg = kx_0) \\
&= \frac{1}{2}mv^2 + \frac{1}{2}kx_0^2 - kx_0x + \frac{1}{2}kx^2 + kx_0x = \frac{1}{2}mv^2 + \frac{1}{2}kx_0^2 + \frac{1}{2}kx^2 \\
&= \frac{1}{2}kx_0^2 + \left(\frac{1}{2}mv^2 + \frac{1}{2}kx^2\right)
\end{aligned}
$$

위식은 평형상태의 용수철 탄성에너지 $(= \frac{1}{2}kx_0^2)$와 물체의 진동에너지 $\left(= \frac{1}{2}mv^2 + \frac{1}{2}kx^2\right)$ 의 합 이라는 것을 알 수 있다.

주기운동하기 때문에 해를 다음과 같다.

(해) $x = A\sin wt$

$\dot{x} \equiv v = Aw\cos wt$

$w^2 \equiv \frac{k}{m}$

$$
\begin{aligned}
\therefore\ \text{역학적 에너지} &= \frac{1}{2}kx_0^2 + \left(\frac{1}{2}mv^2 + \frac{1}{2}kx^2\right) \\
&= \frac{1}{2}kx_0^2 + \left[\frac{1}{2}m(Aw\cos wt)^2 + \frac{1}{2}k(A\sin wt)^2\right] \\
&= \frac{1}{2}kx_0^2 + \frac{1}{2}mA^2w^2\cos^2 wt + \frac{1}{2}kA^2\sin^2 wt \\
&= \frac{1}{2}kx_0^2 + \frac{1}{2}\frac{k}{w^2}A^2w^2\cos^2 wt + \frac{1}{2}kA^2\sin^2 wt \\
&= \frac{1}{2}kx_0^2 + \frac{1}{2}kA^2(\cos^2 wt + \sin^2 wt) = \frac{1}{2}kx_0^2 + \frac{1}{2}kA^2
\end{aligned}
$$

즉, 이결과는 ③과 ④에서 얻은 결과와 동일함을 알 수 있다.

→ 역학적 에너지 보존: ③ = ④ = ⑤ = 일정

✍ **(정리)**

③에서 역학적 에너지 $= \frac{1}{2}kx_0^2 + \frac{1}{2}kA^2$

④에서 역학적 에너지 $= \frac{1}{2}kx_0^2 + \frac{1}{2}mV_{\max}^2$

⑤에서 역학적 에너지 $= \frac{1}{2}kx_0^2 + \left(\frac{1}{2}mv^2 + \frac{1}{2}kx^2\right)$

③ = ④ = ⑤ = 일정

$\frac{1}{2}kx_0^2 + \frac{1}{2}kA^2 = \frac{1}{2}kx_0^2 + \frac{1}{2}mV_{\max}^2 = \frac{1}{2}kx_0^2 + \left(\frac{1}{2}mv^2 + \frac{1}{2}kx^2\right)$

$\rightarrow \quad \frac{1}{2}kA^2 = \frac{1}{2}mV_{\max}^2 = \frac{1}{2}mv^2 + \frac{1}{2}kx^2$

이것은, 중력과 탄성력이 평형인 ②지점을 기준으로 역학적 에너지 보존을 생각할 때, 중력에 의한 위치 에너지는 생각할 필요가 없이 진동 에너지의 보존만을 생각해도 무방하다는 것을 나타낸다.

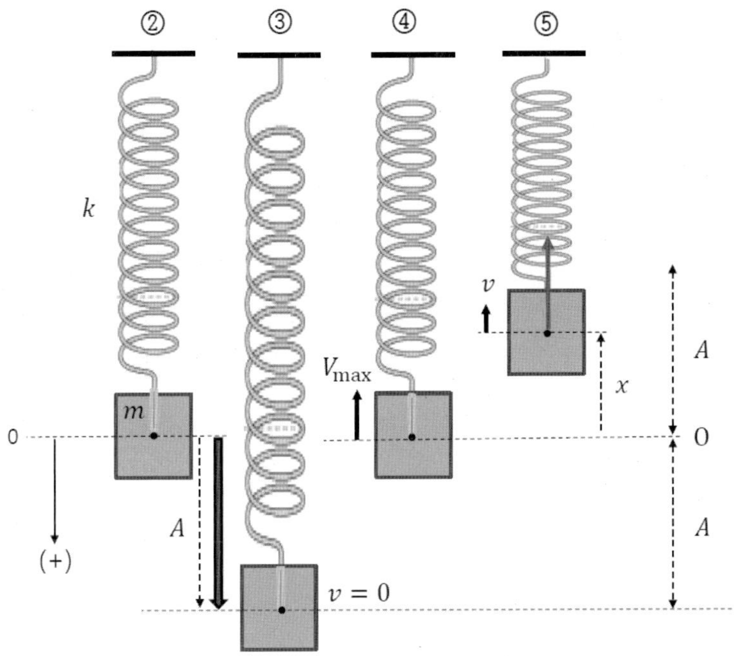

즉, ②지점을 기준으로

③지점에서는 A만큼 늘이면 탄성에너지 $\frac{1}{2}kA^2$ 만 존재

④지점에서는 다시 원점 (②지점)을 $V_{\max}$를 가지고 통과하며 운동에너지 $\frac{1}{2}mV_{\max}^2$ 만 존재

⑤지점에서는 탄성에너지와 운동에너지 모두 존재해서 이 둘의 합$\left(= \frac{1}{2}mv^2 + \frac{1}{2}kx^2\right)$이다.

[예제] 그림처럼 동일한 용수철에 질량이 각각 $2m, 3m$인 물체 A와 B가 매달려서 정지해 있다. 물체 A의 중력에 의한 위치에너지를 $-E_1$, 탄성력에 의한 위치에너지를 E_2라고 할 때, 물체 B의 경우를 구하라.

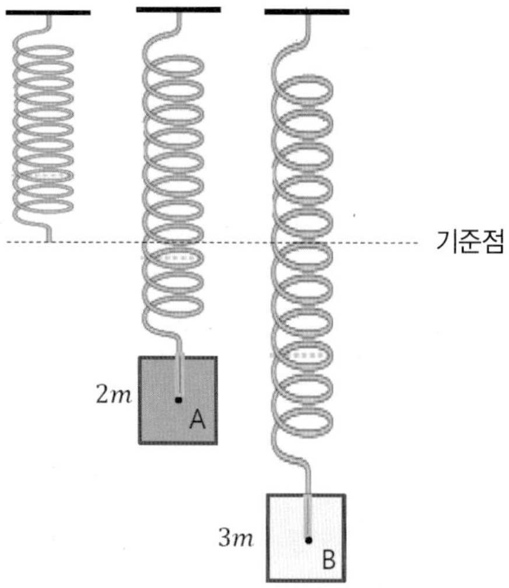

[해설]

중력 위치 에너지 $\text{PE} = mgh \propto m$

(가정) 늘어난 길이는 질량에 비례한다고 하자 ($x \propto m$).

$m \rightarrow 1x$

$2m \rightarrow 2x$

$3m \rightarrow 3x$

물체 A의 중력에 의한 위치에너지 $-E_1 = -2mg \times 2x = -4mgx$

물체 A의 탄성력에 의한 위치에너지 $E_2 = \frac{1}{2}k(2x)^2 = 2kx^2$

물체 B의 중력에 의한 위치에너지 $-3mg \times 3x = -9mgx = -\frac{9}{4}E_1$

물체 B의 탄성력에 의한 위치에너지 $\frac{1}{2}k(3x)^2 = \frac{9}{2}kx^2 = \frac{9}{4}E_2$

[예제] 높이 H에서 질량 m인 사람이 번지점프를 한다. 이 사람이 h만큼 떨어졌을 때 로프가 팽팽하게 되어 늘어나기 시작한다. 이 사람은 바닥으로부터 얼마의 높이까지 떨어지는가? (단, 로프는 후크의 법칙을 따르고 로프의 용수철 상수가 k이다)

[해설]

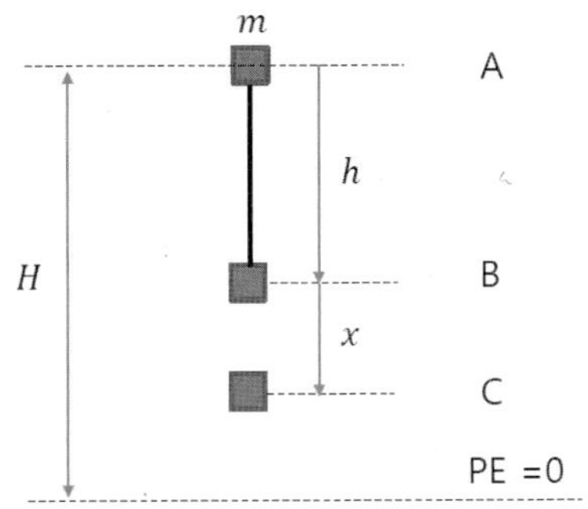

역학적 에너지 = 운동에너지 + 탄성에너지 + 위치에너지

A지점 역학적 에너지 $= 0 + 0 + mgH$

B지점 역학적 에너지 $= \frac{1}{2}mv_{max}^2 + 0 + mg(H-h)$

C지점 역학적 에너지 $= 0 + \frac{1}{2}kx^2 + mg(H-h-x)$

역학적 에너지 보존

$$mgH = \frac{1}{2}kx^2 + mg(H-h-x)$$

$$\frac{1}{2}kx^2 + mg(H-h-x) - mgH = 0$$

$$\therefore \frac{1}{2}kx^2 - mgx - mgh = 0$$

따라서 x에 대한 2차 방정식으로 해를 구할 수 있다.

[예제] 용수철 상수가 k인 용수철이 천장에 매달려 있다. 이 용수철 끝에 질량 m인 추를 매단 후 가만히 놓으면 중력에 의해 연직선을 따라 진동한다. 늘어난 용수철의 최대길이는? (단, 용수철의 질량은 무시하며, 중력가속도는 g이다)

[해설]

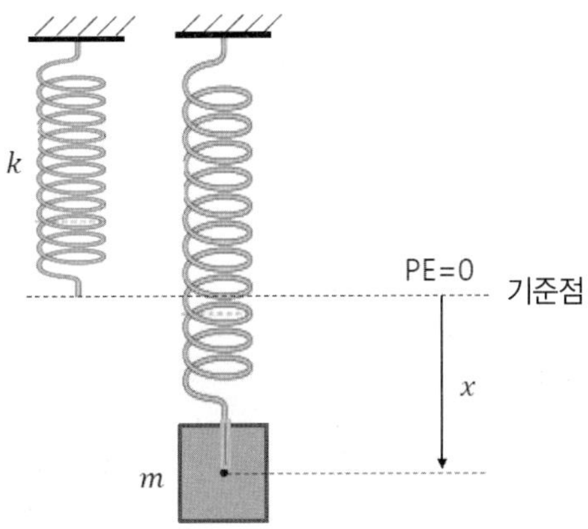

역학적 에너지 보존

$$0=\frac{1}{2}mv^2-mgx+\frac{1}{2}kx^2$$

$$0=-mgx+\frac{1}{2}kx^2 \quad (\because v=0\text{, 최대로 늘어난 길이에서는 순간 정지})$$

$$\therefore x_{\max}=\frac{2mg}{k}$$

[Note] 만약에 용수철이 진동운동을 하지 않는다면, 중력하고 복원력하고 같아지는 지점까지만 용수철이 늘어난 후 정지해 있을 것이다.

$$mg=kx$$

$$\therefore x=\frac{mg}{k}$$

[예제] 질량이 무시되고 용수철 상수가 k인 용수철이 천장에 연직으로 매달려 있다. 용수철 아래 끝에 물체를 매달고 늘어나지 않는 상태로 정지시켰다. 손을 놓았더니 물체는 가장 낮은 위치가 처음 위치로부터 10 cm되는 위치까지 오르내리며 왕복운동을 하였다. 이 물체의 진동수는? 또한 처음 위치로부터 8 cm인 지점에서 물체의 속력은? (단, 중력가속도는 10 m/s^{2}이다)

[해설]

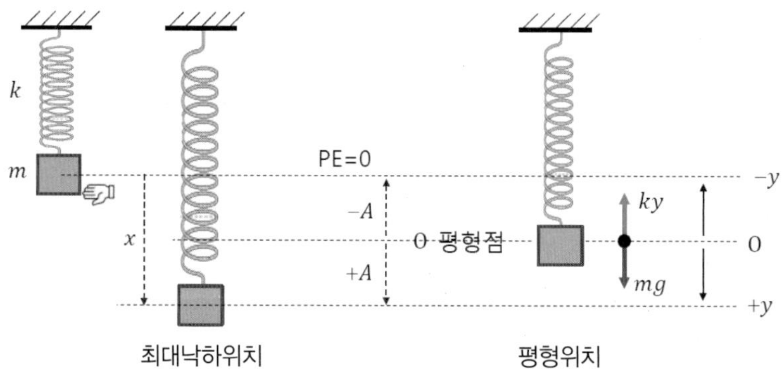

▷ 물체는 가만히 놓았을 때 중력하고 탄성력하고 평형을 이루는 위치 (y)

힘의 평형 조건 $\quad mg=ky \rightarrow y=\frac{mg}{k}$

▷ 최대로 떨어지는 위치 (x)

역학적 에너지 보존 [(KE) + (PE)$_{중력}$ + (PE)$_{용수철}$]

$$0+0+0=0-mgx+\frac{1}{2}kx^2 \quad (\because \text{최하점에서 } v=0)$$

$$\therefore x=\frac{2mg}{k}$$

♠ **(중요)** 용수철에 매달린 물체를 갑자기 놓으면 원래 위치에서 최대로 떨어지는 최하점까지 거리의 $\frac{1}{2}$인 지점이 중력과 탄성력이 평형이 되는 평형 위치 (O)가 되고 이 점을 중심으로 진동 운동을 한다.

최대 낙하 거리 $x = 10\ \text{cm} = 0.1\ \text{m}$
→ 진폭 $y \equiv A = 5\ \text{cm} = 0.05\ \text{m}$

운동방정식 $m\ddot{y} + ky = 0$

$$\ddot{y} + w^2 y = 0,\ w^2 \equiv \frac{k}{m}$$

주기 $T \equiv \frac{2\pi}{w} = 2\pi\sqrt{\frac{m}{k}}$

$$y = \frac{mg}{k} = 5\times 10^{-2} \rightarrow k = \frac{mg}{5\times 10^{-2}}$$

$$T = 2\pi\sqrt{\frac{m}{k}} = 2\pi\sqrt{\frac{m}{\frac{mg}{5\times 10^{-2}}}} = 2\pi\sqrt{\frac{5\times 10^{-2}}{g}} = 2\pi\sqrt{\frac{5\times 10^{-2}}{10}}$$

$$= 2\pi\sqrt{5\times 10^{-3}}\ [\text{s}]$$

운동방정식의 해 $y(t) = A\sin wt \rightarrow y = 0.05\sin\frac{2\pi}{T}t = 0.05\sin\frac{2\pi}{2\pi\sqrt{5\times 10^{-5}}}t$

$$y(t) = 0.05\sin\frac{1}{\sqrt{5\times 10^{-5}}}t$$

처음 위치에서 8 cm는 평형위치로부터 3 cm에 아래쪽에 해당하는 위치에 해당하고 이 위치에 도달하는 시간을 구할 수 있다.

$$0.03 = 0.05\sin\frac{1}{\sqrt{5\times 10^{-3}}}t \rightarrow \sin\frac{1}{\sqrt{5\times 10^{-3}}}t = \frac{0.03}{0.05} = \frac{3}{5}$$

속도 $v(t) = \frac{dy}{dt} = 0.05\times\frac{1}{\sqrt{5\times 10^{-3}}}\cos\frac{1}{\sqrt{5\times 10^{-3}}}t$

$$\sin^2 a + \cos^2 a = 1 \rightarrow \cos^2 a = 1 - \sin^2 a$$

$$\cos^2\frac{1}{\sqrt{5\times 10^{-3}}}t = 1 - \sin^2\frac{1}{\sqrt{5\times 10^{-3}}}t = 1 - \left(\frac{3}{5}\right)^2 = \frac{16}{25} \rightarrow \cos\frac{1}{\sqrt{5\times 10^{-3}}}t = \frac{4}{5}$$

$$v = 0.05\times\frac{1}{\sqrt{5\times 10^{-3}}}\cos\frac{1}{\sqrt{5\times 10^{-3}}}t = 0.05\times\frac{1}{\sqrt{5\times 10^{-3}}}\times\frac{4}{5}$$

$$= \frac{0.04}{\sqrt{5\times 10^{-3}}}\ [\text{m/s}]$$

[예제] 질량 m인 물체가 가벼운 용수철에 도르래를 통해 연결되어 있다. 도르래는 마찰이 없으며 도르래의 관성은 무시한다. 용수철이 늘어나지 않는 상태에서 ($y = y_0$) 물체를 가만히 놓았더니 물체는 밑으로 내려갔다 다시 올라오는 운동을 반복했다. 물체의 최저점의 위치는 $y = y_0 - d$이다.

① 용수철 상수 k를 구하라.

② 물체가 올라갈 수 있는 최고점의 위치는?

③ $y = y_0 - \frac{d}{2}$인 위치를 지날 때 물체의 속력은?

[해설]

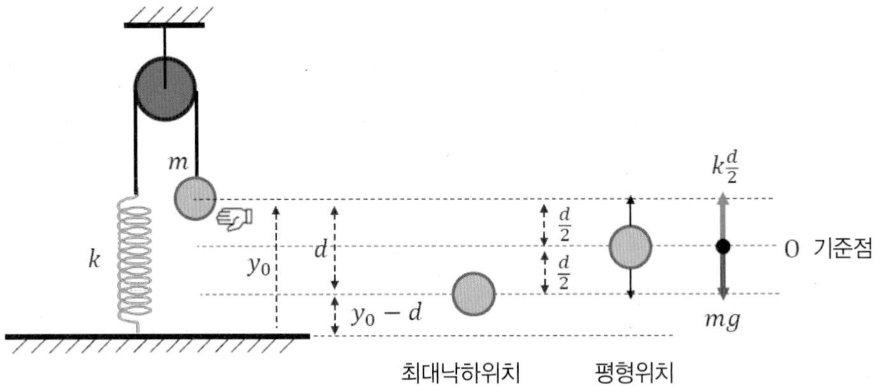

① 물체를 잡고 있던 손을 놓으면 물체는 최대 낙하 위치까지 낙하하는데, 문제 조건에서 이 점의 위치가 $y_0 - d$이다. 처음 위치가 y_0이었으므로 실제 낙하한 거리는 d이다.

[Note] 용수철에 매달린 물체를 갑자기 놓으면 원래 위치에서 최대로 낙하하는 최저점까지 거리의 $\frac{1}{2}$인 지점이 중력과 탄성력이 평형이 되는 평형 위치의 기준점 (0)이 되고 이 점을 중심으로 왔다 갔다 하는 진동 운동을 한다.

평형위치 (0)에서 힘의 평형 $\qquad mg = k\frac{d}{2}$

$$\therefore k = \frac{2mg}{d}$$

② 0점을 기준으로 해서 $+\frac{d}{2} \sim -\frac{d}{2}$를 왕복운동하며, 최고로 올라갈 수 있는 위치는 원래 위치인 y_0이다. ($\because$ 역학적 에너지 보존)

③ $y = y_0 - \frac{d}{2}$ 인 위치는 평형 위치인 기준점 (0)을 지날 때의 속력을 의미한다.

[Note] 중력과 탄성력이 평형인 기준점 (0)을 기준으로 역학적 에너지 보존을 생각할 때, 중력에 의한 위치 에너지는 생각할 필요가 없이 진동 에너지의 보존만을 생각해도 무방하다.

평형점 (0)을 기준으로 하면 중력에 의한 기여는 생각할 필요가 없기 때문에 0을 기준으로 아래로 $\frac{d}{2}$만큼 떨어졌을 때 총 에너지와 다시 위로 올라와서 기준점 (0)을 지날 때 총 에너지가 같아야 하는 조건을 이용한다.

역학적 에너지 보존

$$[(KE) + (PE)_{용수철}]_{d/2} = [(KE) + (PE)_{용수철}]_{기준점}$$

$$\left[\frac{1}{2}mv^2 + \frac{1}{2}kx^2\right]_{d/2} = \left[\frac{1}{2}mv^2 + \frac{1}{2}kx^2\right]_{기준점}$$

$$0 + \frac{1}{2}k\left(\frac{d}{2}\right)^2 = \frac{1}{2}mv^2 + 0$$

$$v^2 = \frac{1}{m}k\left(\frac{d}{2}\right)^2 = \frac{1}{m}\frac{2mg}{d}\left(\frac{d}{2}\right)^2 = \frac{2g}{d}\frac{d^2}{4} = \frac{gd}{2}$$

$$\therefore v = \sqrt{\frac{dg}{2}}$$

[예제] 그림처럼 질량 m인 물체 양쪽에 길이와 탄성계수가 같은 용수철을 연결한 후, 용수철의 한 끝을 천정에 고정시켰더니 길이가 a만큼 늘어난 후 평형을 이루었다. 이제 용수철의 아래쪽 다른 한 끝을 b만큼 잡아 당겼을 때, 우리가 해 준 일의 크기는? (단, 용수철의 질량은 무시하고, 중력가속도는 g이다)

[해설]

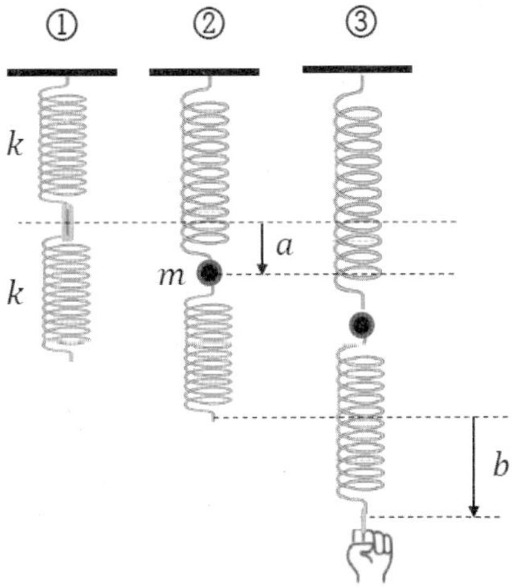

(위치 ①)

용수철 상수가 k인 두 개의 용수철을 연결한 후 연직으로 세운 후 한쪽 끝을 천장에 매단 경우이다.

(위치 ②)

위쪽 용수철 아래쪽 끝에 질량 m인 물체를 매달면 중력에 의해 위쪽 용수철의 길이가 a만큼 늘어난 경우이다. 물체 아래쪽에도 용수철이 매달려 있지만, 이 용수철의 무게는 무시하기 때문에 늘어난 길이 a에 전혀 영향을 주지 않는다. 늘어난 길이는 중력과 탄성력이 같아지는 지점까지 늘어날 것이다.

$$kx = mg \quad \rightarrow \quad ka = mg$$

$$\therefore k = \frac{mg}{a}$$

(위치 ③)

아래쪽 용수철 아래쪽 끝에 잡아 당겨 길이를 b만큼 늘린 경우이다. 용수철 2개가 직렬 연결된 것을 잡아당긴 것으로 용수철 상수 (k_{tot})를 구하고 이것을 이용해야 한다.

$$\frac{1}{k_{tot}} = \frac{1}{k} + \frac{1}{k} = \frac{2}{k} \quad \rightarrow k_{tot} = \frac{k}{2}$$

$$\therefore k_{tot} = \frac{k}{2} = \frac{1}{2}\left(\frac{mg}{a}\right)$$

우리가 해준 일 (W) = b만큼 늘렸을 때 탄성 에너지

$$W(x=b) = \frac{1}{2}k_{tot}x^2 = \frac{1}{2}k_{tot}b^2$$

$$= \frac{1}{2}\times\frac{1}{2}\times\frac{mg}{a}\times b^2 = \frac{1}{4}\frac{mgb^2}{a}$$

☛ **(주의)** 용수철을 x만큼 늘리기 위해 해 주어야하는 일 (W)

일 ≡ 힘 • 거리 $(W \equiv Fx,\ F = kx)$

$$\rightarrow W = Fx = k_{tot}bb = k_{tot}b^2 = \frac{mgb^2}{2a}$$

힘이 거리의 함수이기 때문에 단순히 힘 ×거리를 해서 일을 구하면 안 된다.

[예제] 용수철의 한쪽 끝을 천장에 고정하고 늘어뜨렸더니 2 m였다. 이 용수철의 다른 쪽 끝에 질량 1 kg인 추를 매달고, 추를 연직 상방으로 들어올려 1 m를 압축한 후 추를 가만히 놓았다. 추가 가장 낮은 위치에 도달할 때, 천장에서 추까지의 거리[m]는? (단, 용수철 상수 값은 10 N/m이고, 용수철 질량, 추의 부피, 공기 저항은 무시하며, 중력가속도는 10 m/s^{2}이다)

[해설]

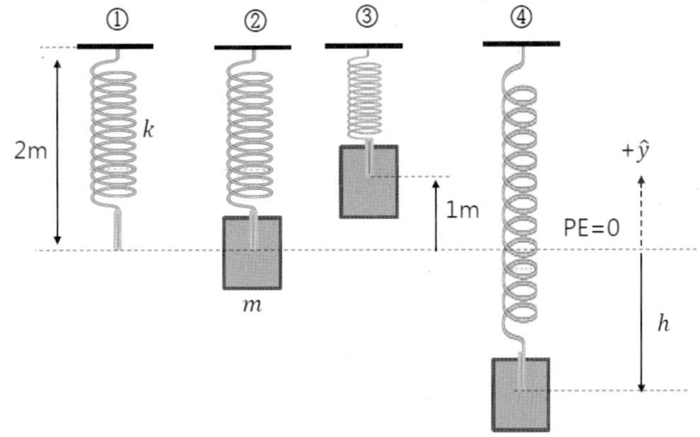

③ = 기준점에서 물체를 매달고 1 m 압축한 상태 (→중력과 탄성에 의한 위치에너지 존재)
④ = 매단 물체가 최하점에 도달한 상태 (→중력과 탄성에 의한 위치에너지 존재)

역학적 에너지 보존

$$mg\times1+\frac{1}{2}k\times1^2=-mgh+\frac{1}{2}kh^2$$

$$1\times10\times1+\frac{1}{2}\times10\times1^2=-1\times10\times h+\frac{1}{2}\times10\times h^2$$

$15=-10h+5h^2 \quad \rightarrow \quad h=3,\ -1$ (−1은 해가 아니기 때문에 버린다)

$\therefore h=3$

∴ 천장에서 최하점까지의 거리 = $2+3=5$ [m]

[예제] 수직용수철 위에 질량 0.1 kg이 떨어져 용수철이 최대 0.1 m 압축되었다. 용수철에 닿는 순간 물체의 속력[m/s]은? (단, 마찰은 무시하고, 용수철 상수 값은 110 N/m이며 중력가속도는 10 m/s^{2}이다)

[해설]

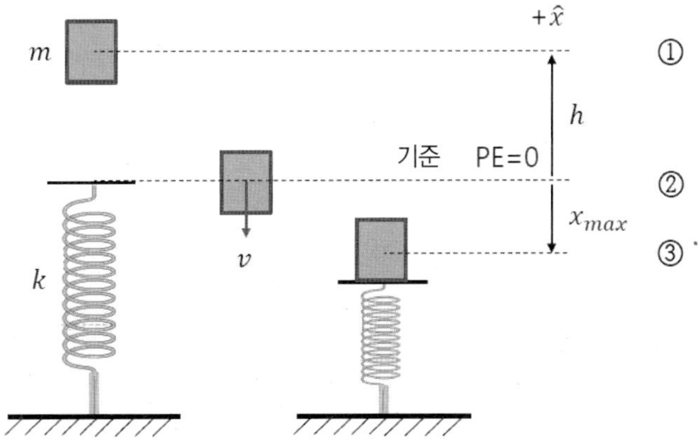

[Note] 처음 기준점에서 질량 m인 물체의 높이 (h)를 알지는 못한다. 하지만 물체가 떨어진 후 용수철이 최대로 압축된 거리로부터 정보를 이끌어 낼 수 있다.

역학적 에너지 보존

	$(KE)_{직선}$	+	$(PE)_{중력}$	+	$(PE)_{용수철}$
위치 ①	0	+	mgh	+	0
위치 ②	$\frac{1}{2}mv^2$	+	0	+	0
위치 ③	0	+	$(-mgx_{max})$	+	$\frac{1}{2}kx_{max}^2$

$$\frac{1}{2}mv^2 = -mgx_{max} + \frac{1}{2}kx_{max}^2$$

$$\frac{1}{2}\times 0.1\times v^2 = -0.1\times 10\times 0.1 + \frac{1}{2}\times 110\times 0.1^2$$

$$\frac{1}{20}v^2 = -0.1 + 0.55$$

$$\therefore v = 3\ [m/s]$$

✏ **(심화)** 2 kg인 물체를 용수철의 40 cm 위에서 낙하시켰다. 용수철이 최대로 압축되는 길이 [cm]는? (단, 용수철 상수는 1960 N/m이다)

역학적 에너지보존을 적용해서 풀 수 있다.

위치 ① = 위치 ③

$$mgh = (-mgx_{max}) + \frac{1}{2}kx_{max}^2$$

[예제] 질량 (m_1, m_2), 용수철 상수 (k_1, k_2)인 두 개의 용수철이 그림처럼 연직방향으로 연결되어 있다. 두 물체가 같은 진동수로 움직인다고 할 때, 진동수는?

[해설]

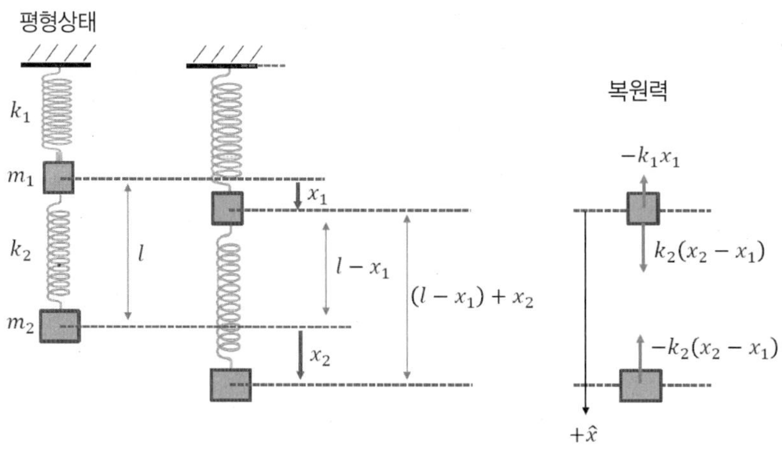

평형상태: 초기에 물체 (m_1, m_2)를 매달았을 때, 복원력과 중력하고 평형을 이루고 있는 상태라고 하자.

(x_1, x_2): 평형 위치에서 물체를 아래 방향으로 잡아 당겼을 때 각 물체 (m_1, m_2)의 변위
l: 평형 위치에 있을 때 두 물체 사이의 거리

▷ 물체 m_1 경우
늘어난 길이: x_1

▷ 물체 m_2 경우
늘어난 길이 = 나중길이 − 처음길이 $= (l - x_1 - x_2) - l = (x_2 - x_1)$

(다른 생각)

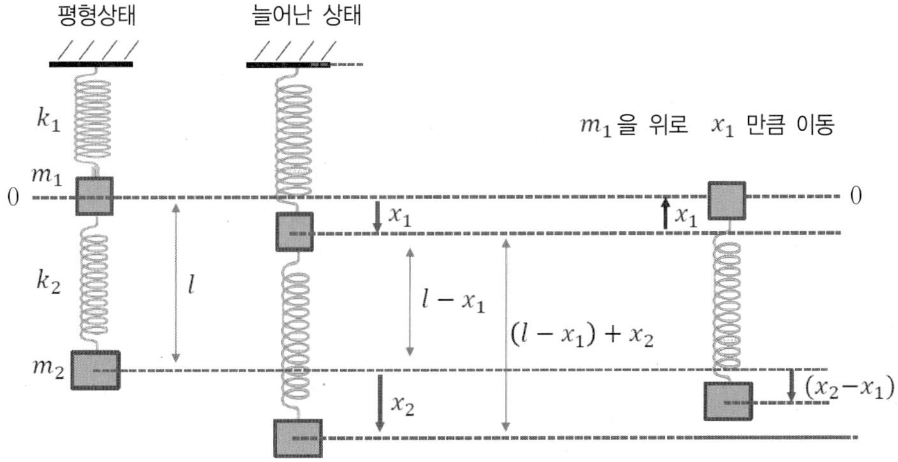

평형상태에서 m_1, m_2가 동시에 움직이기 때문에 m_1이 움직이는 거리 x_1는 쉽게 눈에 보이지만, m_2의 경우 기준점이 달라져서 바로 x_2라고 할 수 없다. 따라서 기준점을 평형상태 (0점)에 있을 때 m_1의 위치로 잡아보자.

물체는 (x_1, x_2) 만큼 늘어났고, m_1의 기준을 다시 평형상태 (0점)로 맞추기 위해 m_1을 위쪽으로 x_1만큼 이동시켜 기준점을 동일하게 만들 수 있다. 이럴 경우 m_2 역시 x_1만큼 위쪽으로 이동하기 때문에, 실제로 m_2가 늘어난 길이는 $(x_2 - x_1)$ 임을 알 수 있다.

물체 m_1 작용하는 복원력
k_1에 의한 복원력: $-k_1 x_1$
k_2에 의한 복원력: $k_2(x_2 - x_1)$

물체 m_2 작용하는 복원력

k_2에 의한 복원력: $-k_2(x_2-x_1)$

운동방정식

물체 m_1 $\quad m_1\ddot{x}_1=-k_1x_1+k_2(x_2-x_1) \rightarrow m_1\ddot{x}_1+(k_1+k_2)x_1-k_2x_2=0$ Ⓐ

물체 m_2 $\quad m_2\ddot{x}_2=-k_2(x_2-x_1) \rightarrow m_2\ddot{x}_2+k_2x_2-k_2x_1=0$ Ⓑ

(방법1)

(각자해보기) Ⓐ ×Ⓑ를 해서 직접 푼다.

(방법2)

시도 해 (trial solution)

$x_1=A\sin wt$

$x_2=B\sin wt$

$\rightarrow \dot{x}_1=Aw\cos wt,\ \dot{x}_2=Bw\cos wt$

$\ddot{x}_1=-Aw^2\sin wt,\ \ddot{x}_2=-Bw^2\sin wt$

Ⓐ식 $\quad m_1(-Aw^2\sin wt)+(k_1+k_2)A\sin wt-k_2B\sin wt=0$

Ⓑ식 $\quad m_2(-Bw^2\sin wt)+k_2B\sin wt-k_2A\sin wt=0$

$(k_1+k_2-m_1w^2)A-k_2B=0$ $\quad$ ($\because \sin wt$ 는 공통이므로 제거함)

$-k_2A+(k_2-m_2w^2)B=0$

위식은 다음 형태이다.

$$\begin{pmatrix} a & b \\ c & d \end{pmatrix}\begin{pmatrix} A \\ B \end{pmatrix}=\begin{pmatrix} 0 \\ 0 \end{pmatrix}$$

우선 0을 만족하는 경우는 A, B가 0일 때인데 이 경우는 의미가 없으므로 제외한다. 그럼 결국 위 행렬식이 0이 되어야 하는데 이것은

$$\det\begin{vmatrix} a & b \\ c & d \end{vmatrix}=0$$

을 만족해야 한다.

$$\begin{vmatrix} k_1+k_2-m_1w^2 & -k_2 \\ -k_2 & k_2-m_2w^2 \end{vmatrix}=0$$

$$(k_1+k_2-m_1w^2)(k_2-m_2w^2)-(-k_2)(-k_2)=0$$

$$k_1k_2-k_1m_2w^2+k_2^2-k_2m_2w^2-k_2m_1w^2+m_1m_2w^4-k_2^2=0$$

$$m_1m_2w^4+(-k_1m_2-k_2m_2-k_2m_1)w^2+k_1k_2=0$$

$$w^4-\frac{k_1m_2+k_2m_2+k_2m_1}{m_1m_2}w^2+\frac{k_1k_2}{m_1m_2}=0$$

$$\therefore\ w^4-\left[\frac{k_1+k_2}{m_1}+\frac{k_2}{m_2}\right]w^2+\frac{k_1k_2}{m_1m_2}=0$$

근의 공식 이용, $x=\dfrac{-b\pm\sqrt{b^2-4ac}}{2a}$ $\quad(ax^2+bx+c=0)$

$$\therefore\ w^2=\frac{\left[\frac{k_1+k_2}{m_1}+\frac{k_2}{m_2}\right]\pm\sqrt{\left[\frac{k_1+k_2}{m_1}+\frac{k_2}{m_2}\right]^2-4\frac{k_1k_2}{m_1m_2}}}{2}$$

$$=\left[\frac{k_1+k_2}{2m_1}+\frac{k_2}{2m_2}\right]\pm\sqrt{\frac{1}{4}\left[\frac{k_1+k_2}{m_1}+\frac{k_2}{m_2}\right]^2-\frac{k_1k_2}{m_1m_2}}$$

(예) $m_1=m_2=m,\ k_1=k_2=k$ 인 경우

$$w^2=\left[\frac{2k}{2m}+\frac{k}{2m}\right]\pm\sqrt{\frac{1}{4}\left[\frac{2k}{m}+\frac{k}{m}\right]^2-\frac{k^2}{m^2}}$$

$$=\left[\frac{3k}{2m}\right]\pm\sqrt{\frac{1}{4}\left[\frac{3k}{m}\right]^2-\frac{k^2}{m^2}}=\left(\frac{3k}{2m}\right)\pm\sqrt{\frac{9k^2}{4m^2}-\frac{4k^2}{4m^2}}$$

$$=\left(\frac{3k}{2m}\right)\pm\sqrt{\frac{5k^2}{4m^2}}=\frac{k}{2m}(3\pm\sqrt{5})$$

$$\therefore\ T\equiv\frac{2\pi}{w}=\frac{2\pi}{\sqrt{\frac{k}{2m}(3\pm\sqrt{5})}}$$

✏ **(심화문제) (각자해보기)**

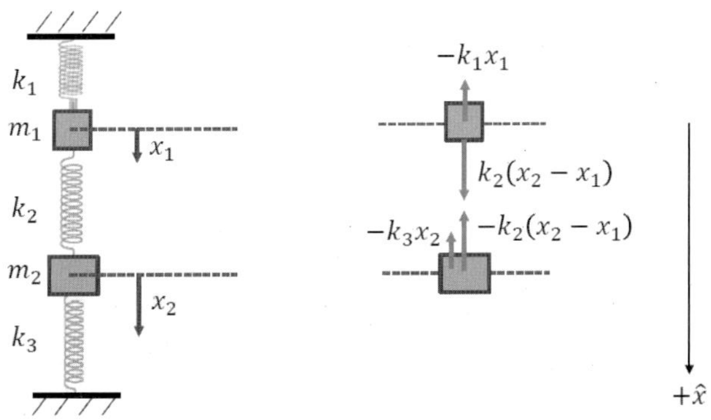

■ 비보존력이 있는 경우

✎ **(확장)**

(유도해보기) 마찰, 열, 저항, 소리 등으로 에너지가 빠져 나가는 경우, 역학적 에너지 보존 법칙이 어떻게 변형되는지 유도해 보자.

해 준일 = 운동에너지 (KE)의 변화량

$W = \Delta(\text{KE})$

$\therefore \Delta(\text{KE}) = W$ Ⓐ

여기서 KE라는 것은 직선운동, 용수철 운동, 회전운동 등을 다 포함할 수 있다.

(일반화) $\Delta(\text{KE}) = \Delta(\text{KE})_{직선} + \Delta(\text{KE})_{회전} + \Delta(\text{KE})_{기타\ 등등}$

또한, 보존력이 한일은 위치에너지 변화량의 음수 값이다 (예, 중력)

$W_{A\to B} = -\Delta(\text{PE})_{\text{AB}}$ Ⓑ

(일반화) 중력, 용수철, 유체 등에 의한 퍼텐셜 에너지 (PE)가 존재 하는 경우

$W_c \equiv W_{A\to B} = -[\Delta(\text{PE})_{중력} + \Delta(\text{PE})_{용수철} + \Delta(\text{PE})_{유체}]$

한편, 일은 보존력에 의한 일과 비보존력에 의한 일로 세분화할 수 있다.

$W = W_c + W_{nc}$ Ⓒ

여기서 $W_c =$ 보존력에 의한 일

$W_{nc} =$ 비보존력에 의한 일

을 나타낸다.

식 Ⓐ와 Ⓒ에서

$$\begin{aligned} \Delta(\text{KE}) &= W \\ &= W_c + W_{nc} \\ &= -\Delta(\text{PE}) + W_{nc} \qquad (\because \text{식 Ⓑ 이용}) \\ \therefore \Delta(\text{KE} + \text{PE}) &= W_{nc} \end{aligned}$$

[Note] 역학적 에너지 ≡ 운동에너지 (KE) + 위치(=퍼텐셜)에너지 (PE)

✍ **(정리)**

$$\Delta(\text{KE} + \text{PE}) = W_{nc}$$

$$[(\text{KE} + \text{PE})_{나중} - (\text{KE} + \text{PE})_{초기}] = W_{nc}$$

♠ **(중요)** 역학적 에너지의 변화량 (= 후 · 전의 차이)은 비보존력이 한 일 (W_{nc})과 같다.

즉, 운동 전후 역학적 에너지 차이가 난다면, 차이가 난 만큼 열/마찰/공기저항 등의 에너지로 빠져나간 것이며, 구체적으로 어떤 형태의 힘이 작용하는지 혹은 어떤 과정을 거치는지 등을 알 필요가 없다. 단지, 운동 전후 차이만 계산하면 된다.

일반적으로 우리가 문제를 풀 때, 비보존력이 없는 경우를 푸는 것이 대부분이기 때문에, 역학적 에너지 보존 법칙을 $\Delta(\text{KE} + \text{PE}) = 0$로 해서 문제를 풀고 있는 것이다.

$$\Delta(\text{KE} + \text{PE}) = W_{nc}$$
$$\therefore \Delta(\text{KE} + \text{PE}) = 0 \qquad (\because W_{nc} = 0)$$

(요약)

초기 역학적 에너지 (Ⓐ) = 나중 역학적 에너지 (Ⓑ) + 마찰에 의해 빠져 나간 에너지 (Ⓒ)

① 에너지 보존: Ⓒ = 0 이면 Ⓐ = Ⓑ
② 에너지 비보존: Ⓒ ≠ 0 이면 Ⓐ = Ⓑ + Ⓒ → ∴ Ⓒ = Ⓐ − Ⓑ로 구할 수 있다.

(일반화) 모든 형태의 운동에너지 (KE)와 위치에너지 (PE)를 다 써주는 경우

$$\Delta(\text{KE} + \text{PE}) = W_{nc}$$
$$\Delta[(\text{KE})_{\text{직선}} + (\text{KE})_{\text{회전}} + (\text{KE})_{\text{기타}} + (\text{PE})_{\text{중력}} + (\text{PE})_{\text{용수철}} + (\text{PE})_{\text{유체}} + (\text{PE})_{\text{기타}}] = W_{nc}$$
$$\therefore W_{nc} = \Delta[(\text{KE})_{\text{직선}} + (\text{KE})_{\text{회전}} + (\text{KE})_{\text{기타}} + (\text{PE})_{\text{중력}} + (\text{PE})_{\text{용수철}} + (\text{PE})_{\text{유체}} + (\text{PE})_{\text{기타}}]$$

즉, 비보존력이 한 일 (W_{nc})은 역학적 에너지의 변화량과 같다.
(다른 표현: 비보존력이 작용하지 않으면 역학적 에너지는 보존된다)

[예제] 마찰이 없는 수평면에서 400 g인 물체가 10 m/s 속도로 정지한 100 g인 물체에 충돌해 한 덩어리가 되어 같이 움직인다. 충돌 후 에너지 손실[J]은?

[해설]

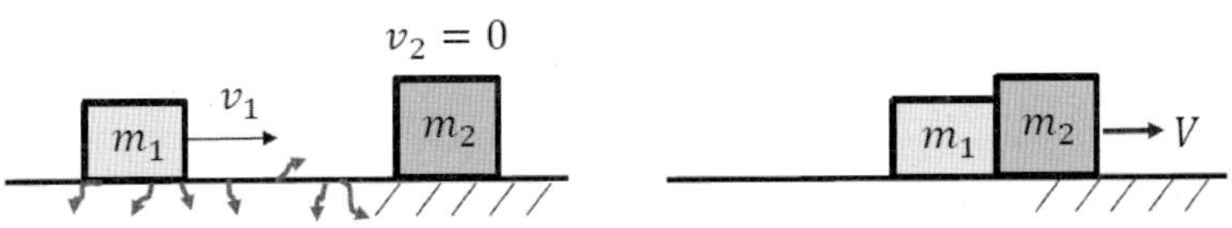

$m_1 = 400$ g, $m_2 = 100$ g
$v_1 = 10$ m/s, $v_2 = 0$ (∵ 초기 정지)
V: 충돌 후 두 물체가 한 덩어리가 된 후 움직이는 속도

(선)운동량 보존 $m_1v_1 + m_2v_2 = (m_1 + m_2)V$

$0.4 \times 10 + 0.1 \times 0 = (0.4 + 0.1)V \quad \rightarrow \quad V = \dfrac{0.4 \times 10}{0.5} = 8[m/s]$

비보존력이 작용하지 않으면 역학적 에너지는 보존된다.

$W_{nc} = \Delta(KE + PE)$

→ 초기 역학적 에너지 = 나중 역학적 에너지 + 바닥 마찰에 의해 발생한 열에너지

충돌 전 역학적 에너지 $\dfrac{1}{2}m_1v_1^2 + \dfrac{1}{2}m_2v_2^2 = \dfrac{1}{2}m_1v_1^2 + 0 = \dfrac{1}{2} \times 0.4 \times 10^2 = 20[J]$ Ⓐ

충돌 후 역학적 에너지 $\dfrac{1}{2}(m_1 + m_2)V^2 = \dfrac{1}{2}(0.4 + 0.1) \times 8^2 = \dfrac{0.5}{2} \times 64 = 16[J]$ Ⓑ

∴ 바닥 마찰에 의해 발생한 열에너지 = Ⓐ −Ⓑ = 20 − 16 = 4 [J]

[예제] 그림처럼 수직 벽면 A지점에 못을 박고, 길이가 40 cm인 실을 묶고 질량 m인 물체를 매달아서 진자를 만들었다. 물체가 수직 아래를 통과하는 순간의 속도[m/s]는? (단, 실의 질량과 공기 저항은 무시하며 중력가속도는 $10\,m/s^2$이다)

[해설]

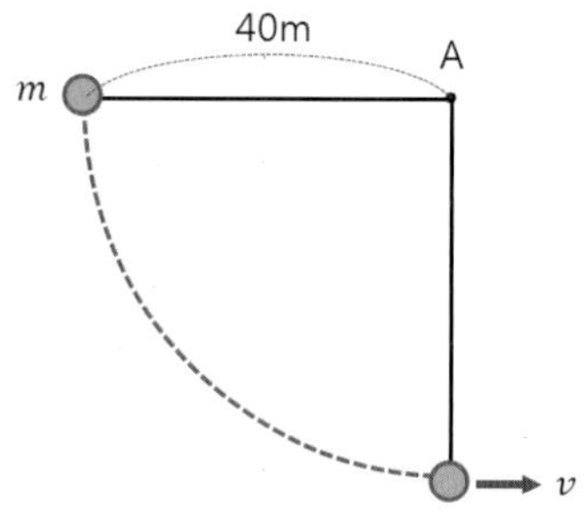

비보존력이 작용하지 않으면 역학적 에너지는 보존된다.

$W_{nc} = \Delta(KE + PE)$

$0 = \Delta(KE + PE)$

[운동에너지 (KE) + 위치에너지 (PE)]$_{초기}$ = [운동에너지 (KE) + 위치에너지 (PE)]$_{나중}$

$0 + mgh = \dfrac{1}{2}mv^2 + 0$

$\therefore v = \sqrt{2gh}$

$= \sqrt{2 \times 10 \times 0.4} = \sqrt{8}$ [m/s]

[예제] 지상에서 질량이 0.2 kg인 물체를 연직 위로 20 m/s의 속력으로 던졌더니 15 m 높이까지 올라갔다. 공기 저항에 의해 발생한 열에너지[J]는? (단, 중력가속도는 $10\,m/s^2$이다)

[해설]

공기저항이 없을 경우 운동방정식

$$v = v_0 - gt \quad \rightarrow \quad 0 = 20 - 10 \times t \quad \rightarrow \quad t = 2 \text{ [s]}$$

$$y = v_0 t - \frac{1}{2}gt^2 = 20 \times 2 - \frac{1}{2} \times 10 \times 2^2 = 40 - 20 = 20 \text{ [m]}$$

즉, 20 m를 올라갈 수 있는데 15 m 밖에 올라가지 않았으므로, 올라가는 동안 공기 저항에 이해 에너지가 소실된 것이다.

$$W_{nc} = \Delta(\text{KE} + \text{PE})$$

→ 초기 역학적 에너지 = 나중 역학적 에너지 + 공기저항에 의해 발생한 열에너지

즉, 운동 전후 역학적 에너지가 같다면 보존이 되는 것이고, 차이가 난다면 차이가 난 만큼 열에너지로 빠져나간 것이다.

∴ 공기저항에 의해 발생한 열에너지 = 초기 역학적 에너지 − 나중 역학적 에너지

$$= \left(\frac{1}{2}mv^2 + 0\right) - (0 + mgh)$$

$$= \frac{1}{2} \times 0.2 \times 20^2 - 0.2 \times 10 \times 15$$

$$= 40 - 30 = 10 \text{ [J]}$$

[예제] 그림처럼 초속도 v_0 질량 m인 물체가 수평방향으로 운동하고 있는데 마찰력에 의해 정지하였다. 정지하기까지의 거리 (x)는?

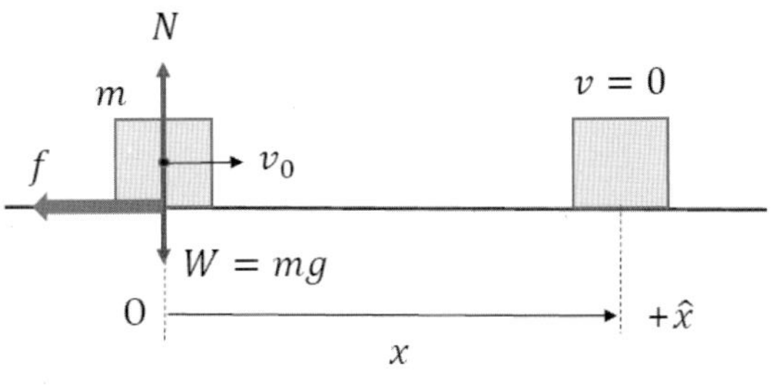

[해설]

(방법1)

마찰력 $f \equiv \mu N = \mu mg$

가속도 $F = ma$ (뉴턴 제 2법칙)

$$f = -ma \rightarrow \mu mg = ma \qquad (\because - \text{ 감속의 의미. 방향 반대})$$

$$\therefore a = -\mu g$$

[Note] 등가속도 운동

① $v = v_0 + at$

② $x = x_0 + v_0 t + \frac{1}{2}at^2$

③ $v^2 - v_0^2 = 2a(x - x_0) \equiv 2aS$ $\qquad$ (S : 이동거리)

$v = v_0 + at \quad \rightarrow 0 = v_0 - \mu g t \qquad \therefore t = \frac{v_0}{\mu g}$ (정지할 때 까지 걸린 시간)

$$x = x_0 + v_0 t + \frac{1}{2}at^2$$

$$= v_0 t + \frac{1}{2}at^2 = v_0\left(\frac{v_0}{\mu g}\right) + \frac{1}{2}(-\mu g)\left(\frac{v_0}{\mu g}\right)^2 = \frac{1}{2}\frac{v_0^2}{\mu g}$$ (정지할 때 까지 이동거리)

$$x = \frac{1}{2}\frac{v_0^2}{\mu g} \rightarrow v_0 = \sqrt{2\mu g x}$$

(예) $x = 40$ m, $\mu = 0.8$

$\therefore v_0 = \sqrt{2\mu g x} = \sqrt{2 \times 0.8 \times 9.8 \times 40} = 25$ [m/s]

만약 빗길인 경우. $\mu \equiv \mu_k = 0.25$ 라고 하자.

$$x \sim \frac{1}{\mu}$$

$$\therefore \frac{0.8}{0.25} = 3.2$$

⇒ 빗길에서는 제동 거리가 짧아지기 때문에 초속도를 줄어서 안전 운행해야 한다.

(방법2) 비보존력이 작용하지 않으면 역학적 에너지는 보존된다.

$$W_{nc} = \Delta(\mathrm{KE} + \mathrm{PE})$$

$$= \Delta(\mathrm{KE}) + \Delta(\mathrm{PE})$$

$$= (\mathrm{KE_f} - \mathrm{KE_i}) + (\mathrm{PE_f} - \mathrm{PE_i})$$

$$= (0 - \frac{1}{2}mv_0^2) + (0 - 0) = -\frac{1}{2}mv_0^2$$

한편, 마찰력 작용에 의한 비보존력이 한 일

$$W_{nc} = \int_0^x \vec{f} \cdot \vec{dx} = \int_0^x \mu mg\, dx \cos 180^0 = -\mu mg \int_0^x dx$$

$$= -\mu mg x$$

$$\rightarrow \ -\mu m g x = -\frac{1}{2} m v_0^2$$

$$\therefore \ x = \frac{1}{2}\frac{v_0^2}{\mu g} \ \rightarrow \ v_0 = \sqrt{2\mu g x}$$

[예제] 그림은 질량 60 kg인 스카이다이버가 공기 중에서 낙하할 때, 시간에 따른 속도의 변화를 나타낸 것이다. 10초에서 15초 사이에 일정한 속도로 낙하한다고 할 때, 그 구간에서 감소한 역학적 에너지[kJ]는? (단, 중력가속도는 $10\,\mathrm{m/s^2}$이다)

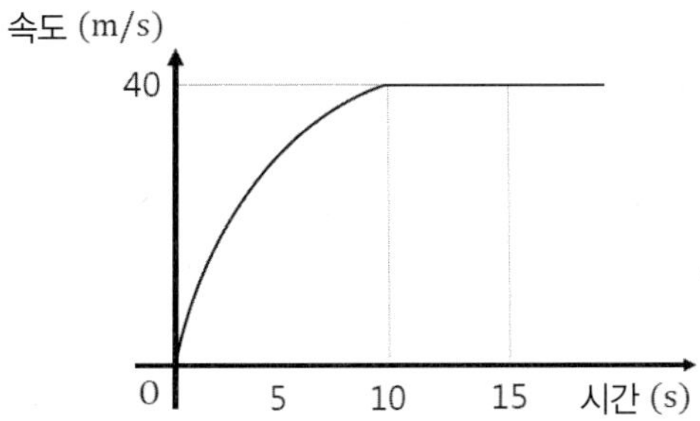

[해설] 10초에서 15초 사이에 일정한 속도로 낙하하기 때문에 종단속도에 도달한 것이다. 따라서 5초 동안 등속운동으로 인한 속도와 시간의 그래프에서 떨어진 거리를 알 수 있다.

$$\rightarrow \ \Delta s = v\Delta t = 40 \times 5 = 200 \quad [\mathrm{m}]$$

공기 마찰에 의해 역학적 에너지가 감소된다.

$W_{nc} = \Delta(\mathrm{KE} + \mathrm{PE}) = \Delta \mathrm{PE}$ (∵ 등속이므로 속도 변화량은 없다)

$= \Delta mgs = mg\Delta s = 60 \times 10 \times 200 = 120 \quad [\mathrm{kJ}]$

[예제] 해수면으로부터 500 m 높이에서 초기 정지한 물체가 공기 저항을 받으며 낙하해서 해수면에 도달한 순간 물체의 속력이 20 m/s가 되었다. 이 물체의 초기 총 역학적 에너지에 대한 공기 저항에 의해 손실된 역학적 에너지의 비율은? (단, 위치에너지의 기준점은 해수면으로 하며 중력가속도는 $10\,\mathrm{m/s^2}$이다)

[해설]

공기저항이 없을 경우 해수면에 했을 때 물체의 속도

$$mgh = \frac{1}{2}mv^2 \ \rightarrow v = \sqrt{2gh} = \sqrt{2 \times 10 \times 500} = \sqrt{10^4} = 100 \ [\mathrm{m/s}]$$

공기 저항이 있을 때 물체의 속도 20 [m/s]

$\rightarrow v$(공기 저항 유)$/v$(공기 저항 무) $= 20/100 = 1/5 = 20\%$ 감속

$$\frac{(\text{총 역학적 에너지})_{\text{나중}}}{(\text{총 역학적 에너지})_{\text{초기}}} = \frac{\left(mgh + \frac{1}{2}mv^2\right)_{\text{나중}}}{\left(mgh + \frac{1}{2}mv^2\right)_{\text{초기}}} = \frac{0 + \frac{1}{2}mv^2}{mgh + 0} = \frac{v^2}{2gh} = \frac{20^2}{2 \times 10 \times 500}$$

$$= \frac{4}{100} = 4\%$$

공기 저항으로 손실된 에너지 = (총 역학적 에너지)$_{\text{초기}}$ − (총 역학적 에너지)$_{\text{나중}}$
= (총 역학적 에너지)$_{\text{초기}}$ − 0.04(총 역학적 에너지)$_{\text{초기}}$
= (1-0.04) (총 역학적 에너지)$_{\text{초기}}$ = 0.96(총 역학적 에너지)$_{\text{초기}}$

(공기 저항으로 손실된 에너지)/(총 역학적 에너지)$_{\text{초기}}$ = 0.96

∴ 96%가 공기 저항 때문에 빠져나간 것이다.

[예제] 그림처럼 질량 m 물체가 반지름이 R인 반원형 경로를 따라 내려온다. 최하점에서의 속력은? (단 운동마찰계수는 μ, 중력가속도는 g이다)

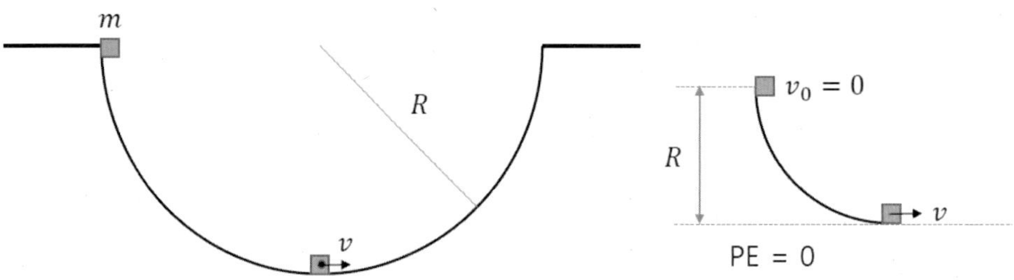

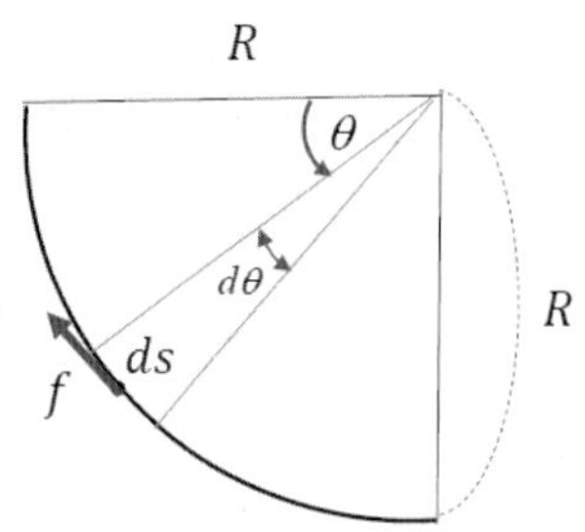

[해설]

$$W_{nc} = \Delta(\text{KE} + \text{PE})$$
$$= \Delta(\text{KE}) + \Delta(\text{PE})$$
$$= (\text{KE}_f - \text{KE}_i) + (\text{PE}_f - \text{PE}_i)$$
$$= \left(\frac{1}{2}mv^2 - 0\right) + (0 - mgR)$$

마찰력 작용에 의한 비보존력이 한 일

$$W_{nc}= \int_0^x \vec{f} \cdot \vec{ds} = \int_0^x \mu mg\, ds \cos\theta = \mu mg \int_0^{\frac{\pi}{2}} \cos\theta\, ds$$

$$d\theta = \frac{ds}{R} \rightarrow ds = Rd\theta$$

$$W_{nc}= \mu mg \int_0^{\frac{\pi}{2}} \cos\theta\, ds = \mu mg \int_0^{\frac{\pi}{2}} R\cos\theta d\theta = \mu mgR \int_0^{\frac{\pi}{2}} \cos\theta d\theta$$

$$= \mu mgR(-\sin\theta)|_0^{\frac{\pi}{2}} = (-)\mu mgR(1-0) = -\mu mgR$$

$$\rightarrow \quad -\mu mgR = \left(\frac{1}{2}mv^2 - 0\right) + (0 - mgR) = \frac{1}{2}mv^2 - mgR$$

$$\frac{1}{2}mv^2 = mgR - \mu mgR = mgR(1-\mu)$$

$$v^2 = \frac{2}{m}mgR(1-\mu) = 2gR(1-\mu)$$

$$\therefore v = \sqrt{2gR(1-\mu)}$$

[예제] 그림처럼 각도 θ, 높이 H인 경사면에 정지해 있던 질량 m인 물체가 빗면을 따라 내려온다. 마찰력 f일 때 최하점에서 물체의 속도는 얼마인가?

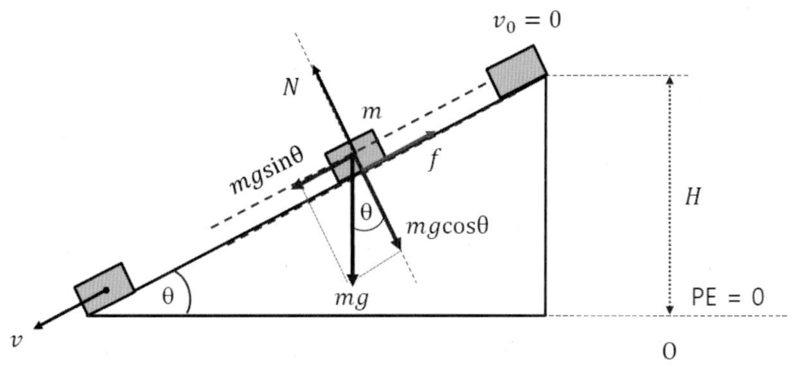

[해설]

① 마찰이 없을 경우

역학적 에너지 보존 법칙

Δ(KE + PE) = 0

[운동에너지 (KE) + 위치에너지 (PE)]$_{최고점}$ = [운동에너지 (KE) + 위치에너지 (PE)]$_{최저점}$

$$0 \quad + \quad mgH \quad = \quad \frac{1}{2}mv^2 \quad + \quad 0$$

$$\therefore v = \sqrt{2gH}$$

② 마찰이 있을 경우

$$\begin{aligned} W_{nc} &= \Delta(\mathrm{KE} + \mathrm{PE}) \\ &= \Delta(\mathrm{KE}) + \Delta(\mathrm{PE}) \\ &= (\mathrm{KE_f} - \mathrm{KE_i}) + (\mathrm{PE_f} - \mathrm{PE_i}) \\ &= (\frac{1}{2}mv^2 - 0) + (0 - mgH) \end{aligned}$$

경사면의 길이 (s) → $\sin\theta = \dfrac{H}{s}$ $\quad\therefore s = \dfrac{H}{\sin\theta}$

마찰력 작용에 의한 비보존력이 한 일

$$\begin{aligned} W_{nc} &= \int \vec{f} \cdot d\vec{x} \\ &= -fs = -f\frac{H}{\sin\theta} \end{aligned}$$

(∵ 방향 서로 반대)

$$\rightarrow \quad \frac{fH}{\sin\theta} = (\frac{1}{2}mv^2 - 0) + (0 - mgH) = \frac{1}{2}mv^2 - mgH$$

$$\frac{1}{2}mv^2 = mgH - \frac{fH}{\sin\theta}$$

$$v^2 = 2gH - \frac{2fH}{m\sin\theta}$$

$$\therefore v = \sqrt{2gH - \frac{2fH}{m\sin\theta}}$$

즉 마찰이 없을 경우 ($\sqrt{2gH}$) 보다 속력이 줄어든다.

[Note] 마찰이 있는 경우, 발생한 열에너지 양은?

마찰력이 해준 일에 의해 내부 에너지가 증가한다.
→ $W_{nc} = -\Delta U_{nc}$

$$\begin{aligned} W_{nc} &= \Delta(\mathrm{KE} + \mathrm{PE}) \\ &= \Delta(\mathrm{KE}) + \Delta(\mathrm{PE}) \\ &= (\mathrm{KE_f} - \mathrm{KE_i}) + (\mathrm{PE_f} - \mathrm{PE_i}) \\ &= (\frac{1}{2}mv^2 - 0) + (0 - mgH) \end{aligned}$$

$$\rightarrow \quad -\Delta U_{nc} = (\frac{1}{2}mv^2 - 0) + (0 - mgH)$$

발생한 열에너지 $\Delta U_{nc} = mgH - \frac{1}{2}mv^2$

$\therefore\ mgH = \frac{1}{2}mv^2 + \Delta U_{nc}$ (즉, mgh가 $\frac{1}{2}mv^2 + \Delta U_{nc}$ 로 변환되었다)

(예) 경사각이 45도이고 마찰계수가 0.5라고 할 때, 중력이 물체에 한일 W_1과 마찰력이 한일 W_2의 비 $\frac{W_1}{W_2}$는?

$W_{ork} \equiv \int \vec{F} \cdot d\vec{x}$

$W_1 = mg\sin\theta\, s$ (s: 경사면의 길이라고 하자)

$W_2 = \mu N s = \mu mg\cos\theta\, s$

$\therefore \frac{W_1}{W_2} = \frac{mg\sin\theta\, s}{\mu mg\cos\theta\, s} = \frac{\tan\theta}{\mu} = \frac{\tan 45°}{0.5} = \frac{1}{0.5} = 2$

[예제] 높이가 10 m인 경사면 위에 정지해 있는 질량 1 kg의 물체가 경사면을 다 내려왔을 때 속력이 10 m/s가 되었다. 마찰에 의해 손실되는 에너지[J]는? (단, 중력가속도는 $10\,\text{m/s}^2$ 이다)

[해설]

▷ 경사면과 마찰이 없을 경우

역학적 에너지 보존 $mgh = \frac{1}{2}mv^2 \rightarrow v = \sqrt{2gh} = \sqrt{2 \times 10 \times 10} = 10\sqrt{2}$ [m/s]

조건에서의 속력: 10 m/s

따라서 이 차이만큼이 마찰에 의해 사라진 것이다.

▷ 경사면과 마찰이 있을 경우

초기 역학적 에너지 (Ⓐ) = 나중 역학적 에너지 (Ⓑ) + 마찰에 의해 빠져 나간 에너지 (Ⓒ)

$mgh = \frac{1}{2}mv^2 +$ Ⓒ

$\therefore$ Ⓒ $= mgh - \frac{1}{2}mv^2$

$= 1 \times 10 \times 10 - \frac{1}{2} \times 1 \times 10^2 = 100 - 50 = 50$ [J]

[예제] 용수철 상수가 k인 용수철을 원점 (O)에서 x만큼 압축시킨 후 질량 m인 나무토막을 놓았다. 나무토막은 원점을 지난 후 마찰계수가 μ인 구간을 움직이다가 정지한다. 나무토막의 정지거리 (S)는?

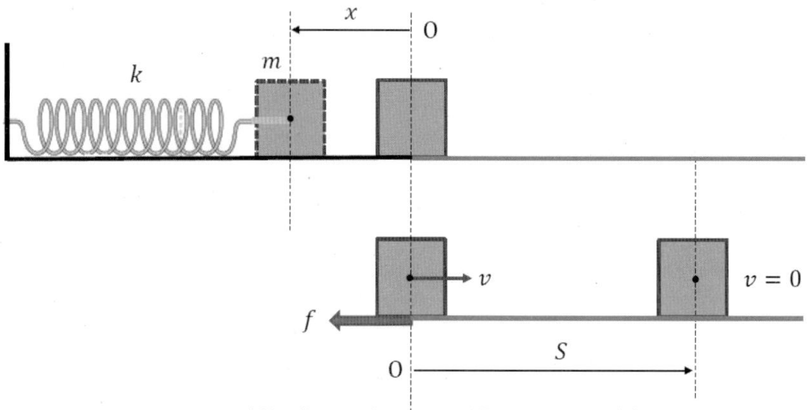

[해설]

(방법1) 운동방정식 이용

역학적 에너지 보존 $0 + \frac{1}{2}kx^2 = \frac{1}{2}mv^2 + 0$

$$v^2 = \frac{k}{m}x^2$$

$$\therefore\ v \equiv v_0 = \sqrt{\frac{k}{m}}\,x$$

마찰력 $f = \mu N = \mu mg$

마찰력에 의한 감속 $-\mu mg = ma \ \rightarrow\ a = -\mu g$ (∵ 방향 반대 의미)

운동방정식 $v^2 - v_0^2 = 2aS$

$$0^2 - \left(\sqrt{\frac{k}{m}}\,x\right)^2 = 2(-\mu g)S$$

$$\therefore\ S = \frac{1}{2\mu g}\left(\frac{k}{m}x^2\right) = \frac{kx^2}{2\mu mg}$$

(검증) $\mu \to 0$ (마찰이 없는 경우)

$$S = \frac{kx^2}{2 \times 0 \times mg} \to \infty$$

즉, 등속 운동하기 때문에 이동거리 (S)는 무한대가 된다.

(방법2) 역학적 에너지 보존 이용

$$W_{nc} = \Delta(\mathrm{KE} + \mathrm{PE})$$

$$= \Delta(\mathrm{KE}) + \Delta(\mathrm{PE})$$

$$= (KE_f - KE_i) + (PE_f - PE_i)$$

$$= (0-0) + (0 - \frac{1}{2}kx^2)$$

마찰력 작용에 의한 비보존력이 한 일

$$W_{nc} = \int \vec{f} \cdot d\vec{x}$$

$$= \int_0^S \mu mg\, dx \cos 180° = -\mu mg\, S$$ (∵ 이동방향과 마찰력은 방향 서로 반대)

$$\rightarrow -\mu mg\, S = -\frac{1}{2}kx^2$$

$$\therefore S = \frac{kx^2}{2\mu mg}$$

[예제] 질량 m인 블록이 높이 h에서 미끄러져 내려온다. 수평면에서는 용수철 상수가 k인 용수철과 충돌 후 x만큼 압축시킨다.

① 마찰은 무시할 때, 최대 압축 거리 (x_{max})는?

② 마찰이 있을 때, 마찰력이 해 준 일?

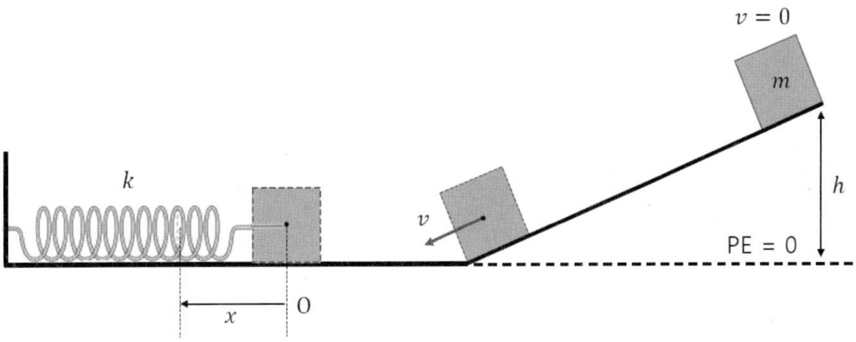

[해설]

① 마찰 무시

(방법1)

(중력 관련) 역학적 에너지 보존

$$0 + mgh = \frac{1}{2}mv^2 + 0$$

$$\therefore v = \sqrt{2gh}$$

(탄성력 관련) 역학적 에너지 보존

$$\frac{1}{2}mv^2 + 0 = 0 + \frac{1}{2}kx^2$$

$$x^2 = \frac{m}{k}v^2 = \frac{m}{k}(\sqrt{2gh})^2 = \frac{2mgh}{k}$$

$$\therefore x \equiv x_{\max} = \sqrt{\frac{2mgh}{k}}$$

(방법2)

$$W_{nc} = \Delta(\text{KE} + \text{PE})$$
$$= \Delta(\text{KE}) + \Delta(\text{PE})$$
$$= (\text{KE}_f - \text{KE}_i) + (\text{PE}_f - \text{PE}_i)_{\text{중력}} + (\text{PE}_f - \text{PE}_i)_{\text{스프링}}$$

마찰력이 없는 경우이므로, $W_{nc} = 0$

$$0 = (0-0) + (0 - mgh) + (\frac{1}{2}kx^2 - 0)$$

$$\frac{1}{2}kx^2 = mgh$$

$$\therefore x \equiv x_{\max} = \sqrt{\frac{2mgh}{k}}$$

② 마찰 존재

마찰력이 해 준 일

$$W_{nc} = \Delta(\text{KE} + \text{PE})$$
$$= \Delta(\text{KE}) + \Delta(\text{PE})$$
$$= (\text{KE}_f - \text{KE}_i) + (\text{PE}_f - \text{PE}_i)_{\text{중력}} + (\text{PE}_f - \text{PE}_i)_{\text{스프링}}$$
$$= (0-0) + (0 - mgh) + (\frac{1}{2}kx^2 - 0)$$
$$= \frac{1}{2}kx^2 - mgh$$

[예제] 그림처럼 용수철 상수가 k인 용수철을 x만큼 압축시킨 후 놓아주었다. (단, 마찰은 무시한다)

① 나무토막이 경사면을 따라 올라가는 높이 (h)는?

② 나무토막이 경사면을 따라 $\frac{h}{2}$만큼 올라갔을 때의 속도는?

[해설]

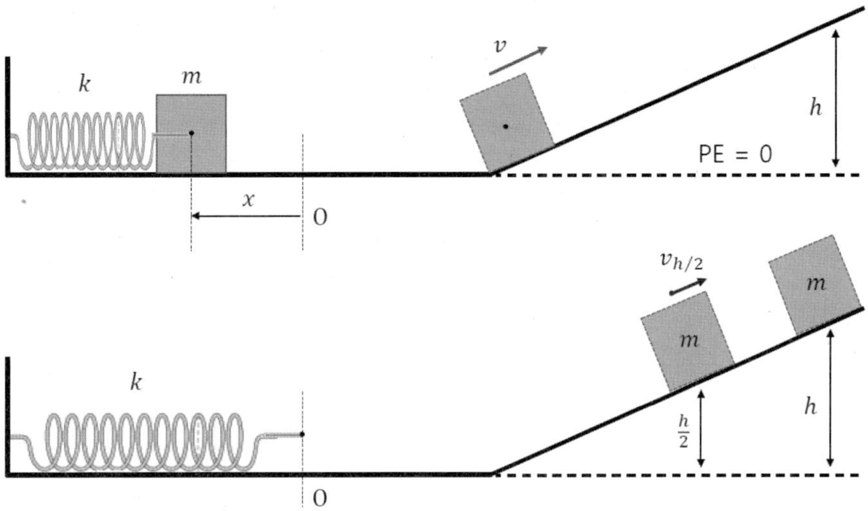

①

(방법1)

(용수철에 대한) 역학적 에너지 보존

원점 (0)에서 용수철을 x만큼 압축시킨 후 놓아주었을 때 다시 원점을 지날 때 속도 (v)

$$0 + \frac{1}{2}kx^2 = \frac{1}{2}mv^2 + 0$$

$$\therefore\ v^2 = \frac{k}{m}x^2$$

(중력에 대한) 역학적 에너지 보존

빗면의 최저점에서 v의 속도를 가지고 빗면을 올라갈 때 최고의 높이 (h)

$$\frac{1}{2}mv^2 + 0 = 0 + mgh$$

$$\therefore\ h = \frac{v^2}{2g} = \frac{1}{2g}\frac{k}{m}x^2 = \frac{kx^2}{2mg}$$

(방법2) 모든 형태의 운동에너지 (KE)와 위치에너지 (PE)를 다 써주는 경우

$$\Delta(\mathrm{KE} + \mathrm{PE}) = W_{nc}$$

$$\Delta[(KE)_{직선} + (KE)_{회전} + (KE)_{기타\ 등등} + (PE)_{중력} + (PE)_{용수철} + (PE)_{기타\ 등등}] = W_{nc}$$

$$\therefore\ W_{nc} = \Delta[(KE)_{직선} + (KE)_{회전} + (KE)_{기타\ 등등} + (PE)_{중력} + (PE)_{용수철} + (PE)_{기타\ 등등}]$$

마찰 무시 $\rightarrow W_{nc} = 0$

역학적 에너지 보존

$$[(KE)_{직선} + (PE)_{중력} + (PE)_{용수철}]_{초기} = [(KE)_{직선} + (PE)_{중력} + (PE)_{용수철}]_{나중}$$

$$\left(0 + \frac{1}{2}kx^2 + 0\right)_{초기} = \left(0 + 0 + mgh\right)_{나중}$$

$$\rightarrow \frac{1}{2}kx^2 = mgh$$

$$\therefore h = \frac{kx^2}{2mg}$$

② $\frac{h}{2}$ 에서의 속도

$$[(KE)_{직선} + (PE)_{중력} + (PE)_{용수철}]_{초기} = [(KE)_{직선} + (PE)_{중력} + (PE)_{용수철}]_{나중}$$

$$\left(0 + \frac{1}{2}kx^2 + 0\right)_{초기} = \left(\frac{1}{2}mv^2 + 0 + mg\frac{h}{2}\right)_{나중}$$

$$\rightarrow \frac{1}{2}kx^2 = \frac{1}{2}mv^2 + mg\frac{h}{2}$$

$$\therefore\ v_{\frac{h}{2}} \equiv v = \sqrt{\frac{k}{m}x^2 - gh}$$

(검증) 바닥면에서 속도는 원점을 지나는 속도로 가야한다.

$$v_{\frac{h}{2}}(h\rightarrow 0) \equiv v \simeq \sqrt{\frac{k}{m}x^2 - g\times 0} = \sqrt{\frac{k}{m}x^2}$$

[예제] 그림처럼 용수철에 m_1이 연결되어 있고 초기에 m_2를 손으로 잡고 있어 평형상태에 있다. 이제 손을 놓아 물체 m_2가 정지하기 전까지 h만큼 낙하할 때, 물체 m_1과 수평면사이 운동마찰계수는? (단, 용수철 상수는 k, 줄의 질량, 도르래의 마찰은 무시한다)

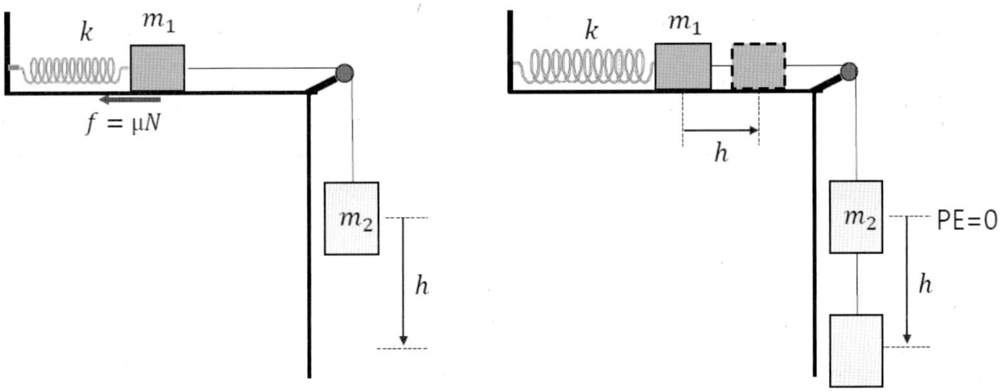

[해설] 이 계가 가지는 역학적 에너지 종류 = KE + (PE)$_{중력}$ + (PE)$_{스프링}$

$$W_{nc} = \Delta(\text{KE} + \text{PE})$$
$$= \Delta(\text{KE}) + \Delta(\text{PE})$$
$$= (\text{KE}_f - \text{KE}_i) + (\text{PE}_f - \text{PE}_i)_{중력} + (\text{PE}_f - \text{PE}_i)_{스프링}$$

초기 총 역학적 에너지 $\frac{1}{2}m_1v_{1i}^2 + \frac{1}{2}m_2v_{2i}^2 + m_2gh + \frac{1}{2}kx^2$

$= 0 + 0 + 0 + 0 = 0$ $(\because h = 0,\ x = 0)$

나중 총 역학적 에너지 $\frac{1}{2}m_1v_{1f}^2 + \frac{1}{2}m_2v_{2f}^2 + m_2gh + \frac{1}{2}kx^2$

$= 0 + 0 - m_2gh + \frac{1}{2}kh^2$ $(\because h = h,\ x = h)$

$W_{nc} \equiv -fx = -\mu m_1 gh$

W_{nc}= (나중 총 역학적 에너지) − (초기 총 역학적 에너지)

즉, 이 만큼 수평면에서의 마찰에 의해 에너지가 빠져나간다.

$\rightarrow\ -\mu m_1 gh = \ -m_2gh + \frac{1}{2}kh^2$

$$\therefore\ \mu = \frac{m_2gh - \frac{1}{2}kh^2}{m_1gh} = \frac{m_2g - \frac{1}{2}kh}{m_1g}$$

□ 중력 (위치) 에너지 (gravitational potential energy)

앞에서 기준면에서 질량 m인 물체가 높이 h만큼에 있을 때, 위치에너지 (PE) 값은 mgh라고 했다. 이것은 물체가 지표면 부근에 있을 때만 유효하다. 그런데 인공위성과 같은 높은 위치에 있는 물체는 중력가속도가 상수가 아니라 거리의 함수이기 때문에 다른 표현을 사용해야 한다.

(상황) 중력장 내에서 질량 m인 물체를 r_1에서 r_2까지 옮기는데 필요한 일?

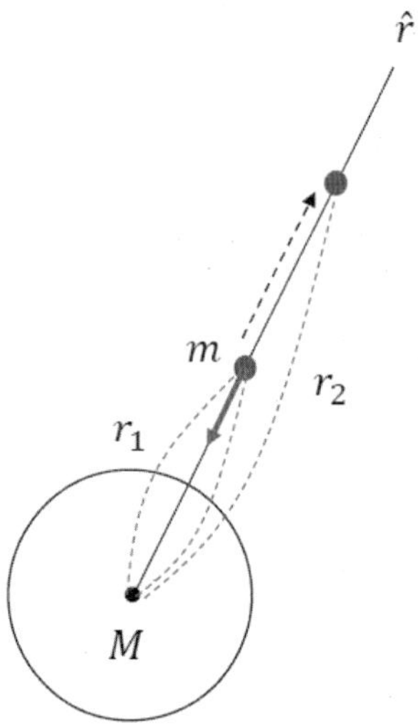

[Note] $\Delta(\mathrm{PE})_{AB} \equiv [(\mathrm{PE})_B - (\mathrm{PE})_A] = -W_{AB} = -\int_A^B \vec{F} \cdot d\vec{r}$

$$\Delta(\mathrm{PE})_{12} = -W_{12} = -\int_{r_1}^{r_2} \vec{F} \cdot d\vec{r}$$

$$= -\int_{r_1}^{r_2} G\frac{Mm}{r^2} dr\cos 180° \qquad (\because \text{중력의 방향과 } r\text{의 방향은 180도})$$

$$= -\int_{r_1}^{r_2} G\frac{Mm}{r^2} dr = GMm(-)\frac{1}{r}\Big|_{r_1}^{r_2} = GMm\left(\frac{1}{r_1} - \frac{1}{r_2}\right) > 0 \ (\text{만약 } r_2 > r_1 \text{ 이면})$$

즉, 질량 m인 물체를 r_1에서 r_2까지 옮기려면 중력을 거슬러서 일을 해 주어야 한다.

만약, 지표면 근처라면, 위치에너지 (PE) 값은 mgh를 얻어야 한다.

$r_2 - r_1 \simeq h$

$r_1 \approx r_2 \approx r$ 라고 하자

$$\Delta(\mathrm{PE})_{12} = GMm\left(\frac{1}{r_1} - \frac{1}{r_2}\right) = GMm\frac{r_2 - r_1}{r_1 r_2} \simeq GMm\frac{h}{r^2} = mG\frac{M}{r^2}h = mgh$$

한편, 위치에너지의 기준점 선택은 완전히 임의적이다. 그래서 $r_1 \to \infty$ 인 지점을 택하자.

$$\therefore\ (\mathrm{PE})_1 \approx \frac{1}{r_1} \to \frac{1}{\infty} \to 0$$

$$\Delta(\mathrm{PE})_{12} \equiv [(\mathrm{PE})_2 - (\mathrm{PE})_1] = GMm\left(\frac{1}{r_1} - \frac{1}{r_2}\right)$$

$$\to \Delta(\mathrm{PE})_{12} \cong (\mathrm{PE})_2 \approx GMm\left(-\frac{1}{r_2}\right) = -GMm\frac{1}{r_2}$$

(일반화) 지구 중심으로부터 거리 r만큼 떨어진 질량이 m인 물체의 중력 위치에너지 (PE)

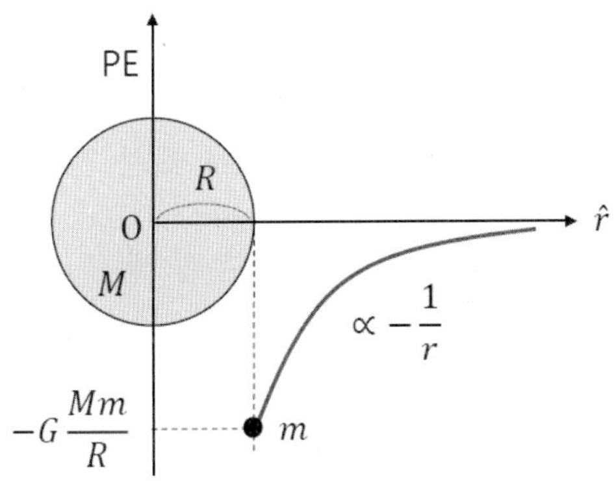

위치 에너지 $\mathrm{PE} = -G\frac{Mm}{r}$

여기서 $(-)$의 의미는 중력장에 속박되어 있음을 나타낸다.

[Note] 중력은 $\frac{1}{r^2}$에 비례하지만, 중력 위치에너지는 $-\frac{1}{r}$에 비례한다.

[예제] 동일한 질량 m을 가진 네 개의 점 질량이 한 변의 길이가 a인 정사각형의 네 귀퉁이에 배치되어 있다. 이 계의 중력 퍼텐셜에너지는?

[해설]

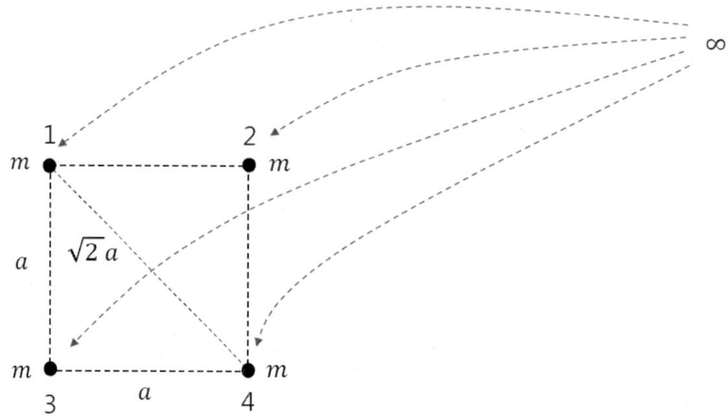

[Note] 중력퍼텐셜에너지 $U(r) = -G\frac{Mm}{r}$

처음은 빈 공간 상태이고 여기에 무한대에서 4개의 점 질량을 차례로 가져와서 정사각형 형태의 계를 만든다고 생각하면 된다. 점 질량의 경우 서로 인력이 작용하기 때문에 이런 계를 유지하려면 인력에 대항해서 우리가 일을 해 주어야 한다. 또한 무한대에서 퍼텐셜 에너지는 0이다. ($\because \frac{1}{r} = \frac{1}{\infty} \to 0$, $U(\infty) = 0$)

W_1 (m을 ∞에서 첫 번째 귀퉁이 까지 가져오는데 해 준 일) $= 0$ ($\because$ 아무런 방해물이 없다)

W_2 (m을 ∞에서 두 번째 귀퉁이 까지 가져오는데 해 준 일)

두 번째를 가져 올 때는, 이미 첫 번째 귀퉁이에 있는 점 질량에 의한 인력이 작용하는데, 이것에 대항해서 2지점에 점 질량을 위치하고자할 때 이것을 고려해 주어야 한다.

$$\to W_2 = m \times \left(-G\frac{m}{a}\right) = -G\frac{m^2}{a}$$

W_3 (m을 ∞에서 세 번째 귀퉁이 까지 가져오는데 해 준 일)

세 번째를 가져 올 때는, 이미 첫 번째 귀퉁이에 있는 점 질량과 두 번째 귀퉁이에 있는 점 질량에 의한 인력이 작용하는 것도 동시에 고려해 주어야 한다.

$$\to W_3 = m \times \left(-G\frac{m}{a}\right) + m \times \left(-G\frac{m}{\sqrt{2}\,a}\right)$$

W_4 (m을 ∞에서 네 번째 귀퉁이 까지 가져오는데 해 준 일)

네 번째를 가져 올 때는, 이미 첫 번째 귀퉁이에 있는 점 질량, 두 번째 귀퉁이에 있는 점

질량, 세 번째 귀퉁이에 있는 점 질량에 의한 인력이 작용하는 것도 같이 고려해 주어야 한다.

$$\rightarrow W_4 = m \times \left(-G\frac{m}{\sqrt{2}\,a}\right) + m \times \left(-G\frac{m}{a}\right) + m \times \left(-G\frac{m}{a}\right)$$

$$W_{total} = W_1 + W_2 + W_3 + W_4$$

$$= -4G\frac{m^2}{a} - 2G\frac{m^2}{\sqrt{2}\,a} = -G\frac{m^2}{a}(4+\sqrt{2})$$

(각자해보기) 전자기학. 네 귀퉁이에 있는 점전하 q에 대해서도 똑같은 방법으로 문제를 풀 수 있다.

[예제] 질량 50 kg인 사람을 지구로부터 무한히 먼 곳으로 옮기는데 필요한 에너지는? (단, 지구 질량은 M, 지구 반경은 R이다)

[해설] 사람을 옮기기 위해서는 중력에 거슬러서 일을 해 주어야 한다.

$$W_{AB} \equiv -\Delta\,(\mathrm{PE})_{\mathrm{AB}} \quad \equiv \quad -[(\mathrm{PE})_{\mathrm{B}} - (\mathrm{PE})_{\mathrm{A}}]$$

$$W = -\left[\left(G\frac{Mm}{r}\right)_{\infty} - \left(G\frac{Mm}{r}\right)_{R}\right] = G\frac{Mm}{R}$$

$$\therefore\ W = \frac{GMm}{R} = \frac{(6.67\times10^{-11}\mathrm{N}\cdot\mathrm{m}^2/\mathrm{kg}^2)(5.97\times10^{24}\mathrm{kg})\times 50\mathrm{kg}}{6.37\times10^{3}\mathrm{km}}$$

$$\simeq 31.25\times10^{8}\ [\mathrm{J}]$$

[예제] 질량 m인 물체가 지구 중심을 향해 떨어지고 두 물체 사이에 작용하는 힘은 $\vec{F} = -k\frac{1}{r^2}\hat{r}$ 형태로 주어지고 공기 저항에 의한 마찰력은 $\vec{f} = av^n\hat{v}$ 형태이다. 지구 중심에서 $3h$ 높이에서 속력 v_0로 운동하는 물체가 h 높이에서는 속력 $3v_0$가 되었다.

① 중력이 물체에 한 일은?

② 마찰력이 한 일은?

[해설]

$$① \ W \equiv \int \vec{F}\cdot d\vec{r} = \int_{3h}^{h}\left(-\frac{k}{r^2}\hat{r}\right)\cdot d\vec{r} = -\int_{3h}^{h} k\frac{1}{r^2}dr \ = (-k)(-1)\frac{1}{r}\Big|_{3h}^{h} = k\left(\frac{1}{h} - \frac{1}{3h}\right)$$

$$= \frac{2k}{3h}$$

$$\Delta\,(\mathrm{PE})_{3h\rightarrow h} = -W = (\mathrm{PE})_{\text{나중}} - (\mathrm{PE})_{\text{초기}} = (\mathrm{PE})_{h} - (\mathrm{PE})_{3h} = -\frac{2k}{3h}$$

$\therefore$ $(PE)_{3h} - (PE)_h = \frac{2k}{3h}$

②

에너지 보존 계: (초기 역학적 에너지) = (나중 역학적 에너지)

에너지 비보존 계: (초기 역학적 에너지) = (나중 역학적 에너지) + (마찰력에 의해 손실 된 에너지)

(방법1)

$\vec{F} = -k\frac{1}{r^2}\hat{r}$

$$\Delta(PE) = -W \equiv -\int \vec{F} \cdot d\vec{r} = -\int\left(-\frac{k}{r^2}\hat{r}\right) \cdot d\vec{r} = \int k\frac{1}{r^2}dr = -\frac{k}{r}$$

초기 역학적 에너지 = $(KE + PE)_{초기} = \frac{1}{2}mv_0^2 - \frac{k}{3h}$

나중 역학적 에너지 = $(KE + PE)_{나중} = \frac{1}{2}m(3v_0)^2 - \frac{k}{h}$

$$\therefore \text{(마찰력에 의해 손실 된 에너지)} = \frac{1}{2}mv_0^2 - \frac{k}{3h} - \frac{1}{2}m(3v_0)^2 + \frac{k}{h}$$

$$= \frac{1}{2}mv_0^2 - \frac{9}{2}mv_0^2 - \frac{k}{3h} + \frac{k}{h} = -4mv_0^2 + \frac{2k}{3r}$$

$$= -\left(4mv_0^2 - \frac{2k}{3h}\right)$$

→ (−)의미: 마찰력은 반대 방향으로 작용한다.

(방법2)

이미 ①번 문제에서 물체를 $3h \to h$로 이동시키기 위한 중력이 해 준일을 구했기 때문에 이것을 바로 이용해도 된다.

(초기 역학적 에너지) = (나중 역학적 에너지) + (마찰력에 의해 손실 된 에너지)

$(KE)_{3h} + (PE)_{3h} = (KE)_h + (PE)_h$ + (마찰력에 의해 손실 된 에너지)

$$\therefore \text{(마찰력에 의해 손실 된 에너지)} = [\,(KE)_{3h} - (KE)_h\,] + [\,(PE)_{3h} - (PE)_h\,]$$

$$= \frac{1}{2}mv_0^2 - \frac{1}{2}m(3v_0)^2 + [\,(PE)_{3h} - (PE)_h\,]$$

$$= -4mv_0^2 + \frac{2k}{3r}$$

[예제] 질량 M, 반지름 R, 밀도가 균일한 구형 행성의 중심을 관통하는 구멍을 뚫었다. 이 구멍을 빠져 나올 수 있는 크기의 질량 m인 물체가 행성의 중심에 놓여 있을 때, 이 물체를 행성의 표면까지 끌어 올리는데 필요한 에너지는?

[해설]

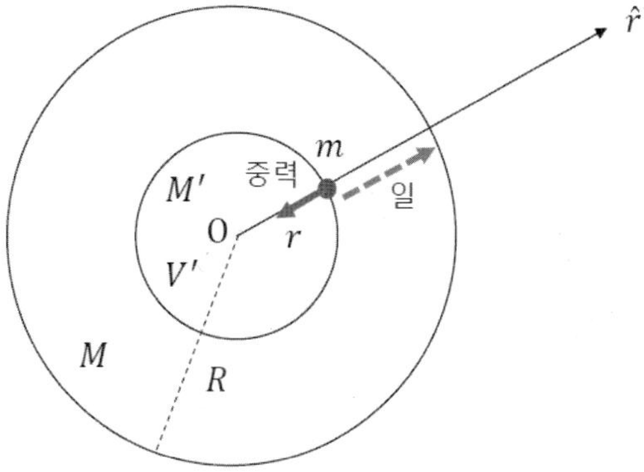

ρ (밀도) 균일

반경 r인 구, $\rho \equiv \dfrac{M'}{V'} = \dfrac{M'}{\frac{4}{3}\pi r^3} \quad \rightarrow M' = \rho\dfrac{4}{3}\pi r^3$

반경 R인 구, $\rho \equiv \dfrac{M}{V} = \dfrac{M}{\frac{4}{3}\pi R^3} = \dfrac{3M}{4\pi R^3}$

$\therefore M' = \rho\dfrac{4}{3}\pi r^3 = \dfrac{3M}{4\pi R^3}\dfrac{4}{3}\pi r^3 = M\dfrac{r^3}{R^3}$

물체를 중심에서 표면까지 이동시키려면 중력에 거슬러서 $r = 0 \rightarrow R$까지 일을 해 주어야 한다. ($\because$ 중력은 인력이므로)

$$W \equiv \int \vec{F} \cdot d\vec{r} = \int_0^R G\frac{M'm}{r^2}dr = \int_0^R G\frac{M\frac{r^3}{R^3}m}{r^2}dr = \frac{GMm}{R^3}\int_0^R rdr$$

$$= \frac{GMm}{R^3}\frac{1}{2}r^2\Big|_0^R = \frac{GMm}{R^3}\frac{1}{2}R^2 = \frac{GMm}{2R}$$

[예제] 지구 반지름 R이라고 할 때 지표면에 있던 질량 m인 물체를 지표면에서 R만큼 높은 A로 옮기기 위해 한 일 W_A와 지표면에서 $2R$인 B로 옮기기 위해 한일의 비 $W_A : W_B$는?

[해설]

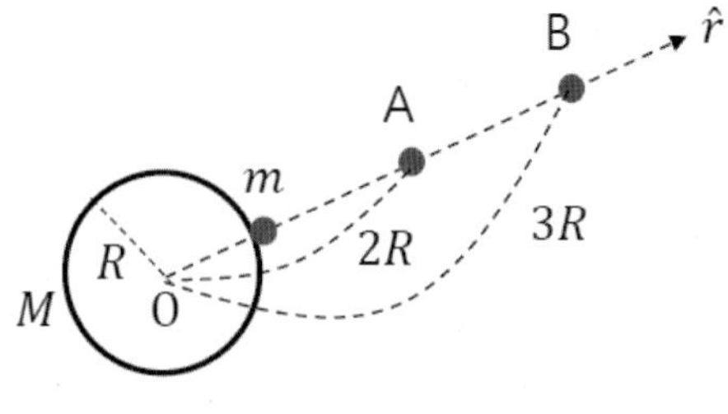

중력이 한일은 위치에너지 변화량의 음수 값이다.

$$\Delta(\mathrm{PE})_{12} \equiv [(\mathrm{PE})_2 - (\mathrm{PE})_1] = -W_{12} = -\int_1^2 \vec{F} \cdot d\vec{r}$$

$$\Delta(\mathrm{PE})_{12} = -W_{12} = -\int_1^2 \vec{F} \cdot d\vec{r}$$

$$= -\int_{r_1}^{r_2} G\frac{Mm}{r^2} dr \cos 180° \quad (\because \text{중력은 인력이므로 중력방향과 } r \text{의 방향은 180도})$$

$$= -\int_{r_1}^{r_2} G\frac{Mm}{r^2} dr = GMm(-)\frac{1}{r}\Big|_{r_1}^{r_2} = GMm\left(\frac{1}{r_1} - \frac{1}{r_2}\right) > 0 \quad (\text{만약 } r_2 > r_1 \text{ 이면})$$

즉, 질량 m인 물체를 r_1에서 r_2까지 옮기려면 중력을 거슬러서 일을 해 주여야 한다.

$$W_A: \quad GMm\left(\frac{1}{R} - \frac{1}{2R}\right) = GMm\frac{1}{2R}$$

$$W_B: \quad GMm\left(\frac{1}{R} - \frac{1}{3R}\right) = GMm\frac{2}{3R}$$

$$\therefore \frac{W_A}{W_B} = \frac{1/2}{2/3} = \frac{3}{4} \qquad \rightarrow W_A : W_B = 3 : 4$$

□ 힘과 위치에너지의 관계

(추측해보기) $\frac{1}{r^2}$랑 $\frac{1}{r}$하고 둘의 관계를 보니까, 적당히 미적분을 하면 서로 만들어 낼 수 있을 것 같다는 생각이 든다.

중력 위치에너지 $\propto \frac{1}{r}$

이것을 미분하면 $\left(\frac{1}{r}\right)' = (r^{-1})' = (-)(r^{-1-1}) = -r^{-2} = -\frac{1}{r^2}$

[Note] 중력이 한일은 위치에너지 변화량의 음수 값이다 [$W = -\Delta(\mathrm{PE})$]

$W = -\Delta(\mathrm{PE})$

$\Delta(\mathrm{PE}) = -W = -\int \vec{F} \cdot d\vec{r}$

$\therefore \Delta U = -\int \vec{F} \cdot d\vec{r}$ (∵ PE ≡ U라고 하자)

즉, 힘을 거리에 따라 적분하면 위치에너지가 된다.

(요약)

일 (W) = (힘 × 거리)인데 일과 에너지는 동격이므로, 결국 힘을 거리에 따라 적분하면 위치에너지가 나온다고 생각하면 된다.

다른 표현: $F = -\frac{dU(r)}{dr}$ (위치에너지를 미분하면 힘을 얻는다)

[Note]

1차원 $F_x = -\frac{dU(x)}{dx}$

2차원 $F_x = -\frac{dU(x,y)}{dx}$, $F_y = -\frac{dU(x,y)}{dy}$

3차원 $F_x = -\frac{dU(x,y,z)}{dx}$, $F_y = -\frac{dU(x,y,z)}{dy}$, $F_z = -\frac{dU(x,y,z)}{dz}$

(예) 이차원으로 주어진 위치에너지. $U(x,y) = \frac{1}{2}k(x^2 + y^2)$

$F_x = -\frac{dU}{dx} = -kx$

$$F_y = -\frac{dU}{dy} = -ky$$

$$\vec{F} = F_x\hat{i} + F_y\hat{j} = -k(x\hat{i} + y\hat{j})$$

$$|\vec{F}| = \sqrt{F_x^2 + F_y^2} = \sqrt{k^2x^2 + k^2y^2} = k\sqrt{x^2 + y^2}$$

$$\vec{F} = F_x\hat{i} + F_y\hat{j} = -k(x\hat{i} + y\hat{j}) = -k\vec{r}$$

$$|\vec{F}| = k\sqrt{x^2 + y^2} = k|\vec{r}|$$

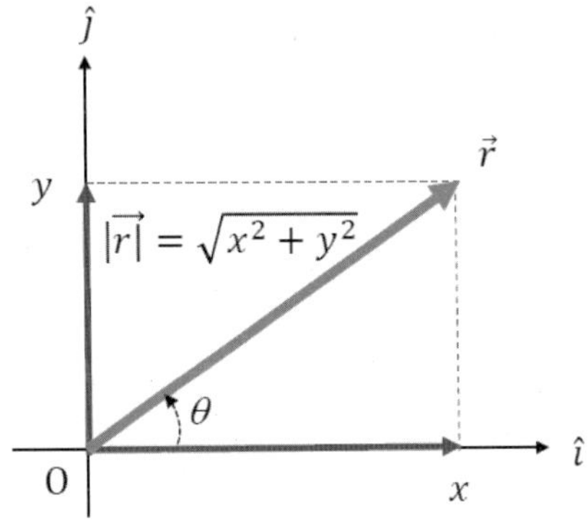

[예제] 퍼텐셜 에너지가 $U(x) = a + bx^2$ 인 힘이 질량 m이 물체에 작용해서 단순조화운동을 한다. 진동수는?

[해설]

1차원 x축 단진동 운동 $\quad F_x = -\dfrac{dU(x)}{dx}$

$\rightarrow F = -2bx$

운동방정식 $\quad m\ddot{x} = -2bx \quad \rightarrow \quad m\ddot{x} + 2bx = 0$

$$\ddot{x} + \frac{2}{m}bx = 0$$

$$\ddot{x} + w^2x = 0,\ w^2 \equiv \frac{2b}{m}$$

주기 $T \equiv \dfrac{2\pi}{w} = 2\pi\sqrt{\dfrac{m}{2b}}$

진동수 $f = \dfrac{1}{T} = \dfrac{1}{2\pi}\sqrt{\dfrac{2b}{m}}$

(예) 가상적인 위치에너지 (U) 함수가 그림처럼 주어졌다고 하자.

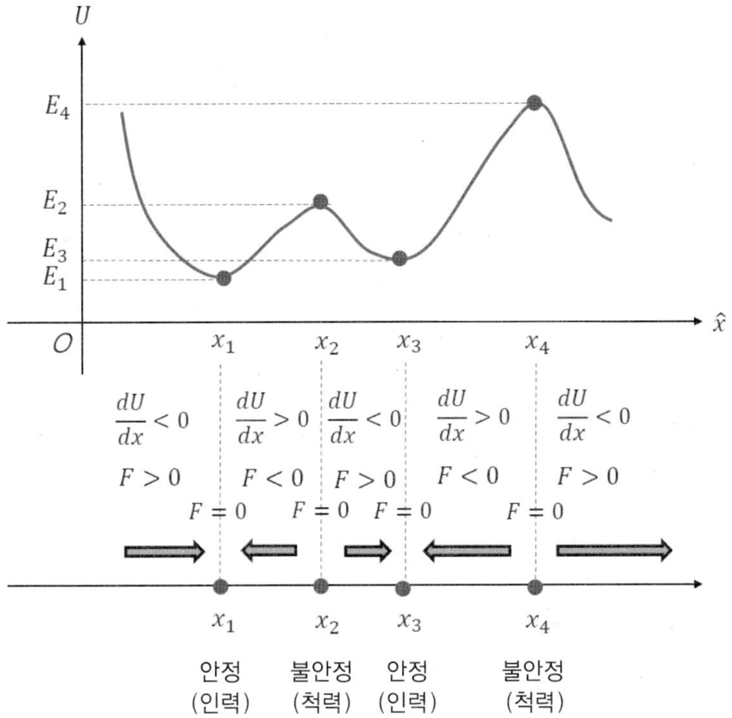

$[0,\ x_1]$ 구간: 기울기 음수. 힘 양수.

x_1 지점: 기울기가 0이므로 힘이 0이 되는 지점. 안정점

$[x_1,\ x_2]$ 구간: 기울기 양수. 힘 음수.

x_2 지점: 기울기가 0이므로 힘이 0이 되는 지점. 불안정점

$[x_2,\ x_3]$ 구간: 기울기 음수. 힘 양수.

x_3 지점: 기울기가 0이므로 힘이 0이 되는 지점. 안정점

$[x_3,\ x_4]$ 구간: 기울기 양수. 힘 음수.

x_4 지점: 기울기가 0이므로 힘이 0이 되는 지점. 불안정점

$[x_4,\ \infty]$ 구간: 기울기 음수. 힘 양수.

① x_1을 중심으로 입자가 조금이라고 벗어나면 인력이 작용해서 에너지가 최소가 되도록 힘이 작용한다.

② x_2지점에서 입자가 왼쪽으로 혹은 오른쪽으로 약간이라도 벗어나면 척력이 작용하여 입자는 $(x_1,\ x_3)$지점 (에너지가 최소인 지점) 으로 가버린다.

③ x_3 지점을 중심으로는 인력 작용

④ x_4 지점을 중심으로는 척력 작용

✍ **(정리)**

① 힘을 적분하면 위치에너지가 된다. $\Delta U = -\int \vec{F} \cdot d\vec{r}$

② 위치에너지를 미분하면 힘을 얻는다. $F = -\dfrac{dU(r)}{dr}$

(생각해보기) 왜 물리에 나오는 대부분의 힘 (중력, 전자기력 등)은 $1/r^2$ 형태인가?

[예제] 두 분자사이에 작용하는 힘이 $\vec{F} = \left(12\dfrac{a}{r^{13}} - 6\dfrac{b}{r^7}\right)\hat{r}$ 형태로 주어질 때, 퍼텐셜 에너지는? 또한 두 분자가 평형이 되는 거리와 그 때의 퍼텐셜 에너지는? (단, a, b는 양수이다)

[해설]

$$\Delta U = -\int \vec{F} \cdot d\vec{r}$$

$$= -\int \left(12\frac{a}{r^{13}} - 6\frac{b}{r^7}\right)\hat{r} \cdot d\vec{r} = -\int \left(12\frac{a}{r^{13}} - 6\frac{b}{r^7}\right) dr = \frac{a}{r^{12}} - \frac{b}{r^6}$$

평형이 되는 지점 (=안정점)은 퍼텐셜에너지를 미분해서 0이 되는 지점이다 → $\dfrac{dU(r)}{dr} = 0$

$$\frac{dU(r)}{dr} = -\frac{12a}{r^{13}} + \frac{6b}{r^7} = 0 \quad \rightarrow \quad r^6 = \frac{2a}{b}$$

$$\therefore\ r = \left(\frac{2a}{b}\right)^{\frac{1}{6}} \equiv r_0$$

$$\Delta U(r) = \frac{a}{r^{12}} - \frac{b}{r^6}$$

$$\therefore\ \Delta U(r = r_0) = \frac{a}{r_0^{12}} - \frac{b}{r_0^6} = \frac{a}{\left(\frac{2a}{b}\right)^{\frac{1}{6}\times 12}} - \frac{b}{\left(\frac{2a}{b}\right)^{\frac{1}{6}\times 6}} = \frac{a}{\left(\frac{2a}{b}\right)^2} - \frac{b}{\left(\frac{2a}{b}\right)}$$

$$= \frac{ab^2}{4a^2} - \frac{b^2}{2a} = \frac{b^2}{4a} - \frac{b^2}{2a} = -\frac{b^2}{4a}$$

✏ **(심화)**

✍ **(복습)** 힘에는 보존력과 비보존력 2가지가 있다.

① 힘을 적분하면 위치에너지가 된다. $\Delta V \equiv \Delta U = -\int \vec{F} \cdot d\vec{r}$ Ⓐ

② 위치에너지를 미분하면 힘을 얻는다. $F=-\frac{dU(r)}{dr}$

$$F_x=-\frac{\partial V}{\partial x},\ F_y=-\frac{\partial V}{\partial y},\ F_z=-\frac{\partial V}{\partial z}$$

$$\vec{F}=-\hat{i}\frac{\partial V}{\partial x}-\hat{j}\frac{\partial V}{\partial y}-\hat{k}\frac{\partial V}{\partial x}$$

$$=-\vec{\nabla}V \qquad (\because\ \vec{\nabla}\equiv\hat{i}\frac{\partial}{\partial x}+\hat{j}\frac{\partial}{\partial y}+\hat{k}\frac{\partial}{\partial x})$$

(알고 싶은 것) 적분이 된 방정식 Ⓐ가 경로에 관계없이 만족하는 함수 $\vec{F}(\vec{r})$의 조건은 과연 무엇인가?

(We want to seek a condition to be satisfied by the function $\vec{F}(\vec{r})$ in order that the integral in Eq. Ⓐ be independent of the path)

$\vec{\nabla}\times\vec{\nabla}=0 \quad (\because\ \vec{A}\times\vec{A}=0)$

V에 작용 (apply)

$\vec{\nabla}\times\vec{\nabla}V=$ curl(grad V) $=0$ Ⓑ

[→ 즉, 기울기(= $\vec{\nabla}V$)의 회전(= ×)은 항시 0이다. $\vec{\nabla}\times\vec{\nabla}V=0$]

(이유) $$\vec{\nabla}\times\vec{\nabla}\phi=\begin{vmatrix}\hat{i} & \hat{j} & \hat{k}\\ \frac{\partial}{\partial x} & \frac{\partial}{\partial y} & \frac{\partial}{\partial z}\\ \frac{\partial\phi}{\partial x} & \frac{\partial\phi}{\partial y} & \frac{\partial\phi}{\partial z}\end{vmatrix}$$

$$=\hat{i}\left(\frac{\partial^2\phi}{\partial y\partial z}-\frac{\partial^2\phi}{\partial z\partial y}\right)-\hat{j}\left(\frac{\partial^2\phi}{\partial x\partial z}-\frac{\partial^2\phi}{\partial z\partial x}\right)+\hat{k}\left(\frac{\partial^2\phi}{\partial x\partial y}-\frac{\partial^2\phi}{\partial y\partial x}\right)$$

$$=0$$

(여기서 ϕ: scalar function → $\phi\equiv V=U$ 를 의미한다고 볼 수 있다)

식 Ⓑ $\vec{\nabla}\times\vec{\nabla}V=\vec{\nabla}\times\vec{F}=$ curl $\vec{F}=0$ Ⓒ

Stokes' Theorem

$$\oint_C\vec{F}\cdot d\vec{r}=\iint_S\hat{n}\cdot(\vec{\nabla}\times\vec{F})da$$ Ⓓ

(의미) 임의의 벡터 함수 $\vec{F}(\vec{r})$를 어떤 폐곡선(C)을 따라 계산한 선적분은 이 폐곡선으로 둘러싸인 곡면(S)에 대한 curl$\vec{F}\cdot\hat{n}da$ 의 면적분과 같다

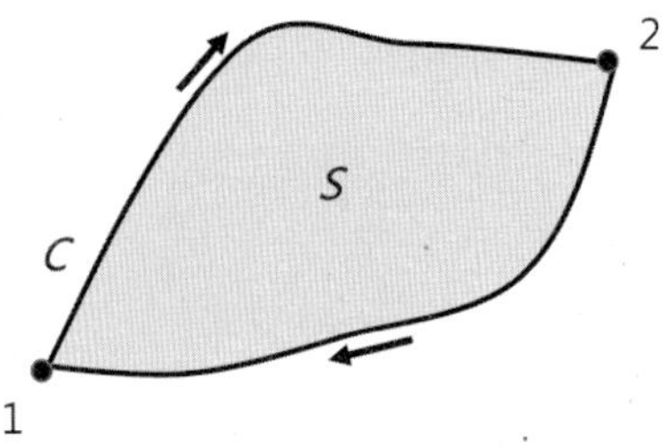

식 ⓒ가 성립한다면, 식 ⓓ의 오른쪽 항이 0이고, 또한 어떠한 closed path (폐곡선, C)에 대해서도 왼쪽 항 역시 0이다.

$$\oint_C \vec{F} \cdot d\vec{r} = \iint_S \hat{n} \cdot (\vec{\nabla} \times \vec{F})\, da = \iint_S \hat{n} \cdot 0\, da = 0$$

$$\therefore \oint_C \vec{F} \cdot d\vec{r} = 0$$

[Note] 정리

$\vec{F} = -\vec{\nabla} V$ 이면 $\vec{\nabla} \times \vec{F} = 0$ 이다.

한편, $\oint_C \vec{F} \cdot d\vec{r} = -\oint_C \vec{\nabla}\phi \cdot d\vec{r} = -\oint_C d\phi$

$$\left(\because d\phi = \frac{\partial \phi}{\partial x}dx + \frac{\partial \phi}{\partial y}dy + \frac{\partial \phi}{\partial z}dz\right)$$

$$= -\oint_C d\phi = 0$$ (∵ 폐곡선의 처음과 끝은 같은 점이다)

즉, $\vec{F} = -\vec{\nabla} V$ 이 성립하는 모든 곡면(S) 안의 모든 폐곡선(C)에 대해 0이다.

☛ 보존력의 동등한 수학적 표현

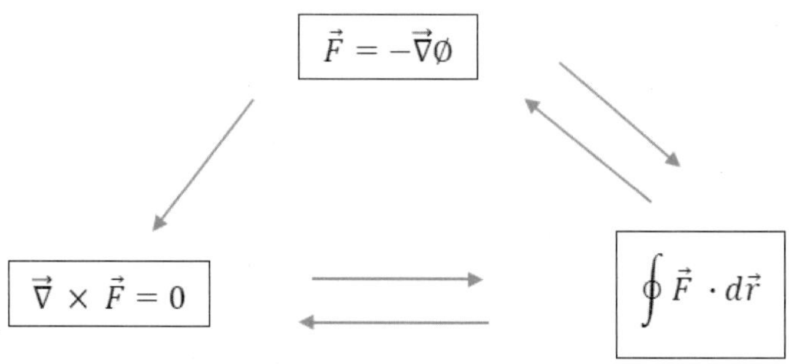

위 세 가지는 동등한 표현이다. 그래서 어떤 힘이 보존력인지 아닌지를 판별하는 방법은 $\vec{\nabla} \times \vec{F}$ 가 0인지 아닌지를 보면 된다.

► $\vec{\nabla} \times \vec{F} = 0$ 이면 보존력
► $\vec{\nabla} \times \vec{F} \neq 0$ 이면 비보존력

☛ **(일반화)** 판별법

어떤 물리량 $(\vec{A})$이 있다고 하자. 보존력의 의미는 다음과 같다.

① $\oint \vec{A} \cdot d\vec{r} = 0$

(의미) 어떤 물리량 $(\vec{A})$을 닫힌 경로 $(\oint)$에 따라서 제자리로 돌아오면 그 때 해 준 총일은 0이다.

② $W = \int_a^b \vec{A} \cdot d\vec{r}$

(의미) 어떤 물리량 $(\vec{A})$을 가지고 경로 a에서 b까지 일 (W)을 계산했을 때 경로에 무관하다. 즉, 끝점 a와 b에만 의존한다.

(각자해보기) 보존력 설명으로 틀린 것은?

① 역학적 에너지 보존 ② 중력 ③ 보존력이 한일을 경로 무관 ④ 마찰력 ⑤ 보존력이 한일은 완전 원상회복 된다

[정답] ④

[예제] 힘이 $\vec{F} = xy\hat{i} + xz\hat{j} + yz\hat{k}$ 로 주어진다. 보존력인가?

[해설]

$$\vec{\nabla} \times \vec{F} = \begin{vmatrix} \hat{i} & \hat{j} & \hat{k} \\ \dfrac{\partial}{\partial x} & \dfrac{\partial}{\partial y} & \dfrac{\partial}{\partial z} \\ xy & xz & yz \end{vmatrix}$$

$$= (z-x)\hat{i} - 0\hat{j} + (z-x)\hat{k} \neq 0$$

따라서 $\vec{\nabla} \times \vec{F} \neq 0$ 이므로 비보존력이다.

□ 중력퍼텐셜 (gravitational potential)

✏ **(심화)**

(상황) 물체를 점으로 간주하지 말고, 어떠한 연속적인 분포를 가지고 있을 때, 중력 퍼텐셜을 어떻게 취급해야 하는지를 알고자 한다.

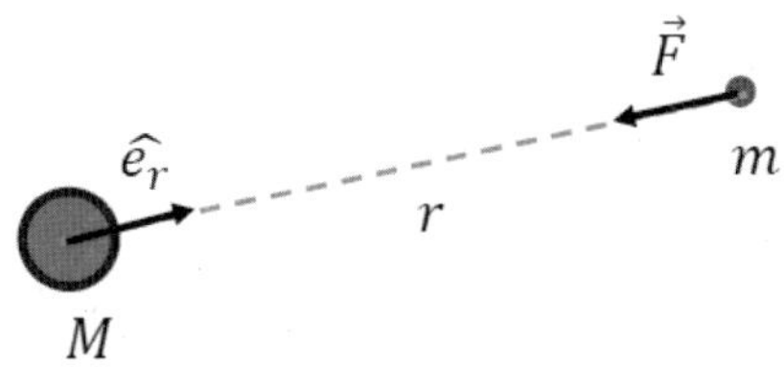

두 물체의 질량은 M, m, 거리는 r, $\hat{e_r}$은 M에서 m으로의 단위 벡터, $(-)$는 인력의 의미이다. 물체 m은 물체 M을 향해 중력 F를 느낀다.

만유인력 $\vec{F} = -G\frac{mM}{r^2}\hat{e_r}$ (점질량의 경우)

이제 만약 물체가 점이 아니라 어떤 연속적인 분포를 가졌다고 하자. 연속적인 물체는 결국 점질량을 모으면 만들 수 있기 때문에 적분으로 대체할 수 있다.

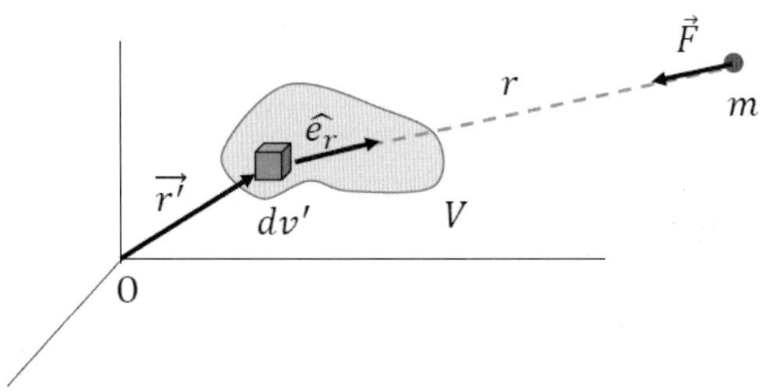

$$\vec{F} = -Gm\int_V \frac{\rho(\vec{r'})\hat{e_r}}{r^2}dv'$$

$\vec{r}'$은 원점에서 물체까지의 거리, $\rho(\vec{r}')$는 물체의 밀도, dv'은 조그마한 물체의 체적 요소로 dv'를 다 모으면 결국 최종 물체의 부피 V (질량 M)를 만들어 낼 수 있다는 개념이다.

$$\vec{F} = m\vec{g} \qquad \rightarrow \vec{g} = \frac{\vec{F}}{m}$$

점질량 $\vec{g} = -G\frac{M}{r^2}\hat{e_r}$ (지표면에서 계산하면 이것이 우리가 알고 있는 중력가속도 $g = 9.8\ \text{m/s}^2$ 이다)

연속적인 부피를 가지는 경우 $\vec{g} = -G\int_V \frac{\rho(\vec{r}')\hat{e_r}}{r^2}dv'$

(정의) 중력퍼텐셜 (ϕ, gravitational potential)

$$\vec{g} \equiv -\vec{\nabla}\phi$$

[Note] $F \propto \frac{1}{r^2}$이고, $U \equiv V \propto \frac{1}{r}$이여서 둘의 관계에서 $\vec{F} = -\vec{\nabla}V$가 성립하듯이, 똑같은 방법으로 $g \propto \frac{1}{r^2}$이기 때문에 $\frac{1}{r}$에 해당하는 ϕ를 생각할 수 있다는 것이다.

점질량 $\phi = -G\frac{M}{r}$

(퍼텐셜은 상대적인 차이만 중요하기 때문에 기준점을 어디로 정하는 것이 중요하다. 일반적으로 $r \rightarrow \infty$, $\phi \rightarrow 0$ 로 잡는다)

► 연속적인 부피질량를 가지는 경우 $\phi = -G\int_V \frac{\rho(\vec{r}')}{r}dv'$ $\rho \equiv \frac{M}{V}$ 부피밀도

► 연속적인 면질량을 가지는 경우 $\phi = -G\int_A \frac{\sigma}{r}da'$ $\sigma \equiv \frac{M}{A}$ 면밀도

► 연속적인 선질량을 가지는 경우 $\phi = -G\int_L \frac{\lambda}{r}dl'$ $\lambda \equiv \frac{M}{L}$ 선밀도

[Note] 전자기학에서 전하 (Q)가 3차원, 2차원 1차원적 분포를 하는 것에 따라, 체적밀도 ($\rho \equiv \dfrac{Q}{V}$), 면밀도 ($\sigma \equiv \dfrac{Q}{A}$), 선밀도 ($\lambda \equiv \dfrac{Q}{L}$)를 정의해서 문제를 푸는 것과 동일하다.

(예) 안쪽 반경이 b, 바깥쪽 반경이 a인 구형 셀 물체 (shell)의 중력 퍼텐셜을 구하라.

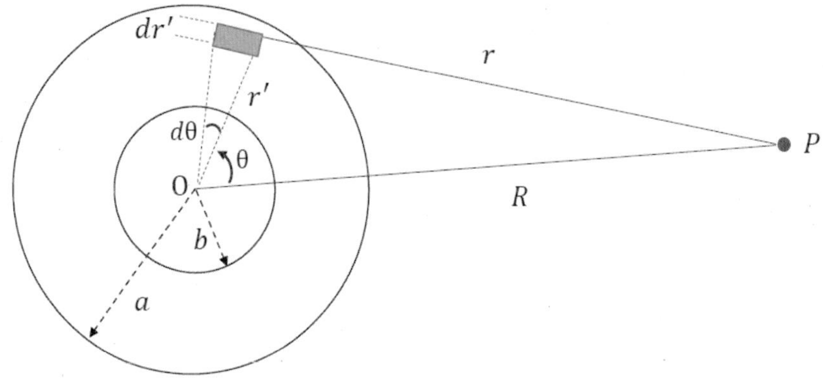

P점에서 중력 퍼텐셜 $\quad \phi = -G\displaystyle\int_V \frac{\rho(\vec{r'})}{r} dv'$

부피요소 (dv')를 구하기 위해 구면좌표 (r, θ, ϕ)를 생각하자.

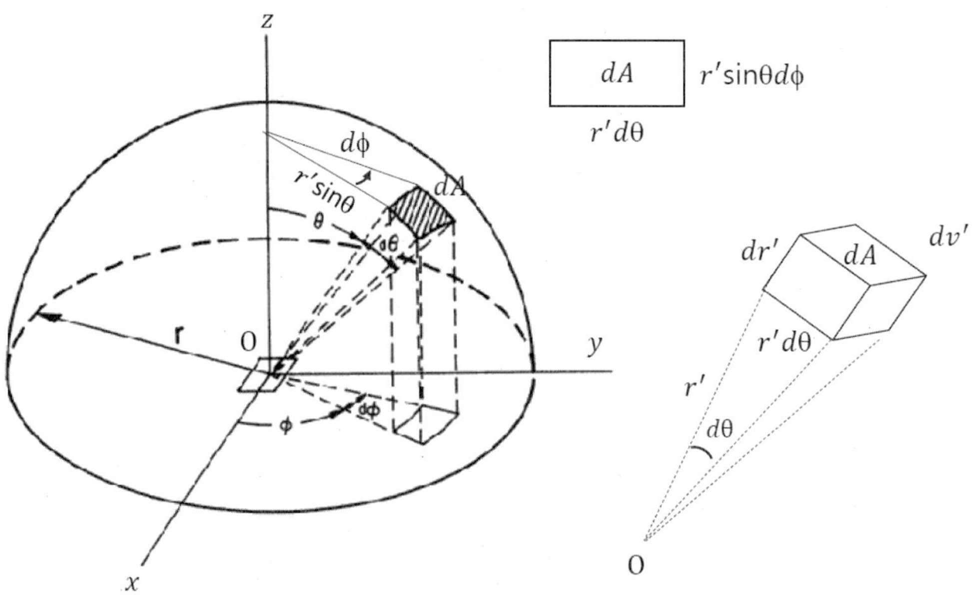

표면적 요소 $\qquad dA = r' d\theta\, r' \sin\theta\, d\phi = r'^2 \sin\theta\, d\theta\, d\phi$

체적 (부피) 요소 $dv' = dr' \times dA = dr' r'^2 \sin\theta\, d\theta\, d\phi = 2\pi r'^2 dr' \sin\theta\, d\theta$

($\because \phi$는 의존하는 변수가 없기 때문에 한 바퀴 돌면 2π이다)

$$\phi = -G\int_V \frac{\rho(\vec{r'})}{r} dv' = -G\int_V \frac{\rho(\vec{r'})}{r} 2\pi r'^2 dr' \sin\theta d\theta = -G\rho 2\pi \int_b^a r'^2 dr' \int_0^\pi \frac{\sin\theta}{r} d\theta$$

코사인 법칙 $r^2 = r'^2 + R^2 - 2r'R\cos\theta$

$2rdr = 2r'R\sin\theta\, d\theta$ ($\because r', R$은 주어졌다고 한다)

$$\frac{\sin\theta}{r} d\theta = \frac{dr}{r'R}$$

$$[0, \pi] \rightarrow [r_{\min}, r_{\max}]$$

$$\phi = -2\pi\rho G \int_b^a r'^2 dr' \int \frac{dr}{r'R}$$

$$= -\frac{2\pi\rho G}{R} \int_b^a r' dr' \int_{r_{\min}}^{r_{\max}} dr$$

① P점이 $(R > a)$에 있는 경우

$$\phi = -\frac{2\pi\rho G}{R} \int_b^a r' dr' \int_{R-r'}^{R+r'} dr$$

$$= -\frac{2\pi\rho G}{R} \int_b^a r' dr' \, r|_{R-r'}^{R+r'} = -\frac{2\pi\rho G}{R} \int_b^a r' dr' [R + r' - (R - r')] = -\frac{2\pi\rho G}{R} \int_b^a r' dr' 2r'$$

$$= -\frac{4\pi\rho G}{R} \int_b^a r'^2 dr' = -\frac{4\pi\rho G}{R} \frac{1}{3} r'|_b^a = -\frac{4\pi\rho G}{3R}(a^3 - b^3)$$

$$\rho \equiv \frac{M}{V} = \frac{M}{\frac{4}{3}\pi(a^3 - b^3)}$$

$$\therefore \phi = -\frac{GM}{R}$$

P점이 연속적인 분포의 물체 외부에 있을 때는 마치 점질량 (M)이 원점에 있고 이것에 의해 거리 R인 지점에 중력 퍼텐셜이 작용하는 것과 동일하다. 즉, R이 먼 거리에 있을 때, P점에서 구를 보면 점입자로 보일 것이다.

[Note] 만약 연속분포의 물체가 대칭이 아니라면, 적분할 때 매우 복잡하거나 불가능 할 수도 있다. 위 예는 대칭이므로 쉽게 적분이 가능한 경우이다.

② P점이 ($R< b$)에 있는 경우

$$\phi = -\frac{2\pi\rho G}{R}\int_b^a r' dr' \int_{r'-R}^{r'+R} dr$$

$$= -\frac{2\pi\rho G}{R}\int_b^a r' dr' \; r|_{r'-R}^{r'+R} = -\frac{2\pi\rho G}{R}\int_b^a r' dr' [r' + R - (r' - R)] = -\frac{2\pi\rho G}{R}\int_b^a r' dr' \, 2R$$

$$= -4\pi\rho G\int_b^a r' dr' = -2\pi\rho G(a^2 - b^2)$$

중력 퍼텐셜이 거리에 무관함을 알 수 있다. (→ 작용하는 힘은 0이다) 이것은 물체가 대칭(spherically symmetric mass shell)이므로, 반대방향의 힘이 서로 상쇄되기 때문이다.

③ P점이 ($b < R < a$)에 있는 경우

앞의 2경우를 종합하면 되는데, 적분 구간을 다음과 같이 변경하면 된다.

▷ P($R< b$)의 결과에서 아래쪽 적분 구간을 R로 대체한다.

$$\phi = -2\pi\rho G(a^2 - b^2) \;\rightarrow\; -2\pi\rho G(a^2 - R^2)$$

▷ P($R> a$)의 결과에서 위쪽 적분 구간을 R로 대체한다.

$$\phi = -\frac{4\pi\rho G}{3R}(a^3 - b^3) \;\rightarrow\; -\frac{4\pi\rho G}{3R}(R^3 - b^3)$$

$$\therefore\; \phi(b < R < a) = -\frac{4\pi\rho G}{3R}(R^3 - b^3) - 2\pi\rho G(R^3 - b^3)$$

$$= -4\pi\rho G\left(\frac{a^2}{2} - \frac{b^3}{3R} - \frac{R^2}{6}\right)$$

(검증) 만약 $R \rightarrow a$, ③ →①로 가야 한다.
또한 $R \rightarrow b$, ③ →②로 가야 한다.

중력가속도의 크기만을 구해보자.

$$g = -\frac{d\phi}{dR}$$

$$R < b, \qquad \phi = -2\pi\rho G(a^2 - b^2), \qquad g = 0$$

$$b < R < a, \qquad \phi = -4\pi\rho G\left(\frac{a^2}{2} - \frac{b^3}{3R} - \frac{R^2}{6}\right), \qquad g = \frac{4\pi\rho G}{3}\left(\frac{b^3}{R^2} - R\right)$$

$$R > a, \qquad \phi = -\frac{GM}{R}, \qquad g = -\frac{GM}{R^2}$$

[Note] 거리 (r)에 따른 g, ϕ 모두 연속적 (continuous)이라는 것을 알 수 있다. 또한 b, a 지점에서 경계조건을 만족한다.

경계조건 $R = a$, ③ = ①

$R = b$, ③ = ②

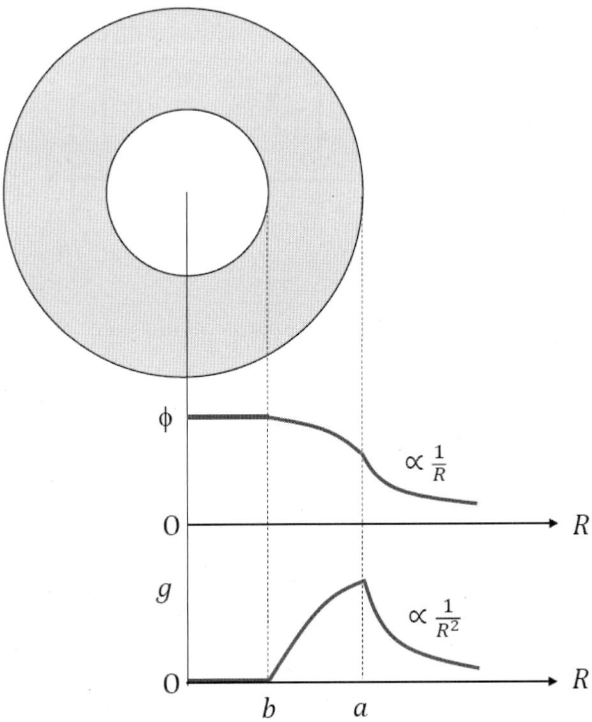

□ 일의 원리

(생각해보기) 고대 이집트인들은 높이가 100 m가 넘는 피라미드의 그 무거운 돌을 어떻게 쌓았을까?

[예제] 그림처럼 A경로 (빗면)와 B경로(수직)를 따라서 물체를 옮길 때 우리가 해 주어야 하는 일을 구하면?

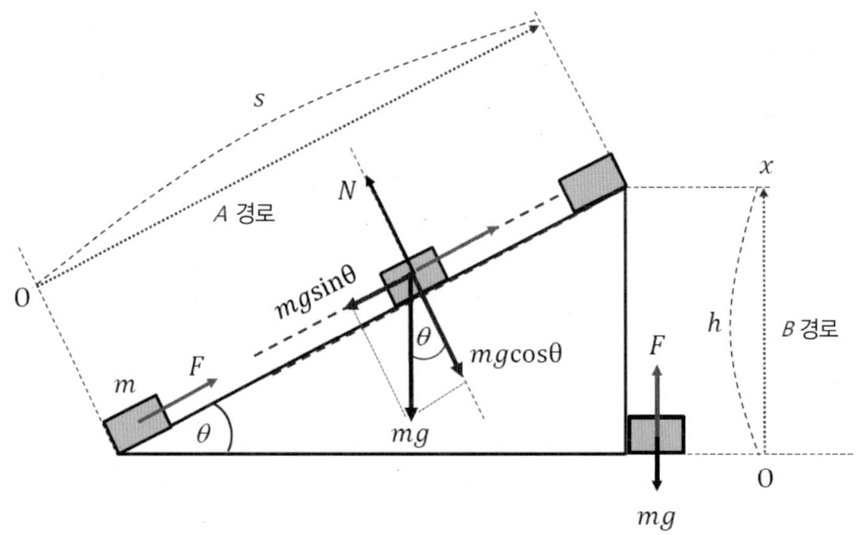

[해설] 물체는 바닥에서 빗면 꼭대기 까지 이동시키려면 중력에 거슬러서 우리가 힘 (F)을 주어 일을 해 주어야 한다.

① A 경로 (빗면)를 따라 이동시키는 경우

$$W_A = \int_A \vec{F} \cdot d\vec{x}$$

$$= \int mg\sin\theta\, ds\cos 0° = (mg\sin\theta)\, s$$

$$= (mg\sin\theta)\frac{h}{\sin\theta} = mgh \qquad (\because \sin\theta = \frac{h}{s})$$

② B 경로(수직)를 따라 바로 들어서 이동시키는 경우

$$W_B = \int_B \vec{F} \cdot d\vec{x}$$

$$= \int_0^h mg\,dx \cos 0^0 = mgh$$

$\therefore$ ① = ② $(W_A = W_B)$

즉, A경로로 일을 해주던지 B경로로 일을 해 주던지 해 준 일의 양은 동일하다)

어떤 경로를 택하던지 일의 양에는 아무런 이득이나 손실도 없다. 다만 우리가 빗면을 이용하는 이유는 힘이 덜 든다는 것을 경험적으로 알 수 있다.

피라미드의 경우도 그 때 당시 크레인 같은 장비가 없었기 때문에 아마 흙을 빗면으로 계속 쌓아서 빗면을 따라 무거운 돌을 운반하고 다 완성한 후, 흙을 제거 했을 것이라는 추측도 해 볼 수 있다.

☛ 일의 원리 (도구를 사용하는 이유)

도구를 사용하더라도 해 준 일의 양은 동일하다. (다만 도구 사용 시, 이동거리에 손해를 볼 수도 있지만, 적은 힘으로 쉽게 일을 할 수 있고 혹은 힘의 방향을 변경할 수도 있다)

✍ (알아보기) 고정도르래, 움직도르래, 복합도르래

▪ 고정도르래

그림처럼 축이 고정되어 있고, 힘은 줄어들지 않고 다만 힘의 방향을 바꾸어 주는 역할을 한다.

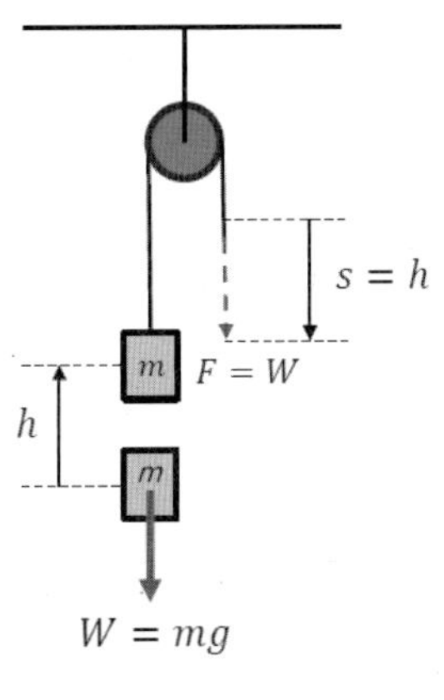

물체의 무게가 그대로 잡아당기는 사람한테 전달되기 때문에 물체가 무거울수록 잡아당기는 사람도 힘이 들 것이다. 예로, 예전에 시골에 가면 우물에서 물을 뜰 때 고정도르래를 많이 사용

했다. 또한 국기 게양대에도 고정도르래가 사용된다.

물체가 올라간 높이: h
우리가 힘 (F)을 주어 우리 쪽 줄이 내려간 높이 (s): $s = h$
물체 무게: $W = mg$
주어야 하는 힘 (F): $F = W$

① 우리가 물체를 직접 h만큼 들어 올릴 때 해 주어야 하는 일

$$W_1 = mgh$$

② 고정도르래를 사용하여 물체를 h만큼 들어 올릴 때 해 준 일

$$W_2 = \int \vec{F} \cdot d\vec{x} = \int_0^h mg\,dx = mgh$$

$\therefore$ ① = ② $(W_1 = W_2)$

☞ Ⓐ 힘의 이득은 없다. ($mg = F$ 으로 중력만큼 우리가 당기는 힘도 동일)
Ⓑ 일의 양은 동일하다.
Ⓒ 힘의 방향은 변경했다.

■ 움직도르래

그림처럼 축이 고정되어 있지 않고 움직인다. 끌어당기는 힘은 물체 무게의 1/2로 힘의 이득이 있다 (움직도르래가 1개 사용 시). 또한 끌어당기는 줄의 길이는 추가 올라간 높이의 2배가 된다.

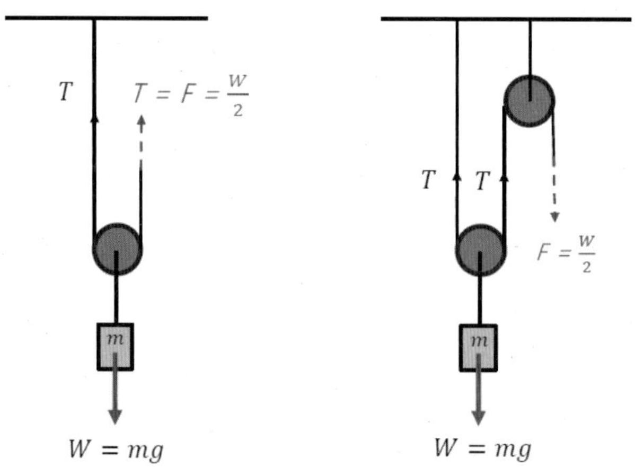

움직도르래의 경우 (1개 사용 시) 우리가 잡아당겨야 하는 힘의 크기 (F)는 순간적으로 정지하고 있다고 하자.

$$2T = W$$
$$\therefore F \equiv T = \frac{W}{2}$$

물체 무게의 $\frac{1}{2}$만 주면 됨을 알 수 있다. 이어서 고정도르래를 연결해서 사용해도 이 무게가 그대로 우리한테 전달되기 때문에 $\frac{W}{2}$의 힘을 주어야 한다.

(예) 움직도르래 6개 사용 시

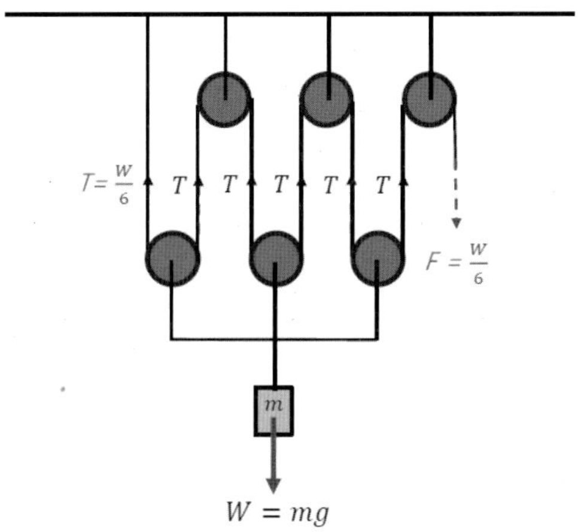

$$6T = W$$
$$\therefore T = \frac{W}{6}$$

우리가 잡아당기기 위해 필요한 힘 (F): $F \equiv T = \frac{W}{6}$

(상황) 움직도르래 사용 시 해 준 일

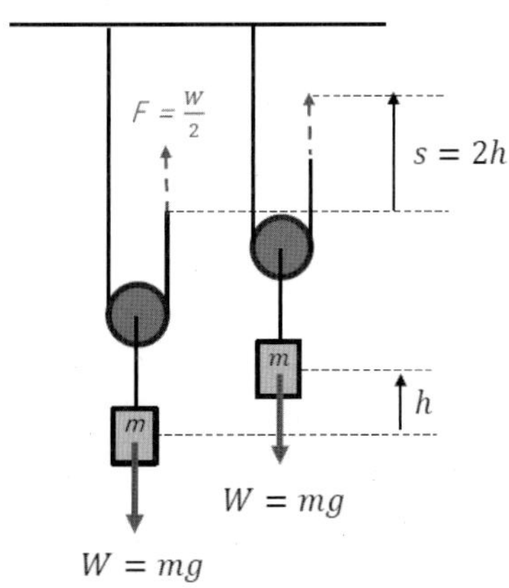

그림에서

물체가 올라간 높이: h
우리가 힘 (F)을 주어 우리 쪽 줄이 올라간 높이 (s): $s = 2h$
물체 무게: $W = mg$
주어야 하는 힘 (F): $F = \dfrac{W}{2}$

① 물체를 h만큼 직접 들어 올릴 때 우리가 해 주어야 하는 일

$$W_1 = mgh$$

② 움직도르래를 사용 시 우리가 해 준 일

$$W_2 = Fs = F2h = \frac{W}{2}2h = Wh$$

즉, 그림처럼 힘 (F)은 $\dfrac{1}{2}$로 줄어들지만, 줄을 당긴 거리 (s)는 올라간 높이(h)의 2배로 증가되기 때문에 최종적으로 일에는 변함이 없다.

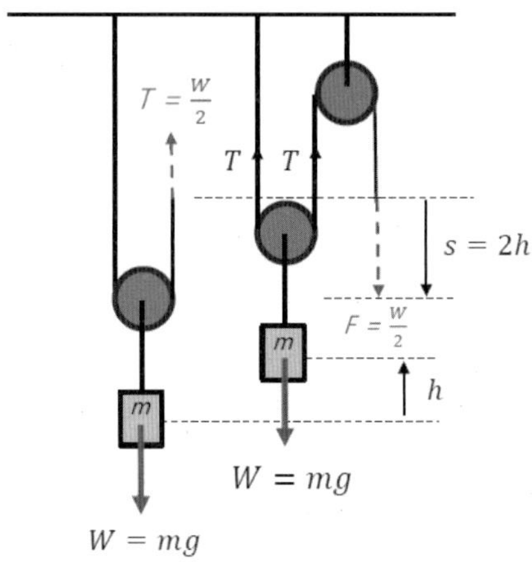

$\therefore$ ① = ② $(W_1 = W_2)$

☞ Ⓐ 힘의 이득이 있다. ($F = \dfrac{W}{2}$로 중력 반만큼만 힘을 주면 된다)
Ⓑ 일의 양은 동일하다.

■ 복합도르래

여러 개의 고정 도르래와 움직도르래를 연결하여 사용한다.

[예제] 그림처럼 도르래 Ⓐ, Ⓑ, Ⓒ가 연결되어 있다. 우리가 가해야 하는 힘 (F)은 얼마인가?

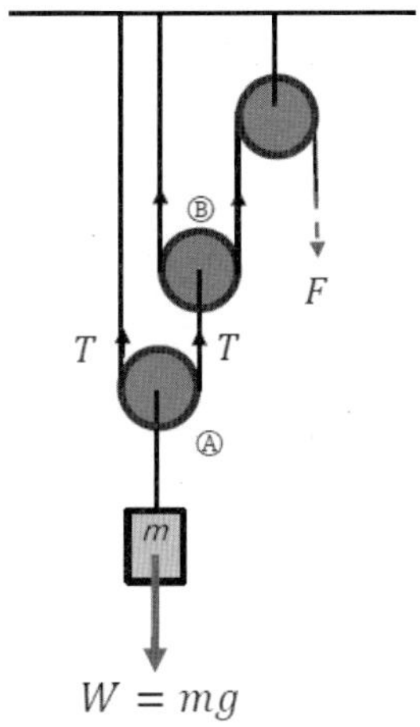

[해설] 고정도르래와 움직도르래가 서로 혼합되어 있다. 간단하게 생각해서 다음 그림처럼 도르래 Ⓐ를 제외하고 나머지는 무시한다 [그림 ①]. 그럼 그림 ②처럼 보이는데, 여기서 장력 (T_1)은 쉽게 구할 수 있다.

$$2T_1 = W \quad \rightarrow \quad T_1 = \frac{W}{2}$$

이제 도르래 Ⓐ는 제외하고 도르래 Ⓑ와 Ⓒ만을 생각한다 [그림 ③]. 도르래 Ⓑ에 작용하는 장력은 $\frac{W}{2}$이다. 이것을 도르래 양쪽 줄 (T_2)이 나누어 가진다 [그림 ④].

$$2T_2 = \frac{W}{2} \quad \rightarrow \quad T_2 = \frac{W}{4}$$

따라서 최종적으로 우리가 당겨야 하는 힘의 크기는 $\frac{W}{4}$임을 알 수 있다.

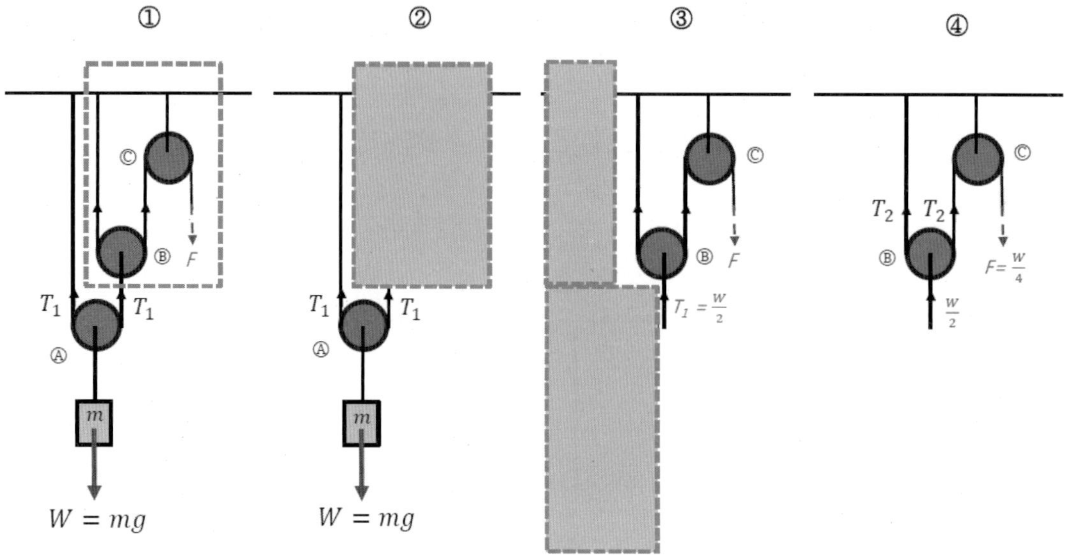

[예제] 그림처럼 지레를 사용하여 무게가 W인 물체를 h만큼 들어올리는 경우 해준 일은?

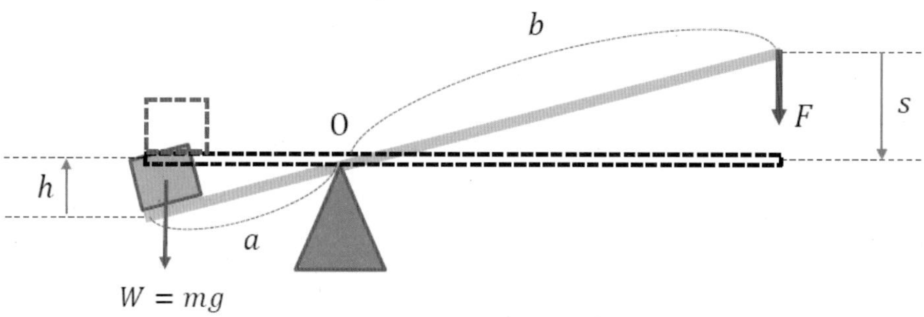

[해설]

① 물체를 h만큼 직접 들어 올릴 때 우리가 해 주어야 하는 일

$W_1 = Wh$

② 지레를 사용 시 우리가 해 준 일

우리가 해 준 일 $W_2 = Fs$

비례식 $a : h = b : s$ $\rightarrow s = \frac{hb}{a}$

$W_2 = Fs = F\frac{hb}{a}$

[Note] 받침점 (O)를 중심으로 한 토크 평형 (4장에서 공부) $\vec{\tau} = \vec{r} \times \vec{F}$ 과 동일한 개념

$$\therefore\ aW = bF$$

$$\rightarrow\ F = \frac{aW}{b} \quad \text{(지레에 가한 힘)}$$

$$\therefore\ W_2 = h\frac{Fb}{a} = \frac{hb}{a}\left(\frac{aW}{b}\right) = Wh$$

$$\therefore\ ① = ② \quad (W_1 = W_2)$$

☞ Ⓐ 힘의 이득이 있다. $(\because\ F = \frac{a}{b}W$ 이므로)

Ⓑ 일의 양은 동일하다.

(각자 계산해보기) 아르키메데스는 지레의 법칙을 알아내고 "나에게 충분히 긴 지렛대를 주면 지구도 움직여 보이겠다" 라고 했다고 한다. 어느 정도 길이면 되겠는가?

(실생활) 장도리, 가위, 시소, 손수레, 작두, 낚시대, 젓가락, 손톱깎이, 병뚜껑 따는 오프너(opener), 핀셋, 문손잡이, 드라이버, 자동차 핸들 등

제3장

충돌관련

□ (선)운동량 (linear momentum, $\vec{p}$)

(정의) (선)운동량 $\vec{p} \equiv m\vec{v}$ $[\mathrm{kg}\frac{\mathrm{m}}{\mathrm{s}}]$

3차원 경우 $p_x \equiv mv_x$ ($\hat{x}$방향)

$p_y \equiv mv_y$ ($\hat{y}$방향)

$p_z \equiv mv_z$ ($\hat{z}$방향)

즉, 운동량은 벡터양이기 때문에 $\hat{x}$방향은 $\hat{x}$방향대로, $\hat{y}$방향은 $\hat{y}$방향대로, $\hat{z}$방향은 $\hat{z}$방향대로 계산해 준다.

- 운동량을 크게 하는 방법
  ① $p \propto m$이므로, v가 작아도 몸집이 아주 큰 공룡
  ② $p \propto v$이므로, m이 작아도 총구를 아주 빠르게 빠져나가는 탄환

(상황) 선운동량과 운동의 법칙과의 관계를 기술하고 싶다.

운동량 $\vec{p} = m\vec{v}$

힘 $\vec{F} = \frac{d\vec{p}}{dt} = \frac{d(m\vec{v})}{dt} = m\vec{a}$

[Note] 뉴턴 제 2법칙

$\vec{F} = m\vec{a}$ Ⓐ

$\vec{F} = \frac{d\vec{p}}{dt}$ Ⓑ

Ⓐ와 Ⓑ는 같은 표현이다.

(일반화) 다수의 외력 $(= \sum \vec{F_i})$이 작용

$$\vec{F}_{tot} \equiv \sum \vec{F_i} = \frac{d\vec{p}}{dt} = \frac{d(m\vec{v})}{dt} = m\vec{a} = m\ddot{\vec{x}}$$ (이차 미분 방정식)

만약 외력이 작용하지 않는다고 하자.

$0 = \frac{d\vec{p}}{dt} \rightarrow \vec{p} =$ 상수

즉, 시간에 따라 상수라는 것은 초기 값하고 나중 값하고 같다는 것을 의미한다.

$\therefore \overrightarrow{p_i} = \overrightarrow{p_f}$

→ 운동량보존의 법칙: "외력이 작용하지 않으면 충돌 전후 운동량은 보존된다."

(요약)

힘이 작용하지 않을 경우 → 뉴턴 제 1법칙
힘이 작용할 경우 → 뉴턴 제 2법칙

[Note] 뉴턴 제 3법칙

질량은 m_1, m_2 속도는 서로 반대 방향으로 이동 $(\overrightarrow{v_1}, -\overrightarrow{v_2})$ 하고 작용하는 외력은 없는 경우를 생각해 보자.

상호작용하는 두 물체의 총 운동량은 변하지 않는다.

$\overrightarrow{p_1} = m_1\overrightarrow{v_1}$

$\overrightarrow{p_2} = -m_2\overrightarrow{v_2}$ (즉, m_1 운동 방향과는 반대임을 의미)

$\frac{d}{dt}(\overrightarrow{p_1} + \overrightarrow{p_2}) = 0$

$(\overrightarrow{p_1} + \overrightarrow{p_2}) =$ 상수

$\therefore m_1 v_1 = m_2 v_2$

(생각해보기) 영화 "Gravity"에 보면 우주 비행사가 우주 유영을 하는 장면이 나온다. 정지 상태에 있던 우주 비행사가 다른 방향으로 이동하기 위해서 어떤 행동을 하였는가?

→ 가지고 있던 아무 물건을 가고자 하는 반대 방향으로 던지면, 던지기 전후 선운동량이 보존되어야하기 때문에, 던진 물체의 반대 방향으로 이동할 수 있다.

[예제] 정지하고 있던 질량 500 g의 공이 20초 동안 자유낙하 할 때 운동량의 크기[kg • m/s]는? (단, 중력가속도는 10 m/s^{2}이다)

[해설]

자유낙하 $v = v_0 + gt = 0 + 10 \times 20 = 200$ [m/s]

운동량 $p = mv = 0.5 \times 200 = 100$ [kg • m/s]

(생각해보기) 송풍기로 돛에 바람을 불면 배가 움직일까?

→ 아니다. 송풍기를 반대방향으로 던져버리면 된다.

(생각해보기) 정지 입자가 붕괴 (예, 방사능 원소)

① 두 개의 물체 (2-body)로 붕괴된다면 두 물체의 각도는?

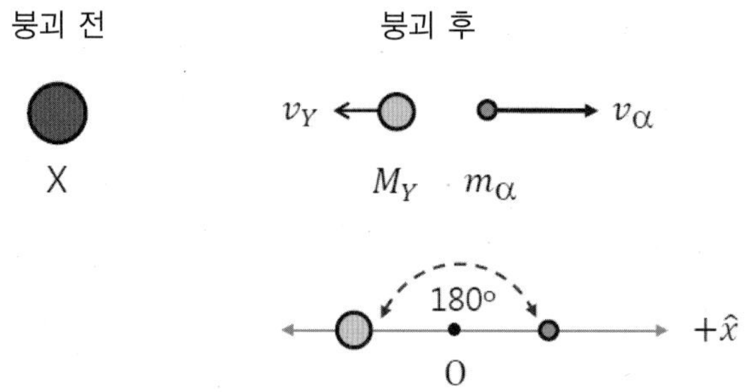

(선)운동량 보존 $0 = m_\alpha v_\alpha - M_Y v_Y$ (→ 오른쪽을 $+\hat{x}$방향으로 택하자)

크기는 서로 같고 방향은 반대 방향이여야 한다. 그렇지 않으면, $\hat{y}$ 방향 (혹은 $\hat{z}$ 방향)으로의 성분이 생길 수가 있기 때문에 선운동량 보존을 만족시킬 수 없다. (→ back-to-back decay)

(예) ${}^{238}_{92}\mathrm{U} \rightarrow {}^{234}_{90}\mathrm{Th} + {}^{4}_{2}\mathrm{He}$

② 삼체붕괴 (3-body)라면?

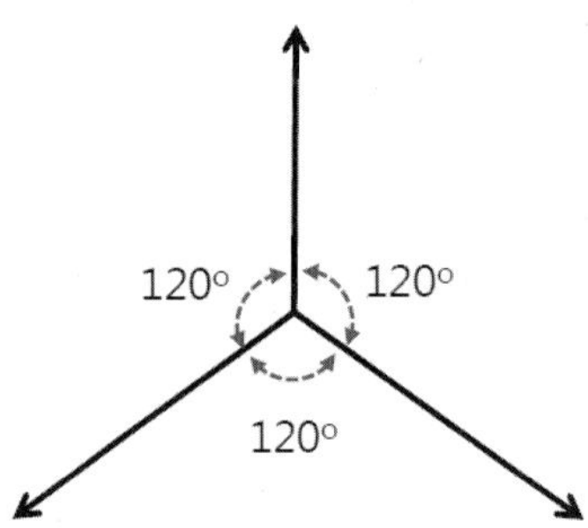

선운동량을 보존시키지 위해 세 물체의 각도는 120도가 될 수밖에 없다.

(생각해보기) $A + B \rightarrow C + D$ (즉, 2개가 들어와서 충돌 후 2개가 새로 만들어진 후 나가는 경우)

(생각해보기) 농구공위에 탁구공을 올려놓고 바닥에 떨어드리면, 바닥과 충돌 후 탁구공은 매우 빠른 속력으로 튀어 오른다. 그 이유는?

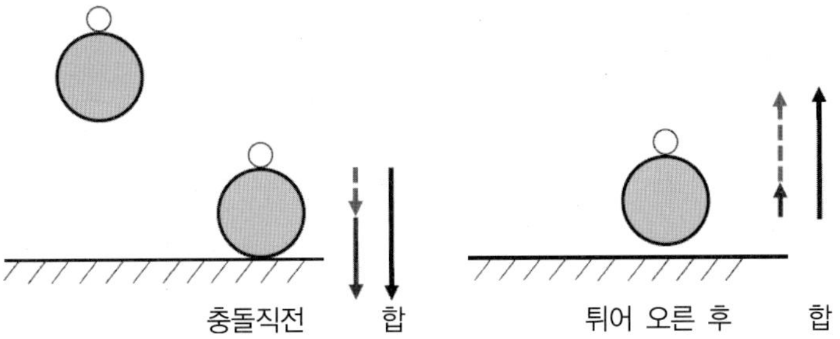

농구공의 질량은 탁구공보다 매우 크다. 충돌 후 튀어 오르는 농구공의 속력이 작아도 충돌 전 후 선운동량이 보존되려면 탁구공의 속력은 매우 빨라야 한다. 즉 충돌 전 후 탁구공과 농구공의 선운동량 총합은 같아야 한다.

[예제] 질량이 60 kg인 철수가 5 m/s의 속도로 질량 240 kg인 정지해 있던 조그마한 배에 올라탔을 때, 배의 속도[m/s]는?

[해설] 운동량 보존의 법칙

외력이 작용하지 않는다고 하자.

$$\vec{F}= \frac{d\vec{p}}{dt} \rightarrow 0= \frac{d\vec{p}}{dt} \rightarrow \vec{p}= \text{상수}$$

$$\therefore \vec{p_i}= \vec{p_f}$$

$$m_1 v_1 + 0 = (m_1 + M)\,V$$

여기서 m_1 (철수 질량), v_1 (철수 속도), M (배 질량), V (철수가 배에 탔을 때 전체 질량이 가지는 속도)이다.

$$\therefore V = \frac{m_1 v_1}{(m_1 + M)} = \frac{60 \times 5}{60 + 240} = 1\,[\text{m/s}]$$

[예제] 그림처럼 질량 1 kg인 진흙덩이 2개가 각각 10 m/s 속력으로 x, y 방향에서 다가와 충돌 후 뭉쳐서 같이 진행할 때 충돌 후 진흙덩이의 속력 (v)은?

[해설]

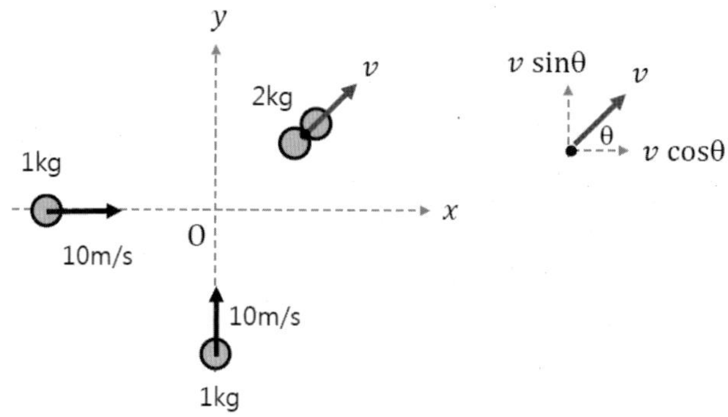

운동량 보존의 법칙

x-방향 $\quad 1\times 10 = mv_x = 2\times v\cos\theta$

y-방향 $\quad 1\times 10 = mv_y = 2\times v\sin\theta$

$$\rightarrow \tan\theta = \frac{\sin\theta}{\cos\theta} = 1 \qquad \rightarrow \theta = 45^0$$

$$\therefore v = \frac{10}{2\cos\theta} = \frac{5}{\cos 40^\circ} = \frac{5}{\frac{1}{\sqrt{2}}} = 5\sqrt{2}$$

[예제] 그림처럼 질량이 10 g인 총알이 400 m/s 속도로 날아와 지면으로부터 2 m 높이에 있던 190 g의 나무토막에 박혔다. 나무토막이 이동한 수평거리[m]는? (단, 공기저항은 무시한다)

[해설]

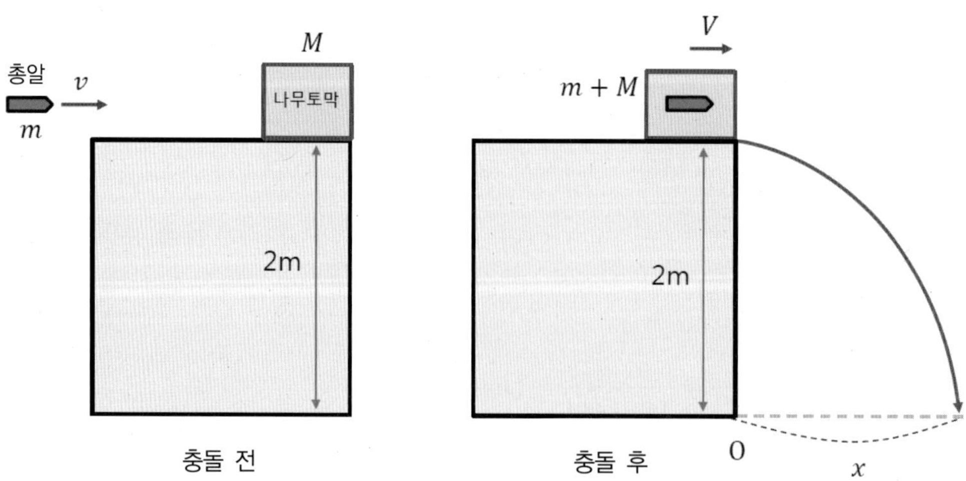

운동량 보존 $\quad mv + M\times 0 = (m+M)V$

총알 (m)이 나무토막 (M)에 박혔을 때 속도 → $V=\dfrac{mv}{(m+M)}=\dfrac{0.01\times400}{(0.01+0.19)}=20$[m/s]

[Note] 등가속도 (연직 하방) 운동방정식

$v=v_0+gt$

$y=v_0t+\dfrac{1}{2}gt^2$

$v^2-v_0^2=2ay$

$(m+M)$이 2 m 높이에서 자유 낙하할 때 지면에 도달하는데 걸리는 시간

$y=v_0t+\dfrac{1}{2}gt^2 \rightarrow 2=0\times t+\dfrac{1}{2}gt^2$

$\therefore t=\sqrt{\dfrac{4}{g}}$

수평방향으로 등속도 $(=V)$ 운동 이동거리 (x) $\quad x=Vt=20\times\sqrt{\dfrac{4}{g}}=\dfrac{40}{\sqrt{g}}$

[예제] 질량 m인 포탄이 궤적의 어느 지점에서 각각 질량이 $\dfrac{m}{3}$인 세 조각으로 분리된다. 이 중 한 개는 파열 당시 포탄 속도 $\overrightarrow{v_0}$의 $\dfrac{1}{2}$로 진행하고, 나머지 두 개의 파편은 같은 속력으로 서로 직각을 이루며 날아간다. 분리된 후 나머지 두 조각의 속력은?

[해설]

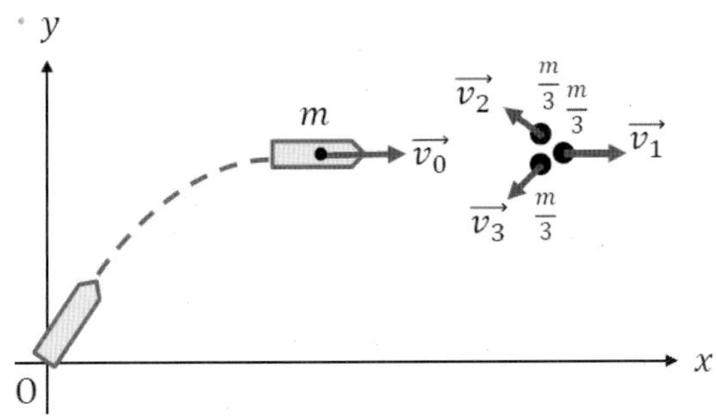

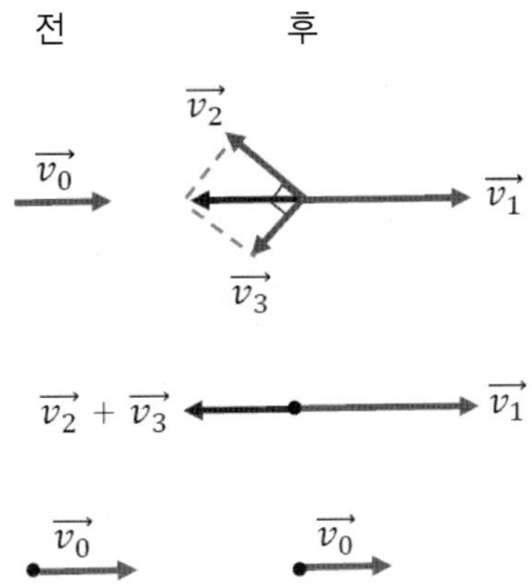

(방법1)

(선)운동량 보존의 법칙

$m\overrightarrow{v_0}=\dfrac{m}{3}\overrightarrow{v_1}+\dfrac{m}{3}\overrightarrow{v_2}+\dfrac{m}{3}\overrightarrow{v_3}$

문제조건 $\vec{v_2} \cdot \vec{v_3} = 0$ $(\because \cos 90° = 0)$

$$\vec{v_1} = \frac{\vec{v_0}}{2}$$

$$|\vec{v_2}| = |\vec{v_3}|$$

$$\rightarrow m\vec{v_0} = \frac{m}{3}\frac{\vec{v_0}}{2} + \frac{m}{3}\vec{v_2} + \frac{m}{3}\vec{v_3}$$

$$3\vec{v_0} = \frac{\vec{v_0}}{2} + \vec{v_2} + \vec{v_3}$$

$$\frac{5\vec{v_0}}{2} = \vec{v_2} + \vec{v_3}$$

자신과의 내적 (스칼라 곱)을 취한다.

$$\begin{aligned}\frac{25}{4}v_0^2 &= (\vec{v_2} + \vec{v_3}) \cdot (\vec{v_2} + \vec{v_3}) \\ &= (\vec{v_2} \cdot \vec{v_2}) + (\vec{v_2} \cdot \vec{v_3}) + (\vec{v_3} \cdot \vec{v_2}) + (\vec{v_3} \cdot \vec{v_3}) \\ &= v_2^2 + 0 + 0 + v_3^2 = 2v_2^2 \qquad (\because |\vec{v_2}| = |\vec{v_3}|)\end{aligned}$$

$$\rightarrow v_2^2 = \frac{25}{8}v_0^2$$

$$\therefore v_2 = v_3 = \sqrt{\frac{25}{8}v_0^2} = \sqrt{\frac{25}{8}}\, v_0$$

(방법2)

그림처럼 선운동량이 보존되기 때문에 분리 후 $(\vec{v_2} + \vec{v_3})$ 벡터와 $\vec{v_1}$의 합이 분리 전 $\vec{v_0}$ 벡터와 같아야 됨을 알 수 있다. 편의상 $\vec{v_1}$ 벡터의 방향을 x축으로 잡아도 상관이 없고, 크기만 고려해도 된다.

(분리 전) $\vec{v_0}$ 벡터의 선운동량 크기: mv_0

(분리 후)

$\vec{v_1}$ 벡터의 선운동량 크기: $\frac{m}{3}v_1 = \frac{m}{3}\frac{v_0}{2} = \frac{mv_0}{6}$

$\vec{v_2}$ 벡터의 선운동량 크기: $\frac{m}{3}v_2 = \frac{mv_2}{3}$

$\vec{v_3}$ 벡터의 선운동량 크기: $\frac{m}{3}v_3 = \frac{m}{3}v_2 = \frac{mv_2}{3}$ $(\because v_2 = v_3)$

$(\overrightarrow{v_2}+\overrightarrow{v_3})$ 벡터의 선운동량 크기: $\sqrt{\left(\frac{mv_2}{3}\right)^2+\left(\frac{mv_2}{3}\right)^2}=\sqrt{\frac{2m^2v_2^2}{9}}=\sqrt{\frac{2}{9}}mv_2$

방향: $\rightarrow (-)\sqrt{\frac{2}{9}}mv_2$ ($\because$ $+x$축에 대해 방향이 반대)

$[\overrightarrow{v_1}+(\overrightarrow{v_2}+\overrightarrow{v_3})]$ 벡터의 선운동향 크기 $\frac{mv_0}{6}-\sqrt{\frac{2}{9}}mv_2$

선운동량 보존

(분리 전) $\overrightarrow{v_0}$ 벡터의 선운동량 크기 = $[\overrightarrow{v_1}+(\overrightarrow{v_2}+\overrightarrow{v_3})]$ 벡터의 선운동향 크기

$$mv_0=\frac{mv_0}{6}-\sqrt{\frac{2}{9}}mv_2$$

$$\frac{5mv_0}{6}=-\sqrt{\frac{2}{9}}mv_2$$

$$v_2=-\sqrt{\frac{9}{2}\times\frac{25}{36}}v_0=-\sqrt{\frac{25}{8}}v_0$$

$$\therefore v_2=\sqrt{\frac{25}{8}}v_0 \quad \text{(크기만 고려)}$$

[예제] 그림처럼 질량 m인 포탄이 $v_0=$ 40 m/s로 지면과 45도 각도로 발사되어 궤도의 최고점에서 두 조각으로 분리되었다. 한 조각의 질량은 $\frac{2}{3}m$이고 분리 직후 속도는 0이며 수직 낙하하였다. 두 번째 조각의 질량은 $\frac{1}{3}m$이다. 포탄이 발사된 원점에서 두 번째 조각이 떨어진 총 거리[m]는? (단, 중력가속도는 10 m/s^{2}이다)

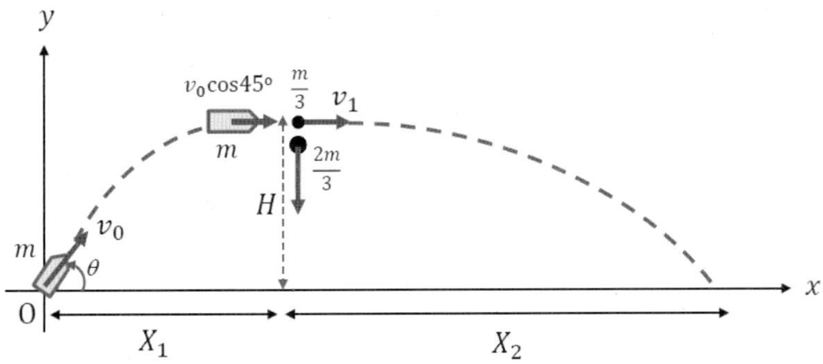

[해설]

[Note] (등가속도) 운동방정식

$v=v_0+at$

$x = v_0 t + \frac{1}{2}at^2$

$v^2 - v_0^2 = 2ax$

초속도의 x-성분 속도 $v_{0,x} = v_0 \cos\theta = 40\cos 45° = 40 \times \frac{\sqrt{2}}{2} = 20\sqrt{2}$ [m/s]

초속도의 y-성분 속도 $v_{0,y} = v_0 \sin\theta = 40\sin 45° = 40 \times \frac{\sqrt{2}}{2} = 20\sqrt{2}$ [m/s]

최고점까지 올라가는데 걸린 시간 $v = v_0 - gt \rightarrow v_y = v_{0,y} - gt$

$0 = 20\sqrt{2} - 10t \rightarrow t = 10\sqrt{2}$ [s]

최고점까지의 높이 (H) $v^2 - v_0^2 = 2ax \rightarrow v_y^2 - v_{0,y}^2 = 2(-g)H$

$0 - (20\sqrt{2})^2 = -2 \times 10 \times H \rightarrow H = \frac{400 \times 2}{20} = 40$ [m]

질량 m인 포탄이 최고점 (H)까지 올라갈 때 수평방향으로 이동한 거리 (X_1)

$x = v_0 t + \frac{1}{2}at^2 \rightarrow X_1 = v_0 \cos 45° \times t = 40 \times \frac{\sqrt{2}}{2} \times 2\sqrt{2} = 80$ [m] (∵ 등속운동)

선운동량 보존

충돌 전 후 x-성분 $m v_0 \cos\theta = \frac{2m}{3} \times 0 + \frac{m}{3} v_1$

$m \times 40 \times \frac{\sqrt{2}}{2} = \frac{m}{3} v_1 \rightarrow v_1 = 60\sqrt{2}$ [m/s]

$\therefore v_{1,x} \equiv v_1 = 60\sqrt{2}$ (분리된 후 질량 $\frac{1}{3}m$인 조각의 x-방향 속력)

분리된 질량은 $\frac{2}{3}m$인 조각이 높이 H에서 지면까지 떨어지는데 걸린 시간

$x = v_0 t + \frac{1}{2}at^2 \rightarrow H = (v_1)_{0,y} - \frac{1}{2}gt \rightarrow H = 0 - \frac{1}{2}gt^2$

$40 = \frac{1}{2} \times 10 \times t^2 \rightarrow t^2 = 8 \rightarrow t = 2\sqrt{2}$ [s]

두 번째 조각 (질량 $\frac{1}{3}m$)이 높이 $H(= 40 \text{ m})$에서 떨어질 때 걸린 시간

$x = v_0 t + \frac{1}{2}at^2 \rightarrow H = (v_2)_{0,y} - \frac{1}{2}gt \rightarrow H = 0 - \frac{1}{2}gt^2$

$(v_2)_{0,y} \equiv$ 질량 $\frac{1}{3}m$인 조각의 수직 방향으로 떨어질 때의 초속도 성분 $= 0$

$40 = \frac{1}{2} \times 10 \times t^2 \rightarrow t^2 = 8 \rightarrow t = 2\sqrt{2}$ [s]

즉, 분리된 후, 질량 $\frac{2}{3}m$과 질량 $\frac{1}{3}m$인 조각이 높이 H에서 지면까지 떨어지는 시간은 동일하다.

두 번째 조각 (질량 $\frac{1}{3}m$)이 v_1의 속력을 가지고 $2\sqrt{2}$ 초 동안 x방향으로 날아간 거리 (X_2)

$X_2 = v_1 t = 60\sqrt{2} \times 2\sqrt{2} = 120 \times 2 = 240$ [m]

포탄이 발사된 원점에서 두 번째 조각이 떨어진 총 거리 $(X_1 + X_2)$

$\therefore \ (X_1 + X_2) = 80 + 240 = 320$ [m]

[예제] 수평면위에서 질량이 3 kg인 물체가 $+x$ 방향으로 4 m/s로 움직이고 있다. 이 물체가 내부 폭발에 의해 두 조각으로 분리되었는데, 한 조각은 질량이 1 kg이고 $+x$ 방향으로 8 m/s로 움직일 경우, 나머지 한 조각의 운동방향과 속력[m/s]은? (단, 폭발 시 질량 손실은 없다)

[해설]

처음 질량 (M), 처음 속도 (v), 폭발 후 질량 (m_1, m_2), 폭발 후 속도 (v_1, v_2)

선운동량 보존 $\quad Mv = m_1 v_1 + m_2 v_2$

$3 \times 4 = 1 \times 8 + m_2 v_2 \quad \rightarrow \quad m_2 v_2 = 4 \qquad$ Ⓐ

에너지 보존 $\quad \frac{1}{2}Mv^2 = \frac{1}{2}m_1 v_1^2 + \frac{1}{2}m_2 v_2^2$

$3 \times 4^2 = 1 \times 8^2 + m_2 v_2^2 \quad \rightarrow \quad m_2 v_2^2 = -16$

$m_2 v_2 = 4 \quad \rightarrow \quad m_2 = \frac{4}{v_2}$

$m_2 v_2^2 = -16 = \frac{4}{v_2} v_2^2 \quad \rightarrow \quad 4v_2 = -16$

$v_2 = -4$ [m/s] $\qquad$ ($\rightarrow$ 방향 $-\hat{x}$, 크기 4 m/s)

$m_2 = \frac{4}{v_2} = \frac{4}{-4} = -1 \qquad$ (질량이 음수가 나올 수가 없다)

식 Ⓐ $\qquad 12 = 8 + m_2 v_2 = 8 + (-1) \times (-4)$

$\Rightarrow$ 잘못된 풀이 법

문제 조건에서 폭발 시 질량 손실이 없기 때문에 $M = m_1 + m_2$ 이다.

$M = m_1 + m_2 \quad \rightarrow \quad 3 = 1 + m_2$

$\therefore m_2 = 2$ kg

$m_2v_2 = 4 \ \rightarrow \ v_2 = \dfrac{4}{m_2} = \dfrac{4}{2} = 2$ (→ 방향 $+\hat{x}$)

식 Ⓐ $12 = 8 + m_2v_2 = 8 + 2 \times 2 = 12$ (충돌 전 후 선운동량 보존)

폭발 전 에너지 $= \dfrac{1}{2}Mv^2 = \dfrac{1}{2} \times 3 \times 4^2 = 24$ [J]

폭발 후 에너지 $= \dfrac{1}{2}m_1v_1^2 + \dfrac{1}{2}m_2v_2^2 = \dfrac{1}{2} \times 1 \times 8^2 + \dfrac{1}{2} \times 2 \times 2^2 = 32 + 4 + 36$ [J]

따라서 위 문제의 경우, 선운동량은 보존 되지만, 에너지가 보존 되는 경우는 아니다. 폭발에 의해 에너지가 어디론가 빠져 나갔음을 알 수 있다.

[예제] 질량비가 $m_A : m_B = 1 : 3$ 인 두 물체가 실로 연결되어 있다. 성냥불로 실을 끊으면 용수철이 늘어나면서 두 물체가 서로 반대 방향으로 운동한다.

① 두 물체 속력의 비 $v_A : v_B$ 는?

② 두 물체 운동에너지의 비는 $(KE)_A : (KE)_B$?

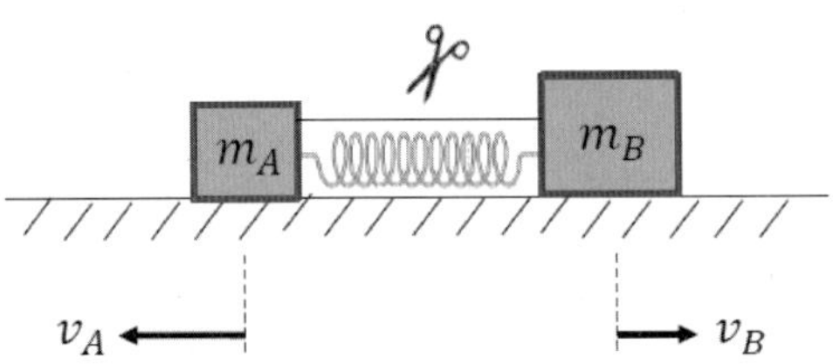

[해설]

① 운동량 보존 $0 = m_Av_A + m_B(-v_B) = m_Av_A - 3m_Av_B$

$v_A = 3v_B \ \rightarrow \ v_A : v_B = 3 : 1$

$\therefore v_B = \dfrac{1}{3}v_A$

[Note] 방향은 서로 반대

② 운동에너지 비

$(KE)_A : (KE)_B = \dfrac{1}{2}m_Av_A^2 : \dfrac{1}{2}m_Bv_B^2$

$= \dfrac{1}{2}m_Av_A^2 : \dfrac{1}{2}3m_A\left(\dfrac{1}{3}v_A\right)^2 = \dfrac{1}{2}m_Av_A^2 : \dfrac{3}{9} \times \dfrac{1}{2}m_Av_A^2$

$= 1 : \dfrac{1}{3}$

□ 충격량과 충격력

(상황) 짧은 시간 동안 접촉하면서 (때론 강력한) 힘을 교환하는 물체의 운동

(예) 축구공 찰 때, 물체가 지면에 닿는 순간, 당구공이 서로 충돌하는 경우, 짧은 시간 동안 접촉하는 운동 등

가속도 $a \equiv \dfrac{\Delta v}{\Delta t}$

뉴턴 제 2법칙 $F = ma = m\dfrac{\Delta v}{\Delta t} = \dfrac{\Delta(mv)}{\Delta t} = \dfrac{\Delta p}{\Delta t}$

$$\therefore F\Delta t = mv - mv_0 = \Delta p$$

► 충격량 (impulse)

$I \equiv F\Delta t = \Delta p$ (물체에 F 힘을 Δt초 동안에 작용)

벡터 표시 $\vec{I} \equiv \vec{F}\Delta t = m\vec{v_f} - m\vec{v_i} = m\Delta\vec{v} = \Delta(m\vec{v}) = \Delta\vec{p}$

적분 표시 $\vec{I} \equiv \int \vec{F}\Delta t = m\vec{v_f} - m\vec{v_i} = m\Delta\vec{v} = \Delta(m\vec{v}) = \Delta\vec{p}$

✍ 충격량-운동량 정리

"충격량 ($I \equiv F\Delta t$)은 운동량의 변화량 (Δp)과 같다"

단위 $[\mathrm{Ns} = \mathrm{kg}\dfrac{\mathrm{m}}{\mathrm{s}^2}\mathrm{s} = \mathrm{kg}\dfrac{\mathrm{m}}{\mathrm{s}}]$ (충격량의 단위는 운동량 단위하고 동일)

(생각해보기)

힘의 공간적 효과: 힘 (F) × 거리 (x) ⇒ 일 (Work) ⇒ 에너지

힘의 시간적 효과: 힘 (F) × 시간 (t) ⇒ 힘의 축척 (충격량, I) ⇒ 운동량

(상황1) 충격량이 동일할 때, 충돌시간이 길어질수록 (⇑) 힘은 작아진다 (⇓).

$I \equiv F\ \Delta t$

일정 ⇓ ⇑

(예)

- 자동차 범퍼는 완충작용을 하면서 충돌시간을 길게 한다.
- 높은 곳에서 뛰어내릴 때, 발을 살짝 구부리면서 착지한다.
- 번지점프를 할 때, 줄의 길이가 늘어나면서 시간이 길어져 사람이 받는 충격량은 작아진다.

- 매트위에서 레슬링이나 유도 경기를 하면 선수를 보호할 수 있다.
- 안전벨트나 에어백은 운전자가 정지할 때까지 걸리는 시간을 길게 하여 충격력을 감소시키는 역할을 한다.

(상황2) 힘이 일정할 경우 시간을 길게 하면 충격량이 커진다.

$I \equiv F \ \Delta t$

⇑ 일정 ⇑

(예)

- 총의 총신
- 대포 포신

► 충격력

(상황) 테니스공 (혹은 골프공)을 칠 때 공이 크게 변형됨을 알 수 있다. 이와 같이 짧은 시간동안 물체 사이에 상대적으로 강한 힘이 작용할 때 힘의 크기는 측정하기 어렵지만 힘에 의한 총 충격량은 운동량의 변화량을 측정함으로써 알 수 있다.

$$F = ma = m\frac{\Delta v}{\Delta t} = \frac{\Delta(mv)}{\Delta t} = \frac{\Delta p}{\Delta t} \qquad \text{(운동량의 시간변화량은 충격력과 같다)}$$

✎ 운동량변화 (=충격량)가 같을 때 작용한 시간이 짧을수록 (⇓) 작용한 충격력은 크다 (⇑).

(살펴보기)

- 야구 포수가 공을 받을 때 글러브를 살짝 뒤로 빼면서 받으면 손이 덜 아프다. 즉, 같은 운동량변화에 대해 시간을 길게 해서 작용한 힘을 작게 한다.
- 유리컵을 같은 높이 위에서 딱딱한 바닥과 솜이불 (혹은 스펀지)에 떨어뜨렸을 때, 솜이불에서는 잘 깨지지 않는 이유도 역시 유리컵을 정지시키는 시간을 길기 때문이다.
- 자동차가 짚더미에 부딪칠 때 파손이 덜한 이유는 t가 길고 F가 작기 때문이다. 반대로, 자동차가 콘크리트 벽에 부딪칠 때 파손이 심한 이유는 t가 짧고 F가 크기 때문이다.
- 암벽 등반가들이 사용하는 로프는 (낚시 줄 같이 단단한 줄이 아니라) 조금 늘어나는 나일론 로프 (혹은 탄성이 좋은 줄)를 사용한다.
- 계란을 유리판 위에서 떨어뜨리면 깨지지만, 솜 방석 위에서는 안 깨진다.
- 놀이 공원의 박치기 자동차의 둘레에는 탄성이 좋은 고무 범퍼가 있어 충돌 시 완충작용을 해 위험도를 줄여준다. 즉, 운동량의 변화량은 같은데, 충돌 시간이 길어지면 충격력이 작아진다.
- 높은 곳에서 뛰어 내릴 때, 딱딱한 맨땅바닥에 떨어질 때 보다, 눈이 쌓인 바닥에 뛰어 내리면 부상의 정도가 훨씬 작다.

충격량-운동량 정리: 운동변화량과 충격량은 동일하다.

$$I \equiv F\Delta t = \Delta p = mv - mv_0 = mv - 0 = mv \quad (\because v_0 = 0)$$
$$mv = F\Delta t$$

왼쪽 항이 상수이다. 따라서 시간 (Δt)이 길수록 (⇑) 작용한 힘 (F)은 작다 (⇓).

일정 = F Δt
⇓ ⇑

[예제] 충격량과 차원이 같은 물리량은?
① 에너지 ② 힘 ③ 일률 ④ 운동량 ⑤ 가속도
[정답] ④

[예제] 어떤 물체에 2 N의 힘이 40초 동안 작용하였을 때 이 물체가 받는 충격량[N • s]은?

[해설]
충격량 $I \equiv F\Delta t$
$= 2 \times 40 = 80$ [N • s]

[예제] 질량 2 kg인 물체가 5 m/s에서 9 m/s로 변할 때 충격량[N • s]은?

[해설] 충격량은 운동량의 변화량과 같다.
$I \equiv F\Delta t = mv - mv_0 = \Delta p$
$= 2 \times 9 - 2 \times 5 = 18 - 10 = 8$ [N • s]

[예제] 정지해 있던 질량 10 kg의 물체에 5초간 일정한 힘을 가해 20 m/s의 속도로 운동하게 했을 때, 물체에 가해진 충격량[N • s]은?

[해설]
(방법1) $I \equiv F\Delta t = mv - mv_0 = \Delta p$
$= 10 \times 20 - 10 \times 0 = 200$ [N • s]

(방법2) $I \equiv F\Delta t = ma\Delta t$
$= 10 \times 4 \times 5 = 200$ [N • s] $\quad (\because a = \dfrac{\Delta v}{\Delta t} = \dfrac{20}{5} = 4 \ \text{m/s}^2)$

[예제] 마찰이 없는 수평면 위에 질량 3 kg인 물체에 충격량 15 [N • s]이 가해진다.
① 속력[m/s]은?
② 운동량 크기[kg • m/s]는?

[해설]

① $Ft \equiv I = mv - mv_0$

$15 = 3 \times v - 3 \times 0 = 3v$

$\therefore v = 5$ [m/s]

② $p = mv = 3 \times 5 = 15$ [kg • m/s]

[예제] 빙판위에 정지해 있던 질량이 5 kg인 물체를 수평방향으로 10 N의 힘으로 끌어당긴다. 10초 후 물체의 속도[m/s]는?

① 운동방정식을 사용해서 풀어라.

② 충격량-운동량의 관계를 이용해서 풀어라.

[해설]

① $F = ma \rightarrow 10 = 5 \times a$

$a = 2$ [m/s^2]

$\therefore v = v_0 + at = 0 + 2 \times 10 = 20$ [m/s]

② $Ft \equiv I = mv - mv_0$

$10 \times 10 = 5 \times v - 5 \times 0$

$\therefore v = 20$ [m/s]

[예제] 시속 108 km/h의 속도로 정지된 물체와 충돌하는 것은 높이가 몇 m의 건물 위에서 자유낙하 후 지면에 떨어지는 충격과 유사한가? (단, 공기저항은 무시하고, 중력가속도는 10 $\mathrm{m/s^2}$이다)

[해설] $I \equiv F\Delta t = mv - mv_0 = \Delta p$

$$v_0 = 108\frac{\mathrm{km}}{\mathrm{h}} = 108\frac{1000\mathrm{m}}{3600\mathrm{s}} = 30[\mathrm{m/s}]$$

$$I \equiv F\Delta t = mv - mv_0 = m \times 0 - m \times 30 = -30m \qquad (\because v = 0) \qquad Ⓐ$$

자유낙하의 경우 $\frac{1}{2}mv^2 = mgh \rightarrow v = \sqrt{2gh}$

$$I \equiv F\Delta t = mv - mv_0 = m \times \sqrt{2gh} - m \times 0 = m\sqrt{2gh} \qquad (\because v_0 = 0) \qquad Ⓑ$$

문제 조건 Ⓐ = Ⓑ $\rightarrow 30m = m\sqrt{2gh} \rightarrow 30^2 = 2gh$

$$\therefore h = \frac{30^2}{2g} = \frac{900}{2 \times 10} = 45 \text{ [m]}$$

[예제] 축구공을 차면 짧은 시간 동안 축구공에 힘을 주게 되고 축구공은 받은 충격량만큼 운동량이 변한다. 그럼 축구공이 받는 평균 힘은 어떻게 구할 수 있을까?

[해설] 대체적으로 시간에 따라 축구공이 받는 힘은 그림처럼 된다. 힘 (F) − 시간 (t)의 그래프에서 충격량은 그래프의 면적에 해당한다. 따라서 충격량을 알면 축구공이 받는 평균힘을 알 수 있다.

$$\text{평균힘} = F_{\text{평균힘}} = \frac{I}{\Delta t}$$

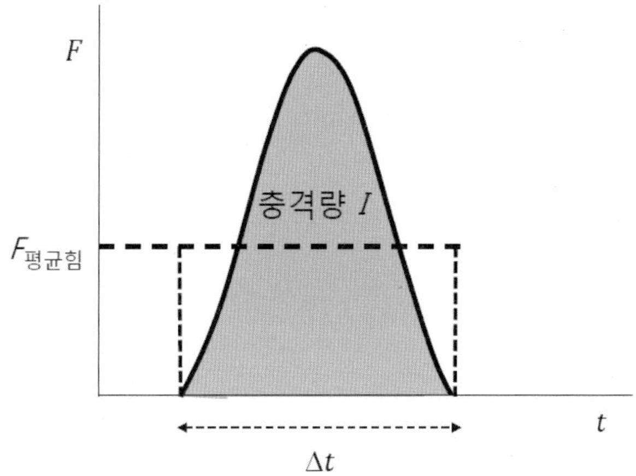

힘 (F) − 시간 (t)의 그래프에서 충격량 (I)의 면적과 $F_{\text{평균힘}}$ × 시간 (Δt)을 곱한 사각형의 면적은 동일하다.

(동일 상황) 충돌 시 작용하는 힘은 접촉하는 순간부터 점점 커지다가 최대로 커진 후 다시 점점 작아진다.

① 야구공을 배트로 칠 때

② 테니스공을 라켓으로 칠 때

[예제] 그림처럼 질량 m인 야구공이 속도 v로 벽에 수직으로 충돌한 후 $\frac{2}{3}v$의 속도로 튀어 나왔다. 공의 운동량 변화량은?

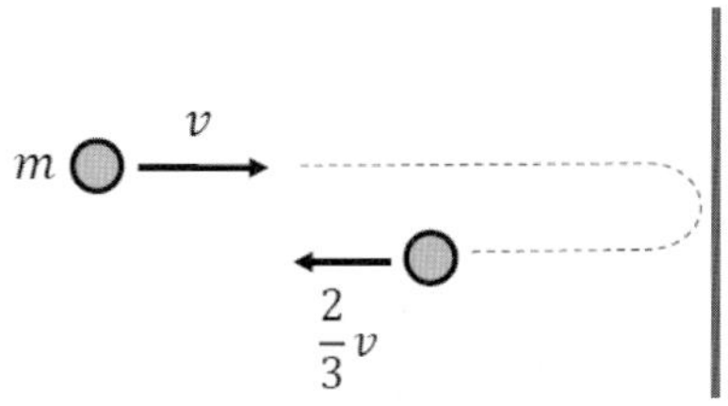

[해설] $\Delta\vec{p} = m\vec{v} - m\vec{v_0}$ (∵ 운동량은 벡터양)

$= m(-\frac{2}{3}v) - mv = -\frac{5}{3}mv$ [∵ (−)의미: 초기에 오른쪽 방향을 $+\hat{x}$로 택했기 때문에 반대 방향임을 나타낸다]

$\therefore |\Delta\vec{p}| = \frac{5}{3}mv$

[예제] 그림처럼 질량 100 g인 공이 5 m/s의 속력을 가지고 벽과 30°로 부딪친 후 30°로 각도로 다시 5 m/s의 속력으로 튀어 나온다. 공과 벽의 접촉 시간은 0.01초 일 때, 공이 벽에 준 힘의 크기[N]는?

[해설]

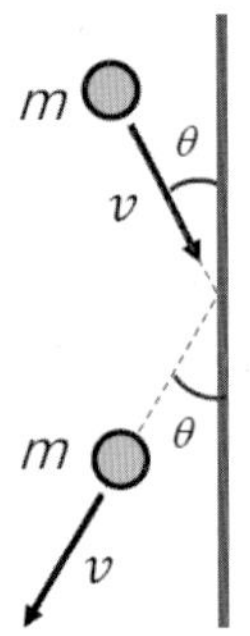

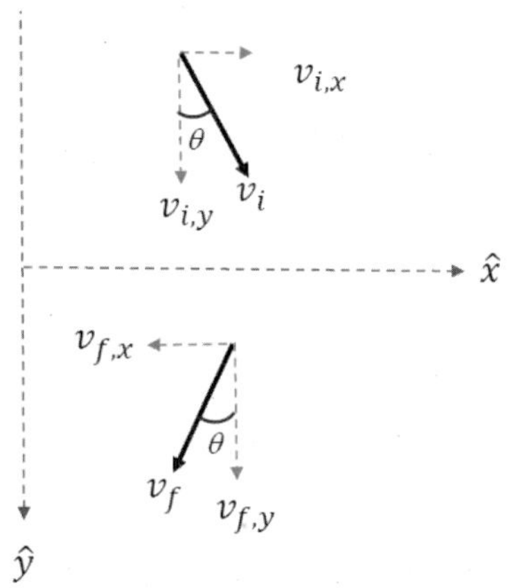

$I \equiv F\Delta t = mv - mv_0 = \Delta p$

초기 x축 방향 속력 $v_{i,x} = v_i \sin\theta = 5 \times \frac{1}{2} = \frac{5}{2}$

초기 y축 방향 속력 $v_{i,y} = v_i \cos\theta = 5 \times \frac{\sqrt{3}}{2} = \frac{5\sqrt{3}}{2}$

나중 x축 방향 속력 $v_{f,x} = v_f \sin\theta = 5 \times \frac{1}{2} = \frac{5}{2}$

나중 y축 방향 속력 $v_{f,y} = v_f \cos\theta = 5 \times \frac{\sqrt{3}}{2} = \frac{5\sqrt{3}}{2}$

x축 방향 운동량 변화량 $\Delta p_x = mv_{f,x} - mv_{i,x} = 0.1 \times (-\frac{5}{2}) - 0.1 \times \frac{5}{2} = -0.5$

y축 방향 운동량 변화량 $\Delta p_y = mv_{f,y} - mv_{i,y} = 0.1 \times \frac{5\sqrt{3}}{2} - 0.1 \times \frac{5\sqrt{3}}{2} = 0$

→ 공은 벽에 수직 방향 ($\hat{x}$)으로만 힘을 가한다.

$F\Delta t = \Delta p_x = mv_{f,x} - mv_{i,x} = -0.5$ (−부호는 방향을 나타내므로 무시)

$$\therefore F = \frac{\Delta p_x}{\Delta t} = \frac{0.5}{0.01} = 50 \ \ [\mathrm{N}]$$

[예제] 수평으로 140 km/h의 속도로 던진 질량 0.2 kg 야구공을 쳤을 때 공이 수직 방향으로 140 km/h의 속도로 날아갔다. 충격량의 크기[kg • m/s]는?

[해설]

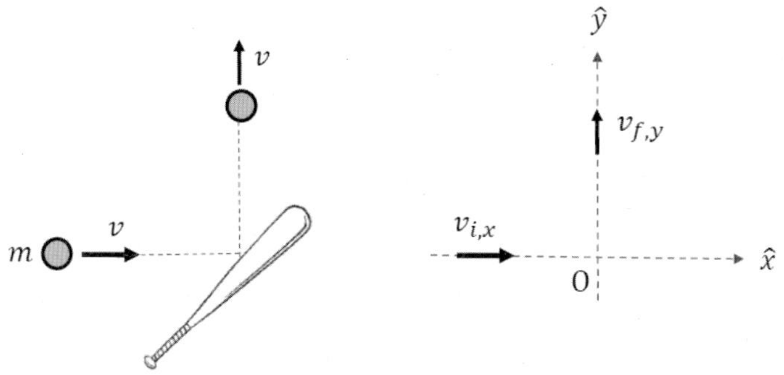

$$I \equiv F\Delta t = m\vec{v} - m\vec{v_0} = \Delta\vec{p}$$

속도 140 km/h = $140 \times \frac{1000\mathrm{m}}{3600\mathrm{s}} = \frac{350}{9}$ [m/s]

x − 방향 $\quad I_x = mv_{f,x} - mv_{i,x} = 0.2 \times 0 - 0.2 \times \frac{350}{9} = -\frac{70}{9}$

y − 방향 $\quad I_y = mv_{f,y} - mv_{i,y} = 0.2 \times \frac{350}{9} - 0.2 \times 0 = \frac{70}{9}$

∴ 충격량의 크기 $I = \sqrt{I_x^2 + I_y^2} = \sqrt{\left(-\frac{70}{9}\right)^2 + \left(\frac{70}{9}\right)^2} = \frac{70}{9}\sqrt{2}$ [kg • m/s]

[예제] 60 kg인 사람이 3 m 높이에서 뛰어내린다. 충격량은? 이제 다리를 1 cm 구부린 경우와 50 cm 구부린 경우 평균 힘을 비교해 보면?

[해설]

지면에 도달할 때 사람의 속도 $\quad mgh = \frac{1}{2}mv^2$

$$\therefore v = \sqrt{2gh} = \sqrt{2 \times 9.8 \times 3} = 7.7 \left[\frac{\mathrm{m}}{\mathrm{s}}\right]$$

충격량은 운동량의 변화량과 같다 $\quad \rightarrow Ft \equiv I = mv - mv_0$

$$\therefore I = 60 \times 7.7 - 60 \times 0 = 462 \left[\mathrm{kg}\frac{\mathrm{m}}{\mathrm{s}}\right]$$

1 cm 구부린 경우, 접촉시간이 약간 길어질 것으로 예상

$$\Delta t = \frac{0.01\text{m}}{7.7(\text{m/s})} = 1.2 \times 10^{-3}\ \text{s}$$

$$\text{평균힘} = \frac{I}{\Delta t} = \frac{462}{1.2 \times 10^{-3}} = 385 \times 10^{5} \approx 4 \times 10^{5}\ \text{N}$$

50 cm 구부린 경우, 접촉시간이 더욱 더 길어질 것으로 예상

$$\Delta t = \frac{0.5\text{m}}{7.7(\text{m/s})} = 6.4 \times 10^{-2}\ \text{s}$$

$$\text{평균힘} = \frac{I}{\Delta t} = \frac{462}{6.4 \times 10^{-2}} = 72 \times 10^{2} \approx 7 \times 10^{3}\ \text{N}$$

☛ 낙법의 원리: 충격량은 동일하지만 시간을 늘림으로써 평균힘을 줄여 신체 부상을 막을 수 있는 것이 바로 낙법의 원리이다.

[예제] 포신이 짧은 것하고 긴 것 중 어느 것이 대포알이 더 멀리 날아가는가?

[해설] 포신이 긴 것이 더 멀리 날아간다. 포탄 (m)이 발사될 때 작용하는 힘 (F)은 일정할 것이고, 포신이 길수록 시간 (t)은 길어진다.

$$I \equiv F\Delta t = \Delta p = mv - mv_0 = mv \qquad (\because v_0 = 0)$$

F = 일정, m = 상수

$\therefore\ t \Uparrow\ \rightarrow\ v \Uparrow$

날아가는 거리 $R = \dfrac{v^2 \sin 2\theta}{g} \qquad (\rightarrow\ R \propto v^2)$

☛ 힘이 일정할 때, 시간을 늘려 충격량을 크게 할 수 있다.

- 총알을 멀리 보내기 위해 총구를 길게 한다. (예, 권총보다는 장총이 총알이 멀리 나간다)
- 테니스, 골프, 탁구 등 운동선수가 follow through를 한다.
- 대롱 화살을 이용하여 사냥한다.
- 수박씨 멀리 날리기 대회에서 대롱 사용이 허락된다면 우승할 수 있다.

[예제] 아픈 충격과 덜 아픈 충격을 그림을 그려서 비교해 보면?

[해설]

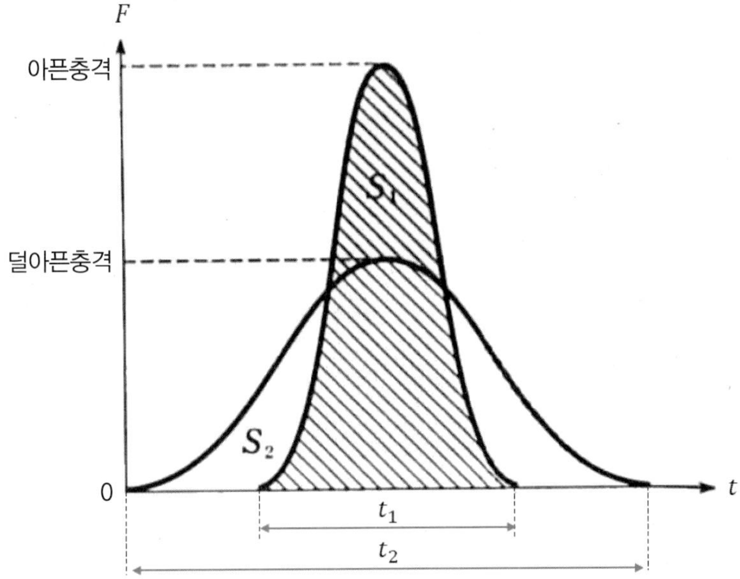

충격량이 동일해도 접촉시간에 따라 가해진 힘의 크기가 달라진다. 충격량이 동일할 때, 그림에서 면적 S_1과 면적 S_2는 동일하다. S_1의 경우 짧은 시간에 큰 힘을 가한 것이고, S_2의 경우 긴 시간에 작은 힘을 받은 경우이다. 따라서 S_2의 경우가 덜 아픈 힘을 나타낸다.

[예제] 질량 100 g인 골프공에 일정한 힘을 0.01초 주어 250 m 날아가게 하려고 한다. 골프공에 가해야 하는 최소 힘[N]은? (단, 공기저항은 무시하고, 중력가속도는 $10\ \mathrm{m/s^2}$ 이다)

[해설] 충격량-운동량 정리

$$Ft \equiv I = mv - mv_0$$

$$F \times 0.01 = 0.1 \times v$$

[Note] 날아가는 거리 $R = \dfrac{v^2 \sin 2\theta}{g}$

$$= \frac{v^2}{g} \qquad (\theta = 45^\circ \text{일 때 최대 거리})$$

$$\therefore v = \sqrt{gR}$$

$$F \times 0.01 = 0.1 \times v$$

$$= 0.1 \times \sqrt{gR}$$

$$\therefore F = \frac{0.1}{0.01} \times \sqrt{10 \times 250} = 10 \times 50 = 500\ [\mathrm{N}]$$

✍ **(요약)** 고립계에서 선운동량 보존

그림처럼 마찰, 저항, 기타 외력이 작용하지 않는 고립계를 생각하자.

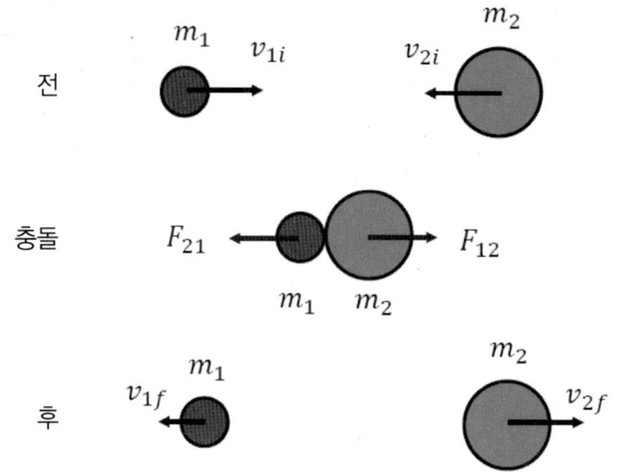

$$\vec{F} = \frac{d\vec{p}}{dt}$$

$$\vec{F}\Delta t = \Delta\vec{p} = \Delta m\vec{v}$$

$\overrightarrow{F_{21}}\Delta t = m_1\overrightarrow{v_{1f}} - m_1\overrightarrow{v_{1i}}$ ($\overrightarrow{F_{21}} =$ m_2에서 m_1으로 작용하는 힘)

$\overrightarrow{F_{12}}\Delta t = m_2\overrightarrow{v_{2f}} - m_2\overrightarrow{v_{2i}}$ ($\overrightarrow{F_{12}} =$ m_1에서 m_2으로 작용하는 힘)

뉴턴 3법칙 $\overrightarrow{F_{21}} = -\overrightarrow{F_{12}}$ (작용-반작용)

$\therefore \overrightarrow{F_{21}}\Delta t = -\overrightarrow{F_{12}}\Delta t$ ($\because$ 동일 시간 Δt동안 힘이 작용)

$$(m_1\overrightarrow{v_{1f}} - m_1\overrightarrow{v_{1i}}) = -(m_2\overrightarrow{v_{2f}} - m_2\overrightarrow{v_{2i}})$$

$$\therefore\ m_1\overrightarrow{v_{1i}} + m_2\overrightarrow{v_{2i}} = m_1\overrightarrow{v_{1f}} + m_2\overrightarrow{v_{2f}}$$

즉, 충돌 전 운동량의 합과 충돌 후 운동량의 합이 같다 → 보존된다.

(결론) 외력이 작용하지 않으면 선운동량을 보존된다.

[예제] 질량이 5 kg인 물체와 10 kg인 물체가 충돌하였다. 이 두 물체가 상대방 물체로부터 받는 힘의 비는?

① 1:1 ② 1:2 ③ 2:1 ④ $1:\frac{1}{2}$ ⑤ $\frac{1}{2}:1$

[정답] ① (작용-반작용에 의해, 충돌 시 작용하는 힘은 동일하다)

(생각해보기) 지구와 물체의 상호작용의 경우 지구의 운동에너지를 무시할 수 있는가?

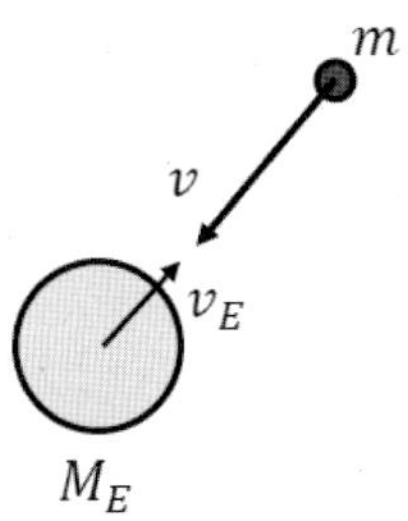

같은 크기의 작용-반작용이 작용한다고 할 때 물체는 떨어지는데, 그럼 과연 물체가 지구를 잡아당길 때 지구 또한 움직이지 않을까하고 생각하는 것은 당연하다.

M_E (지구의 질량)
v_E (물체에 의한 반작용으로 생긴 지구의 속도)
선운동량 보존

$$0 = mv - M_E v_E \qquad \rightarrow \; v_E = \frac{mv}{M_E}$$

운동에너지 비

$$\frac{\mathrm{KE_{Earth}}}{\mathrm{KE_{물체}}} = \frac{\frac{1}{2}M_E v_E^2}{\frac{1}{2}mv^2} = \frac{M_E}{mv^2}\left(\frac{mv}{M_E}\right)^2 = \frac{m}{M_E}$$

만약 물체의 질량 (m)을 1 kg 정도라고 하고, 지구의 질량 $(M_E \sim 6\times 10^{24}\,\mathrm{kg} \sim 10^{25}\,\mathrm{kg})$이라고 하자.

$$\frac{\mathrm{KE_{Earth}}}{\mathrm{KE_{물체}}} \sim \frac{1}{10^{25}} \sim 10^{-25}$$

$\therefore$ 지구의 운동에너지는 무시 가능하다.

(예) 질량이 각각 50 kg인 두 학생이 1 m 떨어져 있을 때, 이 두 학생 사이에 작용하는 만유인력의 크기는?

[정답] $F = G\frac{m_1 m_2}{r^2} = 6.67\times 10^{-11} \times \frac{50\times 50}{1^2} = 1.68\times 10^{-7}$ [N] (너무 작아서 느낄 수 없다)

[예제] 그림처럼 물체 A와 B가 충돌하였다. 충돌하는 동안 B가 받는 충격량의 크기는?

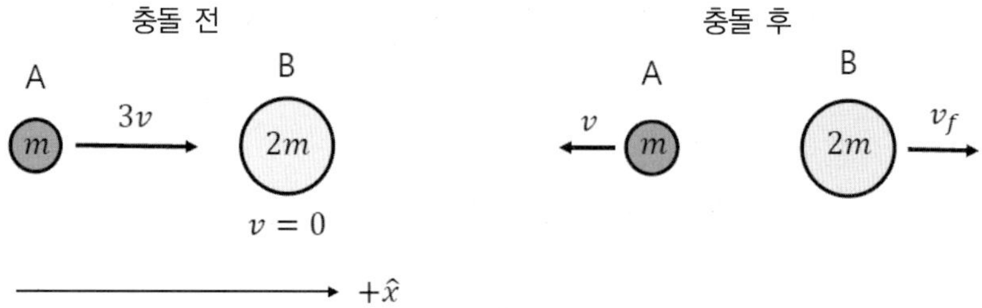

[해설]

(방법1) $I \equiv F\Delta t = \Delta p = \Delta(mv) = mv_f - mv_i = m(v_f - v_i)$

$I_A = m_A(-v - 3v) = -4mv$

$I_B = m_B(v_f - 0) = m_B v_f = 2mv_f$

작용-반작용에 의해 동일시간 (Δt)에 같은 힘 (F)이 작용

$\rightarrow\ I_A = I_B$

$\therefore I_B = 4mv$

(방법2) 선운동량 보존

$\vec{F} = \dfrac{d\vec{p}}{dt} \quad \rightarrow \quad 0 = \dfrac{d\vec{p}}{dt} \quad \rightarrow \quad \vec{p} =$ 상수 ($\because$ 외력이 작용하지 않을 때)

$\therefore\ \vec{p_i} = \vec{p_f}$

물체 A와 B의 초기 선운동량 합 $m(3v) + 2m \times 0 = 3mv$

물체 A와 B의 나중 선운동량 합 $m(-v) + 2mv_f = -mv + 2mv_f$

$\rightarrow 3mv = -mv + 2mv_f$

$v_f = 2v$

$\therefore\ I_B = m_B(v_f - v_i) = 2m \times (2v - 0) = 4mv$

[예제] 그림은 질량 0.5 kg인 당구공 A가 10 m/s의 일정한 속력으로 직선 운동하여 정지해 있던 당구공 B와 정면충돌한 후, 당구공 A는 그 자리에 정지하고 당구공 B는 당구공 A의 처음 운동방향과 같은 방향으로 운동하였다. 이 과정에서 시간에 따른 두 당구공 사이에 작용하는 힘의 변화가 그래프로 나타나 있을 때, 이 그래프의 면적[N • s]은?

[해설]

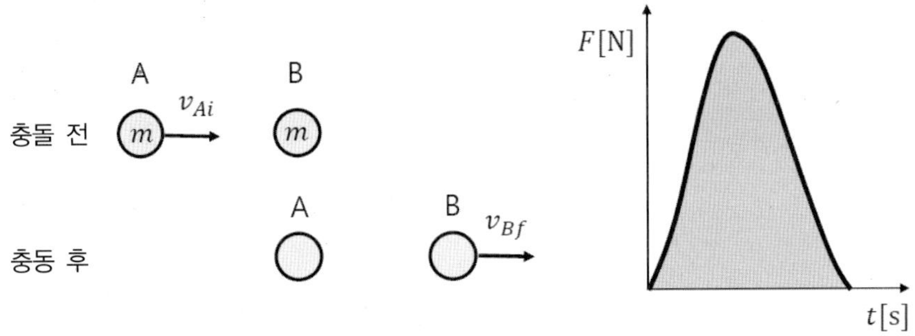

선운동량 보존 $mv_{Ai} + 0 = 0 + mv_{Bf}$

$0.5 \times 10 = 0.5 \times v_{Bf} \quad \rightarrow v_{Bf} = 10 \ \text{[m/s]}$

$I \equiv F\Delta t = \Delta p = \Delta(mv) = mv_f - mv_i = m(v_f - v_i)$

당구공 A가 받는 충격량 $I_A = m_A(v_{Af} - v_{Ai}) = 0.5 \times (0 - 10) = -5 \ \text{[N • s]}$

당구공 B가 받는 충격량 $I_B = m_B(v_{Bf} - v_{Bi}) = 0.5 \times (10 - 0) = 5 \ \text{[N • s]}$

∴ 면적은 각 당구공이 받은 충격량이므로 5[N • s]이다.

[예제] 그림처럼 x축 방향으로 힘이 1 kg인 물체에 작용하였다.

① $t = 0$초에서 $t = 3$초까지 충격량?

② $t = 3$초에서 $t = 5$초까지 충격량?

③ $t = 0$초에 정지해 있던 물체에 힘이 작용했다면 $t = 2, 4$초 일 때 입자의 속력?

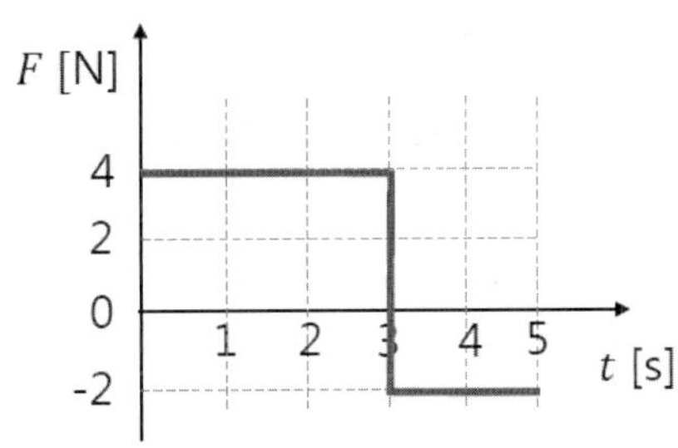

[해설] 일정한 힘이 작용

①

(방법1)

충격량 $I \equiv F\Delta t$

$= 4 \times (3 - 0) = 12$ [N • s] (혹은 12 $\text{kg}\dfrac{\text{m}}{\text{s}}$)

(방법2) 힘 (F)과 시간 (t)의 그래프에서 면적이 바로 충격량을 나타낸다.

면적 = 밑변 × 높이 $= 3\times 4 = 12$

② 충격량 $I\equiv F\Delta t = (-2)\times(5-3) = -4$ [N • s] (혹은 -4 $kg\frac{m}{s}$)

③ $I\equiv F\Delta t = \Delta p = \Delta(mv) = mv_f - mv_i = m(v_f - v_i)$

$t = 2$초; $I\equiv 4\times(2-0) = 1\times v_f - 1\times 0 = v_f \quad \rightarrow v_f = 8$ [m/s]

힘이 3초까지 $+x$방향으로 작용하기 때문에 속력은 최대가 되고, 3초 이후에는 반대 방향 $(-x)$으로 작용하기 때문에 속력은 다시 줄어든다.

$t = 3$초; $I\equiv 4\times(3-0) = 1\times v_f - 1\times 0 = v_f \quad \rightarrow v_f = 12$ [m/s]

$t = 3 \sim 4$초 사이: $F\Delta t = mv_f - mv_i = (-2)\times(4-3) = 1\times v_f - 1\times 12 \rightarrow v_f = 10$ [m/s]

($\because v_i = 12$ m/s임에 주의한다)

[예제] 그림처럼 정지하고 있던 질량 4 kg인 물체에 시간에 따라 변하는 힘이 작용하였다. 2초 후 물체의 속력[m/s]은?

[해설] 힘이 시간에 따라 크기가 변하는 경우

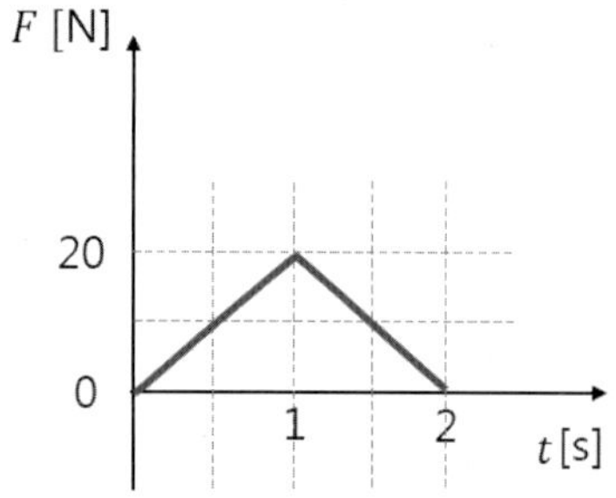

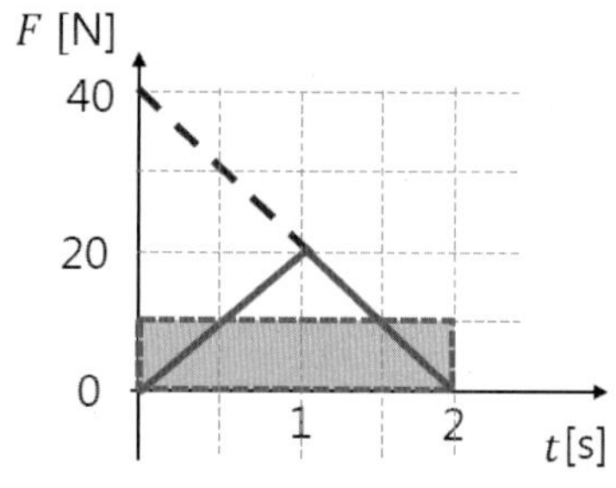

(방법1) 충격량-운동량 정리

$$\vec{I}\equiv\int\vec{F}\Delta t = m\vec{v_f} - m\vec{v_i} = m\Delta\vec{v} = \Delta(m\vec{v}) = \Delta\vec{p}$$

면적 $(= F\times t)$이 충격량에 해당한다. 2초 동안 작용하는 평균힘은 그래프에서 10 N이다.

$10\times 2 = 4v_f - 4\times 0$

$\therefore v_f = 5$ [m/s]

(방법2) 직접 적분

시간에 따른 힘의 방정식 ($F = F(t)$)을 구한 후 적분을 직접 한다.

[0 ~ 1초] $F(t) = 20t$

[1 ~ 2초] $F(t) = -20t + 40$

$$I = \int_0^2 F dt = \int_0^1 20t\, dt + \int_1^2 (-20t + 40)\, dt = 20 \times \frac{1}{2} t^2|_0^1 + (-20 \times \frac{1}{2} t^2|_1^2 + 40t|_1^2$$

$$= 10(1-0) + [-10(4-1)] + 40(2-1) = 10 - 30 + 40 = 20$$

$$\vec{I} \equiv \int \vec{F} \Delta t = m\overrightarrow{v_f} - m\overrightarrow{v_i}$$

$$20 = mv_f - mv_i = 4 \times v_f - 0 \times v_i$$

$$\therefore v_f = 5\ [\mathrm{m/s}]$$

[예제] 지상에서 5 m 떨어진 곳에서 정지한 질량 1 kg짜리 공을 자유 낙하시켰더니, 지면과 충돌 후 높이 2 m까지 다시 튀어오를 때, 충돌 과정에서 공이 받는 충격량[kg • m/s]? (단, 중력 가속도는 10 m/s^{2}이다)

[해설]

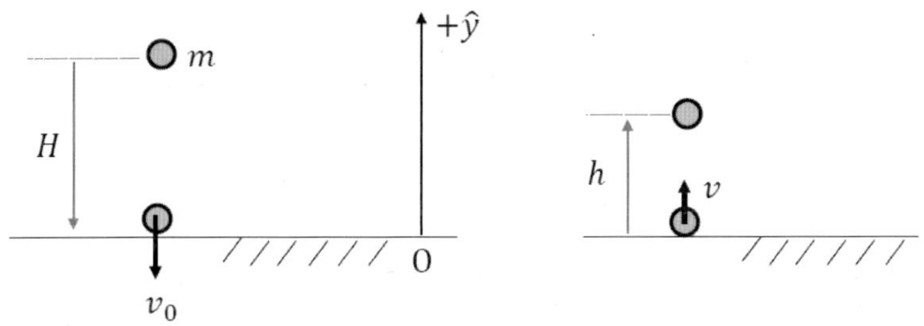

바닥에 충돌 직전 물체의 속도 (v_0): 역학적 에너지 보존

$$mgH = \frac{1}{2} m v_0^2 \quad \rightarrow \quad v_0 = \sqrt{2gH}$$

$$\therefore v_0 = \sqrt{2gH} = \sqrt{2 \times 10 \times 5} = 10\ [\mathrm{m/s}]$$

바닥과 충돌 후 높이 2 m까지 튀어 오르기 위한 속도 (v)

$$\frac{1}{2}mv^2 = mgh \quad \rightarrow \quad v = \sqrt{2gh}$$

$$\therefore v = \sqrt{2gh} = \sqrt{2\times10\times2} = 2\sqrt{10} \quad [\mathrm{m/s}]$$

$$I \equiv F\Delta t = \Delta p = \Delta(mv) = mv - mv_0$$
$$= 1\times2\sqrt{10} - 1\times(-10) = 2\sqrt{10} + 10 \quad [\mathrm{kg\cdot m/s}]$$

[Note] 좌표를 그림처럼 잡을 때, v_0의 방향이 반대이므로 (−)를 집어넣어야 한다.

[예제] 지상에서 5 m 떨어진 곳에서 정지한 질량 2 kg짜리 공을 자유 낙하시켰다. 바닥과 충돌 직후 공의 속도는 위 방향으로 4 m/s였다. (단, 공기저항은 무시하고, 중력가속도는 10 $\mathrm{m/s^2}$이다)

① 바닥에 닿기 직전 속력[m/s]은?
② 바닥이 받은 충격량의 크기[N • s]는?
③ 공이 바닥과 충돌 직후 운동량의 크기[kg • m/s]는?

[해설]

① 역학적 에너지 보존

$$mgh = \frac{1}{2}mv^2 \quad \rightarrow v = \sqrt{2gh}$$

$$\therefore v = \sqrt{2\times10\times5} = 10 \ [\mathrm{m/s}]$$

② $I \equiv F\Delta t = \Delta p = \Delta(mv) = mv_f - mv_i = m(v_f - v_i)$

$v_i = 10 \ [\mathrm{m/s}]$

$v_f = -4 \ [\mathrm{m/s}]$ (∵ 문제 조건에서 위 방향이므로 반대이다)

$I = m(v_f - v_i) = 2(-4-10) = -28 \ [\mathrm{N\cdot s}]$

$\therefore |I| = 28 \ [\mathrm{N\cdot s}]$

③ $p = mv_f = 2\times(-4) = -8 \ [\mathrm{kg\cdot m/s}]$

$\therefore |p| = 8 \ [\mathrm{kg\cdot m/s}]$

□ 반발계수

(정의) 충돌 전과 충돌 후 상대 속도의 크기 (즉, 충돌 전 후 속도 변화량)

그림처럼 충돌 전의 두 물체의 속도가 각각 v_1, v_2이고, 충돌 후의 속도가 $v_1^{'}, v_2^{'}$으로 변경되었을 때, 반발계수는 다음과 같이 정의된다.

$$e \equiv \left| \frac{v_1^{'} - v_2^{'}}{v_1 - v_2} \right| = -\frac{v_1^{'} - v_2^{'}}{v_1 - v_2} = \frac{v_2^{'} - v_1^{'}}{v_1 - v_2}$$

충돌 전　　　　　충돌 후

[예제] 축구공이 높이 H에서 자유낙하한 후 원래 높이의 90%까지 튀어 올라왔다. 반발계수 (e)를 구하면?

[해설]

바닥에 도달하기 직전 속도　$mgH = \frac{1}{2}mv_1^2$

$$\therefore v_1 = \sqrt{2gh}$$

원래 높이의 $0.9h$까지 올라가기 위한 바닥 충돌 후의 초기 속도

$$\frac{1}{2}mv_1^{'} = mg(0.9H)$$

$$\therefore v_1^{'} = \sqrt{1.8gh}$$

반발계수 $e \equiv \left| \frac{v_1^{'} - v_2^{'}}{v_1 - v_2} \right| = \left| \frac{\sqrt{1.8gH} - 0}{\sqrt{2gH} - 0} \right| = 0.949$

($\because v_2 = v_2^{'} = 0$　바닥면은 정지하고 있으므로)

(일반화) 높이 H에서 떨어져서 높이 h만큼 다시 올라간다고 할 때, 반발계수와 속도와의 관계는? 또한 시간은?

반발계수 $e \equiv \left|\frac{v_1' - v_2'}{v_1 - v_2}\right| = \left|\frac{\sqrt{2gh} - 0}{\sqrt{2gH} - 0}\right| = \sqrt{\frac{h}{H}}$

$$e \equiv \left|\frac{v_1' - v_2'}{v_1 - v_2}\right| = \left|\frac{v_1' - 0}{v_1 - 0}\right| = \frac{v_1'}{v_1} \qquad \rightarrow \; v_1' = ev_1$$

자유낙하 $\quad v = v_0 + gt$

$\rightarrow v_1 = gt$

$v_1' = gt'$

$$e \equiv \left|\frac{v_1' - v_2'}{v_1 - v_2}\right| = \frac{v_1'}{v_1} = \frac{gt'}{gt} = \frac{t'}{t}$$

$\therefore h$까지 올라가는데 걸린 시간은 $t' = et$ 이다.

[예제] n번째 튀어 오르는 높이는 얼마인가?

[해설]

1번 튀어 오른 후 높이

$$e = \sqrt{\frac{h}{H}} \;\rightarrow\; \therefore h = e^2 H$$

n번 튀어 오른 후 높이

$$h_n = (e^2)^n H$$

[예제] H에서 자유 낙하시켜 공이 정지할 때까지 운동한 총 거리는?

[해설]

총거리 $= H + 2e^2H + 2e^4H + \dots = H + 2He^2(1 + e^2 + \dots) = H + 2He^2\frac{1}{1-e^2}$

$= \frac{1+e^2}{1-e^2}H$

[예제] H에서 자유 낙하시켜 공이 정지할 때까지 운동한 총 시간은?

[해설]

총시간 $= t + 2et + 2e^2t + \dots = t + 2te(1 + e + \dots) = t + 2te\frac{1}{1-e}$

$= \frac{1+e}{1-e}t$

[예제] 물체가 반발계수가 0.6인 지면에 10 m/s 속력으로 수직으로 충돌 후 튀어 올라온다. 이때 속력은?

[해설]

$$\rightarrow \ v_1' = e v_1$$

$$\therefore \ v_1' = 0.6 \times 10 = 6\left[\frac{\mathrm{m}}{\mathrm{s}}\right]$$

[예제] 공이 반발계수가 0.6인 지면의 높이 1 m에서 자유낙하 하였을 때, 튀어 오르는 높이[m]는?

[해설]

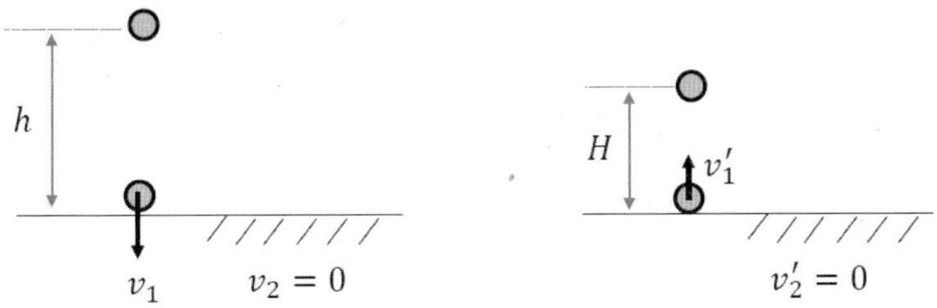

반발 계수 $e \equiv \left|\dfrac{v_1' - v_2'}{v_1 - v_2}\right|$

1 m 자유 낙하 후 충돌 직전 속력 $v_1 = \sqrt{2gh} = \sqrt{2 \times 10 \times 1} = \sqrt{20}$ [m/s]

충돌 전 지면의 속력 $v_2 = 0$ (∵ 지면 정지)

지면과 충돌 후 튀어 오르는 속력 v_1'

충돌 후 지면의 속력 $v_2' = 0$ (∵ 지면 정지)

$$e \equiv \left|\frac{v_1' - v_2'}{v_1 - v_2}\right| = \left|\frac{v_1' - 0}{\sqrt{20} - 0}\right| = \frac{v_1'}{\sqrt{20}} = 0.6$$

$$v_1' = 0.6\sqrt{20}$$

H: 바닥 충돌 후 공이 다시 튀어 오르는 높이

역학적 에너지 보존 $\dfrac{1}{2}m(v_1')^2 = mgH$

$$\therefore H = \frac{(v_1')^2}{2g} = \frac{0.6^2 \times 20}{2 \times 10} = 0.36 \ [\mathrm{m}]$$

[예제] 그림처럼 야구공을 벽면을 향해 수직으로 속도 v로 던졌을 때, 튕겨 나오는 속도가 $v^{'}$이다. 반발계수는?

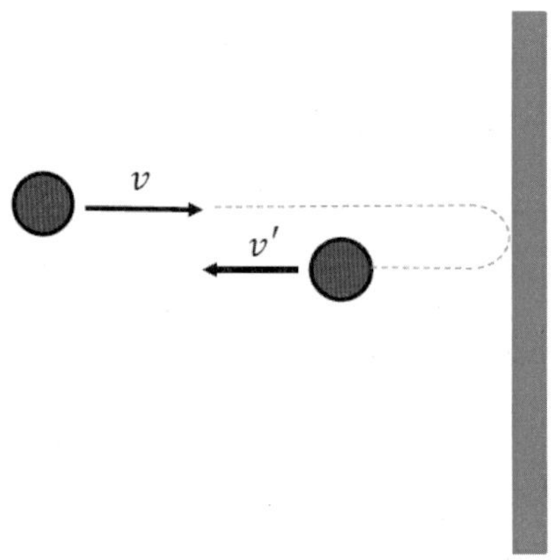

[해설]

$$\text{반발계수 } e \equiv \left| \frac{v_1^{'} - v_2^{'}}{v_1 - v_2} \right| = \left| \frac{v^{'} - 0}{v - 0} \right| = \frac{v^{'}}{v}$$

[Note] 벽면을 90° 회전하면 이것은 자유낙하해서 바닥에서 튀겨 오르는 그림하고 동일하다는 것을 알 수 있다.

□ 충돌

✍ **(복습)**

✏ 운동에너지 (kinetic energy, KE) $\equiv \frac{1}{2}mv^2$ [단위: $\mathrm{kg}\frac{\mathrm{m}^2}{\mathrm{s}^2} \equiv \mathrm{J}$]

✏ 위치에너지 (potential energy, PE) $\equiv mgh$ [단위: $\mathrm{kg}\frac{\mathrm{m}}{\mathrm{s}^2}\mathrm{m} = \mathrm{kg}\frac{\mathrm{m}^2}{\mathrm{s}^2} = \mathrm{J}$]

✏ (용수철 운동에 의한) 탄성 (위치)에너지 (kinetic energy) $\equiv \frac{1}{2}kx^2$

[단위: $\frac{\mathrm{N}}{\mathrm{m}} \cdot \mathrm{m}^2 = \mathrm{N} \cdot \mathrm{m} \equiv \mathrm{J}$]

♣ 충돌의 종류

구분	탄성충돌	비탄성충돌	완전비탄성충돌
용어	Elastic collision	Inelastic collision	Completely inelastic collision
반발계수	$e=1$	$0<e<1$	$e=0$
운동량의 합	보존	보존	보존
운동에너지의 합	보존	보존 (×)	보존 (×)
기타	마찰 없는 평면위에서 에너지 손실 없는 충돌. (예) ▪ 당구공 충돌 ▪ 이상기체도 탄성충돌 ▪ 크기가 비슷한 중성자-양성자 (np) 충돌 등을 탄성충돌로 가정하고 문제를 풀 수 있다. [Note] 에너지 손실이 전혀 없는 충돌 환경을 실생활에서 만드는 것은 (거의) 불가능하다고 볼 수 있다. 탄성충돌은 우리의 머릿속에서 만들 수 있는 일종의 (근사적으로) 이상적인 상황이다. 즉, 에너지 손실이 없다면 영구기관을 만들 수 있는 에너지 혁명에 해당하는 것이다.	충돌 시 운동에너지의 일부가 열, 마찰, 소리 등으로 빠져나간다. 대부분의 충돌이 여기에 해당한다. (예) ▪ 일반적 충돌 ▪ 독일 함부르크 전자-양성자 충돌인 H1, ZEUS 실험 (가속된 전자가 양성자에 충돌해 양성자가 깨져서 새로운 입자들이 생성된다). ▪ 스위스 제네바 CERN 연구소 LHC 실험 (양성자-양성자 충돌로 무수한 입자들이 만들어 진다. 예, Higgs, 톱쿼크 등)	충돌 후 두 물체가 붙어서 운동한다. (예) 찰흙과 물체의 충돌, 진흙과 벽의 충돌 등

(생각해보기) 높이 h에서 공을 떨어드린다고 할 때 완전탄성충돌, 비탄성충돌, 완전비탄성충돌을 그림을 그려 쉽게 이해하면?

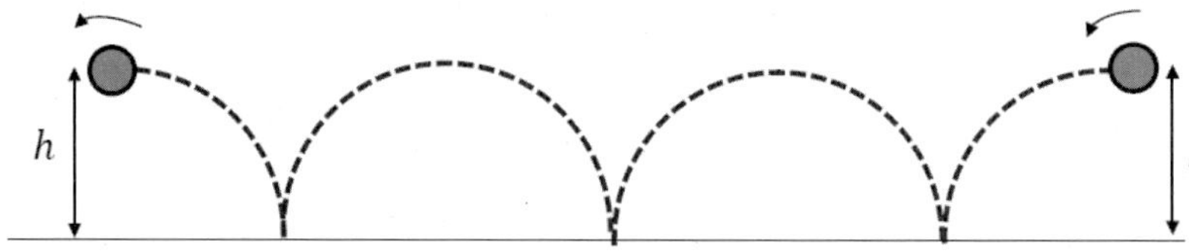

(완전)탄성충돌

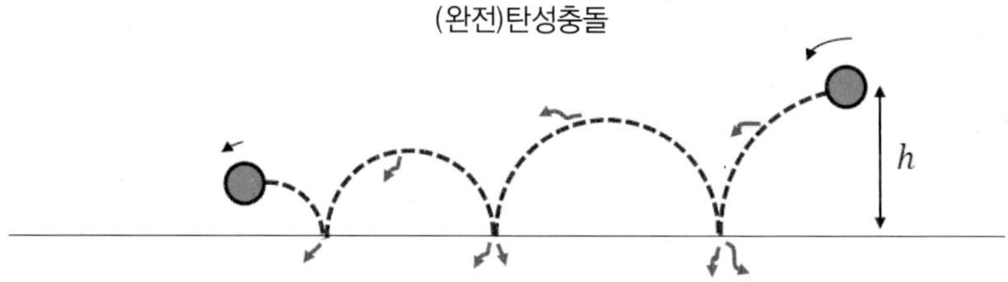

비탄성충돌

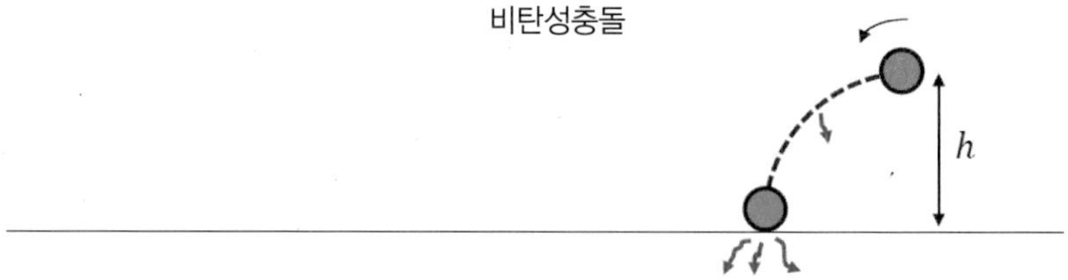

완전비탄성충돌

► (완전)탄성충돌 (elastic collision): 공기저항도 없고 바닥면에서 마찰도 없다. 따라서 잃어버린 에너지가 전혀 없으므로 몇 번을 지면에 충돌해도 정확히 원래 높이 h까지 다시 튀어 오르는 매우 이상적인 경우이다. 그러나 상황에 따라 물체들 사이의 충돌을 탄성충돌로 어림잡아 문제를 풀기도 한다. (예, 이상기체 운동, 당구공 충돌, $n-p$ 충돌 등)

► 비탄성충돌 (inelastic collision): 공기 저항 혹은 바닥면에서 마찰이 존재한다. 따라서 매번 충돌 할 때 마다 열 및 소리 등으로 에너지가 빠져나가 높이가 점점 줄어든다. 고에너지로 가속된 입자가 정지한 표적에 입사했을 때, 표적이 부서지는 경우도 비탄성충돌의 예이다. 에너지의 일부분은 입자를 쪼개는데 (= 박살내는데) 사용된다. 이것은 입자와 입자를 잡아매고 있는 결합에너지 (binding energy)를 깨야 입자를 분쇄할 수 있는데 이 에너지는 어디에서도 보상받을 수가 없다. 대부분의 입자 충돌이 여기에 해당한다고 볼 수 있다.

► 완전비탄성충돌 (perfectly inelastic collision): 충돌 후 두 물체가 합쳐지는 경우이다.

□ (완전)탄성충돌

(의미) 운동량이 보존된다. 또한 에너지도 보존된다. 즉, 충돌하면서 마찰, 열, 소리, 공기저항 등으로 인해 외부로 빠져 나가는 에너지가 전혀 없다.

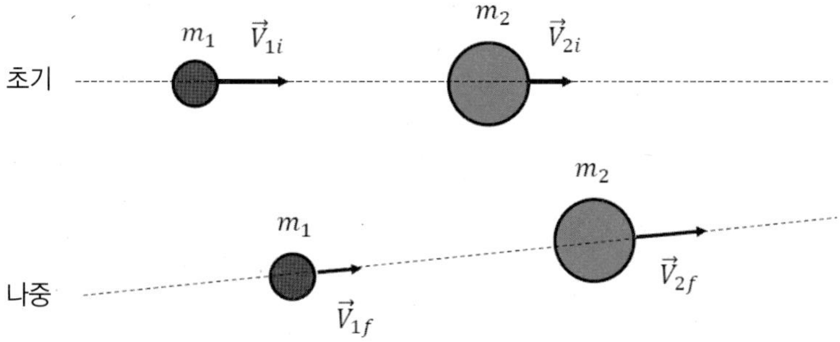

그림에서 m_1과 m_2의 탄성충돌 할 때 다음이 성립한다.

운동량 보존 $m_1\overrightarrow{v_{1i}} + m_2\overrightarrow{v_{2i}} = m_1\overrightarrow{v_{1f}} + m_2\overrightarrow{v_{2f}}$

에너지 보존 $\frac{1}{2}m_1v_{1i}^2 + \frac{1}{2}m_2v_{2i}^2 = \frac{1}{2}m_1v_{1f}^2 + \frac{1}{2}m_2v_{2f}^2$

아래 그림처럼 x축으로만 움직이는 1차원 탄성충돌의 경우를 고려해 보자.

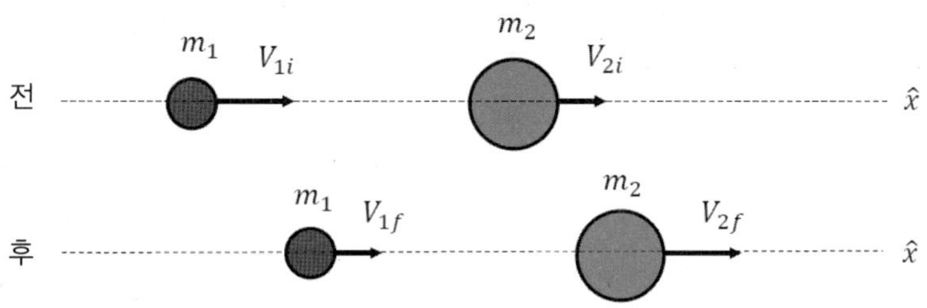

(선)운동량 보존

$$m_1v_{1i} + m_2v_{2i} = m_1v_{1f} + m_2v_{2f}$$

$$\therefore m_1(v_{1i} - v_{1f}) = m_2(v_{2f} - v_{2i})$$

에너지 보존

$$\frac{1}{2}m_1v_{1i}^2 + \frac{1}{2}m_2v_{2i}^2 = \frac{1}{2}m_1v_{1f}^2 + \frac{1}{2}m_2v_{2f}^2$$

$$m_1(v_{1i}^2 - v_{1f}^2) = m_2(v_{2f}^2 - v_{2i}^2)$$

$$m_1(v_{1i}-v_{1f})(v_{1i}+v_{1f}) = m_2(v_{2f}-v_{2i})(v_{2f}+v_{2i})$$
$$m_2(v_{2f}-v_{2i})(v_{1i}+v_{1f}) = m_2(v_{2f}-v_{2i})(v_{2f}+v_{2i})$$
$$v_{1i}+v_{1f} = v_{2f}+v_{2i}$$
$$\rightarrow \quad -(v_{2i}-v_{1i}) = (v_{2f}-v_{1f})$$

즉, $v_2 - v_1$ 의 의미는 v_1 에서 본 v_2 의 상대속도임을 알 수 있다. 따라서 탄성충돌에서 충돌 전후의 상대속도는 방향은 바뀔 수 있으나 크기는 불변이다. 예로, 그림처럼 탄성 충돌 전후의 상대속도의 크기는 동일하다.

[예제] v_{2f} 를 구하라.

[해설]

$v_{1i}+v_{1f} = v_{2f}+v_{2i}$ 식에서 $v_{2f} = v_{1i}-v_{2i}+v_{1f}$ 를 얻는다.

한편, 운동량 보존 식에서 $m_1v_{1i} + m_2v_{2i} = m_1v_{1f} + m_2v_{2f}$ 이다.

$$\rightarrow \quad m_1v_{1i} + m_2v_{2i} = m_1v_{1f} + m_2(v_{1i}-v_{2i}+v_{1f})$$
$$= (m_1+m_2)v_{1f} + m_2v_{1i} - m_2v_{2i}$$
$$\therefore v_{1f} = \frac{1}{m_1+m_2}[(m_1-m_2)v_{1i} + 2m_2v_{2i}]$$

따라서

$$v_{2f} = v_{1i}-v_{2i}+v_{1f}$$
$$= v_{1i}-v_{2i}+\frac{1}{m_1+m_2}[(m_1-m_2)v_{1i}+2m_2v_{2i}]$$
$$= \frac{2m_1v_{1i}+(m_2-m_1)v_{2i}}{(m_1+m_2)}$$

[예제] $m_1 \ll m_2$ 인 경우, 완전 탄성 충돌 후 속도 $v_{1f},\ v_{2f}$ 를 구하면?

[해설] 그림처럼 질량 차이가 큰 두 물체의 완전 탄성 충돌을 고려해 보자. 예로 m_1 (탁구공)이 왼쪽에서 정지해 있는 m_2 (볼링공)에 일정한 속력을 가지고 접근해 충돌한다.

초기

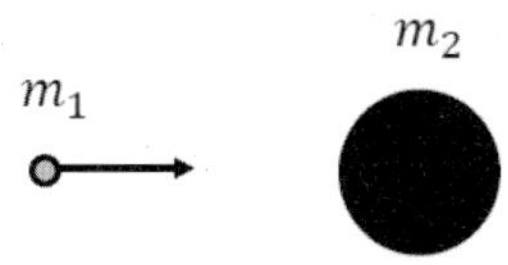

$$v_{1f} = \frac{(m_1 - m_2)v_{1i} + 2m_2 v_{2i}}{m_1 + m_2}$$

$$v_{2f} = \frac{2m_1 v_{1i} + (m_2 - m_1)v_{2i}}{(m_1 + m_2)}$$

$v_{2i} = 0$ ($\because$ 볼링공 정지)

$$v_{1f} = \frac{(m_1 - m_2)v_{1i}}{m_1 + m_2}$$

$$v_{2f} = \frac{2m_1 v_{1i}}{(m_1 + m_2)}$$

$m_1 \ll m_2$ 이므로,

$$\therefore\ v_{1f} = \frac{-m_2(1 - \frac{m_1}{m_2})v_{1i}}{m_2(1 + \frac{m_1}{m_2})} \simeq -v_{1i}$$

$$v_{2f} = \frac{2m_1 v_{1i}}{m_2(1 + \frac{m_1}{m_2})} \simeq \frac{2m_1 v_{1i}}{m_2} \simeq 0$$

임을 알 수 있다. 질량 차이가 큰 두 물체의 완전 탄성 충돌 후의 모습은 그림처럼 탁구공 (m_1)은 반대 방향으로 되튀어 나가고, 볼링공 (m_2)은 꿈적도 하지 않고 여전히 제자리에 그대로 있다.

나중

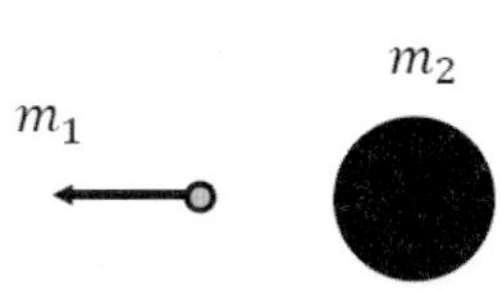

☞ **(비유)** 계란으로 바위치기에 해당한다. 즉, 바위는 거의 움직이지 않는다.

[예제] 질량이 비슷한 두 물체가 완전 탄성 충돌을 한다. 완전 탄성 충돌 후 속도 $v_{1f},\ v_{2f}$를 구하면?

[해설] 그림처럼 $m_1 \approx m_2 \simeq m$ 이고, m_2는 초기에 정지하고 있다고 하자.

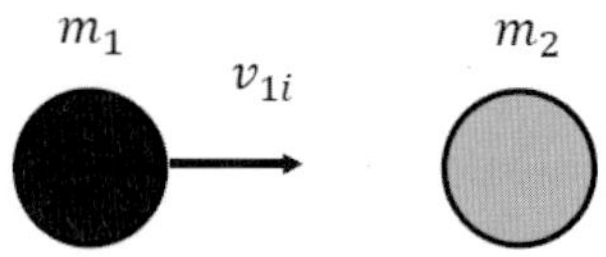

탄성 충돌 전

$$v_{1f} = \frac{(m_1 - m_2)v_{1i} + 2m_2 v_{2i}}{m_1 + m_2} \simeq \frac{2mv_{2i}}{2m} = v_{2i} \to 0$$

$$v_{2f} = \frac{2m_1 v_{1i} + (m_2 - m_1)v_{2i}}{(m_1 + m_2)} \simeq \frac{2mv_{1i}}{2m} = v_{1i}$$

즉 아래 그림처럼 첫 번째 물체 (m_1)가 진행하다가 충돌 후 모든 에너지와 운동량을 두 번째 물체 (m_2)에 전달한 후 정지하고 두 번째 물체는 첫 번째 물체의 속도를 가지고 그대로 전진한다.

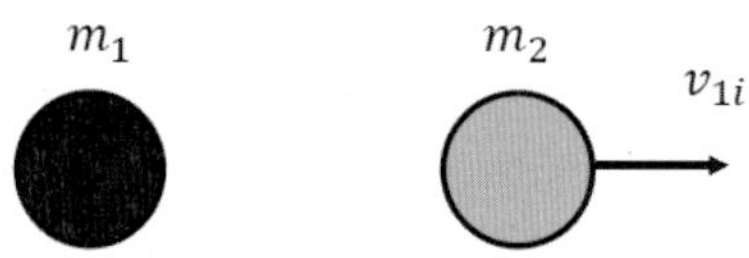

탄성 충돌 후

☞ **(비유)**

① 정지하고 있던 당구공을 다른 당구공으로 칠 때를 생각한다.

② 중성자 (n)와 양성자 (p)는 크기가 거의 비슷하다. 원자핵 반응에서 ($n-p$) 산란 (scattering)도 이 경우에 해당한다.

(생각해보기) 그림처럼 왼쪽에 매달린 구슬 1개를 들어 올려서 정지한 4개의 매달린 구슬에 그대로 놓아 충돌 시킨다. 탄성 충돌 하는 경우 어떻게 될까?

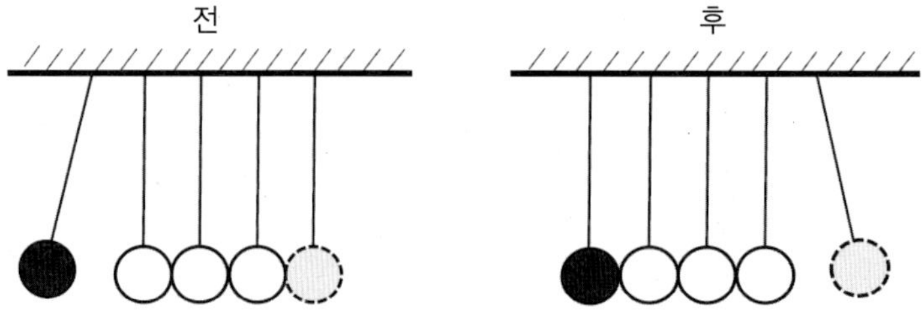

왼쪽 구슬 1개만 기울였다가 놓으면 반대편의 오른쪽 구슬 1개만 처음 왼쪽 구슬과 똑같은 높이까지 튕겨 나가는 것을 쉽게 알 수 있다. 그러면 왼쪽 구슬 2개를 기울이면 어떻게 될까?

(각자해보기) 동전 치기. 그림처럼 V의 속력으로 오른쪽 동전을 쳤다. 과연 왼쪽 동전들의 상태는 어떻게 될까?

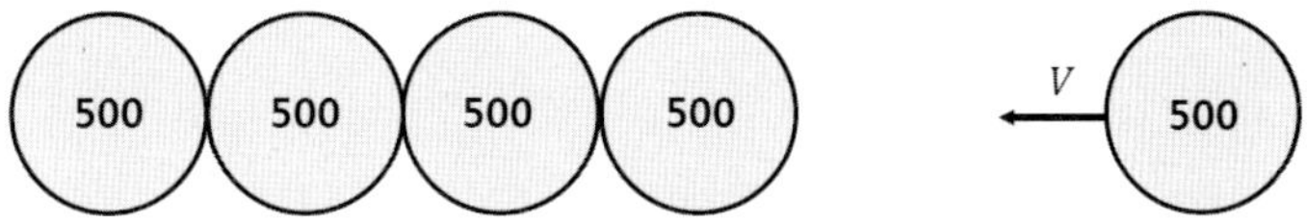

[예제] 그림처럼 $m_1 \gg m_2$ 인 경우 , 완전 탄성 충돌 후 속도 v_{1f}, v_{2f}를 구하면?

[해설]

$$v_{1f} = \frac{(m_1 - m_2)v_{1i} + 2m_2 v_{2i}}{m_1 + m_2} \simeq \frac{m_1 v_{1i}}{m_1} = v_{1i}$$

$$v_{2f} = \frac{2m_1 v_{1i} + (m_2 - m_1)v_{2i}}{(m_1 + m_2)} \simeq \frac{2m_1 v_{1i}}{m_1} = 2v_{1i}$$

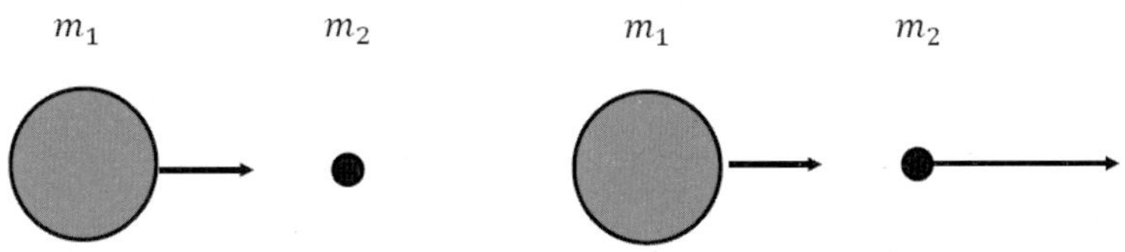

무거운 물체 (m_1)는 충돌 후에도 초속도 그대로 진행하고, 가벼운 물체 (m_2)는 초속도 2배의 속도를 가지고 튕겨나간다.

[예제] 그림처럼 2차원 운동을 고려하자. 입사공이 질량이 같은 정지한 공에 충돌 후 30° 각도로 튕겨 나간다. 정지한 공은 충돌 후 어느 방향으로 움직이는가?

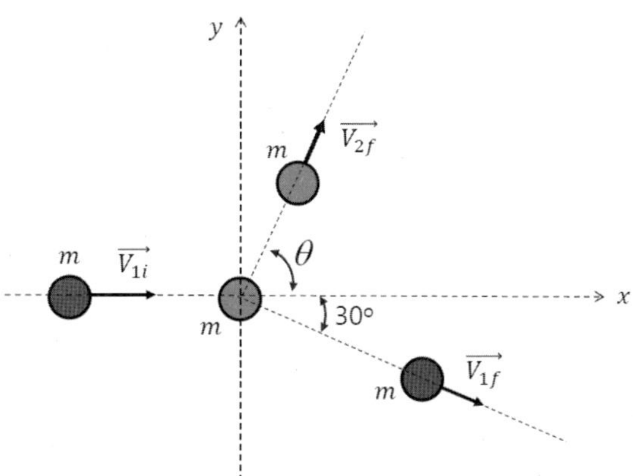

[해설] 질량이 동일한 두 물체의 2차원 충돌

운동량 보존 $\quad m\overrightarrow{v_{1i}} + 0 = m\overrightarrow{v_{1f}} + m\overrightarrow{v_{2f}}$

$\rightarrow \quad \overrightarrow{v_{1i}} = \overrightarrow{v_{2f}} + \overrightarrow{v_{1f}}$

에너지 보존 $\quad \frac{1}{2}mv_{1i}^2 + 0 = \frac{1}{2}mv_{1f}^2 + \frac{1}{2}mv_{2f}^2$

$\rightarrow \quad v_{1i}^2 = v_{2f}^2 + v_{1f}^2$

$$\begin{aligned}\overrightarrow{v_{1i}} \cdot \overrightarrow{v_{1i}} &= (\overrightarrow{v_{1f}} + \overrightarrow{v_{2f}}) \cdot (\overrightarrow{v_{1f}} + \overrightarrow{v_{2f}}) \\ &= \overrightarrow{v_{1f}} \cdot \overrightarrow{v_{1f}} + 2\overrightarrow{v_{1f}} \cdot \overrightarrow{v_{2f}} + \overrightarrow{v_{2f}} \cdot \overrightarrow{v_{2f}} \\ &= v_{1f}^2 + v_{2f}^2 + 2|\overrightarrow{v_{1f}}||\overrightarrow{v_{2f}}|\cos(\theta + 30°) = v_{1f}^2 + v_{2f}^2 + 2v_{1f}v_{2f}\cos(\theta + 30°)\end{aligned}$$

$\rightarrow \quad v_{1i}^2 = v_{1f}^2 + v_{2f}^2 + 2v_{1f}v_{2f}\cos(\theta + 30°)$

$\therefore \quad v_{2f}^2 + v_{1f}^2 = v_{1f}^2 + v_{2f}^2 + 2v_{1f}v_{2f}\cos(\theta + 30°)$

$2v_{1f}v_{2f}\cos(\theta + 30°) = 0$

$\therefore \theta = 60°$가 되어야 0을 만족 시킨다.

[예제] 그림처럼 질량이 동일한 물체가 탄성 충돌할 때, $\theta_1 + \theta_2 = \frac{\pi}{2}$ 임을 보여라.

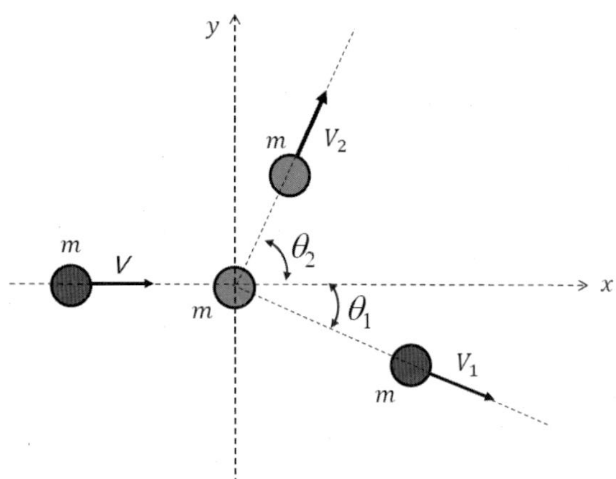

운동량 보존 $x-$축 $\quad mv + 0 = mv_1\cos\theta_1 + mv_2\cos\theta_2$ Ⓐ

$0 = -mv_1\sin\theta_1 + mv_2\sin\theta_2$ Ⓑ

에너지 보존 $y-$축 $\quad \frac{1}{2}mv^2 + 0 = \frac{1}{2}mv_1^2 + \frac{1}{2}mv_2^2$

$\rightarrow v^2 = v_1^2 + v_2^2$

Ⓐ^{2} $\qquad v^2 = v_1^2\cos^2\theta_1 + 2v_1v_2\cos\theta_1\cos\theta_2 + v_2^2\cos^2\theta_2$

Ⓑ^{2} $\qquad 0 = v_1^2\sin^2\theta_1 - 2v_1v_2\sin\theta_1\sin\theta_2 + v_2^2\sin^2\theta_2$

Ⓐ^{2} + Ⓑ^{2} $\qquad v^2 = v_1^2 + v_2^2 + 2v_1v_2(\cos\theta_1\cos\theta_2 - \sin\theta_1\sin\theta_2)$

$$= v_1^2 + v_2^2 + 2v_1v_2\cos(\theta_1+\theta_2)$$

따라서

$$v^2 = v_1^2 + v_2^2$$

$$v^2 = v_1^2 + v_2^2 + 2v_1v_2\cos(\theta_1+\theta_2)$$

두식을 비교 $\qquad \rightarrow \cos(\theta_1+\theta_2) = 0$

$$\therefore \theta_1 + \theta_2 = \frac{\pi}{2}$$

[예제] 원자로에서 감속재의 원리. 그림처럼 질량이 m_1, 속도가 v_{1i}인 중성자가 질량이 m_2인 정지한 원자와 정면충돌하였다. 중성자의 운동에너지 손실 비율은 얼마인가?

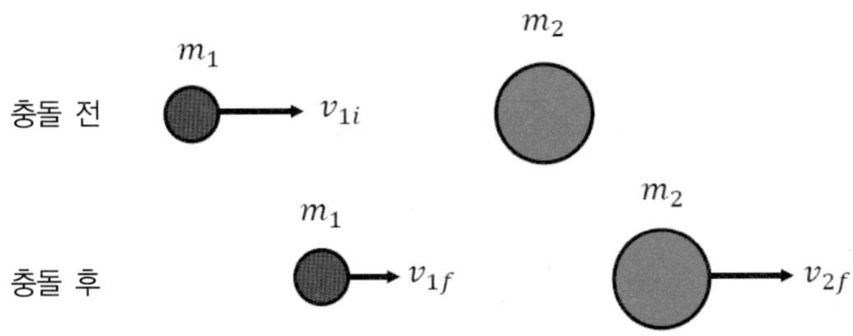

운동량 보존 $\qquad m_1v_{1i} + 0 = m_1v_{1f} + m_2v_{2f}$

에너지 보존 $\qquad \frac{1}{2}m_1v_{1i}^2 + 0 = \frac{1}{2}m_1v_{1f}^2 + \frac{1}{2}m_2v_{2f}^2$

위 두 식에서 v_{1f}를 소거해 주면, $v_{2f} = \dfrac{2m_1v_{1i}}{m_1+m_2}$ 를 얻을 수 있다. 중성자가 잃어버리는 에너지가 표적 원자핵이 얻는 에너지이다.

m_1의 운동에너지 $\qquad (KE)_1 = \frac{1}{2}m_1v_{1i}^2$

m_2의 운동에너지 $\qquad (KE)_2 = \frac{1}{2}m_2v_{2f}^2 = \frac{1}{2}m_2(\frac{2m_1v_{1i}}{m_1+m_2})^2 = \frac{2m_1^2m_2v_{1i}^2}{(m_1+m_2)^2}$

$$\therefore \frac{(KE)_2}{(KE)_1} = \frac{4m_1m_2}{(m_1+m_2)^2}$$

정지해 있는 (표적) 원자가 다음과 같은 경우를 계산해 보자

표적 원자	질량 (u)	$\frac{(\mathrm{KE})_2}{(\mathrm{KE})_1}$
수소	1	$\frac{4\times 1u\times 1u}{(1u+1u)^2}=1$
중수소	2	$\frac{4\times 1u\times 2u}{(1u+2u)^2}=0.89$
탄소	12	$\frac{4\times 1u\times 12u}{(1u+12u)^2}=0.28$
납	207	$\frac{4\times 1u\times 207u}{(1u+207u)^2}=0.019$

즉, 수소의 경우 중성자가 수소 (=양성자)와 정면충돌 해, 100% 에너지를 전달하므로 에너지를 다 잃어버린다. 중수소의 경우는 89% 운동에너지를 전달하고, 11%만 가지고 나간다. 즉, 중성자를 효과적으로 감속하기 위해 가장 좋은 방법은 중성자와 크기와 질량이 비슷한 양성자를 사용하면 중성자의 에너지를 다 뺏어 올 수 있다.

[예제] 중성자의 초기 에너지가 1 MeV일 때, 중수소 감속재에서 열중성자에 해당하는 0.025 eV 정도에 도달하려면, 얼마나 많은 충돌이 필요한가?

중성자가 중수소와 1번 충돌 후 에너지가 0.11 밖에 남지 않는다.
n번 충돌 후에 남은 에너지는 $E_n=(0.11)^{\mathrm{n}}E_i$
E_i는 초기 에너지

$$\therefore \mathrm{n}=\frac{\log\left(\frac{E_n}{E_i}\right)}{\log 0.11}=\frac{\log\left(\frac{0.025\mathrm{eV}}{10^6\mathrm{eV}}\right)}{\log 0.11}\simeq 7.9$$

$\therefore$ ~8번 충돌

[예제] 그림처럼 질량수가 A인 정지한 원자핵에 운동에너지가 E_0인 중성자가 정면 탄성 충돌하였다. 중성자가 가질 수 있는 최소에너지는 얼마인가? 비상대론적으로 풀어라.

[해설] 충돌된 중성자가 최소로 에너지를 가질 때는 정면충돌 할 때일 것이다 ($\theta=\pi$).

에너지 보존 $\frac{1}{2}mv_0^2 + 0 = \frac{1}{2}m_0v_0^{\prime} + \frac{1}{2}M\acute{V_0}$

운동량 보존 $mv_0 + 0 = M\acute{V_0} - mv_0^{\prime}$ $\quad \rightarrow (v_0 + v_0^{\prime}) = \frac{M}{m}\acute{V_0}$

$$\rightarrow v_0^2 - v_0^{\prime 2} = \frac{M}{m}\acute{V_0}^2$$

$$(v_0 - v_0^{\prime})(v_0 + v_0^{\prime}) = \frac{M}{m}\acute{V_0}^2$$

$$\therefore (v_0 - v_0^{\prime})\frac{M}{m}\acute{V_0} = \frac{M}{m}\acute{V_0}^2 \quad \rightarrow v_0 - v_0^{\prime} = \acute{V_0}$$

$$\rightarrow (v_0 + v_0^{\prime}) = \frac{M}{m}\acute{V_0} = \frac{M}{m}(v_0 - v_0^{\prime})$$

$$v_0^{\prime}(1 + \frac{M}{m}) = -v_0(1 - \frac{M}{m})$$

양변 제곱한 후 $\frac{1}{2}m$을 곱한다.

$$\frac{1}{2}mv_0^{\prime 2}(1 + \frac{M}{m})^2 = \frac{1}{2}mv_0^2(1 - \frac{M}{m})^2$$

$\frac{M}{m} \equiv A$

$E_{in} \equiv E_0 = \frac{1}{2}mv_0^2$

$E_{out} = \frac{1}{2}mv_0^{\prime 2}$

[Note] 중성자 질량은 대략 질량수에 비례하고 $(A \simeq 1)$, 표적 질량은 $M \sim A$ 이다.

$$E_{out}(1 + \frac{M}{m})^2 = E_{in}(1 - \frac{M}{m})^2$$

$$E_{out}(1 + A)^2 = E_{in}(1 - A)^2$$

$$E_{out} = (\frac{1-A}{1+A})^2 E_{in} \equiv \alpha E_{in} \quad \rightarrow \alpha \equiv (\frac{1-A}{1+A})^2$$

$$\therefore \quad E_{out} = \alpha E_{in}$$

(예) ^{238}U

$$\alpha \equiv (\frac{1-A}{1+A})^2$$

$$A = \frac{M_U}{m_n} = \frac{238u}{1.008665u} \sim 238$$

$$\therefore \alpha = (\frac{1-238}{1+238})^2 = 0.9833$$

$$E_{out} = 0.9833 \ E_{in}$$

정면충돌하는 중성자는 우라늄에 부딪친 후 98%의 에너지를 가지고 나온다. 즉, 에너지를 거의 잃어버리지 않는다.

(예) ^{2}H

$$\alpha = (\frac{1-2}{1+2})^2 = 0.1111$$

$$\therefore \ E_{out} = 0.1111 \ E_{in}$$

11%의 에너지만 가지고 튀어나오기 때문에 입사된 중성자는 에너지의 대부분을 잃어버렸다. 이것이 원자로에서 사용하는 감속재의 원리이다.

[Note] 중성자와 크기나 질량이 비슷한 원자핵을 이용하면 효과적으로 중성자의 에너지를 잘 흡수해서 중성자를 효율적으로 감속시킬 수 있다. 이것은 마치, 정지한 당구공을 다른 당구공으로 정면충돌 시킬 때, 입사한 당구공이 정지한 당구공을 친 후, 입사한 당구공은 정지하고 정지했던 당구공은 입사된 당구공의 에너지를 받아 그대로 앞으로 진행하는 것을 떠 올리면 쉽게 이해할 수 있다.

✏ **(심화)** 그림처럼 각도를 가지고 충돌 하는 경우

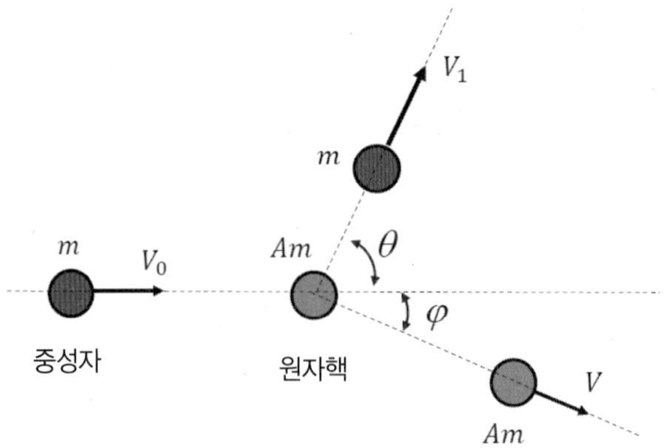

[해설] 중성자 질량 m, 원자핵의 질량은 중성자의 Am배이고 충돌 후 중성자는 v_1의 속력을 원자핵은 v의 속력을 가지고 진행한다.

① 중성자 충돌 전 후의 속력의 비?

운동량 보존

x－축 $\quad mv_0 + 0 = mv_1\cos\theta + Amv\cos\phi \quad \rightarrow Av\cos\phi = v_0 - v_1\cos\theta$

y－축 $\quad 0 = mv_1\sin\theta - Amv\sin\phi \quad \rightarrow \sin\phi = \frac{v_1\sin\theta}{Av}$

에너지 보존 $\frac{1}{2}mv_0^2 + 0 = \frac{1}{2}mv_1^2 + \frac{1}{2}Amv^2$ $\rightarrow v_0^2 = v_1^2 + Av^2$

$$\rightarrow A^2v^2\cos^2\phi = (v_0 - v_1\cos\theta)^2 = v_0^2 - 2v_0v_1\cos\theta + v_1^2\cos^2\theta$$

$$A^2v^2(1-\sin^2\phi) = (v_0 - v_1\cos\theta)^2 = v_0^2 - 2v_0v_1\cos\theta + v_1^2\cos^2\theta$$

$$A^2v^2\left(1 - \frac{v_1^2\sin^2\theta}{A^2v^2}\right) = v_0^2 - 2v_0v_1\cos\theta + v_1^2\cos^2\theta$$

$$\rightarrow A^2v^2 - v_1^2\sin^2\theta = v_0^2 - 2v_0v_1\cos\theta + v_1^2\cos^2\theta$$

$$\therefore A^2v^2 = v_0^2 - 2v_0v_1\cos\theta + v_1^2$$

$$v_0^2 = v_1^2 + Av^2 \quad \rightarrow \quad v^2 = \frac{1}{A}(v_0^2 - v_1^2)$$

$$\rightarrow A^2\frac{1}{A}(v_0^2 - v_1^2) = v_0^2 - 2v_0v_1\cos\theta + v_1^2$$

$$-Av_0^2 + v_0^2 + Av_1^2 - 2v_0v_1\cos\theta + v_1^2 = 0$$

$$(1+A)v_1^2 - 2v_0v_1\cos\theta + (1-A)v_0^2 = 0$$

$$(1+A)\frac{v_1^2}{v_0^2} - 2\frac{v_1}{v_0}\cos\theta + (1-A) = 0$$

$$\therefore (1+A)\left(\frac{v_1}{v_0}\right)^2 - 2\cos\theta\left(\frac{v_1}{v_0}\right) + (1-A) = 0$$

이차 방정식 해 $\therefore \frac{v_1}{v_0} = \frac{\cos\theta + \sqrt{A^2 - \sin^2\theta}}{(1+A)}$

② $\frac{v_1}{v_0}$ 의 최대값과 최소값?

$\theta = 0 \rightarrow \frac{v_1}{v_0} = \frac{1+\sqrt{A^2}}{(1+A)} = 1$ (최대값)

$\theta = 180^o \quad \theta = 180^o \rightarrow \frac{v_1}{v_0} = \frac{-1+\sqrt{A^2}}{(1+A)} = \frac{A-1}{A+1}$ (최소값)

③ 중양성자 ($^2_1$H)와 탄소핵 ($^{12}_6$C) 중 어느 것이 중성자 감속에 효과적인가?

$\frac{v_1}{v_0}$ 의 최소값은 $\theta = 180°$일 때이다.

$$\frac{v_1}{v_0} = \frac{A-1}{A+1} = 1 - \frac{2}{A+1}$$

$\therefore A$가 작은 경우가 효과적이다.

[예제] 평균적으로 중성자는 양성자와 탄성충돌하면서 가진 에너지의 반을 잃어버린다고 할 때, 2 MeV의 중성자가 0.04 eV 열중성자로 변환할 때까지 몇 번의 충돌을 해야 하는가?

[해설]

$$(KE)_{후} = (0.5)^N \ (KE)_{전}$$

$$\rightarrow (0.5)^N = \frac{(KE)_{전}}{(KE)_{후}} = \frac{0.04eV}{2MeV} = 2\times 10^{-8}$$

$$N\ln 0.5 = \ln(2\times 10^{-8})$$

$$-0.693N = -17.728$$

$\therefore N = 25.6$ (즉, ~26회 정도 충돌해야 한다)

[예제] 질량 m_A인 물체가 6 m/s로 다가와 질량 m_B와 탄성 충돌하였다. 충돌 후 m_B의 속도는 3 m/s이였다. $\frac{m_A}{m_B}$는 얼마인가?

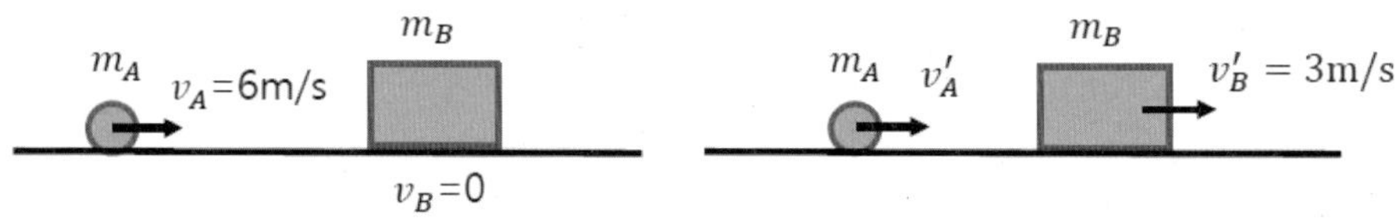

[해설]

(방법1)

운동량 보존

$$m_A\times 6 + 0 = m_A v_A' + m_B \times 3$$

$$\rightarrow 6m_A = m_A v_A' + 3m_B$$

$$\therefore v_A' = \frac{1}{m_A}(6m_A - 3m_B) = 6 - 3\frac{m_B}{m_A}$$

운동에너지 보존

$$\frac{1}{2}m_A(6)^2 + 0 = \frac{1}{2}m_A v_A'^2 + \frac{1}{2}m_B(3)^2$$

$$\rightarrow \frac{36}{2}m_A = \frac{1}{2}m_A v_A'^2 + \frac{9}{2}m_B$$

$$36m_A = m_A(6 - 3\frac{m_B}{m_A})^2 + 9m_B$$

$$36m_A = m_A(36 - 36\frac{m_B}{m_A} + 9\frac{m_B^2}{m_A^2}) + 9m_B$$

$$\rightarrow 36m_B = 9\frac{m_B^2}{m_A} + 9m_B$$

$$\rightarrow \frac{m_B}{m_A} = 3$$

$$\therefore \frac{m_A}{m_B} = \frac{1}{3}$$

(방법2)

반발계수

$$e \equiv \left| \frac{v_1' - v_2'}{v_1 - v_2} \right| = -\frac{v_1' - v_2'}{v_1 - v_2} = \frac{v_2' - v_1'}{v_1 - v_2}$$

탄성충돌 $e = 1$

$$\rightarrow \frac{v_B' - v_A'}{v_A - v_B} = 1$$

$$\frac{3 - v_A'}{6 - 0} = 1$$

$$\therefore 3 - v_A' = 6 \rightarrow v_A' = -3$$

운동량 보존 $m_A \times 6 + 0 = m_A v_A' + m_B \times 3$

$$\rightarrow 6m_A = -3m_A + 3m_B$$

$$\rightarrow 9m_A = 3m_B$$

$$\therefore \frac{m_A}{m_B} = \frac{1}{3}$$

[예제] 어떤 원자핵이 중성자와 탄성 충돌하여 튀어나온다. 표적 핵이 ${}^1_1\mathrm{H}$ 일 때 최대 속력이 $3.3 \times 10^7\,\mathrm{m/s}$ 이고, ${}^{14}_{7}\mathrm{N}$ 일 때 $0.4 \times 10^7\,\mathrm{m/s}$ 이다. 중성자의 질량을 구하라.

[해설]

원자핵이 최대 속력을 갖는 경우는 정면충돌할 때이다.

운동량 보존 $m_1 v_{1i} + 0 = m_1 v_{1f} + m_2 v_{2f}$

에너지 보존 $\frac{1}{2} m_1 v_{1i}^2 + 0 = \frac{1}{2} m_1 v_{1f}^2 + \frac{1}{2} m_2 v_{2f}^2$

$\rightarrow v_{1f}$ 소거 $\therefore v_{2f} = \dfrac{2 m_1 v_{1i}}{m_1 + m_2}$

중성자의 질량을 양성자의 x 배라고 하자.

$$3.3\times10^{7}=\frac{2x}{x+1}v_{1i}$$

$$0.44\times10^{7}=\frac{2x}{x+14}v_{1i}$$

$$\frac{3.3}{0.44}=\frac{x+14}{x+1}$$

$$\rightarrow x=1$$

∴ 중성자와 양성자의 질량은 같다. → 사실 거의 비슷하다.

[Note] MeV와 u (atomic mass unit)은 6장 내용 참고 할 것

입자	기호	전하	질량 (kg)	질량 ($\frac{\text{MeV}}{c^2}$)	u (atomic mass unit)
양성자 (proton)	p	$+e$	1.6726×10^{-27}	938.28	1.007276
중성자 (neutron)	n	0	1.6750×10^{-27}	939.57	1.008665
전자 (electron)	e^-	$-e$	9.1100×10^{-31}	0.511	5.486×10^{-4}

[예제] 그림처럼 질량 1 kg 공이 0.9 m의 줄에 수직방향으로 매달려 있다, 공을 90° 들어 올렸다가 놓았을 때 아래쪽 수평방향으로 놓여 있는 질량 5 kg의 물체와 탄성 충돌하였다. 충돌 후 튕겨 올라간 공의 최대 상승 높이는? (단, 공기저항과 바닥면에서의 마찰은 무시하고, 중력가속도는 $10\,\text{m/s}^2$ 이다)

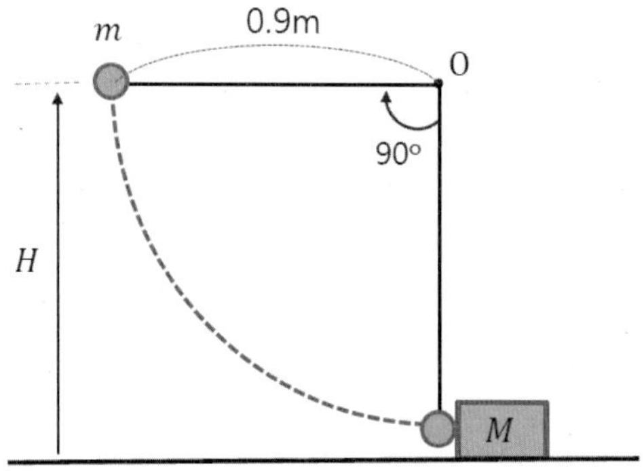

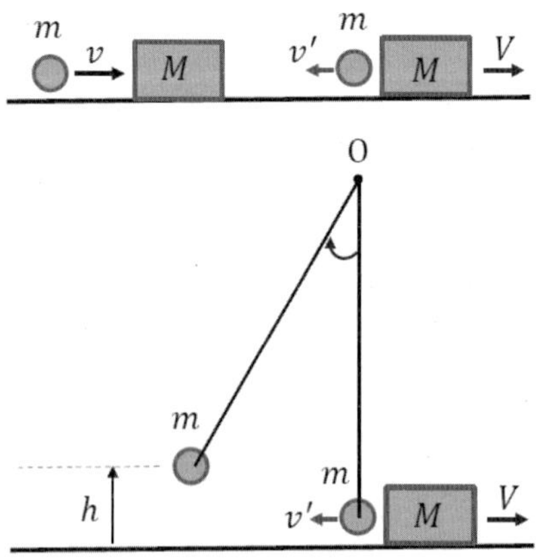

[해설]

수평 바닥면에서부터 공 (m)의 높이: H

공이 바닥에 내려왔을 때 물체 (M)에 충돌 직전 속도: v

역학적 에너지 보존 $\quad mgH + 0 = 0 + \frac{1}{2}mv^2$

$$\therefore v = \sqrt{2gH}$$

공 (m)이 물체 (M)에 충돌 후 되튀어 나가는 속도: v'

물체 (M)이 충돌 후 앞으로 나아가는 속도: V

선 운동량 보존 $\quad mv + 0 = -mv' + MV$ [∵ 공이 되튀기 때문에 방향이 반대(−)이다]

$$1 \times v = 1 \times (-v') + 5V$$

$$\therefore v = -v' + 5V$$

충돌 전 후 에너지 보존 $\quad \frac{1}{2}mv^2 = \frac{1}{2}m(-v')^2 + \frac{1}{2}MV^2$

$$v^2 = v'^2 + 5V^2$$

$\rightarrow \quad (-v' + 5V)^2 = v'^2 + 5V^2$

$v'^2 - 10v'V + 25V^2 = v'^2 + 5V^2$

$\rightarrow \quad v' = 2V$

$\rightarrow \quad v = -v' + 5V = -2V + 5V = 3V$

$\rightarrow \quad V = \frac{1}{3}v = \frac{1}{3}\sqrt{2gH}$

$$v' = 2V = 2 \times \frac{\sqrt{2gH}}{3} = \frac{2\sqrt{2gH}}{3}$$

충돌 후 공 (m)이 속도 (v')일 때 되튀어 다시 올라가는 최대 높이 (h)

에너지 보존 $\quad \frac{1}{2}mv'^2 + 0 = 0 + mgh$

$$\therefore h = \frac{v'^2}{2g} = \frac{1}{2g}\left(\frac{2\sqrt{2gH}}{3}\right)^2 = \frac{4 \times 2gH}{2g \times 9} = \frac{4H}{9} = \frac{4 \times 0.9}{9} = \frac{4}{10} = 0.4\ [\text{m}]$$

[예제] 속도 v로 움직이는 질량 m인 입자가 정지해 있던 $\frac{1}{3}m$인 입자와 탄성충돌을 하였다. 충돌 후 질량 $\frac{1}{3}m$의 운동에너지는 최초 에너지의 몇 배인가?

[해설]

선운동량 보존 $mv+\frac{1}{3}\times 0=mv_1+\frac{1}{3}mv_2$ Ⓐ

에너지 보존 $\frac{1}{2}mv^2+\frac{1}{2}\left(\frac{1}{3}m\right)\times 0^2=\frac{1}{2}mv_1^2+\frac{1}{2}\left(\frac{1}{3}m\right)v_2^2$ Ⓑ

미지의 변수 (v_1, v_2) 2개이고, 방정식 이 2개 (Ⓐ, Ⓑ)이므로 연립 방정식을 풀 수 있다.

식 Ⓐ $v=v_1+\frac{1}{3}v_2$

식 Ⓑ $v^2=v_1^2+\frac{1}{3}v_2^2$

$$\left(v_1+\frac{1}{3}v_2\right)^2=v_1^2+\frac{1}{3}v_2^2$$

$$v_1^2+\frac{2}{3}v_1v_2+\frac{1}{9}v_2^2=v_1^2+\frac{1}{3}v_2^2 \quad \rightarrow \frac{2}{3}v_1v_2=\frac{2}{9}v_2^2$$

$$v_1=\frac{1}{3}v_2$$

$$v=v_1+\frac{1}{3}v_2=\frac{1}{3}v_2+\frac{1}{3}v_2=\frac{2}{3}v_2$$

$$\therefore v_2=\frac{3}{2}v$$

최초 운동 에너지 (KE) $=\frac{1}{2}mv^2$ Ⓒ

충돌 후 질량 $\frac{1}{3}m$의 운동에너지 $=\frac{1}{2}\left(\frac{1}{3}m\right)v_2^2=\frac{1}{6}m\left(\frac{3}{2}v\right)^2=\frac{9}{24}mv^2$ Ⓓ

$\therefore$ Ⓓ/Ⓒ $=\frac{9}{24}mv^2\ /\ \frac{1}{2}mv^2=\frac{18}{24}=\frac{3}{4}$

[예제] 수평면에서 높이 5 m에 질량 1 kg인 물체 A가 경사면을 따라 미끄러져 내려와, 정지해 있던 질량 3 kg인 물체 B와 탄성 충돌하였다. 충돌 후 물체 B의 속력[m/s]은? (단, 마찰, 공기저항은 무시하고 물체는 동일 연직면 상에서 운동하며, 중력가속도는 $10\,\mathrm{m/s^2}$이다)

[해설]

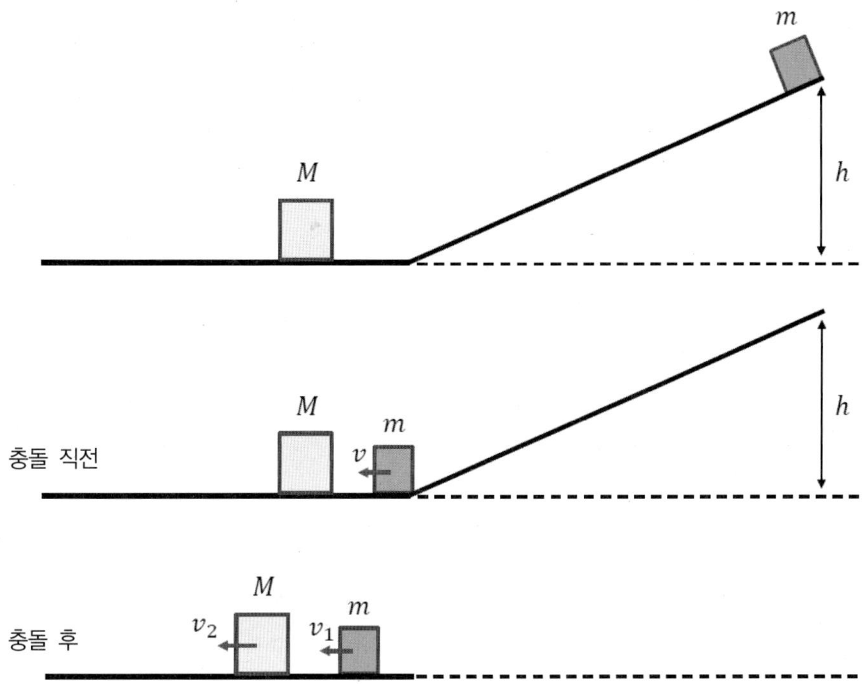

물체 A의 질량 $m = 1$ kg, 물체 B의 질량 $M = 3$ kg, 빗면의 높이 $h = 5$ m

바닥면에서 물체 A의 속력 $mgh = \frac{1}{2}mv^2 \rightarrow v = \sqrt{2gh}$

$\rightarrow v = \sqrt{2gh} = \sqrt{2 \times 10 \times 5} = 10$ [m/s]

선운동량 보존 $mv + M \times 0 = mv_1 + Mv_2 \quad \rightarrow 1 \times 10 = 1 \times v_1 + 3 \times v_2$

$10 = v_1 + 3v_2$ ($\because v_1, v_2$는 충돌 후 m, M의 속력)

에너지 보존 $\frac{1}{2}mv^2 + \frac{1}{2}M \times 0^2 = \frac{1}{2}mv_1^2 + \frac{1}{2}Mv_2^2 \quad \rightarrow 10^2 = v_1^2 + 3v_2^2$

$10^2 = v_1^2 + 3v_2^2 = (10 - 3v_2)^2 + 3v_2^2$

$\therefore v_2 = 5$ [m/s]

□ 비탄성 충돌과 완전비탄성 충돌

비탄성 충돌의 경우 그림처럼 충돌과정에서 운동에너지의 일부가 마찰, 물체 변형, 공기 저항, 열, 소리 등의 에너지로 빠져 나간다. 따라서 운동량은 보존되지만 운동에너지는 비보존된다. 대부분의 충돌이 여기에 해당된다.

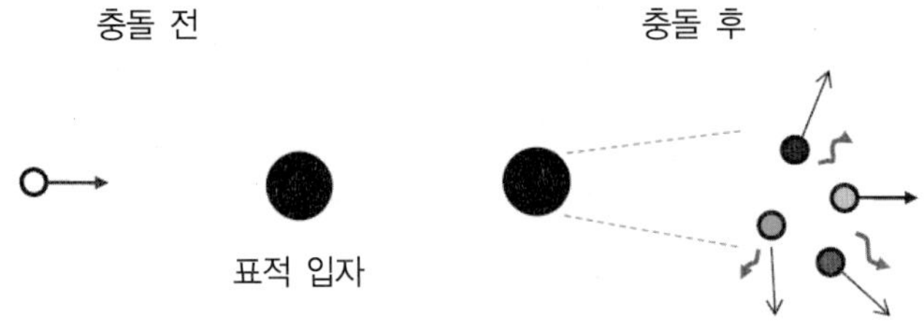

예로, 표적 입자가 산산조각이 되었다고 할 때, 결합 (= binding)된 입자를 쪼개기 위해서는 외부에서 에너지를 주어야 하고, 이 에너지는 다시 회복할 수가 없다.

✍ **(찾아보기)** 완전 비탄성 충돌 (perfectly inelastic collision, completely inelastic collision)

그림처럼 충돌하는 물체가 충돌 후 서로 붙어서 가는 경우 (=완전비탄성 충돌). 붙어서 가기 때문에 두 물체의 상대속도는 0이다. 운동에너지의 손실도 최대가 된다.

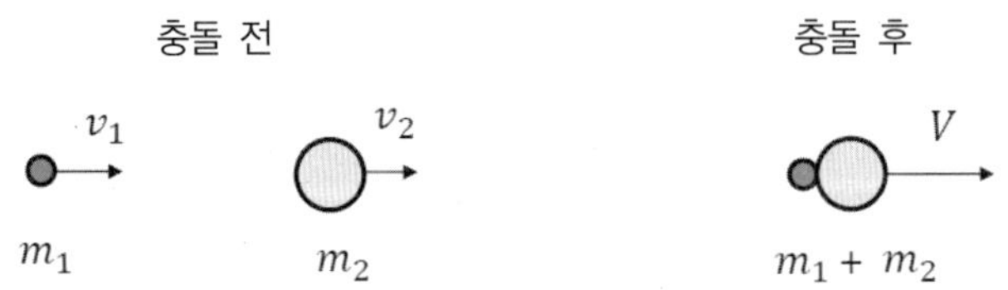

운동량 보존 $m_1v_1 + m_2v_2 = (m_1 + m_2)V$

$$\therefore\ V = \frac{m_1v_1 + m_2v_2}{(m_1 + m_2)}$$

[예제] 다음 중 거의 완전비탄성 충돌의 경우는?

① 농구 백보드에서 되튀는 공 ② 포물선궤도로 날아가는 야구공 ③ 트럭이 정지한 차에 충돌 후 뒤엉켜버린 경우 ④ 마주 보면 접근하는 두 막대자석이 척력에 의해 되튀는 경우 ⑤ 운석이 지구와 충돌 후 땅속에 묻히는 경우

[정답] ③, ⑤

[예제] 마찰이 없는 수평면 위에 질량이 6.4 kg인 물체가 정지해 있다. 질량이 0.16 kg인 물체가 접근해서 충돌 후 두 물체는 1.2 m/s 속도로 진행하였다. 작은 물체의 초속도[m/s]는?

[해설]

운동량 보존 $m_1\vec{v_1} + m_2\vec{v_2} = (m_1 + m_2)\vec{V}$

$$\rightarrow m_1 v_1 + m_2 \times 0 = (m_1 + m_2)V$$

$$\therefore v_1 = \frac{(m_1 + m_2)V}{m_1} = \frac{(0.16 + 6.4)1.2}{0.16} = 49 \text{ [m/s]}$$

[예제] 마찰이 없는 얼음판 위에서 질량 40 kg, 속력 10 m/s인 물체가 반대방향에서 마주 오는 질량 60 kg, 속력 5 m/s인 물체와 충돌 후 하나가 되었다. 두 물체의 속력[m/s]은?

[해설]

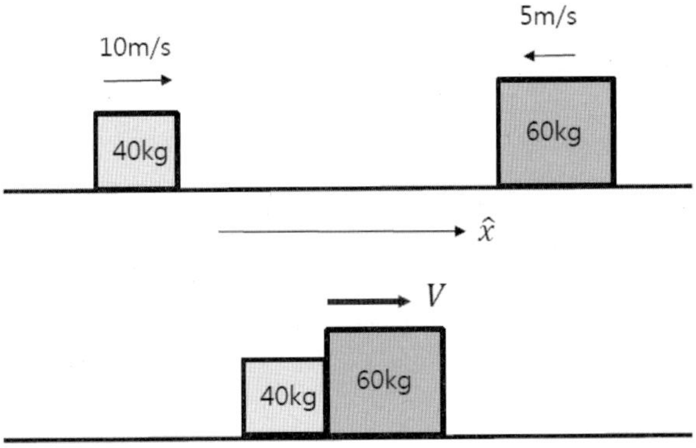

선운동량 보존

오른쪽을 $+\hat{x}$ 방향으로 하자.

$m_1 v_1 - m_2 v_2 = (m_1 + m_2)V$

$$\therefore V = \frac{m_1 v_1 - m_2 v_2}{m_1 + m_2} = \frac{40 \times 10 - 60 \times 5}{40 + 60} = -1 \text{ [m/s]}$$

즉, 충돌 후 두 물체의 속도는 1 m/s이고 방향은 왼쪽이다. 이것을 초기에 방향을 잡을 때 반대로 잡을 것을 의미한다.

[예제] 그림처럼 높이 h에 정지해 있던 물체 A가 곡면을 미끄러져 내려와 정지해 있던 질량이 동일한 물체 B와 충돌한 후 두 물체가 한 덩어리로 움직일 때 속도 (v)는? (단, 공기저항과 마찰은 무시하고 중력가속도는 g이다)

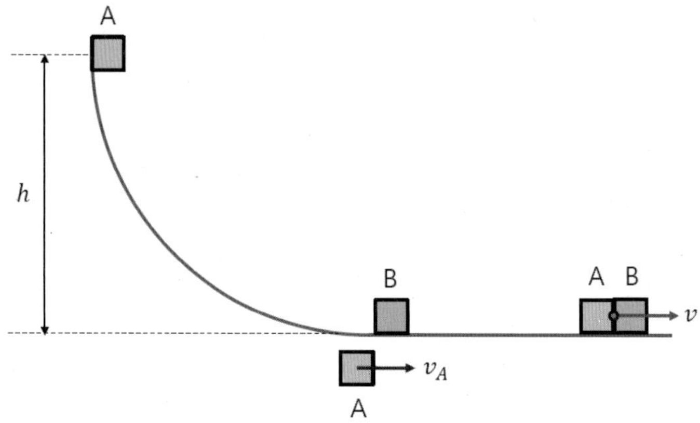

[해설]

물체 A가 바닥에 내려온 후 물체 B와 충돌 직전의 속도 v_A

역학적 에너지 보존 $\quad mgh = \frac{1}{2}mv_A^2$

$$\therefore v_A = \sqrt{2gh}$$

충돌 전 후의 선운동량은 보존 $\left(\because F = \frac{dp}{dt} \rightarrow 0 = \frac{dp}{dt}\right)$

선 운동량 보존 $\quad mv_A + 0 = (m+m)v$

충돌 후 두 물체가 하나가 된 후의 속도

$$\therefore v = \frac{mv_A}{2m} = \frac{v_A}{2} = \frac{\sqrt{2gh}}{2} = \sqrt{\frac{gh}{2}}$$

[예제] 질량이 동일한 두 물체가 완전 비탄성충돌을 하였는데, 한 물체는 처음에 정지하고 있었다. 처음 운동에너지의 반이 사라짐을 보여라.

[해설]

운동량 보존 $\quad m_1\overrightarrow{v_1} + m_2\overrightarrow{v_2} = (m_1 + m_2)\overrightarrow{V}$

$$\rightarrow mv + m \times 0 = (m+m)V \qquad (\because v_2 = 0)$$

$$\therefore V = \frac{mv}{2m} = \frac{1}{2}v$$

$$(KE)_{전} = \frac{1}{2}mv^2$$

$$(KE)_{후} = \frac{1}{2}(m+m)V^2 = \frac{2m}{2}(\frac{1}{2}v)^2 = \frac{1}{2}(\frac{1}{2}mv^2) = \frac{1}{2}(KE)_{전}$$

(일반화) m_2가 정지하고 있는 경우 비탄성충돌의 경우 충돌 후 운동에너지가 감소함을 보여라.

$$m_1\overrightarrow{v_1} + m_2\overrightarrow{v_2} = (m_1 + m_2)\overrightarrow{V}$$

$$\therefore\ m_1v_1 = (m_1 + m_2)V \quad \rightarrow \quad V = \frac{m_1v_1}{(m_1+m_2)} \qquad (\because v_2 = 0)$$

$$(KE)_{전} = \frac{1}{2}m_1v_1^2$$

$$(KE)_{후} = \frac{1}{2}(m_1+m_2)V^2 = \frac{1}{2}(m_1+m_2)[\frac{m_1v_1}{(m_1+m_2)}]^2 = \frac{1}{2}\frac{m_1^2v_1^2}{(m_1+m_2)}$$

$$\therefore\ \frac{(KE)_{후}}{(KE)_{전}} = \frac{m_1}{m_1+m_2}$$

즉, 우변은 1보다 작으므로 충돌 후 운동에너지는 충돌 중에 감소함을 알 수 있다.

[예제] 탄동진자 (彈動振子, ballistic pendulum). 그림처럼 질량 m, 속도 v_1로 날아오는 총알이 진자처럼 매달려 있는 질량 M인 나무토막에 박혔다. 충돌 후 올라가는 높이 H는 얼마인가?

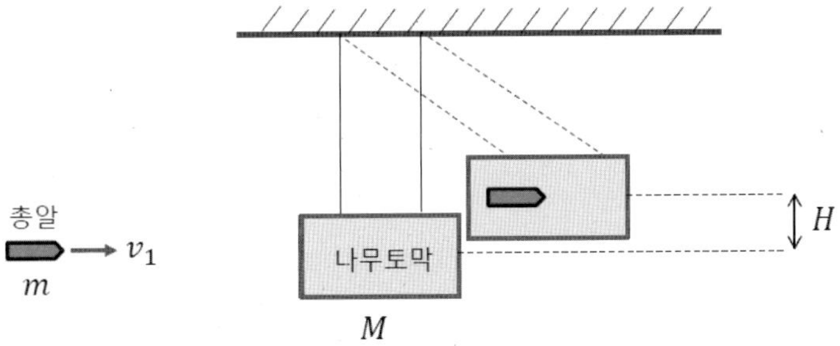

[해설]

운동량보존 $\quad mv_1 + 0 \times M = (m+M)V$

여기서 V는 총알이 나무토막에 박혀 생기는 $(m+M)$의 초속도이다.

$$\therefore\ V = \frac{mv_1}{m+M}$$

역학적 에너지 보존 $\quad (KE)_{초기} + (PE)_{초기} = (KE)_{나중} + (PE)_{나중}$

$$\frac{1}{2}(m+M)V^2 + 0 = 0 + (m+M)gH$$

$$\therefore H = \frac{\left(\frac{mv_1}{m+M}\right)^2}{2g}$$

[예제] H만큼 올라가려고 할 때, 총알의 속도는 어느 정도 되어야 하는가?

[해설]

운동량 보존 $\quad v_1 = \frac{(m+M)}{m}V$

역학적 에너지 보존 $\quad V^2 = \frac{2(m+M)gH}{m+M} = 2gH$

$$\therefore v_1 = \frac{m+M}{m}\sqrt{2gH}$$

[예제] $\frac{(KE)_{후}}{(KE)_{전}}$ 을 구하라.

[해설]

$$(KE)_{전} = \frac{1}{2}mv_1^2$$

$$(KE)_{후} = \frac{1}{2}(m+M)V^2 = \frac{1}{2}(m+M)\left(\frac{mv_1}{m+M}\right)^2 = \frac{1}{2}\frac{m^2v_1^2}{m+M}$$

$$\therefore \frac{(KE)_{후}}{(KE)_{전}} = \frac{\frac{1}{2}\frac{m^2v_1^2}{m+M}}{\frac{1}{2}mv_1^2} = \frac{m}{m+M}$$

(예) $m = 1\,g$, $M = 1\,kg$이라고 하면, $\frac{(KE)_{후}}{(KE)_{전}} = \frac{1}{1+1000} = 0.0009$이므로, 대부분이 마찰로 인한 열, 소리 에너지 등으로 빠져 나간다는 것을 알 수 있다.

(예) $m = 20\,g$, $M = 10\,kg$, $v_1 = 1$ [km/s] 일 때, 나무토막에서 발생한 열에너지[J]는?

$$V = \frac{mv_1}{m+M} = \frac{0.02 \times 1000}{0.02+10} = \frac{0.02 \times 1000}{10.02} \quad [km/s]$$

$$(KE)_{전} = \frac{1}{2}mv_1^2 = \frac{1}{2}\times 0.02\times (1000)^2 = 0.01\times 10^6$$

$$(KE)_{후} = \frac{1}{2}(m+M)V^2 = \frac{1}{2}(0.02+10)\times\left(\frac{0.02\times 1000}{10.02}\right)^2$$

[Note] 충돌 전 후 운동에너지 차만큼 열에너지가 발생해서 빠져 나간다.

$$\text{발생한 열 에너지} = (KE)_{전} - (KE)_{후}$$

$$= 0.01\times 10^6 - \frac{1}{2}(0.02+10)\times\left(\frac{0.02\times 10^3}{10.02}\right)^2$$

$$= 0.0099801\times 10^6\,[J]$$

$$= 9980[J]$$

(요약)

- 탄동진자에서 선운동량은 보존된다.
- 총알이 나무토막에 박힐 때 열, 마찰, 소리 등으로 에너지가 빠져나간다. 따라서 이때의 역학적 에너지는 보존되지 않는다.
- 총알이 나무토막에 박힌 후에는 초속도를 가진 운동에너지가 모두 위치에너지로 변환되어, 이때는 역학적 에너지 보존으로 올라가는 높이를 구하는 문제를 풀 수 있다.

[예제] 질량 m인 총알이 수평면에 정지하고 있던 질량 $4m$인 나무토막을 뚫고 들어가 같은 속력으로 함께 운동하였다. 이 때 발생한 열에너지는 총알의 처음 운동에너지 (KE)의 몇 %인가?

[해설]

충돌 전 총알의 운동에너지 $(KE)_i = \frac{1}{2}mv^2$

충돌 후 합체된 물체의 속력 $mv + 0 = (m+M)V$

$$\therefore V = \frac{mv}{(m+M)} = \frac{mv}{m+4m} = \frac{1}{5}v$$

충돌 후 합체된 물체의 운동에너지 $(KE)_f = \frac{1}{2}(m+4m)V^2 = \frac{1}{2}5m(\frac{1}{5}v)^2 = \frac{1}{10}mv^2$

충돌로 인해 감소된 에너지 $\Delta E = (KE)_1 - (KE)_2 = \frac{1}{2}mv^2 - \frac{1}{10}mv^2 = \frac{2}{5}mv^2$

$$\therefore \frac{\Delta E}{(\mathrm{KE})_i} = \frac{\frac{2}{5}mv^2}{\frac{1}{2}mv^2} = \frac{4}{5} = 0.8$$

즉, 초기 에너지의 80%가 열에너지로 빠져 나가버린다.

[예제] 질량이 10 g인 총알이 100 m/s의 속력으로 운동하다가 수평면에 정지하고 있던 나무토막에 박혀서 2 m/s의 속력으로 나무토막과 함께 운동한다. 총알이 박힌 나무토막의 운동에너지[J]는?

[해설]

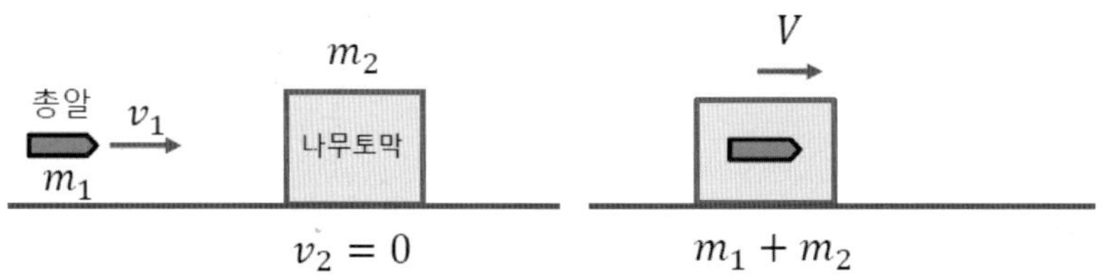

운동량 보존 $m_1 v_1 + m_2 v_2 = (m_1 + m_2) V$

$$\therefore V = \frac{m_1 v_1 + m_2 v_2}{(m_1 + m_2)}$$

$m_1 = 10\ \mathrm{g} = 10 \times 10^{-3}\mathrm{kg} = 0.01\ \mathrm{kg}$

$v_1 = 100\ \mathrm{m/s}$

$v_2 = 0$

$V = 2\ \mathrm{m/s}$

$\rightarrow 0.01 \times 100 + m_2 \times 0 = (0.01 + m_2) \times 2$

$1 = 2(0.01 + m_2)$

나무토막의 질량: $m_2 = 0.5 - 0.01 = 0.49\ \mathrm{kg}$

$\therefore$ 총알이 박힌 나무토막의 운동에너지 (KE) $= \frac{1}{2}(m_1 + m_2)V^2$

$= \frac{1}{2}(0.01 + 0.49) \times 2^2 = 1$ [J]

$$(KE)_{초기} = \frac{1}{2}m_1v_1^2 = \frac{1}{2}\times 10\times 10^{-3}\times (10^2)^2 = 50\ [J]$$

$$(KE)_{나중} = 1[J]$$

$$\therefore\ \text{에너지 손실} = \frac{(KE)_{나중}}{(KE)_{초기}} = \frac{1}{50} = 0.02$$ (즉, 충돌 전 KE의 98%가 손실되었다)

[예제] 마찰을 무시한 수평 얼음판 위에 질량 M인 나무토막에 질량 m인 총알을 v속도로 쏘았다. 총알이 나무토막에 막힌다고 할 때, 이 과정에서 사라진 역학적 에너지는 얼마인가?

[해설]

(방법1)

운동량 보존 $\quad mv + 0\times M = (m+M)V \quad \rightarrow \quad V = \dfrac{mv_1}{m+M}$

V는 총알이 나무토막에 박혀 생기는 $(m+M)$의 초속도이다. 총알이 박힐 때 마찰, 열, 소리 등으로 에너지가 빠져나간다. 따라서 충돌 전 후 역학적 에너지 차이를 보면 얼마나 감소했는지를 알 수 있다.

$$\text{충돌 전 후 역학적 에너지 감소량} = \left(\frac{1}{2}mv^2 + 0\right)_{전} - \left(\frac{1}{2}(m+M)V^2\right)_{후}$$

$$= \frac{1}{2}mv^2 - \frac{1}{2}(m+M)V^2 = \frac{1}{2}mv^2 - \frac{1}{2}(m+M)\left(\frac{mv}{m+M}\right)^2$$

$$= \frac{1}{2}mv^2 - \frac{1}{2}\frac{m^2v^2}{m+M}$$

$$= \frac{1}{2}\frac{(m+M)mv^2}{m+M} - \frac{1}{2}\frac{m^2v^2}{m+M} = \frac{1}{2}\frac{mMv^2}{m+M}$$

(방법2) 비보존력이 작용하지 않으면 역학적 에너지는 보존된다.

$$W_{nc} = \Delta(KE + PE) = \Delta(KE) + \Delta(PE) = (KE_f - KE_i) + (PE_f - PE_i)$$

$$= \frac{1}{2}(m+M)V^2 - \frac{1}{2}mv^2 + (0-0) \qquad (\because PE = 0)$$

$$= \frac{1}{2}(m+M)\left(\frac{mv}{m+M}\right)^2 - \frac{1}{2}mv^2 = -\frac{1}{2}\frac{mMv^2}{m+M}$$

(−)의미: 마찰 등에 의해 역학적 에너지가 감소함을 의미한다.
(∵ 나중 − 처음 < 0 → 나중 < 처음)

[예제] 그림처럼 질량 m인 물체가 정지 상태에 있는 질량 M인 물체와 충돌 후 붙어서 운동한다. 충돌과정에서 발생한 열량이 충돌 전 운동에너지의 $\frac{1}{4}$이다. 질량 m은 M의 몇 배인가?

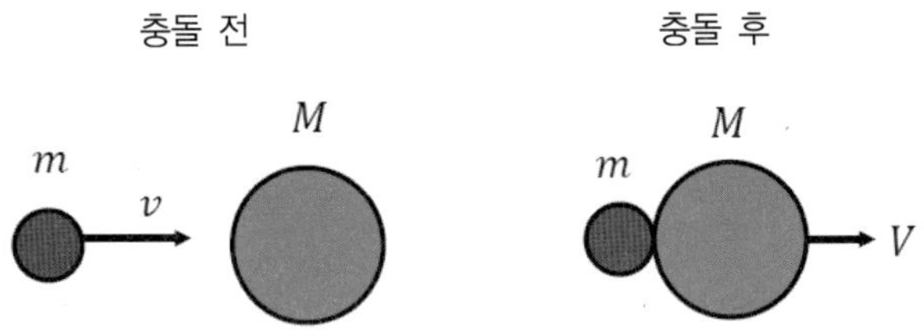

[해설]

운동량 보존 $mv + 0 = (m+M)V$ $\rightarrow$ $V = \frac{mv}{m+M}$

[Note] 충돌과정에서 충돌 전 후 역학적 에너지 차이만큼 열이나 소리로 에너지가 빠져 나갈 것이다.

발생한 열량 $= \left(\frac{1}{2}mv^2 + 0\right)_{전} - \left(\frac{1}{2}(m+M)V^2\right)_{후}$

$$= \frac{1}{2}mv^2 - \frac{1}{2}(m+M)V^2 = \frac{1}{2}mv^2 - \frac{1}{2}(m+M)\left(\frac{mv}{m+M}\right)^2$$

$$= \frac{1}{2}mv^2 - \frac{1}{2}\frac{m^2v^2}{m+M}$$

문제 조건 $\frac{1}{2}mv^2 - \frac{1}{2}\frac{m^2v^2}{m+M} = \frac{1}{4} \times \frac{1}{2}mv^2$

$$v^2 - \frac{mv^2}{m+M} = \frac{1}{4}v^2$$

$$-\frac{mv^2}{m+M} = -\frac{3}{4}v^2 \quad \rightarrow 3(m+M) = 4m$$

$\therefore\ m = 3M$

[예제] 그림처럼 마찰이 없는 수평면에 질량 1 kg인 블록이 스프링에 연결되어 정지해 있다. 질량 4 kg인 물체가 속력 2 m/s로 충돌하여 순간적으로 붙어 운동한다. 이 때 스프링의 최대 압축거리[m]는? (단, 용수철 상수는 80 N/m이고, 용수철의 질량과 공기 저항은 무시한다)

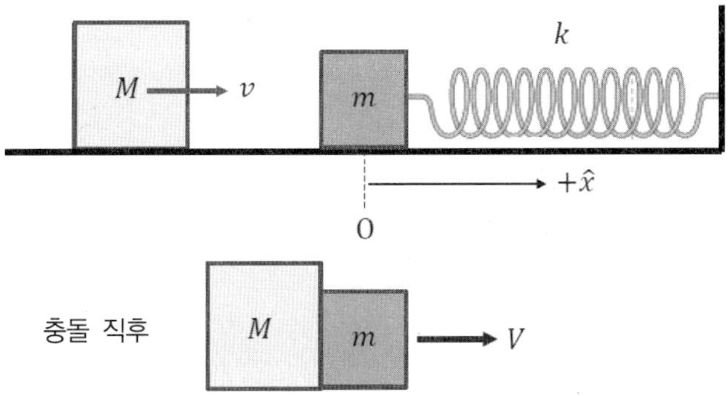

[해설]

운동량 보존　　$Mv + m \times 0 = (M+m)V$　　($V=$ 충돌 직후 $M+m$의 속력)

$$\therefore V = \frac{Mv}{M+m}$$

한편, 두 물체가 붙어서 ($= M+m$) 초기속도 V로 운동할 때 초기 운동에너지가 모두 탄성 위치에너지로 전환될 때까지 압축될 것이다.

운동에너지 = 탄성 위치에너지

$$\frac{1}{2}(M+m)V^2 = \frac{1}{2}kx^2 \qquad (x = \text{압축 거리})$$

$$x^2 = \frac{(M+m)}{k}V^2 = \frac{(M+m)}{k}\left(\frac{Mv}{M+m}\right)^2 = \frac{1}{k}\frac{M^2v^2}{M+m}$$

$$= \frac{1}{80}\frac{4^2 \times 2^2}{4+1} = \frac{64}{400}$$

$$\therefore x = \frac{8}{20} = \frac{2}{5} = 0.4 \ \ [\text{m/s}]$$

[예제] 그림처럼 질량이 m인 물체가 $\overrightarrow{v_{1i}}$의 속도로 움직이다가 용수철이 달리고 반대 방향으로 움직여오는 질량 M인 물체와 충돌한다. (단, 용수철 상수는 k이고 마찰과 용추철의 질량은 무시한다)

① 질량 m인 물체의 속도가 $\overrightarrow{v_{1f}}$으로 오른쪽으로 움직이는 순간 질량 M인 물체의 속도는?

② 이 순간 압축되는 거리는?

③ 최대로 압축되는 거리는?

[해설]

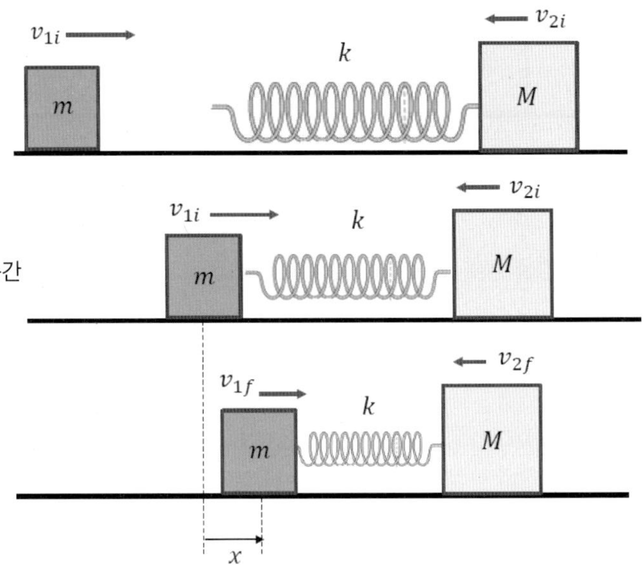

① 운동량 보존 $\quad m\overrightarrow{v_{1i}} + M\overrightarrow{v_{2i}} = m\overrightarrow{v_{1f}} + M\overrightarrow{v_{2f}}$

$$mv_{1i} - Mv_{2i} = mv_{2i} + Mv_{2f} \qquad (\because M\text{의 방향은 반대 이동})$$

$$\therefore v_{2f} = \frac{mv_{1i} - Mv_{2i} - mv_{2i}}{M}$$

② 역학적 에너지 보존

KE $=$ m, M의 운동에너지

PE $=$ 용수철에 의한 퍼텐셜 에너지

$(\mathrm{KE} + \mathrm{PE})_i = (\mathrm{KE} + \mathrm{PE})_f$

$$\frac{1}{2}mv_{1i}^2 + \frac{1}{2}Mv_{2i}^2 + \frac{1}{2}kx_i^2 = \frac{1}{2}mv_{1f}^2 + \frac{1}{2}Mv_{2f}^2 + \frac{1}{2}kx_f^2$$

$$\frac{1}{2}mv_{1i}^2 + \frac{1}{2}Mv_{2i}^2 + 0 = \frac{1}{2}mv_{1f}^2 + \frac{1}{2}Mv_{2f}^2 + \frac{1}{2}kx^2 \qquad (\because x_i = 0, x_f \equiv x)$$

$$\therefore x = \sqrt{\frac{mv_{1i}^2 + Mv_{2i}^2 - mv_{1f}^2 - Mv_{2f}^2}{k}}$$

압축거리 $(x)= \sqrt{\frac{(KE)_i - (KE)_f}{k}}$

③ ②번식에서 m과 M의 속력이 0일 때이다.

$$\frac{1}{2}mv_{1i}^2 + \frac{1}{2}Mv_{2i}^2 + 0 = \frac{1}{2}mv_{1f}^2 + \frac{1}{2}Mv_{2f}^2 + \frac{1}{2}kx^2$$

$$x = \sqrt{\frac{mv_{1i}^2 + Mv_{2i}^2 - mv_{1f}^2 - Mv_{2f}^2}{k}} \simeq \sqrt{\frac{mv_{1i}^2 + Mv_{2i}^2 - 0 - 0}{k}}$$

$$\therefore x_{max} \simeq \sqrt{\frac{mv_{1i}^2 + Mv_{2i}^2}{k}}$$

[예제] 질량이 1000 kg인 물체가 정지해 있다. 이 때 질량이 동일한 물체가 시속 72 km/h의 속력으로 충돌한 후 두 물체가 붙어서 10 m 움직인 후 정지했다. 물체와 바닥면 사이의 마찰계수는? (단, 중력가속도는 10 m/s^{2}이다)

[해설]

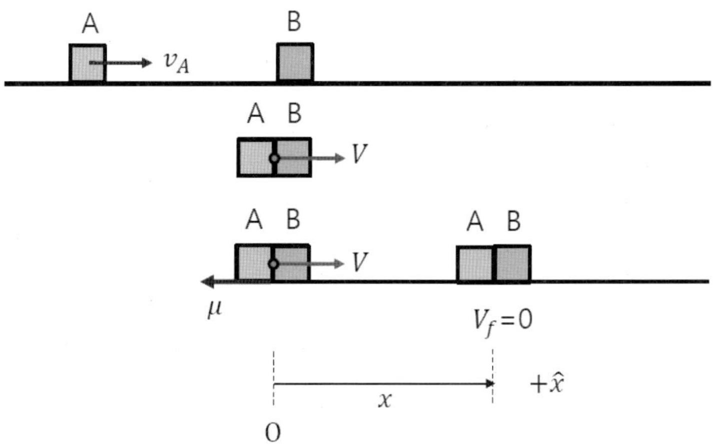

$$v_A = 72\,\text{km/h} = 72 \times \frac{10^3\,\text{m}}{3600\,\text{s}} = 20\,\text{m/s}$$

$m_A = m_B = m = 1000$ kg

$V =$ 충돌 직후 합체된 $(m_A + m_B)$의 속력

$x = 10$ m

운동량 보존 $\quad m_A v_A + m_B \times 0 = (m_A + m_B)\,V$

$$mv_A = (m+m)V = 2mV$$

$$\therefore V = \frac{v_A}{2} = 10\,\text{m/s}$$

(방법1) 운동방정식 이용

마찰력 $f = \mu N = \mu(m_A + m_B)g$

마찰력에 의한 감속 $-\mu(m_A + m_B)g = (m_A + m_B)a \quad \rightarrow \quad a = -\mu g$ ($\because$ 방향 반대 의미)

운동방정식 $v^2 - v_0^2 = 2aS$

$$\rightarrow 0^2 - V^2 = 2ax = 2(-\mu g)x$$

$$\mu = \frac{V^2}{2gx} = \frac{(v_A/2)^2}{2gx} = \frac{v_A^2}{8gx}$$

$$\therefore \mu = \frac{20^2}{8 \times 10 \times 10} = 0.5$$

(방법2) 비보존력이 작용하지 않으면 역학적 에너지는 보존된다.

$$W_{nc} = \Delta(\text{KE} + \text{PE})$$

$$= \Delta(\text{KE}) \qquad (\because \text{PE} = 0)$$

$$-\mu(m_A + m_B)gx = \frac{1}{2}(m_A + m_B)V_f^2 - \frac{1}{2}(m_A + m_B)V^2$$

$$= 0 - \frac{1}{2}(m_A + m_B)V^2 \qquad (\because V_f = 0)$$

$$\therefore \mu = \frac{V^2}{2gx} = \frac{(v_A/2)^2}{2gx} = \frac{v_A^2}{8gx}$$

$$= \frac{20^2}{8 \times 10 \times 10} = 0.5$$

[예제] 그림은 물체 A와 B의 충돌 전후의 시간에 따른 위치를 나타낸 것이다. (단, 외부의 힘은 작용하지 않는다)

① 충돌 시 A와 B가 받는 충격량의 크기는?

② A의 질량은 B질량의 몇 배인가?

③ 충돌 전후에 A와 B의 운동에너지 총합은?

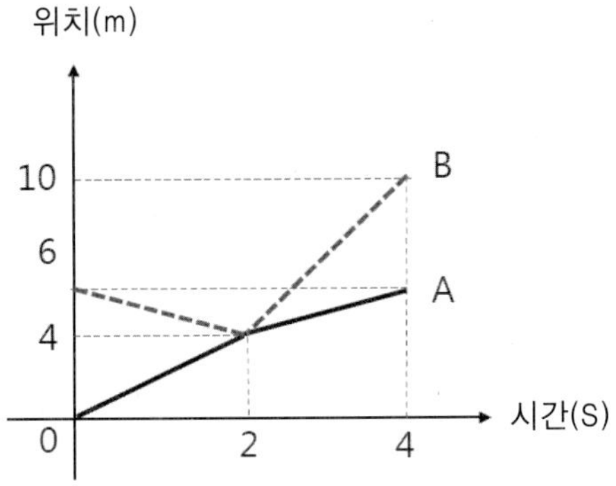

[해설]

① 충격량-운동량 정리 = 운동변화량과 충격량은 동일

물체 A: $v_A^i = \dfrac{4}{2} = 2$ [m/s], $v_A^f = \dfrac{2}{2} = 1$ [m/s]

물체 B: $v_B^i = -\dfrac{2}{2} = -1$ [m/s] (방향 반대), $v_B^f = \dfrac{6}{2} = 3$ [m/s]

$$\vec{I} \equiv \vec{F}\Delta t = m\vec{v_f} - m\vec{v_i} = \Delta\vec{p}$$

$$I_A = \Delta p_A = \Delta(m_A v_A) = m_A(v_A^f - v_A^i) = m_A(1-2) = -m_A$$

$$I_B = \Delta p_B = \Delta(m_B v_B) = m_B(v_B^f - v_B^i) = m_B(3-(-1)) = 4m_B$$

[Note]
$I \equiv F\Delta t$, 작용-반작용에 의해 힘은 동일하고 같은 Δt 동안에 작용한다. 또한 조건에서 외력은 없다.

$\therefore I_A = I_B$ (충격량은 같다)

② $I_A = I_B$
$\rightarrow m_A = 4m_B$

③

$$KE_A^i = \frac{1}{2}m_A(v_A^i)^2 = \frac{1}{2}m_A 2^2 = 2m_A = 2\times 4m_B = 8m_B$$

$$KE_A^f = \frac{1}{2}m_A(v_A^f)^2 = \frac{1}{2}m_A 1^2 = \frac{1}{2}m_A = \frac{1}{2}\times 4m_B = 2m_B$$

$$KE_B^{i} = \frac{1}{2}m_B(v_B^i)^2 = \frac{1}{2}m_B(-1)^2 = \frac{1}{2}m_B$$

$$KE_B^{f} = \frac{1}{2}m_B(v_B^f)^2 = \frac{1}{2}m_B 3^2 = \frac{9}{2}m_B$$

충돌 전 A와 B의 운동에너지 총합 $KE_A^{i} + KE_B^{i} = 8m_B + \frac{1}{2}m_B = \frac{17}{2}m_B$

충돌 후 A와 B의 운동에너지 총합 $KE_A^{f} + KE_B^{f} = 2m_B + \frac{9}{2}m_B = \frac{13}{2}m_B$

[예제] 그림처럼 수평면에 정지해 있던 질량 2 kg인 물체 A에 크기가 일정한 힘 4 N을 작용해 1 m 이동시켰다. 물체 A는 일정한 속도로 운동하다가 정지한 질량 2 kg인 물체 B와 충돌 후 정지하였다. 물체 B는 충돌 후 빗면을 따라 높이 h인 점 P까지 올라갔다 내려온다. (단, 중력가속도는 10 m/s^{2}이고, 모든 마찰과 공기 저항은 무시한다)

① 물체 A의 가속도[m/s^2]는?

② 물체 A와 B가 충돌하기 직전 물체 A의 속도[m/s]는?

③ 물체 A와 B가 충돌할 때 B에 작용한 충격량의 크기[N • s]는?

④ 높이 h[m]는?

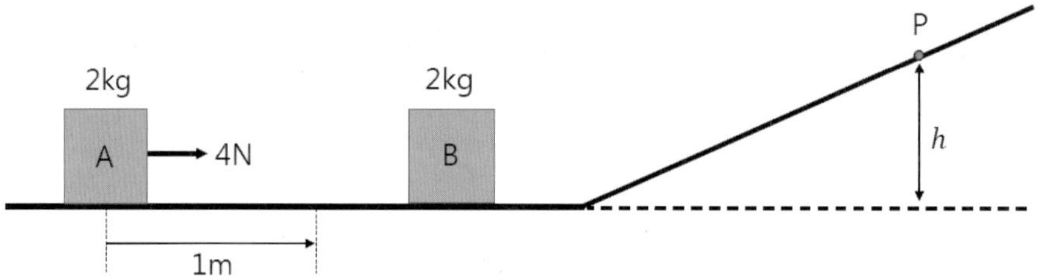

[해설]

① 뉴턴 법칙 $F = ma$

$$\therefore a = \frac{F}{m} = \frac{4}{2} = 2 \quad [m/s^2]$$

②

(방법1) 운동방정식 $v^2 - v_0^2 = 2ax$

$$v^2 - 0^2 = 2\times2\times1 = 4 \rightarrow v = 2 \quad [m/s]$$

(방법2) 일-에너지 정리 $W = Fx = \frac{1}{2}mv_f^2 - \frac{1}{2}mv_i^2$

$$4 \times 1 = \frac{1}{2} \times 2 \times v_f^2 - 0 \quad \rightarrow \quad v \equiv v_f = 2 \quad [\text{m/s}]$$

③ 충격량-운동량 정리 $I \equiv F\Delta t = mv - mv_0 = \Delta p$

$$I_A = m_A v_f - m_A v_i = 2 \times 2 - 2 \times 0 = 4 \quad [\text{N} \cdot \text{s}]$$

$$I_A = I_B$$

$$I_B = 4\,[\text{N} \cdot \text{s}]$$

[Note] 충돌 후 물체 B의 속도

선운동량 보존 $m_A v_A^i + 0 = 0 + m_B v_B^f \quad \rightarrow 2 \times 2 = 2 \times v_B^f$

$\therefore\ v_B^f = 2$

즉, 충돌 후 물체 B의 속도는 2 [m/s]가 되고 이것이 초속도 역할을 해서 다시 빗면을 따라 점 P까지 올라간다.

$\therefore v_B \equiv v_B^f = 2$ [m/s]

④ 역학적 에너지 보존 $\frac{1}{2}m_B v_B^2 + 0 = 0 + m_B g h$

$$\therefore h = \frac{v^2}{2g} = \frac{2^2}{2 \times 10} = \frac{1}{5} = 0.2 \quad [\text{m}]$$

[예제] 그림처럼 반지름이 0.2 m인 반원형 트랙 위에서만 움직일 수 있는 질량 m_A와 m_B인 물체가 있다. (단, $m_A = 200$ g, $m_B = 50$ g이고 중력가속도는 10 m/s^2, 마찰은 무시한다)

① 물체 m_A가 정지 상태에서 점 A에서 운동을 시작하고 물체 m_B는 트랙의 바닥 점 B에 정지해 있다. 충돌 후 두 물체는 한 덩어리로 트랙 위를 운동한다. 충돌 전 후 두 물체의 총 역학적 에너지의 차이를 구하라.

② 두 물체가 충돌 후 한 덩어리가 되어 점 C까지 도달하기 위해 물체 m_A의 초기속력은 최소한 얼마나 되어야 하는가?

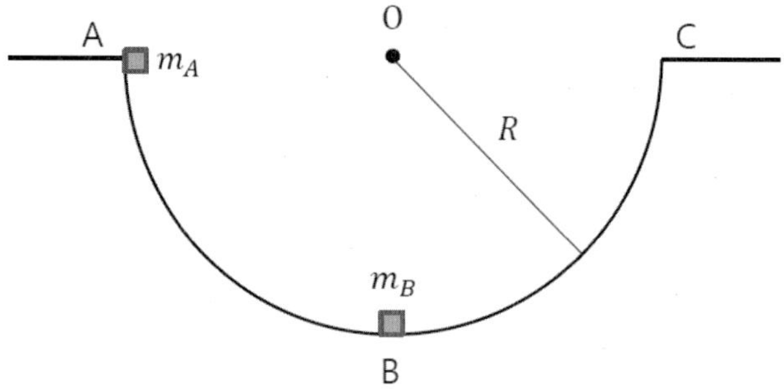

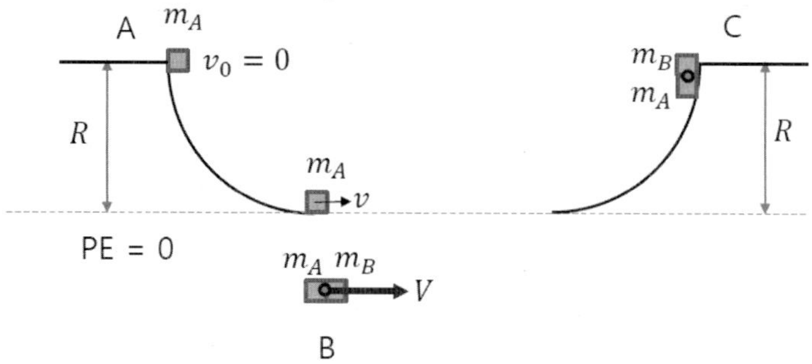

[해설]

① A지점에서 정지해 있던 물체 m_A가 B지점까지 내려올 때, B지점에서의 속도 (v)

역학적 에너지 보존 $\quad mgR = \frac{1}{2}m_A v^2 \quad \rightarrow \quad v = \sqrt{2gR}$

m_A가 m_B와 충돌 후 한 덩어리가 된 후 속도 (V)

운동량 보존 $\quad m_A v + m_B \times 0 = (m_A + m_B)V$

$$\rightarrow V = \frac{m_A v}{m_A + m_B} = \frac{m_A}{m_A + m_B}\sqrt{2gR}$$

충돌 전 m_A, m_B의 역학적 에너지 (E_i)

$$\rightarrow E_i = m_A gR$$

충돌 후 한 덩어리가 된 $(m_A + m_B)$의 역학적 에너지 (E_f)

$$\rightarrow E_f = \frac{1}{2}(m_A + m_B)V^2 = \frac{1}{2}(m_A + m_B)\left(\frac{m_A\sqrt{2gR}}{m_A + m_B}\right)^2$$

$$= \frac{1}{2}\frac{m_A^2 2gR}{m_A + m_B} = \frac{m_A^2 gR}{m_A + m_B}$$

$$\Delta E \equiv E_f - E_i$$

$$= \frac{m_A^2 gR}{m_A + m_B} - m_A gR = \frac{0.2^2 \times 10 \times 0.2}{0.2 + 0.05} - 0.2 \times 10 \times 0.2 = -0.08 \quad [\text{J}]$$

② 트랙 바닥 B점에서 두 물체의 충돌에 의해 열, 소리 등으로 에너지가 빠져나가기 때문에 두 물체가 한 덩어리가 된 후 C지점까지 올라갈 수는 없다. 따라서 C지점까지 올라가기 위해서는 초기에 물체 m_A가 정지 상태에서 출발하는 것이 아니라, 초속도 (v_0)를 주면 될 것이다.

물체 m_A가 높이 A지점에서 초속도 v_0를 가지고 트랙을 따라 내려올 때 B지점에서 물체 m_B와 충돌하기 직전의 속도 (v_B)

역학적 에너지 보존 $\frac{1}{2} m_A v_0^2 + m_A gR = \frac{1}{2} m_A v_B^2 \rightarrow v_B^2 = v_0^2 + 2gR$

m_A가 m_B와 충돌 후 한 덩어리가 된 후 속도 (V)

운동량 보존

$$m_A v_B + m_B \times 0 = (m_A + m_B) V \rightarrow V = \frac{m_A v_B}{m_A + m_B} = \frac{m_A \sqrt{v_0^2 + 2gR}}{m_A + m_B} \quad Ⓐ$$

m_A가 m_B와 충돌 후 한 덩어리가 된 후 속도 (V)를 가지고 운동하여 C지점까지 올라갈 때 역학적 에너지는 보존된다.

$$\frac{1}{2}(m_A + m_B) V^2 = (m_A + m_B) gR \rightarrow V = \sqrt{2gR} \quad Ⓑ$$

Ⓐ = Ⓑ

$$\frac{m_A \sqrt{v_0^2 + 2gR}}{m_A + m_B} = \sqrt{2gR}$$

$$m_A \sqrt{v_0^2 + 2gR} = (m_A + m_B) \sqrt{2gR}$$

$$v_0^2 = \left(\frac{m_A + m_B}{m_A} \right)^2 2gR - 2gR = \left(\frac{0.2 + 0.05}{0.2} \right)^2 \times 2 \times 10 \times 0.2 - 2 \times 10 \times 0.2$$

$$= 6.25 - 4 = 2.25$$

$$\therefore v_0 = 1.5 \ [\text{m/s}]$$

[예제] 그림처럼 마찰이 없는 수평면 위에 직각삼각형 물체 A가 놓여있는데 이 물체의 질량은 M이고 높이가 h이다. 물체 A 끝에 질량 m인 물체 B가 놓여있다. 초기에 물체 A와 B는 정지해 있다. 물체 B가 경사면을 내려오면 물체 A는 왼쪽으로 밀려간다. 물체 B가 경사면을 다 미끄러져 내려올 때 물체 A의 속력은?

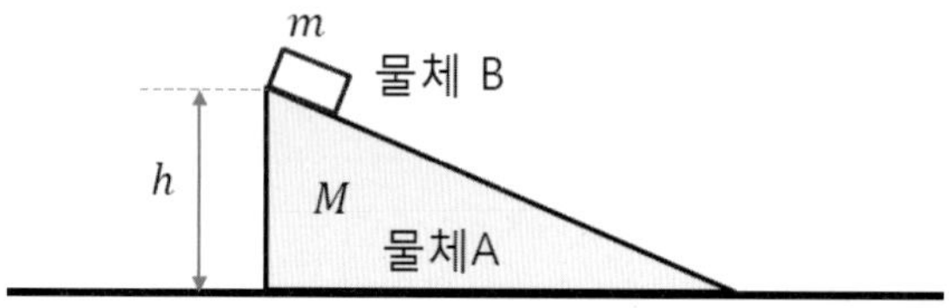

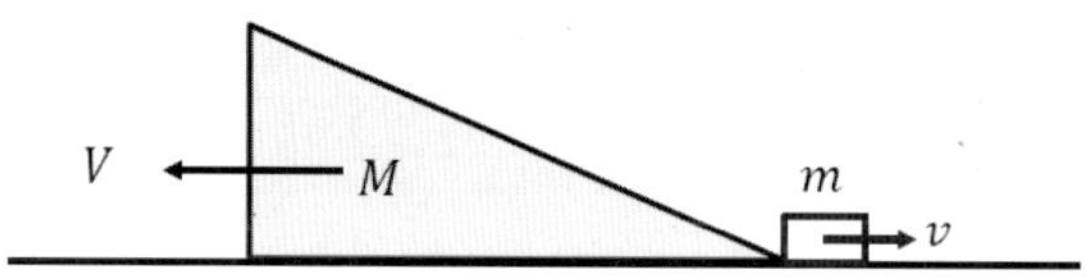

[해설]

운동량 보존 $\quad 0 = MV - mv \rightarrow v = \dfrac{M}{m}V \quad$ ($\because$ 서로 방향 반대)

역학적 에너지 보존 $\quad mgh = \dfrac{1}{2}MV^2 + \dfrac{1}{2}mv^2$

$$\begin{aligned} mgh &= \frac{1}{2}MV^2 + \frac{1}{2}m\left(\frac{M}{m}V\right)^2 \\ &= \left(\frac{1}{2}M + \frac{M^2}{2m}\right)V^2 \end{aligned}$$

$$\therefore\ V = \sqrt{\frac{mgh}{\frac{1}{2}\left(M + \frac{M^2}{m}\right)}} = \sqrt{\frac{2gh}{\frac{M}{m}\left(1 + \frac{M}{m}\right)}}$$

□ 질량중심 (center of mass)

(상황)

① 어른과 어린이 중 누가 잘 넘어질까?

② 스포츠카의 경우 무게중심이 아래쪽이 있다는 데 그 이유는?

✍ (알아두기)

질량중심 (質量中心, center of mass, CM): 물체 전체의 질량 중심점. 전체 질량이 마치 질량중심점에 있는 것처럼 간주한다.

(정의) $$\vec{R} \equiv \frac{m_1\vec{r_1} + m_2\vec{r_2} + \ldots + m_n\vec{r_n}}{m_1 + m_2 + \ldots + m_n} = \frac{m_1\vec{r_1} + m_2\vec{r_2} + \ldots + m_n\vec{r_n}}{M} = \frac{\sum_i^n m_i\vec{r_i}}{M}$$

R = 원점에서 질량중심까지의 거리

r_i = 원점에서 i번째 물체까지의 거리

m_i = i번째 물체의 질량

M = 1부터 n번째까지 모든 물체의 질량의 합 $(= m_1 + m_2 + \ldots + m_n)$

(상황) 그림처럼 질량 50 kg인 물체가 2 m 떨어져 질량 80 kg인 물체와 막대로 서로 연결되어 있다. 받침대를 사용하여 수평방향으로 좌우 평형을 만들고 싶다면 (가) ~ (다) 중 어느 지점 쪽으로 놓아야 할까?

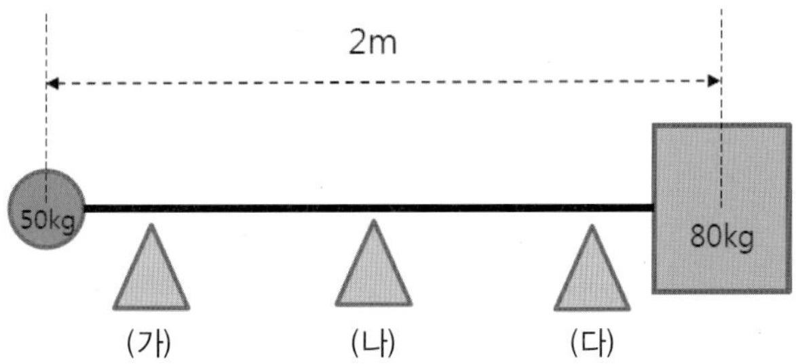

우리가 질량중심의 정의를 모른다고 해도, 경험적으로 (다)쪽으로 받침대를 두어야 한다는 것은 알고 있다. 이것은 그림처럼 시장에서 막대저울을 이용해 무게를 달 때와 같은 상황이다.

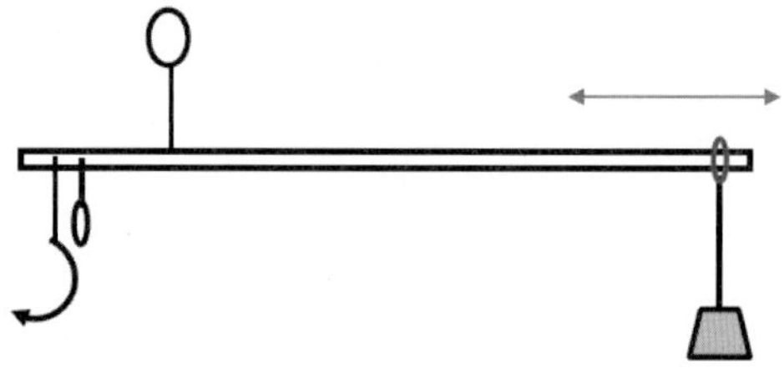

그럼 질량중심 정의에 의해 문제를 풀어보자.

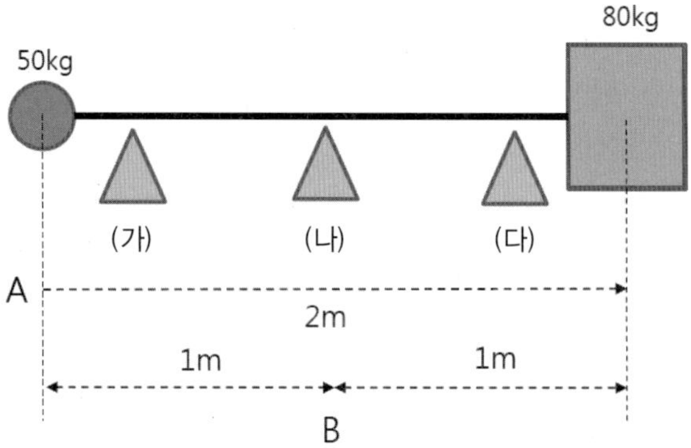

(방법1) 좌표계를 원점이 왼쪽 물체 (50 kg, A 지점)에 있게 택하자.

$m_1 = 50$ kg, $x_1 = 0$

$m_2 = 80$ kg, $x_2 = 2$

$$\therefore \text{ A를 기준 } X_{CM} = \frac{m_1 x_1 + m_2 x_2}{m_1 + m_2} = \frac{50 \times 0 + 80 \times 2}{50 + 80} = \frac{160}{130} = 1.23$$

원점 (A 지점)에서 오른쪽으로 1.23 m 떨어진 곳에 질량중심이 있다.

(방법2) 원점을 막대의 중심 [B, (나) 지점]으로 택하자.

$m_1 = 50$ kg, $x_1 = -1$ [∵ 물체 80 kg의 방향을 (+)로 잡을 때, 물체 50 kg의 방향은 반대 방향이므로 (−)를 택한다]

$m_2 = 80$ kg, $x_2 = 1$

$$\therefore \text{ B를 기준 } X_{CM} = \frac{m_1 x_1 + m_2 x_2}{m_1 + m_2} = \frac{50 \times (-1) + 80 \times 1}{50 + 80} = \frac{30}{130} = 0.23$$

중심 (B 지점)에서 오른쪽으로 0.23 m 떨어진 곳에 질량중심이 있다.

☞ **(요약)** 좌표계의 원점을 어느 지점으로 택하던지 동일한 결과를 얻는다.

(생각해보기) 그림처럼 야구 방망이의 질량중심을 자른다. 야구 방망이의 왼쪽 토막과 오른쪽 토막의 무게를 잰다고 할 때 어느 쪽이 더 무거운가?

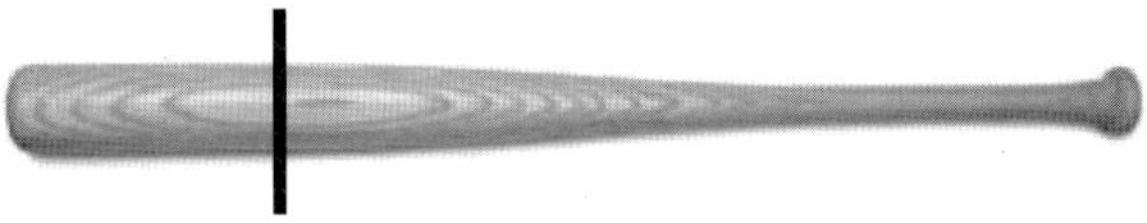

질량중심 (CM)

[정답] 동일

✍ **(정리)** 모든 물체는 질량중심이 있기 때문에 세울 수 없는 (즉 수평을 잡을 수 없는) 물체는 이 세상에 없다. 예로, 그림처럼 숟가락은 끈을 좌우로 옮겨가면서 질량중심점을 찾을 수 있다.

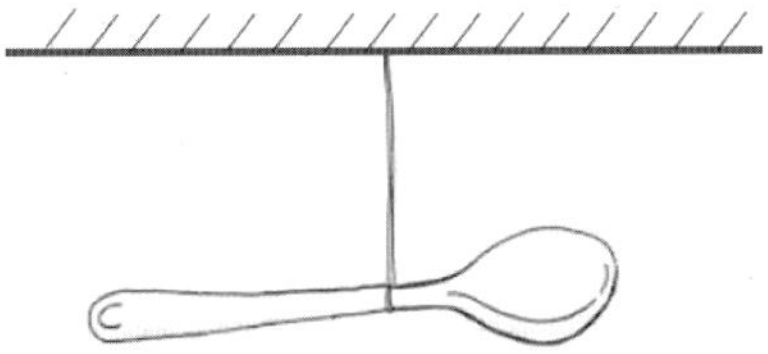

(TV 프로그램) 순간포착 세상에 이런 일이. 물건 세우기, 세워야 사는 남자.

(상황) 물체가 어떤 크기를 가진다해도 질량이 한 점에 모여 있다고 가정해서 문제를 풀 수 있었는데 만약 물체가 연속적인 질량 분포를 가질 때 질량중심점은 어떻게 구할 수 있는 것일까?

점 질량

$$\vec{R} \equiv \frac{m_1\vec{r_1} + m_2\vec{r_2} + \dots}{m_1 + m_2 + \dots} = \frac{m_1\vec{r_1} + m_2\vec{r_2} + \dots}{M} = \frac{\sum_i m_i\vec{r_i}}{M}$$

연속분포

$$\vec{R} \equiv \lim_{\Delta m_i \to 0} \frac{\sum_i \Delta m_i\vec{r_i}}{M} = \frac{\int \vec{r}dm}{M}$$

(물리적 의미) 어떤 크기를 가진 물체도 위치 r_i에 작은 미소 질량 (Δm_i)을 가진 점들을 무수히 많이 모으면 (= 적분하면) 만들어 낼 수 있다. 이것은 바로 적분의 개념하고 동일하다.

☞ **(핵심)** 연속적인 물체의 경우, 물체의 형태에 따라 dm을 어떻게 잡아서 적분을 할 것인가로 귀결된다고 볼 수 있다.

[예제] 그림처럼 질량 M이고 길이가 L인 균일 막대의 질량중심을 구하면?

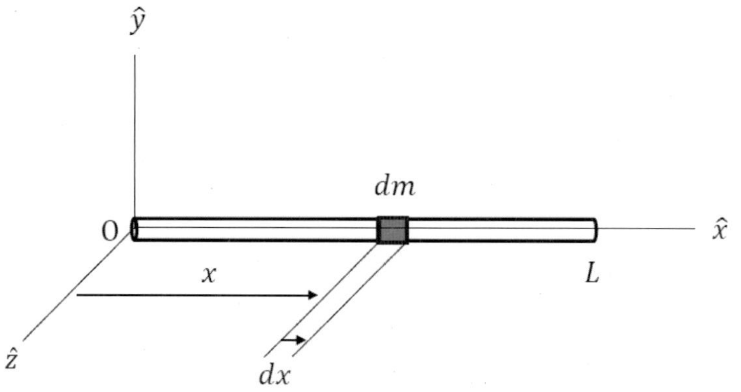

[해설]

막대의 질량분포가 균일하지 않으면 문제를 풀 수가 없다. 이럴 경우에는 앞처럼 실을 매달아 좌우로 움직이면서 찾는 수밖에는 없다. 따라서 문제의 조건에서 균일하다고 했으므로 (선)밀도의 개념을 사용할 수 있다.

선밀도 $\lambda \equiv \dfrac{dm}{dx} \quad \rightarrow dm = \lambda dx \quad (\because$ 단위 길이당 질량)

$$x_{\mathrm{CM}} = \frac{\int x dm}{M} = \frac{\int_0^L x\lambda dx}{M} = \frac{\frac{\lambda L^2}{2}}{M} = \frac{\lambda L^2}{2M}$$

$$\lambda \equiv \frac{M}{L}$$

$$\therefore x_{\mathrm{CM}} = \frac{\lambda L^2}{2M} = \frac{\frac{M}{L}L^2}{2M} = \frac{L}{2}$$

(요약)

① 개념적으로 생각해도, 길이가 L인 막대의 질량중심은 막대의 중심 지점 $(\frac{L}{2})$이라는 것을 수식을 통해 확인한 것에 불과하다.

② 이 문제의 경우 질량중심 (=무게중심이라고 해도 좋다)이 물체 내에 존재한다.

[예제] 그림처럼 질량 M이고 반경이 R인 균일 hoop의 절반인 물체의 질량중심을 구하면?

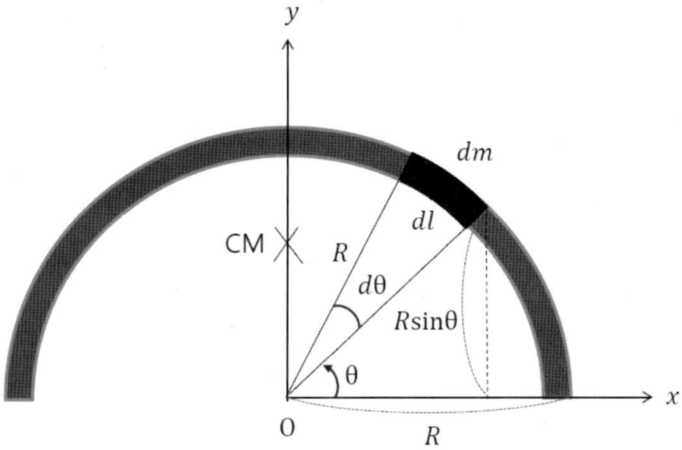

x축을 중심으로는 좌우 대칭이므로 질량중심은 원점에 있다.

$\therefore x_{CM} = 0$

y축으로는 질량이 균일 연속분포이기 때문에 적분 형태를 사용해야 한다.

$$y_{CM} = \frac{\int y dm}{M}$$

$$y = R\sin\theta$$

선밀도 $\lambda \equiv \frac{dm}{dl} = \frac{dm}{Rd\theta} \quad \rightarrow dm = \lambda R d\theta$

$$y_{CM} = \frac{\int_0^\pi R\sin\theta \lambda R d\theta}{M} = \frac{R^2\lambda \int_0^\pi \sin\theta d\theta}{M} = \frac{R^2\lambda}{M}(-)[\cos\pi - \cos 0°]$$

$$= \frac{R^2\lambda}{M}(-)[-1-1] = \frac{2R^2\lambda}{M}$$

$$\lambda \equiv \frac{M}{\pi R}$$

$$\therefore y_{CM} = \frac{2R^2\lambda}{M} = \frac{2R^2\frac{M}{\pi R}}{M} = \frac{2R}{\pi}$$

(요약)

① x축의 질량중심은 원점에 있다

② y축의 질량중심은 $\dfrac{2R}{\pi}$ 지점에 있다

③ 질량중심 (=무게중심이라고 해도 좋다)이 항시 물체 내에 존재하는 것은 아니다.

(생각해보기) 그림처럼 훌라후프 (hula hoop)를 위에서 볼 때 질량중심은 어디에 존재하는가?

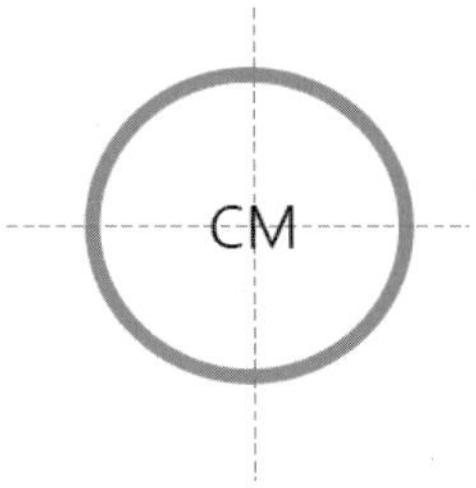

[정답] 훌라후프의 중앙이 질량 중심이고, 이 점은 훌라후프의 외부에 존재함을 알 수 있다.

[예제] 그림처럼 반경이 R인 균일한 고체반구 (solid hemisphere)의 질량중심은?

[해설]

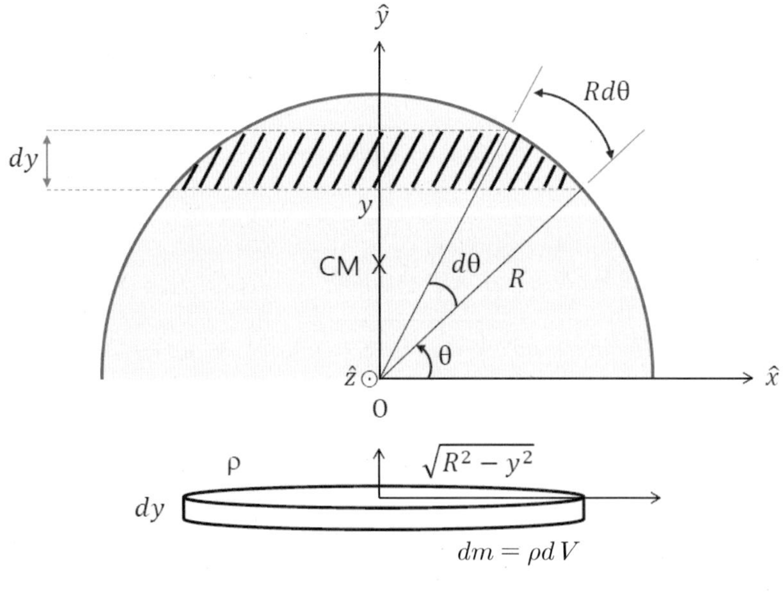

고체 반구는 3차원적인 물체이다. 우선, (x, z)축을 중심으로는 좌우 대칭이므로 질량중심은 원점에 있다.

$$\therefore x_{\rm CM} = 0,\ z_{\rm CM} = 0$$

y축은 높이가 dy, 질량이 dm인 원판으로 계속 자를 수 있다. → (빗금 친 부분)

높이: dy

반경: $\sqrt{R^2 - y^2}$

부피: $dV = dy \times \pi\left(\sqrt{R^2 - y^2}\right)^2 = \pi(R^2 - y^2)dy$

질량: $dm = \rho dV$

$$y_{\rm CM} \equiv \frac{\int y dm}{\int dm} = \frac{\int y\rho dV}{\int \rho dV} = \frac{\int y dV}{\int dV}$$

$$= \frac{\int_0^R y\pi(R^2 - y^2)dy}{\int_0^R \pi(R^2 - y^2)dy} = \frac{\frac{1}{2}R^4 - \frac{1}{4}R^4}{R^3 - \frac{1}{3}R^3} = \frac{3}{8}R$$

[예제] 그림처럼 반경이 R인 균일한 반구 껍질 (hemispherical shell)의 질량중심은?

[해설]

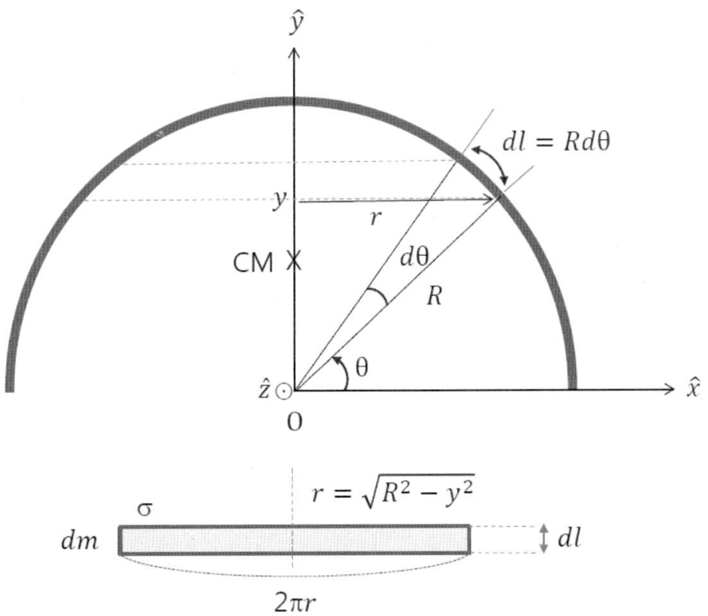

(x, z)축을 중심으로는 좌우 대칭이므로 질량중심은 원점에 있다.

$\therefore x_{\mathrm{CM}} = 0,\ z_{\mathrm{CM}} = 0$

y축은 높이가 dl이고 밑변이 $2\pi r$인 띠라고 생각할 수 있다.

면적밀도 $\sigma \equiv \dfrac{dm}{dA} = \dfrac{dm}{2\pi r \times dl} \qquad \rightarrow dm = \sigma 2\pi r\, dl$

$dl = R d\theta$

$r = \sqrt{R^2 - y^2}$

$y = R\sin\theta \quad \rightarrow \quad \sin\theta = \dfrac{y}{R}$

$dy = R\cos\theta\, d\theta \quad \rightarrow d\theta = \dfrac{dy}{R\cos\theta} = \dfrac{dy}{R\sqrt{1-\sin^2\theta}} = \dfrac{dy}{R\sqrt{(1-\dfrac{y^2}{R^2})}} = \dfrac{dy}{\sqrt{R^2 - y^2}}$

$$\begin{aligned} dm &= \sigma 2\pi r\, dl = \sigma 2\pi \sqrt{R^2 - y^2}\ R d\theta \\ &= \sigma 2\pi \sqrt{R^2 - y^2}\ R \frac{dy}{\sqrt{R^2 - y^2}} = \sigma 2\pi R dy \end{aligned}$$

$$\begin{aligned} y_{\mathrm{CM}} &\equiv \frac{\displaystyle\int y dm}{\displaystyle\int dm} \\ &= \frac{\displaystyle\int_0^R y\sigma 2\pi R dy}{\displaystyle\int_0^R \sigma 2\pi R dy} = \frac{\sigma 2\pi R \displaystyle\int_0^R y dy}{\sigma 2\pi R^2} = \frac{1}{R} \times \frac{1}{2} R^2 = \frac{R}{2} \end{aligned}$$

[Note]

$$\begin{aligned} dA &= 2\pi r \times dl = 2\pi r \times R d\theta = 2\pi \sqrt{R^2 - y^2}\ R \frac{dy}{\sqrt{R^2 - y^2}} \\ &= 2\pi R dy \end{aligned}$$

$\therefore dm = \sigma dA = \sigma \times 2\pi R dy$

[예제] 그림처럼 반경이 R인 균일한 반 원반 (semicircular lamina)의 질량중심은?

[해설]

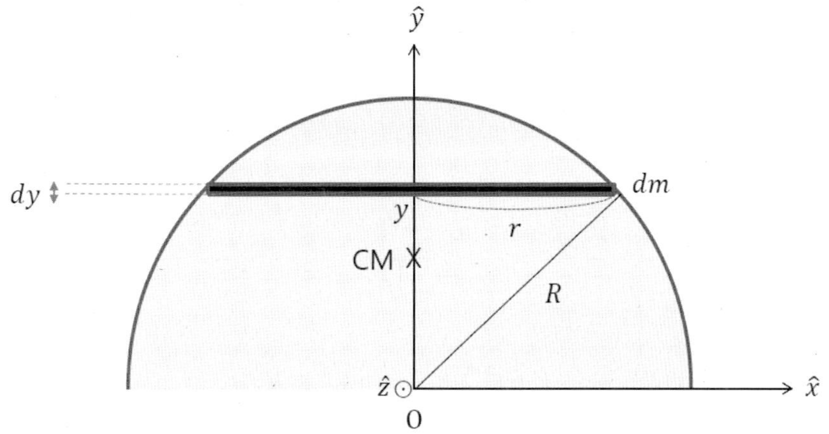

(x, z)축을 중심으로는 좌우 대칭이므로 질량중심은 원점에 있다.

$\therefore x_{\mathrm{CM}} = 0,\ z_{\mathrm{CM}} = 0$

y축은 높이가 dl이고 밑변이 $2\pi r$인 띠라고 생각할 수 있지만, 속이 차 있는 원반이기 때문에, 굉장히 작은 dl을 생각한다면 근사적으로 직사각형의 높이 $(= dy)$에 해당한다고 볼 수 있고 이것을 y축에 따라 적분하면 되는 것이 이 문제의 핵심이다.

$r = \sqrt{R^2 - y^2}$

면적밀도 $\sigma \equiv \dfrac{dm}{dA} = \dfrac{dm}{2r \times dy}$

$\rightarrow dm = \sigma\, dA = \sigma 2r\, dy = \sigma 2\sqrt{R^2 - y^2}\, dy$

반 원반이므로 $\sigma = \dfrac{M}{\frac{1}{2}\pi R^2}$ 이다. $(\because M$: 반 원반의 질량이라고 하자)

$$y_{\mathrm{CM}} \equiv \frac{\int y\,dm}{\int dm} = \frac{\int y\,dm}{M}$$

$$= \frac{\int_0^R y\sigma 2\sqrt{R^2 - y^2}\, dy}{\sigma \times \frac{1}{2}\pi R^2}$$

위 식을 적분하기 위해 $R^2 - y^2 = t^2$ 로 치환하자.

양변 미분

$$-2ydy = 2tdt \quad \rightarrow \; ydy = -tdt$$

적분 구간 $[0, R] \rightarrow [R, 0]$

$$y_{\text{CM}} = \frac{\int_0^R y\sigma 2\sqrt{R^2 - y^2}\,dy}{\sigma \times \frac{1}{2}\pi R^2} = \frac{2\sigma \int_0^R t\,ydy}{\sigma \times \frac{1}{2}\pi R^2} = \frac{2\sigma \int_R^0 t(-tdt)}{\sigma \times \frac{1}{2}\pi R^2}$$

$$= \frac{(-)2\sigma \int_R^0 t^2\,dt}{\sigma \times \frac{1}{2}\pi R^2} = \frac{(-)4\frac{1}{3}t^3|_R^0}{\pi R^2} = \frac{(-)\frac{4}{3}(0^3 - R^3)}{\pi R^2} = \frac{\frac{4}{3}\times R^3}{\pi R^2}$$

$$= \frac{4R}{3\pi}$$

[예제] 그림처럼 반지름 $2R$인 원판에 반지름 R인 원형 구멍을 냈다. 구멍의 중심이 x축 위의 $x = -R$에 있을 때, 이 구멍 난 원판의 질량중심은? (단, 밀도와 두께는 균일하다고 가정한다)

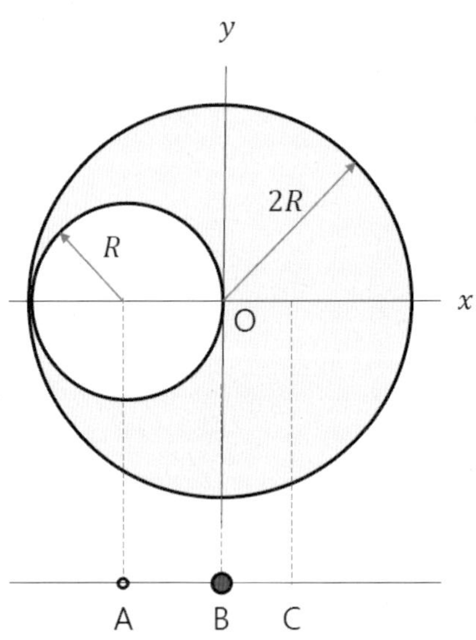

[해설]

(방법1)

y축: 원판이 y축에 대해서는 대칭이므로, 질량중심은 $y = 0$인 지점에 있다. 따라서 y축 방향은 걱정을 할 필요성이 없다.

x축: 균일한 물체의 질량은 질량 중심에 모여 있다고 가정할 수 있어, 복잡한 도형을 굳이 적분할 필요성이 없이 문제를 풀 수 있다.

A지점: 반지름 R인 구멍이 파인 원판의 질량 중심 점
B지점: 반지름 $2R$인 질량이 다 차 있는 큰 원판의 질량 중심 점
C지점: 반지름 $2R$인 원판에 반지름 R인 원형 구멍이 나 있는 원판의 질량 중심 점

M: 반지름 $2R$인 질량이 다 차 있는 원판의 질량

(면적) 밀도: $d = \dfrac{M}{\pi(2R)^2} = \dfrac{M}{4\pi R^2}$ Ⓐ

반지름 R인 질량이 다 차 있는 원판의 질량 (M')일 때 (면적) 밀도 $d = \dfrac{M'}{\pi R^2}$ Ⓑ

Ⓐ = Ⓑ

$$\frac{M}{4\pi R^2} = \frac{M'}{\pi R^2}$$

$\therefore\ M' = \dfrac{1}{4}M \rightarrow -\dfrac{1}{4}M$ [∵ 구멍이 파있기 때문에 질량에 (−)를 붙여 구분하자]

즉, 질량이 $-M'$인 물체가 $x = -R$ 지점에, 질량이 M인 물체가 B지점 ($x = 0$, 원점)에 놓여있을 때 질량 중심을 구하는 문제로 간단히 요약된다.

$$x_{\mathrm{CM}} = \frac{M'(-R) + M \times 0}{M' + M} = \frac{-\frac{1}{4}M \times (-R)}{-\frac{1}{4}M + M} = \frac{\frac{1}{4}MR}{\frac{3}{4}M} = \frac{1}{3}R$$

(방법2)

1. 반지름 $2R$인 구멍이 파인 원판. (즉 문제에서 초기에 주어진 원판)
2. 반지름 R인 차 있는 원판

→ 1과 2를 합치면 그냥 반지름이 $2R$인차 있는 원판이 되고 이것의 질량 중심점은 원점임을 알 수 있다.

반지름 $2R$인 질량이 다 차 있는 원판의 질량 (M)
반지름 R인 차 있는 원판의 질량(M')
면적밀도가 일정하다는 조건으로부터 $M' = \dfrac{1}{4}M$ 을 얻는다.

$\therefore$ 반지름 $2R$인 구멍이 파인 원판의 질량은 $M - \dfrac{1}{4}M = \dfrac{3}{4}M$

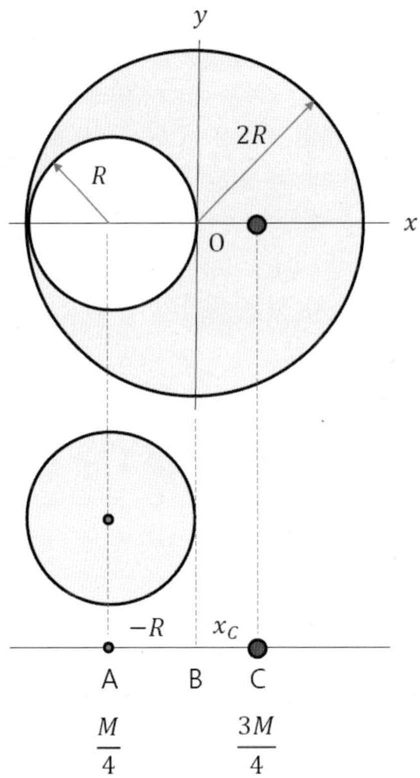

그림에서 질량 $m_A = \frac{1}{4}M$ 인 물체가 $x_A = -R$ 인 지점에 질량 $m_C = \frac{3}{4}M$ 인 물체가 x_C 인 지점에 있고, 이 둘을 합치면 질량이 M이고 속이 차 있는 원판이 원점에 놓여 있는 것이 된다.

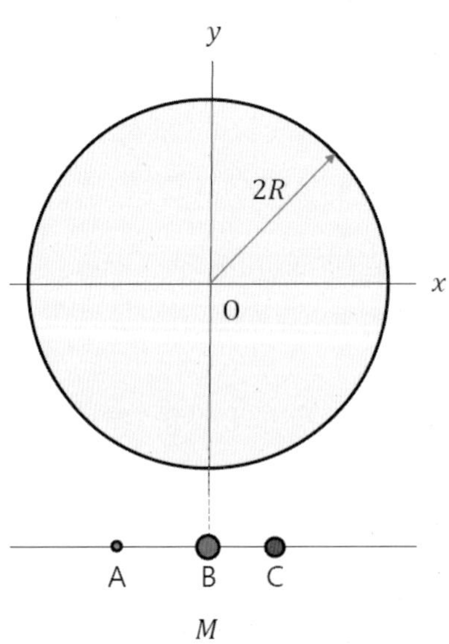

$$x_B = \frac{m_A x_A + m_C x_C}{m_A + m_C}$$

$$0 = \frac{m_A x_A + m_C x_C}{m_A + m_C} \qquad (\because x_B\text{는 원점이다})$$

$$\rightarrow m_A x_A + m_C x_C = 0$$

$$\therefore \; x_C = -\frac{m_A x_A}{m_C} = -\frac{\frac{1}{4}M \times (-R)}{\frac{3}{4}M} = \frac{1}{3}R$$

즉, 물체 A와 물체 C를 합하면 질량 M이고 반경이 $2R$인 속이 찬 원판이 원점에 놓여 있다.

(각자해보기) 구멍 난 원판의 중심은 $x = -\frac{1}{2}R$인 지점에 있다.

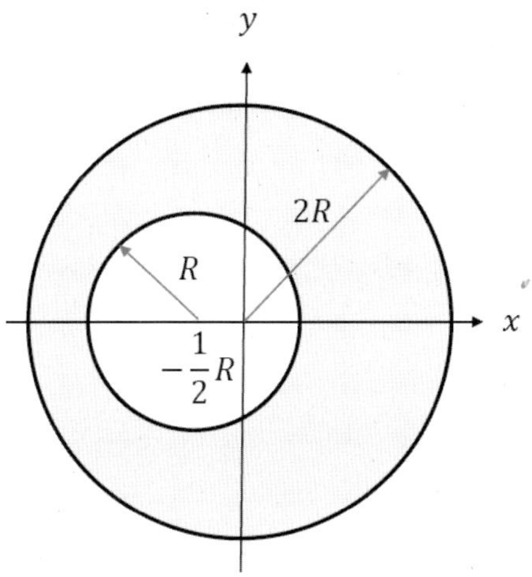

[정답] $x_{\mathrm{CM}} = \frac{1}{6}R$

✍ (찾아보기) 삼각형의 무게중심 구하기

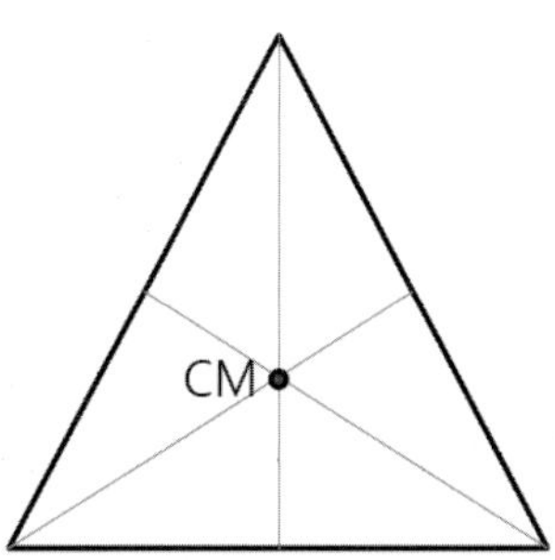

[해설] 기하학에서 삼각형의 무게 중심은 삼각형의 세 꼭짓점에서 바라보는 변의 중점을 연결한 선분의 교점이다.

(생각해보기) 자와 지우개를 똑바로 세웠다. 어느 것이 더 쉽게 넘어질까?

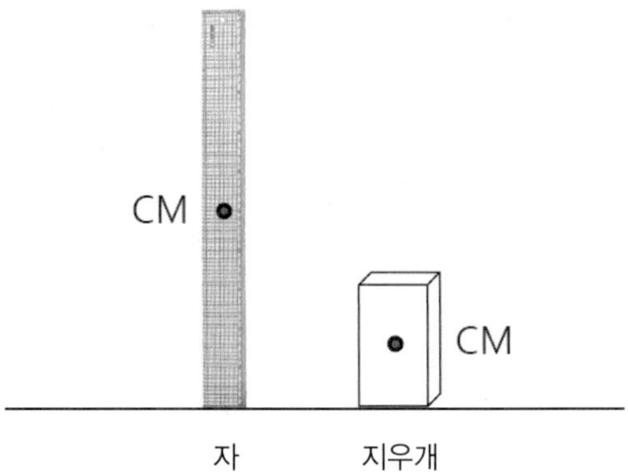

[정답] 자의 경우 무게 중심이 지우개보다 위쪽에 있다. 따라서 무게중심이 위쪽에 있을수록 안정하지 않다는 것을 알 수 있다.

☛ **(유사 상황)** 스포츠 차는 차체를 낮게 만들어서 차의 무게 중심이 최대한 바닥 쪽으로 오게 한다.

(생각해보기) 도미노 게임에서 물체를 세로로 세우지 않고 가로로 세우면 어떻게 될까?

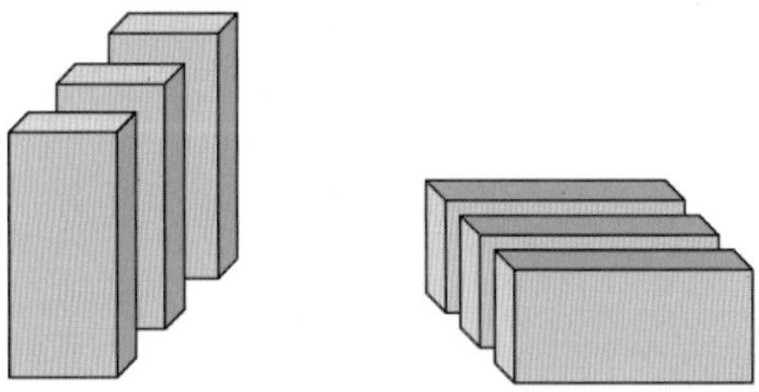

(생각해보기) 걸음마를 이제 막 배운 어린아이들은 왜 잘 넘어질까?

[해설] 앉아 있을 때 보다 서 있을 때 무게 중심이 위쪽에 있다. 하지만 단순히 걸음마를 막 시작한 어린이의 무게중심이 아래에 있으니까 어른 보다 더 안정감이 있다고 할 수는 없다. 어른의 경우 몸 전체에 힘이 생겨서 잘 버틸 수 있다. 무게 중심의 단순 비교가 의미가 없음을 알 수 있다.

(실생활 적용) 손바닥 밀치기 게임, 서핑, 스키보드, 씨름, 레슬링, 유도, 역도 등 모두 자세를 낮추어야 경기에 유리하다.

(생각해보기) 줄타기 하는 곡예사가 기다란 장대를 드는 이유는?

[해설] 인체의 무게중심은 배꼽 근처에 있다고 한다. 곡예사가 장대를 배꼽 아래로 위치시킴으로써, 사람과 장대를 합친 무게중심이 낮아진다. 만약에 장대의 양 끝이 아래쪽으로 휘어진다면 효과는 더 클 것이다. 결국 무게 중심을 아래로 낮추기 위함이다.

예로, 그림처럼 키가 2 m인 사람이 반경이 1m인 절반만 있는 후프를 들고 배꼽 위치에 들고 있다고 하자.

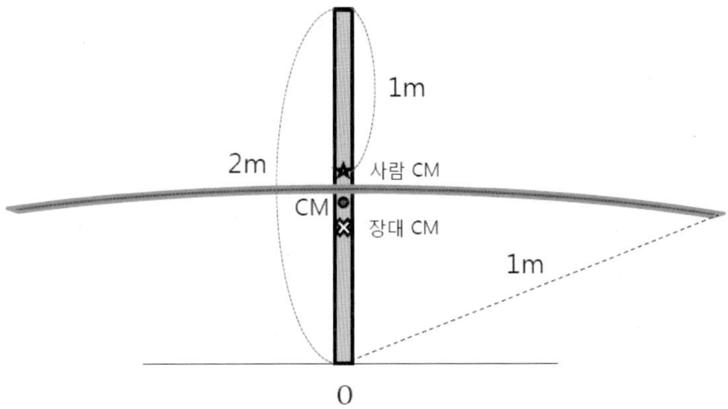

사람의 무게 중심이 배꼽에 있다고 할 때, 1 m 지점이다. 반경이 1 m인 (절반만 있는) 장대의 무게중심은 지면에서 $y_{\mathrm{CM}} = \dfrac{2R}{\pi} = \dfrac{2}{\pi} \simeq 0.6$ 위치에 있다. 따라서 둘을 합한 무게 중심의 위치는 이 두 개의 중간 위치인 0.8로 장대를 들고 있을 때 무게 중심의 위치가 지면 위 1 m에서 0.8 m로 낮아짐을 알 수 있다.

(주의: 만약 무게가 서로 다르다면, $\vec{R} \equiv \dfrac{m_1 \vec{r_1} + m_2 \vec{r_2}}{m_1 + m_2}$ 를 사용해서 구해야 한다)

✍ **(찾아 공부하기)** 이 문제는 관성 모멘트하고도 관계가 있다.

□ 환산질량 (reduced mass)

(상황) 그림처럼 물체 m_1, m_2가 서로 상호작용하며 운동하고 있는데 이런 이체 문제 (2-body problem)를 기술하고 싶다. 왼쪽은 좌표를 임의로 잡았을 때이고 오른쪽은 질량중심(CM)으로 잡았을 때이다.

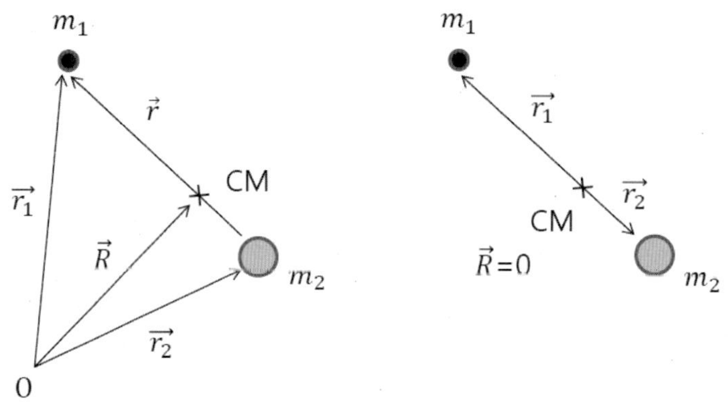

이 계의 총 에너지 (E)

$$E=\frac{p_1^2}{2m_1}+\frac{p_2^2}{2m_2}+U(r)$$

$$\vec{r}=\vec{r_1}-\vec{r_2} \qquad \rightarrow \ r=|\vec{r_1}-\vec{r_2}|$$

위치에너지 PE $\equiv U(r)$

질량 중심 정의

$$\vec{R}\equiv\frac{m_1\vec{r_1}+m_2\vec{r_2}}{m_1+m_2}=\frac{m_1\vec{r_1}+m_2\vec{r_2}}{M}$$

$$M\equiv m_1+m_2$$

$$\therefore m\vec{r_1}+m_2\vec{r_2}=M\vec{R}$$

이제 좌표를 택할 때, 그림의 오른쪽처럼 질량 중심에 우리가 서 있다고 하자 ($\vec{R}=0$).

$$\rightarrow m\vec{r_1}+m_2\vec{r_2}=0$$

이 식과 $\vec{r}=\vec{r_1}-\vec{r_2}$ 를 대입해서 풀면 다음을 얻는다.

$$\vec{r_1} = \frac{m_2}{m_1 + m_2}\vec{r}$$

$$\vec{r_2} = -\frac{m_1}{m_1 + m_2}\vec{r}$$

총 에너지 (E)

$$\begin{aligned} E &= \frac{1}{2}m_1\left|\dot{\vec{r_1}}\right|^2 + \frac{1}{2}m_2\left|\dot{\vec{r_2}}\right|^2 + U(r) \\ &= \frac{1}{2}m_1\left|\frac{m_2}{m_1+m_2}\dot{\vec{r}}\right|^2 + \frac{1}{2}m_2\left|-\frac{m_1}{m_1+m_2}\dot{\vec{r}}\right|^2 + U(r) \\ &= \frac{1}{2}\frac{m_1 m_2}{m_1+m_2}\left|\dot{\vec{r}}\right|^2 + U(r) \\ &\equiv \frac{1}{2}\mu\left|\dot{\vec{r}}\right|^2 + U(r) \end{aligned}$$

$$\frac{1}{\mu} \equiv \frac{1}{m_1} + \frac{1}{m_2} \quad \text{(환산질량, reduced mass)}$$

$$\therefore \mu = \frac{m_1 m_2}{m_1 + m_2}$$

이것은 그림처럼 우리가 질량 중심 (CM)에 있다고 할 때 질량이 μ인 물체가 거리 r만큼 떨어져서 운동하는 것과 동일한 상황이다.

질량 (μ), 위치 (r)

운동에너지 (KE) $= \frac{1}{2}\mu\left|\dot{\vec{r}}\right|^2$

위치에너지 (PE) $= U(r)$

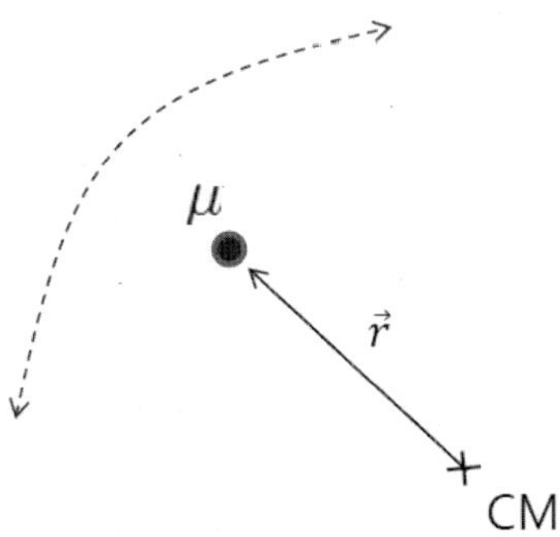

✍ **(정리)**

원래의 이체 (2-body) 문제가 질량이 μ인 하나의 입자를 다루는 일체 (1-body) 문제로 변환해서 풀 수 있다. 만약 한 물체가 다른 한 물체보다 매우 무겁다면, 두 물체의 환산 질량은 둘 가운데 더 가벼운 물체의 질량에 수렴한다. 예로 지구와 태양을 고려할 경우 질량중심은 태양 쪽에 가깝지만 환산 질량은 지구의 질량 쪽에 있는 것이고 (예, 지구 질량은 태양의 $\sim \dfrac{1}{330,000}$ 정도이다), 수소 원자에서 환산 질량은 전자의 질량에 매우 가깝다.

① $m_1 = m_2 \equiv m \quad \rightarrow \quad \mu = \dfrac{m_1 m_2}{m_1 + m_2} = \dfrac{m^2}{2m} = \dfrac{m}{2}$

② $m_2 \gg m_1 \quad \rightarrow \quad \dfrac{1}{\mu} \equiv \dfrac{1}{m_1} + \dfrac{1}{m_2} \sim \dfrac{1}{m_1} + \dfrac{1}{\infty} \sim \dfrac{1}{m_1}$

$\therefore \mu = m_1$

[예제] 질량이 m_1, m_2인 질점으로 구성된 물리계의 환산 질량은?

[해설]

$$\frac{1}{\mu} \equiv \frac{1}{m_1} + \frac{1}{m_2} = \frac{m_1 + m_2}{m_1 m_2}$$

$$\therefore \mu = \frac{m_1 m_2}{m_1 + m_2}$$

제4장

회전운동

□ 각속도와 각가속도

✍ 알아두기

각속도 (angular velocity, w) $\quad w \equiv \frac{d\theta}{dt}$ [rad/s]

각가속도 (angular acceleration, α) $\quad \alpha \equiv \frac{dw}{dt} = \frac{d}{dt}(\frac{d\theta}{dt}) = \frac{d^2\theta}{dt^2}$ [rad/s^{-2}]

각속도의 단위를 표시할 때, 초당 회전수 [rev/s], 초당 회전각 [°/s], 초당 라디안 [rad/s] 등으로 표시할 수 있는데, rad는 단위가 없으므로 s^{-1}로도 쓸 수 있다.

[Note] $\vec{w} \equiv \frac{d\vec{\theta}}{dt}$ 와 $\vec{\alpha} \equiv \frac{d\vec{w}}{dt}$ 는 벡터량

[보충] 각진동수 (angular frequency, ω): 1초에 몇 번 회전하는가를 나타내며, 주기의 역수이다. 단위는 시간의 단위인 s의 역수인 [Hz]이며 Heinrich Hertz (1857~1894) 이름에서 가져온 것이다. 즉, 각속도 (w)를 각진동수 (angular frequency)라고도 한다.

$$T \equiv \frac{2\pi r}{v} \quad (\because \text{ 주기 = 원둘레의 거리/속도})$$

$$f \equiv \frac{1}{T} = \frac{v}{2\pi r} = \frac{1}{2\pi}\frac{v}{r} = \frac{w}{2\pi} \quad (\because \text{ 진동수 = 1/주기}) \ [1\text{ Hz} = 1\text{s}^{-1}]$$

$$\therefore w = 2\pi f$$

(예) 1 Hz = 1초에 1번 진동
60 Hz = 1초에 60번 진동

□ 1 rad의 정의?

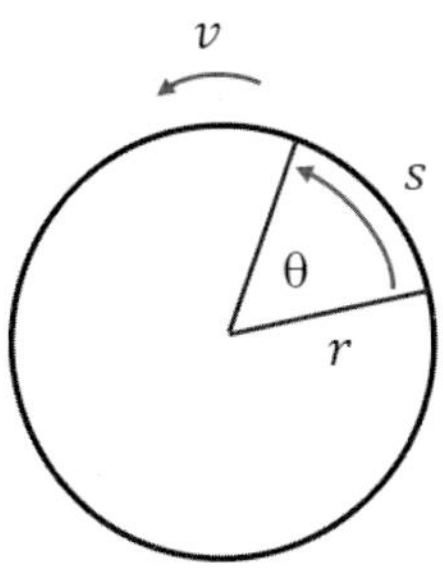

그림처럼 반경 r, 원호의 길이 s인 물체가 v 속도로 원운동 한다. $s = r$일 때의 각도를 1라디안 (radian, rad)이라고 한다.

(단위) 라디안은 거리를 거리로 나눈 값이므로 차원 (dimension)이 없다.

한 바퀴 회전한 360°는 거리상으로는 $s = 2\pi r$ 이므로

$$\theta \equiv \frac{s}{r}$$

$$\therefore 360^{o} = \frac{2\pi r}{r} = 2\pi \quad \text{(rad)}$$

360°는 2π rad이다. 또한

$$\therefore 1^{o} = \frac{\pi}{180} \quad \text{(rad)}$$

$$1\text{rad} = \frac{180^{0}}{\pi} = 57.3^{\circ}$$

이다. 회전하는 물체 한 점에서의 선속력 (v)은 다음과 같이 구할 수 있다.

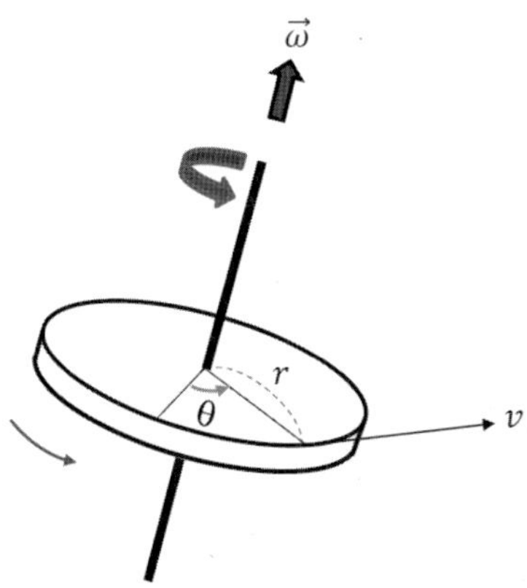

$$s = r\theta \quad \rightarrow \quad \frac{ds}{dt} = r\frac{d\theta}{dt}$$

$$v = rw$$

$$\therefore w = \frac{v}{r}$$

$$T \equiv \frac{2\pi r}{v} = \frac{2\pi}{\omega} = \frac{1}{f}$$

선속력 (v)은 회전축까지의 거리 (r)에 비례한다. 한편 각속도 ($\vec{\omega}$)는 방향을 가진 벡터량이다. 일반적으로 오른나사를 돌릴 때 나사가 진행하는 방향으로 각속도 벡터의 방향을 정한다.

혹은 오른손을 사용해서, 오른손 네 손가락을 회전하는 방향으로 감아 쥘 때, 엄지가 가리키는 방향이 각속도 ($\vec{\omega}$)는 방향이라고 택할 수 있다. (→ 오른손 규칙)

✏ **심화**

벡터 표시 $\vec{v} \equiv \vec{\omega} \times \vec{r}$ ($\vec{\omega} = w\hat{k}$ 로 택한다)

[예제] 일정 각속도 (ω)를 가진 회전목마를 타고 있는 경우 바깥쪽에 있는 사람은 안쪽에 있는 사람보다 빠른 속력으로 돌아간다.

[해설] ω가 동일하다고 하자. $v = rw$ 에 의해

$$v_1(r = r) = rw$$

$$v_2(r = 2r) = 2rw$$

$$\therefore v_2 = 2v_1$$ (거리가 2배이면 속도 역시 2배 빠르다)

같은 각속도 (w)로 회전하려면 막대의 바깥쪽을 잡고 있는 사람은 2배로 빨리 뛰어야 한다.

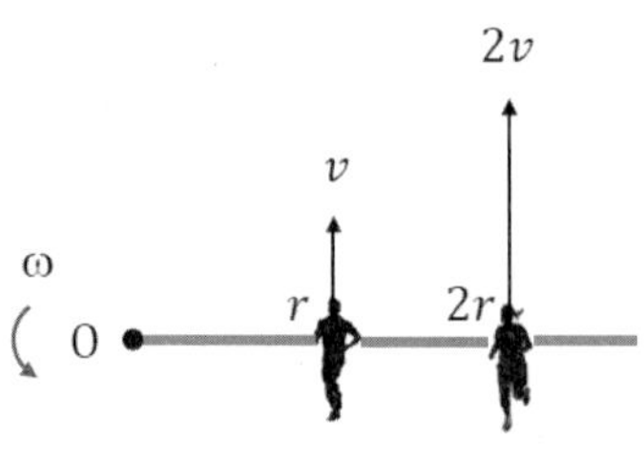

(토론해보기) 태양계에서 행성의 각속도는 태양에서 멀어지면 어떠한가?

태양에서 멀어질수록 공전 주기가 길어진다.

주기 $T = \frac{2\pi}{w} \quad \rightarrow \quad w = \frac{2\pi}{T}$

따라서 태양에서 먼 행성일수록 각속도 (w)는 작아진다.

[예제] 풍력발전기 날개 길이가 30 m이고 회전속력이 30 rpm 이다. 날개의 각속력[rad/s]과 날개 끝의 선속력[m/s]은?

[해설] 각속력의 단위가 rad/s 이므로, 만약에 각도, 회전수 등이 초기에 다른 단위로 표시되었다면 각도를 rad로 전환시키는 것이 필요하다.

30 rpm: 1분 (=60 s)에 30 revolution (rev, 회전)의 의미

60 s : 30 rev = 1 s : x

$\therefore x = \frac{1}{2}$ [rev/s]

1 rev : 2π (rad) = $\frac{1}{2}$ (rev/s) : x

$\therefore x = \pi$ [rad/s]

∴ 각속력 $w = \pi$ [rad/s]

날개 끝 선속력 $v = rw$

$\therefore v =$ 30(m) π(rad/s) = 30π [m/s] (∵ 라디안은 차원이 없다)

정리

□ 60분법과 호도법

60분법	0°	30°	45°	60°	90°	180°	360°
호도법	0	$\frac{\pi}{6}$	$\frac{\pi}{4}$	$\frac{\pi}{3}$	$\frac{\pi}{2}$	π	2π

따라서 회전수(=몇 바퀴)를 알면 총각도 (θ)를 알 수 있다.

$\frac{1}{2}$회전 180° = π (rad) = 3.14 rad

1회전 360° = 2π (rad) = 6.28 rad

5회전 $360^o \times 5 = 2\pi \times 5 = 10\pi$ (rad)

□ 구심력 (求心力, centripetal force)

등속 원운동 하는 물체는 속력이 일정하지만 운동방향은 원의 접선방향으로 시시각각 변한다. 시간에 따라 속도가 계속 변하기 때문에 등속원운동은 가속도 운동이다. 물체에 작용하는 실제적인 힘은 구심력이고, 구심력은 원운동 하는 물체의 안쪽으로 작용한다. 원운동의 몇 가지 예는 다음과 같다.

- 정월대보름 시골에서 어린아이들이 줄이 매달린 깡통 속에 장작개비 등을 넣고 돌리는 쥐불놀이
- 원운동 하는 놀이기구 [회전식 관람차, 회전목마 (merry-go-round) 등]
- 회전하는 선풍기 날개
- 태양 주위를 도는 지구의 운동

[예제] 등속 원운동 할 때 매 순간 원의 중심으로 구심가속도가 작용한다고 한다. 구심가속도의 크기를 구하면?

[해설] 가속도 (≡ 속도변화량/시간)의 정의를 살펴보고 여기서부터 접근한다.

(방법1) 반경이 r인 등속 원운동에서 구심가속도를 구해보자. 그림처럼 등속 원운동 할 때 속도 $\overrightarrow{v_1}$, $\overrightarrow{v_2}$는 크기는 같고 방향은 다르다.

[Note] 매순간 속도의 방향은 원의 접선방향이다. 반경 (r)의 방향과 속도는 서로 직각 (90°)이다. ($\rightarrow$ $\vec{r} \perp \vec{v}$)

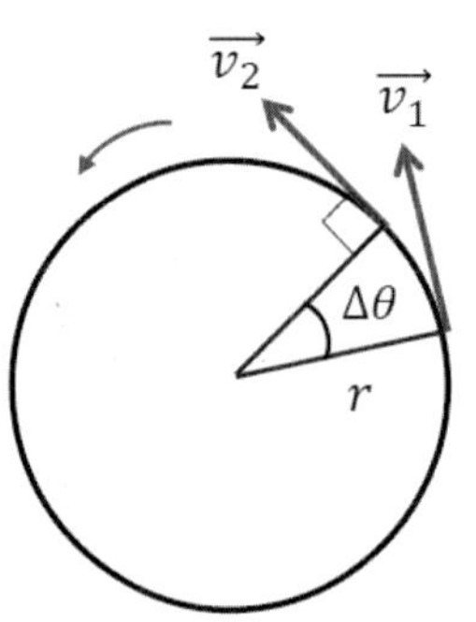

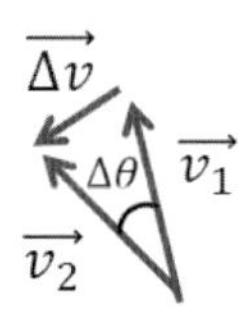

방향 $\overrightarrow{\Delta v} \equiv$ 나중속도 $-$ 처음속도 $= \overrightarrow{v_2} - \overrightarrow{v_1}$

가속도의 방향은 속도 변화량의 방향이다.

$\rightarrow$ 원의 중심을 향한다.

$\therefore$ 구심 (求心)가속도

크기 $\vec{a} \equiv \dfrac{\overrightarrow{\Delta v}}{\Delta t}$

그림에서 $\Delta\theta \simeq \dfrac{\Delta v}{v}$ $(\because |\overrightarrow{v_1}| = |\overrightarrow{v_2}| \equiv v)$ 이다.

$$a = \frac{\Delta v}{\Delta t} = \frac{v\Delta\theta}{\Delta t} = vw = rww = rw^2 = \frac{v^2}{r} \qquad (\because v = rw)$$

(방법2) 기하학적 방법 (삼각형의 닮은꼴 이용)

속도변화량 ($\overrightarrow{\Delta v}$)	위치변화량 $\overrightarrow{\Delta r}$
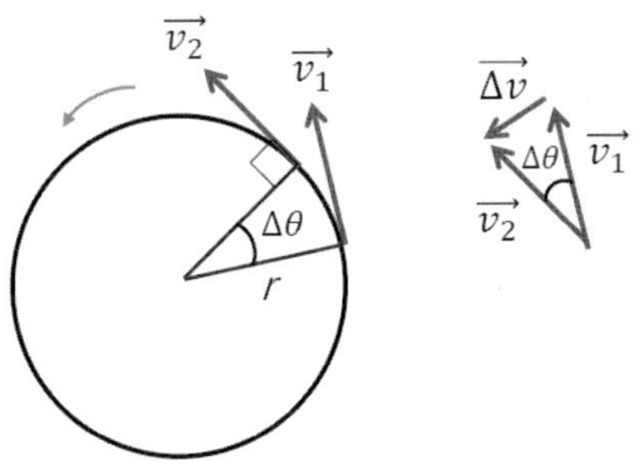	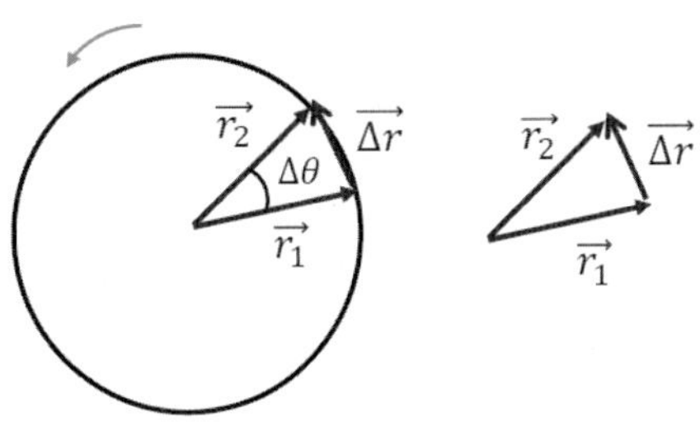
$\overrightarrow{\Delta v} \equiv$ 나중속도$-$ 처음속도 $= \overrightarrow{v_2} - \overrightarrow{v_1} = \vec{a}\,\Delta t$	$\overrightarrow{\Delta r} = \overrightarrow{r_2} - \overrightarrow{r_1}$

$\overrightarrow{\Delta v}$가 만드는 삼각형하고 $\overrightarrow{\Delta r}$이 만드는 삼각형은 이등변 삼각형으로 서로 닮은꼴이다. 두 삼각형이 닮은꼴이므로 속도 변화량 $\left(\dfrac{\Delta v}{v}\right)$의 비율을 구해보자

$$\therefore \frac{\Delta v}{v} = \frac{\Delta r}{r}$$

가속도 $a \equiv \dfrac{\Delta v}{\Delta t} = \dfrac{v\dfrac{\Delta r}{r}}{\Delta t} = \dfrac{v}{r}\dfrac{\Delta r}{\Delta t} = \dfrac{v}{r}v = \dfrac{v^2}{r}$

(요약)

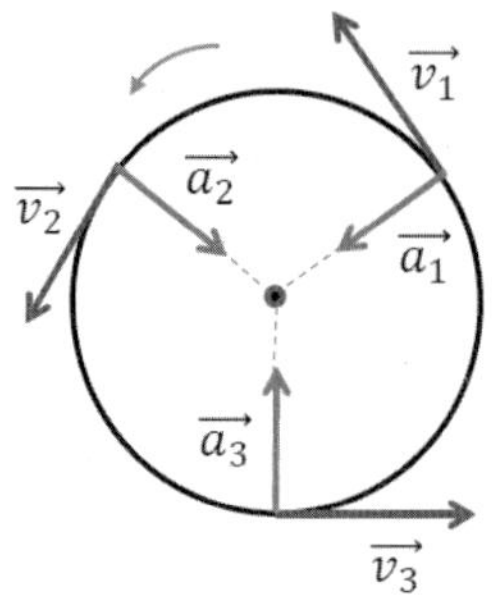	등속원운동은 가속도가 중심으로 향하고 가속도의 크기가 일정한 가속운동이다.

(방법3) A지점에서 물체의 접선속도가 v이고 직선 운동한다면 시간 t초 동안에 C지점으로 갈 것이고 이동거리는 vt이다. 하지만 원운동 한다는 것은 C지점이 아니라, 같은 t초 시간 동안에 B지점에 있어야 한다. 즉 이 말은 t초 시간 동안에 C와 B사이 거리 차 $(=\frac{1}{2}at^2)$ 만큼 안쪽 중심방향으로 떨어져야 한다는 것을 의미한다. 만약 물체가 속도 vt를 가지고 접선 방향으로 쭉 진행하면 원이 만들어지지 않는다. 따라서 $A \to B$로 향하는 궤적을 따라 가야 원운동이 되는 것이다.

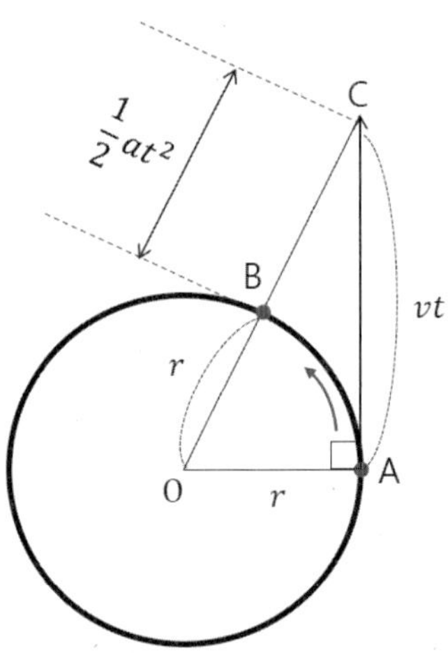

그림을 요약을 하면, 원 궤도를 그리려면 시간 (t) 동안에 거리 $\frac{1}{2}at^2$ 만큼을 안쪽 중심 방향 $(C \to B)$으로 떨어져야한다. 최종적으로 직각삼각형 OAC가 만들어지고 여기서 구심가속도의 크기를 구할 수 있다.

직각 삼각형 (OAC)

$$r^2 + (vt)^2 = (r + \frac{1}{2}at^2)^2$$
$$= r^2 + rat^2 + \frac{1}{4}a^2t^4$$

$$\rightarrow v^2t^2 = rat^2 \qquad (\because t \rightarrow 0)$$

$$\therefore a = \frac{v^2}{r}$$

☞ **(요약)** 등속원운동의 구심가속도와 구심력

① 방향

등속원운동 하는 물체의 가속도는 원의 중심을 향한다. (→ 구심가속도)

② 크기

$a = vw = rw^2 = \dfrac{v^2}{r}$

구심력 (centripetal acceleration) $F = ma = m\dfrac{v^2}{r} = mrw^2 = mr\left(\dfrac{2\pi}{T}\right)^2 = \dfrac{4\pi^2 mr}{T^2}$

→ 등속 원운동은 중심으로 가속되어 중심방향으로 계속 떨어지고 있는 것이라고 볼 수 있다

(알아두기) 여러 가지 등속원운동에서 구심력

① 쥐불놀이에서 구심력: 줄의 장력

② 지구 주위를 공전하는 달의 구심력: 지구와 달 사이의 만유인력

③ 커브 길을 도는 자동차의 구심력: 도로와 자동차 바퀴 사이에 작용하는 마찰력

④ 경사진 커브 길을 도는 경주용 차의 구심력: 수직항력의 수평성분

⑤ 원자핵 주위를 도는 전자의 운동: 전기력이 구심력 역할

⑥ 자기장에 수직으로 입사된 대전 입자: 자기력이 구심력 역할을 해서 원운동을 한다.

⑦ 받침쇠 실험: 받침쇠의 무게가 구심력의 역할

☛ 쥐불놀이에서 사람과 깡통 사이에는 눈에 보이는 줄로 연결되어 있고, 태양 주위를 도는 지구의 경우 눈에 보이는 줄 같은 것은 없다. 하지만 둘은 원운동으로 근본적으로 동일하다고 볼 수 있다. 태양과 지구 사이의 경우 만유인력이 이 줄의 역할을 대신 한다고 볼 수 있다. 따라서 눈에 보이는 것만이 모든 것이 아니라는 것을 알아야 한다.

☛ 구심력이란 용어를 사용했지만, 이것은 자연에 존재하는 새로운 형태의 힘을 의미하는 것은 아니다. 단순히 중심을 향하기 때문에 의미상으로 붙여진 이름이며 결코 그 자체가 힘은 아니다.

☛ 구심력의 예

장력, 중력 (=만유인력), 마찰력, 로렌츠 힘 등

✍ **(정리)** 원운동

① 등속원운동: 회전식 관람차 등

② 비등속 (연직)원운동: 단진자, 비행기 연직 원운동으로 궤도비행, 줄에 매달아 연직 원운동 등

(생각해보기) 해머 던지기는 원운동이라고 볼 수 있다. 해머를 멀리 던지려면 어떻게 해야 할까?

해머를 원운동 시키다가 놓으면 접선 방향으로 날아갈 것이다. 따라서 멀리 던지려면 결국 접선 속력이 커야 한다. 속력을 크게 하려면 줄을 당기는 힘을 크게 해야 한다. 즉 줄의 장력이 구심력 역할을 해서 원운동을 하는 것이다. ($F = m\frac{v^2}{r}$)

[직접 실험해보기] 등속원운동 실험인 받침쇠 실험

① 유리관에 실을 통과시킨 후, 한쪽에는 고무마개를 매달고 다른 쪽 끝에는 동일한 받침쇠 매단다.

② 고무마개를 회전시킬 때는 반지름을 일정하게 유지시키고, 이 때 클립의 위치가 변하지 않도록 일정한 속력으로 회전시킨다.

③ 받침쇠의 질량, 주기, 고무마개의 선속도 등과의 관계식을 알아낸다.

받침쇠에 작용하는 중력이 실을 통해 고무마개에 전달되고, 유리관을 손으로 잡고 적당한 속도로 돌리면 고무마개는 원을 그리며 회전하게 된다. 결국 받침쇠에 작용하는 힘이 구심력 역할을 해서 원운동한다.

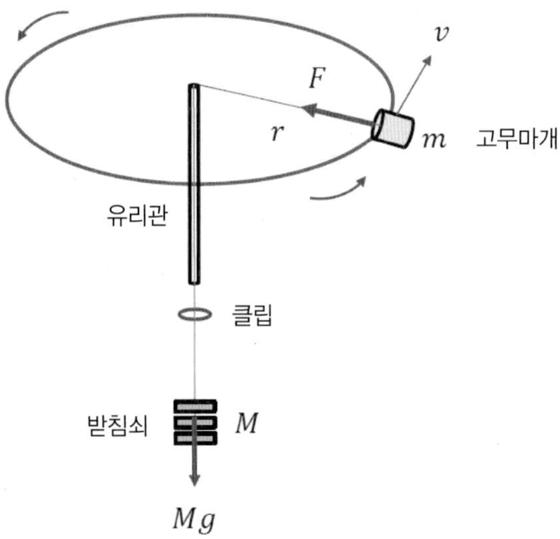

등속원운동 $m\frac{v^2}{r} = Mg$

$\therefore v^2 = mMgr$

주기 (T) $T \equiv \frac{2\pi r}{v} = \frac{2\pi r}{\sqrt{mMgr}}$

$\therefore T^2 = \frac{4\pi^2 r}{mMg}$

(요약)

① 회전 반지름 (r)이 일정할 때, 주기 (T)의 제곱은 받침쇠의 질량 (M)에 반비례한다.

② 회전 반지름 (r)이 일정할 때, 선속력 (v)의 제곱은 받침쇠의 질량 (M)에 비례한다.

③ 받침쇠의 무게가 구심력의 역할을 해서 등속원운동을 한다.

[예제] 그림처럼 질량 m인 물체를 길이 l인 실에 매달아 매 초 n번씩 돌릴 때 실에 걸리는 장력은?

[해설]

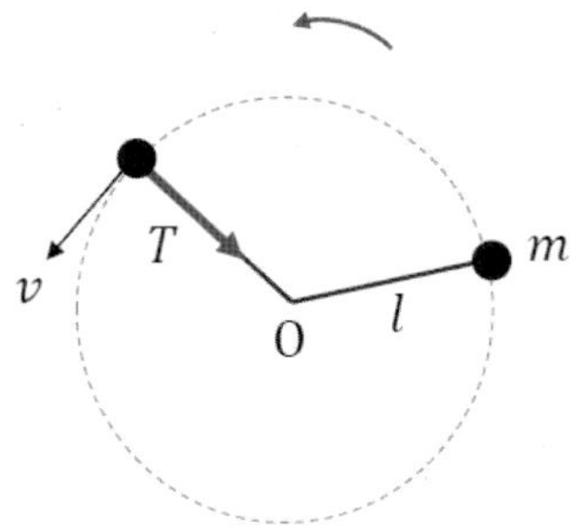

장력 (T)이 구심력 역할을 해서 원운동한다.

$$F \equiv m\frac{v^2}{r} = m\frac{v^2}{l}$$

주기 (P) $\equiv$ 거리/시간 $= \dfrac{2\pi l}{v}$

1초 : n회전 = x(초) : 1회전 $\rightarrow$ 주기 (x) $\equiv P = \dfrac{1}{n}$ (초)

$$P = \frac{1}{n} = \frac{2\pi l}{v} \quad \rightarrow \quad v = n2\pi l$$

$$\therefore F = m\frac{v^2}{l} = \frac{m(n2\pi l)^2}{l} = ml(2\pi n)^2$$

(예) 질량 10 kg, 반지름 2 m, 구심력 20 N이다. 물체가 2회전 하는 동안 구심력이 한 일은?

[정답] 구심력의 방향과 운동 진행방향은 90도이므로 하는 일은 0이다.

[예제] 반경이 R인 회전 원통 벽에 질량 m인 물체가 있다. 이 물체가 아래로 떨어지지 않기 위해 필요한 회전원통의 속력은 얼마 이상이여야 하는가? (단, 물체와 원통 벽 사이 마찰계수는 μ이다)

[해설]

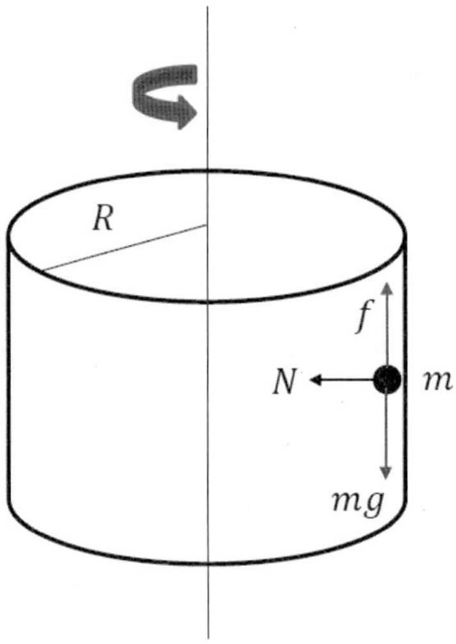

원통 내 물체에 작용하는 힘은 평형을 이룬다.

$$중력\ (mg)\ =\ 최대정지\ 마찰력\ (f)$$
$$f \equiv \mu N$$

원운동 방정식

$$수직항력\ (N)\ = m\frac{v^2}{R}$$

두 식을 연립해서 푼다.

$$\mu N = mg$$
$$\mu m\frac{v^2}{R} = mg$$

$\therefore v = \sqrt{\dfrac{gR}{\mu}}$ (속도가 이 이상이면 물체가 원통 벽에서 떨어지지 않는다)

$$주기\ (T)\ = \frac{2\pi R}{v} = \frac{2\pi R}{\sqrt{\frac{gR}{\mu}}} = \sqrt{\frac{4\pi^2R^2\mu}{gR}} = 2\pi\sqrt{\frac{R\mu}{g}}$$

[예제] 반지름이 R인 평평한 원형 트랙에 질량 m인 자동차가 미끄러지지 않고 안정적으로 돌고 있는 최대 속력은? (단, 정지마찰계수는 μ_s이다)

[해설]

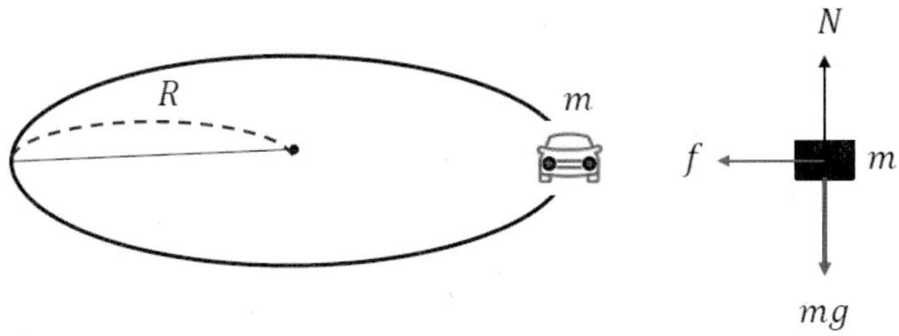

힘의 평형

수직성분: 중력 = 수직항력 → $mg = N$

수평성분: 마찰력 (f)이 구심력 역할을 해서 등속원운동을 한다.

원운동방정식

$$f = m\frac{v^2}{R}$$

$$\mu_s N = m\frac{v^2}{R} \qquad (\because f = \mu N)$$

$$\mu_s mg = m\frac{v^2}{R}$$

$$v = \sqrt{\mu_s gR}$$

$$\therefore v_{\max} = \sqrt{\mu_s gR}$$

☛ 속도가 이것보다 점점 더 커지면 회전반경도 커질 것이며 결국 궤도를 이탈하여 접선방향으로 갈 것이다. 따라서 반지름 방향으로는 마치 자동차가 정지해있어야 하므로 정지마찰계수 (μ_s)를 사용해야 한다.

[예제] 동전이 원판 중심으로부터 20 cm인 곳에 2초에 1회전하는 원판 가장자리에 놓여있다. 미끄러지지 않고 정지해 있을 최소 마찰계수는? (단, 중력가속도는 10 m/s^{2}이다)

[해설]

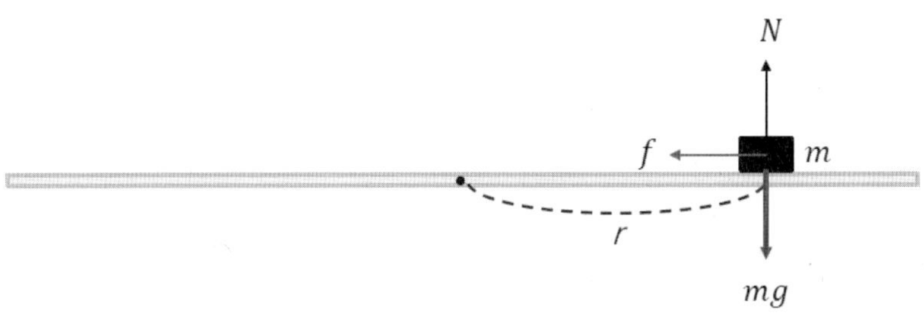

2초: 1회전 = 1초: x $\quad\rightarrow\quad x = \dfrac{1}{2}$ (주기, T)

원운동 $\quad f = m\dfrac{v^2}{r}$ $\qquad$ (∵ 마찰력이 구심력 역할을 해서 원운동)

$$f = \mu N = \mu mg$$

$$\mu mg = m\frac{v^2}{r} \quad\rightarrow\quad \mu = \frac{v^2}{gr}$$

$$T = \frac{2\pi r}{v} \quad\rightarrow\quad v = \frac{2\pi r}{T} = \frac{2\pi \times 0.2}{\frac{1}{2}} = 0.8\pi$$

$$\therefore\ \mu = \frac{v^2}{gr} = \frac{(0.8\pi)^2}{10\times 0.2} = \frac{0.64\pi^2}{2} = 0.32\pi^2$$

[예제] 곡률반경이 R인 원형 트랙을 자동차가 돌고 있다. 도로의 경사각이 θ일 때, 자동차가 안전하게 달리기 위한 최대속도는? (단, 마찰은 무시한다)

[해설] 이 문제의 핵심은 마찰이 없어도 경사각을 잘 조절함으로써 자동차가 트랙을 안전하게 돌게 만들 수 있다는 것이다.

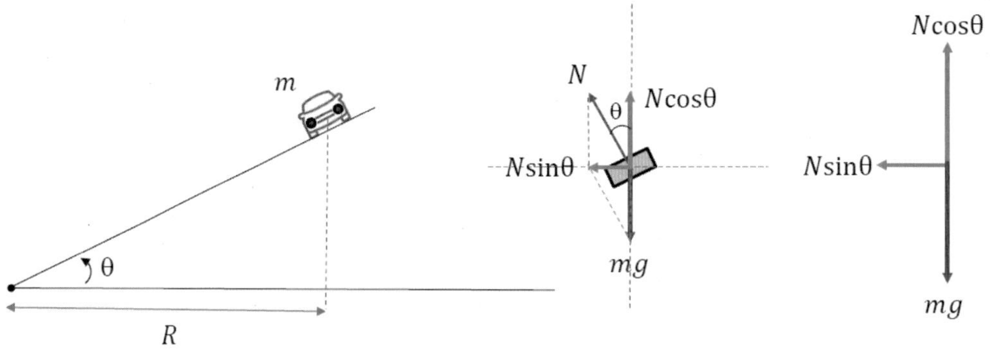

힘의 평형

수직성분: $\quad mg = N\cos\theta$

수평성분: $\quad N\sin\theta = m\dfrac{v^2}{R}$ $\qquad$ (∵ 원운동)

$$\rightarrow\ \tan\theta = \frac{m\frac{v^2}{R}}{mg} = \frac{v^2}{Rg}$$

$$\therefore\ \theta = \tan^{-1}\left(\frac{v^2}{gR}\right)$$

구심가속도 $a \equiv a_c \equiv \dfrac{v^2}{R}$

$$\tan\theta = \frac{v^2}{Rg}$$

$$\therefore a \equiv a_c \equiv \frac{v^2}{R} = g\tan\theta$$

자동차 속도 $a = \dfrac{v^2}{R} = g\tan\theta$

$$\therefore\ v = \sqrt{Ra} = \sqrt{Rg\tan\theta}$$

☛ 커브 길에서 속력을 늘이고 안정적으로 회전하기 위해서는 경사각 (θ)을 높여야 한다.

(생각해보기) 경사각 (θ)을 가지며 또한 마찰력 (μ)을 무시하지 않는 경우

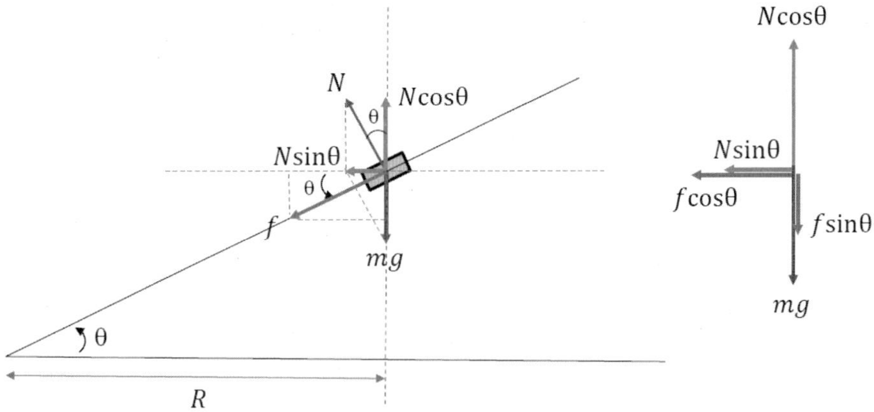

힘의 평형

수직성분: $N\cos\theta = mg + f\sin\theta$

수평성분: $f\cos\theta + N\sin\theta = ma = m\dfrac{v^2}{R}$ ($\because$ 원운동)

마찰력 $f = \mu N$

$$N\cos\theta - \mu N\sin\theta = mg \ \rightarrow N = \frac{mg}{\cos\theta - \mu\sin\theta}$$

$$\mu\frac{mg}{\cos\theta - \mu\sin\theta}\cos\theta + \frac{mg}{\cos\theta - \mu\sin\theta}\sin\theta = m\frac{v^2}{R}$$

$$\therefore v^2 = \frac{R}{m}\left[\frac{\mu mg\cos\theta}{\cos\theta - \mu\sin\theta} + \frac{mg\sin\theta}{\cos\theta - \mu\sin\theta}\right]$$

(검증)

① 마찰은 있고, 각도가 없는 경우 ($\theta = 0$)

$$v^2 = \frac{R}{m}\left[\frac{\mu mg\cos 0°}{\cos 0 - \mu\sin 0°} + \frac{mg\sin 0°}{\cos 0 - \mu\sin 0°}\right]$$

$$= \frac{R}{m}\left[\frac{\mu mg\cos 0°}{\cos 0°} + 0\right] = \frac{R}{m}(\mu mg)$$

$$\therefore\ v = \sqrt{\mu g R}$$

② 각도는 있고 마찰이 없는 경우 ($\mu = 0$)

$$v^2 = \frac{R}{m}\left[\frac{0mg\cos\theta}{\cos\theta - 0\sin\theta} + \frac{mg\sin\theta}{\cos\theta - 0\sin\theta}\right]$$

$$= \frac{R}{m}\left[\frac{mg\sin\theta}{\cos\theta}\right] = gR\frac{\sin\theta}{\cos\theta} = gR\tan\theta$$

$$\therefore\ v = \sqrt{Rg\tan\theta}$$

[예제] 그림처럼 곡률 반경이 R인 언덕의 정상에서 자동차가 지면에서 이탈하지 않고 넘어갈 수 있는 최대 속도는?

[해설]

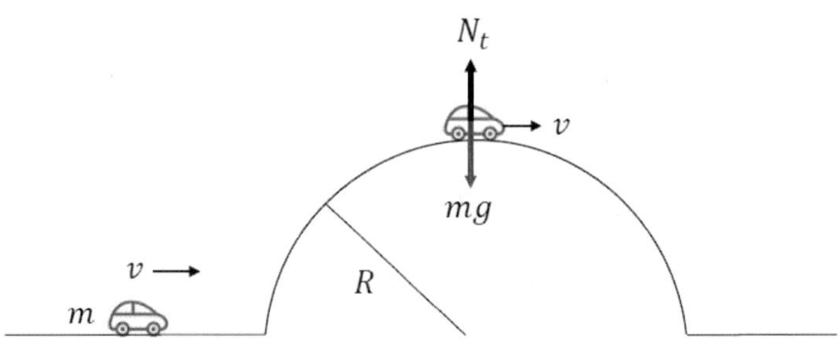

정상에서 원운동 방정식 $mg - N_t = m\frac{v^2}{R}$ (N_t: 정상에서 수직항력)

$$v = \sqrt{\frac{R(mg - N_t)}{m}}$$

최대 속도 $v_{max} \simeq \sqrt{\frac{R(mg - 0)}{m}} = \sqrt{gR}$ ($\because N_t \sim 0$)

즉, 정상에서 $N_t \to 0$이여도, 최소한 중력 $\approx$ 구심력이면 이탈하지 않고 원운동 할 수 있다.

[예제] 전투기가 연직내면 내에서 공중 회전하는 원운동을 한다. (혹은, 회전식 관람차가 등속원운동을 한다) 최고점과 최저점에서 조종사에 작용하는 수직항력의 크기는?

[해설]

① 최저점 (bottom)

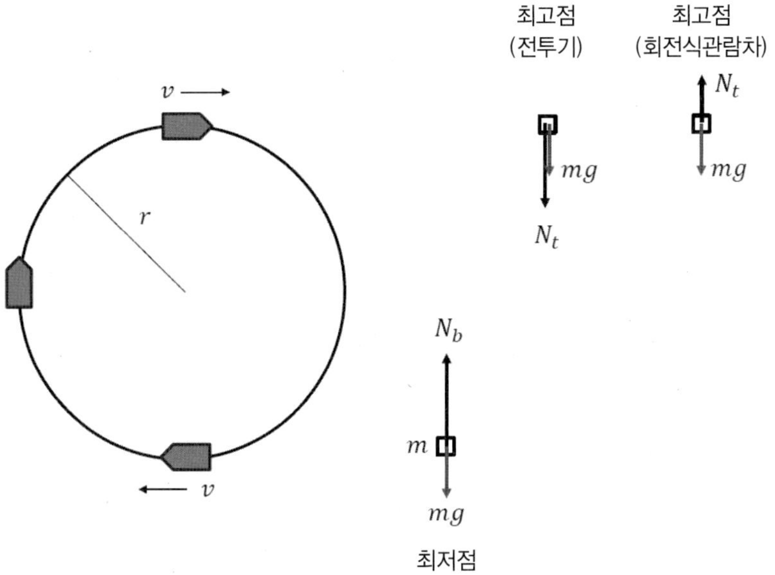

최저점에서는 전투기에 타고 있는 조종사는 조종석 의자에 똑바로 앉아있다.

최저점에서의 수직항력 (N_b)

$$N_b - mg = ma = m\frac{v^2}{r}$$

$$\therefore N_b = m\frac{v^2}{r} + mg = mg\left(1 + \frac{v^2}{rg}\right)$$

즉, 최저점에서는 실제 몸무게 ($= mg$) 보다 더 큰 겉보기 무게를 느낀다.

② 최고점 (top)

최고점에서는 전투기에 타고 있는 조종사는 뒤집힌 상태로 앉아있다. (회전식 관람차의 경우 탑승자가 그대로 앉아 있다. 만약 롤러코스터라면 탑승자는 뒤집힌 상태가 될 것이다.)

(전투기) 최고점에서의 수직항력 (N_t)

$$N_t + mg = m\frac{v^2}{r}$$

$$\therefore N_t = m\frac{v^2}{r} - mg$$

(회전식 관람차) 최고점에서의 수직항력 (N_t)

$$mg - N_t = ma = m\frac{v^2}{r}$$

$$\therefore N_t = mg - m\frac{v^2}{r} = mg\left(1 - \frac{v^2}{rg}\right)$$

즉, (회전식 관람차) 최고점에서는 실제 몸무게 ($= mg$) 보다 더 작은 겉보기 무게를 느낀다.

[예제] 반지름이 r인 롤러코스터에서 차량이 원 궤도를 따라 운동한다. (단, 중력가속도는 g이고 모든 마찰은 무시한다)

① 최고점에서 떨어지지 않기 위한 차량의 최소 속력은?

② 궤도의 최저점에서 차량의 속력은?

③ 최저점에서 수직항력은?

④ 중간지점을 통과할 때 차량이 받는 수직항력은 열차무게의 몇 배인가?

[해설]

①

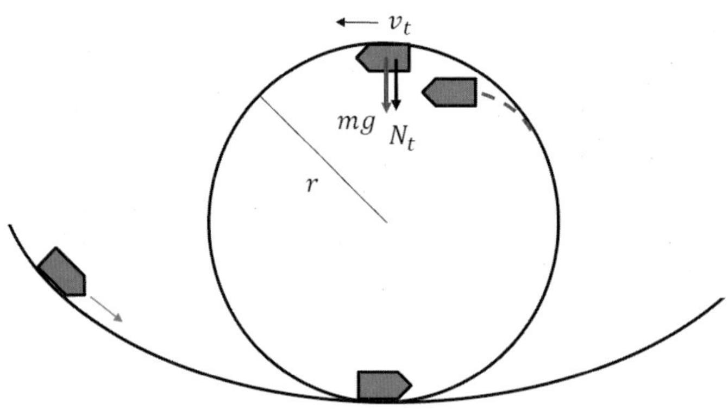

최고점 (top)에서 중력 (mg)과 항력 (N_t)의 합이 구심력 역할을 해서 원운동을 한다.

운동방정식

$$mg + N_t = m\frac{v_t^2}{r} \qquad (v_t \text{ : 최고점에서 차량의 속력})$$

$$\therefore v_t = \sqrt{\frac{r(mg + N_t)}{m}}$$

차량과 궤도가 가까스로 접촉을 할 때 차량은 이탈하지 않고 겨우 최고점을 통과할 것이다. 즉, N_t가 0에 가까운 경우다.

$$\rightarrow (v_t)_{\min} \simeq \sqrt{\frac{r(mg + 0)}{m}} = \sqrt{rg} \qquad (\because N_t \simeq 0)$$

최고점에서 차량의 속력이 이것보다 작으면 차량은 궤도를 이탈한다.

②

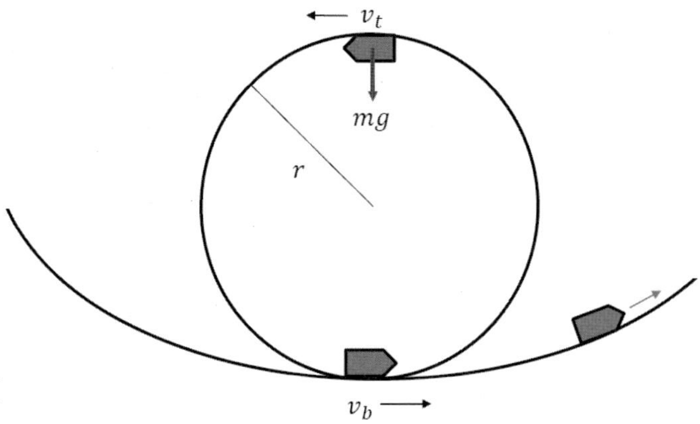

역학적 에너지 보존법칙을 적용한다.

최고점

$$[\text{운동에너지 (KE)} + \text{위치에너지 (PE)}]_{\text{최고점}} = \frac{1}{2}mv_t^2 + mg(2r)$$

최저점

$$[\text{운동에너지 (KE)} + \text{위치에너지 (PE)}]_{\text{최저점}} = \frac{1}{2}mv_b^2 + 0$$

$$\rightarrow \quad \frac{1}{2}mv_t^2 + mg(2r) = \frac{1}{2}mv_b^2 + 0$$

$$\frac{1}{2}m(\sqrt{rg})^2 + mg(2r) = \frac{1}{2}mv_b^2 \qquad (\because v_t = \sqrt{rg})$$

$\therefore$ 최저점에서 차량의 속력 $v_b = \sqrt{5gr}$

③

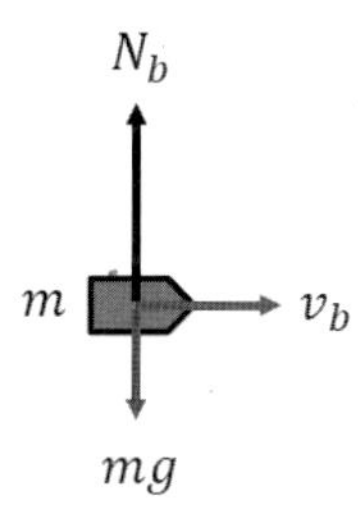

최저점

운동방정식

$$N_b - mg = m\frac{v_b^2}{r}$$

바닥에서의 수직항력 $N_b = mg + m\dfrac{v_b^2}{r} = mg + m\dfrac{(\sqrt{5gr})^2}{r} = 6mg$

∴ 정상무게보다 6배가 무겁다.

④ 차량과 레일 사이의 마찰력은 무시하자.

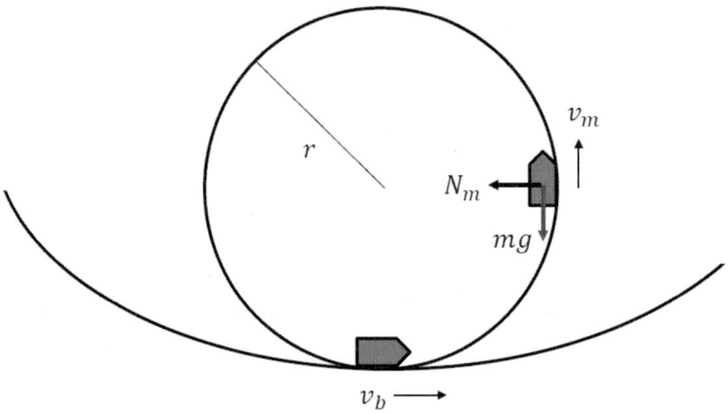

중간지점을 통과할 때 차량이 받는 수직항력 (N_m)이 구심력 역할을 해서 원운동한다.
원운동 방정식

$$N_m = m\frac{v_m^2}{r} \qquad (v_m \text{ : 중간지점에서의 차량의 속력})$$

역학적 에너지 보존 (중간지점 = 최저점)

$$\frac{1}{2}mv_m^2 + mgr = \frac{1}{2}mv_b^2$$

$$\frac{1}{2}mv_m^2 + mgr = \frac{1}{2}m(\sqrt{5gr})^2 = \frac{5}{2}mgr \qquad (\because v_b = \sqrt{5gr})$$

$$\therefore v_m = \sqrt{3gr}$$

$$\rightarrow N_m = m\frac{v_m^2}{r} = m\frac{(\sqrt{3gr})^2}{r} = 3mg \qquad (\rightarrow 3\text{배})$$

✍ **(정리)** 최고점 (top)에서의 수직항력 $N_t = 0$
중간지점 (middle)에서의 수직항력 $N_m = 3mg$
최저점 (bottom)에서의 수직항력 $N_b = 6mg$

[예제] 반지름 R인 원형 롤러코스터의 최저점에서 열차의 속력이 $v_b = \sqrt{5gR}$ 일 때, 열차가 중간 지점을 통과할 때 받는 수직항력 (N_m)은 열차 무게의 몇 배인가? (단, 마찰은 무시한다)

[해설]

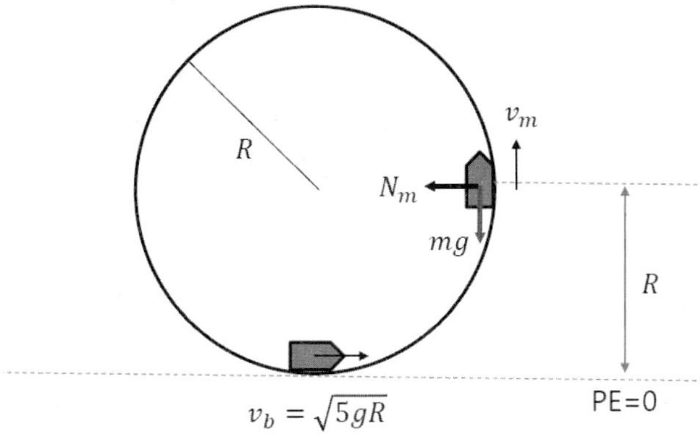

중간지점에서의 차량의 속력 (v_m) $\qquad N_m = m\dfrac{v_m^2}{R}$

역학적 에너지 보존 (최저점 = 중간지점)

$$\frac{1}{2}mv_b^2 + 0 = \frac{1}{2}mv_m^2 + mgR$$

$$\frac{1}{2}m(\sqrt{5gR})^2 = \frac{5}{2}mgR = \frac{1}{2}mv_m^2 + mgR \qquad (\because v_b = \sqrt{5gR})$$

$$v_m = \sqrt{3gR}$$

$$\therefore N_m = m\frac{v_m^2}{R} = m\frac{(\sqrt{3gR})^2}{R} = 3mg \qquad (\rightarrow 3\text{배})$$

[예제] 물이 들어있는 양동이를 길이 1 m되는 줄로 매달아 연직면 내에서 원운동 시킬 때 물이 쏟아지지 않게 하려면 얼마 이상의 속력으로 돌려야 하는가?

[해설]

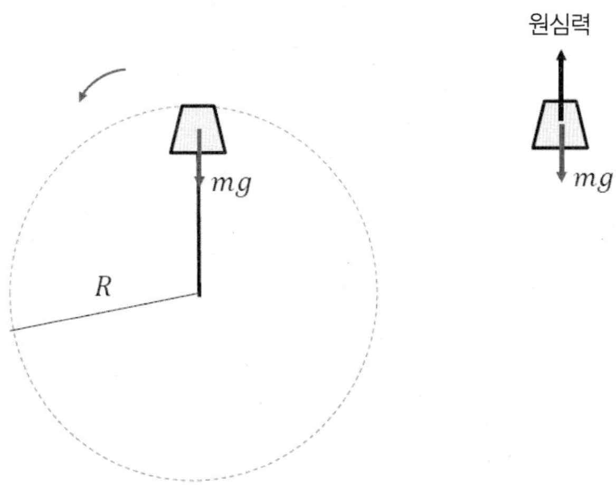

물이 원운동하면 최소한 쏟아지지는 않을 것이다. 따라서 원운동할 조건을 만족하면 된다. 외부에서 볼 때, 중력이 구심력 역할을 해서 원운동 한다.

$$원운동 \quad mg = m\frac{v^2}{R} \quad \rightarrow \quad v = \sqrt{gR} = \sqrt{g} = \sqrt{10}\ [m/s]$$

한편 물과 같이 회전하는 관성계에 있는 양동이에 있는 관측자는 물이 아래로 떨어지지 않기 때문에 중력과 크기는 같고 방향이 반대인 원심력이 작용한다고 생각할 것이다. 즉, 최소한 원심력이 중력과 크기가 같으면 되고, 중력보다 크면 절대로 아래로 쏟아지지 않는다고 판단 할 것이다.

[예제] 질량 m인 물체를 연직내면 내에서 속력 v로 등속 원운동을 시킨다. (단, 중력가속도는 g이다)

① 최고점과 최저점에서 줄의 장력 차이는?

② 임의의 지점에서 장력은?

[해설]

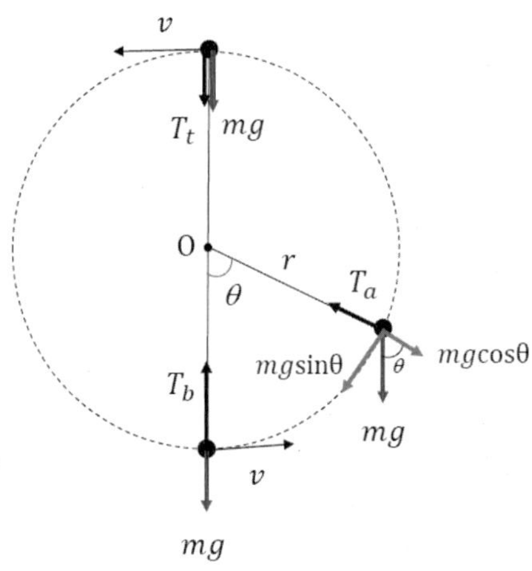

①

최고점 (top)

$$T_t + mg = m\frac{v^2}{r} \quad \rightarrow \quad T_t = m\frac{v^2}{r} - mg$$

최저점 (bottom)

$$T_b - mg = m\frac{v^2}{r} \quad \rightarrow \quad T_b = m\frac{v^2}{r} + mg$$

∴ 최저점 − 최고점 = $T_b - T_t = 2mg$

② 임의의 지점 (arbitrary)

$$T_a - mg\cos\theta = m\frac{v^2}{r}$$

$$\therefore\ T_a = m\frac{v^2}{r} + mg\cos\theta$$

만약 $\theta = 0$ 이면, 최저점이므로 $T_a = m\frac{v^2}{r} + mg$ 이고, 이것은 $T_a \rightarrow T_b$와 동일하다. 또한, $\theta = 0$ 일 때, T_a 값이 최대이다 (즉, 최저점에서 장력은 가장 크다). 그리고 $\theta = 180$ 이면, 최고점이므로 $T_a = m\frac{v^2}{r} - mg$ 이며, 이것은 $T_a \rightarrow T_t$ 결과와 동일하다.

☛ 위 문제는 연직내의 등속 원운동을 기술한다. 하지만, 일반적으로 연직면 내에서 운동할 때 비등속원운동 함을 알아야 한다.

☛ 단진자의 경우 연직면 내에서 운동하는 원운동의 일부라고 간주할 수 있다. 단진자의 경우, 추의 속력은 시시각각 변한다.

(생각해보기) v가 시시각각 다른 경우

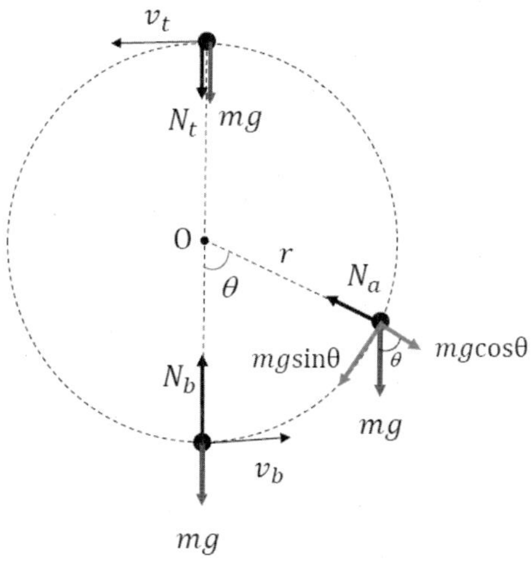

(최고점) $\quad N_t + mg = m\frac{v_t^2}{r} \rightarrow N_t = mg\left(\frac{v_t^2}{rg} - 1\right)$

(임의의 지점) $\quad N_a - mg\cos\theta = m\frac{v_t^2}{r} \rightarrow N_a = mg\left(\frac{v_a^2}{rg} - \cos\theta\right)$

(최저점) $\quad N_b - mg = m\frac{v_t^2}{r} \rightarrow N_b = mg\left(\frac{v_t^2}{rg} + 1\right)$

만약 최고점에서 순간 장력 (혹은 수직항력)이 없어진다면 속도는?

$$N_t + mg = m\frac{v_t^2}{r} \quad \rightarrow 0 + mg = m\frac{v_t^2}{r}$$

$$\therefore v_t = \sqrt{gR}$$

속력이 이것보다 작으면 최고점까지 올라가지 못한다.

☛ 인공 중력 발생장치: 그네 혹은 회전 로봇 팔

(예) $r = 10$ m 일 때 $3g$를 발생하기 위한 원운동의 속도(v)는?

$$a = \frac{v^2}{r} \quad \rightarrow v^2 = ar = 3g \times 10 = 30g = 30 \times 10 = 300$$

$$\therefore v = \sqrt{300} \sim 17 \text{ [m/s]}$$

(구심)가속도는 속도의 제곱에 비례하기 때문에 속도를 2배로 하면 가속도는 4배로 증가한다. 우리 옛 조상들은 그네타기로 $1.5g, 2g, 3g$ 등을 경험적으로 느껴보았다고 할 수 있다.

즉, 지상에서 자유 낙하하는 모든 물체는 $g(= 9.8\,\text{m/s}^2)$로 떨어지지만, 가속운동을 이용해 강제적, 인공적으로 중력을 감소, 증가되는 상황도 만들어 낼 수 있다. (예, 빗면을 사용해 중력을 완화할 수도 있고, 회전 로봇 팔에 있는 캡슐 안에 앉아서 증가되는 것을 경험할 수 있다)

[예제] 1 m 줄 끝에 매달린 1 kg의 물체가 수직면 상에서 원운동하기 위한 물체의 최소 각속도 [rad/s]는?

[해설]

최고점 (top) $\quad T_t + mg = m\frac{v^2}{R} \quad \rightarrow T_t = m\frac{v^2}{R} - mg$

최고점에서 순간 장력이 없어질 때 속도 $\quad \rightarrow v_t \equiv v = \sqrt{gR}$

이 속도 이상으로 돌아야 원운동을 할 수 있다.

$$\therefore w = \frac{v}{R} = \frac{\sqrt{gR}}{R} = \sqrt{\frac{g}{R}} = \sqrt{\frac{10}{1}} = \sqrt{10} \text{ [rad/s]}$$

[예제] 그림처럼 초기 각도 $\theta = 60°$, 진자 길이 1 m, 진자 질량 1 kg일 때 진자의 구가 가장 낮은 지점 A를 통과할 때 줄에 걸리는 장력[N]은? (단, 중력가속도 10 m/s^2 이고 줄의 질량과 마찰 및 저항은 무시한다)

[해설]

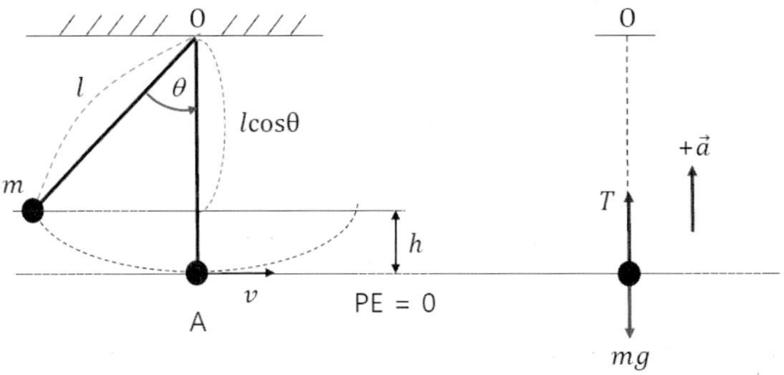

원운동 $T - mg = m\frac{v^2}{l}$

역학적 에너지 보존 $0 + mgh = \frac{1}{2}mv^2 + 0 \rightarrow v = \sqrt{2gh}$

$$h = l - l\cos\theta = l(1-\cos\theta) = l(1-\cos 60^\circ) = l(1-\frac{1}{2}) = \frac{l}{2}$$

$$\rightarrow v = \sqrt{2gh} = \sqrt{2g \times \frac{l}{2}} = \sqrt{gl}$$

장력 $T = m\frac{v^2}{l} + mg = m\frac{gl}{l} + mg = mg + mg = 2mg$

$= 2 \times 1 \times 10 = 20$ [N]

[예제] 그림처럼 원래 길이가 10 cm인 용수철에 질량 200 g인 물체를 매달아 일정한 속력으로 회전시켰더니 용수철이 연직선과 60°를 이루었다고 할 때 용수철의 총 길이[m]는? (단, 용수철 상수는 40 N/m이고 중력가속도 9.8 m/s^{2}이다)

[해설]

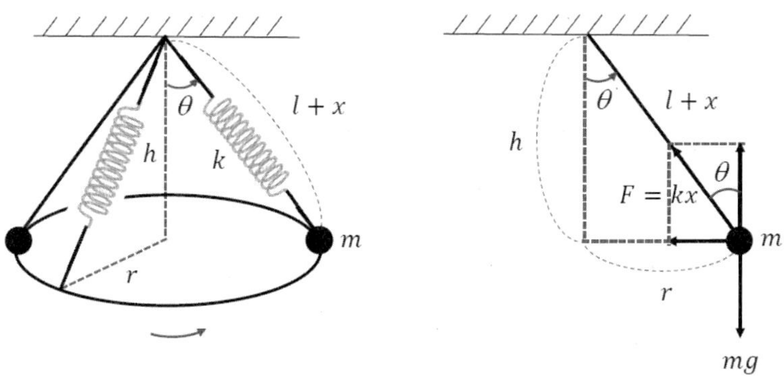

용수철의 원래 길이 (l) = 0.01[m]

질량 (m) 0.2 kg을 매달아서 회전 운동 시켜 60°를 이룰 때까지 늘어난 길이 (x)

후크의 법칙 $F = -kx$ (복원력 작용)

힘의 평형

수평방향 $F\sin\theta = m\dfrac{v^2}{r}$ (원운동)

수직방향 $F\cos\theta = mg$

$$\rightarrow kx\cos 60° = mg$$

$$x = \frac{mg}{k\cos 60°} = \frac{0.2\times 9.8}{40\times\dfrac{1}{2}} = \frac{0.2\times 9.8}{20} = \frac{9.8}{100} = 0.098\,[\text{m}]$$

∴ 총 길이 $= l + x = 0.1 + 0.098 = 0.198\,[\text{m}] = 19.8\,[\text{cm}]$

[예제] 장력이 50 N이 될 때까지는 끊어지지 않는 줄이 있다. 길이가 1.5 m인 이 줄에 질량 3 kg인 물체를 매달아 원운동을 시킨다. 원운동은 궤도면이 지면에 수평이 되도록 할 때, 물체가 원운동 할 수 있는 최대 속력[m/s]은? (단, 중력가속도 10 m/s^{2}이다)

[해설]

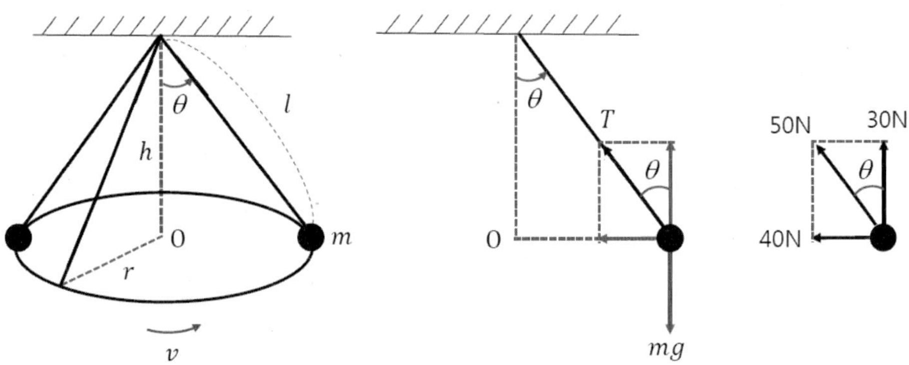

장력 $(T) = 50$ N

중력 $W = mg = 3\times 10 = 30$ N

장력의 수평 성분 $= T\sin\theta = 40$ N (∵ 직각삼각형)

$$\sin\theta = \frac{r}{l} \rightarrow r = l\sin\theta = 1.5\times\frac{4}{5} = \frac{3\times 4}{2\times 5} = \frac{12}{10}$$

수평면 원운동 $T\sin\theta = 40 = m\dfrac{v^2}{r}$

$$v^2 = \frac{40r}{m} = \frac{40}{3}\times\frac{12}{10} = 16$$

$\therefore v = 4\,[\text{m/s}]$

[예제] 그림처럼 질량 m인 물체가 높이가 h인 경사면 위에서 미끄러져 반지름이 r인 원 궤도를 완전하게 한 바퀴를 돌기 위한 최소한의 높이 h는? (단, 중력가속도는 g이고 모든 마찰은 무시한다)

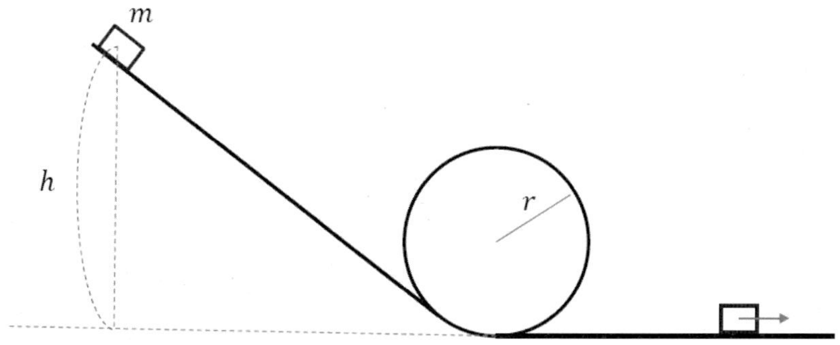

[해설] 최소한의 높이 (h)일 때, 원궤도의 최고점에서 수직항력 (N_t) 성분이 0이 된다.

원운동

$$mg + N_t = m\frac{v_t^2}{r} \qquad (v_t \text{ : 최고점에서 물체의 속력})$$

$$\rightarrow mg = m\frac{v_t^2}{r} \qquad (\because N_t \simeq 0)$$

$\therefore$ 원 궤도 최고점에서의 속도 $v_t = \sqrt{gr}$

역학적 에너지 보존

$$0 + mgh = \frac{1}{2}mv_t^2 + mg(2r)$$

$$= \frac{1}{2}m(\sqrt{gr})^2 + mg(2r) = \frac{5}{2}mgr$$

$$\therefore h = \frac{5}{2}r$$

[예제] 반지름이 r인 반구 (hemisphere) 꼭대기에 놓인 질량 m인 물체가 미끄러지기 시작한다. (단, 중력가속도는 g이고 마찰은 무시한다)

① 반구를 떠나는 순간 물체의 높이 (h)는?

② 반구를 떠나는 순간의 속력 (v)은?

[해설]

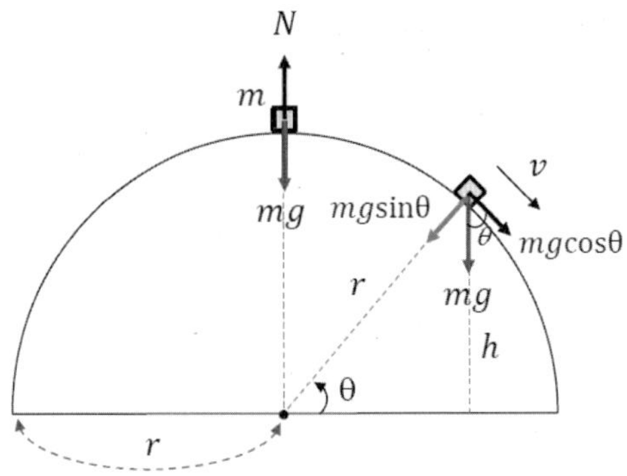

① 물체가 반구를 떠나는 순간 수직항력 (N)은 0이다. 또한 중력의 $mg\sin\theta$ 성분이 구심력 역할을 한다.

역학적 에너지 보존 $\quad 0 + mgr = \frac{1}{2}mv^2 + mgh$

원운동 $\quad mg\sin\theta = m\frac{v^2}{r}$

$$\sin\theta = \frac{h}{r}$$

$$\to mg\frac{h}{r} = m\frac{v^2}{r}$$

$$v^2 = gh$$

$$0 + mgr = \frac{1}{2}mgh + mgh = \frac{3}{2}mgh$$

$$\therefore h = \frac{2}{3}r$$

② 역학적 에너지 보존

$$mgr = \frac{1}{2}mv^2 + mgh$$

$$= \frac{1}{2}mv^2 + mg\frac{2}{3}r$$

$$\to \frac{1}{2}mv^2 = mgr - \frac{2}{3}mgr = \frac{1}{3}mgr$$

$$\therefore v = \sqrt{\frac{2}{3}gr}$$

[예제] 앞 문제에서 상황이 그림처럼 주어질 때 물체가 반구로부터 분리되기 전 지점 P에서 물체에 가해지는 수직항력은?

[해설]

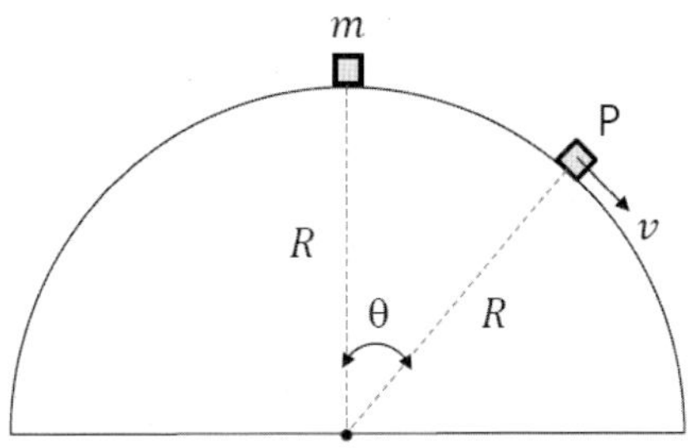

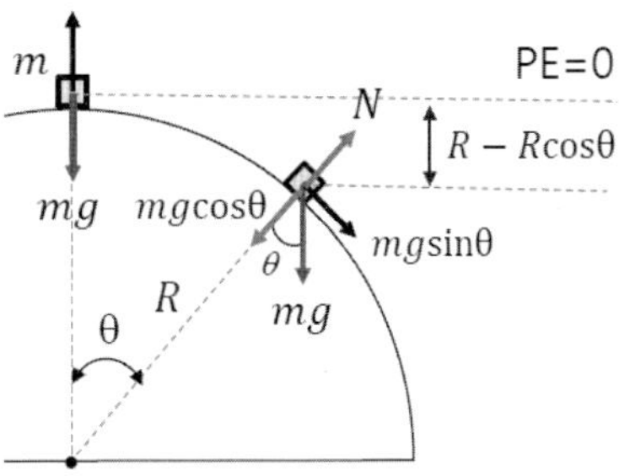

원운동 $mg\cos\theta - N = m\dfrac{v^2}{R}$

역학적 에너지 보존 $0 + 0 = \dfrac{1}{2}mv^2 - mg(R - R\cos\theta)$

$\rightarrow\ v^2 = 2gR(1-\cos\theta)$

수직항력 (N) $N = mg\cos\theta - m\dfrac{v^2}{R} = mg\cos\theta - m\dfrac{2gR(1-\cos\theta)}{R}$

$= mg\cos\theta - 2mg(1-\cos\theta) = 3mg\cos\theta - 2mg$

(검증) $\theta = 0°$ (반구 맨 꼭대기)에서는 중력과 수직항력이 크기는 같고 방향은 반대이다.

$\rightarrow\ N = 3mg\cos\theta - 2mg \simeq 3mg\cos 0° - 2mg = mg$

[예제] 그림처럼 반경이 r인 사분원 모양의 경사로 높이 h에서 질량 m인 물체가 미끄러져 내려와 바닥면을 통과하였다. (단, 중력가속도는 g이고 모든 마찰은 무시한다)

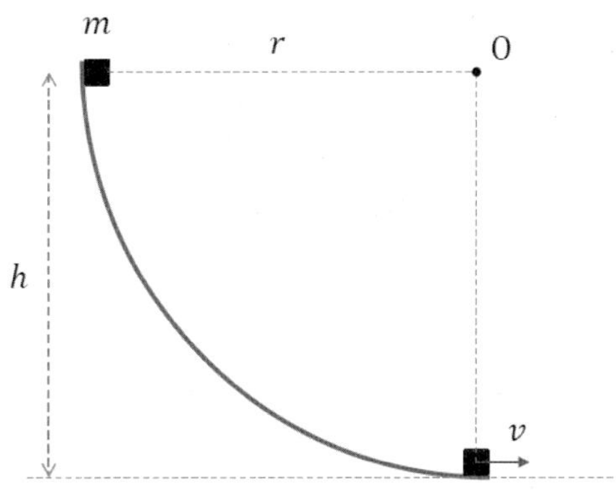

① 바닥면에서의 속력 (v)은?

② 수직항력 (N)이 가장 큰 곳은? 바닥에서의 수직항력은?

[해설]

① 역학적 에너지 보존

[운동에너지 (KE) + 위치에너지 (PE)]$_{최고점}$ = [운동에너지 (KE) + 위치에너지 (PE)]$_{최저점}$

$$0+mgr=\frac{1}{2}mv^2+0$$

$$\therefore v=\sqrt{2gr}$$

② 개념적으로 생각해도, 물체가 처음 높이에서 그냥 수직으로 떨어지면 자유낙하와 동일하므로, 수직항력이 없을 것이다. 따라서 물체가 미끄러져 내려오면서 수직항력도 생기고 점점 커져서 최하점에서 최대가 될 것으로 기대된다.

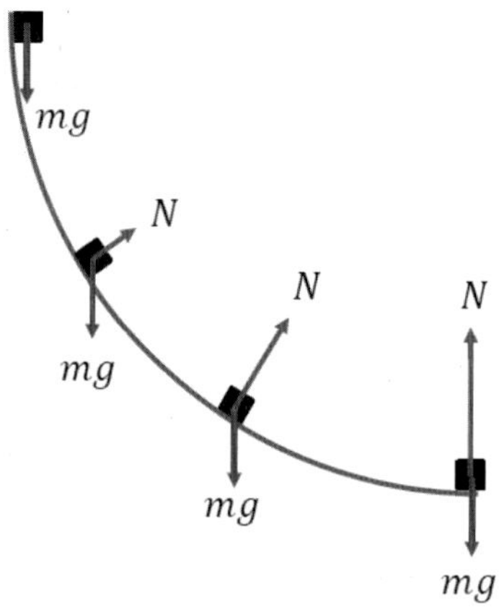

원운동 방정식 $N-mg=m\frac{v^2}{r}$

$$\therefore N=mg+m\frac{v^2}{r}=mg+m\frac{(\sqrt{2gr})^2}{r}=3mg$$

즉, 원래 무게의 3배로 최대가 된다.

[예제] 그림처럼 정지상태의 질량 m인 물체가 반경 R인 수직 원형 트랙의 바닥에서 $\frac{3}{4}R$ 위치에서 미끄러져 내려간다. 트랙의 바닥에서 물체가 트랙으로부터 받는 힘은? (단, 마찰은 무시하고, 중력가속도는 g이다)

[해설]

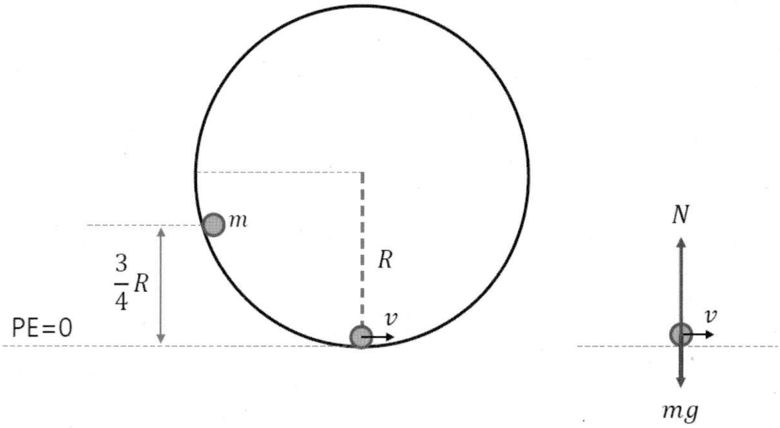

역학적 에너지 보존 $$0+mg\frac{3}{4}R=\frac{1}{2}mv^2+0$$

$$\rightarrow v^2=\frac{3gR}{2}$$

원운동 방정식 $$N-mg=m\frac{v^2}{R}$$

$$\therefore\ N=mg+m\frac{v^2}{R}=mg+m\frac{1}{R}\frac{3gR}{2}=\frac{5}{2}mg$$

✏ **개념 심화**

(상황) 만약 물체가 원형으로 움직이지만 속력이 증가하거나 감소한다면, 가속도의 접선 성분이 생기게 된다.

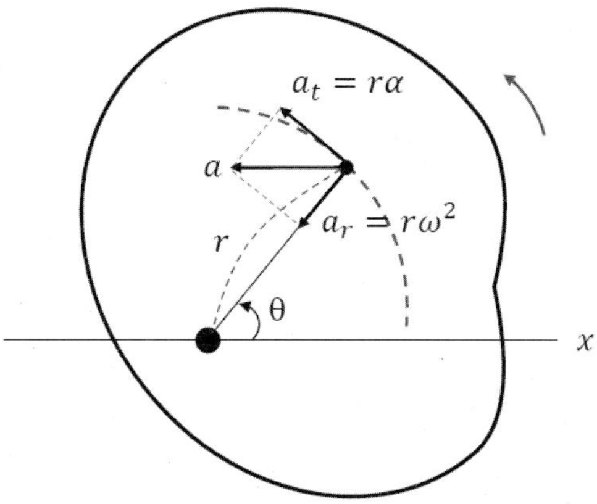

접선가속도 (a_t, tangential)

$$a_t \equiv \frac{dv}{dt} = \frac{d}{dt}(r\omega) = r\frac{d\omega}{dt} = r\alpha \qquad (\because\ \alpha \equiv \frac{d\omega}{dt}\ \text{각가속도})$$

지름 (≡ 구심) 가속도 (a_r, radial)

$$a_r \equiv \frac{v^2}{r} = \frac{(r\omega)^2}{r} = r\omega^2$$

전체가속도 (total acceleration) $\vec{a} = \vec{a_t} + \vec{a_r}$

$$a = \sqrt{a_t^2 + a_r^2} = \sqrt{(r\alpha)^2 + (r\omega^2)^2} = r\sqrt{\alpha^2 + w^4}$$

[예제] 반경이 500 m인 원형 도로를 자동차가 반시계 방향으로 40 m/s의 속력에서 5초 동안 60 m/s의 속력으로 일정하게 가속하였다. 자동차가 50 m/s의 속력을 얻을 때 다음을 구하라.

① 구심가속도 (a_r)

② 각속력 (ω)

③ 접선가속도 (a_t)

④ 전체가속도 (a)

[해설]

① 구심가속도 (a_r)

$$a_r \equiv \frac{v^2}{r} = \frac{50^2\,(\mathrm{m/s})^2}{500\,\mathrm{m}} = 5 \quad [\mathrm{m/s^2}]$$

② 각속력 (ω)

$$\omega = \frac{v}{r} = \frac{50\,\mathrm{m/s}}{500\,\mathrm{m}} = 0.1 \quad [\mathrm{rad/s}]$$

③ 접선가속도 (a_t)

$$a_t \equiv \frac{dv}{dt} = \frac{v_f - v_i}{\Delta t} = \frac{60-40}{5-0} = 4 \quad [\mathrm{m/s^2}]$$

④ 전체가속도 (a)

$$a = \sqrt{a_t^2 + a_r^2} = \sqrt{5^2 + 4^2} = 6.4 \quad [\mathrm{m/s^2}]$$

[예제] 그림처럼 반지름이 R인 호 위 높이 h_1인 A점에서 질량 m인 물체를 가만히 놓았더니 호를 따라 미끄러졌다. (단, 물체의 크기와 마찰은 무시하고, 중력가속도는 g이다)

① B점에서 수직 항력은?

② 높이 h_2인 C점에서 물체의 수직 항력과 접선 가속도는? (단, $h_1 > h_2$이다)

[해설]

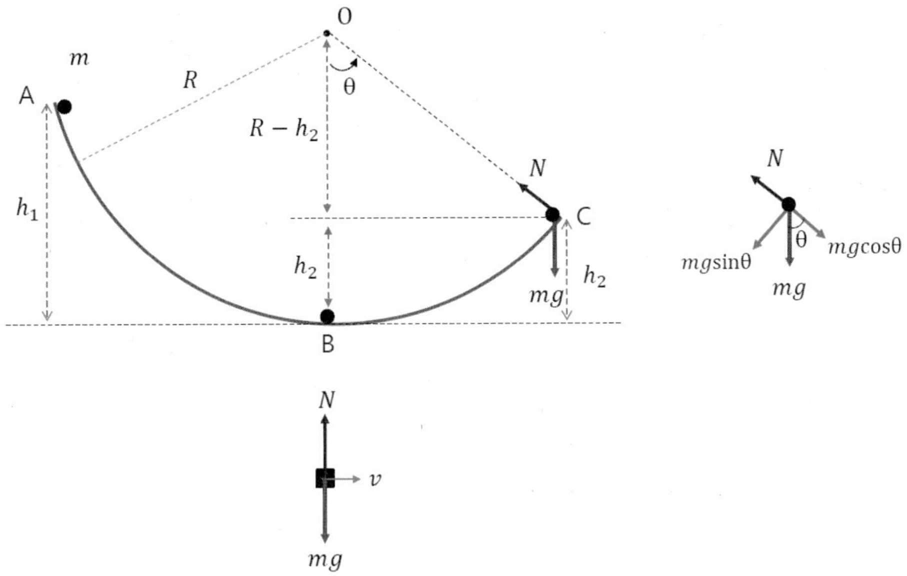

① 최하점 B에서 운동 방정식 $N - mg = m\dfrac{v^2}{R}$

역학적 에너지 보존 $mgh_1 = \dfrac{1}{2}mv^2 \quad \rightarrow \quad v^2 = 2gh_1$

수직 항력 $N = mg + m\dfrac{v^2}{R} = mg + m\dfrac{2gh_1}{R} = m\left(g + \dfrac{2gh_1}{R}\right)$

② A점 역학적 에너지 mgh_1

C점 역학적 에너지 $mgh_2 + \dfrac{1}{2}mv^2$

→ 역학적 에너지 보존 $mgh_1 = mgh_2 + \dfrac{1}{2}mv^2 \rightarrow v^2 = 2g(h_1 - h_2)$

C점에서 운동방정식 $N - mg\cos\theta = m\dfrac{v^2}{R} = m\dfrac{2g(h_1 - h_2)}{R}$

C점에서 수직 항력 $N = mg\cos\theta + m\dfrac{v^2}{R} = mg\dfrac{R - h_2}{R} + m\dfrac{2g(h_1 - h_2)}{R}$

$$= mg\frac{(R - h_2 + 2h_1 - 2h_2)}{R} = \frac{mg(R + 2h_1 - 3h_2)}{R}$$

접선가속도 $mg\sin\theta = ma_t \quad \rightarrow \quad a_t = g\sin\theta$

$$\therefore a_t = g\sin\theta = g\frac{\sqrt{R^2 - (R - h_2)^2}}{R}$$

✏ **개념 심화**

□ 원심력 (遠心力, centrifugal force)

쥐불놀이는 줄의 장력이 구심력 역할을 해 원운동을 한다. 따라서 중심 쪽으로 힘이 작용하기 때문에 깡통속 내용물이 쏟아져야 할 것으로 생각이 되지만 실제로 깡통속의 내용물은 그대로 있다. 이것을 설명하기 위해서는 구심력과 크기는 같고 방향이 반대인 관성력이 작용하기 때문이라고 해석한다. 즉 가상적인 관성력을 도입하여 설명하는 것인데, 원운동이기 때문에 구심력(求心力)에 대한 반대 방향의 개념으로 원심력(遠心力)이라 부르고 있다.

(요약)

▷ 등속원운동 할 때 물체와 함께 회전하고 있는 (=가속 운동 중에 있는) 좌표계에서 보면 물체에는 원운동의 바깥쪽으로 관성력이 작용하는데, 이 관성력을 원심력이라고 한다.

▷ 관성력은 가상적인 힘이므로 작용-반작용 법칙이 성립하지 않는다.

▷ 가속도 $\vec{a}$로 운동하는 비관성계 안에 있는 질량 m인 물체는 가속도와 반대 방향으로 관성력 $m\vec{a}$를 느낀다. ($\vec{F}=-m\vec{a}$)

(동일 상황)

- 자동차가 커브 길을 돌 때, 차 안에 있는 관측자는 커브 바깥쪽으로 힘을 느낀다.
- 인공위성 내부의 물체에 중력 (=구심력)과 원심력 (=관성력)이 평형을 이루면 (겉보기) 중력이 없는 것처럼 보이는 무중력 상태가 된다.

(예) 자동차가 반지름 100 m인 커브 길을 10 m/s의 속도로 등속 원운동 한다. 이 자동차에 타고 있는 질량 60 kg인 사람이 느끼는 원심력의 크기는 얼마인가?

[정답] $F=m\dfrac{v^2}{r}=60\times\dfrac{10^2}{100}=60$ [N]

(토론해보기) 탈수기에서 옷과 세탁물에는 각각 어떤 힘이 작용하는가?

→ 옷과 세탁물 모두에 작용하는 원심력을 고려한다. 옷은 탈수기 벽면으로부터 받는 수직항력과 원심력이 평형을 이루어 정지하고 있지만, 물은 벽의 구멍을 통해 밖으로 빠져나가 접선 방향으로 날아간다.

(상황) 그림처럼 회전하는 원판 위 용수철에 매달린 물체를 원판 밖과 원판 위에서 보는 경우

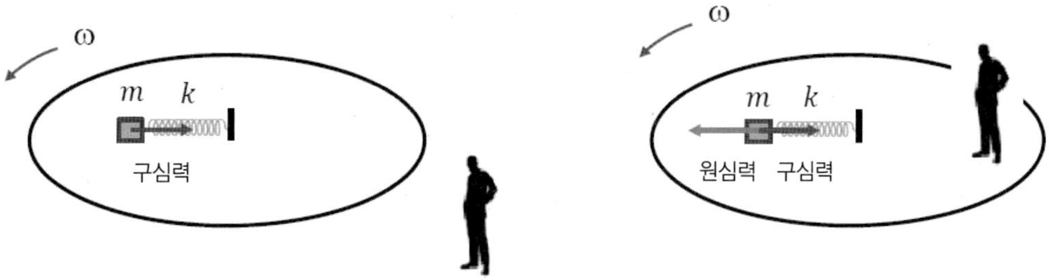

① 원판 밖에서 보는 경우 (정지 좌표계, 관성좌표계)

정지해 있을 때, 용수철의 처음 길이를 기준으로 하자. 이제 원운동하면 용수철은 일정 길이가 늘어난 상태로 원판과 함께 원운동 한다. 용수철의 탄성력이 구심력 역할을 해서 원운동 한다.

운동방정식 구심력 $F = ma = m\frac{v^2}{r} = kx$ (k: 용수철 상수, x: 늘어난 길이)

② 원판 위에서 보는 경우 (원운동 하는 좌표계, 가속좌표계)

물체와 같이 등속 원운동 하는 관찰자는 원판이 정지하고 있을 때의 처음 길이보다는 용수철이 늘어나 있고 물체가 원의 중심으로 힘을 받고 있음에도 불구하고 중심 쪽으로 움직이지 않고 정지하고 있는 것을 관찰한다. 용수철의 탄성력이 작용하는데도 불구하고 정지해 있다는 것은 운동의 법칙에 어긋나므로 이 현상을 설명하기 위해 구심력과 크기는 같고 방향이 반대인 어떤 힘이 물체에 작용하여 평형을 이루고 있다고 생각해야 한다. 즉, 용수철의 탄성력과 반대방향으로 가상의 힘이 작용하여 힘의 평형을 이루는 것으로 관측한다.

운동방정식 원심력 $F' = -ma = -m\frac{v^2}{r}$ [(−)의 의미는 방향이 구심력과 반대]

관측자가 원판 위에서 보는 경우 물체에 작용하는 알짜힘은 0이다.

$$\therefore \text{ 알짜힘} = \text{구심력} + \text{원심력} = 0$$

[예제] 마찰이 없는 수평면 위에 초기 길이가 l인 용수철 끝에 질량 m인 물체가 매달려 있다. 이 물체가 각속도 ω로 등속 원운동할 때 늘어날 용수철의 길이는? (단, 용수철 상수는 k이고, 질량은 무시한다)

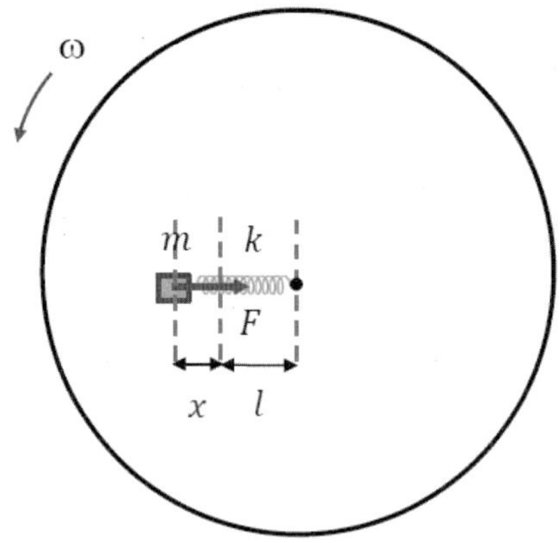

[해설] 늘어난 길이를 x라고 하자. 탄성력이 구심력 (F) 역할을 해서 원운동을 한다.

운동방정식 $$m\frac{v^2}{(l+x)} = kx$$

$$\omega = \frac{v}{l+x}$$

$$\rightarrow m\frac{[w(l+x)]^2}{(l+x)} = kx$$

$$mw^2(l+x) = kx$$

$$\therefore x = \frac{mlw^2}{k-mw^2}$$

(상황) 반지름이 R, 경사각이 θ인 원형 도로에서 커브 길을 도는 자동차

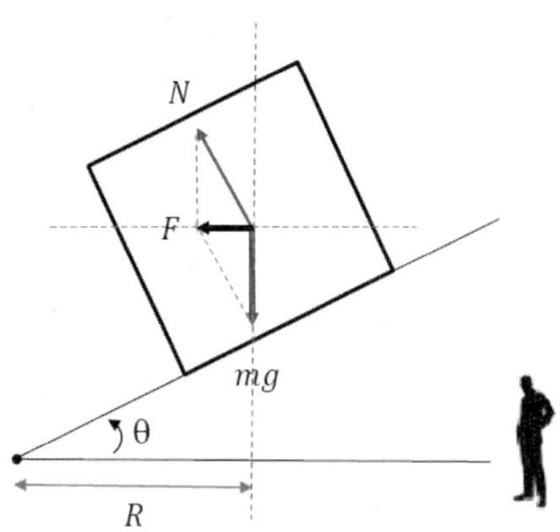

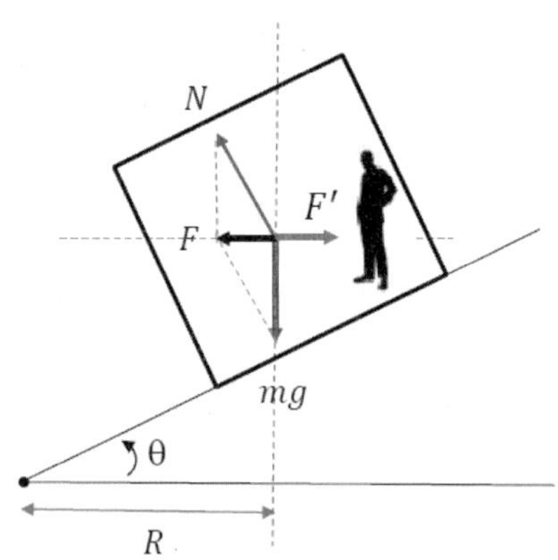

① 차 밖에 있는 관측자

자동차가 커브 길을 돌 때 중력 (mg) 과 수직항력 (N)과의 합력이 구심력 (F) 역할을 해서 원운동을 한다.

$$\vec{F} = m\vec{g} + \vec{N}$$

힘의 분해

수직성분: $mg = N\cos\theta \quad \rightarrow N = \dfrac{mg}{\cos\theta}$

수평성분: $F = N\sin\theta = \dfrac{mg}{\cos\theta}\sin\theta = mg\tan\theta$

운동방정식 $F = m\dfrac{v^2}{R} = mg\tan\theta$

② 차 안에 있는 관측자

구심력과 크기는 같고 방향이 반대인 가상의 힘 (F', 원심력)이 작용하여 자동차가 평형을 이루어 있는 것처럼 보인다.

$$\vec{F} = m\vec{g} + \vec{N}$$

$$m\vec{g} + \vec{N} + \vec{F'} = 0$$

$$\therefore \vec{F} + \vec{F'} = 0$$

□ 코리올리 (Coriolis) 힘

(상황) 회전원판이 있다. 중심 (O)에서 바깥쪽 (B)을 향해 볼링공을 굴릴 때 최종적으로 공이 도달하는 지점은?

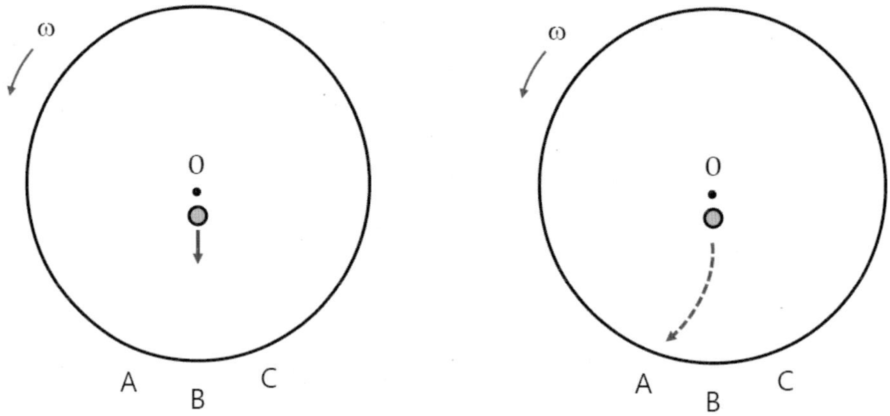

원판이 회전하지 않으면 O → B 지점에 도달할 것이다. 이제 원판이 회전을 하면 경험적으로 A지점에 도달한다는 것을 안다. 또한 궤적을 보기 위해 볼링공에 빨간 잉크를 칠해서 굴리면 그림처럼 휘어가는 궤적을 그린다.

(이해 확인) 위에서 내려다 볼 때 시계 반대 방향으로 회전하는 원판 위 가장자리에 있는 사람이 원판 중심을 향해 얼음을 굴린다. 얼음의 궤적은?

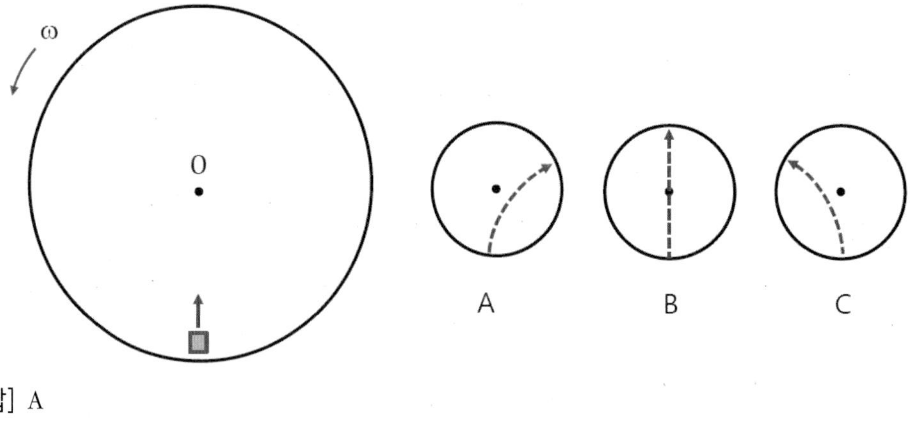

[정답] A

(이해 확인) 회전하는 원판위에 두 명의 사람이 있다. A지점 (중심)에 있는 사람이 B지점에 있는 사람에게 공을 주기 위해서는 공을 어느 방향으로 굴려야 할까?

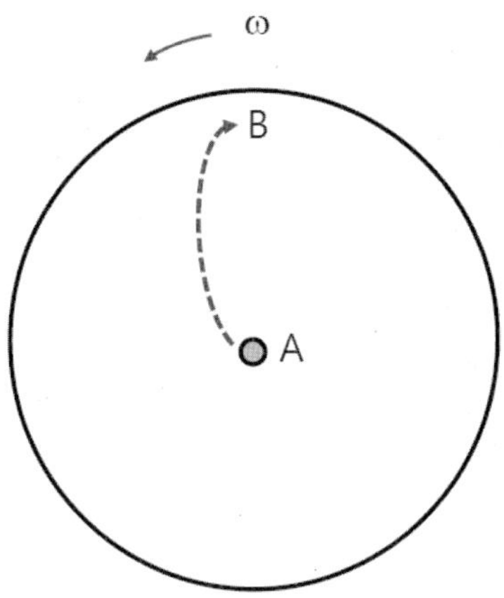

[정답] A에서 굴린 공이 B에 도달하기 위해서는 공을 약간 앞쪽 방향으로 해서 굴려야 B지점에 도달 할 수 있다.

(각자 해보기) 반시계 방향으로 회전하는 원판의 가장자리 각 지점 (A, B, C, D)에서 원판 중심 (O)으로 공을 굴렸다. 모든 공이 원판 중심에 도달하려면 초기에 어떤 방향으로 굴려야 하는가?

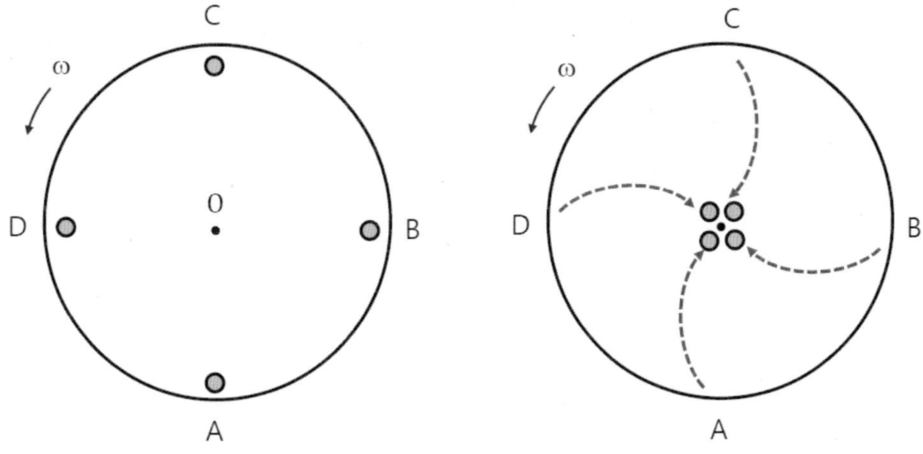

✏ (개념 심화) 전향력

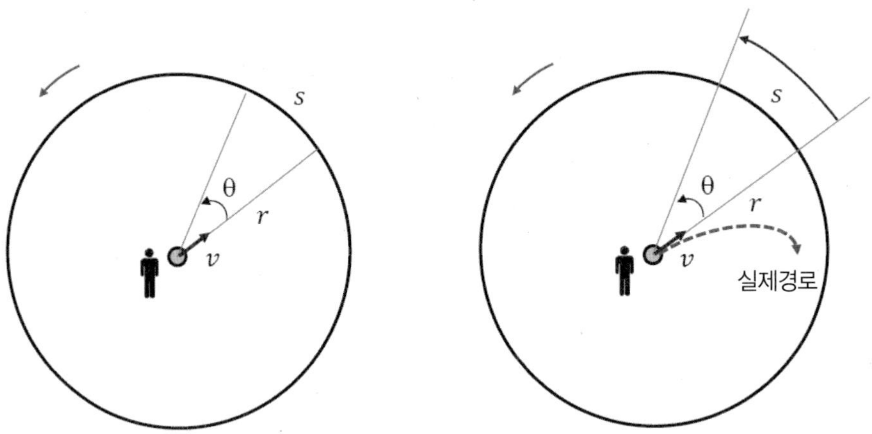

그림처럼 이제 반시계 방향으로 회전하는 원판 중심점 위에 있는 사람이 가장자리를 향해 공을 굴리는 경우를 생각해 보자. 본인은 원판하고 같은 속도로 회전하고 또한 주위 환경을 전혀 모르는 상황이기 때문에 정작 본인이 회전하는 것도 모른다. 방안에 갇혀 있는 것이랑 동일한 상황인데, 단지 본인이 관측한 것은 공을 굴렸는데, 경로가 직선이 아니라 휘어져 간다는 사실이다.

(간단 유도)

원운동

$\theta = \dfrac{s}{r} \;\rightarrow\; s = \theta r$

$v = wr$ (원판 위 고정된 점에서의 속력)

원판 중심에서 속력 v로 던진 공은 시간 t초 후에 거리 $r = vt$ 만큼 이동한다. 한편 원판은 회전하고 있기 때문에 같은 시간에 거리 s 만큼을 이동할 것이다.

$$s = r\theta = rwt = (vt)wt = wvt^2 = \frac{1}{2}(2wv)t^2$$

이것은 마치 $\dfrac{1}{2}at^2$ 형태이다.

Coriolis 가속도 $a_C \equiv 2wv$

Coriolis 힘 $F_C \equiv ma_C = m(2wv)$

[Note]

정확한 벡터 표현 $\vec{F}_C \equiv -2m\vec{w} \times \vec{v}$

방향: 오른 나사 법칙에 의해 $\vec{v}$에서 $\vec{w}$로 돌릴 때 엄지가 나타내는 방향이다. [∵ 앞에 (−)의 부호가 있음에 주목한다]

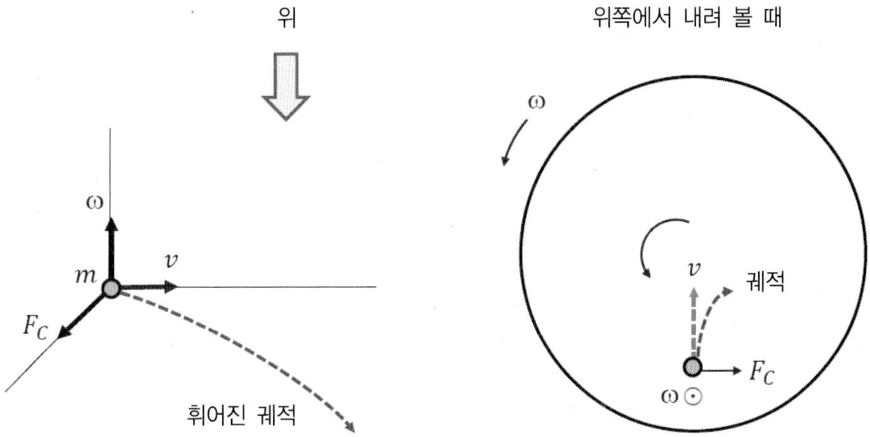

그림처럼 $\vec{w}, \vec{v}$가 주어질 때, $\vec{F_C}$의 방향은 오른쪽이므로, 북반구에서는 물체의 궤적이 항시 우편향이다.

(결론) 원판 위에 있는 사람은 공의 궤적이 휘어가는 것을 마치 눈에 보이지는 않지만, 가상의 (마법의) 힘이 작용해서 궤적이 휘어가는 것으로 간주한다. 이 힘을 코리올리 힘이라고 하고 회전할 때 생기는 관성력이다.

전향력 (轉向力, Coriolis effect) : 가속하는 원판 위에서 관측할 수 있는 이 힘 (예, 코리올리 힘)을 전향력이라고 하며, 이것은 회전 원판 안쪽과 바깥쪽 선속도가 다르기 때문에 나타나는 현상이다. 지구는 자전을 하고 있기 때문에 지상에서 움직이는 물체는 크든 작든 코리올리 효과의 영향을 받는다.

(예)

- 북반구 저기압인 태풍에서 방향의 방향
- 푸코진자
- 북극에서 적도방향으로 대포알을 발사했는데 그 대포알이 오른쪽으로 휘어가는 현상
- 세면대, 욕조, 변기물이 빠질 때 (주의: 실험에 영향을 주는 변인들을 잘 통제 했을 때 실생활에서도 관측 가능하다고 함)

☕ Gaspard-Gustave de Coriolis (1792～1843)
프랑스 과학자. 1835년 코리올리 효과 발표.

(생각해보기) 반시계 방향으로 회전하는 원판위에 두 명의 사람이 있다. A지점 (중심)에 있는 사람이 가장자리 B지점에 있는 사람에게 공을 직선으로 굴렸다 (혹은 던졌다). 원판 밖에 있는 지표면 위의 관측자 (예로, 지면에 카메라를 설치했다고 하자)는 공의 궤적을 어떻게 기술할까?

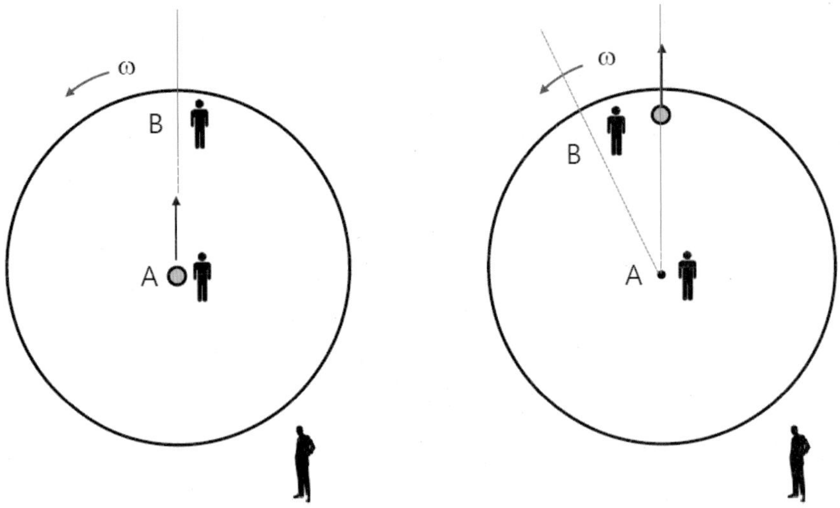

지표면에 있는 관측자가 (혹은 카메라에 찍힌 영상은) 던져진 공을 볼 때 공의 궤적은 직선으로 날아가는 것을 본다. 공이 A지점에서 B지점까지 날아가는 사이에 가장자리에 있는 B지점에 있는 사람은 원판과 같이 움직이고 있으므로 공은 빗나가 B지점에 있는 사람을 맞추지 못한다. 따라서 A지점에 있는 사람이 B지점에 있는 사람에게 공을 던지려면, 약간 앞쪽으로 던져야 함을 알 수 있다. 결국 A지점에서 B지점으로 바로 공을 던지면, 지표면에 있는 관측자는 공이 B지점에 있는 사람에게 가지 않는다는 것을 관측하게 된다.

✍ **(정리)** 코리올리 힘은 마치 원심력의 경우처럼 보는 시각에 따라 관측 가능 유무가 결정되는 회전 운동할 때 나타나는 관성력이다. 즉, 회전하는 구조물 내부와 외부에서 볼 때 서로 다르게 나타난다. 외부 관측자가 볼 때는 직선 운동을 하지만, 회전하는 구조물 내부에 있는 관측자는 물체의 궤적이 휘어가는 것을 본다. 따라서 설령 회전 구조물 내부에서 뚜렷하게 관측된다 할지라도 코리올리 힘은 가상의 힘이다. (만약 회전 구조물 내부에 있는 사람도 어두운 밤처럼 주위 환경이 어떤지를 모른다면 원판하고 같이 회전하기 때문에 정작 본인이 회전하는지도 모를 것이므로 왜 공의 궤적이 휘어서 가는 것을 전혀 이해하지 못할 것이다. 이제 본인이 회전하고 있다고 말해 주고 주변 상황

을 알려주면 그 때서야 밖을 쳐다보고 본인의 회전을 인식하게 되고, 공의 궤적이 왜 직선이 아니고 보이지 않는 힘에 의해 휘어지는가를 이해한다.)

✍ **(찾아보기)** 온라인 유튜브 실험 동영상 각자 찾아볼 것

(생각해보기) 우리나라 여름철 태풍을 상공위에서 내려다보면 어느 쪽으로 회전하는가?

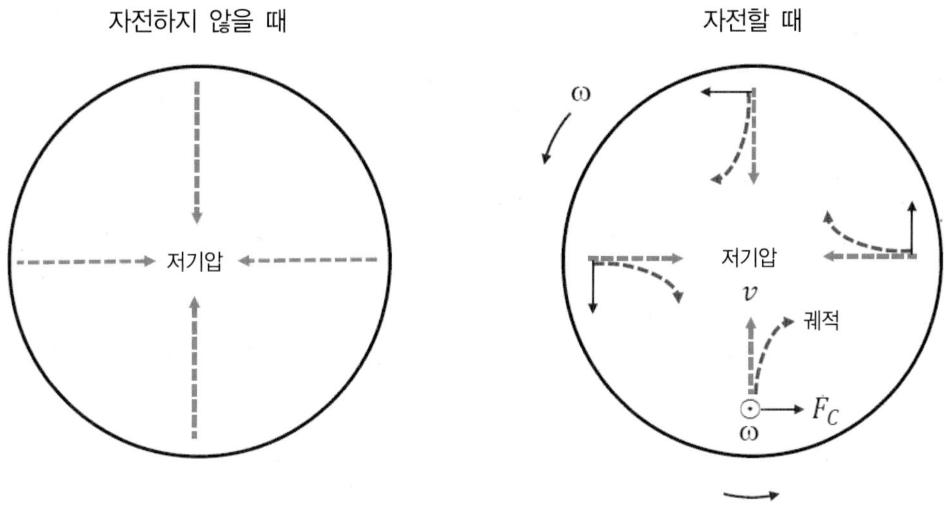

[Note]

① 태풍 (typoon): 저기압. 저기압 내에서는 주위보다 기압이 낮으므로 사방으로부터 바람이 불어 들어온다.

② 지구 자전 방향: 반시계 방향 (북극 상공위에서 보았을 때)

그림처럼 지구가 자전하지 않으면 저기압 바람은 중심을 향해 직선으로 불 것이다. 이제 지구가 자전하면, 자전에 의해 영향을 받는다.

코리올리 힘 $\overrightarrow{F_C} \equiv -2m\overrightarrow{w} \times \overrightarrow{v}$

$\overrightarrow{v}$ 방향: 중심

$\overrightarrow{w}$ 방향: 지면에서 나오는 방향

$\overrightarrow{F_C}$ 방향 : 오른쪽

자전할 때

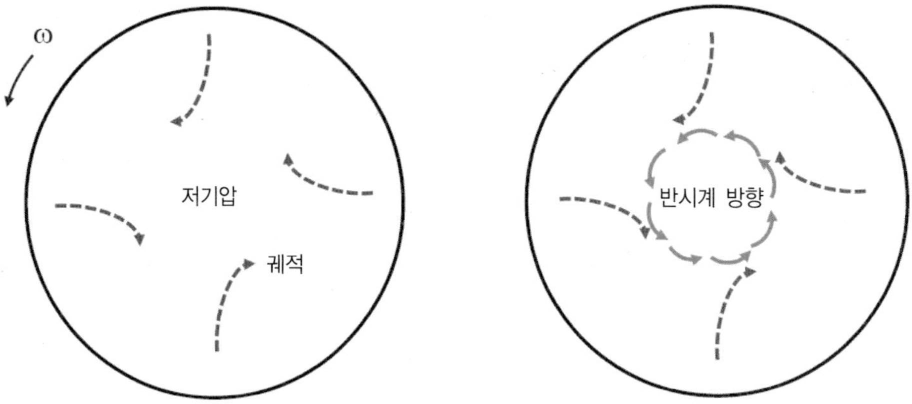

따라서 바람의 궤적은 우편향이다. 이제 그림처럼 각 지점에서 궤도만 따로 그려볼 수 있다. 그래서 이것을 다 합치면 최종적으로 저기압인 태풍에서 중심으로 바람이 불어올 때, 반시계 방향임을 알 수 있다.

(각자해보기) 북반구에서 세면대에 물을 가득 채우고 물을 빼면 물이 소용돌이를 만들며 빠지는데 회전 방향은?

[정답]

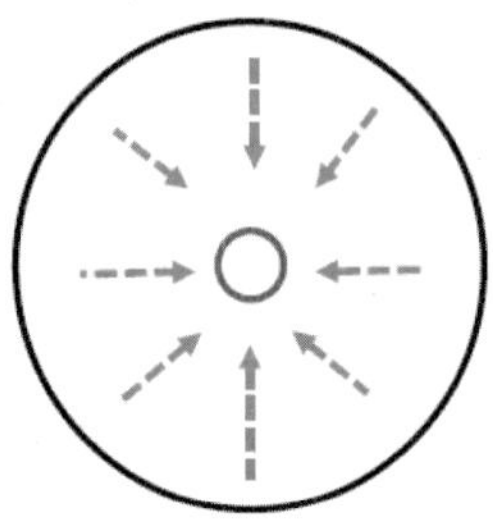

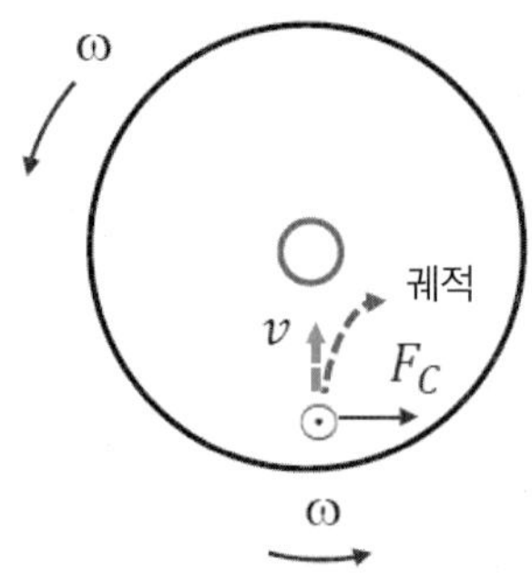

정지 지구자전

반시계 방향. 태풍의 경우와 같은 상황임을 알 수 있다. 세면대 위에서 아래쪽을 쳐다 볼 때 물이 빠지는 구멍이 중앙에 있다고 하자, 우선 지구가 정지하고 있다면, 물을 중앙 구멍으로 바로 빠질 것이다. 지구가 자전할 때 지구 자전 각속도 ($\vec{w}$)는 우리 눈 쪽 (= 위 방향)이다. 따라서 코리올리 힘은 오른쪽임을 알 수 있다.

□ 푸코진자 (Foucault pendulum)

✏ **(심화)** 프랑스 물리학자 (1819~1868)

(상황) 구면진자 (spherical pendulum)로 아무 방향이나 자유롭게 움직일 수 있는 진자이다. 진자가 운동할 때 코리올리 힘이 작용하면 그 효과로 세차운동이 나타난다. 즉 진동면 (plane of oscillation)이 시간에 따라 회전한다.

- 추 길이에 비해 진자의 진폭은 매우 작다고 가정
- 추는 (x, y) 평면에서 운동하고 진자 줄은 z방향으로 길게 매달려 있음
- $\dot{z} \equiv v_z \simeq 0$

  $\dot{x} \equiv v_x$

  $\dot{y} \equiv v_y$

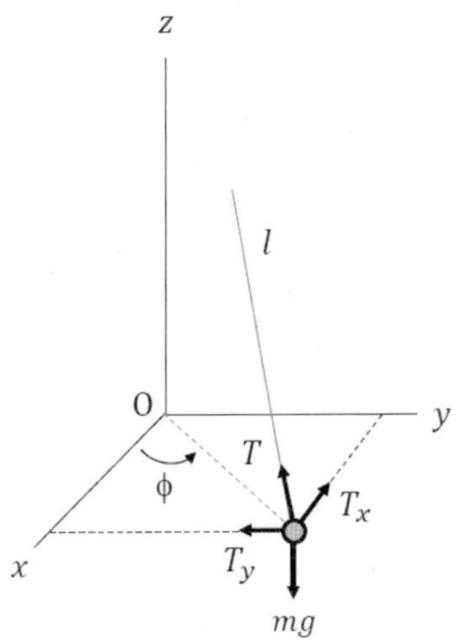

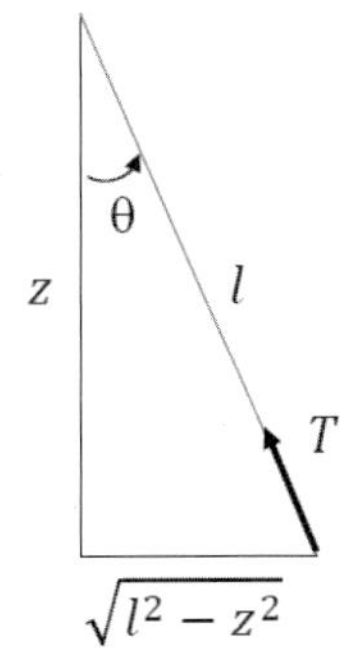

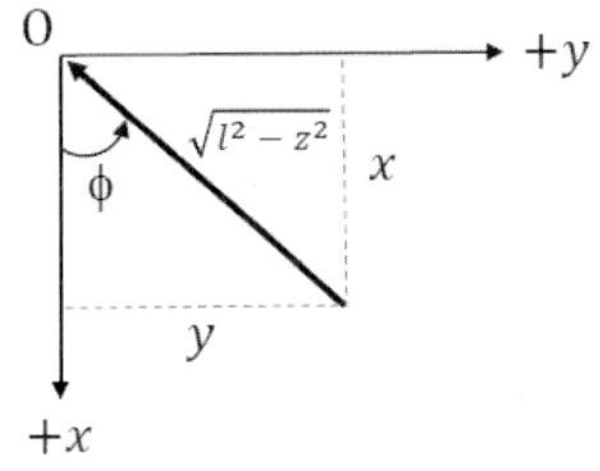

운동방정식 $\vec{a} = \vec{g} + \dfrac{\vec{T}}{m} - 2\vec{w} \times \vec{v}$ (여기서 $\dfrac{\vec{T}}{m}$는 tension에 의해 나타나는 가속도)

장력

$$T_x \simeq T\sin\theta\cos\phi = T\frac{\sqrt{l^2 - z^2}}{l}\frac{x}{\sqrt{l^2 - z^2}} \sim -T\frac{x}{l}$$ (방향은 $-x$방향)

$$T_y \simeq T\sin\theta\sin\phi = T\frac{\sqrt{l^2 - z^2}}{l}\frac{y}{\sqrt{l^2 - z^2}} \sim -T\frac{y}{l} \qquad \text{(방향은 } -y\text{방향)}$$

$$T_z \simeq T\cos\theta \sim T \qquad (\theta \simeq \text{ small})$$

중력가속도

$$g_x = 0$$

$$g_y = 0$$

$$g_z = -g$$

지구 회전 (ω)에 의한 진자 추의 각속도 성분 ($\omega_x, \omega_y, \omega_z$)를 구하기 위해서 좌표는 북반구에 임의의 지점을 잡아보자. (예, 한국의 서울이라면, 북위 37도, 동경 126도이다)

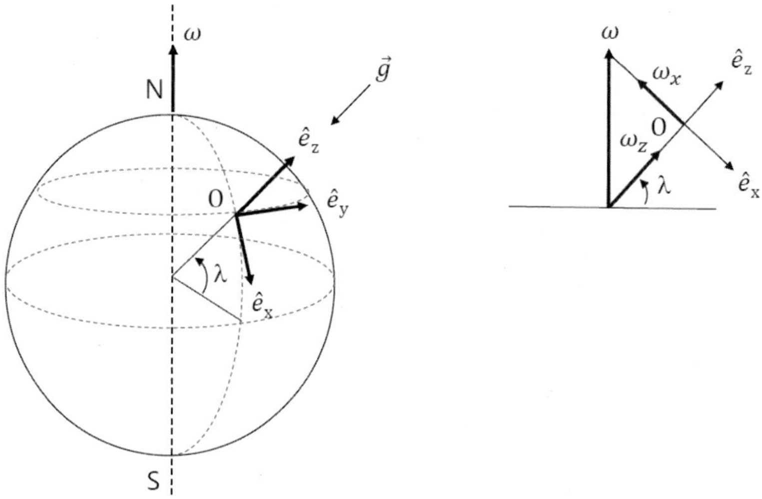

그림에서 다음을 얻는다. (즉, 앞 그림의 진자의 z축이 북반구 O를 기준으로 할 때, $\hat{e}_z$과 동일하고 진자는 ($\hat{e}_x, \hat{e}_y$) 평면에서 단진동 운동을 한다고 생각하면 된다)

$$w_x = w\sin(90-\lambda) = w\cos\lambda \quad \rightarrow \quad -w\cos\lambda \text{ 로 잡는다} \qquad (\because \hat{e}_x \text{ 방향에 반대 방향})$$

$$w_y = 0$$

$$w_z = w\cos(90-\lambda) = w\sin\lambda$$

계산하기

$$\vec{w}\times\vec{v} = \begin{vmatrix} \hat{e}_x & \hat{e}_y & \hat{e}_z \\ -w\cos\lambda & 0 & w\sin\lambda \\ \dot{x} & \dot{y} & 0 \end{vmatrix}$$

$$(\vec{w}\times\vec{v})_x \cong -\dot{y}w\sin\lambda$$
$$(\vec{w}\times\vec{v})_y \cong \dot{x}w\sin\lambda$$
$$(\vec{w}\times\vec{v})_z \cong -\dot{y}w\cos\lambda$$

가속도

$$(\vec{a})_x = \ddot{x} \cong -\frac{1}{m}T\frac{x}{l} + 2\dot{y}w\sin\lambda = -\frac{1}{m}T\frac{x}{l} + 2\dot{y}\,w_z$$
$$(\vec{a})_y = \ddot{y} \cong -\frac{1}{m}T\frac{y}{l} - 2\dot{x}\,w\sin\lambda = -\frac{1}{m}T\frac{y}{l} - 2\dot{x}\,w_z$$

[Note] 매우 적은 변위에 대해서는 $T \simeq mg$ 라고 할 수 있다.

$$\ddot{x} = -\frac{1}{m}mg\frac{x}{l} + 2\dot{y}\,w_z = -\frac{g}{l}x + 2\dot{y}\,w_z \equiv -\alpha^2 x + 2\dot{y}\,w_z \qquad (\alpha^2 \equiv \frac{g}{l})$$
$$\ddot{y} \cong -\frac{1}{m}mg\frac{y}{l} - 2\dot{x}\,w_z = -\frac{g}{l}y - 2\dot{x}\,w_z \equiv -\alpha^2 y - 2\dot{x}\,w_z$$

$$\ddot{x} + \alpha^2 x = 2\dot{y}\,w_z$$
$$\ddot{y} + \alpha^2 y = -2\dot{x}\,w_z$$

→ coupled equations을 얻는다. i를 곱한 후 양식을 더한다.

$$(\ddot{x} + i\ddot{y}) + \alpha^2(x + iy) = -2\,w_z(i\dot{x} - \dot{y}) = -2iw_z(\dot{x} + i\dot{y})$$

정의 $q \equiv x + iy$

$$\therefore\ \ddot{q} + 2iw_z\dot{q} + \alpha^2 q = 0$$

즉, 이 방정식의 해를 구하는 것으로 귀결되는데, 이 방정식은 damped oscillation을 기술하는 방정식과 동일하다.

(각자 공부하기)

일반해 $q(t) \simeq \exp[-i\omega_z t][A\exp(\sqrt{-\omega_z^2 - \alpha^2}\,t) + B\exp(-\sqrt{-\omega_z^2 - \alpha^2}\,t)]$

(요약) 북반구에서는 세차 운동 방향: 시계방향 (남반구에서는 반시계 방향)

$$\text{주기} = \frac{2\pi}{w_z} = \frac{2\pi}{w\sin\lambda} = \frac{24h}{\sin\lambda}$$

위도 (45°) → 주기 $= \dfrac{24h}{\sin 45°} = \dfrac{24}{0.707} = 33.94h$

위도 (37°, 서울) → 주기 $= \dfrac{24h}{\sin 37°} = \dfrac{24}{0.601} \sim 40h$ (예, 대전 $\sim 41h$, 부산 $\sim 42h$)

☛ **(읽어보기)** 1851년 프랑스의 물리학자 푸코가 (J. B. L. Foucault)가 파리의 판테온 사원에서 길이가 67 m인 줄에 28 kg의 추를 천장에 매달아 진동시킨 후, 진자의 진동면이 시계 방향으로 서서히 회전하는 것을 관측하였다. 진자의 진동면이 지표면에 대하여 시계 방향으로 회전한다는 것은 곧 지표면이 반시계 방향으로 회전한다는 것을 의미한다. 따라서 푸코 진자 진동면의 회전은 지구 자전의 증거의 하나이다. 질량이 클수록 관성이 커지기 때문에 진자의 운동을 일정하게 유지하기 위해 무거운 추를 사용하였다. 푸코진자는 과학관의 단골 메뉴 중의 하나로 세계 여러 곳에서 전시 중에 있다.

회전하고 있는 북반부의 모습과 위도가 λ인 지점에서 푸코진자를 놓아서 진동시키는 앞 2개의 그림을 합한 것이다. 진동면의 시계방향으로 계속해서 옮겨간다.

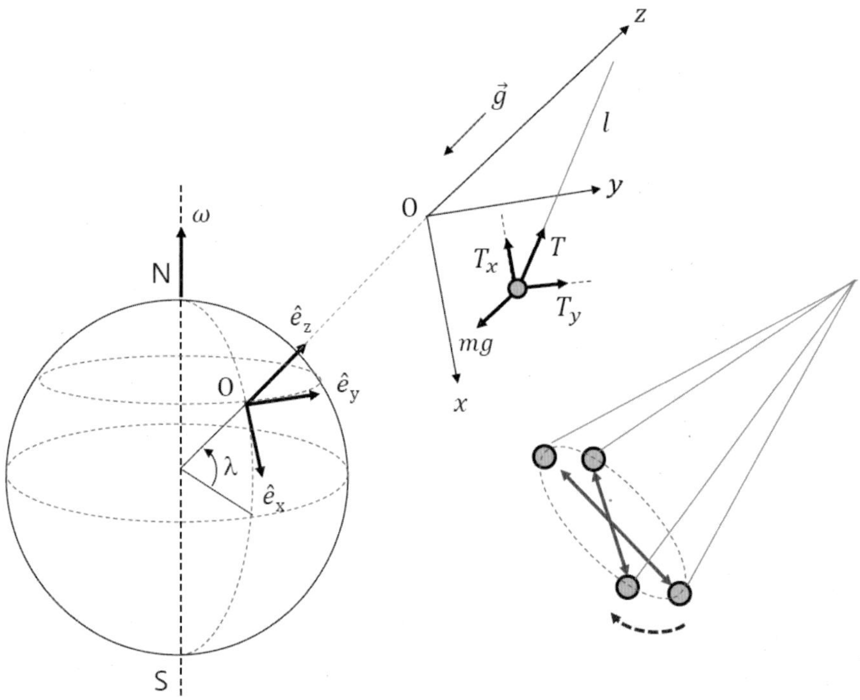

□ 등가속도운동과 등속원운동 비교

등가속도운동		등속원운동	
위치	x	각도	θ
속도	$v \equiv \dfrac{dx}{dt}$	각속도	$w \equiv \dfrac{d\theta}{dt}$
가속도	$a \equiv \dfrac{dv}{dt} = \dfrac{d^2x}{dt^2}$	각가속도	$\alpha \equiv \dfrac{dw}{dt} = \dfrac{d^2\theta}{dt^2}$
운동방정식	$v = v_0 + at$	운동방정식	$w = w_0 + \alpha t$
	$x = x_0 + v_0 t + \dfrac{1}{2}at^2$		$\theta = \theta_0 + w_0 t + \dfrac{1}{2}\alpha t^2$
	$v^2 - v_0^2 = 2a(x - x_0)$		$w^2 - w_0^2 = 2\alpha(\theta - \theta_0)$

[Note] 직선운동에서 가속도에 증감에 따라 속도가 증가하거나 감소하듯이, 회전운동에서는 각가속도의 증감에 따라 각속도가 증가하거나 감소한다. 직선운동과 회전운동은 서로 일대일 대응 꼴이라고 생각해도 좋다.

(유도하기) 등속원운동에서 운동방정식 유도해보기

① $w = w_0 + \alpha t$

$$\alpha \equiv \frac{dw}{dt}$$

$$dw = \alpha dt$$

$$\int dw = \int \alpha dt$$

$w = \alpha t + C_1$ (C_1 =상수)

초기 조건 (initial condition, I.C.): $w(t=0) = w_0$ (즉, 초기 각속도가 w_0라고 하자)

$$w_0 = \alpha \cdot 0 + C_1$$

$$\therefore C_1 = w_0$$

$$w = \alpha t + C_1 = \alpha t + w_0 \quad \rightarrow \quad w = w_0 + \alpha t$$

② $\theta = w_0 t + \frac{1}{2}\alpha t^2$

$w \equiv \frac{d\theta}{dt} = w_0 + \alpha t$

$d\theta = (w_0 + \alpha t)\,dt$

$\int d\theta = \int (w_0 + \alpha t)\,dt$

$\theta = w_0 t + \frac{1}{2}\alpha t^2 + C_2$ ($C_2 =$ 상수)

I.C. $\theta(t=0) = \theta_0$ (즉, 초기 시작하는 각도가 θ_0라고 하자)

$\theta_0 = w_0 \cdot 0 + \frac{1}{2}\alpha \cdot 0^2 + C_2$

$\therefore C_2 = \theta_0$

$\theta = w_0 t + \frac{1}{2}\alpha t^2 + \theta_0 \quad \rightarrow \quad \theta = \theta_0 + w_0 t + \frac{1}{2}\alpha t^2$ (임의의 초기 각도 θ_0가 있는 경우)

만약, 초기 각도가 원점에서 시작했다면, $\theta_0 = 0$.

$\therefore\ \theta = w_0 t + \frac{1}{2}\alpha t^2$

③ $w^2 - w_0^2 = 2\alpha\theta$

$w = w_0 + \alpha t \quad \rightarrow \quad t = \frac{w - w_0}{\alpha}$

$\theta = \theta_0 + w_0 t + \frac{1}{2}\alpha t^2$

$= \theta_0 + w_0\left(\frac{w - w_0}{\alpha}\right) + \frac{1}{2}\alpha\left(\frac{w - w_0}{\alpha}\right)^2$

$= \theta_0 + \frac{w^2 - w_0^2}{2\alpha}$

$\rightarrow \quad \theta - \theta_0 = \frac{w^2 - w_0^2}{2\alpha}$

$\rightarrow \quad w^2 - w_0^2 = 2\alpha(\theta - \theta_0)$ (임의의 초기 각도 θ_0가 있는 경우)

$\therefore\ w^2 - w_0^2 = 2\alpha\theta$ (초기 각도 $\theta_0 = 0$ 인 경우)

[예제] 회전판이 초기에 40 rad/s의 각속도를 가지고 운동하다가 2 rad/s^2 일정한 각가속도에 의해서 회전이 느려졌다. 이 회전판이 정지할 때까지 회전하는 각도는?

[해설]

$w = w_0 + \alpha t$

$0 = w_0 - \alpha t$ [∵ 감속해야하기 때문에 (−)의 각가속도를 가진다]

$\therefore 0 = 40 - 2t \quad \rightarrow t = 20\ \text{s}$

총각도 $\theta = w_0 t + \frac{1}{2}\alpha t^2$

$= 40 \times 20 + \frac{1}{2}(-2) \times 20^2$

$= 400\ \text{rad}$

$1\text{rad} : 57.3^\circ = 400\text{rad} : x$

$\therefore x = 22{,}920^\circ \quad (63.6\ \text{rev})$

[예제] 바퀴가 정지 상태에서 2 rad/s^2 일정한 각가속도를 가지고 10초 동안 회전하고 있다. 몇 바퀴[rev]인가?

[해설]

$$\theta = w_0 t + \frac{1}{2}\alpha t^2 = 0 + \frac{1}{2}\alpha t^2 = \frac{1}{2}\alpha t^2$$

$$= \frac{1}{2} \times (2\text{rad/s}^2) \times (10\text{s})^2 = 100\ \text{rad}$$

각도로 변환

$360^o : 2\pi\ (\text{rad}) = x : 100\ \text{rad}$

$$\therefore \quad x = \frac{360 \times 100}{2\pi} = \left(\frac{18000}{\pi}\right)^o$$

회전수로 변환

$$360^o : 1\ \text{rev} = \left(\frac{18000}{\pi}\right)^o : x$$

$$\therefore x = \frac{\left(\frac{18000}{\pi}\right)}{360} = \frac{50}{\pi} \simeq 16 \quad [\text{rev}]$$

[예제] 회전 원판의 중심에서 10 cm 떨어진 곳에 작은 물체를 위치시키고 원판을 정지 상태에서 일정한 각가속도로 회전시켰다. 이 물체가 막 미끄러지기까지 원판이 10회전을 하였을 때, 원판의 각가속도[rad/s^2]는? (단, 마찰계수는 0.5이고, 중력가속도는 10 m/s^{2}이다)

[해설] 이 물체가 등속 원운동 할 때, 마찰력 (f)이 구심력 역할을 한다.

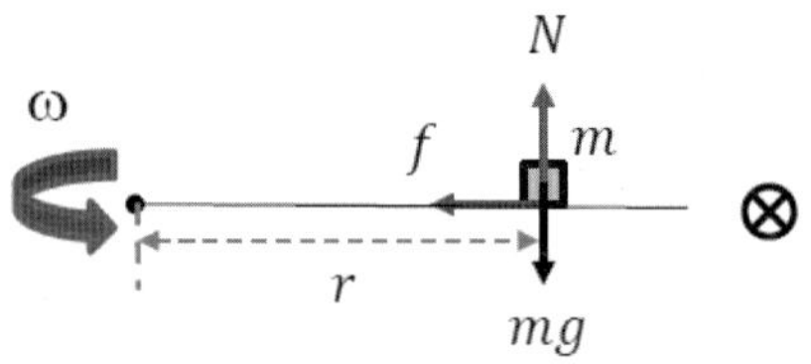

(⊗는 지면에 대해서 들어가는 방향으로 회전함을 나타내주는 기호이다)

마찰력 (f) $= \mu N$ (수직항력, $N = mg$)

운동방정식 $\mu mg = m\dfrac{v^2}{r}$

$$\therefore v = \sqrt{\mu g r} = \sqrt{0.5 \times 10 \times 0.1} = \sqrt{0.5}$$

$$\rightarrow w = \frac{v}{r} = \frac{\sqrt{0.5}}{0.1}$$

10 회전: $\theta = 2\pi \times 10 = 20\pi$ (rad)

[Note] $w^2 - w_0^2 = 2\alpha(\theta - \theta_0)$

$$\rightarrow \alpha = \frac{w^2}{2\theta} \qquad (\because w_0 = 0, \theta_0 = 0, \text{ 초기조건})$$

$$= \frac{\left(\frac{\sqrt{0.5}}{0.1}\right)^2}{20\pi} = \frac{5}{2\pi}$$

□ 궤도운동

(생각해보기) 지구 곡률에 대한 뉴턴의 직관

"공기 저항을 무시하고 내가 던진 공이 지구를 한 바퀴 돌아서 내 뒤통수를 때리게 하려면 어떻게 할 수 있을까?" 라는 질문이 있다고 하자. 그림처럼 우리가 돌을 던지면 얼마 가다가 중력에 의해 떨어진다는 것은 누구나 다 아는 사실이다. 이제 돌의 초속도를 조금씩 크게 해서 던지면 진행하는 거리도 점점 더 늘어날 것이다. 또한 초속도를 굉장히 크게 하면 지구를 벗어나게도 할 수 있을 것이다. 따라서 적절한 초속도로 던지면 지구를 벗어나지도 않고 땅에 떨어지지도 않고 지구를 한 바퀴 원운동하게 만들 수 있다.

즉, 적당한 속도로 던져 물체가 떨어지지 않는다는 것은 중력과 원심력이 서로 상쇄되었기 때문이라고 생각할 수 있다.

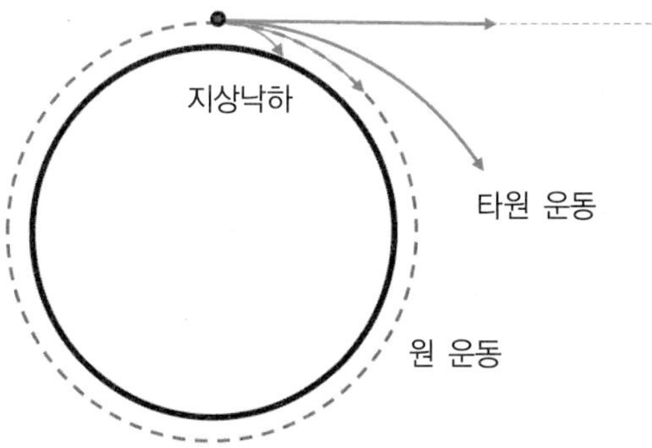

예로, 수평으로 초속도 8 km/s로 던져보자. (단, 중력가속도는 10 m/s^{2}이다)

1초 후 수평방향으로 진행거리 $S = v_0 t = 8 \times 1 \quad [\frac{\text{km}}{\text{s}}\text{s} = \text{km}] = 8 \text{ km}$

중력에 의해 수직방향으로 자유낙하 운동을 한다.

1초 후 수직방향으로 떨어진 거리 $H = \frac{1}{2}gt^2 = \frac{1}{2} \times 10 \times 1 = 5 \text{ m}$

∴ 1초 동안 8 km를 진행하다가 5 m를 수직으로 떨어진다고 볼 수 있다. (즉, 만약 안 떨어지면, 계속 그 방향으로 날아가는 것이고, 결국 지구 탈출하는 것으로 생각할 수 있다.)

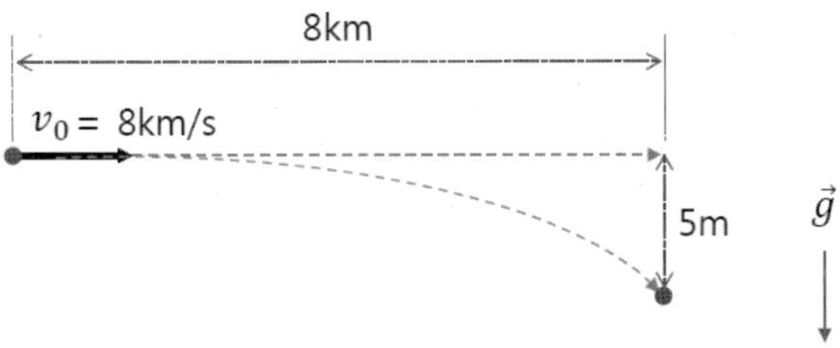

공기 저항이 없으므로, 이 과정을 계속 반복하게 될 것이다. (8 km 진행하다가 5 m 떨어지고, 다시 8 km 진행하다가 5 m 떨어지고 등등) 최종적으로는 지구를 한 바퀴 돌고 제자리로 오게 된다. 개념적으로 초속도가 8 km/s 보다 크면, 수직으로 5 m 떨어지는 거리는 동일하지만, 수평으로 더 먼 거리를 진행해서 결국을 지구를 벗어날 것이고, 초속도가 8 km/s 보다 작으면, 역시 5 m 떨어지는 거리는 동일하지만, 진행 거리가 짧아서 땅에 부딪치게 될 것이다.

☛ 지표면에서 수평으로 초속도 8 km/s로 던진 물체는 지구 표면 가까이에서 원운동을 할 수 있다.

☛ 즉, 지구의 편편한 정도는 수평방향으로 8 km를 가면 지구 표면과 ~5 m 정도가 차이가 난다고 볼 수 있다.

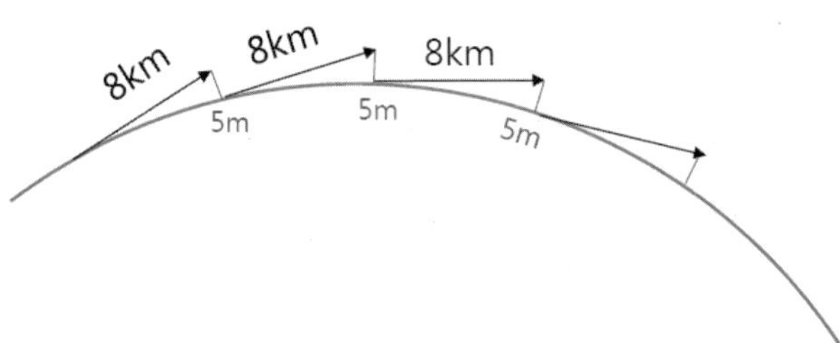

(다른 생각) 기하학적 계산

지구 반경: R

수평 방향 이동거리 $S = vt$

수직 방향 떨어진 거리 $H = \frac{1}{2}gt^2$

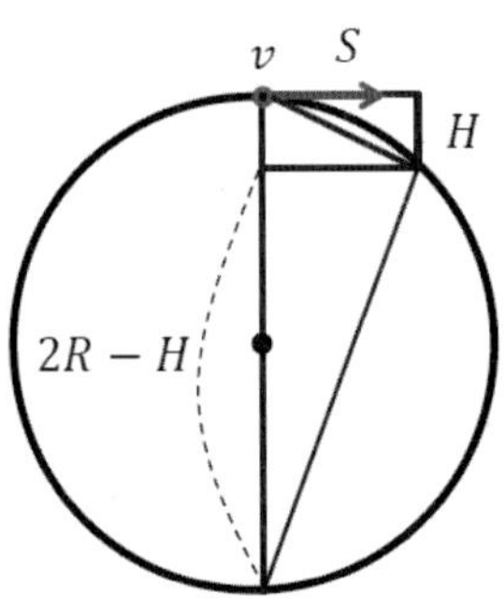

가정: $R \gg H$

2개의 닮은꼴 삼각형 비교

$$\frac{S}{H} = \frac{2R - H}{S} \simeq \frac{2R}{S} \qquad (\because R \gg H)$$

$$S^2 = 2RH$$
$$(vt)^2 = 2R \times \frac{1}{2}gt^2$$
$$v^2 = gR$$

$$\therefore v = \sqrt{gR} = \sqrt{G\frac{M}{R^2}R} = \sqrt{\frac{GM}{R}} \qquad (\because g = \frac{GM}{R^2}\text{, 지구 표면에서})$$

$$= \sqrt{\frac{6.7 \times 10^{-11}\frac{\text{Nm}}{\text{kg}^2}5.97 \times 10^{24}\text{kg}}{6.37 \times 10^6\text{m}}} = 7.91 \times 10^3 \simeq 8\ [\text{km/s}]$$

(생각해보기) 가다 떨어지고 가다 떨어지고를 몇 번을 해야 결국 지구 한 바퀴를 도는가? (단, 지구반경은 6370 km이다)

총거리 $\quad S = 2\pi r = 2\pi \times 6370\ \ \text{km}$

횟수 $\quad \frac{2\pi \times 6370}{8} \simeq 5000$ 번

다시 말해, 총시간은 5000초이다.

(검증) 지구 한 바퀴 원운동 하는데 걸리는 시간을 예측해 보면?

$$t = \frac{2\pi r}{v} = \frac{2\pi \times 6370 \times 10^3\text{m}}{8\text{km/s}} \simeq 5000[\text{s}] \approx \text{1시간 24분 } (\approx 83.3\text{분})$$

(각자해보기) 달이 지구 주위를 도는 것도 마찬가지 해석이 가능하다. 뉴턴은 원궤도를 도는 달이 직선경로로부터 1초 동안 떨어지는 거리를 계산했다. 그 값은 얼마인가?

[정답] ~1.4 mm

[예제] 질량 m인 인공위성이 반지름 r인 원궤도를 돌고 있다. 운동에너지 (KE) $= -\frac{1}{2} \times$ 위치에너지 (PE)임을 보여라. (단, 중력상수는 G, 지구 질량은 M이다)

[해설] 인공위성의 역학적 에너지 (E)

$$\text{E} = \text{KE} + \text{PE} = \frac{1}{2}mv^2 - G\frac{Mm}{r}$$

원운동

$$G\frac{Mm}{r^2} = m\frac{v^2}{r}$$

$$\rightarrow v^2 = \frac{GM}{r}$$

$$\therefore \mathrm{E} = \frac{1}{2}m\frac{GM}{r} - G\frac{Mm}{r} = -\frac{GMm}{2r}$$

즉, 총에너지가 음수이므로 원궤도가 닫힌 궤도이다 (구속된 궤도, bounded).

역학적 (총)에너지 (E) $= -\dfrac{GMm}{2r}$

운동에너지 (KE) $= \dfrac{1}{2}mv^2 = \dfrac{1}{2}m\dfrac{GM}{r} = \dfrac{GMm}{2r}$

위치에너지 (PE) $= -G\dfrac{Mm}{r}$

$\therefore$ KE $= -\dfrac{1}{2}$ PE

PE = 2E

E = KE + PE = KE − 2KE = −KE

[Note]

① 운동에너지 (KE)가 클수록 총 에너지 (E)는 작다 (=낮아진다). ($\because$ E = −KE)

② 낮은 궤도에서 운동에너지 (KE $\propto \dfrac{1}{r}$)는 커지고, 위치에너지 (PE $\propto -\dfrac{1}{r}$)는 작아진다. 즉, 낮은 궤도일 때 더 빨리 움직인다.

☛ (동일상황) 원자핵 주위를 도는 전자의 경우에도 똑같은 결과를 얻는다.

(토론해보기) 자유낙하의 경우는 PE → KE로 모두 전환된다. 그런데 인공위성의 경우 새 궤도로 진입해 PE을 잃어버리면 왜 1/2만이 KE로 전환 될까 ($|\mathrm{KE}| = |\frac{1}{2}\mathrm{PE}|$)?

✍ **(찾아보기)** 우주항법. 국제 우주정거장에 가려는 우주 비행사를 태운 우주선이 동일 궤도에 진입을 하였지만, 정거장 보다 한참 뒤쪽에 있다고 할 때, 어떻게 해야 우주 정거장을 따라 잡을 수 있을까? 직선 운동이 아니기 때문에 우주선의 속력을 높이면 다른 궤도로 가버릴 것이다. (방법: 역추진 → 우주선 속도 감소 → 낮은 궤도 이동 → 낮은 궤도는 위 궤도보다 속도가 더 빠른 궤도임 → 우주정거장 따라 잡음 → 로켓추진 → 우주선을 위 궤도로 다시 이동 → 도킹)

[예제] 질량 400 kg인 인공위성의 7 km/s의 일정한 속력으로 원형궤도를 돌고 있을 때, 역학적 에너지[J]는? (단, 지구의 중력만을 고려하며, 위치에너지는 지구로부터 무한대의 거리에서 0이다)

[해설]

$$\mathrm{KE} = \frac{1}{2}mv^2$$

$$\mathrm{PE} = -G\frac{Mm}{r}$$

원운동 $G\frac{Mm}{r^2} = m\frac{v^2}{r} \quad \rightarrow \frac{GM}{r} = rv^2$

$$\mathrm{PE} = -G\frac{Mm}{r} = -\frac{rv^2m}{r} = -mv^2$$

$$\mathrm{E} = \mathrm{KE} + \mathrm{PE} = \frac{1}{2}mv^2 - mv^2 = -\frac{1}{2}mv^2 \quad = -\mathrm{KE}$$

$$= -\frac{1}{2}\times 400\mathrm{kg}\times(7\times10^3\mathrm{m/s})^2 = -2\times10^2\times49\times10^6[\mathrm{J}]$$

$$= -9.8\times10^9\ [\mathrm{J}]$$

[예제] 우주속도

① 지표면에서 중력과 수직방향으로 질량 m인 돌을 던져 지구를 한 바퀴 돌고 난 후 제자리로 돌아와 내 뒤통수를 때린다고 할 때, 얼마의 초속도로 던져야 할까? (단, 중력상수는 G, 지구 반경은 R, 지구 질량은 M이다)

② 돌을 중력장에서 벗어나게 하려고 할 때의 초속도[km/s]는?

③ 돌을 태양 인력권에서 탈출시키려고 한다. 초속도[km/s]는?

[해설]

① 제1 우주 속도 (지표면을 스치듯이 돌 수 있는 돌/인공위성의 속도)

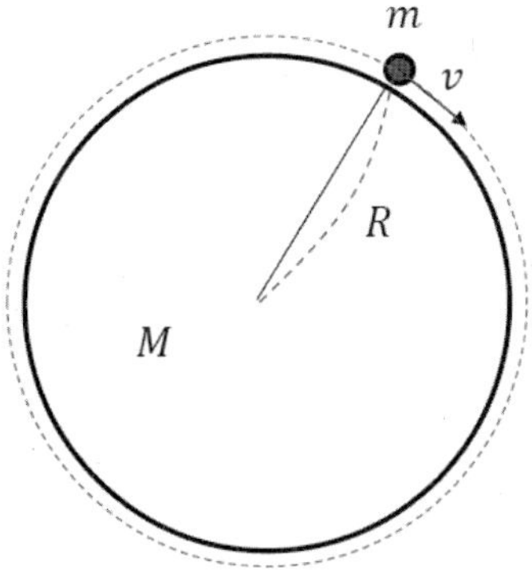

만유인력이 구심력 역할을 해서 원운동 한다.

운동방정식 $G\frac{Mm}{R^2} = m\frac{v^2}{R}$

$$\therefore v = \sqrt{\frac{GM}{R}}$$

$$= \sqrt{\frac{6.7\times 10^{-11}\frac{\mathrm{Nm}}{\mathrm{kg}^2}5.97\times 10^{24}\mathrm{kg}}{6.37\times 10^6\mathrm{m}}} = 7.91\times 10^3 \simeq \quad 8\,[\mathrm{km/s}]$$

초속도를 8 [km/s]로 해서 던지면 제자리로 돌아온다.

(생각해보기) 어느 정도 시간이 경과 후 제자리로 돌아올까? 예측해 보면?

$$t = \frac{2\pi r}{v} = \frac{2\pi\times 6370\times 10^3\mathrm{m}}{8\mathrm{km/s}} \simeq 5000 \ \ [\mathrm{s}]$$

[정답] 약 84분 $\simeq$ 1시간 14분

② 제2 우주 속도 (지구탈출 속도, escaping velocity)

역학적 에너지 보존

[운동에너지 (KE) + 위치에너지 (PE)]초기 = [운동에너지 (KE) + 위치에너지 (PE)]나중

$$\left(\frac{1}{2}mv^2 - G\frac{Mm}{R}\right)_{\text{초기}} = \left(\frac{1}{2}mv^2 - G\frac{Mm}{r}\right)_{\text{나중}}$$

$r\to\infty,\ v\to 0$이면 이미 탈출한 것이다.

$$\left(\frac{1}{2}mv^2 - G\frac{Mm}{R}\right)_{\text{초기}} = 0$$

$$\therefore v = \sqrt{\frac{2GM}{R}}$$

$$= \sqrt{\frac{2\times 6.7\times 10^{-11}\frac{\mathrm{Nm}}{\mathrm{kg}^2}5.97\times 10^{24}\mathrm{kg}}{6.37\times 10^6\mathrm{m}}} = 11.2 \ \ [\mathrm{km/s}]$$

또는,

$$v = \sqrt{\frac{2GM}{R}} = \sqrt{2gR} \qquad (\because g = \frac{GM}{R^2})$$

$$= \sqrt{2 \times 9.8 \frac{\text{m}}{\text{s}^2} \times 6.37 \times 10^6 \text{m}} \simeq 11.2 \ [\text{km/s}]$$

☛ 지구 탈출속도는 던지는 물체의 질량에는 무관하다. 로켓 역시 중력장을 벗어나기 위해서는 초속도가 최소 11.2 [km/s] 이상이면 된다.

☛ 제2 우주 속도는 지구가 정지하고 있다고 생각하고 계산한 것이다. 실제로 로켓을 지구 자전방향과 같게 하면 이득을 볼 수 있다. 따라서 지구 자전속도 (5×10^2 m/s)를 빼준 $(11.2 - 0.5) \times 10^3 = 10.7$ [km/s]로 쏘아 올리면 지구 중력장을 탈출할 수 있다.

[Note] 지구탈출 에너지 (예, 질량 10 kg 물체)
물체를 탈출시키기 위해서는 중력에 거슬러서 일을 해 주어야 한다.

$$W_{AB} \equiv -\Delta (\text{PE})_{\text{AB}} \equiv -[(\text{PE})_{\text{B}} - (\text{PE})_{\text{A}}]$$

$$W = -\left[\left(G\frac{Mm}{r}\right)_{\infty} - \left(G\frac{Mm}{r}\right)_{R}\right] = \frac{GMm}{R}$$

$$= \frac{GMm}{R} = \frac{(6.67 \times 10^{-11} \text{N} \cdot \text{m}^2/\text{kg}^2)(5.97 \times 10^{24} \text{kg}) \times 10 \text{kg}}{6.37 \times 10^3 \text{km}}$$

$$\simeq 6.25 \times 10^8 \ [\text{J}]$$

③ 제3 우주 속도 (태양 인력권에서 탈출 속도)

지구 탈출 속도 $v = \sqrt{\frac{2GM}{R}}$ 에서, 태양 질량 ($M_{\odot}$)과 지구 공전반지름 ($R_{\odot - \oplus}$, 태양과 지구 사이의 거리)을 대입하면 된다.

$$\therefore v = \sqrt{\frac{2GM}{R}} = \sqrt{\frac{2 \times 6.7 \times 10^{-11} \times 2 \times 10^{30}}{1.5 \times 10^{11}}} = 42 \ [\text{km/s}]$$

☛ 지구의 공전속도 (~30 km/s) 방향으로 발사하면, 실제로 (42 − 30 = 12 km/s) 정도의 속도로 발사해도 태양계를 벗어날 수 있다.

♠ (참고) 천문기호

이름	기호	의미
태양	☉	
수성	☿	헤르메스의 날개달린 모자와 지팡이
금성	♀	아프로디테의 손거울
지구	♁ 그림(⊕)	적도와 자오선이 그려진 지구본
달	상현달(☽), 하현달(☾)	
화성	♂	아레스의 창과 방패
목성	♃	제우스의 번개, 혹은 독수리
토성	♄	크로노스의 낫
천왕성	♅	윌리엄 허셜의 H
해왕성	♆	포세이돈의 삼지창

✍ (비교) 속도 비교하기

비교대상	그림	속도
100 m 달리기 선수		~10 m/s (= 1초에 거의 10 m를 달린다)
고속버스		$\sim 100\ \text{km/h} = 100 \times \frac{1000\text{m}}{3600\text{s}} = 27.8\,\text{m/s}$
KTX		$\sim 300\ \text{km/h} = 300 \times \frac{1000\text{m}}{3600\text{s}} = 83.3\,\text{m/s}$
항공기		순항 속도 ~800 km/h $= 800 \times \frac{1000\text{m}}{3600\text{s}} = 222.2\,\text{m/s}$
음속	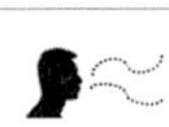	340 m/s
전투기		마하 2 (= $2 \times 340 = 680$ m/s)
지구탈출 우주선	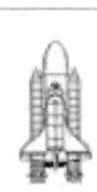	11.2 km/s
광속 (c)		초당 30만 km = 3×10^8 m/s (세상에서 제일 빠른 속도)

✍ **(찾아보기)** 우리나라에서 쏘아 올린 인공위성의 종류와 궤도

① 우리별 1, 2, 3, 4호

② 무궁화 1, 2, 3호

③ 아리랑 1호

[예제] 반지름이 지구의 1/2인 행성에서의 탈출속력은? (단, 지구와 행성의 밀도가 같고 균일하며 구형이다)

[해설] 탈출속도

(지구) $v = \sqrt{\dfrac{2GM}{R}}$

(행성) $v_X = \sqrt{\dfrac{2GM_X}{R_X}}$ (M_X: 행성질량, R_X: 행성반지름)

$$R_X = \frac{1}{2}R$$

$$\rho = \frac{M}{V} = \frac{M}{\frac{4}{3}\pi R^3} = \frac{M_X}{V_X} = \frac{M_X}{\frac{4}{3}\pi R_X^3}$$ (∵ 밀도가 동일하다고 했으므로)

$$\rightarrow M_X = \frac{1}{8}M$$

$$v_X = \sqrt{\frac{2GM_X}{R_X}} = \sqrt{\frac{2G\frac{1}{8}M}{\frac{1}{2}R}} = \sqrt{\frac{2GM}{4R}} = \frac{1}{2}\sqrt{\frac{2GM}{R}}$$

$$\therefore v_X = \frac{1}{2}\sqrt{\frac{2GM}{R}} = \frac{1}{2}v$$ (→ 지구 탈출 속력의 $\frac{1}{2}$ 이다)

[예제] 가정에 설치된 TV 위성 접시 안테나 (satellite antenna)는 하늘의 한 점에 고정된 인공위성을 향한다. 지구 정지궤도의 고도[m]는?

[해설]

운동방정식 $G\dfrac{Mm}{r^2} = m\dfrac{v^2}{r}$ (r: 지구중심에서 인공위성까지의 거리)

$$v = \sqrt{\frac{GM}{r}}$$

$$\rightarrow \frac{2\pi r}{T} = \sqrt{\frac{GM}{r}}$$

$$T^2 = \frac{4\pi^2 r^3}{GM}$$

TV 위성 접시 안테나와 인공위성은 24시간 항시 서로 마주 보고 있으며 하루에 한 바퀴 돈다.

$$\therefore\ r = \left(\frac{GMT^2}{4\pi^2}\right)^{\frac{1}{3}}$$

$$= \left(\frac{(6.67\times10^{-11}\mathrm{Nm^2/kg^2})(5.97\times10^{24}\mathrm{kg})(8.64\times10^{4}\mathrm{s})}{4\pi^2}\right)^{\frac{1}{3}} (\because 24\mathrm{h} = 8.64\times10^4\mathrm{s})$$

$$= 4.22\times10^7\ \mathrm{m}$$

∴ 고도는 약 36,000 km (42,200 km－6,370 km) 이다.

[예제] 질량 m인 물체가 반지름 r를 가지고 수평면위에서 등속원운동을 한다. 이 물체의 운동에너지가 KE일 때, 구심력의 크기는?

[해설]

구심력 $F = m\dfrac{v^2}{r}$

운동에너지 (KE) $= \dfrac{1}{2}mv^2 \quad \rightarrow mv^2 = 2\mathrm{KE}$

$$\therefore\ F = m\frac{v^2}{r} = \frac{2\mathrm{KE}}{r}$$

[예제] 어떤 행성의 한 위성이 행성 주위를 공전 반지름 R, 공전주기 T를 가지고 원궤도 운동하고 있다. 위성의 질량은? (단, 중력 상수는 G이다)

[해설]

만유인력이 구심력 역할을 해서 원운동 한다.

$$G\frac{Mm}{R^2} = m\frac{v^2}{R}$$

주기 $T = \dfrac{2\pi R}{v} \quad \rightarrow v = \dfrac{2\pi R}{T}$

$$\rightarrow G\frac{Mm}{R^2} = m\frac{v^2}{R} = m\frac{1}{R}\left(\frac{2\pi R}{T}\right)^2 = \frac{m4\pi^2R}{T^2}$$

$$\therefore\ M = \frac{4\pi^2R^3}{GT^2}$$

[예제] 질량 m인 행성의 타원 궤도의 긴반지름이 R, 공전주기는 T이다. 이 행성과 같은 태양을 초점으로 하는 질량 $2m$인 또 다른 행상의 타원 궤도의 긴반지름이 $4R$일 때, 이 행성의 공전 주기는? (단, 행성들 사이에 작용하는 중력은 무시한다)

[해설]

질량 m, 긴반지름 R인 행성의 주기 (T)

주기 $T = \dfrac{2\pi R}{v} \rightarrow v = \dfrac{2\pi R}{T}$

$$G\frac{Mm}{R^2} = m\frac{v^2}{R} = m\frac{1}{R}\left(\frac{2\pi R}{T}\right)^2 = \frac{m4\pi^2 R}{T^2}$$

$$\frac{R^3}{T^2} = \frac{MG}{4\pi^2} \equiv C = \text{상수} \qquad \rightarrow T^2 = CR^3$$

질량 $2m$, 긴반지름 $4R$인 행성의 주기 (T_B)라고 하자.

$$\rightarrow T_B^2 = C(4R)^3 = C64R^3 = 64\,CR^3 = 64\,T^2$$

$$\therefore T_B = 8T$$

[예제] 지구 탈출 속력의 50%의 속력으로 물체를 연직 발사하였다. 물체가 지구와 가장 멀어졌을 때 지구 중심에서 물체와의 거리는? (단, 공기 저항은 무시한다)

[해설] 물체 (m)를 지구 탈출 속력의 반으로 발사를 했기 때문에 지구를 탈출하지 못하고 지구 중력장에 갇혀 있고, 지표면에서 가장 멀리 간 지점 (x)에서 속력은 0일 것이다.

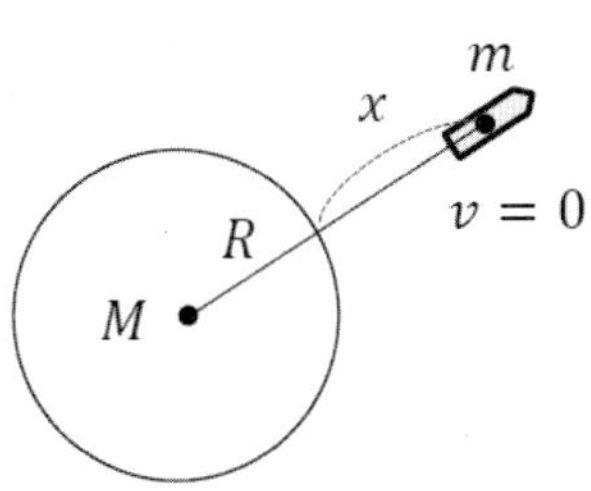

$$\left(\frac{1}{2}mv^2 - G\frac{Mm}{R}\right)_{\text{초기}} = \left(\frac{1}{2}mv^2 - G\frac{Mm}{r}\right)_{\text{나중}}$$

$$\left(\frac{1}{2}mv^2 - G\frac{Mm}{R}\right)_{초기} = 0$$

지구 탈출속력 → $v_{es} \equiv v = \sqrt{\frac{2GM}{R}}$

문제 조건 $v_{초기} = \frac{1}{2}v_{es}$

역학적 에너지 보존 $\frac{1}{2}m(\frac{1}{2}v_{es})^2 - G\frac{Mm}{r} = 0 - G\frac{Mm}{(R+x)}$

$$\frac{1}{2}m\left(\frac{1}{2}\sqrt{\frac{2GM}{R}}\right)^2 - G\frac{Mm}{r} = -G\frac{Mm}{(R+x)}$$

$$\frac{1}{4}m\frac{GM}{R} - G\frac{Mm}{R} = -G\frac{Mm}{(R+x)}$$

$$-\frac{3}{4}\frac{GMm}{R} = -\frac{GMm}{(R+x)}$$

$$3(R+x) = 4R \rightarrow x = \frac{4R-3R}{3} = \frac{1}{3}R$$

∴ 지구 중심에서 물체와의 거리 $R+x = R+\frac{1}{3}R = \frac{4}{3}R$

[예제] 행성 A와 B가 어떤 별 주위를 원궤도를 그리며 공전하고 있다. 이 별에서 행성 A까지 거리는 행성 B까지 거리의 4배일 때, 두 행성의 공전 주기의 비는? (단, 별의 질량은 행성의 질량보다 매우 크다)

[해설]

$$G\frac{Mm_A}{r_A^2} = m_A\frac{v_A^2}{r_A} \rightarrow v_A^2 = \frac{GM}{r_A}$$

$$T_A = \frac{2\pi r_A}{v_A} = \frac{2\pi r_A}{\sqrt{\frac{GM}{r_A}}} = \sqrt{\frac{4\pi r_A^3}{GM}}$$

$r_B = 4r_A$ (∵ 문제의 조건)

$$T_B = \frac{2\pi r_B}{v_B} = \frac{2\pi r_B}{\sqrt{\frac{GM}{r_B}}} = \sqrt{\frac{4\pi r_B^3}{GM}} = \sqrt{\frac{4\pi(4r_A)^3}{GM}} = \sqrt{\frac{4\pi(4^3r_A^3)}{GM}}$$

$$= \sqrt{\frac{4\pi(4^3r_A^3)}{GM}} = 8\sqrt{\frac{4\pi r_A^3}{GM}} = 8T_A$$

$$\therefore \ \frac{T_B}{T_A} = 8$$

[예제] 질량이 지구 질량의 1/10,000인 소행성이 태양 주위를 원궤도를 그리며 공전한다. 소행성의 궤도 반지름이 지구 궤도 반지름의 두 배이면, 소행성의 운동에너지와 지구 운동에너지의 비는?

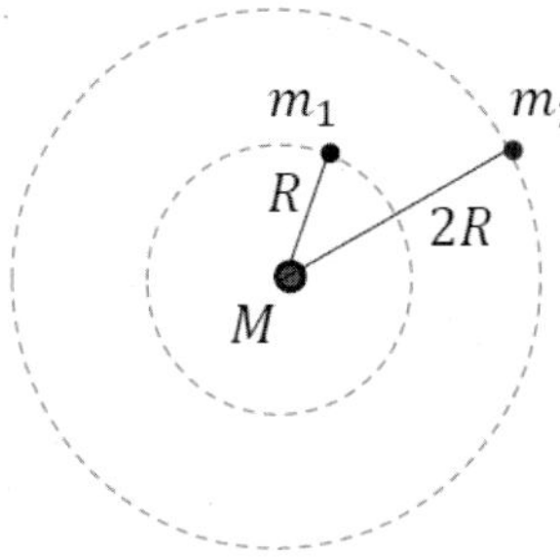

태양질량 (M), 지구 질량 (m_1), 소행성 질량 (m_2), 태양과 지구 거리 (R), 태양과 소행성 거리 ($2R$), 지구 공전 속도 (v_1), 소행성 공전 속도 (v_2)

지구 운동에너지 $(\mathrm{KE})_{\text{지구}} = \frac{1}{2}m_1 v_1^2$

소행성 운동에너지 $(\mathrm{KE})_{\text{소행성}} = \frac{1}{2}m_2 v_2^2$

원운동 지구 $G\frac{m_1 M}{R^2} = m_1 \frac{v_1^2}{R} \quad \rightarrow \quad v_1^2 = \frac{GM}{R}$

소행성 $G\frac{m_2 M}{(2R)^2} = m_2 \frac{v_2^2}{R} \quad \rightarrow \quad v_2^2 = \frac{GM}{2R}$

$$(\mathrm{KE})_{\text{소행성}} \ / \ (\mathrm{KE})_{\text{지구}} = \frac{1}{2}m_2 v_2^2 \ / \ \frac{1}{2}m_1 v_1^2$$

$$= \frac{m_2 v_2^2}{m_1 v_1^2} = \frac{\frac{m_1}{10000}\frac{GM}{2R}}{m_1 \frac{GM}{R}} = \frac{1}{20000}$$

[예제] 어떤 행성의 반경이 1000 km이고, 행성 표면에서 중력가속도의 크기가 2 m/s^{2}일 때, 이 행성에서의 탈출 속력은? (단, 행성은 구형이고 밀도는 균일하다)

[해설]

역학적 에너지 보존

[운동에너지 (KE) + 위치에너지 (PE)]$_{초기}$ = [운동에너지 (KE) + 위치에너지 (PE)]$_{나중}$

$$\left(\frac{1}{2}mv^2 - G\frac{Mm}{R}\right)_{초기} = \left(\frac{1}{2}mv^2 - G\frac{Mm}{r}\right)_{나중}$$

$$\left(\frac{1}{2}mv^2 - G\frac{Mm}{R}\right)_{초기} = 0 \ - 0$$

$$\therefore v = \sqrt{\frac{2GM}{R}}$$

행성에서 중력가속도 $mg = G\frac{mM}{R^2} \ \rightarrow \ GM = gR^2$

탈출속력 $v = \sqrt{\frac{2GM}{R}} = \sqrt{\frac{2gR^2}{R}} = \sqrt{2gR}$

$= \sqrt{2 \times 2\frac{\text{m}}{\text{s}^2} \times 10^3 \times 10^3\text{m}} = \sqrt{4 \times 10^6}$ [m/s] ($\because$ 1 km $= 10^3$m)

$= 2 \times 10^3 = 2000$ [m/s]

[예제] 인공위성이 어떤 궤도 위에서 원운동하고 있다. 새로운 위성을 발사해 처음 위성 궤도 반지름의 4배가 되는 궤도에서 돌게 하려면 속도는 처음 위성의 몇 배로 해야 하는가?

[해설]

$G\frac{Mm}{r^2} = m\frac{v^2}{r}$ (r: 지구중심에서 인공위성까지의 거리)

$v = \sqrt{\frac{GM}{r}}$

$$\therefore v(4r) = \sqrt{\frac{GM}{4r}} = \frac{1}{2}\sqrt{\frac{GM}{r}} = \frac{1}{2}v$$

□ 각운동량 (angular momentum, $\vec{L}$)

(정의) 질점 m이 속력 v로 원운동 하는 경우

각운동량 $\vec{L} \equiv \vec{r} \times \vec{p}$ (r: 거리, $p = mv$ = 선운동량)

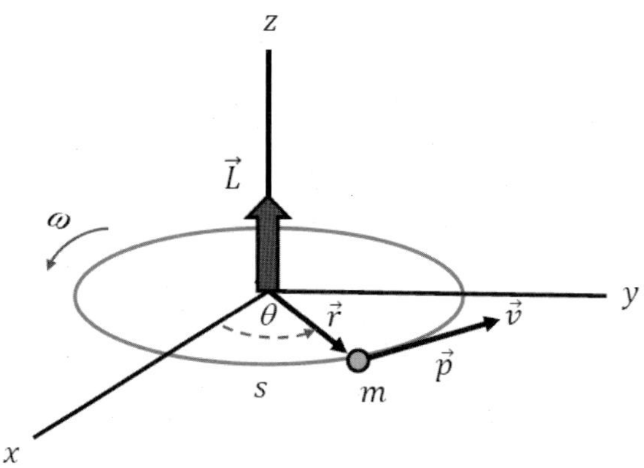

[Note] 선운동량 (linear momentum) $\vec{p} = m\vec{v}$

$$\theta \equiv \frac{s}{r}$$

$$s = r\theta \quad \rightarrow \quad \frac{ds}{dt} = r\frac{d\theta}{dt} \quad \rightarrow \quad v = rw$$

$$\vec{v} = r\vec{\omega}$$

크기: $L = rp = rmv = rm(rw) = mr^2w = Iw$ (관성모멘트, $I \equiv mr^2$)

방향: $\hat{z}$ 방향

$$\therefore \quad \vec{L} = I\vec{\omega}$$

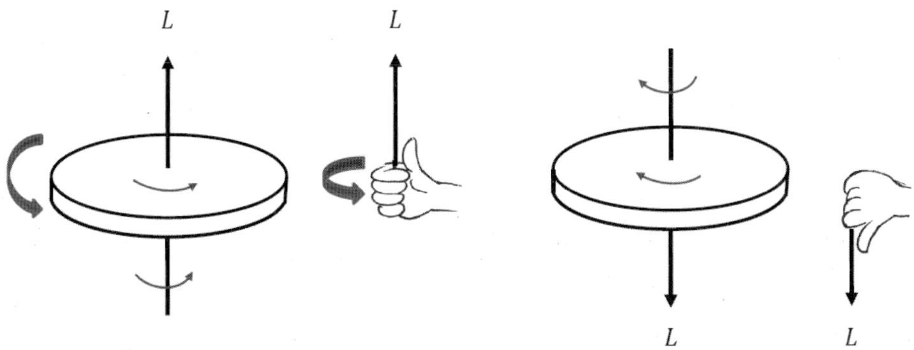

오른손 규칙: 그림처럼 원판이 회전할 때, 네 손가락을 회전방향으로 감아쥘 때, 엄지손가락이 진행하는 방향이 $(+L)$방향으로 잡는다.

✏ **(심화)** ϵ_{ijk} 사용

$$\vec{L} \equiv \vec{r} \times \vec{p}$$
$$L_i \equiv \sum_{j,k} \epsilon_{ijk} r_j p_k$$

(예) $L_1 \equiv L_x = \sum_{j,k} \epsilon_{1jk} r_j p_k = \sum_k \epsilon_{11k} r_1 p_k + \sum_k \epsilon_{12k} r_2 p_k + \sum_k \epsilon_{13k} r_3 p_k$

$$= 0 + \sum_k \epsilon_{12k} r_2 p_k + \sum_k \epsilon_{13k} r_3 p_k \qquad (\because \epsilon_{11k} = 0)$$
$$= (\epsilon_{121} r_2 p_1 + \epsilon_{122} r_2 p_2 + \epsilon_{123} r_2 p_3) + (\epsilon_{131} r_3 p_1 + \epsilon_{132} r_3 p_2 + \epsilon_{133} r_3 p_3)$$
$$= (0 + 0 + \epsilon_{123} r_2 p_3) + (0 + \epsilon_{132} r_3 p_2 + 0) = \epsilon_{123} r_2 p_3 + \epsilon_{132} r_3 p_2$$
$$= \epsilon_{123} r_2 p_3 - \epsilon_{123} r_3 p_2 \qquad (\because \epsilon_{132} = -\epsilon_{123})$$
$$= r_2 p_3 - r_3 p_2 \equiv y p_z - z p_y$$

$L_2 \equiv L_y$, $L_3 \equiv L_z$ 도 동일하게 하면 된다.

(예) 행렬식 사용 (3차원, 직교좌표)

$$\vec{L} \equiv \vec{r} \times \vec{p}$$
$$= \begin{vmatrix} \hat{i} & \hat{j} & \hat{k} \\ x & y & z \\ p_x & p_y & p_z \end{vmatrix}$$
$$= \hat{i} \begin{vmatrix} y & z \\ p_y & p_z \end{vmatrix} - \hat{j} \begin{vmatrix} x & z \\ p_x & p_z \end{vmatrix} + \hat{k} \begin{vmatrix} x & y \\ p_x & p_y \end{vmatrix}$$
$$= \hat{i}(y p_z - z p_y) - \hat{j}(x p_z - z p_x) + \hat{k}(x p_y - y p_x)$$

□ 관성 모멘트 (moment of inertia, I, 회전관성)

(상황) 질점 (=구조가 없는 점 입자)으로 간주되는 물체의 경우 중심에 모든 것이 모여 있기 때문에 힘의 작용 방향에 영향을 받지 않는데, 크기를 가지고 있다면 힘이 어느 지점에 작용하느냐에 따라 운동의 형태가 달라진다.

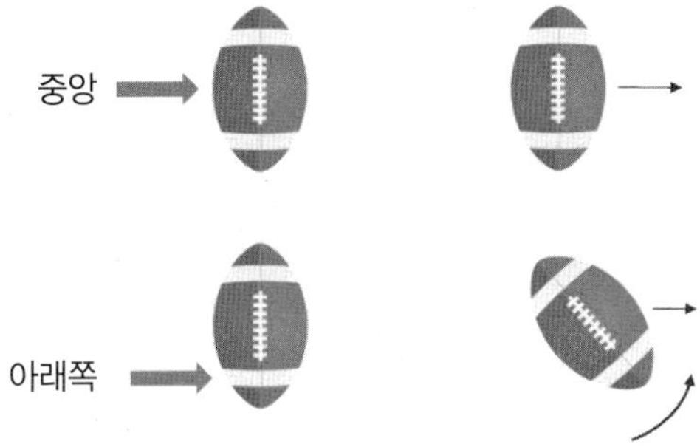

예로, 럭비공의 경우 중앙을 차면 직선운동을 하지만, 아래쪽을 차면 회전운동도 동시에 나타난다.

(정의) 관성 모멘트

물체의 질점이 1개인 경우 $I \equiv mr^2$

물체의 질점이 띄엄띄엄 분포할 경우 $I \equiv \sum m_i r_i^2$

연속적인 질량 분포의 경우 $I \equiv \int r^2 dm$

(단위) $kg \cdot m^2$

[예제] 관성모멘트 (I)와 차원이 같은 것은?

① 일 × 시간 ② 힘 × 거리 ③ 각운동량 × 시간 ④ 운동량 × (시간)^2

[정답] ③

그림처럼 ①지점과 ②지점을 중심축으로 회전 했을 때 관성모멘트를 구해보자.

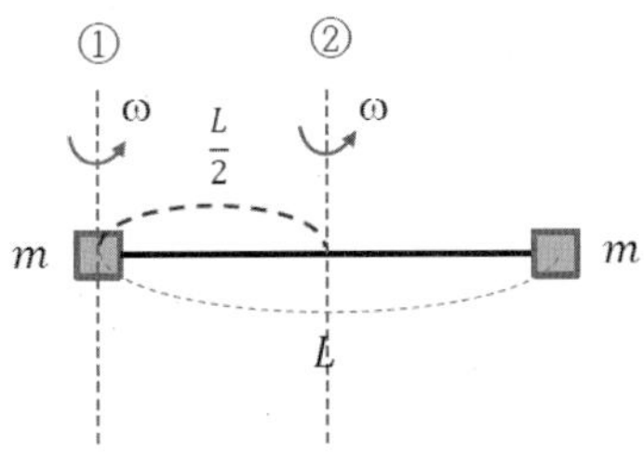

①지점: $I \equiv \sum m_i r_i^2$

$= m \times 0^2 + mL^2 = mL^2$

②지점: $I \equiv \sum m_i r_i^2$

$= m\left(\frac{L}{2}\right)^2 + m\left(\frac{L}{2}\right)^2 = \frac{mL^2}{4} + \frac{mL^2}{4} = \frac{1}{2}mL^2$

[Note] 관성모멘트는 어느 축을 중심으로 회전하느냐에 따라 값이 달라진다.

[예제] 그림처럼 질량 M, 길이 L인 가늘고 균일한 막대 중심에 수직한 회전축에 대한 관성모멘트 (I)는?

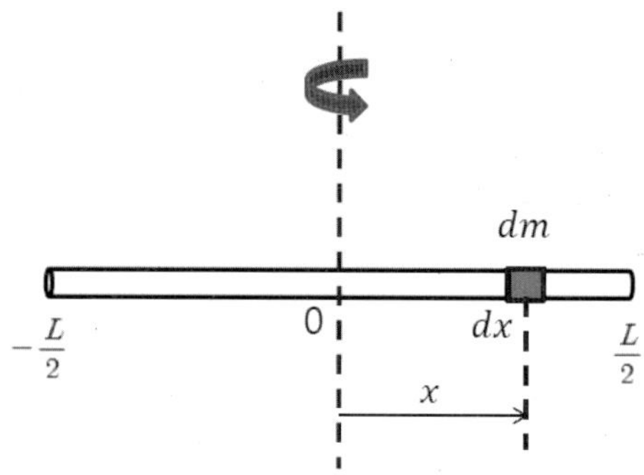

관성모멘트 (I) $\quad I \equiv \int r^2 dm$

선질량 $\quad \lambda \equiv \frac{M}{L} \;\rightarrow\; \lambda = \frac{dm}{dx}$

$$\therefore I = \int r^2 dm = \int_{-\frac{L}{2}}^{\frac{L}{2}} x^2 \lambda dx = \frac{\lambda L^3}{12}$$

$$= \frac{\frac{M}{L}L^3}{12} = \frac{1}{12}ML^2$$

♣ **(보충)** 질량 M, 길이 L인 가늘고 균일한 막대. 그림처럼 막대 끝을 회전축으로 할 때, I 값은?

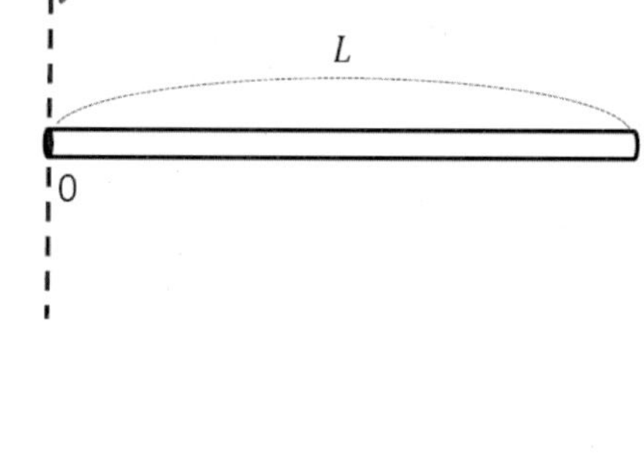

$$I = \int r^2 dm = \int_0^L x^2 \lambda dx = \lambda \frac{1}{3} x|_0^L = \frac{\lambda L^3}{3}$$

$$\lambda \equiv \frac{M}{L}$$

$$\therefore I = \frac{\lambda L^3}{3} = \frac{M}{L}\frac{L^3}{3} = \frac{1}{3}ML^2$$

☞ **(핵심)** 이미 언급한바와 같이 동일 강체일지라도 회전축을 다르게 잡으면 관성모멘트 값은 달라진다.

[예제] 그림처럼 반지름 R, 질량 M인 원판 (disk)의 질량분포가 균일하며 중심에 수직축으로 회전할 때, I 값은?

[해설]

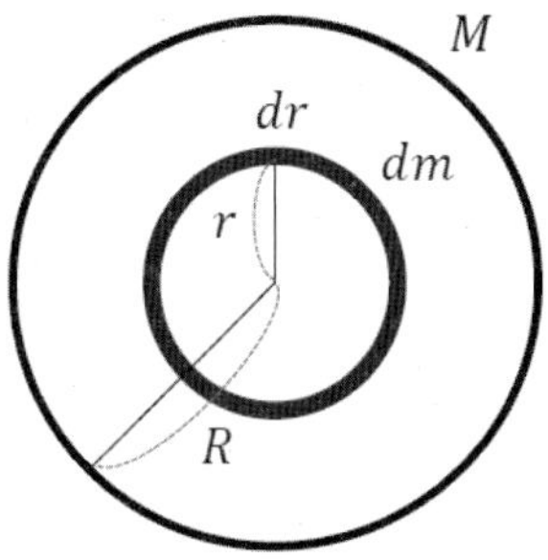

☞ **(핵심)** 문제 풀이 핵심. 원판을 반지름 r, 폭 dr, 질량 dm인 고리를 생각한 후 적분하면 된다.

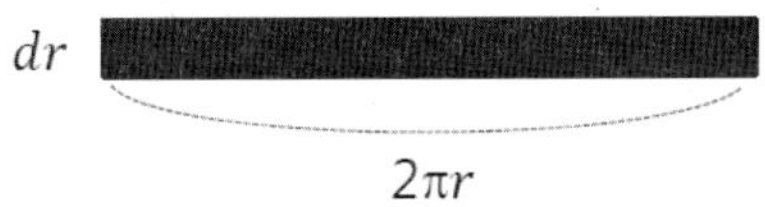

면질량 $\sigma \equiv \frac{M}{\pi R^2} \rightarrow \sigma = \frac{dm}{dA} = \frac{dm}{2\pi r \times dr}$

(즉 질량이 dm인 고리를 펼쳐보면 가로 $2\pi r$, 세로 dr인 직사각형이다. 따라서 면적 $dA = 2\pi r dr$ 이다)

$$I = \int r^2 dm = \int_0^R r^2 \sigma (2\pi r dr) = \frac{1}{2}\pi\sigma R^4$$

$$= \frac{1}{2}\pi(\frac{M}{\pi R^2})R^4 = \frac{1}{2}MR^2$$

[예제] 속이 차있는 원통 (cylinder). 그림처럼 반지름 R, 질량 M인 원통 축에 대해 회전할 때 I 값은?

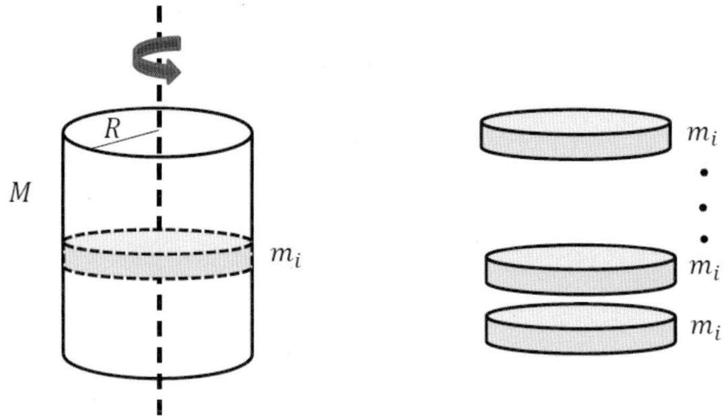

[해설]

☞ **(핵심)** 문제 풀이 핵심. 고체 원통은 질량이 m_i인 디스크를 무한개 모아둔 것과 동일하다고 볼 수 있다.

$$I \equiv \sum m_i r_i^2$$

$$I_i = \frac{1}{2}m_i R^2 \qquad (\because \text{앞 문제 원판 결과에서})$$

$$\therefore\ I_{total} = \sum I_i = \sum \frac{1}{2}m_i R^2$$

$$= \frac{1}{2}R^2 \sum m_i = \frac{1}{2}R^2 M \qquad (\because \sum m_i = M)$$

고체 원통의 경우: $I = \frac{1}{2}MR^2$

[예제] 속이 비어있는 원통 (cylinder). 내부 반지름이 R_1, 외부 반지름 R_2이고, 길이가 L, 질량이 M인 속이 비어 있는 원통이, 원통 축에 대해 회전할 때 I값은?

[해설]

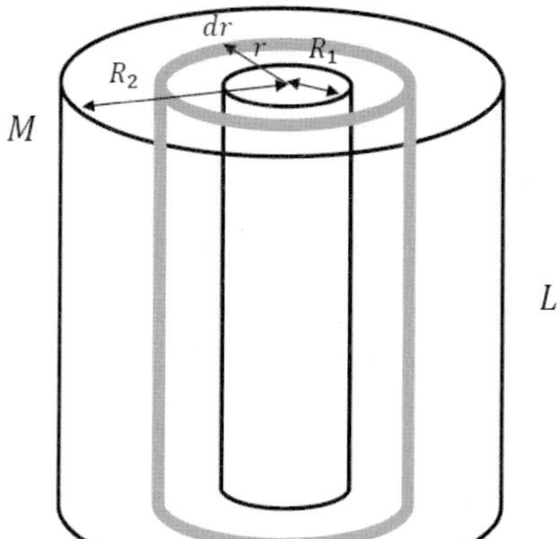

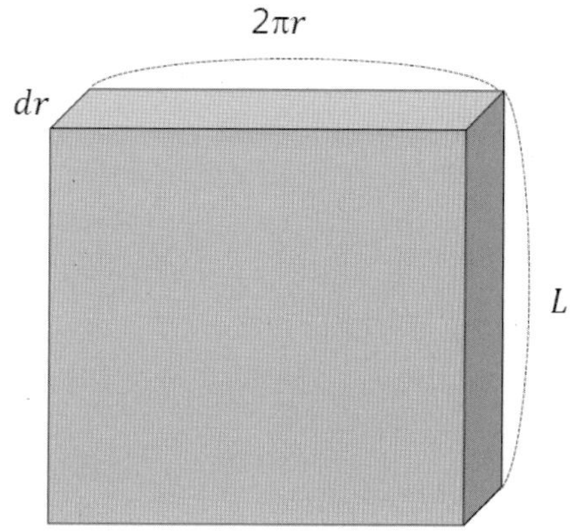

☞ **(핵심)** 문제 풀이 핵심. 반지름이 r, 두께가 dr, 길이가 L인 얇은 원통 껍질을 생각한다. 그 껍질을 펼쳐 놓으면 $dr \times 2\pi r \times L$ 의 체적을 가진 물체가 생긴다.

$$I \equiv \int r^2\,dm$$

체적 질량 $\rho \equiv \dfrac{dm}{dV}$

$$dm = \rho\, 2\pi r L\, dr$$

$$I = \int_{R_1}^{R_2} r^2 \rho\, 2\pi r\, dr\, L = \rho\, 2\pi L \int_{R_1}^{R_2} r^3\, dr$$

$$= \frac{\pi L \rho}{2}(R_2^4 - R_1^4) = \frac{\pi L \rho}{2}(R_2^2 - R_1^2)(R_2^2 + R_1^2)$$

$$\rho \equiv \frac{M}{V} = \frac{M}{(\pi R_2^2 - \pi R_1^2)L}$$

$$\therefore I = \frac{\pi L \dfrac{M}{(\pi R_2^2 - \pi R_1^2)L}}{2}(R_2^2 - R_1^2)(R_2^2 + R_1^2) = \frac{M}{2}(R_2^2 + R_1^2)$$

① $R_1 = R_2 = R$ (속이 비어 있는 원통) 인 경우

$$I = \frac{M}{2}(R_2^2 + R_1^2) \simeq \frac{2}{2}MR^2 = MR^2$$

② $R_1 = 0,\ R_2 = R$ (속이 찬 고체 원통. 앞 문제와 동일) 인 경우

$$I = \frac{M}{2}(R_2^2 + R_1^2) \simeq \frac{1}{2}M(R^2 + 0^2) = \frac{1}{2}MR^2 \qquad \rightarrow \text{ 앞 결과와 동일}$$

[예제] 그림처럼 반경 R인 속이 찬 구 (sphere)의 회전 관성모멘트 (I) 값은?

[해설]

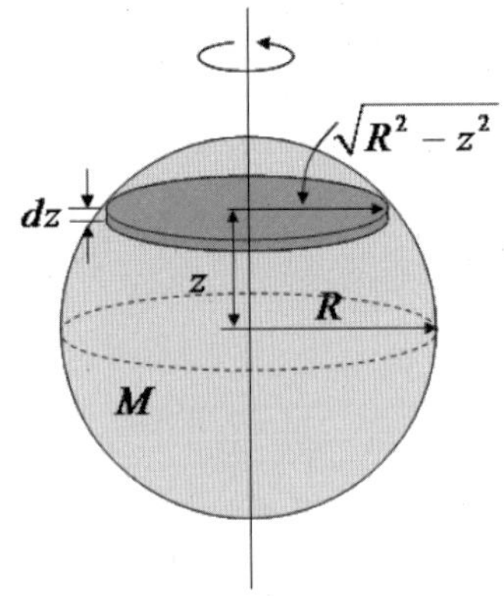

부피질량 $\rho \equiv \frac{V}{M} = \frac{\frac{4}{3}\pi R^3}{M} \quad \rightarrow \quad \rho = \frac{dm}{dV} = \frac{dm}{\pi r^2 \times dz}$

(즉 구를 면적이 $\pi r^2 = \pi(\sqrt{R^2 - z^2})^2 = \pi(R^2 - z^2)$, 높이가 dz인 원판으로 잘라보면, 부피는 $\pi r^2 \times dz$이다)

[Note] 반지름 R, 질량 M인 원판의 관성모멘트 $I = \frac{1}{2}MR^2$

$$\rightarrow dI = \frac{1}{2}dmr^2$$

$$= \frac{1}{2}(\rho dV)r^2 = \frac{1}{2}\rho(\pi r^2 dz)r^2 = \frac{1}{2}\rho\pi r^4 dz = \frac{1}{2}\rho\pi(\sqrt{R^2 - z^2})^4 dz$$

$$= \frac{1}{2}\frac{M}{V}\pi(R^2 - z^2)^2 dz$$

$$\therefore\ I = \int_{-R}^{R}\frac{1}{2}\frac{M}{V}\pi(R^2 - z^2)^2 dz = \frac{1}{2}\frac{M}{V}\pi 2\int_0^R (R^2 - z^2)^2 dz$$

$$= \frac{M\pi}{V}\frac{8R^5}{15} = \frac{M\pi}{\frac{4}{3}\pi R^3}\frac{8R^5}{15} = \frac{2}{5}MR^2$$

[예제] 그림처럼 속이 비어있는 구 (sphere). 중심축에 대해 회전할 때 I값은?

[해설]

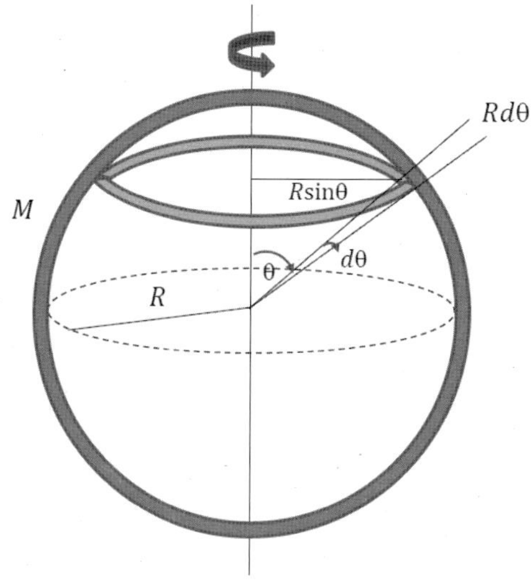

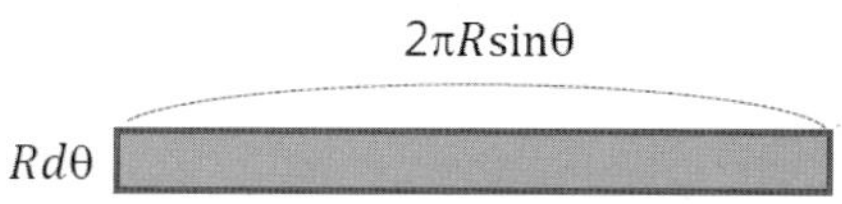

☞ **(핵심)** 문제 풀이 핵심. 구껍질 속에 원형 고리를 생각하고, 그것을 펼쳐 놓으면 $2\pi R\sin\theta \times Rd\theta$ 의 체적을 가진 물체가 생기고 이것을 적분한다.

$$\text{면질량 } \sigma \equiv \frac{M}{4\pi R^2} = \quad \text{일정}$$

$$\sigma = \frac{dm}{dA} \quad \rightarrow dm = \sigma\, 2\pi R\sin\theta\, Rd\theta = \sigma 2\pi R^2 \sin\theta\, d\theta$$

$$I \equiv \int r^2\, dm$$

$$dI = dm\, (R\sin\theta)^2$$

$$I = \int dI = \int (R\sin\theta)^2\, dm$$

$$= \int_0^{\pi} R^2 \sin^2\theta\, \sigma 2\pi R^2 \sin\theta\, d\theta = 2\pi R^4 \sigma \int_0^{\pi} \sin^3\theta\, d\theta$$

$$= 2\pi R^4 \sigma \int_0^{\pi} (\cos^2\theta - 1)(-)\sin\theta\, d\theta = 2\pi R^4 \sigma \int_0^{\pi} (\cos^2\theta - 1)(-)\, d(\cos\theta)$$

$$= (-)\, 2\pi R^4 \sigma \left[\frac{1}{3}\cos^3\theta - \cos\theta\right]_0^{\pi} = 2\pi R^4 \sigma\, \frac{4}{3}$$

$$= 2\pi R^4\, \frac{M}{4\pi R^2}\, \frac{4}{3} = \frac{2}{3} MR^2$$

□ 수직축 정리 (perpendicular axis theorem)

(정의) 두께를 무시할 수 있는 평면 물체에서 z축에 대한 관성모멘트 (I_z)는 x축과 y축에 대한 두 관성모멘트를 합한 것과 같다.

$\rightarrow I_z = I_x + I_y$ (z축이 물체 면에 수직인 경우)

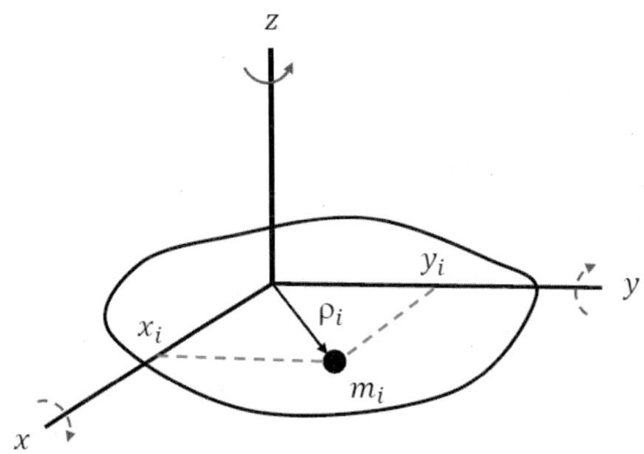

혹은 평면체 정리 (plane-figure theorem)라고도 한다.

x축에 대한 관성모멘트 $I_x = \sum m_i x_i^2$

y축에 대한 관성모멘트 $I_y = \sum m_i y_i^2$

z축에 대한 관성모멘트 $I_z = \sum m_i \rho_i^2$

$\rho_i^2 = x_i^2 + y_i^2$

$$\therefore I_z = \sum m_i \rho_i^2 = \sum m_i (x_i^2 + y_i^2) = \sum m_i x_i^2 + \sum m_i y_i^2$$
$$= I_x + I_y$$

[예제] 그림처럼 물체가 있을 때 z축에 대한 관성모멘트 (I_z)는?

[해설]

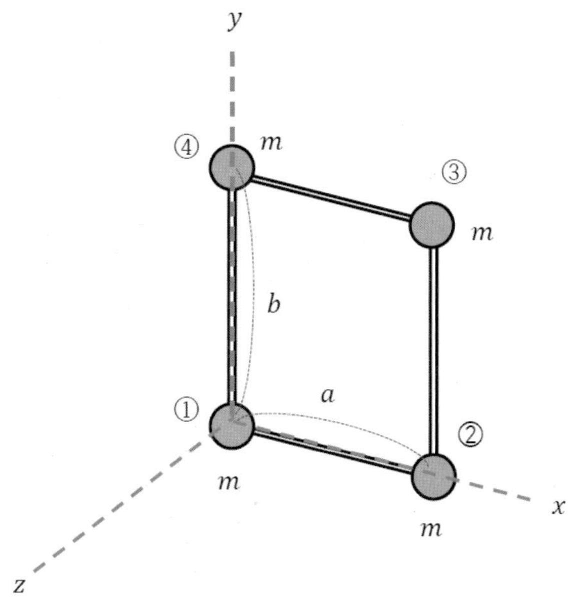

z축을 물체 면에 수직으로 택한다.

z축에 대한 관성모멘트 I_z = 물체 (② + ③ + ④) 관성모멘트 합

$$= \sum m_i z_i^2$$

$$= ma^2 + m(\sqrt{a^2+b^2})^2 + mb^2$$

$$= 2ma^2 + 2mb^2$$

x축에 대한 관성모멘트 I_x = 물체 (③ + ④) 관성모멘트 합

$$= \sum m_i x_i^2$$

$$= mb^2 + mb^2 = 2mb^2$$

y축에 대한 관성모멘트 I_y = 물체 (② + ③) 관성모멘트 합

$$= \sum m_i y_i^2$$

$$= ma^2 + ma^2 = 2ma^2$$

$\therefore\ I_z = I_x + I_y$

[예제] 그림처럼 반지름 R, 질량 M인 원판을 x축을 중심으로 회전시킬 때 관성모멘트는?

[해설]

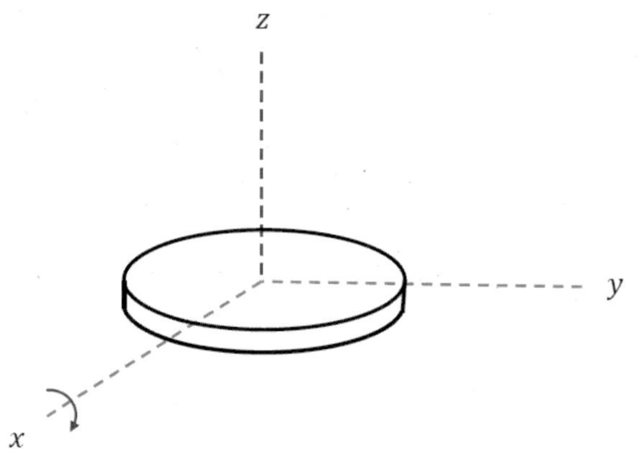

물체 면에 수직인 축은 z축인데, 회전을 x축을 중심으로 한다.

[Note] 앞에서 z축에 대한 관성모멘트 $I_z = \frac{1}{2}MR^2$

또한 원판을 x축 혹은 y축을 중심으로 회전해도 관성모멘트 값은 동일하다 ($\because$ x축과 y축 대칭)

$$I_z = I_x + I_y$$
$$I_x = I_y$$
$$I_z = I_x + I_y = I_x + I_x = 2I_x$$

$$\therefore I_x = \frac{1}{2}I_z$$
$$= \frac{1}{2} \times \frac{1}{2}MR^2 = \frac{1}{4}MR^2$$

[예제] 그림처럼 반지름 a, 길이 b, 질량 M인 균일한 원통을 길이 방향 (z)과 수직인 축 x 혹은 y축을 중심으로 회전시킬 때 관성모멘트는?

[해설]

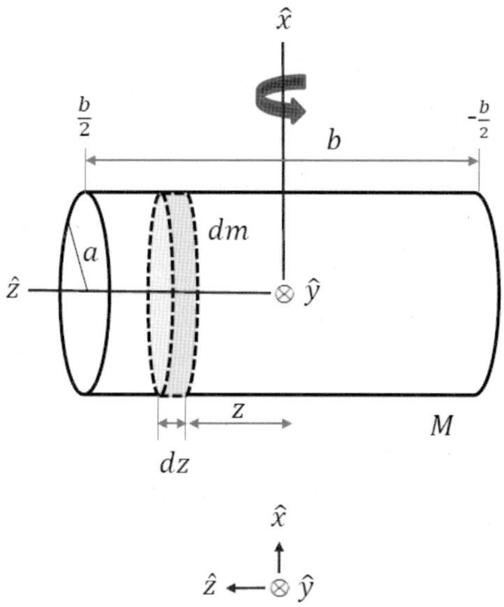

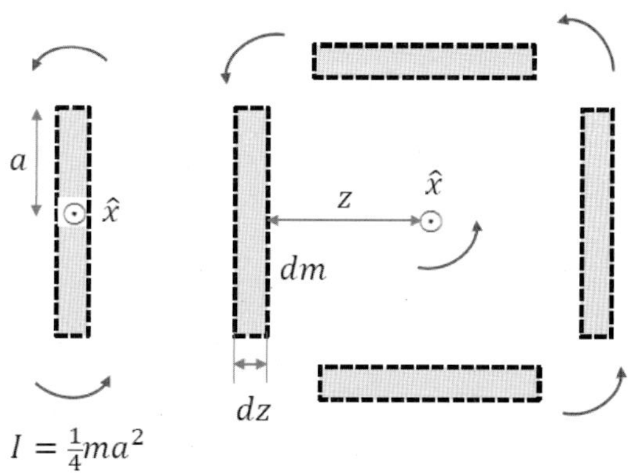

회전 시 위에서 내려다 본 모습

[Note] 앞 예제에서 반지름 a, 질량 M인 원판 얇은 두께 (dz)를 통과하는 x축을 중심으로 회전시킬 때 관성모멘트는 $I = \frac{1}{4}ma^2$

길이 b, 질량 M인 균일한 원통은 두께가 dz이고 질량이 dm인 원판을 z축으로 계속 쌓으면 만들 수 있다.

x축 위에서 내려다보면서 원판이 회전 시 관성모멘트는 평행축 정리에 의해 구할 수 있다.

$$dI_x = \frac{1}{4}a^2 dm + z^2 dm$$

$$\rho = \frac{dm}{\pi a^2 dz} \quad \rightarrow dm = \rho\pi a^2 dz$$

$$I_x = \int dI_x = \int_{-\frac{b}{2}}^{\frac{b}{2}} \left(\frac{1}{4}a^2 + z^2\right)dm = \int_{-\frac{b}{2}}^{\frac{b}{2}} \left(\frac{1}{4}a^2 + z^2\right)\rho\pi a^2 dz = \rho\pi a^2 \int_{-\frac{b}{2}}^{\frac{b}{2}} \left(\frac{1}{4}a^2 + z^2\right)dz$$

$$= \rho\pi a^2 \left(\frac{1}{4}a^2 b + \frac{1}{12}b^3\right)$$

$$\rho \equiv \frac{M}{\pi a^2 b}$$

$$\therefore I_x = I_y = M\left(\frac{1}{4}a^2 + \frac{1}{12}b^2\right)$$

□ 평행축 정리 (parallel axis theorem)

(상황) 때에 따라 물체의 관성모멘트 (I)를 계산하는 것이 어려울 때가 있다. 이럴 경우, 평행축 정리 (parallel axis theorem)을 이용하면 편리하다.

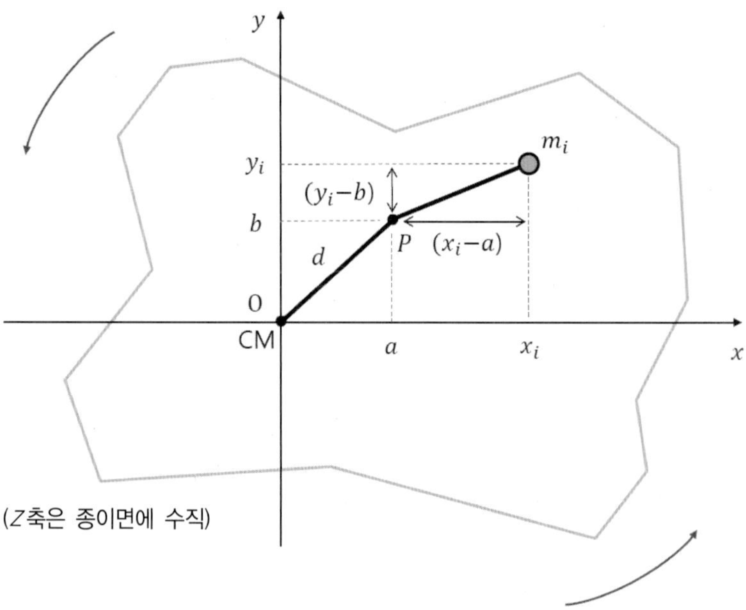

그림처럼 xy 평면에 수직인 2개의 회전축을 생각하는데, 하나인 z축은 원점 (O)으로 질량 중심 (CM)을 통과하고, 다른 하나는 임의의 지점 P를 통과한다.

질량중심 축 (CM, O축)을 통과하는 축에 대한 관성모멘트 ($I_{\rm CM}$)

$$I_{\rm CM} = \sum m_i (x_i^2 + y_i^2)$$

점 P를 통과하는 축에 대한 관성모멘트 (I_P)

$$\begin{aligned} I_P &= \sum m_i \left[(x_i - a)^2 + (y_i - b)^2 \right] \\ &= \sum m_i (x_i^2 + y_i^2) - 2a \sum m_i x_i - 2b \sum m_i y_i + (a^2 + b^2) \sum m_i \end{aligned}$$

[Note] 질량중심 (CM)

$$x_{\mathrm{CM}} = \frac{\sum m_i x_i}{\sum m_i}$$

$$y_{\mathrm{CM}} = \frac{\sum m_i y_i}{\sum m_i}$$

$$I_P = I_{\mathrm{CM}} - 2a x_{\mathrm{CM}} \sum m_i - 2b y_{\mathrm{CM}} \sum m_i + d^2 \sum m_i$$
$$= I_{\mathrm{CM}} - 0 - 0 + d^2 M$$

[Note] ① 질량중심 (CM) 축을 원점 (O)으로 잡았기 때문에 $x_{\mathrm{CM}} = y_{\mathrm{CM}} = 0$ 이다.
② $M \equiv \sum m_i$ (총질량)

$\therefore\ I_P = I_{\mathrm{CM}} + Md^2$ (평행축 정리)

[예제] 질량 M, 길이 L인 가늘고 균일한 막대. 그림처럼 막대 끝점 (P)을 중심으로 회전할 때, 관성모멘트 (I_P)는?

[해설]

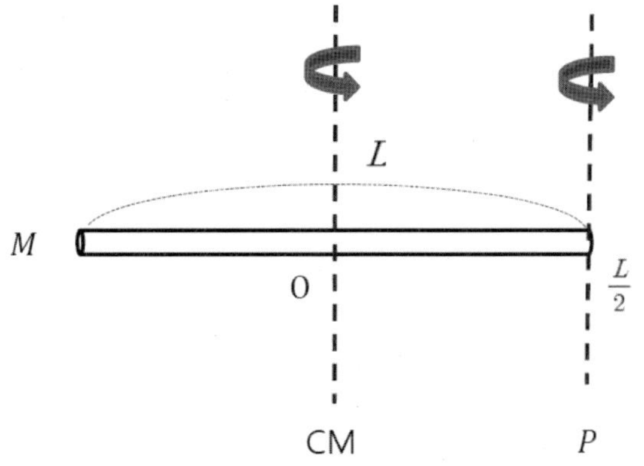

[Note] 앞에서 이미 막대 중간 지점을 중심으로 회전할 때 $I_{\mathrm{CM}} = \frac{1}{12} ML^2$ 임을 유도 했다.

(평행축 정리) $I_P = I_{\mathrm{CM}} + Md^2$ 를 이용하자.

$\therefore\ I_P = I_{\mathrm{CM}} + M\left(\frac{L}{2}\right)^2$ ($\because\ d = \frac{L}{2}$, CM과 P점 사이의 거리)

$$= \frac{1}{12}ML^2 + M\left(\frac{L}{2}\right)^2$$

$$= \frac{1}{12}ML^2 + \frac{1}{4}ML^2 = \frac{1}{3}ML^2$$

즉, 막대 끝 점 (P)을 축으로 회전한 값을 직접 유도한 것과 동일하다.

[예제] 반지름 R, 질량 M인 원판. 그림처럼 원판 끝 (P)을 중심으로 회전할 때, 관성모멘트 (I_P)는?

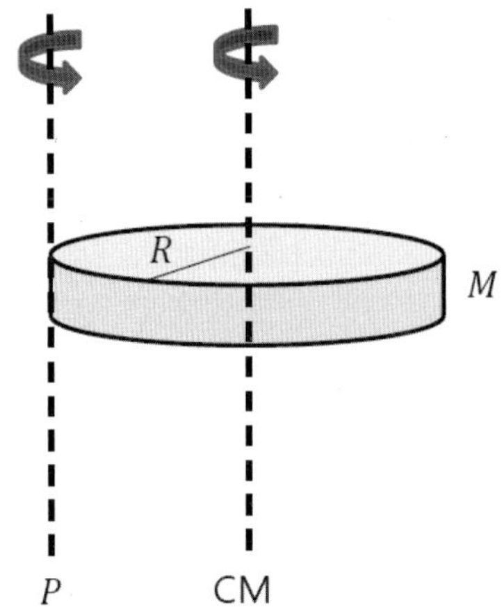

[해설]

$$I_{\mathrm{CM}} = \frac{1}{2}MR^2$$

평행축 정리 $I_P = I_{\mathrm{CM}} + Md^2$

$$\therefore\ I_P = I_{\mathrm{CM}} + MR^2 \qquad (\because d = R)$$

$$= \frac{1}{2}MR^2 + MR^2 = \frac{3}{2}MR^2$$

(각자해보기) 질량 M, 반경 R인 속이 찬 구 (sphere). 구의 끝 (P)을 중심으로 회전할 때, 관성모멘트 (I_P)는?

[정답] $I_P = \frac{2}{5}MR^2 + MR^2 = \frac{5}{7}MR^2$

□ 토크 (torque, $\vec{\tau}$)

(정의) 벡터 형태 $\vec{\tau} \equiv \vec{r} \times \vec{F}$ (r: 거리, F: 힘), (거리 × 힘), 벡터량, [J]

[Note] 일 (work, W) $W \equiv \vec{F} \cdot \vec{r}$ (힘 • 거리), 스칼라량, [J]

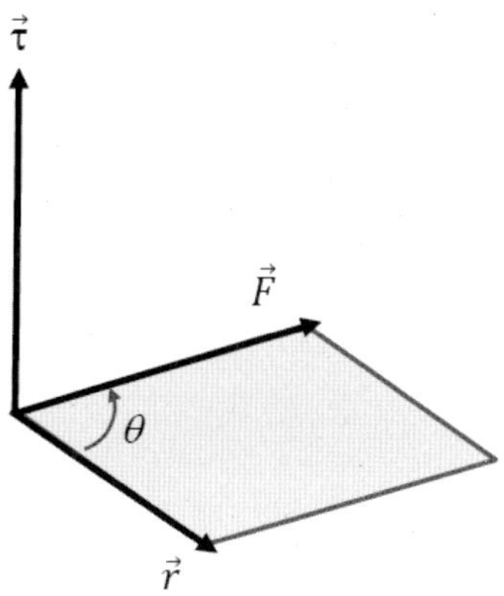

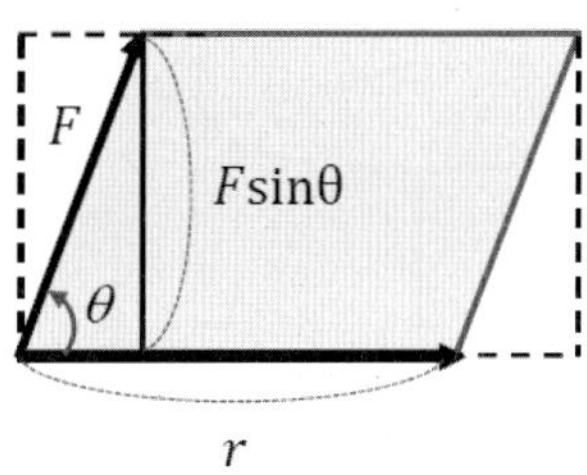

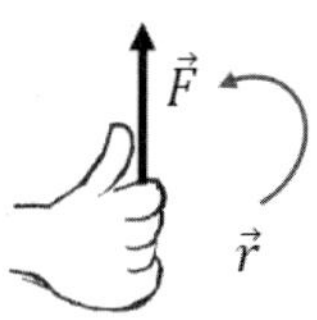

크기: $\tau = rF\sin\theta$ (θ는 r과 F의 사이각)

밑변이 r이고 높이가 $F\sin\theta$인 마름모꼴의 면적을 의미한다. (벡터의 내적)

단위: [N • m ≡ J]

방향: 오른나사 혹은 오른손 규칙 적용 (네 손가락을 펴서 벡터 $\vec{r}$에 둔다. 그 다음에 네 손가락을 벡터 $\vec{F}$쪽으로 감아준다. 이 때 엄지가 가리키는 방향이 토크 $\vec{\tau}$의 방향이 된다).

✍ **(정리)**

① $\vec{\tau}$의 크기는 $rF\sin\theta$ 이고, 방향은 $\vec{r}$과 $\vec{F}$에 수직 방향이다.

② 토크 (torque)를 "돌림힘"이라고 하는 저자도 있다.

(상황) 질량 m인 강체에 토크를 가해 회전시켜 관성모멘트와 회전 각가속도와의 관계를 알아본다.

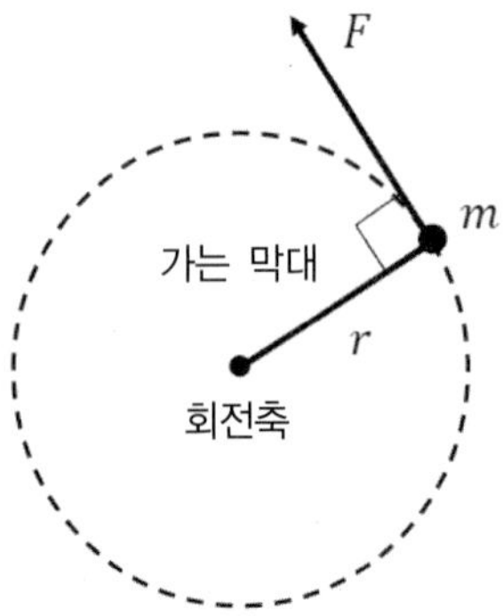

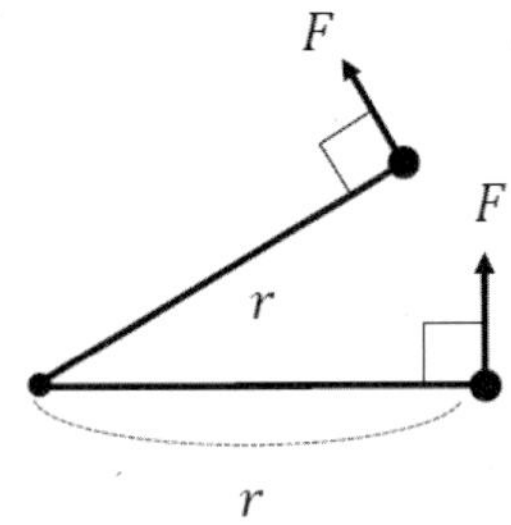

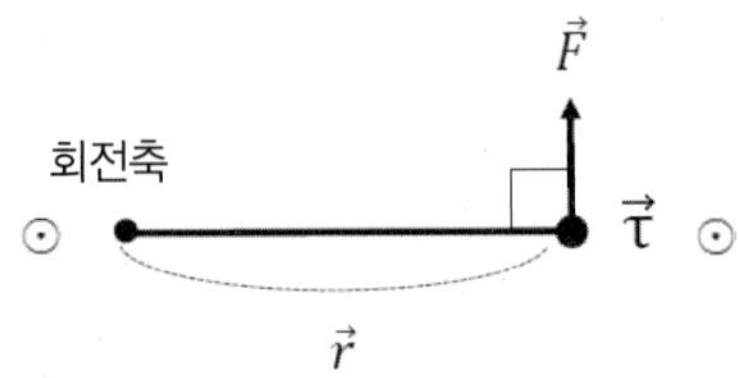

원 위쪽에서 내려다 본 모습

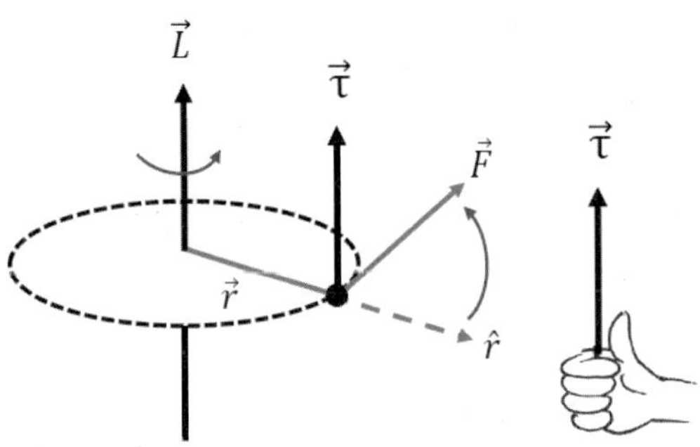

[Note] 그림에서 회전축과 토크의 방향은 평행하다. (⊗ 지면 뒤로 들어가는 방향, ⊙ 지면 앞으로 나오는 방향)

$\Rightarrow \vec{L} \ // \ \vec{\tau}$ (같은 방향)

모든 질량 m이 한곳에 모인 강체를 회전시키기 위해 막대의 거리 방향에 직각방향으로 힘을 가해보자 ($\vec{r} \perp \vec{F}$).

토크 $\vec{\tau} = \vec{r} \times \vec{F}$

$\tau = rF\sin 90° = rF \qquad (\because \sin 90° = 1,\ \theta = 90°)$

[Note] 접선가속도 $a_t = r\alpha$

$\tau = rF = rma_t = rm(r\alpha) = (mr^2)\alpha \equiv I\alpha \qquad (\because I \equiv mr^2$, 관성모멘트)

$\therefore \tau = I\alpha$

☛ 벡터 형태 표시: $\vec{\tau} = I\vec{\alpha}$

(일반화) 강체가 한 개가 아니라 여러 개 있을 경우

토크 : $\sum \vec{\tau} = I \vec{\alpha}$ (관성모멘트, $I \equiv \sum m_i r_i^2$)

✍ **(비교)** 직선운동 방정식과 회전운동 방정식

직선운동: $\sum \vec{F} = m \vec{a}$

회전운동: $\sum \vec{\tau} = I \vec{\alpha}$

서로 1대1 대응이라고 생각할 수 있다.

직선운동	↔ (1:1 대응)	회전운동
$\sum \vec{F} = m \vec{a}$		$\sum \vec{\tau} = I \vec{\alpha}$
F (힘)		τ (토크)
m (질량)		I (관성모멘트)
a (가속도)		α (각가속도)

[예제] 자전거 바퀴 반경이 50 cm이고 관성모멘트가 5 kg • m^{2}이다. 각속력이 2π rad/s일 때, 10 N의 힘을 가해 브레이크를 밟았을 때, 이 바퀴가 정지하는 시간[s]은?

[해설]

$\tau = rF = 0.5\text{m} \times 10\text{N} = 5\text{N} \cdot \text{m}$

$\tau = I\alpha \rightarrow \alpha = \frac{\tau}{I} = \frac{5\text{N} \cdot \text{m}}{5\text{kg} \cdot \text{m}^2} = 1\left[\frac{1}{\text{s}^2}\right]$ [→ α는 (−) 값을 의미한다. 즉 시간에 따라 각속력이 감소하기 때문이다]

$w = w_0 + \alpha t$

$0 = 2\pi + (-1)t$

$\therefore \ t = 2\pi$ [s]

(생각해보기) 그림처럼 관성모멘트가 4 kg • m^{2}인 원판이 각속도 $w = 2t$ rad/s 로 중심을 축으로 회전하고 있다. 이 원판의 운동에 대해 설명하라.

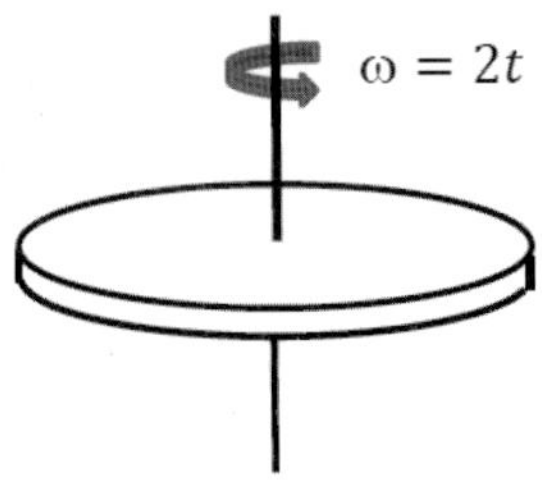

각속도	$w = 2t$	(시간에 따라 계속 증가 → 더 빨리 회전한다)
각운동량	$L = Iw = 4 \times 2t = 8t$	(시시각각 변한다)
각가속도	$\alpha \equiv \dfrac{dw}{dt} = 2$	(일정)
돌림힘	$\tau \equiv I\alpha = 4 \times 2 = 8$	(일정)

[예제] 그림처럼 지레위에 물체를 두었는데, 평형을 이루고 있다. x의 값[kg]은?

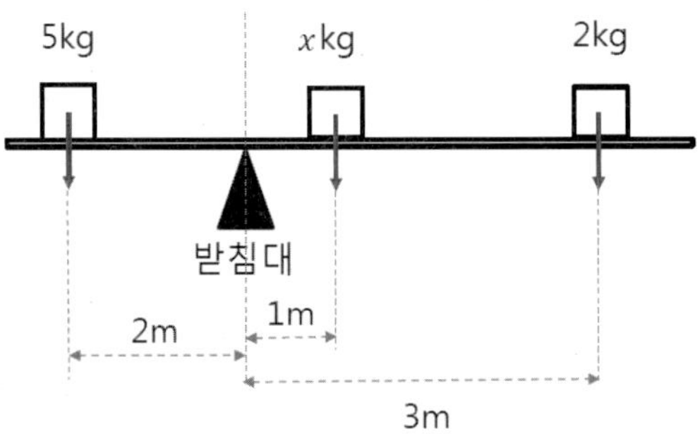

[해설] 토크 $\vec{\tau} = \vec{r} \times \vec{F}$

평형상태이므로 받침대를 기준으로 좌쪽으로 회전하려는 토크와 우쪽으로 회전하려는 토크가 같아야 한다.

$\rightarrow \tau$ (좌) $= \tau$(우)

$2 \times 5 = 1 \times x + 3 \times 2$

$\therefore\ x = 10 - 6 = 4$ [kg]

[예제] 그림처럼 길이 4 m, 질량 20 kg인 균일한 막대가 케이블에 의해 벽에 걸려있다. 질량 50 kg인 물체가 벽에서 3 m 지점에 연결되어 있을 때, 케이블에 걸리는 장력[N]은? (단, 중력가속도는 10 m/s^{2}이다)

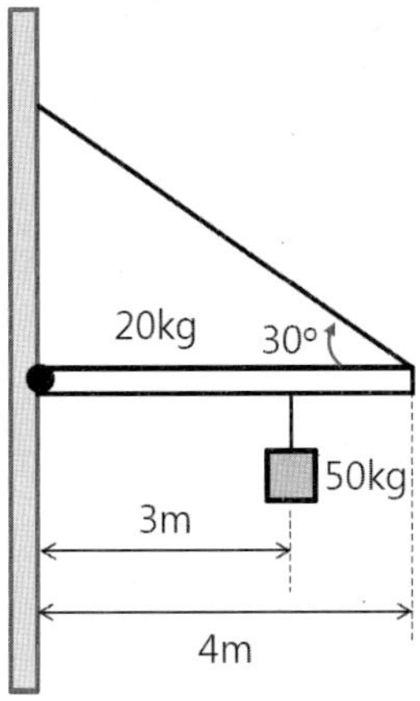

토크 (torque) $\vec{\tau} \equiv \vec{r} \times \vec{F}$

$$2 \times 20 \times 10 + 3 \times 50 \times 10 = 4 \times T\sin 30^0$$

$$\therefore T = 950 \text{ N}$$

[예제] 그림처럼 질량 m이 고르게 분포된 다리를 케이블로 지탱하고 있다 (예, 도개교). 다리는 수평축과 30도를 이루고 있고 아래 끝점은 벽에 고정되어 있고 케이블은 수평축과 나란히 다리 위쪽 끝점에 연결되어 있다. 이 때 케이블의 장력은?

[해설]

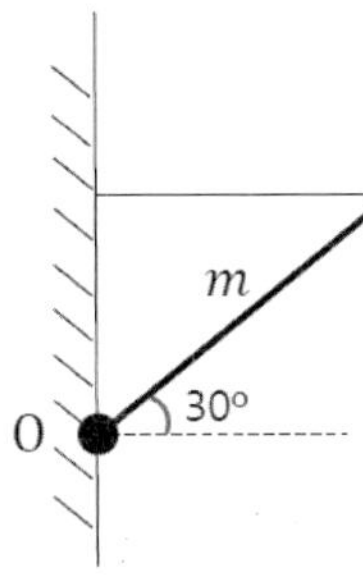

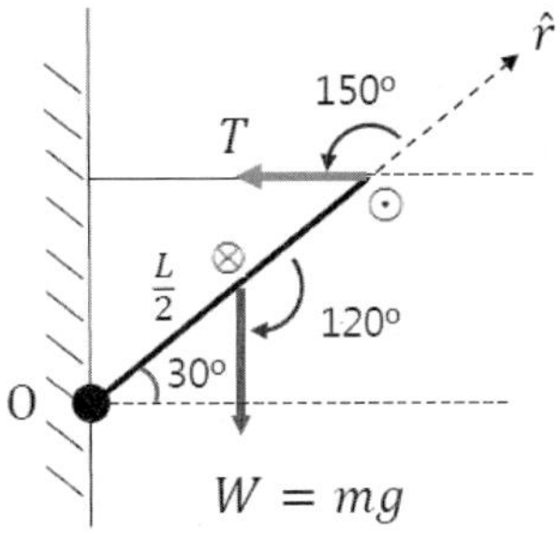

다리의 길이를 L이라고 하자. 다리에 작용하는 힘은 $\frac{L}{2}$인 지점에 중력과 위쪽에 케이블에 의해 작용하는 장력 (T)뿐이다. 평형상태이므로 O점을 원점으로 작용하는 토크가 같아야 한다.

토크 (torque) $\vec{\tau} \equiv \vec{r} \times \vec{F}$

거리는 O점에서 방사선 방향 ($\hat{r}$)으로 나가는 방향으로 택한다.

$\frac{L}{2}$인 지점에서 중력에 의한 토크 $\frac{L}{2}mg\sin120^o$ (방향: 지면으로 들어가는 방향, ⊗)

L인 지점에서 케이블에 의한 토크 $LT\sin150^o$ (방향: 지면에서 나오는 방향, ⊙)

평형상태 $\frac{L}{2}mg\sin120° = LT\sin150°$

$\frac{1}{2}mg\cos30° = T\cos60° \rightarrow \frac{1}{2}mg\frac{\sqrt{3}}{2} = T\frac{1}{2}$

$\therefore\ T = \frac{\sqrt{3}}{2}mg$

[Note] O점에서도 벽에 의해서 다리에 작용하는 힘이 있을 수 있다. 하지만, 기준을 O점으로 잡으면 거리가 0이므로 O점에서 토크는 0이 되기 때문에 구체적으로 어떠한 크기의 힘이 어떤 방향으로 작용하는지 따로 걱정을 할 필요성이 없다.

✏ **(심화문제)** 연직 벽면과 다리가 θ의 각도로 기울어져 있을 때, 케이블을 잘랐다고 하자. 줄을 끊는 순간 다리의 끝 점 P에서 선가속도의 크기는?

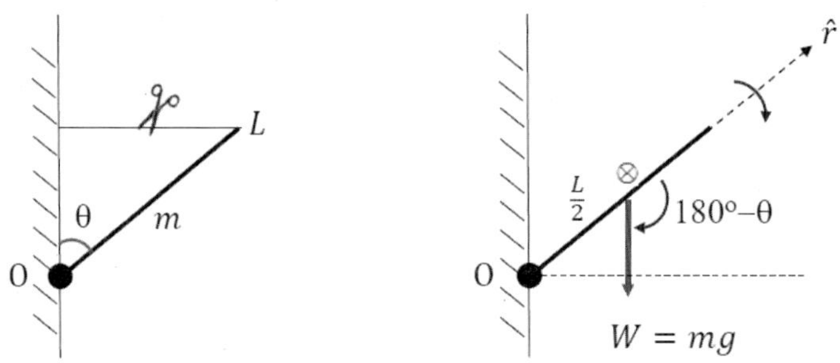

줄을 끊으면 아래 방향으로 중력밖에는 없다.

$\sum\vec{\tau} = I\vec{\alpha}$

$\vec{\tau} \equiv \vec{r}\times\vec{F}$

$\rightarrow \frac{L}{2}mg\sin(180° - \theta) = I\alpha$

[Note] 질량 m, 길이 L인 가늘고 균일한 막대의 한 쪽 끝을 축으로 회전 시 관성 모멘트는 $I = \frac{1}{3}mL^2$ 이다.

$$\frac{L}{2}mg\sin(180° - \theta) = I\alpha = \frac{1}{3}mL^2\alpha$$

$$\frac{L}{2}mg\sin\theta = \frac{1}{3}mL^2\alpha \quad \rightarrow \quad \alpha = \frac{3g\sin\theta}{2L}$$

접선가속도 (a_t, tangential)

$$a_t \equiv \frac{dv}{dt} = \frac{d}{dt}(r\omega) = r\frac{d\omega}{dt} = r\alpha \qquad (\because \ \alpha \equiv \frac{d\omega}{dt} \text{ 각가속도})$$

$$\therefore \ a_t = r\alpha = L\frac{3g\sin\theta}{2L} = \frac{3}{2}g\sin\theta \qquad (\because r = L)$$

[예제] 그림처럼 막대의 질량은 100 g이고, 추의 질량은 50 g이다. 왼쪽에서 추를 1개 달았을 때 평형상태이다. 그럼 이제 오른쪽 그림처럼 추를 5개 달면 평형상태를 유지하기 위해 오른쪽 줄에 몇 개의 추를 달아주어야 하는가?

[해설]

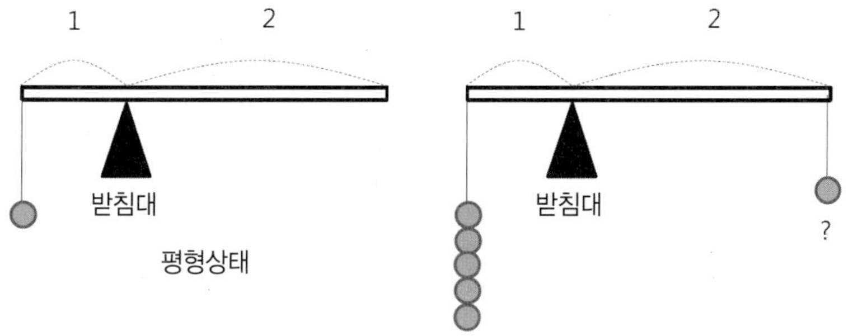

토크 (torque) $\quad \vec{\tau} \equiv \vec{r} \times \vec{F}$

왼쪽 그림 $\quad 1 \times 50 = \frac{1}{2} \times 100 = 50$ (즉 양쪽이 50 = 50으로 평형을 이루고 있다.)

오른쪽 그림 $\quad 1 \times 50 \times 5 = \frac{1}{2} \times 100 + 2 \times x$

$$\therefore x = 100$$

[예제] 그림처럼 길이 $2L$인 시소 왼쪽 끝에 질량 m인 여자가 앉아있고 시소 중심으로부터 오른쪽으로 거리 x만큼 떨어진 위치에 질량 M인 남자가 앉아 있다. 시소 판자의 질량은 m이다.

① 회전축에 작용되는 수직 항력 (N)은?

② 남자를 지나는 축에 대한 알짜 토크 (τ)는?

③ ②로부터 시소가 평형상태에 있을 x에 대한 조건을 구하라.

[해설]

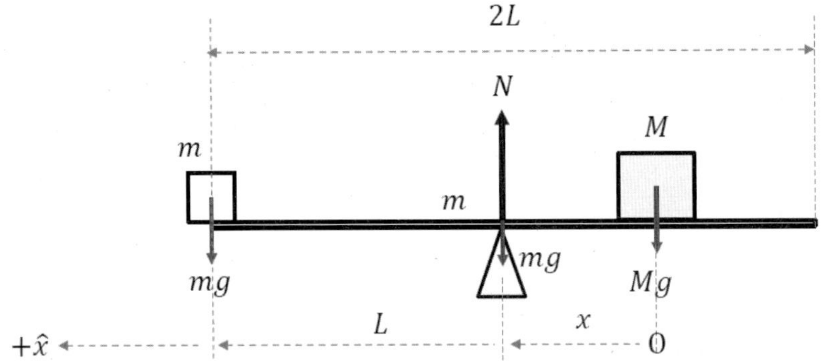

① 힘의 평형

W(여자) + 수직항력 (N) + W(판자) + W(남자) = 0

$mg - N + mg + Mg = 0$

$\therefore N = 2mg + Mg = (2m + M)g$

② 남자를 지나는 축을 기준으로 토크 계산 (∵ 회전하지 않고 있다)

$\vec{\tau} \equiv \vec{r} \times \vec{F}$

$\tau_{tot} = \tau$(여자) + τ(항력) + τ(판자) + τ(남자)

$\tau_{tot} = (L+x)mg - xN + xmg + 0 \times Mg$ (∵ 남자가 기준, 수직항력은 반대방향)

$= (L+x)mg - x(2m+M)g + xmg + 0$

$= Lmg + xmg - 2xmg - Mxg + xmg = Lmg - Mxg$

$\therefore \tau_{tot} = Lmg - Mxg$

③ 토크의 평형 (∵ 조건에서 회전하지 않고 있다고 했으므로)

$\tau_{tot} = Lmg - Mxg = 0$

$\therefore x = \dfrac{Lmg}{Mg} = \dfrac{m}{M}L$

[예제] 그림처럼 질량 30 kg, 길이 L인 밀도가 균일한 막대가 정역학적 평형상태를 유지하고 있다. 막대 왼쪽 끝에서 $\frac{3}{4}L$인 지점에 F_2가 연직방향으로 작용할 때 막대 왼쪽 끝에 작용하는 힘 F_1의 크기[N]는? (단, 중력가속도는 9.8 m/s^{2}이다)

[해설]

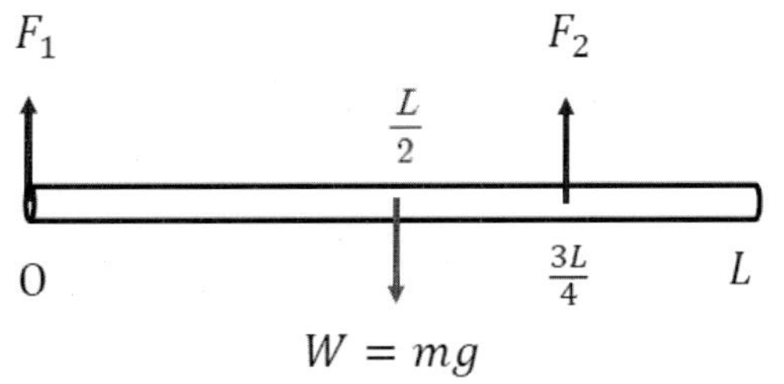

토크 (torque) $\vec{\tau} \equiv \vec{r} \times \vec{F}$

O점을 축으로 평형 $0 \times F_1 + \frac{3L}{4} \times F_2 = \frac{L}{2} \times mg$

$$\therefore F_2 = \frac{2}{3}mg$$

막대 중심 ($\frac{L}{2}$)을 축으로 좌우 평형 $\frac{L}{2} \times F_1 = \frac{L}{4} \times F_2$

$\therefore F_1 = \frac{2}{4}F_2 = \frac{1}{2} \times \frac{2}{3}mg = \frac{1}{3}mg = \frac{1}{3} \times 30 \times 9.8 = 98$ [N]

[예제] 지레 왼쪽 끝에 무게가 300 N인 물체가, 오른쪽 끝에는 힘 (F)을 가하여 지레가 수평을 이루었다. 지레 받침점으로부터 왼쪽 물체까지는 50 cm 오른쪽까지는 80 cm이다. 힘[N]은?

[해설] 수레 평형 $0.5 \times 300 = 0.8 \times F$ ($\because \sum \vec{\tau} = 0$)

$$\therefore F = 150 \text{ N}$$

■ 축바퀴

⇒ 하나의 회전축에 반지름이 다른 여러 개 바퀴가 붙어있는 장치

(예1) 축바퀴

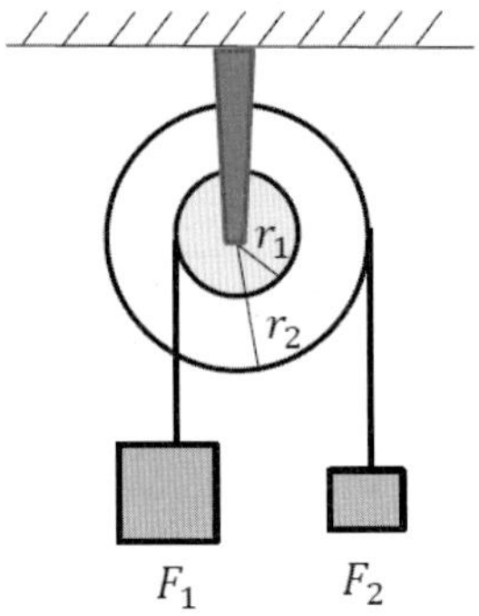

$r_1 F_1 = r_2 F_2$

⇓ ⇑ ⇑ ⇓ $(\because r_1 < r_2)$

(예2) 자전거

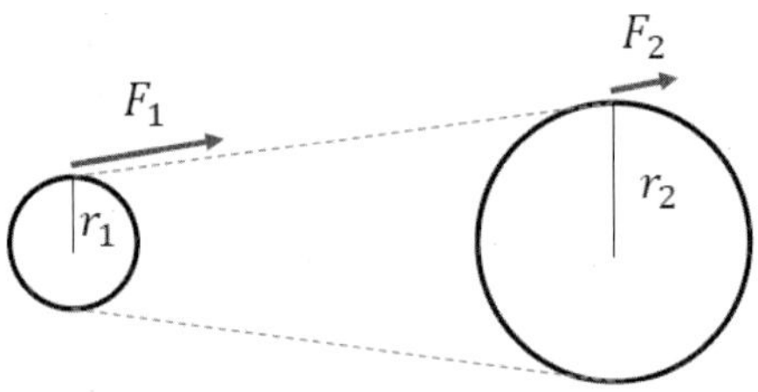

$r_1 < r_2$ 이므로 r_1에 있는 물체 (예, 뒷바퀴)에 큰 힘을 전달할 수 있다.

(예3) 자동차 핸들 (=운전대)

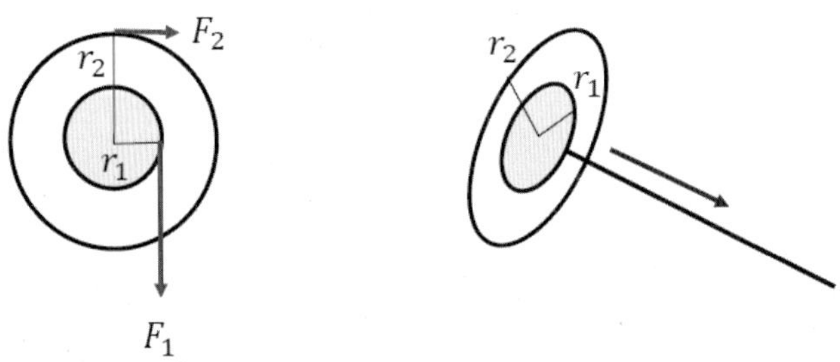

큰 힘 F_1이 전달되어 바퀴 방향 변경이 가능하다.

(예4) 문손잡이, 수도꼭지

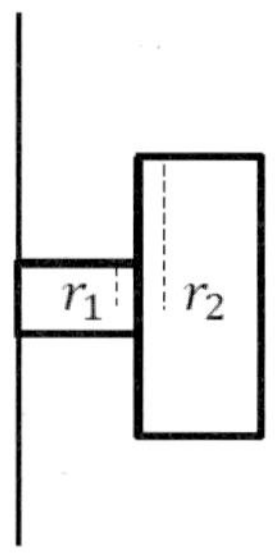

(예5) 드라이버

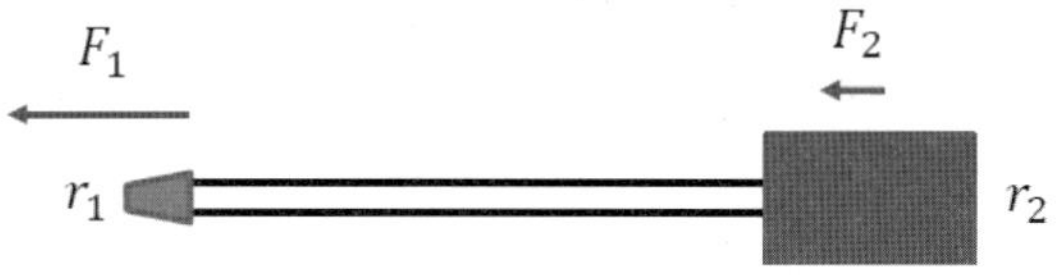

F_1이 커서 나사못을 빼거나 박을 수 있다.

[예제] 그림처럼 반지름이 각각 $r, 2r, 3r$인 축바퀴가 연직으로 매달려 있다. 반지름이 $2r, 3r$인 바퀴에는 질량이 각각 $2m, m$인 물체를 매달고 반지름이 r인 바퀴에는 연직 아랫방향으로 힘 F를 가했다. 두 물체가 정지 상태를 유지하는 힘 F의 크기는? (단, 축바퀴의 질량, 줄의 질량, 모든 마찰은 무시하며 줄은 늘어나지 않고 중력가속도는 g이다)

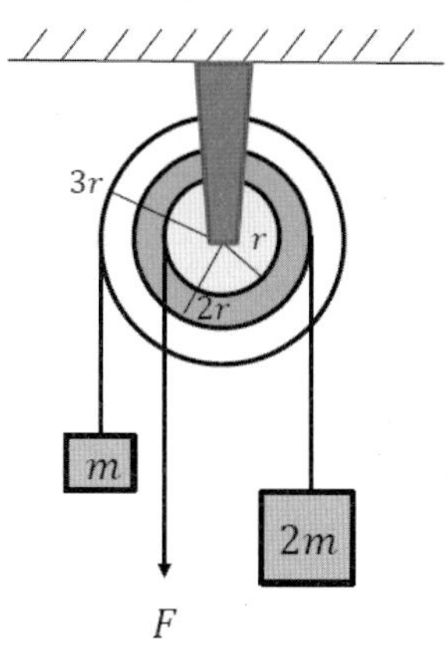

[해설]

토크 (torque) $\vec{\tau} \equiv \vec{r} \times \vec{F}$

만약 힘 (F)이 없는 경우
m에 작용하는 토크 $3r\,mg$

$2m$에 작용하는 토크 $\quad 2r\,2mg = 4rmg$

→ 축바퀴는 오른쪽 아래로 회전할 것이다.

힘 (F)이 작용해 문제의 조건을 만족하는 경우

$3r\,mg + rF = 2r\,2mg$

$\therefore\ F = 4mg - 3mg = mg$

[Note] 만약 힘의 평형이고 초기에 축바퀴가 움직인 상태이었다면 가속 없이 그대로 내려갈 것이다. 이런 상황을 방지하기 위해 문제에 문구 작성에 중점을 두었음을 알 수 있다.

$$\vec{F} = \frac{d\vec{p}}{dt} \rightarrow 0 = \frac{d\vec{p}}{dt}$$

$\therefore\ \vec{p} = m\vec{v} =$ 일정

운동 제 1법칙: 정지한 것은 정지, 움직이는 것은 등속으로 계속 운동

[예제] 그림처럼 길이가 l, 질량이 m인 사다리가 미끄러운 수직면에 기대어 정지되어 있다. 사다리가 미끄러지지 않을 최소 각도 $\theta_{\min}$는? (단, 사다리와 지면 사이에 작용하는 정지마찰계수는 μ_s이다)

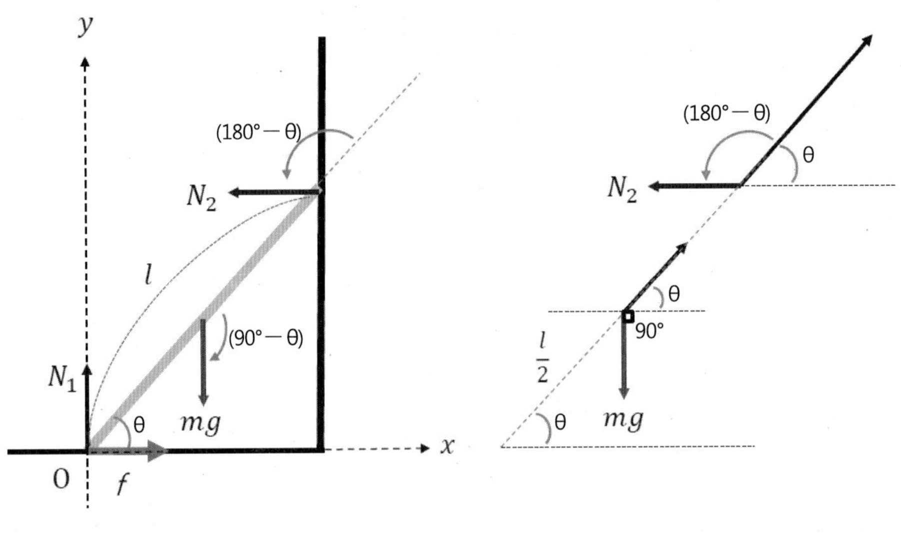

[해설]

힘 평형 x축 $f = N_2$ ①

f : 마찰력 ($= \mu N_1$, μ 마찰계수)

$\therefore \mu N_1 = N_2$

y축 $N_1 = mg$ ②

$\rightarrow N_2 - \mu mg = 0 \qquad \therefore N_2 = \mu mg$

O점을 중심으로 토크 평형 $\vec{\tau} \equiv \vec{r} \times \vec{F}$

$$\frac{l}{2} mg \sin(90° + \theta) + lN_2 \sin(180° - \theta) = 0$$

$$\frac{l}{2} mg \cos\theta = lN_2 \sin\theta \quad \rightarrow \quad \frac{\sin\theta}{\cos\theta} = \frac{mg}{2N_2}$$

$$\therefore \tan\theta = \frac{mg}{2N_2} = \frac{mg}{2\mu mg} = \frac{1}{2\mu} \qquad \rightarrow \quad \theta = \tan^{-1}\left(\frac{1}{2\mu}\right)$$

[예제] 그림처럼 길이가 10 m, 질량이 m인 사다리가 미끄러운 수직면에 기대어 정지되어 있다. 지면과 45° 각을 이루고 미끄러지기 직전에 있을 때 사다리와 지면 사이에 작용하는 정지 마찰계수는?

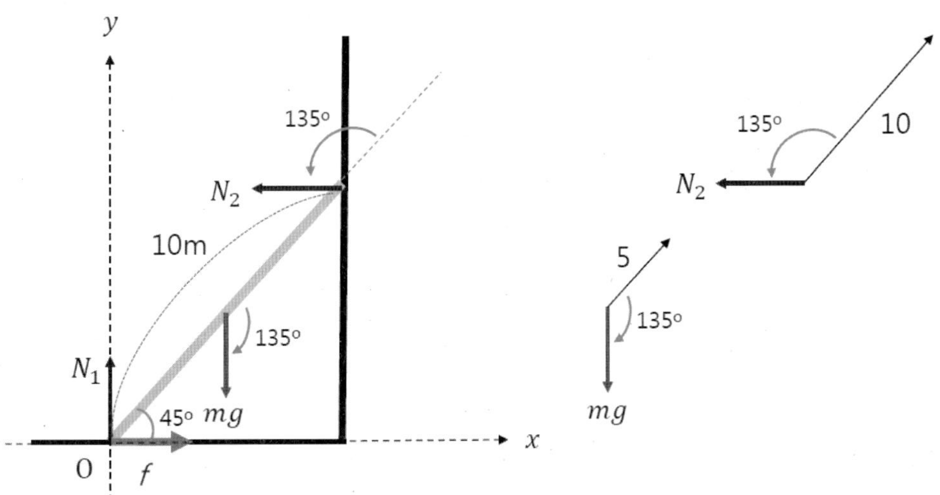

[해설]

힘 평형 x축 $f = N_2$ ①

f : 마찰력 ($= \mu N_1$, μ 마찰계수)

$\therefore \mu N_1 = N_2$

y축 $N_1 = mg$ ②

미지의 변수 3개 (N_1, N_2, μ)인데 방정식은 2개 (①, ②)이므로 식이 1개 더 필요하다.

토크 평형 $\vec{\tau} \equiv \vec{r} \times \vec{F}$

$5mg\sin 135^o = 10N_2 \sin 135^0$ ③

$\therefore N_2 = \dfrac{mg}{2}$

(f, N_1)은 토크에 기여하지 못한다. ($\because r = 0$)

$$\therefore \ \mu = \frac{N_2}{N_1} = \frac{\frac{mg}{2}}{mg} = \frac{1}{2}$$

[예제] 그림처럼 길이가 10 m, 질량이 m인 막대가 폭이 8 m 벽면의 수직면과 모서리에서 힘의 평형을 이루어 걸쳐있다. 모서리에서 벽면이 막대에 작용하는 힘의 크기는?

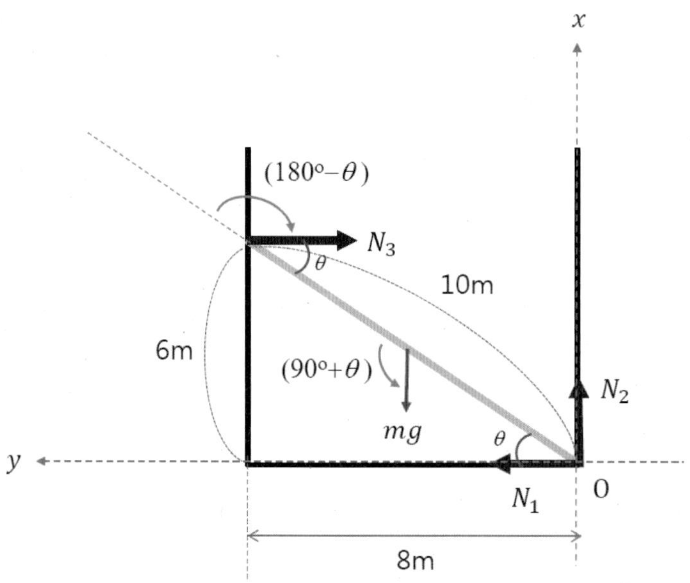

[해설]

작용힘: 항력 N_1, N_2, N_3, 중력 mg

힘 평형 x축 $N_2 = mg$

y축 $N_1 = N_3$

미지의 변수 3개 (N_1, N_2, N_3)인데 방정식은 2개이므로 식이 1개 더 필요하다.

토크 평형 $\vec{\tau} \equiv \vec{r} \times \vec{F}$

$$5mg\sin(90^o + \theta) = 10N_3\sin(180^o - \theta)$$

$$5mg\cos\theta = 10N_3\sin\theta$$

$$\rightarrow N_3 = \frac{1}{2}\frac{mg\cos\theta}{\sin\theta} = \frac{mg}{2}\frac{\frac{8}{10}}{\frac{6}{10}} = \frac{mg}{2} \times \frac{8}{6} = \frac{2mg}{3} = N_1$$

$$\vec{N} = \vec{N}_1 + \vec{N}_2 = \frac{2}{3}mg\,\hat{i} + mg\,\hat{j}$$

$$\therefore\ \vec{N}\text{의 크기 } |\vec{N}| = \sqrt{\left(\frac{2}{3}mg\right)^2 + (mg)^2} = \frac{\sqrt{13}}{3}mg$$

[예제] (Atwood 도르래 다시 풀기). 도르래는 디스크 (질량 M, 반경 R)로 간주하고 회전이 있는 경우.

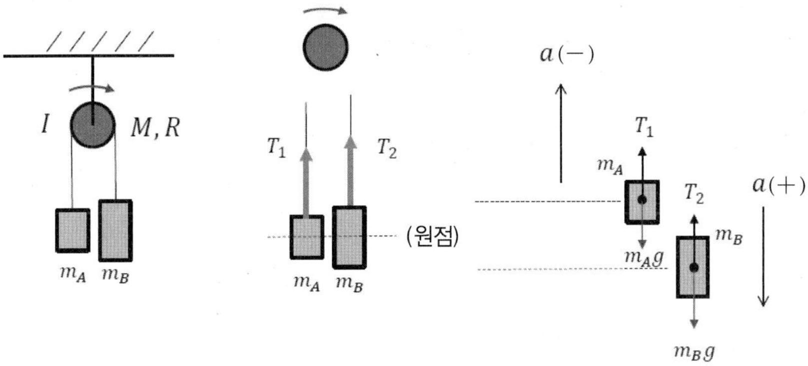

[해설]

2장과 다른 점은 도르래의 회전을 고려해야 하고, 각 물체에 걸리는 장력 (T_1, T_2)도 서로 다르다.

(물체 m_A) 운동방정식 $T_1 - m_A g = m_A a$ Ⓐ

(물체 m_B) 운동방정식 $m_B g - T_2 = m_B a$ Ⓑ

미지의 변수가 3개 (T_1, T_2, a)인데 방정식은 2개 (Ⓐ, Ⓑ)이므로 풀 수가 없다. 따라서 회전 운동방정식을 이용해야 한다.

회전운동: $\sum \vec{\tau} = I \vec{\alpha}$

$$RT_2 - RT_1 = I\alpha = I\left(\frac{a}{R}\right)$$

$$\therefore\ T_2 - T_1 = \frac{Ia}{R^2} \quad Ⓒ$$

디스크인 경우: $I = \frac{1}{2}MR^2$

$$\therefore\ T_2 - T_1 = \frac{Ia}{R^2} = \frac{\frac{1}{2}MR^2 a}{R^2} = \frac{1}{2}Ma$$

Ⓐ와 Ⓑ를 Ⓒ에 대입

$$T_1 = m_A g + m_A a$$

$$T_2 = m_B g - m_B a$$

$$\rightarrow\ T_2 - T_1 = (m_B g - m_B a) - (m_A g + m_A a) = \frac{1}{2}Ma$$

$$\therefore a = \left(\frac{m_B - m_A}{m_A + m_B + \frac{1}{2}M}\right)g$$

(검증) 만약 도르래가 회전하지 않으면, $a \simeq \left(\frac{m_B - m_A}{m_A + m_B + 0}\right)g = \left(\frac{m_B - m_A}{m_A + m_B}\right)g$.

즉, 2장 Atwood 도르래 결과와 동일하다.

✍ **(정리)** 각운동량과 토크 관계

각운동량 $\vec{L} \equiv \vec{r} \times \vec{p}$

양변 미분 $\frac{d\vec{L}}{dt} = \frac{d\vec{r}}{dt} \times \vec{p} + \vec{r} \times \frac{d\vec{p}}{dt}$

$$= \vec{v} \times \vec{p} + \vec{r} \times \frac{d\vec{p}}{dt}$$

$$= \vec{v} \times (m\vec{v}) + \vec{r} \times \vec{F} \qquad (\because \vec{p} = m\vec{v},\ \vec{F} = \frac{d\vec{p}}{dt})$$

$$= 0 + \vec{r} \times \vec{F}$$

$$\equiv \vec{\tau}$$

$\therefore\ \vec{\tau} \equiv \dfrac{d\vec{L}}{dt}$ 회전에 대한 뉴턴 제 2방정식에 해당

✍ **(비교)** 직선운동에 대한 뉴턴 제 2방정식 $\vec{F} = \dfrac{d\vec{p}}{dt}$

직선운동	$\leftrightarrow$ (1:1대응)	회전운동
$\vec{F} = \dfrac{d\vec{p}}{dt}$		$\vec{\tau} \equiv \dfrac{d\vec{L}}{dt}$
F (힘)		τ (토크)
p (선운동량)		L (각운동량)

[Note] $\vec{L} \equiv \vec{r} \times \vec{p}$

$$L = rmv = rm(r\omega) = mr^2\omega \quad \text{혹은}$$

$$= I\omega \qquad (\because I \equiv mr^2)$$

$$\vec{\tau} \equiv \frac{d\vec{L}}{dt}$$

$$= \frac{d(I\vec{\omega})}{dt} = I\frac{d\vec{\omega}}{dt} = I\vec{\alpha} \qquad (\because \vec{\alpha} \equiv \frac{d\vec{\omega}}{dt},\ \text{각가속도})$$

$\therefore\ \vec{\tau} = I\vec{\alpha}$

□ 각운동량 보존

(상황) 회전하는 물체에 대한 운동방정식을 구한다.

$$\sum \vec{\tau} = I\vec{\alpha}$$

$$= I\frac{\Delta\vec{\omega}}{\Delta t} = I\frac{\vec{\omega} - \vec{\omega_0}}{\Delta t} = \frac{I\vec{\omega} - I\vec{\omega_0}}{\Delta t}$$

[Note] 각운동량 $\vec{L} = I\vec{\omega}$

$$\therefore \sum \vec{\tau} = \frac{\Delta \vec{L}}{\Delta t} \qquad (\leftarrow \text{회전하는 물체에 대한 운동방정식})$$

(예) 외부에서 작용하는 토크가 1개이고, 크기만 고려하는 경우

$$\therefore \tau = \frac{dL}{dt} \qquad (L = I\omega)$$

✍ **(복습)** 직선운동의 경우

① $F = ma$

② $F = \dfrac{dp}{dt}$ $\quad$ ($p = mv$, 선운동량)

①과 ②식은 같은 직선에 대한 운동방정식인데 다른 형태이다.

기억하기: "외부에서 힘이 작용하지 않으면 선운동량을 보존된다."

$$F = \frac{dp}{dt} \rightarrow 0 = \frac{dp}{dt} \qquad (\text{의미: 시간에 따른 선운동량의 변화량이 없다})$$

$$\therefore p = mv = \text{상수} \qquad (\text{즉, 선운동량 보존})$$

마찬가지로 회전운동의 경우도 성립한다.

기억하기: "외부에서 토크가 작용하지 않으면 각운동량을 보존된다."

$$\tau = \frac{dL}{dt} \rightarrow 0 = \frac{dL}{dt}$$

$$\rightarrow L = I\omega = \text{상수} \qquad (\text{즉, 각운동량 보존})$$

$$\rightarrow L_i = L_f$$

$$\therefore (I\omega)_i = (I\omega)_f$$

☛ 결론: I_i가 커지면 (⇑), ω_i는 작아져야 하고 (⇓), I_f이 작아지면 (⇓), ω_f는 커져야 (⇑) 한다. 이것이 보존의 의미이다.

[예제] 양팔을 펼친 김연아 스케이트 선수가 1초에 2회전하고 있다. 이제 팔을 오르려 관성모멘트를 반으로 줄이면 초당 회전수는?

[해설]

$$\vec{\tau} = \frac{d\vec{L}}{dt}$$

외부에서 토크 (τ)가 작용하지 않으면 각운동량은 보존된다.

$$0 = \frac{d\vec{L}}{dt} \rightarrow \vec{L} = Iw = \text{상수}$$

$$\therefore I_i\, w_i = I_f\, w_f$$

$$\Uparrow \Downarrow \quad \Downarrow \Uparrow$$

$$w = 2\pi f \qquad (f: \text{진동수})$$

$$\rightarrow I_1(2\pi f_1) = I_2(2\pi f_2)$$

$$\therefore f_2 = \frac{I_1}{I_2} f_1 = \frac{I_1}{\frac{I_1}{2}} \times 2 = 4$$

초당 2회전에서 4회전으로 빨라진다. 따라서 스케이트 선수가 회전을 할 때 더욱더 빨리 하려면 팔을 가슴 옆쪽으로 오므리는 것을 볼 수 있다.

[예제] 그림처럼 아령 (dumbbell)이연결되어서 회전하고 있다. 아령의 길이를 반으로 줄이면 회전 주기는?

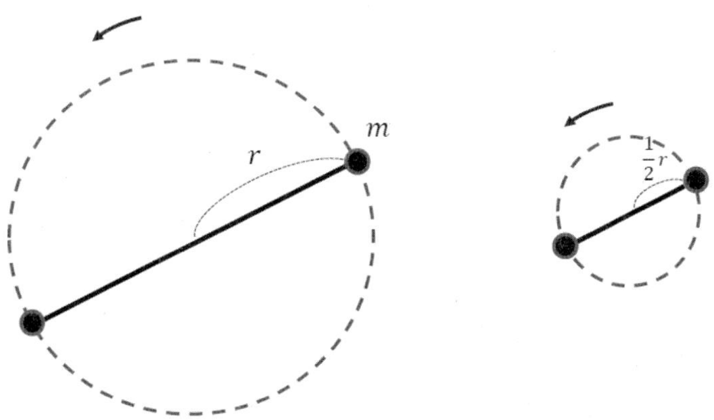

$$\vec{\tau} = \frac{d\vec{L}}{dt}$$

$$\rightarrow\ 0 = \frac{d\vec{L}}{dt}\ \rightarrow\ L = r(mv)\ =\ \text{상수}$$

$$\therefore\ rv = \frac{1}{2}rv_f\ \rightarrow\ v_f = 2v\quad \text{(속도는 2배 빨라진다)}$$

주기 $T = \dfrac{2\pi r}{v}$

$$\therefore\ T_{\frac{1}{2}r} = \frac{2\pi\frac{r}{2}}{2v} = \frac{2\pi r}{v}\times\frac{1}{4} = T\times\frac{1}{4}$$

→ 길이를 반으로 줄이면 회전 속도가 빨라진다.

[예제] 반경 10^2 km인 별이 10일 주기로 회전한다. 이 별이 폭발한 후 반경이 5 km인 중성자 별로 진화를 했다면 주기[s]는?

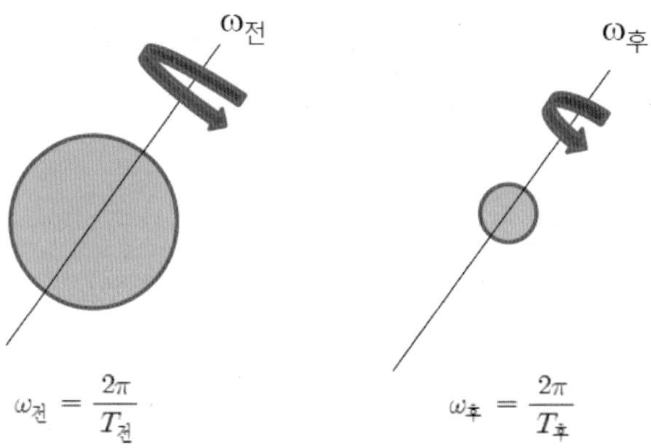

[해설]

$$\vec{\tau} = \frac{d\vec{L}}{dt}$$

외부에서 토크 (τ)가 작용하지 않으면 각운동량은 보존된다.

$$0 = \frac{d\vec{L}}{dt}\ \rightarrow\ \vec{L} = I\omega = \text{상수}$$

주기 $T = \dfrac{2\pi}{\omega}$

$$\rightarrow Iw = I\frac{2\pi}{T} = \text{상수}$$

$$\therefore \frac{I}{T} = \text{상수}$$

$$\left[\frac{I}{T}\right]_{\text{전}} = \left[\frac{I}{T}\right]_{\text{후}}$$

$$\therefore T_{\text{후}} = T_{\text{전}}\left(\frac{I_{\text{후}}}{I_{\text{전}}}\right)$$

$$= 10\text{일} \times \left(\frac{m \times 5^2}{m \times (10^2)^2}\right) \qquad (\because m \text{ 변화는 없다고 하자. } I = mr^2)$$

$$= 10 \times 24 \times 60 \times 60 \times \left(\frac{25}{10^4}\right) \text{ [s]}$$

$$= 2.16 \text{ [s]}$$

[예제] 그림처럼 2개의 원판이 회전하고 있다. 두 원판의 각각에 어떠한 돌림힘도 작용하지 않으면서 두 원판을 붙인다고 가정하자. 최종 각속도 w를 구하라.

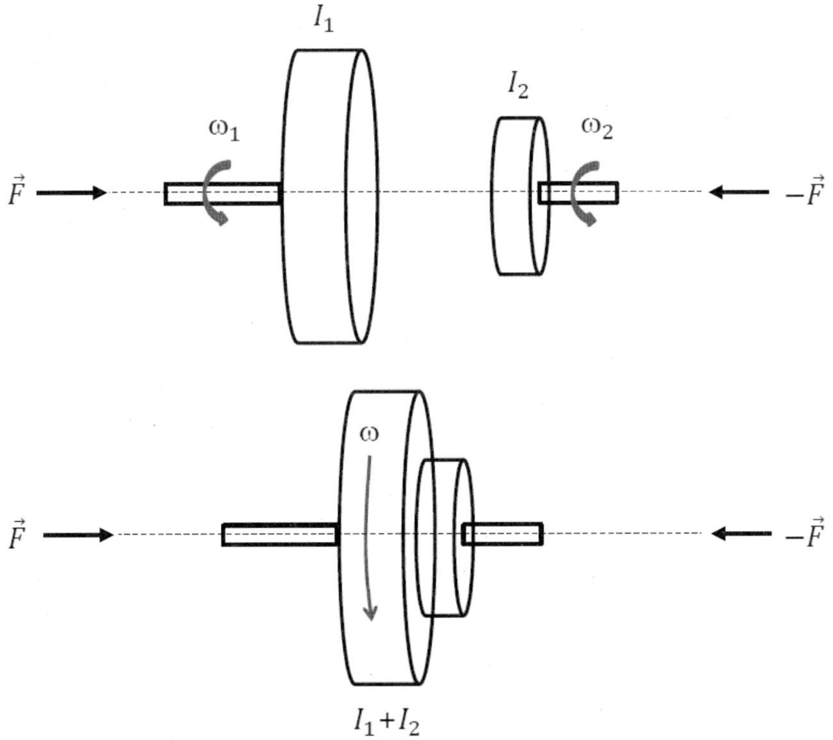

[해설]

$$\vec{\tau} = \frac{d\vec{L}}{dt}$$

$$0 = \frac{d\vec{L}}{dt} \;\rightarrow\; \vec{L} = Iw \;=\; \text{상수}$$

$$\rightarrow\; I_1 w_1 + I_2 w_2 = (I_1 + I_2)\,w$$

$$\therefore\; w = \frac{I_1 w_1 + I_2 w_2}{I_1 + I_2}$$

외부 돌림 힘이 0이면 각운동량은 보존된다.

[예제] 그림처럼 질량이 M, 반지름이 R인 원판 A가 중심을 지나는 회전축에 대해 각속도 ω_A로 회전하고 있다. 어느 순간에 원판 A를 동일 회전축에 정지하고 있던 질량이 M, 반지름이 $2R$인 원판 B에 밀어서 서로 붙여서 회전하게 하였다. 각속도 ω_A와 두 원판이 붙은 후 각속도 ω_B의 비는? (단, 두 원판을 붙였을 때 서로 미끄러지지 않는다)

[해설]

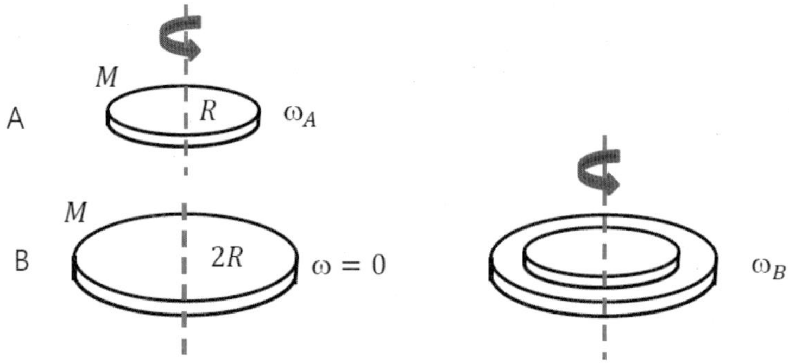

외부에서 토크 (τ)가 작용하지 않으면 각운동량은 보존된다.

$$\vec{\tau} = \frac{d\vec{L}}{dt}$$

$$0 = \frac{d\vec{L}}{dt} \;\rightarrow\; \vec{L} = Iw \;=\; \text{상수}$$

$$(I\omega)_{\text{전}} = (I\omega)_{\text{후}}$$

$$\rightarrow\; I_A w_A + I_B w = (I_A + I_B)\,w_B$$

$$MR^2\omega_A + M(2R)^2 \times 0 = \left[MR^2 + M(2R)^2\right]\omega_B$$

$$MR^2\omega_A = 5MR^2\omega_B \quad \rightarrow \quad \omega_B = \frac{1}{5}\omega_A$$

$$\therefore \frac{\omega_A}{\omega_B} = \frac{\omega_A}{\frac{1}{5}\omega_A} = 5$$

[예제] 그림처럼 반경이 R 질량 M인 원판이 중심을 회전축으로 하여 각속도 ω_0로 돌고 있다. 이 때 질량 m인 물체를 원판의 가장자리에 가만히 올려놓는다면 원판의 각속도 ω는?

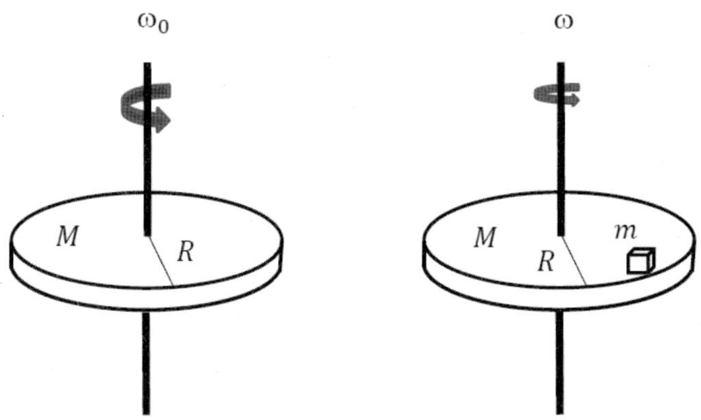

[해설]

외부에서 토크 (τ)가 작용하지 않으면 각운동량은 보존된다.

$$\vec{\tau} = \frac{d\vec{L}}{dt}$$

$$0 = \frac{d\vec{L}}{dt} \quad \rightarrow \quad \vec{L} = Iw = \text{상수}$$

$$\rightarrow (I\omega)_i = (I\omega)_f$$

원판 관성모멘트: $I = \frac{1}{2}MR^2$

$$\frac{1}{2}MR^2\omega_0 = \left(\frac{1}{2}MR^2 + mR^2\right)w$$

$$\therefore \omega = \frac{\frac{1}{2}MR^2\omega_0}{\frac{1}{2}MR^2 + mR^2}$$

[예제] 그림처럼 마찰 없는 수평면 위에서 질량 m을 가진 물체가 줄에 매달려 등속 원운동을 하고 있다. 줄을 갑자기 잡아당겨 반지름이 절반으로 줄어들었다. (단, 줄의 질량은 무시한다)

① 물체의 속력 (v)은?

② 각속력 (ω)은?

③ 줄의 장력은?

④ 운동에너지 (KE)는 보존되는가?

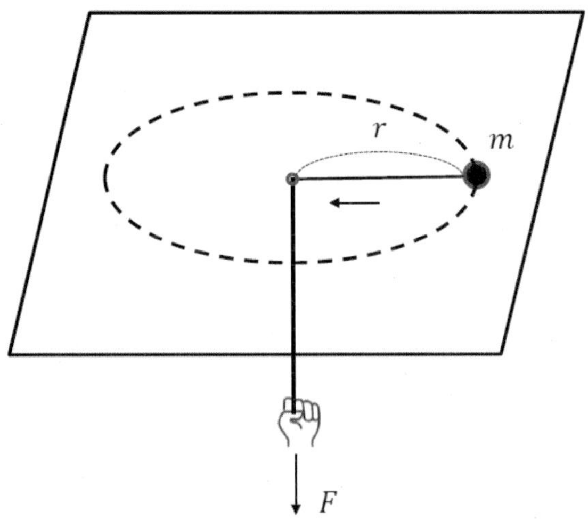

[해설]

① $\vec{\tau} = \dfrac{d\vec{L}}{dt}$

$0 = \dfrac{d\vec{L}}{dt} \;\rightarrow\; \vec{L} = Iw = \text{상수}$

$\therefore\; L_i = L_f \qquad (\vec{L} \equiv \vec{r} \times \vec{p})$

$rmv_i = \dfrac{1}{2} rmv_f$ (∵ 반지름이 절반으로 감소)

$\rightarrow v_f = 2v_i$ (속도 2배 증가)

② $v = rw \quad \rightarrow w = \dfrac{v}{r}$

$w_i = \left(\dfrac{v}{r}\right)_i = \dfrac{v_i}{r_i}$

$$w_f = \left(\frac{v}{r}\right)_f = \frac{v_f}{r_f} = \frac{2v_i}{\frac{1}{2}r_i} = 4\left(\frac{v_i}{r_i}\right) = 4\left(\frac{v}{r}\right)_i = 4w_i$$

③ 원운동 $F = m\dfrac{v^2}{r}$

초기 (r): $F(r) = m\dfrac{v_i^2}{r}$

나중 $(\frac{r}{2})$: $F(\frac{r}{2}) = m\dfrac{v_f^2}{\frac{r}{2}} = m\dfrac{(2v_i)^2}{\frac{r}{2}} = 8m\dfrac{v_i^2}{r} = 8F(r)$

$F = T$ (장력)이다.

∴ 장력은 8배 증가한다.

④ $(\mathrm{KE})_\mathrm{f} = \frac{1}{2}mv_f^2 = \frac{1}{2}m(2v_i)^2$

$(\mathrm{KE})_\mathrm{i} = \frac{1}{2}mv_i^2$

$$\rightarrow \frac{(\mathrm{KE})_\mathrm{f}}{(\mathrm{KE})_\mathrm{i}} = \frac{\frac{1}{2}m4v_i^2}{\frac{1}{2}mv_i^2} = 4$$

∴ 운동에너지는 보존되지 않는다. 외부에서 당겨 주기 때문에 증가됨을 알 수 있다.

□ 회전 운동에너지

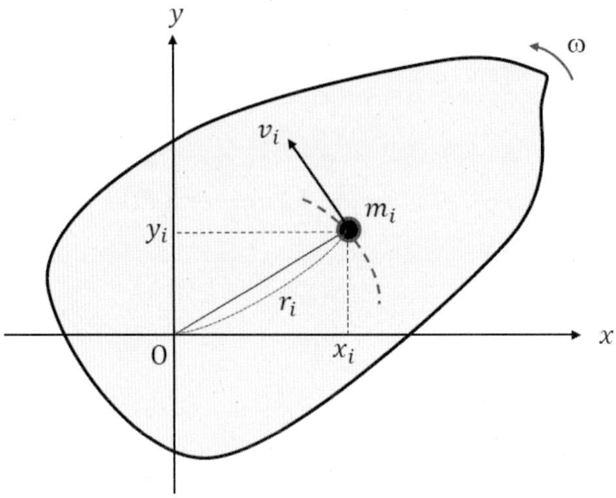

질량 m_i 속도 v_i로 운동

운동에너지 $(\mathrm{KE})_\mathrm{i} = \frac{1}{2}m_i v_i^2$

총 운동에너지 (Total KE) $= \sum(\mathrm{KE})_i = \sum\frac{1}{2}m_i v_i^2$

$$= \sum\frac{1}{2}m_i(r_i\omega)^2 \qquad (\because\ v = r\omega\ )$$

$$= \sum\frac{1}{2}m_i r_i^2\omega^2 = \frac{1}{2}\left(\sum m_i r_i^2\right)\omega^2 = \frac{1}{2}I\omega^2 \qquad (\because\ I \equiv \sum m_i r_i^2)$$

(정의) 회전운동에너지 $\mathrm{KE} \equiv \frac{1}{2}Iw^2$

[예제] 지구자전으로 인한 지구의 회전운동에너지[J]는?

[해설] 가정: 지구를 속이 차고 반경 R인 구 (sphere)라고 하자.

$I = \frac{2}{5}MR^2$

$M = 6\times10^{24}\,\mathrm{kg}$

$R = 6.4\times10^{6}\ \mathrm{m}$

$$\therefore\ I = \frac{2}{5}MR^2 = 9.8 \times 10^{37}\,\mathrm{kg \cdot m^2}$$

$$\omega = \frac{2\pi}{T} = \frac{2\pi}{24 \times 60 \times 60\mathrm{s}} = 7.3 \times 10^{-5}\,\mathrm{rad/s}$$

회전운동에너지 $\mathrm{KE} \equiv \frac{1}{2}Iw^2$

$$= \frac{1}{2} \times 9.8 \times 10^{37}\,\mathrm{kg \cdot m^2} \times (7.3 \times 10^{-5}\,\mathrm{rad/s})^2$$

$$= 2.6 \times 10^{29}\,[\mathrm{J}]$$

(참고) 우리나라 총 발전량 $\sim 10^{17}\,[\mathrm{J}]$

(상황) 회전운동에서 "일과 에너지 정리"는?

그림에서 ①은 고정된 축에 대해 회전하는 강체의 운동이고, ②는 위에서 본 모습을 나타낸다.

①

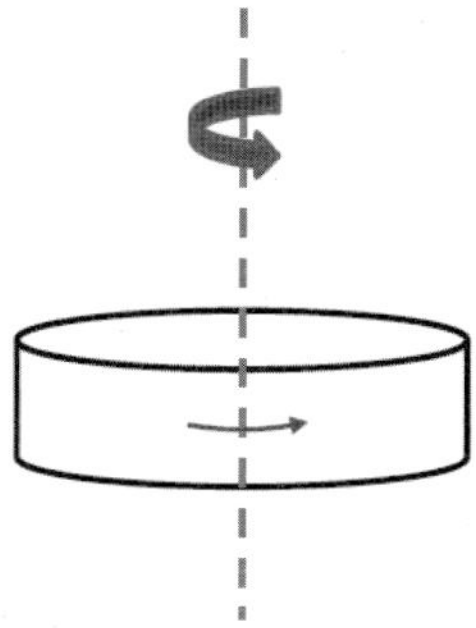

②

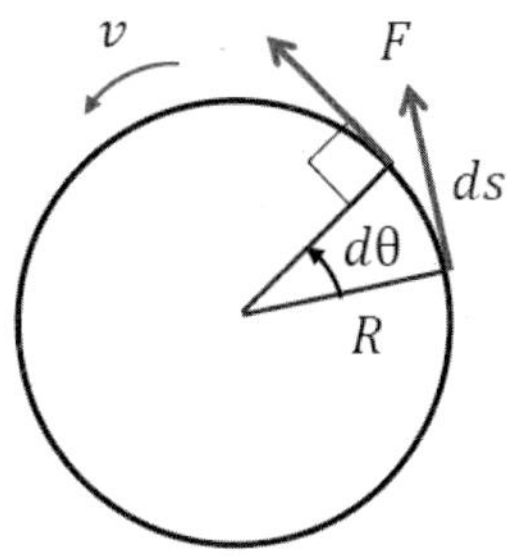

해준 일 $dW = \vec{F} \cdot \vec{ds} = Frd\theta = \tau d\theta$

$$W = \int dW = \int \tau d\theta = \int I\alpha d\theta = \int I\frac{dw}{dt}d\theta$$

$$= \int I\frac{d\theta}{dt}dw = \int_{w_1}^{w_2} Iwdw = \frac{1}{2}Iw_2^2 - \frac{1}{2}Iw_1^2$$

$$\equiv (\mathrm{KE})_2 - (\mathrm{KE})_1$$

☛ 회전운동에너지 $\mathrm{KE} \equiv \frac{1}{2}Iw^2$

♣ 회전운동에서 "일과 에너지 정리"

→ 회전 시 해준 일은 운동에너지의 변화량으로 나타난다.

☛ 일률 $P \equiv \dfrac{dW}{dt}$

$$= \frac{d(\tau d\theta)}{dt} = \tau\frac{d\theta}{dt} = \tau\omega$$

[Note] 직선운동의 경우 $P = Fv$ 에 대응된다.

✍ **(비교)**

직선운동	↔ (1:1대응)	회전운동
$\mathrm{KE} = \frac{1}{2}mv^2$	운동에너지	$\mathrm{KE} = \frac{1}{2}Iw^2$
$P = Fv$	일률 $P \equiv \frac{dW}{dt}$	$P = \tau\omega$

[예제] 양팔을 벌려 아령을 들고 회전의자에 앉아서 각속도 12 rad/s로 회전하고 있다. 팔을 벌린 상태에서 관성모멘트는 5 kg • m^{2}이다. 이제 팔을 오므려서 관성모멘트가 4 kg • m^{2}로 변했을 때 계의 회전 운동에너지[J]는?

[해설]

외부에서 토크 (τ)가 작용하지 않으면 각운동량은 보존된다.

$$0 = \frac{d\vec{L}}{dt} \rightarrow \vec{L} = Iw = \text{상수}$$

$$I_i\, w_i = I_f\, w_f$$

$$\rightarrow w_f = \frac{I_i}{I_f}w_i = \frac{5}{4}\times 12 = 15\ [\mathrm{rad/s}]$$

계의 초기 회전 운동에너지 $(\mathrm{KE})_i = \frac{1}{2}I_i w_i^2 = \frac{1}{2}\times 5\times 12^2 = 5\times 72 = 360\ [\mathrm{J}]$

계의 초기 회전 운동에너지 $(\mathrm{KE})_f = \frac{1}{2}I_f w_f^2 = \frac{1}{2}\times 4\times 15^2 = 2\times 225 = 450\ [\mathrm{J}]$

∴ 증감된 계의 회전 운동에너지 $= (\mathrm{KE})_f - (\mathrm{KE})_i = 450 - 360 = 90\ [\mathrm{J}]$

[예제] 그림처럼 길이가 L, 질량이 m인 한 끝이 O에 고정된 막대가 A지점에 수평으로 매달려 있고 자유롭게 회전할 수 있다.

① 이제 A지점에서 막대를 잡았던 손을 놓는 순간 막대 끝점의 각가속도의 크기는?

② 막대가 수직위치인 B지점에 도달했을 때, 막대 끝점의 각속도와 속력은?

③ 막대가 수직위치인 B지점에 도달했을 때, 막대 끝점의 가속도의 크기는?

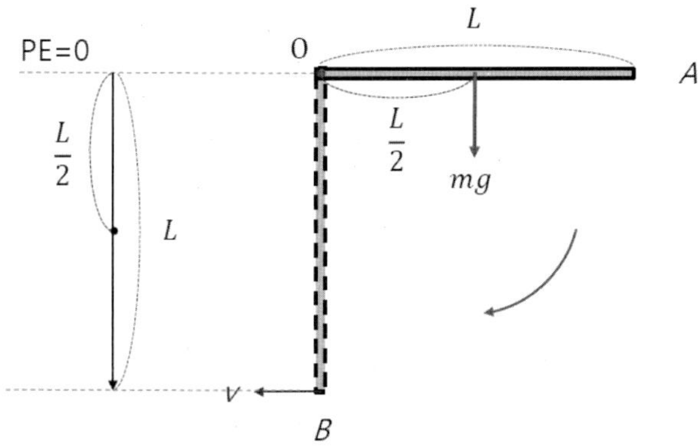

[해설]

① 토크 $\tau = \dfrac{dL}{dt}$

$\tau \equiv r \times F = \dfrac{L}{2}mg$

$L = I\omega$

[Note] $I = \dfrac{1}{3}mL$ (질량 m 길이 L인 가늘고 균일한 막대가 막대 끝을 회전축으로 회전 시)

$\tau = \dfrac{dL}{dt} = \dfrac{d(I\omega)}{dt} = I\dfrac{d\omega}{dt} = I\alpha$

$\dfrac{L}{2}mg = I\alpha = \dfrac{1}{3}mL\,\alpha$

$\therefore\ \alpha = \dfrac{3}{2}g$

② 역학적 에너지 보존 사용

(방법1)

☛ 역학적 에너지 보존 법칙

$\Delta(\text{KE} + \text{PE}) = 0$

$\Delta[\text{KE}(직선) + \text{KE}\ (회전) + \text{PE}\ (위치)] = 0$

→ [직선운동에너지 (KE) + 회전운동에너지 (KE) + 위치에너지 (PE)]$_{A지점}$
= [직선운동에너지 (KE) + 회전운동에너지 (KE) + 위치에너지 (PE)]$_{B지점}$

직선운동에너지 (KE) $= \frac{1}{2}mv^2$

회전운동에너지 (KE) $= \frac{1}{2}Iw^2$

위치에너지 (PE) $= mgh$

$$[0 + 0 + 0]_{A지점} = \left[0 + \frac{1}{2}I\omega^2 - mg\frac{L}{2}\right]_{B지점}$$

$$\omega^2 = \frac{2}{I}mg\frac{L}{2} = \frac{2}{\frac{1}{3}mL^2}mg\frac{L}{2} = \frac{3}{L}g$$

각속도 (ω)

$$\therefore \omega = \sqrt{\frac{3g}{L}}$$

[Note] $v = rw$

속도 (v)

$$\therefore v = L\sqrt{\frac{3g}{L}} = \sqrt{3gL}$$

☛ **(주의)**

$$\vec{L} = I\vec{\omega}$$

$\vec{L} = \vec{r} \times \vec{p} = \vec{r} \times m\vec{v}$ (주목: 여기서 L은 각운동량)

$Lmv = Iw$ (주목: 여기서 L은 막대 길이)

$$\therefore v = \frac{Iw}{Lm} = \frac{\frac{1}{3}mL^2\sqrt{\frac{3g}{L}}}{Lm} = \frac{1}{3}L\sqrt{\frac{3g}{L}} = \sqrt{\frac{1}{3}gL}$$

이것을 사용할 수 없는 이유는 막대의 질량은 질점으로 막대 중심인 $\frac{L}{2}$인 지점에 있다고 정하는데, 문제 풀이는 마치 길이 L인 지점에 질량 m이 있는 것처럼 풀었기 때문이다.

(해보기) 막대 중심의 속력은?

$$v = rw$$
$$= \frac{L}{2}w = \frac{L}{2}\sqrt{\frac{3g}{L}} = \frac{1}{2}\sqrt{3gL}$$

✍ **(정리)**

막대 끝 지점에서 속력: $\sqrt{3gL}$

막대 중심에서의 속력: $\frac{1}{2}\sqrt{3gL}$

→ v(끝점) $= 2v$(중심) (∴ 끝점속도는 중심 속도의 2배이다)

∴ 막대 끝 지점에서 속력 > 막대 중심에서의 속력

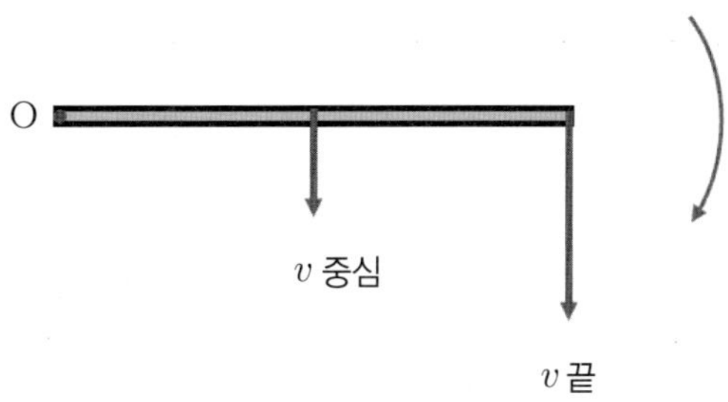

즉, 우리 직관하고 일치한다. 같은 각속도 (ω)로 회전하려면, 안쪽 보다는 바깥쪽에 있는 사람이 더 빠른 속력으로 움직여야 한다.

(방법2) 위치에너지 (PE)의 기준을 다르게 잡을 경우

위치에너지 (PE)의 기준을 막대의 질량중심이 가장 낮은 위치에 있을 때로 잡으면, A지점의 위치에너지는 $mg\frac{L}{2}$이다. 막대가 회전해 B지점으로 도달할 때 위치에너지는 0이고 A지점에서의 위치에너지가 모두 회전에너지로 변환된다.

☛ 역학적 에너지 보존 법칙

Δ(KE + PE) = 0

Δ[KE(직선) + KE(회전) + PE(위치)] = 0

→ $[$직선운동에너지 (KE) + 회전운동에너지 (KE) + 위치에너지 (PE)$]_{A지점}$

= $[$직선운동에너지 (KE) + 회전운동에너지 (KE) + 위치에너지 (PE)$]_{B지점}$

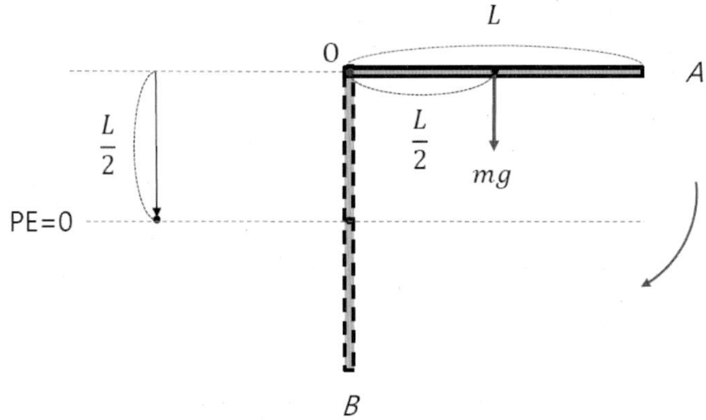

$$\left[0 + 0 + mg\frac{L}{2}\right]_{\text{A지점}} = \left[0 + \frac{1}{2}I\omega^2 + 0\right]_{\text{B지점}}$$

$$\omega^2 = \frac{2}{I}mg\frac{L}{2} = \frac{2}{\frac{1}{3}mL^2}mg\frac{L}{2} = \frac{3}{L}g$$

$$\therefore \omega = \sqrt{\frac{3g}{L}}$$

③ 접선가속도 (a_t, tangential)

$$a_t \equiv \frac{dv}{dt} = \frac{d}{dt}(r\omega) = r\frac{d\omega}{dt} = r\alpha \qquad (\because \ \alpha \equiv \frac{d\omega}{dt} \text{ 각가속도})$$

$$\therefore a_t = L\alpha = L\frac{3}{2}g = \frac{3gL}{2}$$

[예제] 그림처럼 길이 H, 질량 M인 막대가 마찰 없는 평면위에 놓여있다. 질량 m인 물체가 속도 v_0로 날아와 막대 끝에 달라붙는다. 막대 한쪽 끝이 고정되어 있을 때, 충돌 후 막대의 회전 각속도 (w)는?

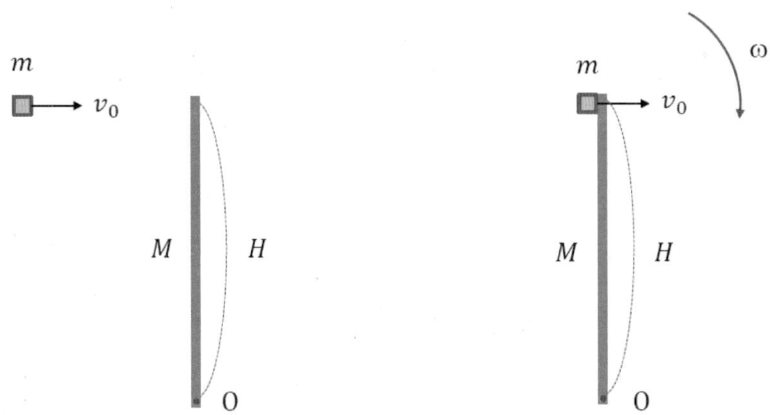

$$\vec{L} = I\vec{\omega}$$

$$\vec{L} = \vec{r} \times \vec{p} = \vec{r} \times m\vec{v}$$

$$\therefore L = Hmv_0$$

$$I = \frac{1}{3}MH^2 + mH^2 \qquad \text{(O축이 회전축)}$$

$$L = I\omega$$

$$\rightarrow \quad Hmv_0 = \left(\frac{1}{3}MH^2 + mH^2\right)w$$

$$\therefore w = \frac{mv_0}{\left(\frac{1}{3}M + m\right)H}$$

[예제] 그림처럼 고정축을 중심으로 자유롭게 회전할 수 있는 막대가 수직방향으로 정지해 있고, 질량 m, 속력 v인 점 입자가 수평방향으로 날아와 달라붙은 직후 막대의 각속력 (ω)은? (단, 고정축에 대한 막대의 관성모멘트는 I이다)

[해설]

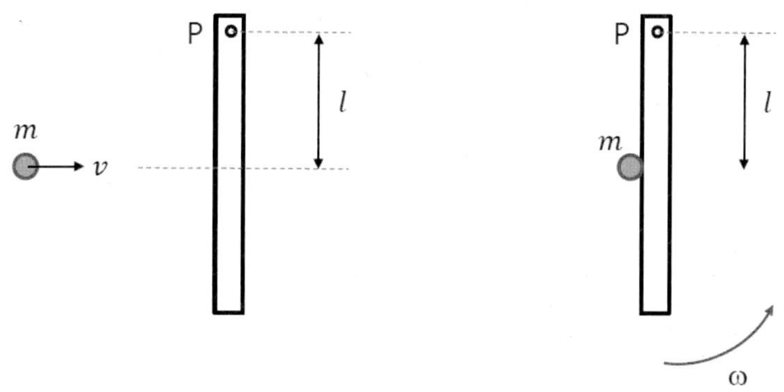

$$\vec{L} = I\vec{\omega}$$

$$\vec{L} = \vec{r} \times \vec{p} = \vec{r} \times m\vec{v}$$

$$L = lmv$$

P점 (고정축)을 축으로 한 관성모멘트 $I_P = ml^2 + I$

$$L = I_P\,\omega$$

$$\rightarrow L = I_P\,\omega = lmv$$

$$\therefore \omega = \frac{lmv}{I_P} = \frac{lmv}{ml^2 + I}$$

[예제] 그림처럼 중심을 지나는 수직축 주위를 회전할 수 있는 밀도가 균일한 원판의 질량은 M이고 반경은 R이다. 정지해 있던 원판에 질량이 m인 찰흙덩어리가 v의 속도로 날아와 원판 가장자리에 붙어서 원판의 중심을 축으로 원판과 함께 회전한다고 할 때 원판의 각속도 (w)는?

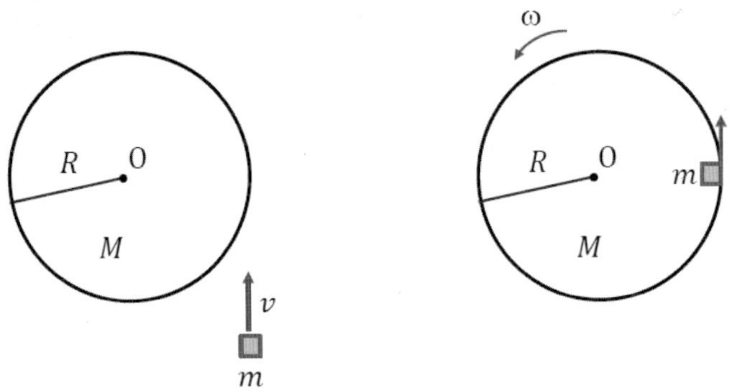

[해설]

$$\vec{L} = \vec{r} \times \vec{p} = \vec{r} \times m\vec{v}$$

$$\therefore L = Rmv$$

$$I = \frac{1}{2}MR^2 + mR^2$$ (원판과 찰흙덩어리가 붙어서 O축을 중심으로 회전할 때)

$$L = I\omega$$

$$\rightarrow \quad R\,mv = \left(\frac{1}{2}MR^2 + mR^2\right)w$$

$$\therefore w = \frac{mv}{\left(\frac{1}{2}MR + mR\right)}$$

[예제] 질량 M, 반지름 R인 원판이 중심축 주위로 회전할 수 있다. 그림처럼 속력 v, 질량 m인 총알이 날아와 정지 상태에 있던 원판의 중심에서 $R/2$지점에 충돌하였다. 총알이 원판에 박힌 후 일정한 회전 각속력 w로 회전한다. (단, $M = 30m$ 이고, 원판의 관성모멘트는 $\frac{1}{2}MR^2$이다)

① 원판 중심축에 대한 총알의 각운동량 크기는?

② 총알이 원판에 충돌한 후, 원판 중심축에 대한 원판과 총알의 전체 관성 모멘트는?

③ 원판의 각속력 (w)은?

④ 원판 가장자리에서의 접선 방향의 속력은?

[해설]

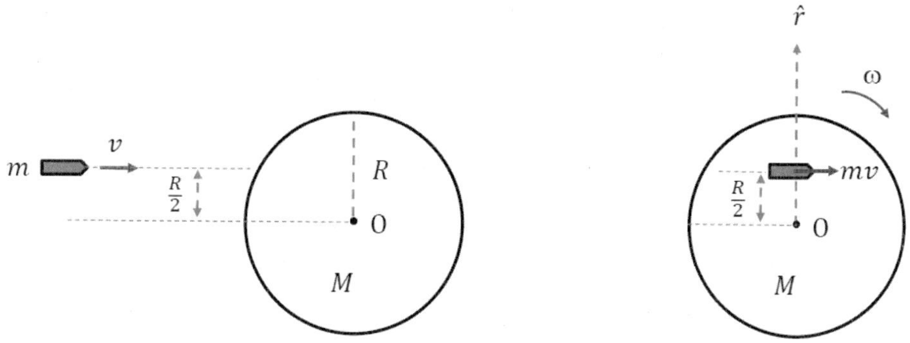

① $\vec{L} = \vec{r} \times \vec{p} = \vec{r} \times m\vec{v}$

$$\therefore L = \frac{R}{2} mv \sin 90° = \frac{mvR}{2}$$

② $I = \frac{1}{2}MR^2 + m\left(\frac{R}{2}\right)^2 = \frac{1}{2}30mR^2 + \frac{mR^2}{4} = \frac{61}{4}mR^2$

③ $L = I\omega$

$$\therefore w = \frac{L}{I} = \frac{\frac{mvR}{2}}{\frac{61}{4}mR^2} = \frac{4mvR}{2 \times 61\, mR^2} = \frac{2}{61}\frac{v}{R}$$

④ $v = rw$

$$\therefore v_R = Rw = R\frac{2}{61}\frac{v}{R} = \frac{2}{61}v$$

[예제] 관성모멘트가 I이고 반경 r인 (도르래) 바퀴 둘레에 감겨져 있는 가벼운 줄 끝에 질량 m인 물체가 매달려 있다.

① 물체의 가속도?

② 줄의 장력은?

③ 정지 상태에서 h만큼 떨어진 후의 속력?

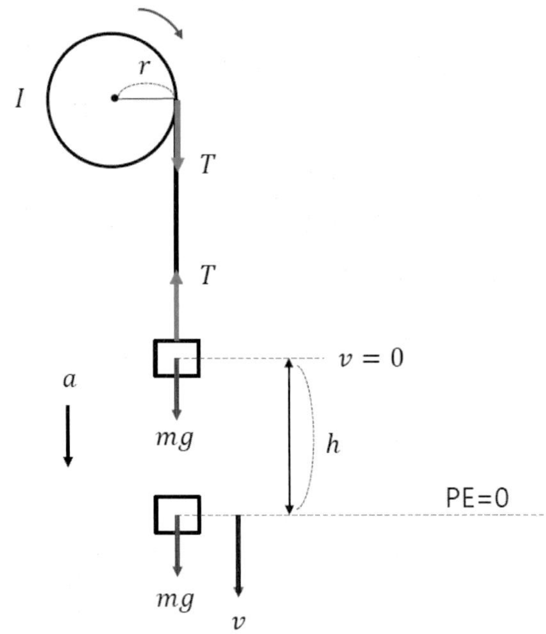

[해설]

① $mg - T = ma$

$\vec{\tau} = I\vec{\alpha} \qquad \rightarrow \ \tau = I\alpha$

$rT = I\alpha \qquad (\because \vec{\tau} = \vec{r} \times \vec{F})$

$rT = I\alpha = I\dfrac{a}{r} \qquad (\because a = r\alpha)$

$\therefore\ T = \dfrac{Ia}{r^2}$

$mg - T = mg - \dfrac{Ia}{r^2} = ma$

$\left(m + \dfrac{I}{r^2}\right)a = mg \quad \rightarrow \quad \therefore\ a = \dfrac{mg}{\left(m + \dfrac{I}{r^2}\right)}$

② $T = \dfrac{Ia}{r^2} = \dfrac{I}{r^2}\dfrac{mg}{\left(m + \dfrac{I}{r^2}\right)}$

(검증) 도르래가 회전하지 않는 경우 ($I = 0$)

$a = \dfrac{mg}{\left(m + \dfrac{I}{r^2}\right)} \simeq \dfrac{mg}{m} = g$ (즉, 물체는 중력가속도 g로 자유낙하한다)

③

(방법1) $a = \dfrac{g}{1+\dfrac{I}{mr^2}} = \dfrac{mg}{m+\dfrac{I}{r^2}}$

[Note] $v^2 - v_0^2 = 2aS$

$$v^2 - 0^2 = 2aS = 2\frac{mg}{m+\dfrac{I}{r^2}}h$$

$$\therefore v^2 = \frac{2m}{m+\dfrac{I}{r^2}}gh$$

(방법2) 에너지 보존

일단 위치에너지의 기준을 물체가 최하점에 내려올 때로 잡아준다. 초기 위치에너지 (PE)가 h만큼 낙하했을 때, 물체의 운동에너지와 도르래의 회전운동에너지로 변환됨을 알 수 있다.

[운동에너지+ 회전운동에너지+위치에너지]$_{초기}$ = [운동에너지+ 회전운동에너지+ 위치에너지]$_{나중}$

$$\rightarrow \quad 0 + 0 + mgh = \frac{1}{2}mv^2 + \frac{1}{2}Iw^2 + 0$$

$$mgh = \frac{1}{2}mv^2 + \frac{1}{2}I\left(\frac{v}{r}\right)^2 + 0$$

$$mgh = \frac{1}{2}\left(m + \frac{I}{r^2}\right)v^2$$

$$\therefore v^2 = \frac{2m}{m+\dfrac{I}{r^2}}gh$$

[예제] 그림처럼 질량이 M, 반경 R인 (도르래) 바퀴 둘레에 체인이 감겨져 있다. 또한 아주 작은 체인 조각이 질량 m인 물체 끝에 매달려 있고 체인이 풀리면서 낙하한다. 체인이 완전히 풀렸을 때, 원반의 각속도 (ω)는? (단, $M=2m$이다)

[해설]

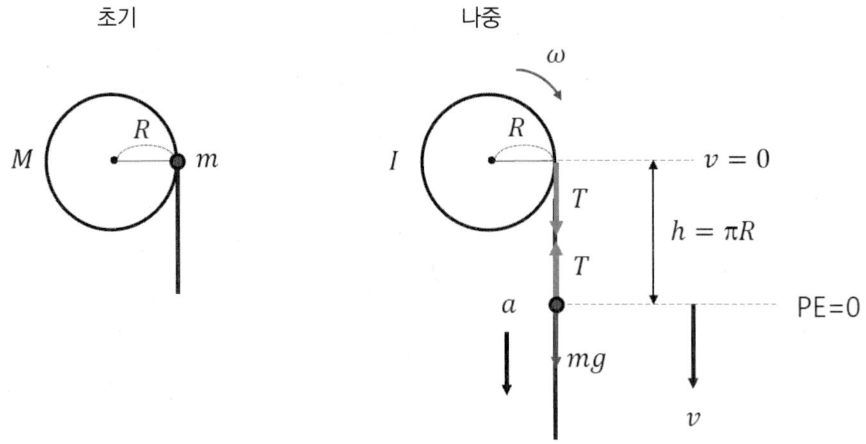

역학적 에너지 보존

[운동에너지+ 회전운동에너지+ 위치에너지]$_{초기}$= [운동에너지+ 회전운동에너지+ 위치에너지]$_{나중}$

$$\rightarrow \quad 0 + 0 + mgh = \frac{1}{2}mv^2 + \frac{1}{2}Iw^2 + 0$$

$$mgh = \frac{1}{2}mv^2 + \frac{1}{2}I\left(\frac{v}{R}\right)^2 + 0$$

$$mgh = \frac{1}{2}\left(m + \frac{I}{R^2}\right)v^2$$

$$\therefore v^2 = \frac{2m}{m + \frac{I}{r^2}}gh$$

$I = \frac{1}{2}MR^2 = \frac{1}{2}2mR^2 = mR^2$, $h = \pi R$ ($\because$ h만큼 떨어질 때, 원반은 πR만큼 풀린 것이다)

$$v^2 = \frac{2m}{m + \frac{I}{R^2}}gh = \frac{2m}{m + \frac{mR^2}{R^2}}g\pi R = g\pi R$$

$$\therefore \ w = \frac{v}{R} = \frac{\sqrt{g\pi R}}{R} = \sqrt{\frac{\pi g}{R}}$$

[예제] 2장 문제에서 나온 문제로 도르래의 회전을 고려한다. (단, 마찰 계수는 μ이고, 도르래의 반경은 R, 질량은 M이고, 관성모멘트 $I = MR^2$ 이다)

① 가속도 (a)?

② 정지 상태에서 h만큼 떨어진 후의 속력 (v)?

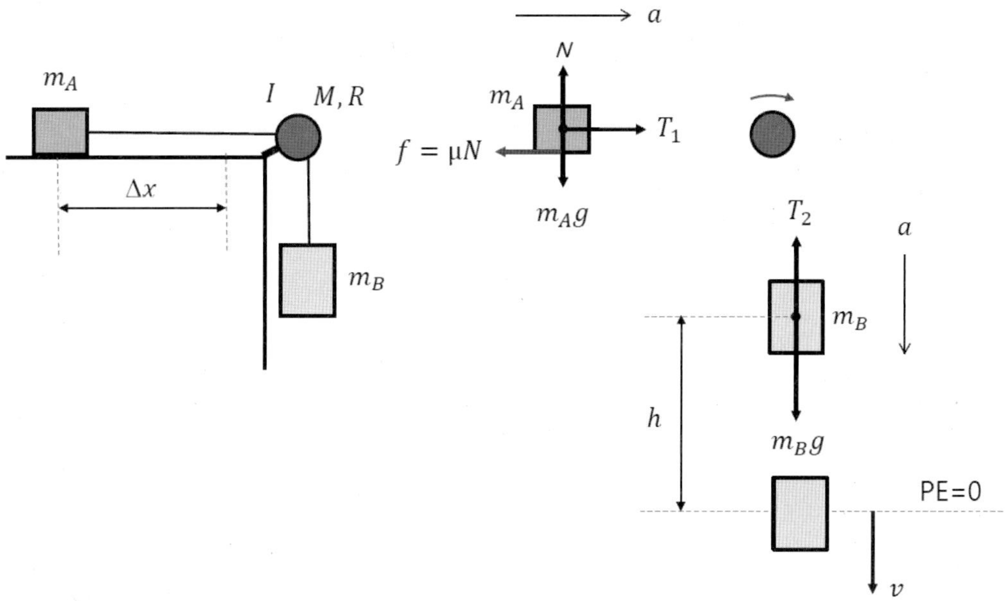

[해설]

①

(물체 m_A) 운동방정식 $\quad T_1 - f = m_A a \quad$ Ⓐ

$$\therefore T_1 - \mu m_A g = m_A a$$

(물체 m_B) 운동방정식 $\quad m_B g - T_2 = m_B a \quad$ Ⓑ

도르래 회전 $\vec{\tau} = I\vec{\alpha} \quad \rightarrow \quad RT_2 - RT_1 = I\alpha = I\left(\frac{a}{R}\right) \quad$ Ⓒ

$$\therefore T_2 - T_1 = \frac{Ia}{R^2}$$

미지의 변수 3개 (T_1, T_2, a)이고, 식이 3개 (Ⓐ, Ⓑ, Ⓒ)이므로 연립방정식을 풀면 된다.

[Note] T_1, T_2가 다르기 때문에 도르래 회전에 대한 원인을 제공한다. 점입자 취급을 한다면 도르래 회전을 굳이 고려할 필요가 없다.

$$m_B g - m_B a - (m_A a + \mu m_A g) = \frac{Ia}{R^2}$$

$$\therefore \ a = \frac{m_B g - \mu m_A g}{m_A + m_B + \frac{I}{R^2}}$$

(검증) 만약 $I = 0$ 이면, $\quad a \simeq \dfrac{m_B g - \mu m_A g}{m_A + m_B + 0} = \dfrac{m_B g - \mu m_A g}{m_A + m_B} \quad$ (2장 결과와 동일)

②

(방법1)

$$v^2 - v_0^2 = 2aS$$

$$v^2 - 0^2 = v^2 = 2ah$$

$$v^2 = 2\left(\frac{m_B g - \mu m_A g}{m_A + m_B + \dfrac{I}{R^2}}\right)h$$

$$\therefore v = \sqrt{2gh\left(\frac{m_B - \mu m_A}{m_A + m_B + \dfrac{I}{R^2}}\right)}$$

만약 $I = MR^2$, $v = \sqrt{2gh\left(\dfrac{m_B - \mu m_A}{m_A + m_B + \dfrac{MR^2}{R^2}}\right)} = \sqrt{2gh\left(\dfrac{m_B - \mu m_A}{m_A + m_B + M}\right)}$

(방법2) "일-에너지 정리" 사용

마찰력이 해 준일 = 역학적 에너지 변화량

$$\therefore W_{nc} = \Delta(\mathrm{KE} + \mathrm{PE})$$

→ $W_{nc} = \Delta$ [KE(직선) + KE(회전) + PE(위치)]
= [KE(직선) + KE(회전) + PE(위치)]$_{나중}$ − [KE(직선) + KE(회전) + PE(위치)]$_{처음}$

$W_{nc} = f\Delta x \cos 180° = -\mu m_A g \Delta x = -\mu m_A g h$ (m_B가 h만큼 떨어질 때, m_A의 이동거리 Δx도 h만큼이라고 하자. → $\Delta x = h$)

$$-\mu m_A g h = \left(\frac{1}{2}m_A v^2 + \frac{1}{2}m_B v^2 + \frac{1}{2}I\omega^2 + 0\right) - (0 + 0 + 0 + m_B gh)$$

$$= \frac{1}{2}m_A v^2 + \frac{1}{2}m_B v^2 + \frac{1}{2}MR^2\left(\frac{v}{R}\right)^2 - m_B gh \qquad (\because v = R\omega)$$

$$\therefore v = \sqrt{2gh\left(\frac{m_B - \mu m_A}{m_A + m_B + \dfrac{I}{R^2}}\right)}$$

□ 굴림운동

(상황) 물체가 직선(병진) 운동을 하면서 회전하는 경우. 예로, 그림처럼 빗면을 바퀴가 미끄럼 없이 굴러서 (= 직선운동 + 회전운동) 내려올 때, 굴러가게 하는 원인은 누가 제공하는가?

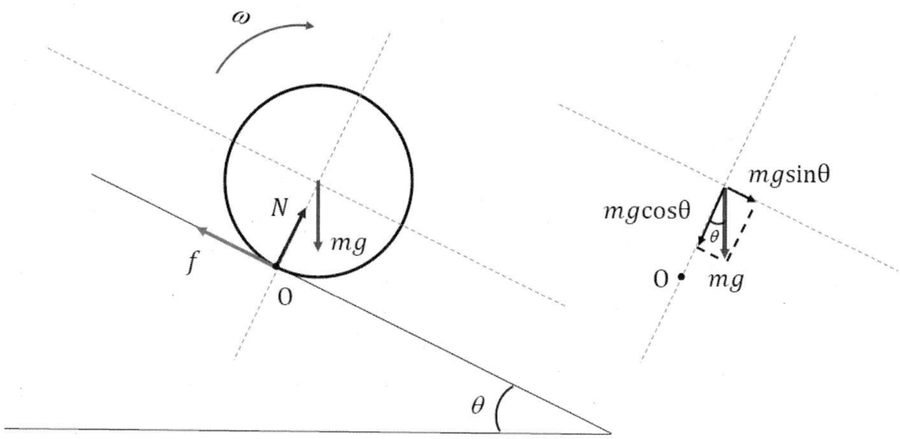

[Note] 토크 $\vec{\tau} = \vec{r} \times \vec{F}$

① 수직항력 (N)은 돌림힘을 만들기 못한다. [∵ 바퀴와 빗면이 만나는 지점 (O)을 기준으로 잡으면, 거리가 0이다]

② 마찰력 (f)도 동일하다. (∵ $r = 0$)

③ 중력 (mg)은 돌림힘을 제공한다.

[질문] 그럼, 바퀴가 미끄러지지 않는 이유는 무엇인가?

→ 그림처럼 매순간 구르는 바퀴에서 빗면과 접촉한 점은 순간적으로 정지해 있다. 미끄러지지 않고 구르는 이유는 마찰 때문이다. (얼음판 위에서는 구르지 않고 미끄러짐을 상기한다) 즉, 매점에서 순간 정지 마찰력 (f) 때문에 미끄러지지 않는다.

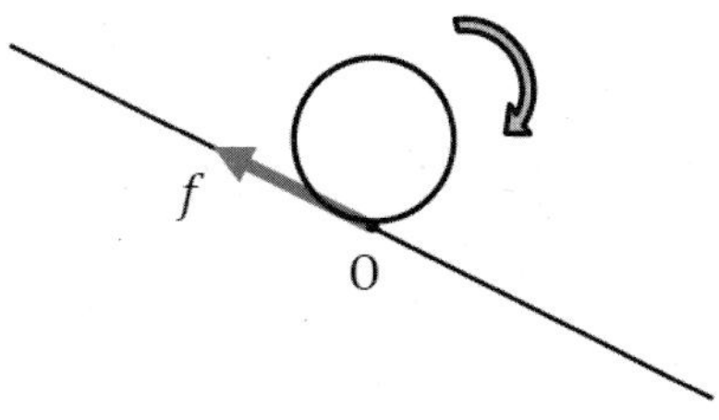

⊸ **(요약)** 그림처럼 바퀴의 굴림운동은 전체 바퀴의 직선(병진)운동과 질량중심에 대한 회전 운동의 결합임을 알 수 있다.

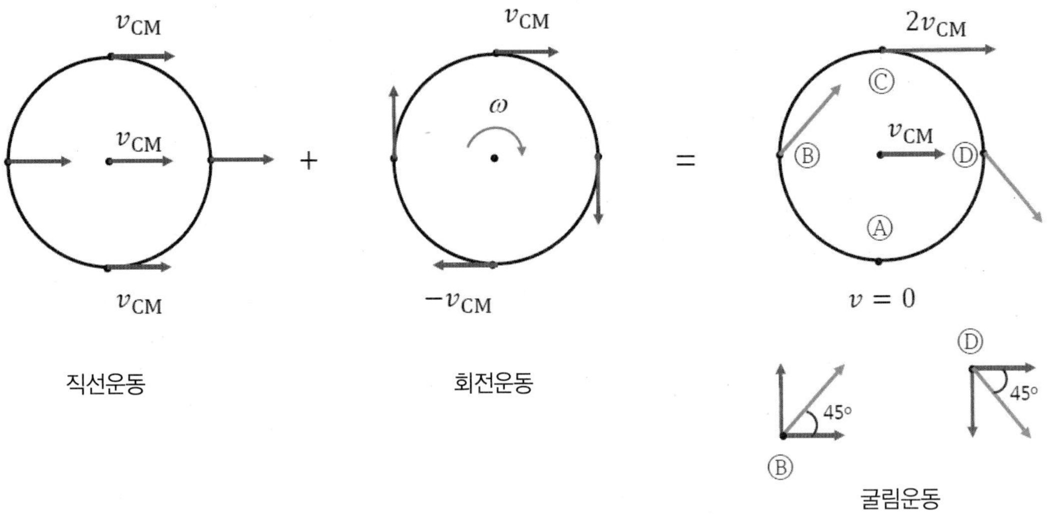

직관적으로 생각을 할 때, 만약에 중심축을 중심으로 회전 운동 (ω)만 있다면 계속 제자리에서 돌고만 있을 것이다. 따라서 앞으로 전진 하려면 직선운동이 같이 필요하다. 병진 (직선) 및 회전 운동이 조합된 최종 상태를 살펴보자.

Ⓐ 지점: 지면과 접촉점. $v_{CM} - v_{CM} = 0$. 즉, 바닥점에서 두 속도 벡터의 합은 0이므로, 바퀴의 바닥점은 순간적으로 정지해 있다.

Ⓑ 지점: 수평에서 45° 위 방향의 합 속도. 크기는 $\sqrt{2}v$ 이다.

Ⓒ 지점: $v_{CM} + v_{CM} = 2v_{CM}$. 두 운동의 합이다.

Ⓓ 지점: 수평에서 45° 아래 방향의 합 속도. 크기는 $\sqrt{2}v$ 이다.

(생각해보기) 구르는 원통의 중심과 테두리에 레이저 광원을 부착했다고 하자. 이 광원의 모습을 그려보면? 질량중심의 속도와 가속도는?

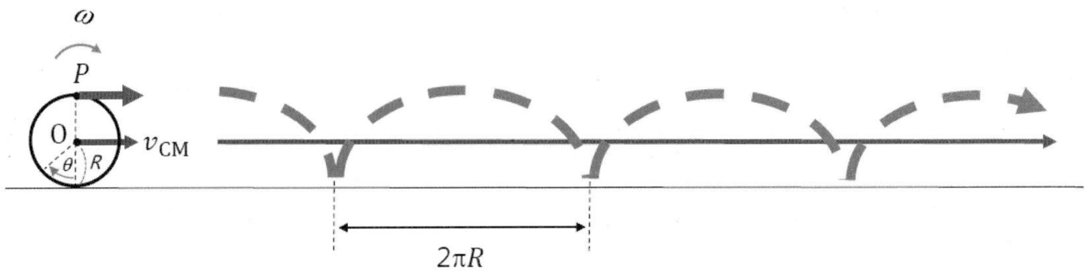

질량중심 (O점)은 직선 (빨간색 경로)을 따라 움직이고, 원통 테두리 점 (P점)은 사이클로이드 모양 (파란색 점선 경로)의 경로를 따라 움직인다.

마찰이 있는 표면 위를 반경 R이 구른다고 하자. 원통이 θ만큼 회전했다고 하자.

질량 중심이 이동한 거리 (s) $\theta = \dfrac{s}{R} \quad \rightarrow s = \theta R$

(즉, 1바퀴를 회전한 경우, $s = 2\pi R$ 를 진행한다)

질량중심의 속도 $v_{\mathrm{CM}} = \dfrac{ds}{dt} = R\dfrac{d\theta}{dt} = R\omega$

질량중심의 가속도 $a_{\mathrm{CM}} = \dfrac{dv_{\mathrm{CM}}}{dt} = \dfrac{d(R\omega)}{dt} = R\dfrac{d\omega}{dt} = R\alpha$

(유도해보기) 병진운동과 회전운동의 조합 시 에너지 관계식

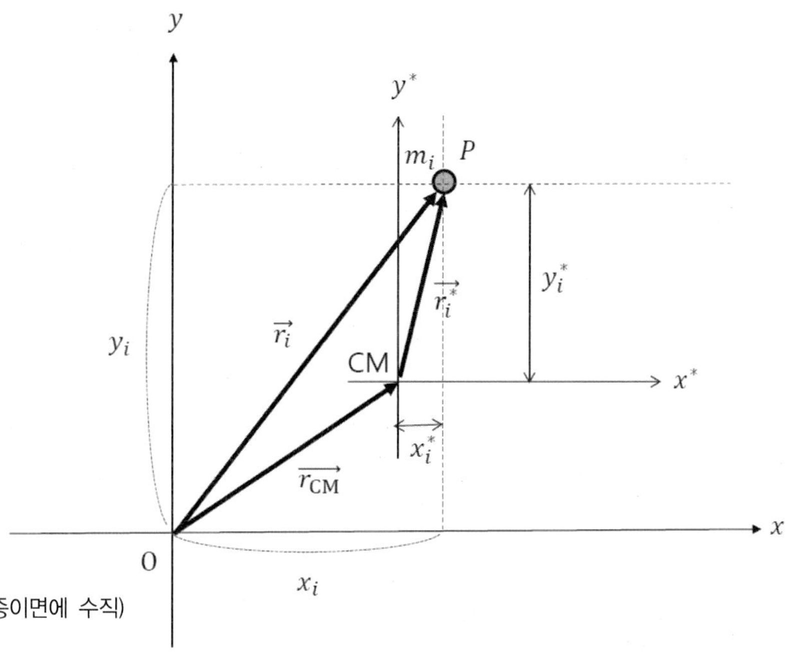

관성계의 원점 (O)에서 보았을 때 질량중심 (CM)의 위치 $\vec{r}_{\mathrm{CM}} = x_{\mathrm{CM}}\,\hat{i} + y_{\mathrm{CM}}\,\hat{j} + z_{\mathrm{CM}}\,\hat{k}$

질량 m_i의 위치:

▸ 관성계에서 $\vec{r}_i = x_i\,\hat{i} + y_i\,\hat{j} + z_i\,\hat{k}$ [위치 → (x_i, y_i, z_i)]

▸ 질량중심에 대해서 $\vec{r}_i^{\,*} = x_i^*\,\hat{i} + y_i^*\,\hat{j} + z_i^*\,\hat{k}$ [위치 → (x_i^*, y_i^*, z_i^*)]

$$x_i = x_{CM} + x_i^*$$
$$y_i = y_{CM} + y_i^*$$
$$z_i = z_{CM} + z_i^*$$

관성계에서 본 i번째 입자의 속도 $(\vec{v}_i)$

$$\vec{v}_i = \vec{v}_{CM} + \vec{v}_i^*$$

$\vec{v}_{CM}$: 관성계에서 본 질량중심 (CM)의 속도

$\vec{v}_i^*$: i번째 입자의 질량 중심에 대한 상대 속도

즉, 질량이 m_i인 i번째 입자의 관성계에서의 속도 $(\vec{v}_i)$는 질량중심의 속도 $(\vec{v}_{CM})$와 질량중심에 대한 이 입자의 상대속도 $(\vec{v}_i^*)$의 벡터 합이다.

총 운동에너지 (KE)

$$\mathrm{KE} = \frac{1}{2}\sum m_i v_i^2 = \frac{1}{2}\sum m_i \vec{v}_i \cdot \vec{v}_i \qquad (\because\ v_i^2 = \vec{v}_i \cdot \vec{v}_i)$$
$$= \frac{1}{2}\sum m_i (\vec{v}_{CM} + \vec{v}_i^*) \cdot (\vec{v}_{CM} + \vec{v}_i^*)$$
$$= \frac{1}{2}\sum m_i v_{CM}^2 + \sum m_i (\vec{v}_{CM} \cdot \vec{v}_i^*) + \frac{1}{2}\sum m_i v_i^{*2}$$

[Note] 질량중심 (CM)

$$x_{CM} \equiv \frac{\sum m_i x_i}{\sum m_i}$$
$$y_{CM} \equiv \frac{\sum m_i y_i}{\sum m_i}$$
$$M \equiv \sum m_i \quad \text{(총질량)}$$

질량중심 (CM)은 (x^*, y^*, z^*)축에서는 원점 자신이므로 $x_{CM} = y_{CM} = y_{CM} = 0$ 이다.

$$x_{CM} = \frac{\sum m_i x_i^*}{\sum m_i} = 0$$
$$y_{CM} = \frac{\sum m_i y_i^*}{\sum m_i} = 0$$

양변 미분

$$\dot{x}_{\mathrm{CM}} = \frac{\sum m_i \dot{x}_i^*}{\sum m_i} = 0 \qquad \rightarrow \sum m_i \dot{x}_i^* = 0$$

$$\dot{y}_{\mathrm{CM}} = \frac{\sum m_i \dot{y}_i^*}{\sum m_i} = 0 \qquad \rightarrow \sum m_i \dot{y}_i^* = 0$$

$$\therefore \ \sum m_i \vec{v}_i^* = 0$$

$$\begin{aligned} \mathrm{KE} &= \frac{1}{2}\left(\sum m_i\right) v_{\mathrm{CM}}^2 + \vec{v}_{\mathrm{CM}} \cdot \left(\sum m_i \vec{v}_i^*\right) + \frac{1}{2}\sum m_i v_i^{*2} \\ &= \frac{1}{2} M v_{\mathrm{CM}}^2 + \vec{v}_{\mathrm{CM}} \cdot 0 + \frac{1}{2}\sum m_i v_i^{*2} \\ &= \frac{1}{2} M v_{\mathrm{CM}}^2 + \frac{1}{2}\sum m_i v_i^{*2} \end{aligned}$$

즉, 총 운동에너지 (KE)는 질량중심의 운동에너지와 질량 중심을 축으로 한 운동에너지의 합이다.

[Note] $v = rw$

질량중심을 회전축으로 i 번째 입자까지 거리는 r_i^* 이고 ω 로 회전한다고 하면 $v_i^* = r_i^* w$ 이다.

$$\begin{aligned} \mathrm{KE} &= \frac{1}{2} M v_{\mathrm{CM}}^2 + \frac{1}{2}\sum m_i (r_i^* \omega)^2 \\ &= \frac{1}{2} M v_{\mathrm{CM}}^2 + \frac{1}{2}\sum (m_i r_i^{*2}) \omega^2 \\ &= \frac{1}{2} M v_{\mathrm{CM}}^2 + \frac{1}{2} I_{\mathrm{CM}} \omega^2 \qquad \left(\because I_{\mathrm{CM}} \equiv \sum m_i r_i^{*2}\right) \end{aligned}$$

[Note] I_{CM} 와 ω 는 질량중심을 통과하는 회전축에 대한 관성모멘트이고 각속도이다.

$\rightarrow$ KE = (병진 운동에너지, $\frac{1}{2} M v_{\mathrm{CM}}^2$) + (회전 운동에너지, $\frac{1}{2} I_{\mathrm{CM}} \omega^2$)

☛ 다시 생각하기

$I_P = I_{\mathrm{CM}} + Md^2$ (평행축 정리)

그림처럼 P 점을 중심으로 회전하는 물체의 경우 관성모멘트는 평행축 정리를 사용하여 구할 수 있다.

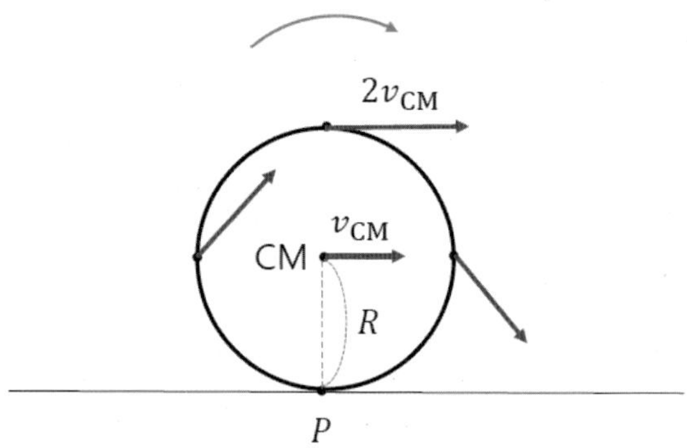

$I_P = I_{CM} + MR^2$ (∵ R 물체의 반경)

$$\begin{aligned} KE &= \frac{1}{2}Mv_{CM}^2 + \frac{1}{2}I_{CM}\omega^2 \\ &= \frac{1}{2}M(R\omega)^2 + \frac{1}{2}I_{CM}\omega^2 \\ &= \frac{1}{2}(MR^2 + I_{CM})\omega^2 \\ &= \frac{1}{2}I_P\omega^2 \end{aligned}$$

✍ **(정리)** 구르는 물체의 운동에너지는 접촉점 (P) 주위를 회전하는 물체의 순수한 회전 운동에너지와 동일하다.

① KE $= \frac{1}{2}Mv_{CM}^2 + \frac{1}{2}I_{CM}\omega^2$ (병진 운동에너지 + 회전 운동에너지)

② KE $= \frac{1}{2}I_P\omega^2$ (P 점을 축으로 회전하는 물체의 순수한 회전 운동에너지)

∴ ① = ②는 동일한 표현이다.

앞으로 문제를 풀 경우, ①번처럼 물체의 질량중심의 병진운동에너지와 질량중심에 대한 회전 운동에너지의 합으로 계산을 해도 되고, ②번처럼 접촉면에 대한 회전운동에너지만 고려해서 문제를 풀어도 된다.

[예제] 그림처럼 각도 θ, 높이 H, 빗면길이 S 인 경사면에 정지해 있던 질량 m, 반경이 R인 구 (sphere)가 굴러서 내려온다. 바닥에서의 속력은?

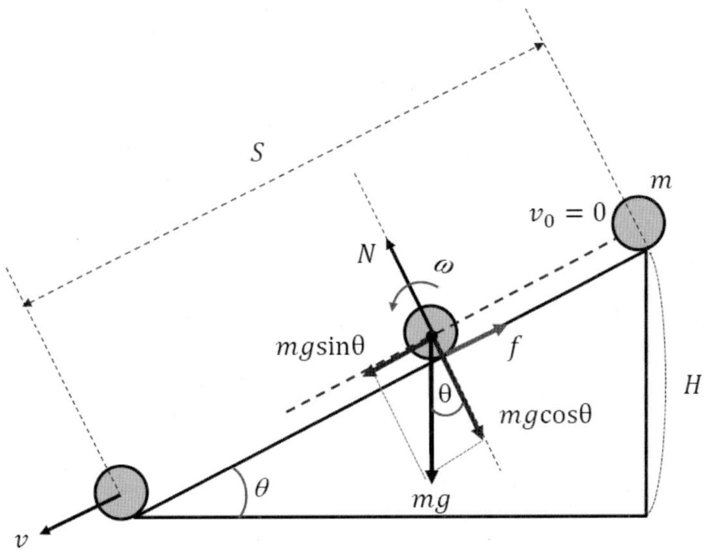

[해설]

① 만약 물체가 미끄러져 내려올 때 (→ 제 1장, 제 2장에 문제 풀이 참고)

$\therefore v = \sqrt{2gH}$

② 굴러서 내려오므로 병진운동과 회전운동의 조합이다.

역학적 에너지 보존 법칙

$\Delta(\mathrm{KE} + \mathrm{PE}) = 0$

[운동에너지 (KE) + 위치에너지 (PE)]$_{최고점}$ = [운동에너지 (KE) + 위치에너지 (PE)]$_{최저점}$

$$0 + mgH = \left(\frac{1}{2}mv_{\mathrm{CM}}^2 + \frac{1}{2}I_{\mathrm{CM}}\omega^2\right) + 0$$

$$= \frac{1}{2}mv_{\mathrm{CM}}^2 + \frac{1}{2}\left(\frac{2}{5}mR^2\right)\left(\frac{v_{\mathrm{CM}}}{R}\right)^2$$

[Note]

$I_{\mathrm{CM}} = \frac{2}{5}mR^2$

$v_{\mathrm{CM}} = Rw$

$mgH = \frac{1}{2}Mmv_{\mathrm{CM}}^2 + \frac{1}{5}mv_{\mathrm{CM}}^2 = \frac{7}{10}mv_{\mathrm{CM}}^2$

$$\therefore v \equiv v_{CM} = \sqrt{\frac{10}{7} gH}$$

$\rightarrow$ (①번 경우의 최종속도) $>$ (②번 경우의 최종속도)

(이유) 미끄러져 내려올 때의 에너지 일부가 굴러올 때 회전하는데 사용되었기 때문이다.

(일반화) 관성모멘트가 I_{CM}인 경우

$$[\text{운동에너지 (KE)} + \text{위치에너지 (PE)}]_{\text{최고점}} = [\text{운동에너지 (KE)} + \text{위치에너지 (PE)}]_{\text{최저점}}$$

$$0 + mgH = \left(\frac{1}{2} m v_{CM}^2 + \frac{1}{2} I_{CM} \omega^2\right) + 0$$

$$= \frac{1}{2} m v_{CM}^2 + \frac{1}{2} I_{CM} \left(\frac{v_{CM}}{R}\right)^2$$

$$= \frac{1}{2} \left(m + \frac{I_{CM}}{R^2}\right) v_{CM}^2$$

$$\therefore v \equiv v_{CM} = \sqrt{\frac{2gH}{\left(1 + \frac{I_{CM}}{MR^2}\right)}}$$

만약에 $I_{CM} \rightarrow 0$ (회전 없이 미끄러져만 내려온다면)

$$\therefore v = \sqrt{\frac{2gH}{\left(1 + \frac{I_{CM}}{MR^2}\right)}} \rightarrow \sqrt{2gH}$$ (미끄러져 내려올 때의 결과와 동일)

(예) 속이 빈 원통이 굴러 내려올 때, 최저점에서 속력이 20 m/s가 되려면 얼마의 이동거리 (S)를 내려와야 하는가?

속이 빈 원통 $I = MR^2$

$$\sin\theta = \frac{H}{S} \rightarrow H = S\sin 30° = \frac{S}{2}$$

$$v = \sqrt{\frac{2gH}{\left(1 + \frac{I_{CM}}{MR^2}\right)}} = \sqrt{\frac{2gH}{\left(1 + \frac{MR^2}{MR^2}\right)}} = \sqrt{\frac{2gH}{2}} = \sqrt{gH} = \sqrt{g\frac{S}{2}}$$

$$\therefore S = \frac{2v^2}{g} = \frac{2v^2}{g} = \frac{2 \times 20^2}{10} = 40 \quad [\text{m}]$$

(생각해보기) 원형 고리, 속이 빈 구, 속이 찬 구 중에서 어느 것이 가장 먼저 바닥에 도착하는가?

원형 고리 $I = mR^2$

속이 빈 구 $I = \frac{2}{3}mR^2$

속이 찬 구 $I = \frac{2}{5}mR^2$

$$v = \sqrt{\frac{2gH}{\left(1 + \frac{I_{\mathrm{CM}}}{MR^2}\right)}} \propto \frac{1}{I}$$

관성모멘트 값이 클수록 속력이 느려진다. 따라서 속이 찬 구가 가장 빨리 도달한다.

[예제] 앞 문제에서 볼링공의 속력과 마찰력은?

[해설] 그림처럼 볼링공에 작용하는 모든 힘을 그려보고 (x, y)축으로 성분 분해를 해보자.

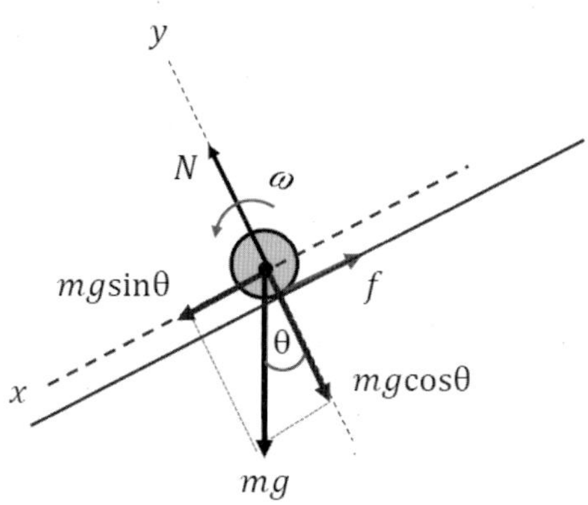

x축 성분: $mg\sin\theta - f = ma$ (f: 마찰력, a: 가속도) Ⓐ

y축 성분: $N - mg\cos\theta = 0$ (N: 수직항력)

회전 운동: $\sum \vec{\tau} = I\vec{\alpha}$

$$\tau = I\alpha$$

$$Rf = \left(\frac{2}{5}MR^2\right)\alpha \qquad (\because \vec{\tau} = \vec{r} \times \vec{F})$$

$v_{\mathrm{CM}} = Rw$ 이므로 이것을 미분

$$a_{\mathrm{CM}} = R\frac{d\omega}{dt} = R\alpha \quad \rightarrow \alpha = \frac{a_{\mathrm{CM}}}{R} \equiv \frac{a}{R}$$

$$Rf = \left(\frac{2}{5}mR^2\right)\alpha = \left(\frac{2}{5}mR^2\right)\frac{a}{R} = \frac{2}{5}mRa \qquad \rightarrow f = \frac{2}{5}ma$$

Ⓐ식 $\quad mg\sin\theta - \frac{2}{5}ma = ma$

$$\therefore a \equiv a_{\mathrm{CM}} = \frac{5}{7}g\sin\theta$$

마찰력 $f = \frac{2}{5}Ma$

$$= \frac{2}{5}m\left(\frac{5}{7}g\sin\theta\right) = \frac{2}{7}mg\sin\theta$$

마찰계수 $(\mu) \qquad f = \mu N$

$$\therefore \mu = \frac{f}{N} = \frac{\frac{2}{7}mg\sin\theta}{mg\cos\theta} = \frac{2}{7}\tan\theta$$

✏ **(심화)** 에너지 관계식

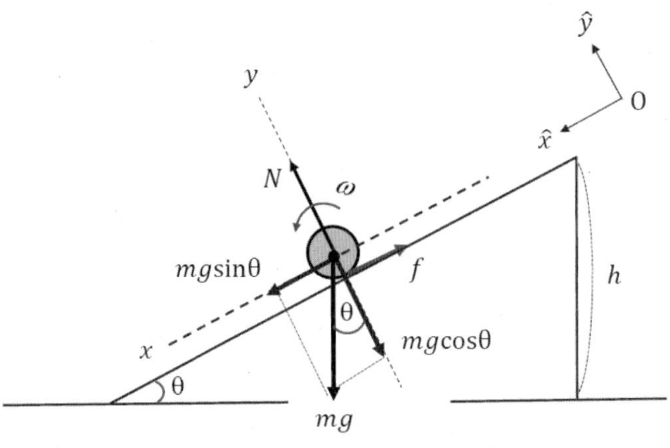

병진 운동에너지 $= \frac{1}{2}m\dot{x}_{\mathrm{CM}}^2$

회전 운동에너지 $= \frac{1}{2}I_{\mathrm{CM}}w^2$

위치 에너지 $= -mgh_{\mathrm{CM}}$ (∵ 기준이 바닥면이 아니라 맨 꼭대기로 잡았다)

$$\omega = \frac{v_{\mathrm{CM}}}{a} = \frac{\dot{x}_{\mathrm{CM}}}{a}$$

$$\sin\theta = \frac{h_{\mathrm{CM}}}{x_{\mathrm{CM}}}$$

[Note] 미끄러지지 않고 굴러가는 경우 마찰에 의한 열에너지로 빠져 나가는 에너지는 없다.

$$\Rightarrow \frac{1}{2}m\dot{x}_{CM}^{2} + \frac{1}{2}I_{CM}w^{2} - mgh_{CM} = E \qquad (\because E = \text{ 전체에너지})$$

$$\frac{1}{2}m\dot{x}_{CM}^{2} + \frac{1}{2}I_{CM}\left(\frac{\dot{x}_{CM}}{a}\right)^{2} - mgx_{CM}\sin\theta = E$$

양변 t로 미분

$$m\dot{x}_{CM}\ddot{x}_{CM} + I_{CM}\frac{\dot{x}_{CM}\ddot{x}_{CM}}{a^{2}} - mg\dot{x}_{CM}\sin\theta = 0$$

$$m\ddot{x}_{CM} + I_{CM}\frac{\ddot{x}_{CM}}{a^{2}} - mg\sin\theta = 0$$

$$\therefore \ddot{x}_{CM} = \frac{mg\sin\theta}{\left(m + \frac{I_{CM}}{a^{2}}\right)}$$

속이 찬 구 $\quad I = \frac{2}{5}mR^{2}$

$$\therefore \ddot{x}_{CM} = \frac{mg\sin\theta}{\left(m + \frac{I_{CM}}{a^{2}}\right)} = \frac{mg\sin\theta}{m + \frac{2}{5}ma^{2}\frac{1}{a^{2}}} = \frac{5}{7}g\sin\theta$$

[예제] ① (Yoyo 문제) 그림처럼 질량 m, 반경 R인 요요를 가만히 놓아 주었다고 하자. 원통이 떨어지며 회전할 때, 줄은 미끄러지거나 늘어남이 없으면서 풀린다고 가정한다. 요요가 h만큼 떨어질 때, 원통 질량중심의 속도 (v_{CM})는?

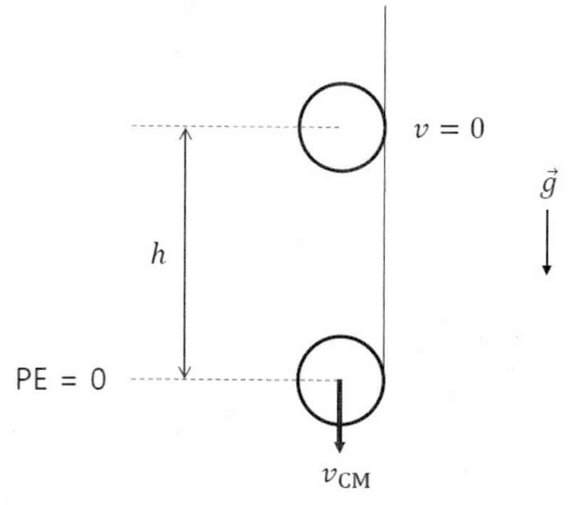

[해설] 역학적 에너지 보존 법칙

$\Delta(\text{KE} + \text{PE}) = 0$

[운동에너지 (KE) + 위치에너지 (PE)]$_{\text{최고점}}$ = [운동에너지 (KE) + 위치에너지 (PE)]$_{\text{최저점}}$

운동에너지 $\text{KE} = \frac{1}{2}mv_{\text{CM}}^2 + \frac{1}{2}I_{\text{CM}}\omega^2$ (병진 운동에너지 + 회전 운동에너지)

위치에너지 $\text{PE} = mgh$

최고점 $\text{KE} = 0 + 0 = 0$

$\text{PE} = mgh$

최하점 (기준점) $\text{KE} = \frac{1}{2}Mmv_{\text{CM}}^2 + \frac{1}{2}I_{\text{CM}}\omega^2$

$\text{PE} = 0$

[Note] $I_{\text{CM}} = \frac{1}{2}mR^2$ (원통의 경우)

$v_{\text{CM}} = Rw$

최하점 (기준점) $\text{KE} = \frac{1}{2}mv_{\text{CM}}^2 + \frac{1}{2}I_{\text{CM}}\omega^2 = \frac{1}{2}mv_{\text{CM}}^2 + \frac{1}{2}\left(\frac{1}{2}mR^2\right)\left(\frac{v_{\text{CM}}}{R}\right)^2$

$= \frac{3}{4}mv_{\text{CM}}^2$

$\rightarrow\ 0 + mgh = \frac{3}{4}mv_{\text{CM}}^2 + 0$

$\therefore v_{\text{CM}} = \sqrt{\frac{4}{3}gh}$

[Note] 자유낙하 ($v = \sqrt{2gh}$) 보다 작은데, 원통이 떨어지면서 회전운동에너지로 나타나기 때문이다.

② 아랫방향 가속도와 장력은?

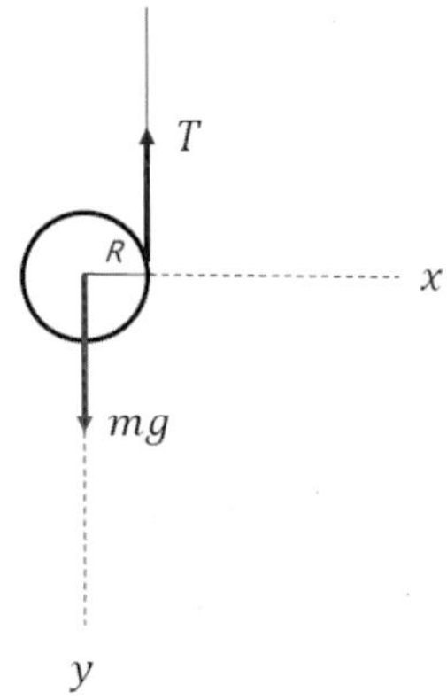

y축 운동방정식 $mg - T = ma$

회전 운동 $\sum \vec{\tau} = I\vec{\alpha}$

토크 $\vec{\tau} = \vec{r} \times \vec{F}$

$$v_{\mathrm{CM}} = Rw$$

$$a_{\mathrm{CM}} \equiv \dot{v_{\mathrm{CM}}} = R\frac{d\omega}{dt} = R\alpha$$

$$mg - T = ma_{\mathrm{CM}} \quad ①$$

$$TR = I_{\mathrm{CM}}\,\alpha = \frac{1}{2}mR^2\alpha \qquad (\because\ T \perp R,\ 90^{\circ}) \quad ②$$

$$\therefore T = \frac{1}{2}mR\alpha = \frac{1}{2}mR\left(\frac{a_{\mathrm{CM}}}{R}\right) = \frac{1}{2}ma_{\mathrm{CM}}$$

①식 $mg - T = mg - \frac{1}{2}ma_{\mathrm{CM}} = ma_{\mathrm{CM}}$

$$mg = \frac{1}{2}ma_{\mathrm{CM}} + ma_{\mathrm{CM}} = \frac{3}{2}ma_{\mathrm{CM}}$$

$$\therefore a_{\mathrm{CM}} = \frac{2}{3}g$$

장력 $T = \frac{1}{2}ma_{\mathrm{CM}} = \frac{1}{2}m\left(\frac{2}{3}g\right) = \frac{1}{3}mg$

토크 $\tau = RT = R \times \frac{1}{3}mg = \frac{1}{3}mgR$ (← 요요를 질량중심 주변으로 회전시키는 토크)

✍ (정리)

요요가 자유낙하 한다면 g일 것이다. 현재 요요의 가속도는 $\frac{2}{3}g$이기 때문에 그럼 과연 $\frac{1}{3}g$은 도대체 어디로 간 것인가?

→ 위로 작용하는 장력이 구속력이 되어 가속도가 $\frac{1}{3}g$이 줄어든 것이다.

□ 케플러 법칙 (Kepler's law)

(생각해보기) 각운동량 보존 관련

케플러는 행성이 단위시간당 타원궤도를 돌며 만드는 면적 (A)은 일정하다는 것을 발견하였다. 이것은 행성이 태양 근처에 있을 때는 빠르게 움직이고 멀리 있을 때는 느리게 움직인다는 것을 의미한다.

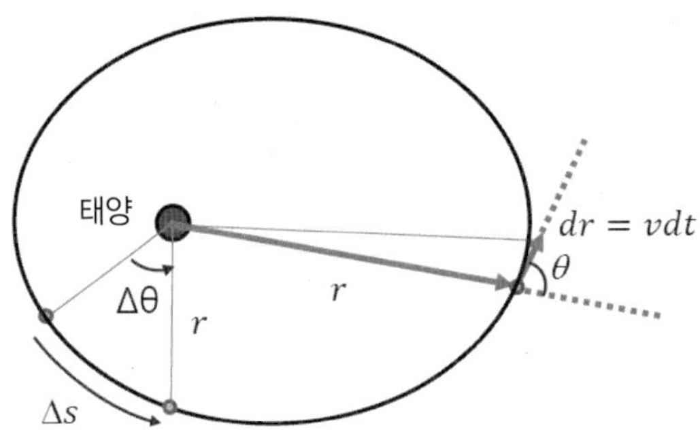

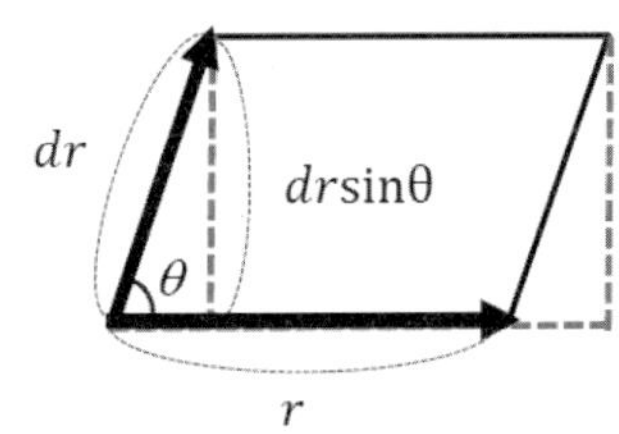

평형사변형 면적 $= rdr$

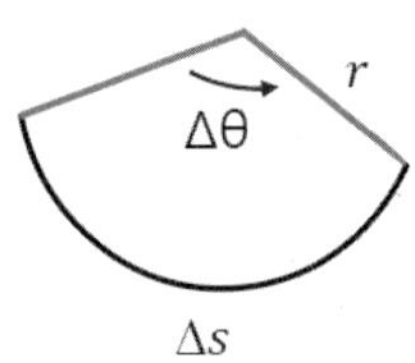

부채꼴 면적 $= \frac{1}{2} r\Delta s$

(방법1) 평형사변형 이용

v의 속도로 시간 dt동안 움직인 거리 ($\rightarrow dr = vdt$)

평형사변형 면적 $dA = r\,dr\sin\theta$

행성이 지나간 면적 $= \frac{1}{2}$(평형사변형 면적) $= \frac{1}{2}dA = \frac{1}{2}r\,dr\sin\theta = \frac{1}{2}rvdt\sin\theta$

$\therefore \frac{dA}{dt} = \frac{1}{2}rv\sin\theta$

[Note] $\vec{L} \equiv \vec{r} \times \vec{p}$

L의 크기 $|\vec{L}| \equiv |\vec{r} \times \vec{p}| = rmv\sin\theta$

$\therefore \frac{dA}{dt} = \frac{1}{2}rv\sin\theta = \frac{L}{2m}$

(방법2) 부채꼴 면적 이용

$$\Delta\theta = \frac{\Delta s}{r}$$

부채꼴 면적 $dA = \frac{1}{2} r\,\Delta s = \frac{1}{2} r\,r\,\Delta\theta = \frac{1}{2} r^2\,\Delta\theta$

$$\rightarrow \quad \frac{dA}{dt} = \frac{1}{2} r^2 \frac{d\theta}{dt}$$

$$= \frac{1}{2} r^2\, w \qquad (\because\ w \equiv \frac{d\theta}{dt})$$

[Note] $\vec{L} \equiv \vec{r} \times \vec{p}$

$$L = rmv = rm(r\omega) = mr^2\omega$$

$$\rightarrow \quad w = \frac{L}{mr^2}$$

$$\therefore \frac{dA}{dt} = \frac{1}{2} r^2\, w = \frac{1}{2} r^2 \frac{L}{mr^2} = \frac{L}{2m}$$

$$\vec{\tau} \equiv \frac{d\vec{L}}{dt}$$

토크 $\vec{\tau} = \vec{r} \times \vec{F}$

태양과 행성사이에 작용하는 힘은 중력이고 서로 당기는 힘이다. 따라서 토크는 0이다 $(\because\ rF\sin 180^0 = 0)$

$\rightarrow L =$ 상수

$\therefore \frac{dA}{dt} = \frac{L}{2m} =$ 상수

(방법3) 행성이 Δt 시간 동안 A점에서 B점까지 이동하고, 행성의 공전 반지름은 r에서 $r + \Delta r$로 증가한다고 하자.

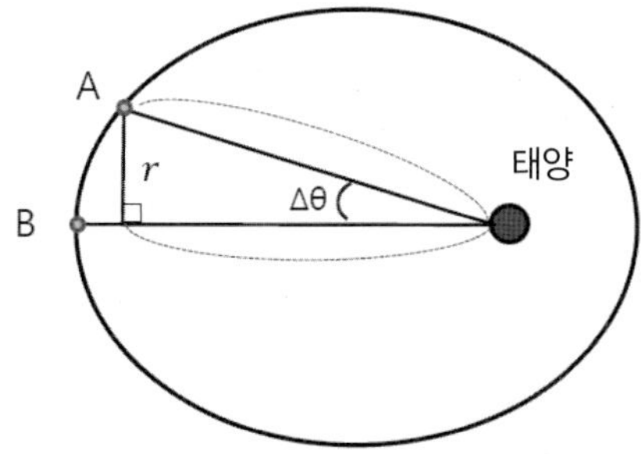

$$\omega = \frac{\Delta\theta}{\Delta t}$$

행성이 A에서 B로 이동하면서 쓸고 지나간 면적은 삼각형의 면적에 해당한다.

$$\Delta A = \frac{1}{2}(r+\Delta r)(r\Delta\theta)$$

$$\simeq \frac{1}{2}r^2\Delta\theta \qquad (\because\ \Delta t\text{가 매우 작을 때, } \Delta r \text{ 역시 작으므로, } r+\Delta r \simeq r)$$

$$\frac{\Delta A}{\Delta t} \simeq \frac{1}{2}r^2\frac{\Delta\theta}{\Delta t} = \frac{1}{2}r^2 w$$

태양 축에 대한 행성의 관성모멘트 $I = mr^2$ (m: 행성의 질량)

$$L = Iw = mr^2 w$$

$$\therefore\ \frac{dA}{dt} = \frac{1}{2}r^2 w = \frac{mr^2}{2m} = \frac{L}{2m} = \text{상수}$$

(예상해보기) 타원궤도를 도는 지구가 근일점에서는 속도가 빨라지고 원일점에서는 속도가 늦어지는 이유를 역학적 에너지 보존을 가지고 설명해 보면?

→ 역학적 에너지는 $\frac{1}{2}mv^2 - G\frac{Mm}{r}$ 이고 외력이 작용하지 않으면 역학적 에너지는 보존된다.

▷ 근일점에서는 r이 작아지므로 PE가 작아지고 KE는 커진다. → 즉, 속도가 빨라진다.

▷ 원일점에서는 r이 커지므로 PE가 커지고 KE는 작아진다. → 즉, 속도가 느려진다.

(생각해보기) 역학적 에너지 보존 관련

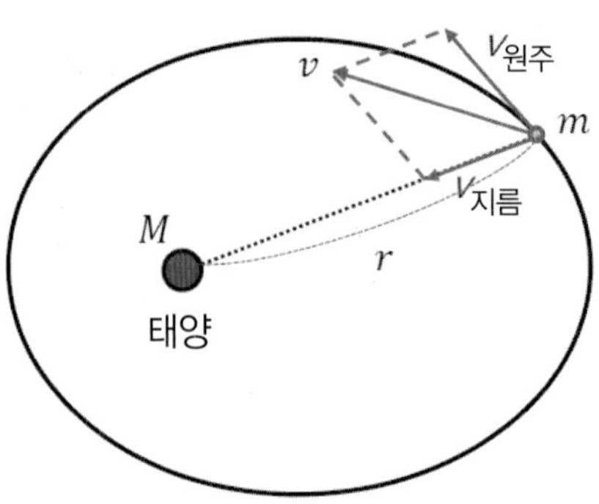

$v^2 = v^2_{지름} + v^2_{원주}$

운동 에너지 (KE) $= \frac{1}{2}mv^2 = \frac{1}{2}m(v^2_{지름} + v^2_{원주})$

$v_{원주} = rw$

KE $= \frac{1}{2}mv^2_{지름} + \frac{1}{2}m\,v^2_{원주} = \frac{1}{2}mv^2_{지름} + \frac{1}{2}m(r\omega)^2$

위치 에너지 (PE) $= -G\frac{Mm}{r}$

역학적 에너지 $= \frac{1}{2}mv^2_{지름} + \frac{1}{2}m(r\omega)^2 - G\frac{Mm}{r}$

위 식은 거리만을 고려할 때 지름방향으로 거리가 변함으로써 생기는 운동에너지 $\left(\frac{1}{2}mv^2_{지름}\right)$와 행성이 지름방향 운동에서 나타나는 일종의 위치에너지 $\left(\frac{1}{2}mr^2\omega^2 - G\frac{Mm}{r}\right)$로 간주할 수 있다.

$$V_{지름}(r) \equiv \left(\frac{1}{2}mr^2\omega^2 - G\frac{Mm}{r}\right)$$

여기서 첫 번째 항은 행성이 (회전) 궤도운동을 할 때 지름 방향으로 튀어 나가려고 하는 원심력이 만드는 유효 위치에너지 (effective potential energy)에 해당하고 두 번째 항은 중력에 의한 위치 에너지 값이다.

$\therefore$ 역학적 에너지 (E) $= \frac{1}{2}mv^2_{지름} + V_{지름}(r)$

$$V_{지름}(r) \equiv \frac{1}{2}mr^2\omega^2 - G\frac{Mm}{r}$$

즉, 행성의 운동은 지름 방향의 운동에너지 $\left(\frac{1}{2}mv^2_{지름}\right)$와 지름 방향 위치에너지, $V_{지름}(r)$의 합으로 주어진다.

$L = I\omega^2 = mr^2\omega^2$

$V_{지름}(r) \equiv \frac{1}{2}mr^2\omega^2 - G\frac{Mm}{r} = \frac{1}{2}\frac{L^2}{mr^2} - G\frac{Mm}{r}$

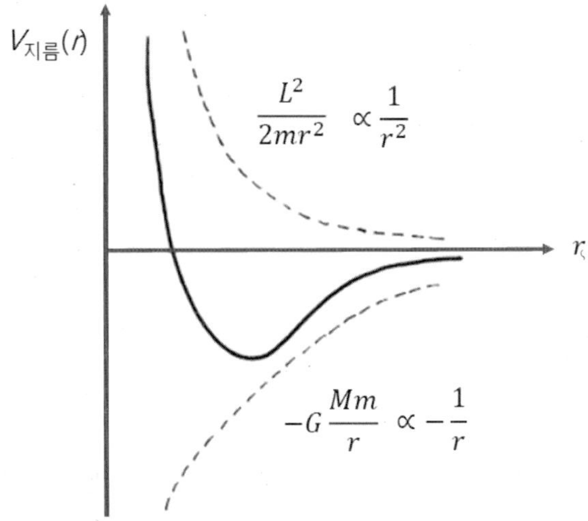

원궤도와 타원궤도 운동

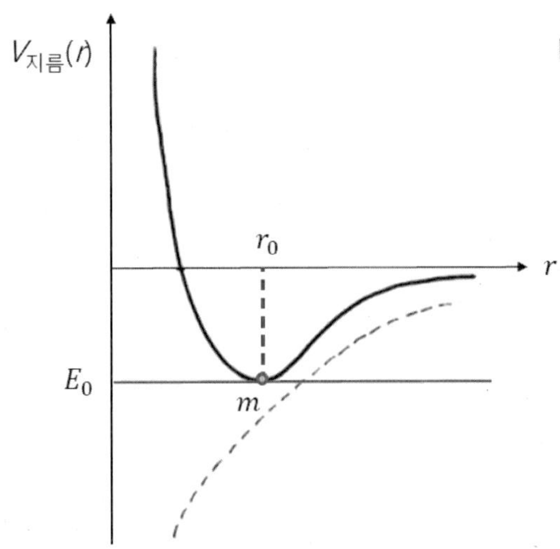

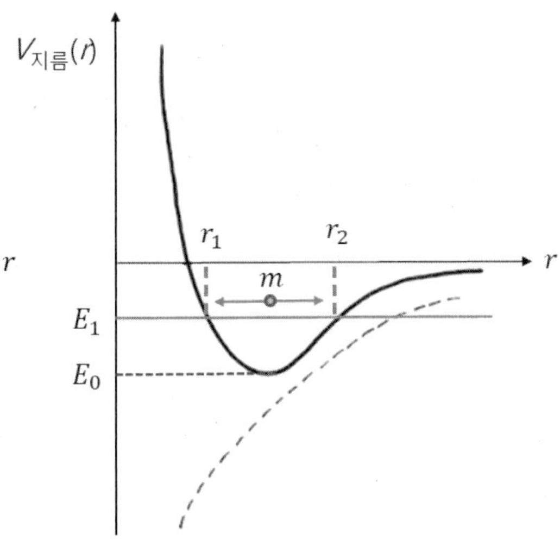

① 원궤도

역학적 에너지 $E = E_0$

역학적 에너지 (E)가 $V_{지름}(r)$의 최저값 $(E = E_0)$일 때 궤도 반지름은 $r = r_0$로 일정하다.
→ 원궤도 운동

② 타원궤도

역학적 에너지 $E = E_1$

$E_0 <$ 역학적 에너지 (E) < 0 사이에 있을 때, 궤도 (r)는 $r_1 \leftrightarrow r_2$ 사이를 왔다 갔다 한다.

→ 타원궤도 운동

✍ **(찾아보기)**

① 케플러 제1법칙 (타원 궤도의 법칙)

② 케플러 제2법칙 (면적 속도 일정의 법칙)

③ 케플러 제3법칙 (조화의 법칙)

✏ **(심화)** 1684년 핼리 박사가 케임브리지의 뉴턴을 방문했고, 만약 태양에 의한 힘이 거리의 제곱에 반비례한다면 행성의 궤도가 어떻게 될 것인가 하는 질문이 나왔는데, 뉴턴은 타원궤도가 될 것이라고 했다. 왜 그런가하고 물어보았을 때, 뉴턴은 자신의 계산에 의한 결과라고 했고, 보여 달라고 하니까, 자료를 당장 찾을 수 없다고 하는 일화가 있다.

(상황) 힘이 제곱에 반비례 ($F \propto \frac{1}{r^2}$) 할 때, 행성의 궤도 운동은 타원이 된다는 것을 증명해 보자. 이 문제를 푸는 방법은 여러 가지가 있지만, 우선 극좌표를 알아 두면 매우 편리하다.

(공부하기) 극좌표 [polar coordinate, (r, θ)]

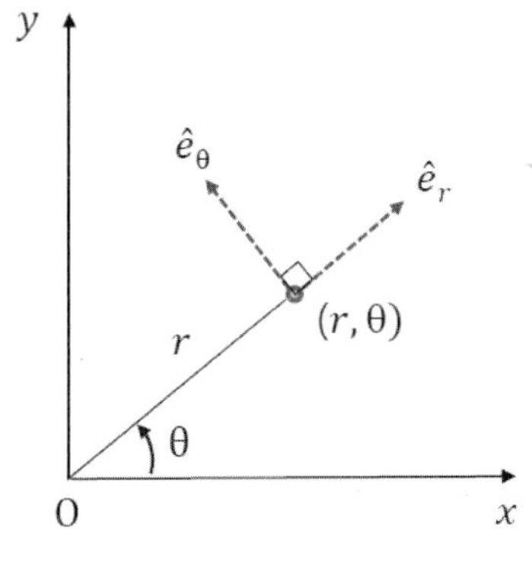

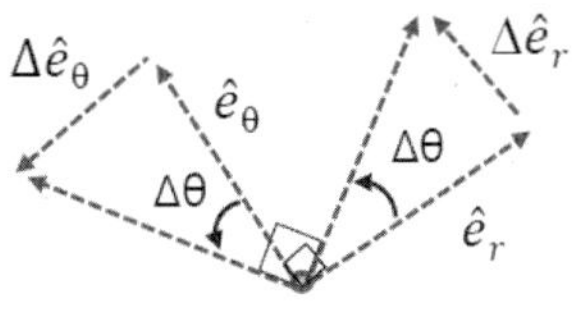

그림에서 단위벡터 $\hat{e}_r$과 $\hat{e}_\theta$는 서로 수직 → $\hat{e}_r \perp \hat{e}_\theta$

$\vec{r} = |\vec{r}|\hat{e}_r = r\hat{e}_r$

속도 $\vec{v} = \frac{d\vec{r}}{dt} = \dot{r}\,\hat{e}_r + r\frac{d\hat{e}_r}{dt}$

[Note] $\Delta \hat{e}_r$의 크기는 근사적으로 $\Delta\theta$이고 방향은 $\hat{e}_\theta$ 방향이다.

$\therefore\ \Delta \hat{e}_r \simeq \Delta\theta\, \hat{e}_\theta$

미분하면 $\dfrac{d\hat{e}_r}{dt} = \hat{e}_\theta \dfrac{d\theta}{dt} = \dot{\theta}\, \hat{e}_\theta$ 이다. (즉, 크기는 $\dfrac{d\theta}{dt}$이고 방향은 $\hat{e}_\theta$)

또한 그림에서 같은 방법으로, 근사적으로 $\Delta \hat{e}_\theta \simeq -\Delta\theta\, \hat{e}_r$ 이다. 미분하면

$\dfrac{d\hat{e}_\theta}{dt} = -\hat{e}_r \dfrac{d\theta}{dt} = -\dot{\theta}\, \hat{e}_r$ (즉, 크기는 $\dfrac{d\theta}{dt}$이고 방향은 $-\hat{e}_r$)

$$\therefore\ \vec{v} = \frac{d\vec{r}}{dt} = \dot{r}\,\hat{e}_r + r\frac{d\hat{e}_r}{dt} = \dot{r}\,\hat{e}_r + r\dot{\theta}\hat{e}_\theta$$

$$v^2 = \vec{v} \cdot \vec{v} = (\dot{r}\,\hat{e}_r + r\dot{\theta}\hat{e}_\theta) \cdot (\dot{r}\,\hat{e}_r + r\dot{\theta}\hat{e}_\theta) = \dot{r}^2 + r^2\dot{\theta}^2$$

$$\begin{aligned}
\text{가속도 } \vec{a} = \frac{d\vec{v}}{dt} &= \ddot{r}\,\hat{e}_r + \dot{r}\frac{d\hat{e}_r}{dt} + \dot{r}\dot{\theta}\,\hat{e}_\theta + r\ddot{\theta}\,\hat{e}_\theta + r\dot{\theta}\frac{d\hat{e}_\theta}{dt} \\
&= \ddot{r}\hat{e}_r + \dot{r}\dot{\theta}\hat{e}_\theta + \dot{r}\dot{\theta}\,\hat{e}_\theta + r\ddot{\theta}\,\hat{e}_\theta + r\dot{\theta}(-\dot{\theta}\,\hat{e}_r) \\
&= (\ddot{r} - r\dot{\theta}^2)\,\hat{e}_r + (r\ddot{\theta} + 2\dot{r}\dot{\theta})\,\hat{e}_\theta
\end{aligned}$$

가속도벡터의 $\hat{e}_r$ 방향의 성분 크기 $= (\ddot{r} - r\dot{\theta}^2)$

가속도벡터의 $\hat{e}_\theta$ 방향의 성분 크기 $= (r\ddot{\theta} + 2\dot{r}\dot{\theta}) = \dfrac{1}{r}\dfrac{d}{dt}(r^2\dot{\theta})$

이제 다시 원래 문제로 돌아가 보자.

운동방정식 $m\ddot{\vec{r}} = f(\vec{r})\,\hat{e}_r$

$\hat{e}_r$ 방향 $m(\ddot{r} - r\dot{\theta}^2) = f(r)$

$\hat{e}_\theta$ 방향 $m\dfrac{1}{r}\dfrac{d}{dt}(r^2\dot{\theta}) = 0 \quad \rightarrow \quad \dfrac{d}{dt}(r^2\dot{\theta}) = 0 \qquad \therefore\ r^2\dot{\theta} =$ 상수 $\equiv l$

새로운 변수 정의 $r \equiv \dfrac{1}{u}$

$$\dot{r} = -\frac{1}{u^2}\dot{u} = -\frac{1}{u^2}\dot{\theta}\frac{du}{d\theta} = -l\frac{du}{d\theta} \qquad (\because \dot{\theta} = lu^2)$$

$$\ddot{r} = -l\frac{d}{dt}\frac{du}{d\theta} = -l\frac{d\theta}{dt}\frac{d}{d\theta}\frac{du}{d\theta} = -l\dot{\theta}\frac{d^2u}{d\theta^2} = -l^2u^2\frac{d^2u}{d\theta^2}$$

$\hat{e}_r$ 방향 운동방정식 $\qquad m(\ddot{r} - r\dot{\theta}^2) = f(r)$

$$m\left[-l^2u^2\frac{d^2u}{d\theta^2} - \frac{1}{u}(lu^2)^2\right] = f\left(\frac{1}{u}\right)$$

$$\therefore \frac{d^2u}{d\theta^2} + u = -\frac{1}{ml^2u^2}f\left(\frac{1}{u}\right)$$

$\hat{e}_r$ 방향으로 $\frac{1}{r^2}$ 형태의 중력이 작용 $\quad f(r) = -G\frac{Mm}{r^2} \equiv -\frac{k}{r^2} \quad \rightarrow f\left(\frac{1}{u}\right) = -ku^2$

(예, 고정된 태양의 질량 M, 지구 질량 m이고, $k \equiv GMm$ 이라고 하자)

$$\frac{d^2u}{d\theta^2} + u = -\frac{1}{ml^2u^2}f\left(\frac{1}{u}\right) = -\frac{1}{ml^2u^2}(-ku^2) = \frac{k}{ml^2}$$

$$\therefore \frac{d^2u}{d\theta^2} + u = \frac{k}{ml^2} \qquad \text{Ⓐ}$$

[Note] 마치 단진동 하는 입자의 운동방정식과 매우 유사하다.

$m\ddot{x} + kx = 0 \ \rightarrow \ddot{x} + w^2x = 0 \qquad$ (해 $x = A_0\cos wt$)

식 Ⓐ 의 일반해 $\qquad u \equiv \frac{1}{r} = A\cos(\theta - \theta_0) + \frac{k}{ml^2}$

$$\therefore r = \frac{1}{\frac{k}{ml^2} + A\cos(\theta - \theta_0)} = \frac{\frac{ml^2}{k}}{1 + \frac{ml^2}{k}A\cos(\theta - \theta_0)}$$

$$= \frac{\frac{ml^2}{k}}{1 + \frac{ml^2}{k}A\cos\theta} \qquad (\rightarrow \theta_0 = 0 \text{으로 택하자}) \qquad \text{Ⓑ}$$

즉, 상수 A, θ_0는 초기 조건만 주어지면 바로 구할 수 있다.

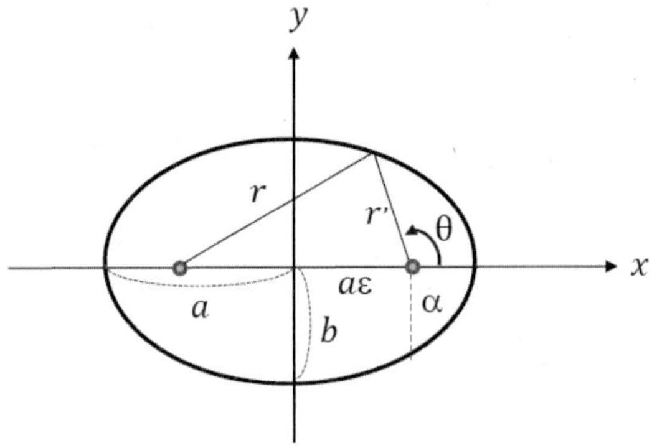

타원　$r + r' = 2a$ = 상수　　$(a =$ 장반경, $b =$ 단반경$)$

이심률 $\epsilon =$ 초점거리/장축거리　→　초점거리 $= a\epsilon$

코사인 법칙　$r'^2 = r^2 + (2a\epsilon)^2 - 2r(2a\epsilon)\cos(\pi - \theta) = r^2 + 4a^2\epsilon^2 + 4ra\epsilon\cos\theta$

$(2a - r)^2 = r^2 + 4a^2\epsilon^2 + 4ra\epsilon\cos\theta$　　$(\because r' = 2a - r)$

$$\therefore r = \frac{a(1-\epsilon^2)}{1+\epsilon\cos\theta}$$

위 식은 하나의 초점거리를 원점으로 하는 극좌표에서의 타원 방정식을 나타낸다.

만약 $\theta = \frac{\pi}{2} \rightarrow r = \frac{a(1-\epsilon^2)}{1+\epsilon\cos\frac{\pi}{2}} = a(1-\epsilon^2) \equiv \alpha$ = latus rectum

타원 방정식　$r = \frac{\alpha}{1+\epsilon\cos\theta}$　Ⓒ

식 Ⓑ와 식 Ⓒ 비교

$$\alpha \equiv \frac{ml^2}{k}$$

$$\epsilon \equiv \frac{Aml^2}{k}$$

(요약)

$\epsilon > 1$	Hyperbola (쌍곡선)
$\epsilon = 1$	Parabola (포물선)
$0 < \epsilon < 1$	Ellipse (타원)
$\epsilon = 0$	Circle (원)

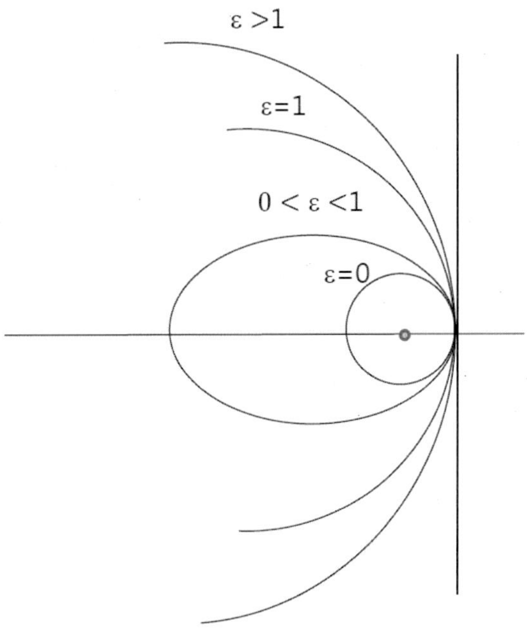

(찾아보기) 인물

① 아리스토텔레스 천동설
② 프톨레마이오스 천동설
③ 코페르니쿠스 지동설
④ 티코브라헤, 덴마크
⑤ 케플러, 독일
⑥ 지동설을 주장한 실학자 (홍대용)

□ 세차운동 (precession, 축돌기 운동)

(생각해보기) 그림처럼 바퀴가 수평방향에서 회전하며 각운동량 ($\vec{L}$)은 오른쪽을 향하고 있다. 이제 갑자기 힘 ($\vec{F}$)을 연직방향 ($\hat{z}$)으로 주었을 때, 바퀴는 어느 방향으로 움직이겠는가?

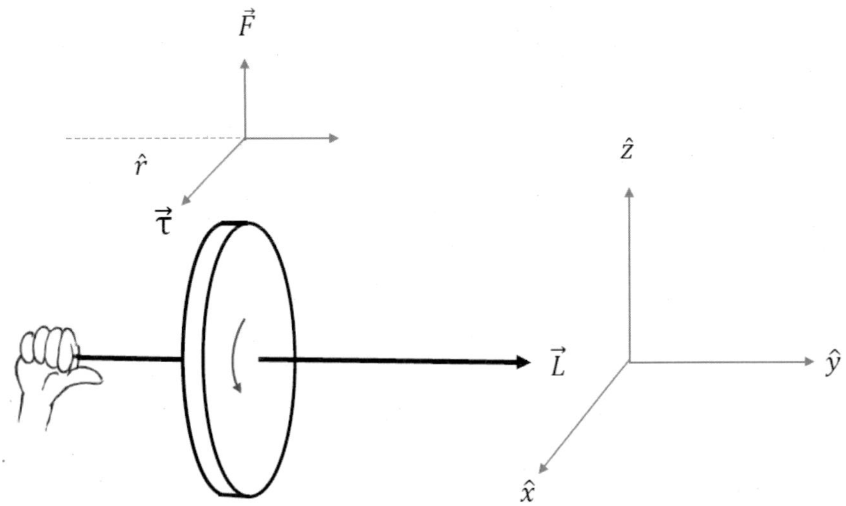

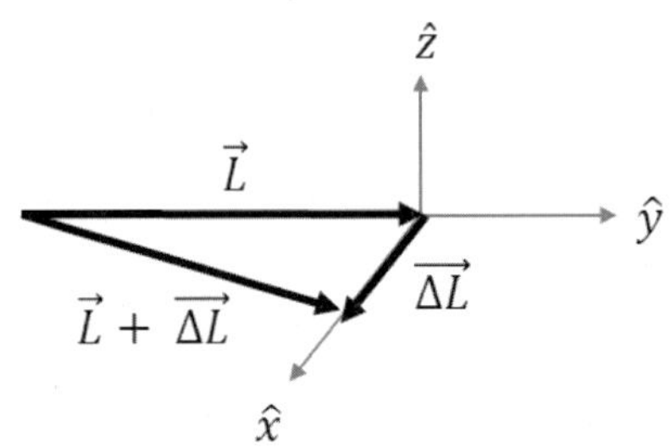

힘 ($\vec{F}$)을 연직방향 ($+\hat{z}$)으로 주었기 때문에 바퀴가 위쪽으로 올라가지 않을까하고 생각할 수 있다. 실제 바퀴는 ($+\hat{x}$, 지면앞쪽) 방향으로 돌아간다.

$$\vec{\tau} \equiv \frac{d\vec{L}}{dt} \qquad \rightarrow \quad d\vec{L} \simeq \vec{\tau}\, dt$$

$\overrightarrow{dL}$의 방향: ($+\hat{x}$) 방향

즉, 연직으로 힘을 가할 때 각운동량은 연직방향이 아니라 수평방향 $(+\hat{x})$으로 이동한다.

(상황) 이제까지의 회전운동은 회전축의 방향이 고정되어 있는 경우이거나 빗면을 구르는 (rolling) 운동처럼 같은 방향을 유지하였다. 그럼 이제 회전축의 방향이 변화하면 어떻게 되는가?

⇒ (다른 표현) 이제까지 토크 방향이 회전축에 평행인 운동을 고려하였는데, 만약 평행하지 않으면 어떤 운동을 하는가?

(예)
① 팽이의 회전축이 수직이 아니라 약간 기울어진 상태로 운동
② 자전거가 방향을 변경할 때 약간 기울어서 회전 하는 경우
③ 지구의 세차운동 등

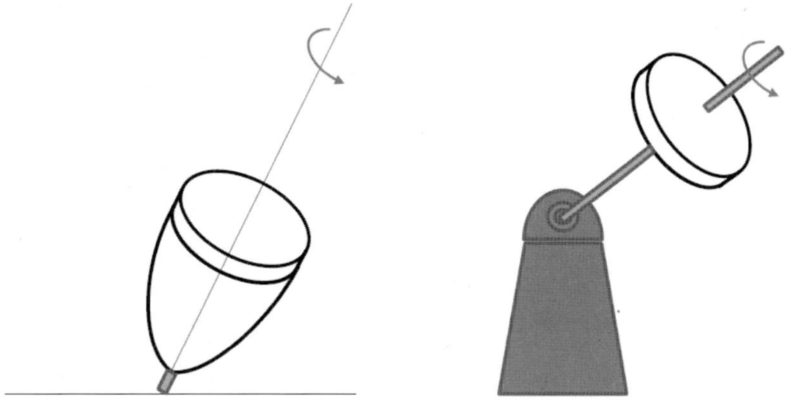

(질문) 그림처럼 받침대 위에 원판 모양의 팽이 (=자이로스코프, gyroscope)를 올려놓고 회전축을 약간 기울인 상태로 회전을 시킨다. 팽이는 어떤 모양을 그리며 돌아가는가?

팽이의 회전축이 지면과 수직 방향이 아니라면, 회전축 방향은 시간에 따라 계속 변한다. 회전축은 지면에 수직 방향인 수직축을 중심으로 회전 운동을 하며, 회전축은 다시 자체적으로 회전한다.

(비유) 지구가 23.5도 기울어진 자전축을 중심으로 스스로 자전하면서, 태양 축에 대해 태양 주위를 공전하는 것을 생각한다.

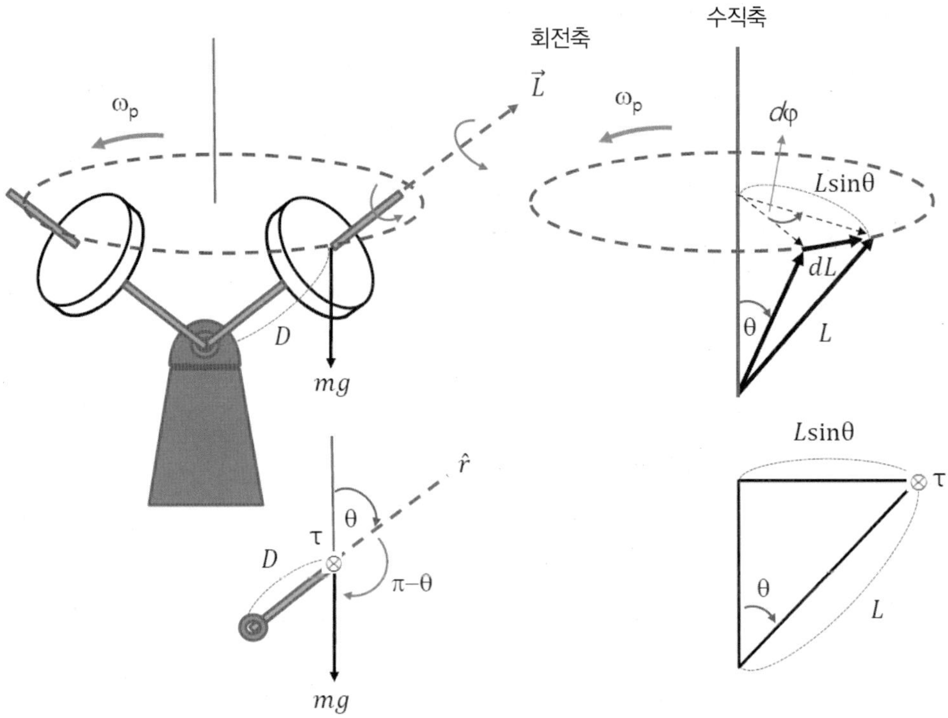

그림처럼 기울어진 팽이는 받침대 주위를 돌아가는데, 회전축 자체가 회전하는 현상을 세차운동 (precession)이라고 한다.

팽이가 자전하기 않으면 중력에 의해 팽이는 아래로 떨어질 것이다. 팽이가 자전할 때는 바로 떨어지는 것이 아니라, 점선으로 표시한 원뿔 (cone)을 따라 회전한다.

세차운동의 각속도 $w_p \equiv \dfrac{d\phi}{dt}$

수직축과 L이 이루는 각 θ

세차운동 원의 반경 $L\sin\theta$

수직축의 회전각 $d\phi = \dfrac{dL}{L\sin\theta}$

회전에 대한 뉴턴 제 2방정식 $\vec{\tau} \equiv \dfrac{d\vec{L}}{dt}$ $\rightarrow dL = \tau dt$

중력에 의한 토크 크기: $\vec{\tau} = \vec{r} \times \vec{F}$ $\rightarrow \tau = Dmg\sin(\pi - \theta) = Dmg\sin\theta$

방향: ⊗ 으로 지면안쪽으로 들어가는 방향으로 세차운동 원의 접선 방향

$\Rightarrow$ 반시계방향의 세차운동 원을 그리게 된다.

토크의 방향과 각운동량의 방향은 서로 수직 $\Rightarrow \vec{\tau} \perp \vec{L}$

그래서 토크는 각운동량의 크기에 영향을 주지 않고 (즉, 크게 하거나 작게 할 수 없고 = 자전 각속도에 영향을 주지 않고) 단지 회전축만 변화시킨다.

$$w_p \equiv \frac{d\phi}{dt}$$

$$= \frac{\frac{dL}{L\sin\theta}}{dt} = \frac{\frac{\tau dt}{L\sin\theta}}{dt} = \frac{\tau}{L\sin\theta} = \frac{Dmg\sin\theta}{L\sin\theta} = \frac{Dmg}{L} \quad \text{(반시계 방향)}$$

[Note]

① ω_p는 θ와 무관하다.

② ω_p는 L에 반비례한다. 그래서 팽이가 빨리 자전할수록 L이 커지기 때문에 세차운동 각속력 (ω_p)은 작아진다.

(해보기) 팽이가 옆으로 누운 상태 (받침대와 수직인 상태로 앞 문제에서 $\theta = 0$ 인 경우)

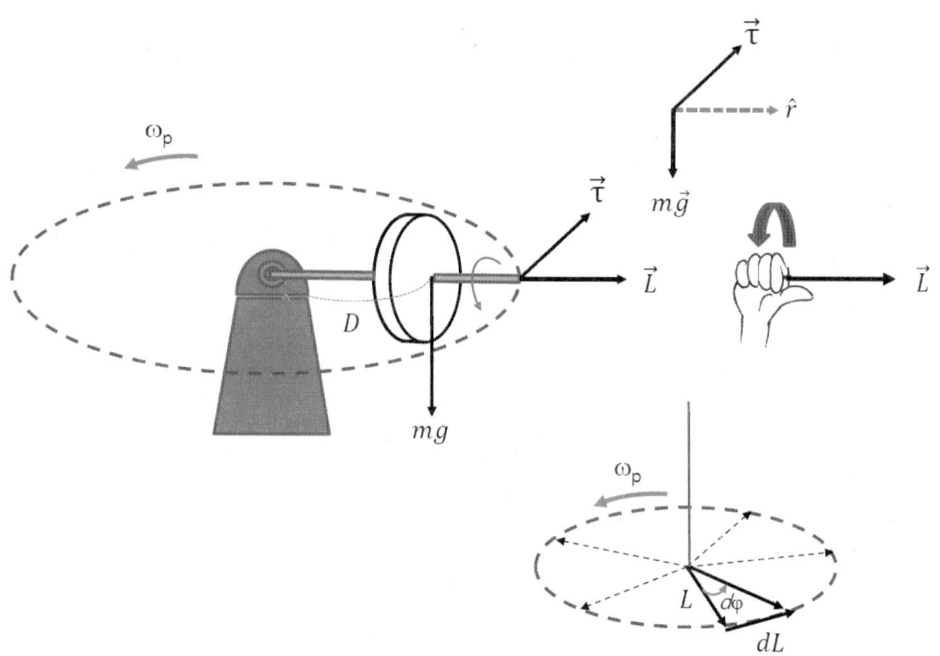

팽이가 스스로 돌지 않으면 중력 때문에 바로 떨어질 것이다. 하지만 실제 팽이는 점선으로 표시된 (옆 방향, 수평방향) 원을 따라 움직인다.

중력에 의한 토크 $\vec{\tau} = \vec{r} \times \vec{F} \quad \rightarrow \tau = Dmg$

$$w_p \equiv \frac{d\phi}{dt}$$

$$d\phi = \frac{dL}{L} = \frac{\tau dt}{L} = \frac{Dmg\,dt}{L}$$

세차운동의 각속도 $w_p \equiv \dfrac{d\phi}{dt} = \dfrac{\frac{Dmg\,dt}{L}}{dt} = \dfrac{Dmg}{L}$

세차운동의 방향: 반시계 방향

(살펴보기) 기울어진 자전거. 방향 변경하기.

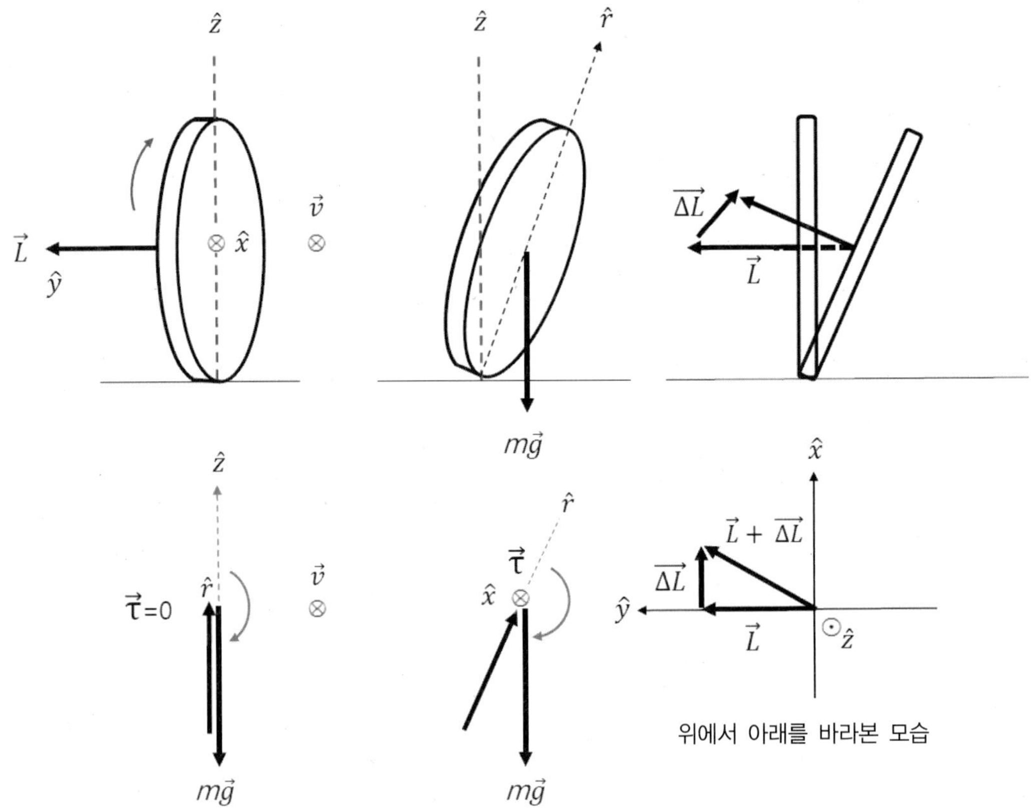

그림처럼 자전거가 지면 앞쪽으로 ($+\hat{x}$ 방향) 달려간다고 하자. 바퀴의 각운동량 ($\vec{L}$)은 오른손 법칙에 의해 왼쪽 ($+\hat{y}$) 방향이다.

자전거가 똑바로 서 있는 경우, 중력에 의한 토크는 0이다 ($\vec{\tau} = \vec{r} \times \vec{F}$. $\vec{r}$과 $m\vec{g}$의 방향이

서로 반대이므로 sin180° = 0 이기 때문이다) 따라서 자전거는 계속 앞쪽으로 ($+\hat{x}$ 방향) 달려 나간다.

자전거가 오른쪽으로 약간 기울었을 때 중력에 의한 토크는 자전거가 진행하는 $+\hat{x}$ 방향이다. 한편 각운동량의 변화량 (ΔL)은 토크 (τ)와 같은 방향이다 ($\because\ \vec{\tau}=\dfrac{d\vec{L}}{dt} \rightarrow d\vec{L}=\vec{\tau}\,dt$). 따라서 기울어진 후의 각운동량 ($\vec{L}+\overrightarrow{\Delta L}$)의 방향은 $\hat{z}$축 위에서 바라보았을 때 ($\hat{x}, \hat{y}$) 사이 방향 (= 북서쪽 방향)이다. 즉 각운동량의 방향이 최초 서쪽 ($+\hat{y}$ 방향)에서 북서쪽으로 이동 된 것인데, 이것은 바퀴의 진행 방향이 약간 오른쪽으로 이동된 것을 의미한다.

결론적으로 토크는 자전거 바퀴의 각운동량을 변화시키므로 바퀴는 세차운동을 하게 된다. 상체를 오른쪽으로 약간 기울이면 오른쪽으로 방향이 바뀌고, 왼쪽으로 기울이면 왼쪽으로 방향이 바뀐다.

(살펴보기) 지구의 세차 운동

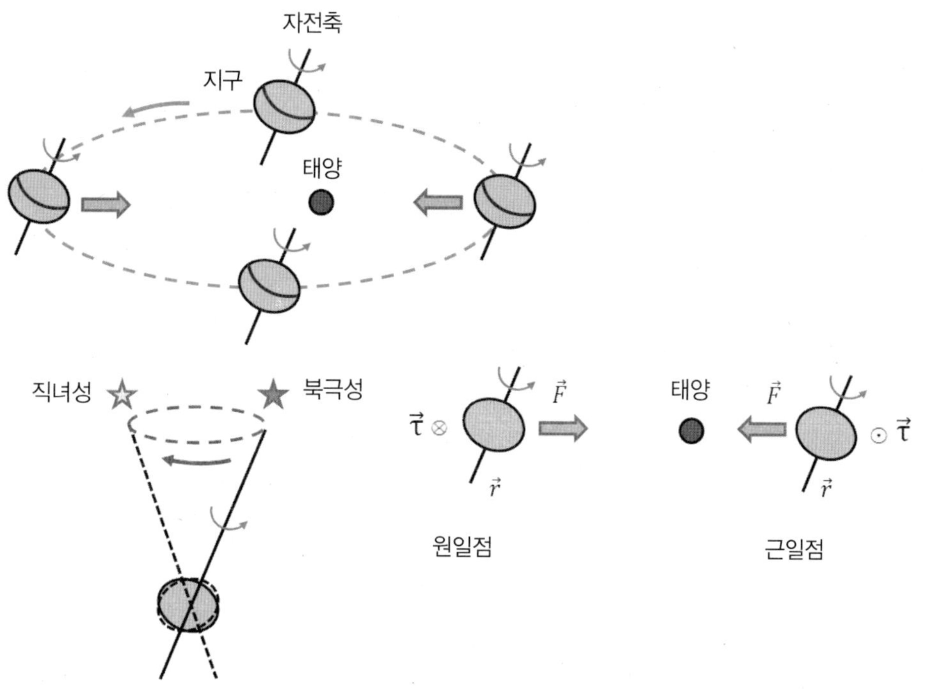

지구는 자전 운동에 의해 적도가 극지방에 비해 부풀어져 있고 또한 자전축이 공전면과 23.5° 기울어져 있다. 지구는 태양과 달에 의한 인력이 작용하는데 안쪽 방향으로 작용할 것이다.

지구의 공전 방향은 반시계 방향 (위에서 아래로 내려 보았을 때)

인력에 의한 토크 방향 $\vec{\tau} = \vec{r} \times \vec{F}$

(오른쪽, 근일점) 지면에서 나오는 방향 ($\odot$)
(왼쪽, 원일점) 지면으로 들어가는 방향 ($\otimes$)

$\Rightarrow$ 세차운동의 방향: 시계방향 (위에서 내려 보았을 때)

현재 지구 자전축은 북극성 (polaris)을 향하고 있지만, 세차운동의 주기인 약 26,000년 후에는 직녀성 (vega)을 향하게 된다.

제5장

주기운동

✍ **알아두기**

□ 주기 운동하는 물체의 수학적 표현

(상황) 주기 운동 하는 물체의 물리량 (예, 위치, 속도, 가속도 등)을 수학적으로 어떻게 표현할까?

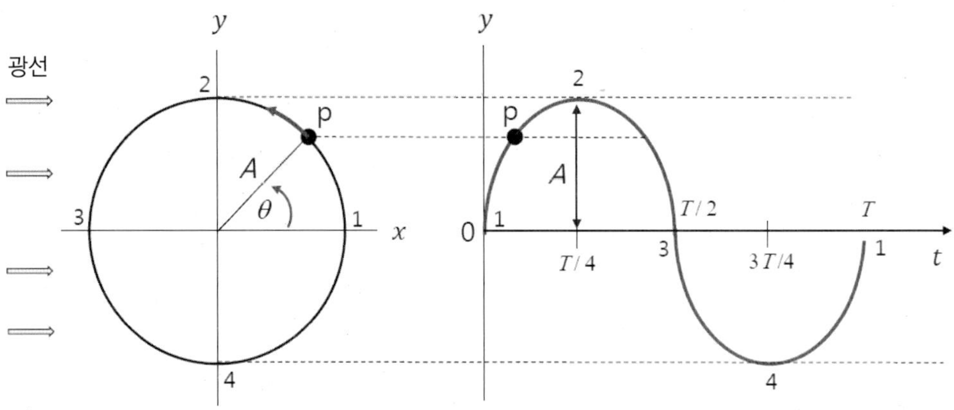

(왼쪽) 물체 P가 반지름이 A, 각속도 w로 등속 원운동 한다.

(오른쪽) 등속 원운동 할 때, 왼쪽에서 광선(=빛)을 비추는데 평행으로 오고 오른쪽에 스크린이 있다고 생각하자. 그럼 P가 움직임에 따라 P의 그림자 스크린에 위 아래로 생길 것이다. 시간 (t)에 따라 y축으로 투영된 P의 그림자를 점으로 이어 놓으면 왼쪽 그림처럼 sine 곡선이 생긴다.

1지점: $\theta =$ 0도, 원점
2지점: $\theta =$ 90도, y축
3지점: $\theta =$ 180도, $-x$축
4지점: $\theta =$ 270도, $-y$축

P점의 그림자가 생겨서 움직이는 y축의 경로만을 그려본다고 하면, 원점 (0)을 중심으로 $+y$까지 올라갔다가 (즉, 진폭이 A) 다시 원점을 지나서 아래 방향으로 $-y$까지 간 후 다시 원점으로 되돌아오고, 계속 위와 동일한 주기적 운동을 한다. 이것을 그림으로 그려보면 다음과 같다.

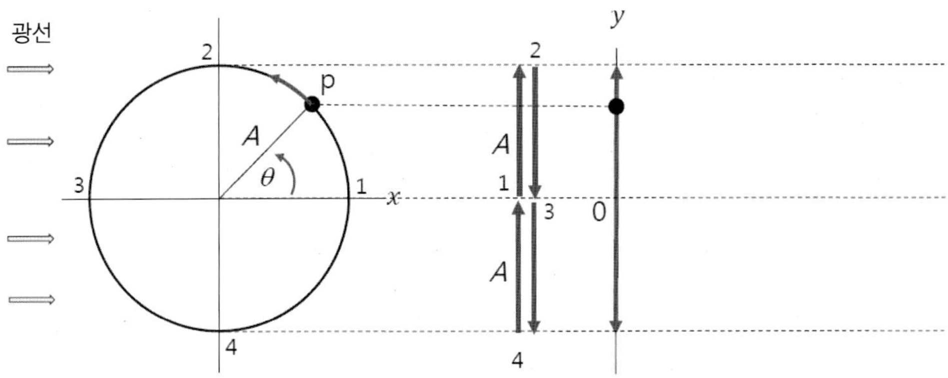

① 단진동 운동 변위 (x, y)

$$\cos\theta = \frac{x}{A}$$

$$x = A\cos\theta = A\cos wt = A\cos(2\pi ft)$$

$$y = A\sin\theta = A\sin wt$$

A: 진폭 (amplitude)

w: 각진동수 (angular frequency)

$$w \equiv \frac{d\theta}{dt} = \frac{\theta}{t} = \frac{2\pi}{T} = 2\pi f$$

진동수 $f = \frac{1}{T}$ [Hz], 1초당 일어나는 진동의 개수

(예) 1 Hz (1초에 1번 진동), 60 Hz (1초에 60번 진동)

② 단진동 운동 속도 (v)

스크린에 생긴 P의 그림자는 y축에서만 본다면 위-아래로만 계속 반복해서 생길 것이다.

$$속도\ (v) \equiv \frac{dy}{dt} = \dot{y} = Aw\cos wt$$

$$v^2 = A^2w^2\cos^2 wt = A^2w^2(1-\sin^2 wt) = w^2(A^2 - A^2\sin^2 wt) = w^2(A^2 - y^2)$$

$$\therefore v = \pm w\sqrt{A^2 - y^2}$$

③ 가속도 (a)

원의 중심을 향한다.

$$a \equiv \frac{dv}{dt} = -Aw^2 \sin wt = -w^2 y$$

가속도 a의 방향은 변위 y의 방향과 정반대이다.

④ 단진동하는 물체에 작용하는 힘

$$F = ma = -mw^2 y \equiv -ky$$
$$k \equiv mw^2$$

$$\rightarrow m\ddot{y} = -ky \qquad (\because a \equiv \ddot{y})$$
$$m\ddot{y} + \frac{k}{m} y = 0$$
$$\ddot{y} + w^2 y = 0, \quad w^2 \equiv \frac{k}{m}$$

⑤ 단진동 주기 (T)

$$T \equiv \frac{2\pi}{w}$$
$$= 2\pi \sqrt{\frac{m}{k}}$$

[예제] $x = 3\sin\left(6\pi t + \frac{\pi}{2}\right)$ 로 단진동하는 물체의 최대 속력은?

[해설]

속력 $v \equiv \frac{dx}{dt} = \dot{x} = 3 \times 6\pi \cos\left(6\pi t + \frac{\pi}{2}\right)$

최대 속력 $v_{\max} = 3 \times 6\pi = 18\pi$

[예제] $x = 5\sin 2\pi t$ [cm]로 운동하는 단진자의 진폭과 주기는?

[해설]

진폭 $A = 5$ [cm]

각진동수 $w = 2\pi$

주기 $T \equiv \frac{2\pi}{w} = \frac{2\pi}{2\pi} = 1$ [s]

□ 파동의 수학적 표현

(상황) 수면이 잔잔한 호수에 돌을 던지면 동심원으로 파가 생기고 사방으로 퍼져나간다. 이것을 수학적으로 표현하고 싶고, 한편 공간과 시간 정보도 동시에 가지게 하고 싶다. 과연 어떻게 하면 될까?

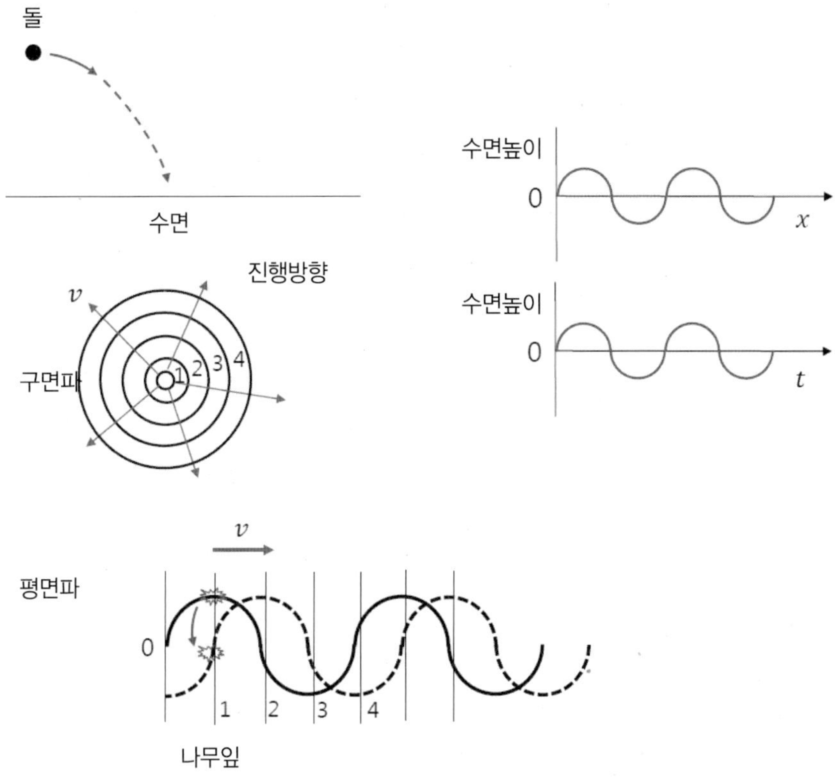

파원: 파동이 처음 발생한 지점

매질: 파동을 전달시켜 주는 물질

구면파 (spherical wave): 위에서 바라볼 때, 파원을 중심으로 사방으로 퍼져나가고 공 모양의 형태가 되는 파동

평면파 (plane wave): 파면이 진행방향과 수직을 이룰 때의 파동

[Note] 나뭇잎을 수면 위에 두었을 때 동심원은 밖으로 퍼져나가지만 나뭇잎은 제자리에서 계속 위아래로 진동한다. 즉, 나뭇잎이 오른쪽으로 이동하는 것이 아니다. 나뭇잎이 아래로 내려갈 때, 구면파 (혹은 평면파)의 두 번째 파면은 밖으로 (혹은 오른쪽으로) 생기

므로 파동이 v의 속도를 가지고 진행하는 것으로 간주할 수 있다. 파동이 진행함에 따라 매질은 이동하는 것이 아니고 그 자리에서 진동만 하는 것이다. 결국 파동이란 매질을 통하여 파원에서 발생한 에너지가 이동해 가는 것이라고 볼 수 있다.

그림은 속도 (v)로 오른쪽으로 진행하고 시간 (t)이 0일 때와 t만큼 경과한 후의 파형의 모습이다.

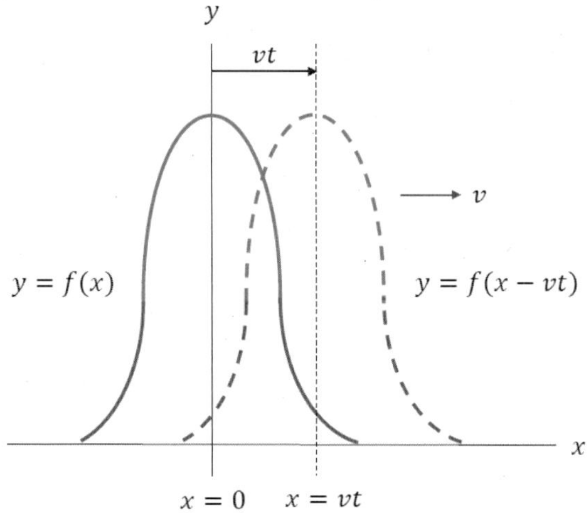

시간 $t=0$일 때 파형을 $y=f(x)$ 라고 하자. 시간 t만큼 경과한 후 파형은 오른쪽으로 거리 vt만큼 진행하였지만 파형의 모양은 동일하다.

$t=0;\quad y=f(x)$

$t=t;\quad y=f(x-vt)\ \rightarrow$ $+x$ 방향 (오른쪽)으로 진행. $+x$축으로 vt만큼 평행이동시킨 것과 동일한 의미 $(x \rightarrow x-vt)$

$y=f(x+vt)\ \rightarrow$ $-x$ 방향 (왼쪽)으로 진행

(생각해보기) 시간이 0일 때 파동이 e^{-x^2} 형태로 주어지고 속력 v로 오른쪽으로 진행한다. 시간 t초 후 이 파는 어떻게 표시되는가?

처음 파형을 vt만큼 오른쪽으로 이동시키면 된다.

$$y(x,t=0) \equiv y(x,0) = e^{-x^2}$$

$$x \rightarrow x-vt$$

$$\therefore\ y(x,t) = e^{-(x-vt)^2}$$

(질문) 이제 사진기를 가지고 어느 한 순간 찍은 파동의 모습이 다음 그림과 같다고 하자. 어떤 고정된 시간 t에서 찍은 파동을 수학적으로 표현하면?

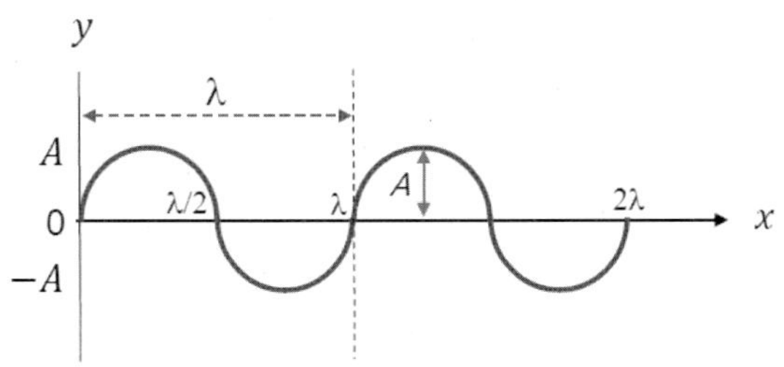

복잡하게 생각할 필요 없이 우리가 알고 있고 가장 쉽게 머리에 떠오르는 함수는 sine, cosine, exponential 같은 함수들이다.

Trial function (시도 함수) $y(x) = A\sin x$

조건: $x = \frac{\lambda}{2}$ 일 때, $y(x = \frac{\lambda}{2}) = 0$

$x = \lambda$ 일 때, $y(x = \lambda) = 0$

• • • • •

위 조건을 만족하려면, 식은 다음과 같은 형태가 되어야 한다.

$$\therefore\ y(x) = A\sin\left(\frac{2\pi}{\lambda}x\right) \qquad Ⓐ$$

즉,

$x = \frac{\lambda}{2}$ 일 때, $y = A\sin\left(\frac{2\pi}{\lambda}\frac{\lambda}{2}\right) = A\sin\pi = 0$

$x = \lambda$ 일 때, $y = A\sin\left(\frac{2\pi}{\lambda}\frac{2}{2}\lambda\right) = A\sin 2\pi = 0$

• • • •

이므로 우리가 원하는 함수의 형태는 최소한 $y(x) = A\sin\left(\frac{2\pi}{\lambda}x\right)$ 임을 알 수 있다.

(질문) 사진기를 가지고 어느 한 위치에서 파가 진동하는 모습이 아래 그림과 같다고 하자. 어떤 고정된 위치 x에서 찍은 파동을 수학적으로 표현하면?

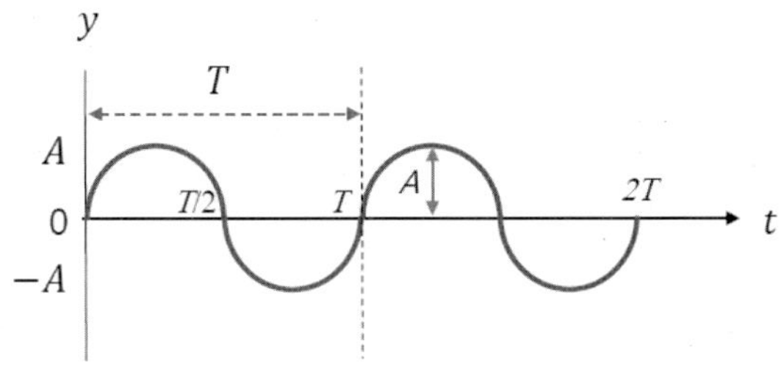

Trial function (시도 함수) $y(t) = A\sin t$

조건: $t = \frac{T}{2}$ 일 때, $y(t = \frac{T}{2}) = 0$

$t = T$ 일 때, $y(t = T) = 0$

• • • •

위 조건을 만족하려면, 식은 다음과 같은 형태가 되어야 한다.

$$\therefore\ y(t) = A\sin\left(\frac{2\pi}{T}t\right) \qquad Ⓑ$$

즉,

$t = \frac{T}{2}$ 일 때, $y = A\sin\left(\frac{2\pi}{T}\frac{T}{2}\right) = A\sin\pi = 0$

$t = T$ 일 때, $y = A\sin\left(\frac{2\pi}{T}\frac{2}{2}T\right) = A\sin 2\pi = 0$

• • • •

을 만족하기 때문에 우리가 원하는 함수의 형태는 최소한 $y(t) = A\sin\left(\frac{2\pi}{T}t\right)$ 임을 알 수 있다.

(질문) 그럼 (x, t)를 모두 포함하는 식은?

함수의 형태는 $y = y(x, t) = f(x - vt)$ 이런 꼴일 것이다. 그리고 위 결과인 Ⓐ와 Ⓑ를 동시에 포함해야 한다.

Trial function (시도 함수) $y(x,t) = A\sin\left(\frac{2\pi}{\lambda}x - \frac{2\pi}{T}t\right)$

[Note] 파수 (wave vector) $= k \equiv \frac{2\pi}{\lambda}$

(넓은) 의미: 2π안에 λ가 몇 개 들어가 있느냐를 나타낸다고 생각하면 된다.

각진동수 (angular frequency) $w \equiv \frac{2\pi}{T}$

파의 속력 $v \equiv \frac{dx}{dt}$

$= \frac{\lambda}{T}$ ($\because$ 거리에 해당하는 것이 λ이고, 시간에 해당하는 것이 T이다)

$= \lambda f$ ($\because f \equiv \frac{1}{T}$. 진동수는 주기의 역수이다)

또한 $v = \frac{\lambda}{T} = \frac{2\pi}{\lambda} / \frac{2\pi}{T} = \frac{w}{k}$ 이다.

위 관계식을 사용해서 trial function을 다시 나타낼 수 있고 문제에 따라 이중 하나를 가져다 쓰면 된다.

$$y(x,t) = A\sin\left(\frac{2\pi}{\lambda}x - \frac{2\pi}{T}t\right) = A\sin\left[2\pi\left(\frac{x}{\lambda} - \frac{t}{T}\right)\right]$$
$$= A\sin(kx - wt) = A\sin(kx - kvt)$$
$$= A\sin k\left(x - \frac{w}{k}t\right) = A\sin k(x - vt)$$

파동함수는 주기 T가 경과한 후 파의 모양이 반복된다.

$$y = A\sin(kx - kvt)$$
$$y(x,t) = y(x, t + T)$$

$\rightarrow$ $A\sin(kx - kvt) = A\sin(kx - kvt - kvT)$ 이 성립하려면 $kvT = 2\pi$ 인 조건을 만족해야 한다.

$$kvT = 2\pi \quad \rightarrow \quad kv = \frac{2\pi}{T} = w$$
$$\therefore\ v = \frac{w}{k} = \frac{\lambda}{T} = \lambda f$$

[예제] 파장이 10 m, 전파속도가 340 m/s인 파동의 진동수[Hz]는?

[해설] $v = \lambda f$

$$\therefore\ f = \frac{v}{\lambda} = \frac{340}{10} = 34 \quad \text{[Hz]}$$

[예제] 어떤 파가 10 m/s 속도로 진행하고 있다. 어떤 점에서 파의 높이가 2초에 한번 씩 최대로 될 때 이 파동의 파장[m]은?

[해설] $T = 2$ [s]

$$v = \frac{\lambda}{T} = 10 \quad \text{[m/s]}$$
$$\therefore\ \lambda = vT = 10 \times 2 \quad \text{[m]}$$

[예제] 파동의 형태가 $y = \sin(2\pi x - 10\pi t)$ 로 주어질 때, 이 파동의 파장과 진행 속도는? (단, x와 y의 단위는 미터[m]이고 t는 초[s]이다)

[해설] $y(x,t)= A\sin\left(\frac{2\pi}{\lambda}x - \frac{2\pi}{T}t\right)$ Ⓐ

$y= \sin(\pi x - 10\pi t)$ Ⓑ

Ⓐ와 Ⓑ를 비교한다.

진폭 $A= 1$

$\frac{2\pi}{\lambda}= 2\pi \quad \rightarrow \quad \lambda= 1$ [m]

$\frac{2\pi}{T}= 10\pi \quad \rightarrow \quad T= \frac{1}{5}$ [s]

$\lambda= vT$ $(\because s= vt$. 이동거리 = 속도 × 시간)

$\therefore v= \frac{\lambda}{T}= \frac{1}{1/5}= 5$ [m/s]

(예) $y= 5\sin\pi(10t - 4x)$

[정답] $T= \frac{1}{5}, \lambda = \frac{1}{2}$

[예제] 양쪽 끝이 고정된 길이가 L인 현에 파동의 형태가 $y(x,t)= 0.5\sin(0.2x)\cos(200t)$ 인 기본 진동수의 정상파가 발생하였다. 파장[cm], 주기[s], 속력[cm/s] 및 길이[cm]는?

[해설] $y(x,t)= A\sin(kx - wt)$ 와 비교

$k= \frac{2\pi}{\lambda}= 0.2 \quad \rightarrow \quad \therefore \lambda= \frac{2\pi}{0.2}= 10\pi \simeq 31.4$

$w= \frac{2\pi}{T}= 200 \quad \rightarrow \quad \therefore T= \frac{2\pi}{200}= \frac{\pi}{100}$

$v= \frac{\lambda}{T}= \frac{10\pi}{\frac{\pi}{100}}= 1000$

$L= \frac{\lambda}{2}= \frac{10\pi}{2}= 5\pi$ (∵ 기본진동수 정상파)

[예제] 그림처럼 파동이 오른쪽으로 진행한다. 실선모양의 파동이 0.4초 동안 2 m 이동하여 점선모양이 되었다. 이 파동의 속력, 파장, 주기는?

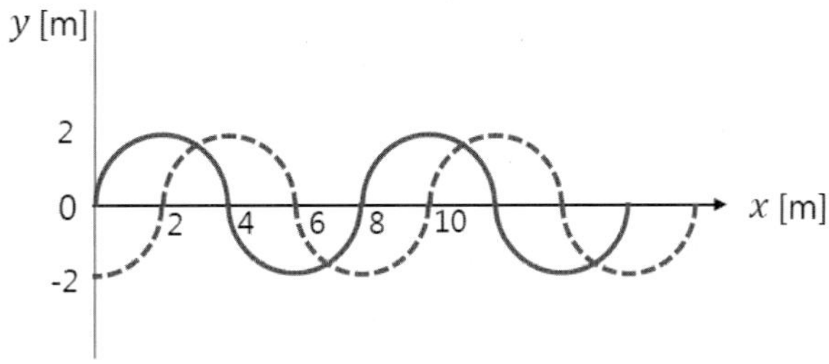

[해설] 속력 = 거리/시간 = 2/0.4 =5 [m/s]

파장 (λ) = 8 [m] (∵ 그림에서 파동의 한 파장의 길이는 8이다)

$\lambda = vT \;\rightarrow\; T = \dfrac{\lambda}{v} = \dfrac{8}{5} = 1.6$ [s]

[예제] 그림처럼 줄을 2초에 1회씩 상하로 흔들어 주었을 때 줄에서 발생한 파동이 일정한 속력으로 오른쪽으로 진행하고 어느 순간의 변위를 위치에 따라 나타낸 것이다. 이 파동의 전파속도[m/s]는?

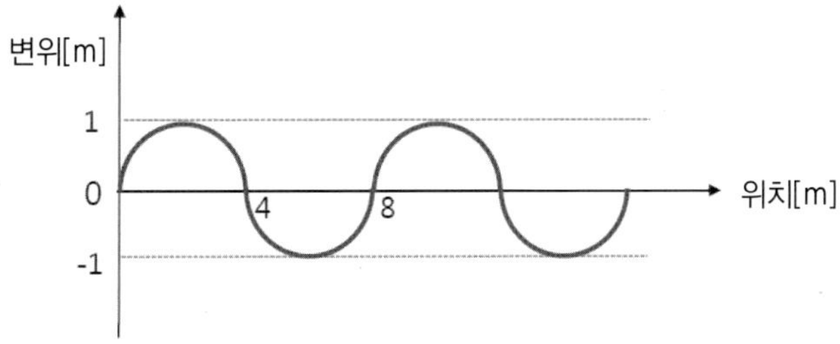

[해설] 주기 $T = 2$ [s]

파장 $\lambda = 8$ [m]

$\therefore\; v = \dfrac{\lambda}{T} = \dfrac{8}{2} = 4$ [m/s]

□ 단순조화운동 (simple harmonic oscillation, SHO)

[예제] 그림처럼 용수철 상수가 k인 용수철에 연결된 질량 m인 물체를 평면위에서 $x=0$인 원점으로부터 x_0만큼 잡아당긴 후 놓았더니 단순조화운동을 하였다. (단, 용수철의 질량과 마찰은 무시한다)

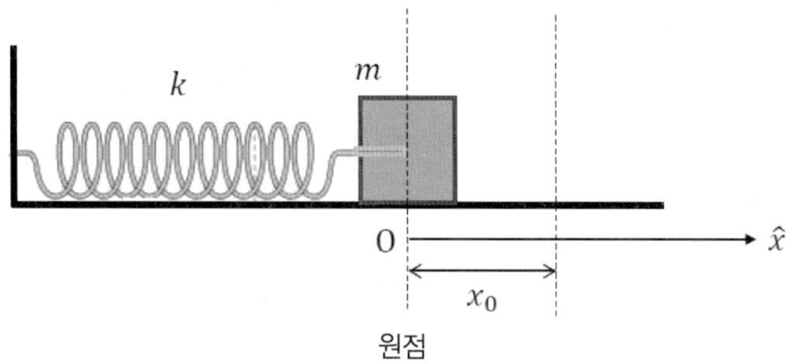

① 왕복운동의 주기 (T)는?

② 물체가 x_0만큼 늘어났을 때 역학적 에너지는?

③ 최고 속력 (v)은?

④ 원점에서 최고 속력 (v_{max})을 진폭 (x_0)과 각진동수 (w)로 표시하면?

⑤ 임의의 지점 (x)에서의 속력은?

⑥ 임의의 지점 (x)에서의 역학적 에너지는?

⑦ 물체가 원점 (=평형위치)을 지날 때 역학적 에너지는?

⑧ 용수철이 최대로 압축되는 길이는?

⑨ 탄성에너지의 평균값은?

⑩ $x=\frac{x_0}{2}$ 지점을 지나는 순간에 물체의 운동에너지 (KE)와 전체 에너지 (E) 비율 ($\frac{KE}{E}$)의 값은?

[해설]

① 왕복운동의 주기는?

운동방정식 $m\ddot{x} = -kx \quad \rightarrow m\ddot{x} + kx = 0$

$$\ddot{x} + \frac{k}{m}x = 0$$

$$\therefore \ \ddot{x} + w^2 x = 0, \quad w^2 \equiv \frac{k}{m} \qquad (\rightarrow w: \text{ 각진동수})$$

위와 같은 운동방정식의 전형적인 해 (solution)는 $x = x_0 \sin wt$ 형태이다.

$$주기\ (T) \equiv \frac{2\pi}{\omega} = \frac{2\pi}{\sqrt{\frac{k}{m}}} = 2\pi\sqrt{\frac{m}{k}}$$

② 운동에너지 (KE) = 0

용수철이 가진 탄성에너지 (PE) = $\frac{1}{2}kx_0^2$

역학적 에너지 = 운동에너지 (KE) + 탄성에너지 (PE) = 0 + $\frac{1}{2}kx_0^2$ = $\frac{1}{2}kx_0^2$

③ (방법1) 역학적 에너지 보존

총에너지 = 운동에너지 (KE) + 탄성에너지 (PE)

(총에너지)$_{초기}$ = (총에너지)$_{나중}$

$$\rightarrow 0 + \frac{1}{2}kx_0^2 = \frac{1}{2}mv^2 + 0$$

(x_0만큼 늘렸을 때, 속력은 0, 탄성에너지만 가지며, 물체를 놓으면 원점을 지나는데 이때 속력이 최대, 탄성에너지는 없다)

$\therefore v_{\max} \equiv v = \sqrt{\frac{kx_0^2}{m}}$ (원점에서 속력 최고)

(방법2) 단진동 운동의 경우 가장 일반적인 해가 $y(x,t) = x_0\sin(kx - wt)$ 형태라는 것을 우리는 알고 있다.

$$v \equiv \dot{y} = x_0(-w)(-)\cos(kx - wt) = x_0\sqrt{\frac{k}{m}}\cos(kx - wt)$$

$\therefore v_{\max} = x_0\sqrt{\frac{k}{m}}$ ($\because \cos(kx - wt) = 1$ 일 때 최대가 된다)

④ $w^2 \equiv \frac{k}{m}$

$$\therefore v_{\max} = \sqrt{\frac{kx_0^2}{m}} = \sqrt{w^2x_0^2} = x_0w$$

⑤ 임의의 지점에서의 속력은?

$\rightarrow 0 + \frac{1}{2}kx_0 = \frac{1}{2}mv^2 + \frac{1}{2}kx^2$ (임의의 x 지점에서)

$$\therefore v = \pm\sqrt{\frac{k(x_0^2 - x^2)}{m}}$$

☛ 속도가 시시각각 변화하므로 (선)운동량 ($p = mv$) 값은 계속 변화한다.

⑥ 운동에너지 (KE) $= \frac{1}{2}mv^2$

용수철이 가진 탄성에너지 (PE) $= \frac{1}{2}kx^2$

[Note]

(해) $x = x_0 \sin wt$

$\dot{x} \equiv v = x_0 w \cos wt$

$w^2 \equiv \frac{k}{m} \quad \rightarrow k = mw^2$

운동에너지 (KE) $= \frac{1}{2}mv^2 = \frac{1}{2}m(x_0 w \cos wt)^2$

탄성에너지 (PE) $= \frac{1}{2}kx^2 = \frac{1}{2}k(x_0 \sin wt)^2$

역학적 에너지 $=$ KE $+$ PE $= \frac{1}{2}mA^2 w^2 \cos^2 wt + \frac{1}{2}kA^2 \sin^2 wt$

$$= \frac{1}{2}kx_0^2 \cos^2 wt + \frac{1}{2}kx_0^2 \sin^2 wt = \frac{1}{2}kx_0^2(\cos^2 wt + \sin^2 wt) = \frac{1}{2}kx_0^2$$

즉, x_0 위치 (최대로 늘어난 길이)에서 역학적 에너지와 임의이 지점 x에서 역학적 에너지 값은 동일하다.

→ 역학적 에너지 보존

⑦ 운동에너지 (KE) $= \frac{1}{2}mv^2 = \frac{1}{2}mv_{max}^2$

용수철이 가진 탄성에너지 (PE) $= 0$

역학적 에너지 $=$ KE $+$ PE $= \frac{1}{2}mv_{max}^2 + 0 = \frac{1}{2}mv_{max}^2$

[Note] $v_{max} \equiv v = \sqrt{\frac{kx_0^2}{m}}$

$$= \sqrt{w^2 x_0^2} = wx_0$$

역학적 에너지 $= \frac{1}{2}mv_{max}^2 = \frac{1}{2}m(wx_0)^2 = \frac{1}{2}mw^2x_0^2 = \frac{1}{2}kx_0^2 \qquad (\because k = mw^2)$

☛ (정리)

최대 변위 (x_0)에서 역학적 에너지 $= \frac{1}{2}kx_0^2$

임의의 지점 (x)에서 역학적 에너지 $= \frac{1}{2}kx_0^2$

원점 (=평형위치)을 지날 때 역학적 에너지 $= \frac{1}{2}kx_0^2$

∴ 모두 동일 → 역학적 에너지 보존

⑧ 용수철이 최대로 압축되는 길이는?

원점에서의 운동에너지가 모두 탄성에너지로 전환되는 왼쪽 방향 지점까지 최대로 압축될 것이다.

$$\rightarrow \frac{1}{2}mv^2 + 0 = 0 + \frac{1}{2}kx^2$$

$$\therefore x = \sqrt{\frac{m}{k}}\,v = \sqrt{\frac{m}{k}}\sqrt{\frac{kx_0^2}{m}} = x_0$$ (즉 $-x_0$지점까지 압축된다)

⑨ 탄성에너지 (PE)의 평균값은?

$$< \text{PE} > = < \frac{1}{2}kx^2 > = \frac{1}{2}k < x^2 >$$

$$\rightarrow < x^2 > = < x_0^2\sin^2 wt > = x_0^2 < \sin^2 wt >$$

$$< \sin^2 wt > \equiv \frac{\int_0^T \sin^2 wt\,dt}{T} = \frac{1}{T}\int_0^T \frac{1-\cos 2wt}{2}dt$$

$$= \frac{1}{2T}\int_0^T (1-\cos 2wt)dt = \frac{1}{2T} \cdot T = \frac{1}{2}$$

$$\therefore < \text{PE} > = < \frac{1}{2}kx^2 > = \frac{1}{2}k < x^2 > = \frac{1}{2}k \times x_0^2 \times \frac{1}{2} = \frac{1}{4}kx_0^2$$

⑩ $v = \pm\sqrt{\frac{k(x_0^2 - x^2)}{m}}$

$$(\text{KE},\ x = \frac{x_0}{2}) = \frac{1}{2}mv^2 = \frac{1}{2}m\frac{k\left(x_0^2 - \left(\frac{x_0}{2}\right)^2\right)}{m} = \frac{3}{8}kx_0^2$$

전체에너지 (total energy, E) $= \frac{1}{2}kx_0^2$

$$\therefore \frac{\left(\text{KE},\ x = \frac{x_0}{2}\right)}{\text{E}} = \frac{\frac{3}{8}kx_0^2}{\frac{1}{2}kx_0^2} = \frac{3}{4}$$

✍ **(비교)** 등속원운동과 단진동

등속원운동	단진동
회전반지름 (A)	진폭 (A)
각속도 (ω)	각진동수 (ω)
회전주기 (T)	진동주기 (T)
회전수 (f)	진동수 (f)

(토론해보기) 각 경우 단진동할 때 물체의 주기 (T)는?

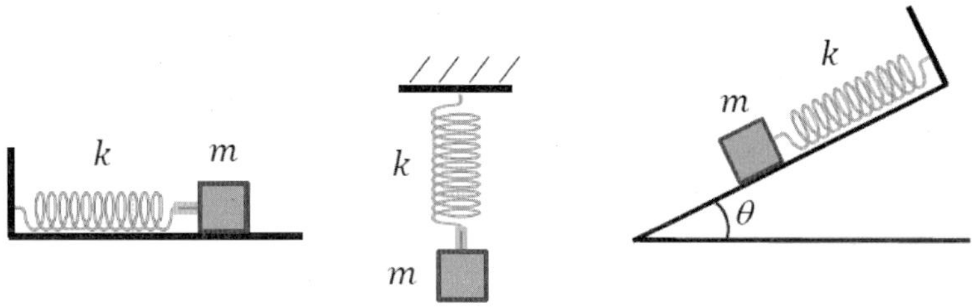

[정답] 용수철 주기는 (k, m)의 함수이므로, (k, m)만 주어지고 같다면 어느 경우나 주기는 동일하다 ($\because T = 2\pi\sqrt{\frac{m}{k}}$). 용수철의 원래 길이 l이라고 하고, 만약 늘어난 길이 x_0로 표현이 된다면, 각 상황에 따라 늘어난 길이가 다르기 때문에 표현은 달라질 수 있다.

① 마찰이 없는 수평면에 있고 용수철의 원래 길이 l이라고 하자.

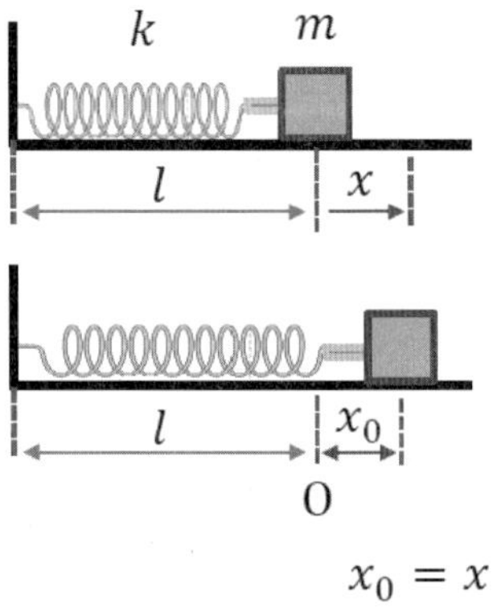

이 상태에서 x만큼 잡아당기면 나중길이는 $(l + x)$이다.

$\therefore$ 용수철의 늘어난 길이 (x_0) = 나중길이 − 처음길이 $= (l + x) - l = x$

이 경우는 늘어난 길이 (x_0)와 잡아당긴 길이 (x)가 동일하다 ($x_0 = x$). 이제 잡아당긴 길이 x만큼 반대방향으로 복원력이 작용한다.

운동방정식 $m\ddot{x} = -kx \rightarrow m\ddot{x} + kx = 0$

$\therefore$ 주기 $T = 2\pi\sqrt{\dfrac{m}{k}}$

②

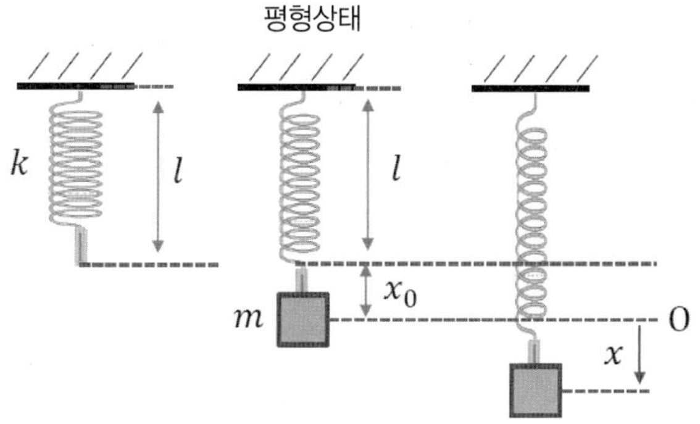

용수철을 연직방향으로 매달았을 때 원래 길이를 l라고 하자. 이제 질량 m인 물체를 매달면 용수철은 x_0만큼 늘어나고 아랫방향의 중력과 윗방향의 복원력이 서로 평형 상태를 이룬다.

평형상태 $mg = kx_0 \quad \rightarrow k = \dfrac{mg}{x_0}$

이제 아랫방향으로 x만큼 잡아당길 때, 늘어난 총길이는 평형상태 (O점)를 기준으로 잡는다.

$\therefore$ 잡아당겨 용수철의 늘어난 길이 = 나중길이 − 처음길이 = $(l + x_0 + x) - (l + x_0) = x$

운동방정식 $m\ddot{x} = -kx \rightarrow m\ddot{x} + kx = 0$

$\therefore$ 주기 $T = 2\pi\sqrt{\dfrac{m}{k}} = 2\pi\sqrt{\dfrac{m}{\dfrac{mg}{x_0}}} = 2\pi\sqrt{\dfrac{x_0}{g}}$

③ 용수철을 각이 θ인 경사면에 매달았을 때 원래 길이를 l라고 하자. 이제 질량 m인 물체를 매달면 용수철은 x_0만큼 늘어나고 중력의 $mg\sin\theta$ 성분과 복원력이 서로 평형 상태를 이룬다.

평형상태 $\quad mg\sin\theta = kx_0 \ \rightarrow k = \dfrac{mg\sin\theta}{x_0}$

이제 경사면에서 아랫방향으로 x만큼 잡아당길 때, 평형상태 (O점)를 기준으로 늘어난 총길이를 구할 수 있다.

∴ 잡아 당겨 용수철의 늘어난 길이 = 나중길이 − 처음길이 = $(l + x_0 + x) - (l + x_0) = x$

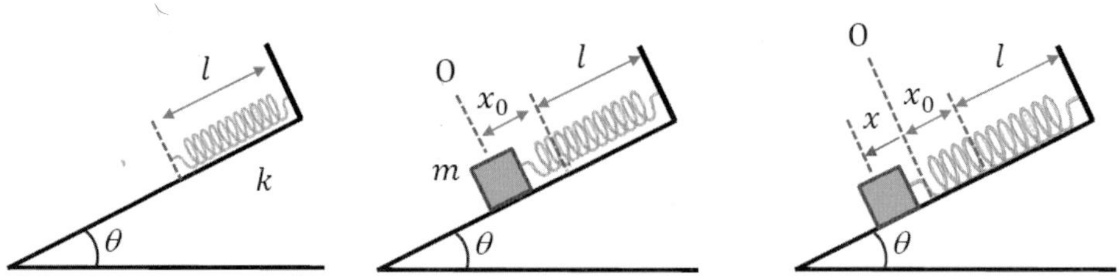

운동방정식 $\quad m\ddot{x} = -kx \ \rightarrow \ m\ddot{x} + kx = 0$

∴ 주기 $T = 2\pi\sqrt{\dfrac{m}{k}} = 2\pi\sqrt{\dfrac{m}{\dfrac{mg\sin\theta}{x_0}}} = 2\pi\sqrt{\dfrac{x_0}{g\sin\theta}}$

(검증) 만약 $\theta = 90^o$ (수직)이면 ③번 결과는 ②번 결과로 가야한다.

✏ **(심화문제)** O점 (평형점)을 중심으로 단진동할 때, 경사면 아랫방향으로 x_0만큼 잡아당겨 놓을 때, O점을 지나는 순간 물체의 속력은?

O점은 중력과 탄성력이 평형을 이루는 지점이므로 역학적 에너지를 생각할 때 위치에너지를 고려할 필요가 없다. (← 2장 "일과 에너지" 편 참고)

역학적 에너지 보존

[운동에너지 (KE) + 탄성위치에너지 (PE)]전 = [운동에너지 (KE) + 탄성위치에너지 (PE)]후

$$0 + \frac{1}{2}kx_0^2 = \frac{1}{2}mv^2 + 0$$

$$v^2 = \frac{k}{m}x_0^2 = \frac{\dfrac{mg}{x_0}\sin\theta}{m}x_0^2 = gx_0\sin\theta$$

$\therefore v = \sqrt{gx_0\sin\theta}$

(각자해보기) 중력에 의한 위치에너지 고려해서 문제 풀어보기

[예제] 1 kg중 무게를 달면 1 cm 늘어나는 용수철저울이 있다. 이 저울에 10 kg의 물체를 매달고 약간 늘렸다가 놓으면 진동을 한다. 진동 주기[s]는?

[해설] 후크의 법칙 $F = kx$

$$10\ \text{kgf} = k(0.01\ \text{m})$$

$$\therefore k = \frac{10\text{kgf}}{0.01\text{m}} = \frac{10\text{N}}{0.01\text{m}} = 1000\ \ [\text{N/m}]$$

주기 $T = 2\pi\sqrt{\dfrac{m}{k}}$

$$\therefore\ T = 2\pi\sqrt{\frac{10\text{kg}}{1000\text{N/m}}} = 2\pi\frac{1}{10} = \frac{\pi}{5}\ \ [\text{s}]$$

[예제] 질량 m인 물체에 퍼텐셜에너지가 $U(x) = a + bx^2$ 이 작용한다. 이 물체의 단순조화운동의 진동수는 어떤 값에 의존하는가?

[해설]

작용하는 힘 $F(x) = -\dfrac{dU(x)}{dx}$

$= -2bx$ (→ 음수 의미: 복원력)

운동방정식 $m\ddot{x} = -2bx \rightarrow m\ddot{x} + 2bx = 0$

$$\ddot{x} + \frac{2b}{m}x = 0 \rightarrow \ddot{x} + \omega^2 x = 0$$

$$\omega^2 \equiv \frac{2b}{m}$$

$$\omega = \frac{2\pi}{T} = 2\pi f \rightarrow f = \frac{w}{2\pi} = \frac{1}{2\pi}\sqrt{\frac{2b}{m}}$$ ($\therefore\ m, b$에 의존한다)

[예제] 탄성계수가 k인 용수철에 물체를 매달고 변위 A만큼 늘었다 놓으면 물체는 단진동 운동을 한다. 물체의 운동에너지 (KE)와 위치에너지 (PE)가 같아지면 변위 (x)는?

[해설]

용수철 상수 (k)와 탄성계수 (E)의 관계: $k \equiv \dfrac{A}{l}E$

원칙적으로는 용수철 상수와 탄성계수는 다른 물리량이다. 하지만, 단면적 (A), 길이 (l)이 일정하다면, 같다고 생각해서 문제를 풀어도 된다.

A만큼 늘렸을 때 총 역학적 에너지 = KE + PE = 0 + $\frac{1}{2}kA^2$

임의의 지점 x에서의 총 역학적 에너지 = KE + PE = $\frac{1}{2}mv_x^2 + \frac{1}{2}kx^2$ (v_x: x에서 속력)

원점을 다시 지날 때 총 역학적 에너지 = KE + PE = $\frac{1}{2}mv^2 + 0$ (v: 원점에서 속력)

문제의 조건: 임의의 지점 x에서 KE와 PE가 동일하다

$$\rightarrow \frac{1}{2}mv_x^2 = \frac{1}{2}kx^2 \qquad Ⓐ$$

역학적 에너지 보존 $\frac{1}{2}kA^2 = \frac{1}{2}mv_x^2 + \frac{1}{2}kx^2$

$$\rightarrow \frac{1}{2}mv_x^2 = \frac{1}{2}kA^2 - \frac{1}{2}kx^2$$

식 Ⓐ

$$\frac{1}{2}kA^2 - \frac{1}{2}kx^2 = \frac{1}{2}kx^2$$

$$2kx^2 = kA^2$$

$$\therefore x = \pm\frac{A}{\sqrt{2}}$$

[예제] 그림처럼 길이 l인 실에 질량 m인 추를 매달아 단진자 (simple harmonic oscillator) 운동을 하였다. 진자의 주기 (T)는? (단, 실의 질량과 공기 저항은 무시하며, 실의 길이는 변하지 않는다)

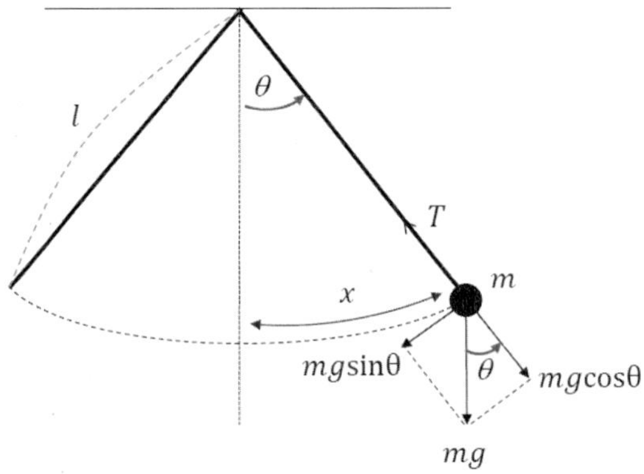

[해설] 질량 m, 길이 l인 단진자. 접선 방향으로 $mg\sin\theta$의 성분이 작용하고 중심방향으로 장력 (T)와 $mg\cos\theta$의 차이만큼의 힘이 작용해서 원운동 한다고 볼 수 있다.

운동방정식 $m\ddot{x} = -mg\sin\theta$ ($\because$ θ가 증가하는 방향에 반대방향 $(-)$으로 복원력 작용)

$$\theta = \frac{x}{l} \quad \rightarrow \quad x = l\theta$$

$$ml\ddot{\theta} = -mg\sin\theta \quad \rightarrow \quad \ddot{\theta} + \frac{g}{l}\sin\theta = 0$$

$$\ddot{\theta} + w^2\sin\theta = 0 \quad , \quad w^2 \equiv \frac{g}{l}$$

만약 θ가 작다고 하면 $\sin\theta \simeq \theta$ 이다.

[Note] Taylor series 전개, $\theta \approx$ 작을 때, $\sin\theta \simeq \theta - \frac{\theta^3}{3!} + \frac{\theta^5}{5!} - \frac{\theta^7}{7!} + \cdots$

$$\therefore \ \ddot{\theta} + w^2\theta = 0$$

주기 $T \equiv \frac{2\pi}{w} = \frac{2\pi}{\sqrt{\frac{g}{l}}} = 2\pi\sqrt{\frac{l}{g}}$

[Note] $\sqrt{g} = \sqrt{9.8} \approx 3.130 \cong \pi$ 이므로, $T \simeq 2\sqrt{l}$ 이다.

($\rightarrow$ $T \propto \sqrt{l}$ 혹은 $T^2 \propto l$)

☛ 장력 (T)와 주기 ($T \equiv \frac{2\pi}{w}$)를 혼동하지 말 것.

☛ 진자의 등시성: 진폭이 작을 때, 단진자의 주기는 진자의 질량이나 진폭에 관계없다.

☛ 중력가속도 측정: 낙하운동이나 용수철 등을 이용해 측정할 수 있으나, 더욱더 간단하고 비교적 정밀하게 g를 측정하는 방법으로 단진자를 사용할 수 있다.

$$T = 2\pi\sqrt{\frac{l}{g}}$$

$$\therefore g = \frac{4\pi^2 l}{T^2}$$

즉, 길이 (l)와 주기 (T)를 측정하면 중력가속도 (g)를 구할 수 있다.

(토론해보기) 단진자를 이용해 추시계를 만들었을 때, 여름에는 느려지고 겨울에는 빨라진다고 한다. 그 이유는?

$\rightarrow$ 여름에는 추의 길이가 늘어나고, 겨울에는 길이가 줄어드는 것을 생각한다.

✏ **(심화문제)** 길이 5 m의 줄에 질량 80 kg인 추 A를 연직으로 매달아 5^o까지 기울어지는 단진자 운동을 하였다. 이제 추 A를 형태가 동일하고 밀도가 0.25배인 추 B로 교체한 후 단진자 운동을 시켰다. 추 B의 진동 주기는 추 A의 진동 주기의 몇 배인가? (단, 각 추의 밀도는 균일하고 줄의 질량과 모든 저항은 무시하며, 중력 가속도는 $10\ m/s^2$이다)

→ 진자의 등시성으로 $T_A = T_B$ 이다.

✏ **(심화문제)** 수직 상 방향으로 $\frac{1}{3}g$로 가속되고 있는 엘리베이터 안에서 진자의 주기를 측정하면 정지해 있던 엘리베이터 안에서 측정한 진자 주기의 몇 배인가?

[해설]

정지해 있던 엘리베이터 안에서 측정한 진자주기 $T_0 = 2\pi\sqrt{\frac{l}{g}}$

상승하고 있는 엘리베이터 안에서의 겉보기 중력 $g' = g + a = g + \frac{1}{3}g$

→ 상승하고 있는 엘리베이터 안에서 측정한 진자주기

$$T = 2\pi\sqrt{\frac{l}{g'}}$$

$$= 2\pi\sqrt{\frac{l}{g+a}} = 2\pi\sqrt{\frac{l}{g+\frac{1}{3}g}} = 2\pi\sqrt{\frac{3l}{4g}} = \frac{\sqrt{3}}{2}\times 2\pi\sqrt{\frac{l}{g}} = \frac{\sqrt{3}}{2}T_0$$

✏ **(심화문제)**

① 단진자가 최하점을 지날 때의 속력 (v)은?

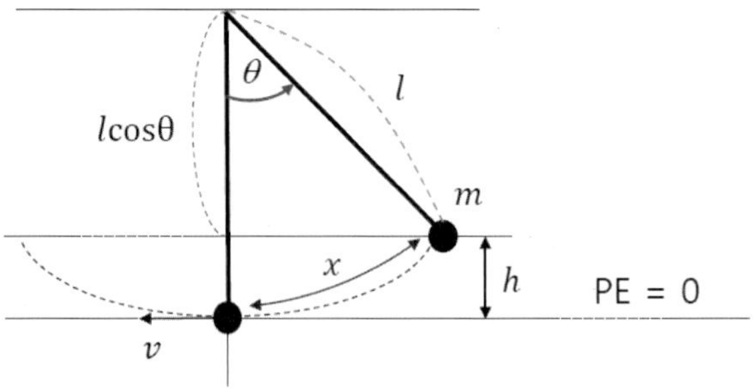

높이 h에서 단진자를 놓으면, 위치에너지가 최하점에 도달했을 때 모두 운동에너지로 변환된다. 최하점에서 위치에너지 (PE)를 0이라고 하자.

$h = l - l\cos\theta = l(1-\cos\theta)$

역학적 에너지 보존 $(KE + PE)_{초기} = (KE + PE)_{나중}$

$$0 + mgh = \frac{1}{2}mv^2 + 0$$

$$\rightarrow v = \sqrt{2gh} = \sqrt{2gl(1-\cos\theta)}$$

(예) 초기 각도 $\theta = 60^o$, $v = \sqrt{2gl(1-\cos 60^o)} = \sqrt{2gl \times \frac{1}{2}} = \sqrt{gl}$

② 단진자가 궤적의 임의 지점에서 장력 (T)은 얼마인가?

임의의 각도 θ $\quad T - mg\cos\theta = m\frac{v^2}{r}$ $\quad$ ($\because$ 구심가속도 $= \frac{v^2}{r}$)

$\therefore$ 장력 $T = m\frac{v^2}{l} + mg\cos\theta$ $\quad$ ($\because r = l$)

☛ 장력 (T)의 크기는 시시각각 변한다는 것을 알 수 있다.

③ 단진자의 위치 에너지 (PE)? 총에너지는?

$$\begin{aligned} PE &= mgh \\ &= mg\ell(1-\cos\theta) \end{aligned}$$

[Note] Taylor series 전개, $\theta \approx$ 작을 때, $\cos\theta \simeq 1 - \frac{\theta^2}{2!} + \frac{\theta^4}{4!} - \frac{\theta^6}{6!} + \cdots$

$$\begin{aligned} PE &= mg\ell(1-\cos\theta) \simeq mg\ell[1-(1-\frac{\theta^2}{2!}+\cdots)] \\ &= mg\ell\frac{\theta^2}{2} = \frac{1}{2}mg\ell\left(\frac{x}{\ell}\right)^2 \qquad (\because \theta = \frac{x}{\ell}) \\ &= \frac{1}{2}\frac{mg}{\ell}x^2 \end{aligned}$$

$\therefore$ PE $\propto x^2$

즉, 1차 근사로 PE는 변위의 제곱에 비례한다.

$$\begin{aligned} 총에너지 &= KE + PE \\ &= \frac{1}{2}m\ddot{x}^2 + \frac{1}{2}\frac{mg}{\ell}x^2 \end{aligned}$$

마치, 용수철 운동의 경우와 동일한 형태를 가진다. $(\rightarrow \frac{1}{2}m\ddot{x}^2 + \frac{1}{2}kx^2)$

④ 단진자 길이가 1 m일 때 주기 (T)은? 2 m/s^2 가속도로 내려가고 있는 엘리베이터 안에서 이 단진자의 주기 (T)는? (단, 중력가속도는 10 m/s^{2}이다)

$$\text{단진자 주기 } T \equiv 2\pi\sqrt{\frac{l}{g}}$$
$$= 2\pi\sqrt{\frac{1}{10}} \simeq 1.98\,[\text{s}]$$

☛ 가속도 운동하는 계 안에서는 관성력을 받으므로 겉보기 중력 (g')을 구해야 한다. 하강할 때, 겉보기 중력가속도 (g') $\rightarrow g' = g - a$

$$\text{주기 } T \equiv 2\pi\sqrt{\frac{l}{g'}} = 2\pi\sqrt{\frac{l}{g-a}}$$
$$= 2\pi\sqrt{\frac{1}{10-2}} = 2\pi\sqrt{\frac{1}{8}} \simeq 2.22\ \ [\text{s}]$$

만약 줄이 끊어져 엘리베이터가 자유낙하 한다면, $a = g$ 가 된다.

겉보기 중력가속도 (g') $\rightarrow g' = g - a = g - g = 0$

$\therefore T = 0$ (→ 엘리베이터와 진자는 무중력상태가 되고 진자는 단진동을 하지 않는다)

✍ **(정리)**

(a) 위 방향 운동이라면, 겉보기 중력가속도는 (g') $\rightarrow g' = g + a$ 이다.

$$\therefore \text{ 주기 } T \equiv 2\pi\sqrt{\frac{l}{g'}} = 2\pi\sqrt{\frac{l}{g+a}}$$

(b) 가속도 a로 운동하는 버스 천정에 걸린 단진자

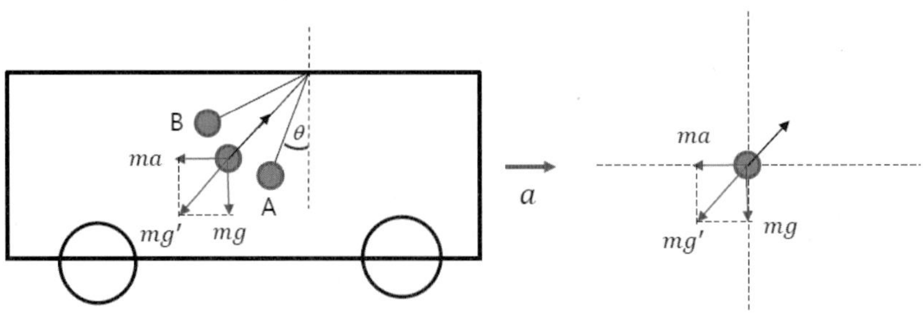

수평방향으로 가속도 a로 운동할 때, 물체는 연직방향과 θ각을 이룬 A 지점에서 평형을 이룬다고 하자. 이제 물체를 B 지점까지 올렸다가 놓으면 물체는 A와 B사이를 진동한다.

[Note] $a = g\tan\theta$

직각삼각형 $(mg')^2 = (ma)^2 + (mg)^2$

$$\therefore g' = \sqrt{g^2 + a^2}$$

$$주기\ (T) = 2\pi\sqrt{\frac{l}{g'}} = 2\pi\sqrt{\frac{l}{\sqrt{g^2+a^2}}} = 2\pi\sqrt{\frac{l}{\sqrt{g^2+(g\tan\theta)^2}}}$$

$$= 2\pi\sqrt{\frac{l}{g}\frac{1}{\sqrt{1+\tan^2\theta}}} = 2\pi\sqrt{\frac{l}{g}\frac{1}{\sqrt{\sec^2\theta}}} = 2\pi\sqrt{\frac{l}{g}\frac{1}{\sec\theta}}$$

$$= 2\pi\sqrt{\frac{l\cos\theta}{g}}$$

만약 $\theta = 0$ (차가 정지한 경우), $T = 2\pi\sqrt{\frac{l}{g}}$ 로 단진자 운동으로 근사된다.

(각자해보기) 단진자가 지면과 각도가 θ인 마찰 없는 빗면위에서 진동한다. 주기 (T)는?

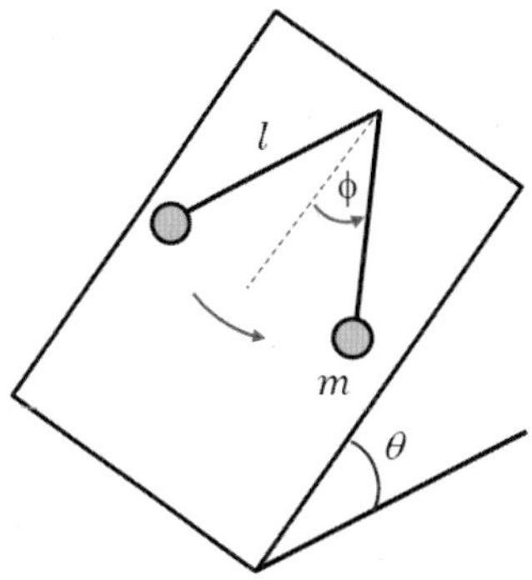

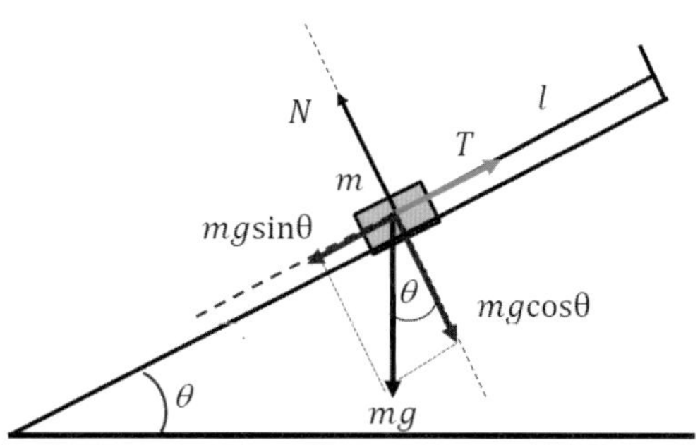

[정답] $T = 2\pi\sqrt{\frac{l}{g\sin\theta}}$

[예제] 원추진자 (圓錐振子, conical pendulum). 그림처럼 질량 m인 물체가 천정에 고정된 길이 l인 실에 매달려 (원)추 모양을 하며 등속 원운동을 한다. 주기 (T)는?

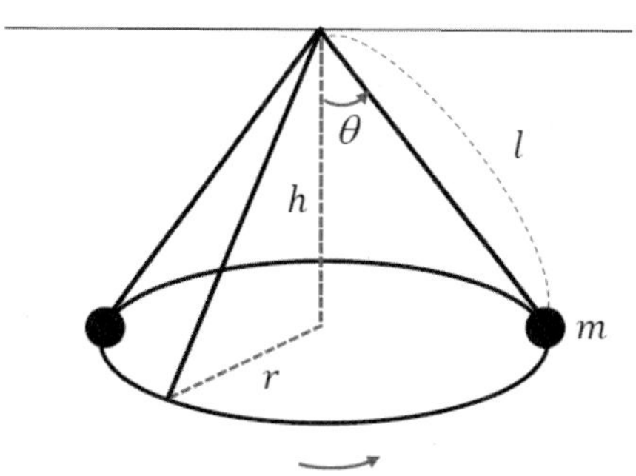

[해설] 원추진자가 (등속)원운동하면 회전할 때 물체가 오른쪽에 왔을 때 순간적으로 사진을 찍었다고 하자. 그럼 이 순간 물체 m에 작용하는 모든 힘을 그려보면 그림과 같다.

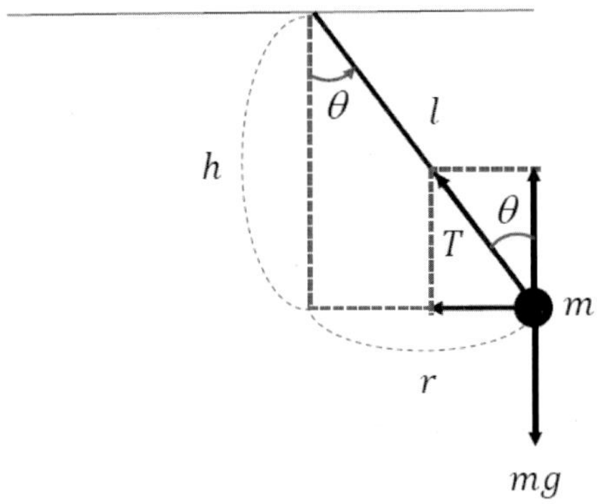

힘의 평형

장력 (T)의 cosine 성분 $\quad T\cos\theta = mg$

장력 (T)의 sine 성분 $\quad T\sin\theta = m\dfrac{v^2}{r}$ $\qquad$ ($\because$ 구심가속도 $\dfrac{v^2}{r}$)

$$\rightarrow \tan\theta = \frac{v^2}{rg}$$

$$\therefore v = \sqrt{rg\tan\theta} = \sqrt{l\sin\theta g\tan\theta} \qquad (\because r = l\sin\theta)$$

장력 (T)의 크기 $\quad T = \dfrac{mg}{\cos\theta}$

구심력 (F)은 장력의 sine 성분

$$F = T\sin\theta = \frac{mg}{\cos\theta}\sin\theta = mg\tan\theta$$

주기 $\quad T \equiv \dfrac{2\pi r}{v} = \dfrac{2\pi l\sin\theta}{\sqrt{l\sin\theta g\tan\theta}} = 2\pi\sqrt{\dfrac{l^2\sin^2\theta}{l\sin\theta g\dfrac{\sin\theta}{\cos\theta}}} = 2\pi\sqrt{\dfrac{l\cos\theta}{g}}$

각속도 $\omega \equiv \dfrac{2\pi}{T}$ $\qquad$ ($\because T \equiv \dfrac{2\pi}{\omega}$)

$$= \sqrt{\frac{g}{l\cos\theta}} = \sqrt{\frac{g}{l}\sec\theta}$$

[Note] 장력 (tension, T)의 T와 주기 (period, T)의 T를 혼동하지 말 것

✏ **(심화문제)** 원추진자에서 질량이 4 kg이고 80 N 이상의 힘으로 잡아당기면 끊어진다고 하자. 원운동하는 물체의 회전축에 대한 최대 각운동량 값[J • s]은? (단, 끊어지지 전 줄의 길이는 80 cm로 일정하고, 중력가속도는 10 m/s^{2}이다)

[해설]

80 N 이상의 힘으로 잡아당기면 끊어진다는 것은 장력 T가 80이라는 것이다.

$$T\cos\theta = mg \quad \rightarrow \quad 80\cos\theta = 4 \times 10$$

$$\cos\theta = \frac{40}{80} = \frac{1}{2} \quad \rightarrow \theta = 60^{o}$$

$$r = l\sin\theta = 0.8\sin 60° = 0.8 \times \frac{\sqrt{3}}{2} = 0.4\sqrt{3}$$

$$T\sin\theta = m\frac{v^2}{r} \;\rightarrow\; v^2 = \frac{rT\sin 60°}{m} = \frac{0.4\sqrt{3} \times 80 \times \frac{\sqrt{3}}{2}}{4} = 0.2 \times 3 \times 20 = 12 \text{ [m/s]}$$

각운동량 $\vec{L} \equiv \vec{r} \times \vec{p}$ $\quad$ (r: 거리, $p = mv =$ 선운동량)

$$\therefore L = rmv = 0.4\sqrt{3} \times 4 \times \sqrt{12}$$
$$= 0.4 \times 4 \times 6 = 9.6 \text{ [J • s]}$$

[예제] 그림처럼 두 개의 동일한 용수철에 연결된 물체 A가 각진동수 10 rad/s로 수평면에서 진동하고 있다. 만약 질량이 4배 증가한다면 각진동수[rad/s]는? (단, 용수철의 질량과 모든 마찰은 무시한다)

[해설]

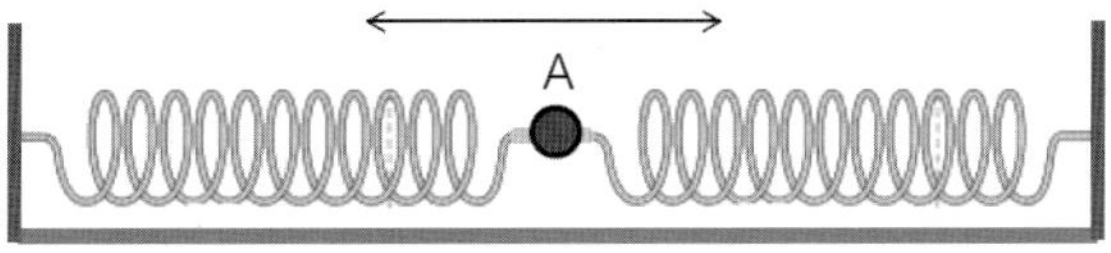

$$\text{주기 } (T) \equiv \frac{2\pi}{\omega} = \frac{2\pi}{\sqrt{\frac{k}{m}}} = 2\pi\sqrt{\frac{m}{k}}$$

$$\text{각진동수 } (f) = \frac{1}{T} = \frac{1}{2\pi\sqrt{\frac{m}{k}}} = 10 \quad \text{[rad/s]}$$

$$\therefore f(4m) = \frac{1}{2\pi\sqrt{\frac{4m}{k}}} = \frac{1}{2}\frac{1}{2\pi\sqrt{\frac{m}{k}}} = \frac{1}{2} \times 10 = 5 \quad \text{[rad/s]}$$

[예제] 용수철 상수가 k인 용수철을 2:1의 길이 비로 자른 후, 질량 m인 물체를 자른 용수철 사이에 연결하였고, 양쪽 벽 사이에서 수평으로 진동하게 하였다. 진동 주기 (T)는?

[해설]

[Note] 용수철을 자르면 탄성계수 (E)는 동일하지만, 용수철 상수 (k)는 변한다. 즉, 탄성계수 (E)는 물체의 고유 값이지만 용수철 상수 (k)는 물체의 형태나 재질이 바뀌면 달라진다.

$$k \equiv \frac{A}{l}E$$

k (용수철 상수), E(탄성계수, elastic modulus), 단면적 (A), 길이 (l)

용수철 길이 (l)

용수철을 자른 후 $\frac{2}{3}l$인 용수철의 용수철 상수 $k_1 = \frac{3}{2}k$

용수철을 자른 후 $\frac{1}{3}l$인 용수철의 용수철 상수 $k_2 = \frac{3}{1}k = 3k$

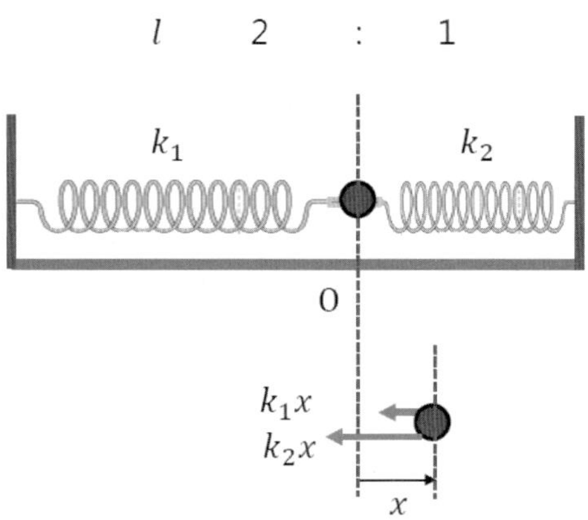

$$m\ddot{x} = -k_1x - k_2x = -(k_1 + k_2)x$$

$$m\ddot{x} + (k_1 + k_2)x = 0$$

$$\ddot{x} + \frac{k_1 + k_2}{m}x = 0$$

$$\ddot{x} + \omega^2 x = 0 \qquad (\omega^2 \equiv \frac{k_1 + k_2}{m})$$

$$\therefore \text{ 주기 } T \equiv \frac{2\pi}{\omega} = \frac{2\pi}{\sqrt{\frac{k_1 + k_2}{m}}} = 2\pi\sqrt{\frac{m}{k_1 + k_2}} = 2\pi\sqrt{\frac{m}{\frac{3k}{2} + 3k}} = 2\pi\sqrt{\frac{2m}{9k}}$$

[예제] 질량이 각각 m, M인 두 물체가 용수철 상수 k인 용수철로 연결되어 있고, 평형상태에서 거리 l만큼 떨어져 있다고 할 때 진동의 진동수는?

[해설] 두 물체가 질량 중심을 기준으로 진동운동을 한다고 생각하면 된다. 즉 원래 용수철 상수 값이 k이였는데, 질량 중심점을 기준으로 k_1, k_2로 연결된 것과 동일하다.

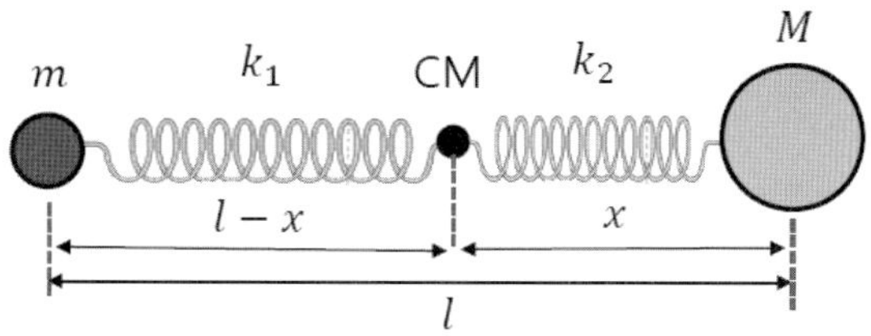

토크 $\vec{\tau} = \vec{r} \times \vec{F}$

질량 중심에서 질량 M 물체까지 거리 (x)

$(l-x)mg = xMg \quad \rightarrow \quad lm - xm = xM \qquad \therefore x = \dfrac{m}{m+M}l$

만약 $M = 2m$ 인 경우, $x = \dfrac{m}{m+2m}l = \dfrac{1}{3}l$

원래 용수철 상수 k

용수철 길이 (l)

용수철을 자른 후 $\dfrac{2}{3}l$인 용수철의 용수철 상수 $k_1 = \dfrac{3}{2}k$

용수철을 자른 후 $\dfrac{1}{3}l$인 용수철의 용수철 상수 $k_2 = \dfrac{3}{1}k = 3k$

용수철 상수 k인 용수철 주기 $T \equiv \dfrac{2\pi}{w} = 2\pi\sqrt{\dfrac{m}{k}}$

용수철 상수 k_1인 용수철 주기 $T_1 = 2\pi\sqrt{\dfrac{m}{k_1}} = 2\pi\sqrt{\dfrac{m}{\frac{3}{2}k}} = 2\pi\sqrt{\dfrac{2m}{3k}}$

용수철 상수 k_2인 용수철 주기 $T_2 = 2\pi\sqrt{\dfrac{M}{k_2}} = 2\pi\sqrt{\dfrac{2m}{3k}}$

$\therefore T_1 = T_2$ (두 물체의 진동 주기는 동일)

[예제] 용수철 상수 $k = 2\,\text{N/m}$, 길이가 $0.4\,\text{m}$인 용수철의 양 끝에 질량 $m = 1\,\text{kg}$인 두 개의 물체가 각각 달려 있다. 이 용수철을 길이가 반이 되도록 압축했다가 가만히 놓았다. 용수철이 원래의 길이로 되돌아온 순간 각 물체의 속력[m/s]은?

[해설]

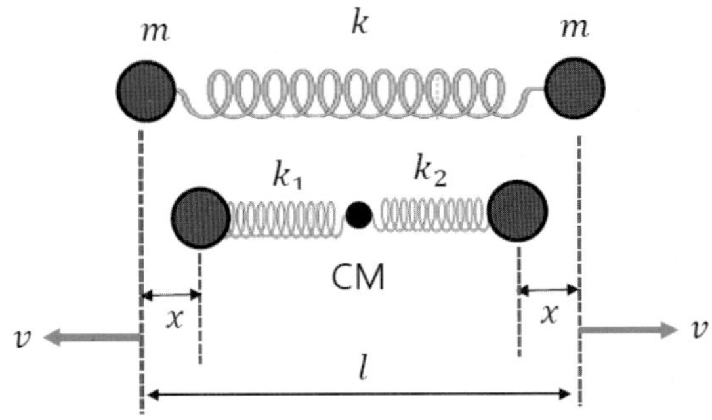

이 문제를 질량중심점을 기준으로 용수철 상수가 k인 용수철을 k_1, k_2로 나눈 것과 동일하다고 볼 수 있다. 질량 중심 (CM)점을 고정으로 해서 각각 진동운동을 하는 것으로 생각한다.

왼쪽 물체 질량 m의 역학적 에너지 보존 $\frac{1}{2}mv^2 = \frac{1}{2}k_1x^2$

오른쪽 물체 질량 m의 역학적 에너지 보존 $\frac{1}{2}mv^2 = \frac{1}{2}k_2x^2$

$$k \equiv \frac{A}{l}E$$

$$\rightarrow\ k_1 = \frac{A}{\frac{l}{2}}E = 2k\ ,\ k_2 = \frac{A}{\frac{l}{2}}E = 2k$$

$$v^2 = \frac{k_1}{m}x^2 = \frac{2k}{1}\left(\frac{1}{10}\right)^2$$ (∵ 용수철의 길이가 절반으로 줄였다고 하므로, $x = 0.1$ m이다)

$$= \frac{2\times 2}{1}\left(\frac{1}{10}\right)^2 = \left(\frac{2}{10}\right)^2$$

$$\therefore\ v = 0.2\ [\mathrm{m/s}]$$

용수철 상수 k인 용수철 주기 $T \equiv \frac{2\pi}{w} = 2\pi\sqrt{\frac{m}{k}}$

용수철 상수 k_1인 용수철 주기 $T_1 = 2\pi\sqrt{\frac{m}{k_1}} = 2\pi\sqrt{\frac{m}{2k}}$

용수철 상수 k_2인 용수철 주기 $T_2 = 2\pi\sqrt{\frac{m}{k_2}} = 2\pi\sqrt{\frac{m}{2k}}$

[Note] 1장 문제 풀이 결과와 비교할 것 (→ 동일 결과)

[예제] 그림처럼 질량 m인 추를 용수철 상수 k_1, k_2 용수철 사이에 수직으로 연결하였다. (단, 용수철의 질량과 추의 크기는 무시하고, 용수철의 원래 길이는 각각 l이다)

① 추가 평형을 이루는 지점 (x)은?

② 추를 평형위치에서 약간 아래로 당겼다가 가만히 놓을 때 생기는 진동 주기 (T)는?

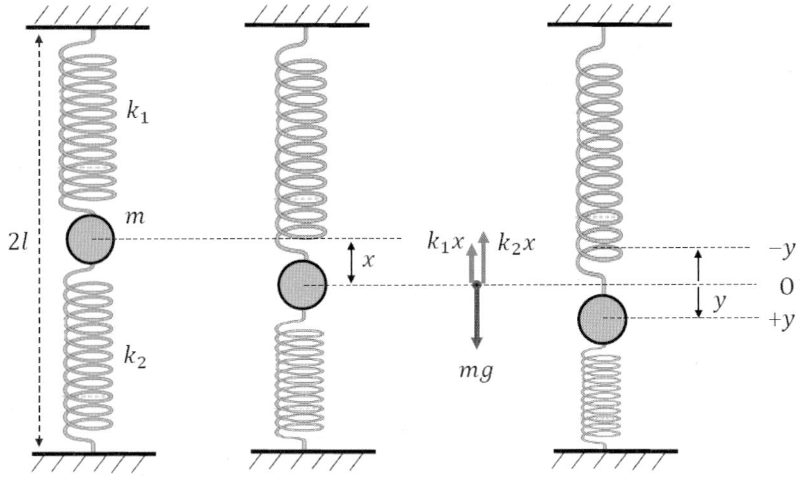

평형위치

[해설]

① 추의 무게의 의해 아래쪽으로 x만큼 늘어난 후 정지했다고 하자.

힘의 평형 $$mg = k_1 x + k_2 x = (k_1 + k_2)x$$

$$\therefore x = \frac{mg}{k_1 + k_2}$$

② 평형위치에서 아래쪽으로 y만큼 잡아당겼다고 하자. 평형위치 (O)를 기준으로 위 아래로 $(+y \sim -y)$를 왕복 운동한다.

[Note] 중력과 탄성력이 평형인 지점을 기준으로 역학적 에너지 보존을 생각할 때, 중력에 의한 위치 에너지는 생각할 필요가 없이 진동 에너지의 보존만을 생각해도 무방하다. (2장 참고 할 것)

운동방정식 $$m\ddot{y} = -k_1 y - k_2 y$$

$$m\ddot{y} + (k_1 + k_2)y = 0$$

$$\ddot{y} + \frac{k_1 + k_2}{m} y = 0$$

$$\ddot{y} + w^2 y = 0, \quad w^2 \equiv \frac{k_1 + k_2}{m}$$

주기 $T \equiv \dfrac{2\pi}{w}$

$$= \frac{2\pi}{\sqrt{\dfrac{k_1+k_2}{m}}} = 2\pi\sqrt{\frac{m}{k_1+k_2}}$$

만약 $k_1 = k_2 \equiv k$ 인 경우

늘어난 길이 (x) $\quad x = \dfrac{mg}{k_1+k_2} = \dfrac{mg}{k+k} = \dfrac{mg}{2k}$

주기 $T = 2\pi\sqrt{\dfrac{m}{k_1+k_2}} = 2\pi\sqrt{\dfrac{m}{k+k}} = 2\pi\sqrt{\dfrac{m}{2k}}$

[예제] 그림처럼 물체를 θ만큼 비틀어 가만히 놓으면 복원력에 의해 반대방향으로 회전하는 각 조화운동 (angular harmonic oscillation)을 한다. 이 강체의 회전운동의 주기 $[T]$는?

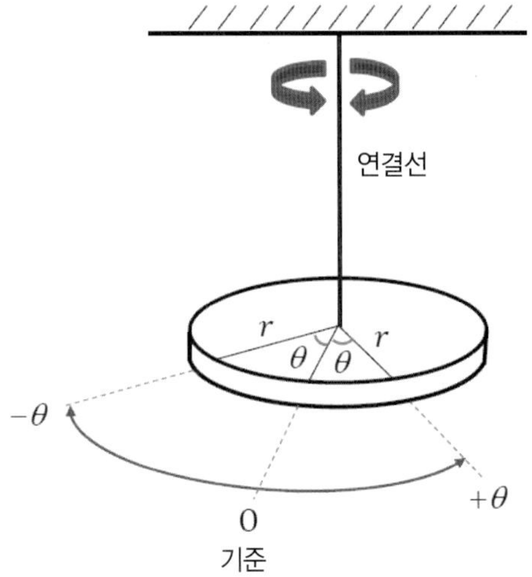

[해설]

$$\vec{\tau} = \frac{d\vec{L}}{dt} = \frac{d(\overrightarrow{Iw})}{dt} = \vec{I\alpha} \qquad (\tau = \text{토크},\ I = \text{관성모멘트},\ \alpha = \text{각가속도})$$

복원토크 $= -k\theta$

회전에 대한 뉴턴 제2법칙 $\quad I\ddot{\theta} = -k\theta \quad \rightarrow \ddot{\theta} + \dfrac{k}{I}\theta = 0$

$$\ddot{\theta} + w^2\theta = 0\ , \quad w^2 \equiv \frac{k}{I}$$

비틀림 진자 (torsion pendulum) 주기 $T = \dfrac{2\pi}{w} = \dfrac{2\pi}{\sqrt{\dfrac{k}{I}}} = 2\pi\sqrt{\dfrac{I}{k}}$

[예제] 비틀림 진자에서 질량 2×10^{-3} kg, 반지름 2.2 cm이고 1초를 주기로 진동한다. 비틀림 상수는?

[해설] 그림처럼 반지름 R, 질량 M인 원판의 질량분포가 균일하며 중심에 수직축으로 회전할 때, I값을 구해보자.

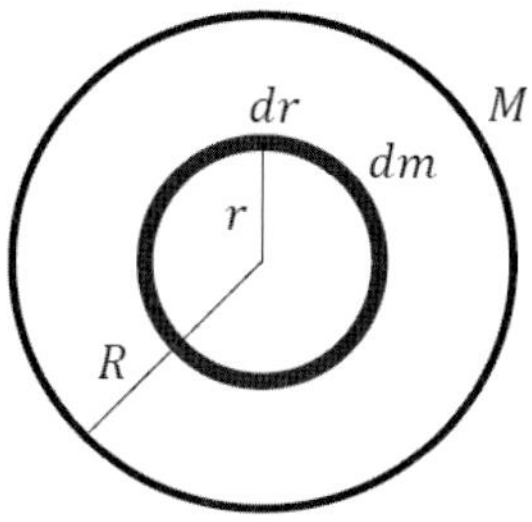

원판을 반지름 r, 폭 dr, 질량 dm인 고리를 생각한 후 적분하면 된다.

면질량 $\sigma \equiv \dfrac{M}{\pi R^2} \rightarrow \sigma = \dfrac{dm}{dA} = \dfrac{dm}{2\pi r \times dr}$

(즉 질량이 dm인 고리를 펼쳐보면 가로 $2\pi r$, 세로 dr인 직사각형이다. 따라서 면적 $dA = 2\pi r dr$ 이다)

$$I = \int r^2 dm = \int_0^R r^2 \sigma (2\pi r dr) = \frac{1}{2}\pi\sigma R^4$$
$$= \frac{1}{2}\pi\left(\frac{M}{\pi R^2}\right)R^4 = \frac{1}{2}MR^2$$

비틀림 상수 $k = \left(\dfrac{2\pi}{T}\right)I = \left(\dfrac{2\pi}{T}\right)\dfrac{1}{2}mR^2 = \left(\dfrac{2\pi}{1}\right) \times (2 \times 10^{-3})(2.2 \times 10^{-2})^2$

$= 1.91 \times 10^{-5}\,\mathrm{N \cdot m/rad}$

[예제] 그림은 질량 중심 C에 중력 (mg)이 작용하는 물리진자 (physical pendulum 혹은 compound pendulum)를 나타낸다. 고정점 O를 중심으로 각도 θ만큼 회전할 때 물체의 주기 (T)는? (관성모멘트는 I, 질량은 m이다)

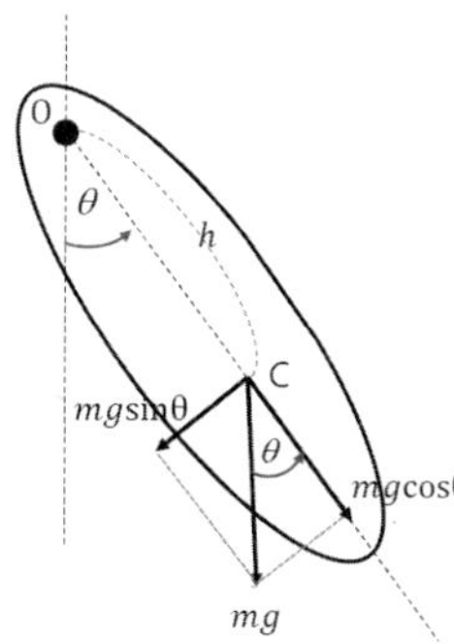

[해설]

$$\vec{\tau} = \frac{d\vec{L}}{dt} = I\vec{\alpha}$$

$$I\ddot{\theta} = -hmg\sin\theta \quad \rightarrow \quad I\ddot{\theta} + hmg\sin\theta = 0$$

$$\ddot{\theta} + \frac{hmg}{I}\sin\theta = 0$$

만약 θ가 작으면, $\sin\theta \simeq \theta$가 된다.

$$\ddot{\theta} + \frac{hmg}{I}\theta = 0$$

$$\therefore \ \ddot{\theta} + w^2\theta = 0\,, \quad w^2 \equiv \frac{hmg}{I}$$

주기 $T = \dfrac{2\pi}{w} = \dfrac{2\pi}{\sqrt{\dfrac{hmg}{I}}} = 2\pi\sqrt{\dfrac{I}{hmg}}$

☛ 만약 모든 질량이 h만큼 떨어진 곳에 집중되어 있다고 하면, $I = mh^2$이다.

$$T = 2\pi\sqrt{\frac{I}{hmg}} = 2\pi\sqrt{\frac{mh^2}{hmg}} = 2\pi\sqrt{\frac{h}{g}}$$

즉, 단진자 주기와 동일하다 $\left(\because \ T = 2\pi\sqrt{\dfrac{l}{g}}\right)$

☛ 차이점: 단진자는 질량이 길이 l만큼 떨어진 한 질점에 모여 있는 것이고, 물리진자는 크기를 가지고 있고 관성모멘트 (I)를 가지고 있다.

☛ (응용) 물리진자를 이용한 중력가속도 측정. 길이가 L인 균일한 막대의 한 쪽 끝이 고정된 진자의 경우.

$$I = \frac{1}{3}mL^2$$

$$h = \frac{1}{2}L$$

주기 $T = \dfrac{2\pi}{w} = 2\pi\sqrt{\dfrac{I}{hmg}} = 2\pi\sqrt{\dfrac{\frac{1}{3}mL^2}{mg\frac{1}{2}L}} = 2\pi\sqrt{\dfrac{2L}{3g}}$

이 주기는 길이가 $\frac{2}{3}L$인 단진자의 주기와 동일하다.

$$\therefore g = \frac{8\pi^2 L}{3T^2}$$

[예제] 그림처럼 반지름 r인 작은 균일한 원통이 반지름이 R인 큰 원통면 내부에서 미끄러지지 않고 굴러간다. 작은 원통은 단진동 운동을 하는데 진동주기는?

[해설]

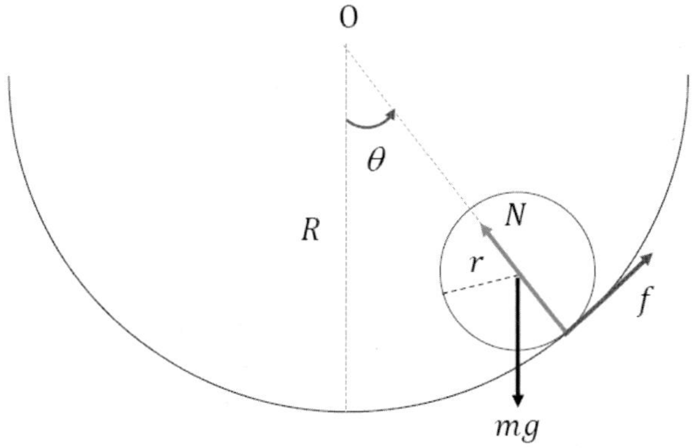

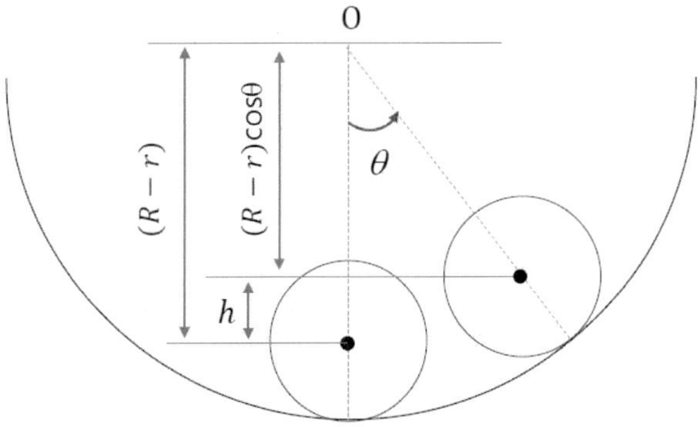

역학적 에너지 $E = \frac{1}{2}mv_{\mathrm{CM}}^2 + \frac{1}{2}I_{\mathrm{CM}}\omega^2 + mgh$

$$h = (R-r) - (R-r)\cos\theta = (R-r)(1-\cos\theta)$$

만약 θ가 작을 경우

$$h = (R-r)(1-\cos\theta) \simeq (R-r)[1-1+\frac{1}{2!}\theta^2 + \cdot\cdot\cdot] = \frac{1}{2}(R-r)\theta^2$$

조건에서 원통이 미끄러지지 않고 굴러만 간다.

$$\omega = \frac{v_{\mathrm{CM}}}{r} = \frac{(R-r)\dot{\theta}}{r}$$

$$E = \frac{1}{2}mv_{\mathrm{CM}}^2 + \frac{1}{2}I_{\mathrm{CM}}\omega^2 + mgh$$

$$= \frac{1}{2}m\left[(R-r)\dot{\theta}\right]^2 + \frac{1}{2}I_{\mathrm{CM}}\left[\frac{(R-r)\dot{\theta}}{r}\right]^2 + mg\frac{1}{2}(R-r)\theta^2$$

양변 미분

$$0 = m(R-r)\dot{\theta}\ddot{\theta} + I_{\mathrm{CM}}\frac{(R-r)\dot{\theta}\ddot{\theta}}{r^2} + mg(R-r)\theta\dot{\theta}$$

$$m(R-r)\ddot{\theta} + I_{\mathrm{CM}}\frac{(R-r)\ddot{\theta}}{r^2} + mg(R-r)\theta = 0$$

$$\left[m + I_{\mathrm{CM}}\frac{1}{r^2}\right](R-r)\ddot{\theta} + mg\theta = 0$$

$$\therefore\ \ddot{\theta} + \frac{mg}{(R-r)\left(m + \frac{I_{\mathrm{CM}}}{r^2}\right)}\theta = 0$$

$$I_{\mathrm{CM}} = \frac{1}{2}mr^2 \quad \text{(원통)}$$

$$\rightarrow\ \ddot{\theta} + \frac{mg}{(R-r)\left(m + \frac{I_{\mathrm{CM}}}{r^2}\right)}\theta = \ddot{\theta} + \frac{mg}{(R-r)\left(m + \frac{\frac{1}{2}mr^2}{r^2}\right)}\theta = \ddot{\theta} + \frac{g}{(R-r)\frac{3}{2}}\theta = 0$$

$$\ddot{\theta} + \omega^2\theta = 0,\quad \omega^2 \equiv \frac{g}{\frac{3}{2}(R-r)}$$

$$\text{주기 } T = \frac{2\pi}{w} = \frac{2\pi}{\sqrt{\frac{g}{\frac{3}{2}(R-r)}}} = 2\pi\sqrt{\frac{\frac{3}{2}(R-r)}{g}}$$

[Note] 위식은 길이가 $l = \frac{3}{2}(R-r)$ 은 단진자의 주기라고 간주할 수 있다.

길이가 l인 단진자의 운동방정식 $\ddot{\theta} + \omega^2\theta = 0$

주기 $T = \frac{2\pi}{w} = 2\pi\sqrt{\frac{l}{g}}$

□ 부력 (buoyancy) 관련 단진동

■ (기초지식) 밀도 (density)

선밀도 $\lambda \equiv \frac{m}{l}$ [kg/m] (m: 질량, l: 길이). 단위 길이당 질량

면밀도 $\sigma \equiv \frac{m}{A}$ [kg/m^2] (m: 질량, A: 면적). 단위 면적당 질량

부피(체적)밀도 $\rho \equiv \frac{m}{V}$ [kg/m^3] (m: 질량, V: 부피). 단위 부피당 질량

[Note] 0°C, 1기압

물 밀도 (1×10^3 kg/m^3 혹은 1 g/cm^3), 얼음 밀도 (0.917×10^3 kg/m^3), 공기 밀도 (1.29 kg/m^3), 수은 밀도 (13.6×10^3 kg/m^3)

(생각해보기) 물 1톤이란?

1 톤은 1000 kg에 해당된다. 물의 경우, 물을 1 m (가로) ×1 m (세로) × 1 m (높이)인 정육면체에 담았다고 해보자.

$$\rho \equiv \frac{m}{V} \rightarrow m = \rho V$$

$$\therefore m = 1\times10^3(\text{kg/m}^3)\times1(\text{m}^3) = 10^3 \text{ kg} \ (=1톤)$$

그럼 물 1 [g]은?

1 cm (가로) ×1 cm (세로) × 1 cm (높이)에 물을 담아보자.

$$m = \rho V = 1\times10^3(\text{kg/m}^3)\times1(\text{cm}^3) = 1\times10^3(10^3\text{g}/(10^{-2}\text{cm})^3)\times1(\text{cm}^3)$$
$$= 1\times10^3(10^3\text{g}/10^{-6}\text{cm}^3)\times1(\text{cm}^3) = 1\,\text{g}$$

한편, 톤은 질량의 단위이고 리터는 부피의 단위이기 때문에 서로 변환할 수 없다. 그러나 물의 경우, 밀도가 1 (g/cm^3)이기 때문에

$$m(\text{g}) = \rho V = 1(\text{g/cm}^3)\times V(\text{cm}^3) = 1(\text{g/cc})\times V(\text{cc})$$

1 cc (cubic centimeter, 입방 센티미터) = 1cm^3 = 1mℓ

(1 cc나 1 mℓ는 한 변의 길이가 1 cm인 정육면체의 부피)

물 1 g은 1 cc에 해당한다. 그림처럼 물 1000리터는 1톤에 해당한다.

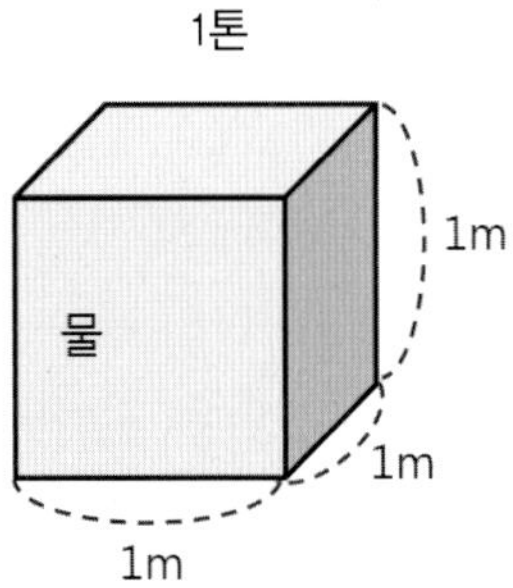

(질문) 밀도라는 것을 왜 생각하게 되었을까? 중요성은?

대학교 신입생들에게 물어보아도 시원하게 대답을 해 주는 학생이 별로 없다. 단순히 질량/부피라고 암기적이고 기계적인 대답을 한다. 예를 들어, 어떤 물체가 있다고 하자. 이 물체에는 여러 가지 물리적 성질이 있을 것이다. 그 중에 우리는 질량 (m)과 부피 (V)라는 물리량을 측정했다고 하자. 이 두 개의 변수를 가지고 만들어 낼 수 있는 새로운 변수는 무한이다 (즉, $m+V, m-V, m\times V, m/V, m^2+V, \ldots$ 등등). 이제, 그림처럼 물체를 반으로 쪼개든지, 1/3로 쪼개든지 등, 다시 질량과 부피를 측정해서 새로운 변수를 만든다고 했을 때, 새 변수들 중에 오직 m/V만 값이 변하지 않고 동일하다. 즉, 물체가 균일하게 만들어졌다면, 물체를 어떻게 쪼개던지, 어느 부분 얼마를 택하던지, 밀도 ($d=m/V$)는 동일하며 이게 바로 밀도의 개념이다. 예로, 큰 소금덩어리를 가루로 만들었을 때 둘의 밀도는 동일하다. 즉, 대한민국 사람으로 말하면, 일종의 주민등록증과 같은 것이다. 주민등록증을 보면 그 사람이 어떤 사람인지에 대한 기본 정보를 알 수 있다. 따라서 밀도는 물체가 가진 고유한 성질 중의 하나이다.

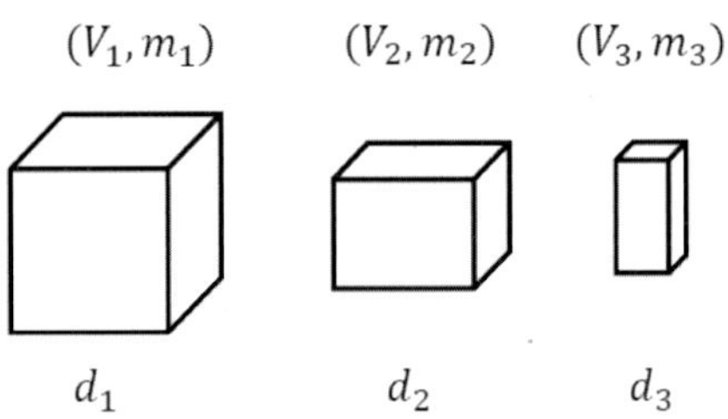

$$d_1 \equiv \frac{m_1}{V_1},\ d_2 \equiv \frac{m_2}{V_2},\ d_3 \equiv \frac{m_3}{V_3}$$

$$\rightarrow\ d \equiv d_1 = d_2 = d_3$$

✏ **(찾아보기)**

부피(체적)질량, 면질량, 선질량, 부피전하, 면전하, 선전하, 부피밀도, 면밀도, 선밀도

♠ **(참고)**

① 용수철 상수가 k인 용수철을 반으로 나누면 각 용수철의 상수는 어떻게 되는가?

② 저항이 R인 저항선을 반으로 나누면 각 저항선의 저항은 어떻게 되는가?

→ (알고자 하는 사항) 즉, 물체를 나누어도 k, R은 변하지 않는가?

■ 압력

(정의) 압력 (pressure, P) $\equiv \dfrac{F}{A}$ (F: 힘, A: 면적)

즉, 단위면적당 누르는 힘

단위: $\dfrac{\mathrm{N}}{\mathrm{m}^2} \equiv \mathrm{Pa}$ (pascal, 파스칼)

(생각해보기) 공기도 무게를 가지고 있다는 것을 어떻게 알 수 있을까?

공기의 무게를 잰 사람은 갈릴레오 갈릴레이라고 한다. 기본적인 그의 아이디어는 그림처럼 저울을 사용하는 것이다.

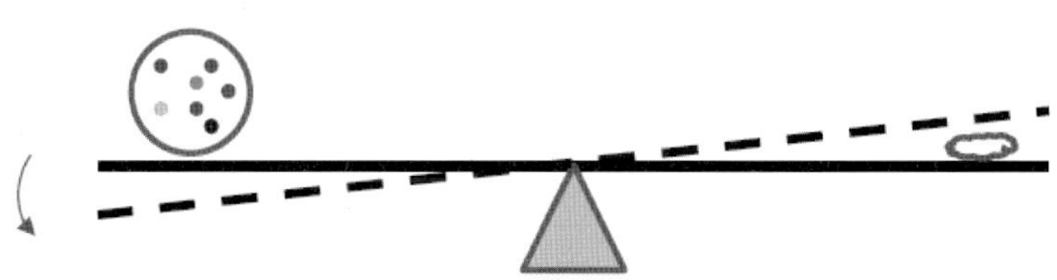

동일 풍선에 공기를 넣은 것 (왼쪽)과 넣지 않는 것 (오른쪽)을 양팔 저울에 올려놓고 평형을 이루는지를 살펴본다. 만약 공기가 무게를 가지고 있다면 왼쪽 풍선이 내려갈 것이다.

(생각해보기) 공기의 무게를 측정하는 방법을 고안해 보시오.

여러 가지 방법이 있겠지만, 간단히 해 볼 수 있는 것은 다음과 같다.

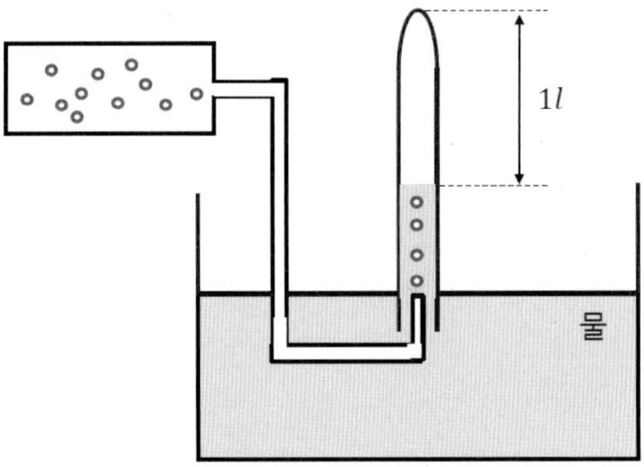

예로, 스프레이 통에 자전거펌프 등을 사용해서 공기를 집어넣은 후 무게를 잰다. 또한 시험관이나 페트병에 물을 가득 채운 후 거꾸로 뒤집어 놓고, 스프레이 통에 있는 공기를 1리터만 이쪽으로 불어 넣어준다. 다시 한 번 스프레이 통의 무게를 잰 후, 처음 무게와 비교하면 이것이 공기의 무게에 해당할 것이다.

⇒ 공기의 1ℓ의 무게는 대략 1.2 g이라고 한다.

(생각해보기) 방의 크기가 4 m (가로) ×5 m (세로) × 3 m (높이) 일 때, 방에 가득한 공기의 무게[N]는?

방의 부피 (V) $= 4\times5\times3= 60\ \ \mathrm{m}^3$

밀도 (ρ) $= \dfrac{m}{V}$

$\rightarrow m = \rho V$

$\sim 1.2\,\mathrm{kg/m^3}\times 60\,\mathrm{m^3} = 72\,\mathrm{kg}$ (∵ 공기 밀도, $1.29\ \mathrm{kg/m^3}$)

즉, 방안 공기의 질량은 어른 1명의 평균 몸무게와 비슷하다.

$\therefore\ W = mg = 70\,\mathrm{kg}\times 10\,\mathrm{m/s^2} \sim 700\,\mathrm{N}$

만약 물로 채워져 있다면,

$m = \rho_{물} V = 1000\,\mathrm{kg/m^3}\times 60\,\mathrm{m^3} = 60\times 1000\,\mathrm{kg} = 60$톤

(생각해보기) 눈밭에서 설피를 신으면, 그냥 스파이크를 가진 신발을 신을 때 보다 덜 빠지는 이유는?

설피

P_1 A_1

운동화

P_2 A_2

만약 질량이 70 kg인 사람이 설피와 운동화를 신고 눈밭을 걸어간다고 하자. 무게 700 N (= 70 kg × 10 m/s^2)이 작용한다.

$$P = \frac{F}{A} \qquad (\rightarrow F = 700\ \text{N}\text{으로 일정})$$

설피의 경우, 면적 (A_1)이 크기 때문에 압력 (P_1)이 작아지고, 운동화의 경우는 그 반대이다. 따라서 면적이 커서 압력을 분산시키기 때문에 눈밭에 안 빠진다. 스파이크 운동화의 경우 스파이크의 누르는 압력이 크기 때문에 눈밭에 박힌다.

☛ **(읽어보기)** 코끼리 발에 밟히는 것이 차라리 하이힐에 밟히는 것보다 안 아프다. 이게 도대체 뭔 말인가?

코끼리는 ~5톤 (=5000 kg)이고, 발바닥의 넓이는 ~1000 cm^{2}이고 발 하나에 걸리는 체중은 전체의 1/4이라고 하자. 한편, 하이힐을 신은 여성은 50 kg, 힐의 바닥 넓이는 ~1 cm^{2}이고 몸무게의 1/2이 하이힐에 가해진다고 하자.

$$\text{코끼리가 작용하는 압력} = \frac{5000\text{kg} \times 10\text{m/s}^2}{10^3 \times (10^{-2}\text{m})^2} \times \frac{1}{4} = 1.25 \times 10^5\ \text{Pa}$$

$$\text{하이힐이 작용하는 압력} = \frac{50\text{kg} \times 10\text{m/s}^2}{1 \times (10^{-2}\text{m})^2} \times \frac{1}{2} = 2.5 \times 10^6\ \text{Pa}$$

∴ 약 200배 이상의 압력이 하이힐을 신었을 때 작용한다. 따라서 하이힐이 흉기 혹은 무기가 될 수 있다는 말이 크게 틀리는 것은 아니다.

[Note] 1 atm $= 1.013 \times 10^5$ Pa

■ 중력에 의한 압력

(상황) 유체의 중력을 고려하고, 그림처럼 높이가 h 이고 면적이 A 인 유체기둥이 있을 때 바닥에서의 압력 (P)은?

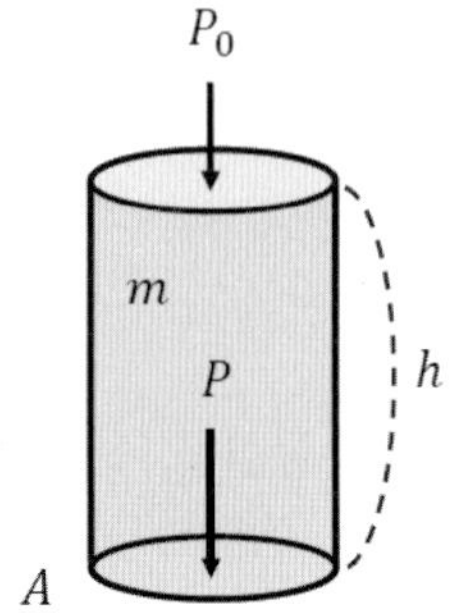

$$
\begin{aligned}
\text{바닥에서의 압력 } (P) &= P_0\,(\text{기둥 위쪽에서의 압력}) \;+\; \text{기둥 무게 } (W)\text{에 의한 압력} \\
&= P_0 + \frac{F}{A} \\
&= P_0 + \frac{W}{A} = P_0 + \frac{mg}{A} = P_0 + \frac{\rho V g}{A} \qquad \left(\because \rho \equiv \frac{m}{V},\ \text{유체 밀도}\right) \\
&= P_0 + \frac{\rho A h g}{A} \quad (\because V = Ah) \\
&= P_0 + \rho g h \qquad (\rightarrow \rho\text{와 } g\text{는 상수})
\end{aligned}
$$

즉, 바닥에서의 압력은 높이 (h, 혹은 유체의 깊이)에 따라 달라진다.

(생각해보기) 그림처럼 유체가 채워져 있는 통에 구멍 (1, 2, 3)이 있다. 구멍을 통해 나가는 물줄기를 그려라. 이 중 가장 물줄기가 멀리 나가는 구멍은 몇 번인가?

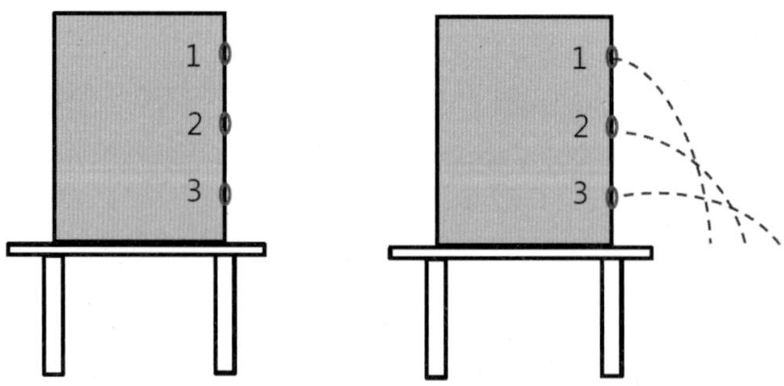

유체의 깊이가 깊을수록 바닥에서의 압력은 커지기 때문에 물줄기가 세차게 나올 것이다. 따라서 3번에서 나온 물줄기가 가장 멀리 날아간다.

■ 대기압

[예제] 1기압 (atm)은 몇 파스칼 (Pa)인가?

[해설] 17세기에 토리첼리는 수은 기둥을 이용하여 최초로 대기압을 측정하였다 (Torricellian tube). 그림처럼 유리관에 수은을 채운 후 뒤집어 놓은 후 수은주의 높이 (h)를 측정하였는데, 76 cm였다. 처음 수은이 가득 찬 유리관을 뒤집어 놓으면 밑으로 내려오면서 유리관 윗부분에 빈 공간이 생기는데 이것을 토리첼리 진공이라고 하고, 거의 진공에 가깝다. 계속 내려오다가 수은 표면에 작용하는 압력 (대기압, P_{atm})과 평행되는 지점에서 정지하는데 이 때 높이가 76 cm라는 것이다.

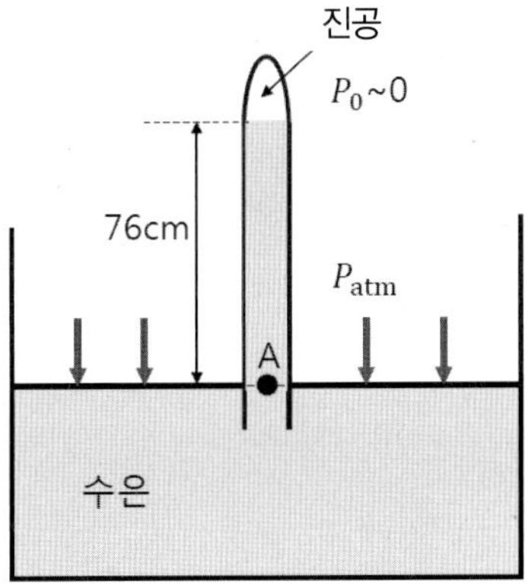

수은 기둥 A 지점에서의 압력 (P) = $P_0 + \rho g h$ (여기서 $\rho = \rho_{수은} = 13.6 \times 10^3 \text{kg/m}^3$)

결국 A 지점에서의 압력이 대기압 (= P_{atm}, 1기압)이다.

$$\therefore\ P \equiv P_{atm} = P_0 + \rho g h$$

$$\approx 0 + \rho g h \qquad (\because P_0 \sim 0)$$

$$= 13.6 \times 10^3 \frac{\text{kg}}{\text{m}^3} \times 9.8 \frac{\text{m}}{\text{s}^2} \times 0.76\text{m}$$

$$= 1.013 \times 10^5 \frac{\text{N}}{\text{m}^2} \sim 10^5 \text{Pa}$$

즉, 1기압은 $\sim 10^5$Pa이다.

✍ **(정리)** 1 atm = 760 mmHg = 760 Torr = 1.013×10^5 Pa = 1.013 hPa = 1013 mb

hPa = 10^2 Pa (∵ hecto = 100)

1 bar = 10^5 Pa

[예제] 압력의 단위가 아닌 것은?

① bar ② pascal ③ psi ④ dyne/cm^2 ⑤ kg/m

(정답) ⑤, psi = lb/in^2 (pound per square inch), 1 psi = 0.068046 기압

[예제] 수은 대신 물을 사용하면 물기둥의 높이도 1 atm에서 76 cm일까?

[해설]

(방법1)

(예상) 물은 수은보다 밀도가 작기 때문에, 가벼워서 수은 보다는 안 내려올 것 같다. 이제 물을 사용한 기압계를 만들려고 할 때, 유리관의 높이 (h)는 어느 정도 되는 것을 사용해야하는지를 계산해 보자.

$$P = \rho g h$$

$$P(\text{수은, 1 atm}) = 13.6 \times 10^3 \frac{\text{kg}}{\text{m}^3} \times 10 \frac{\text{m}}{\text{s}^2} \times 0.76\text{m}$$

$$P(\text{물, 1 atm}) = 1 \times 10^3 \frac{\text{kg}}{\text{m}^3} \times 10 \frac{\text{m}}{\text{s}^2} \times h\text{m}$$

$P(\text{수은, 1 atm}) = P(\text{물, 1 atm})$이므로,

$$\rightarrow \ 13.6 \times 10^3 \frac{\text{kg}}{\text{m}^3} \times 10 \frac{\text{m}}{\text{s}^2} \times 0.76\,\text{m} = 1 \times 10^3 \frac{\text{kg}}{\text{m}^3} \times 10 \frac{\text{m}}{\text{s}^2} \times h\text{m}$$

$\therefore h \simeq 10\,\text{m}$ (높이가 적어도 10 m 이상 되는 유리관을 사용해야 한다)

(방법2)

$$P \equiv P_{\text{atm}} = P_0 + \rho g h = 0 + \rho g h = \rho g h \qquad (\because P_0 \sim 0)$$

$$\therefore h = \frac{P}{\rho g} = \frac{1.013 \times 10^5\,\text{N/m}^2}{1 \times 10^3 \text{kg/m}^3 \times 9.8\text{m/s}^2} = 10.3\ [\text{m}]$$

(상상해보기) 5층 건물 위에서 긴 빨대를 사용해서 물을 마실 수 있을까?

한 층의 높이가 3 m 정도라고 했을 때, 5층이면 15 m이다. 물로 기압계를 만들면 ~10 m 정도가 올라가고, 5 m 정도만 더 빨아들일 수 있는 힘이 있으면 가능하다. 하지만 실제 생활에서 가능한지는 각자 실험을 해 보기 바란다.

(생각해보기) 방바닥의 크기가 4 m (가로) ×5 m (세로) 이고 1 atm이 작용할 때, 방바닥에 누르는 힘[N]은?

$$P = \frac{F}{A} \quad \rightarrow \quad F = PA$$
$$\simeq 1.013 \times 10^5 \,\mathrm{Pa} \times 4 \times 5\,\mathrm{m}^2 \sim 2 \times 10^6\,\mathrm{N}$$
$$\simeq 2 \times 10^2 \times 10^3\,\mathrm{kg} \times 10\mathrm{m/s}^2$$
$$\approx 200 \ \text{ton} \ \times g$$

즉, 질량 (m)이 약 200톤 정도에 해당하는 어마어마한 크기이다.

[Note] 공기가 1 atm으로 우리를 누르고 있다고 할 때, 작용하는 힘은?

사람의 단면적으로 1 m^2이라도 가정하자.
$F = PA \simeq 1.013 \times 10^5\,\mathrm{Pa} \times 1\,\mathrm{m}^2 \sim 1 \times 10^5\,\mathrm{N} \simeq 10^4\,\mathrm{kg} \times 10\mathrm{m/s}^2 \sim 10^4\,\mathrm{kg} \times \mathrm{g}$

즉 10톤 정도의 질량에 해당하고, 이 정도 질량이 우리를 누르고 있다면 우린 움직이지도 못할 것이다. 그런데 우리가 일상생활 중에 대기압을 전혀 느끼지 못한다. 압력은 한 방향뿐이 아닌 모든 방향 (위, 아래, 옆, 앞, 뒤 등)으로 우리 몸에 수직으로 작용한다. 한편 우리 몸은 빈 공간이나 조직들이 투과성을 가지고 있고 인체 역시 내부가 유체로 구성되어 있다고 볼 수 있는데, 내/외부 압력이 서로 상쇄되기 때문이다.

(각자 계산해보기) 우리 손바닥의 넓이를 60 cm^2이라고 할 때 힘의 크기는?

~60 kg중. 즉, 손바닥에 어른 한명의 체중이 실리는 것과 동일한 효과이다. 하지만, 우리 손에 작용하는 압력은 위/아래 동시에 작용하기 때문에 서로 상쇄되어 느끼지 못하는 것뿐이다.

☛ (어림하기)

① 1 atm이라는 것이 어느 정도인지 사람에 작용하는 것으로 비유해 보면?

$$1\text{기압} \sim 10^5\mathrm{Pa}$$
$$= 10^4\,\mathrm{kg} \times 10\frac{\mathrm{m}}{\mathrm{s}^2} \equiv mg \qquad (m: \text{질량},\ g: \text{중력가속도})$$

즉, $m = 10^4\,\mathrm{kg}$ 에 해당한다. 대략 코끼리 한 마리가 5톤 정도라고 한다. 그럼 코끼리 2마리는 10톤 $(= 10 \times 10^3\mathrm{kg} = 10^4\mathrm{kg})$이다.

따라서 1기압이라는 것은 우리 양 어깨에 5톤 코끼리 한 마리씩, 총 2마리를 얹어서 다니는 것과 동일하다. 단지 느끼지 못하는 것은 압력이라는 것이 사방팔방으로 작용하기 때문에 서로 상쇄되기 때문이다.

② 1 atm이라는 것이 어느 정도인지 물기둥에 작용하는 것으로 비유해 보면?

앞에서 수은 기압계를 물로 대체했을 때, 물기둥 높이가 10 m 정도가 된다고 했다. 따라서 10 m의 물기둥이 우리 어깨를 짓누르고 있다고 보면 된다.

$$1\text{기압} \sim 10^5\,\mathrm{Pa}$$
$$= 10^4\,\mathrm{kg} \times 10\frac{\mathrm{m}}{\mathrm{s}^2} \sim 10 \times 10^3\,\mathrm{kg} \times g = 10\ \text{톤} \times g$$

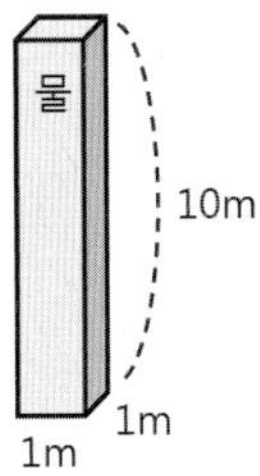

물 1톤도 어마어마한 양인데, 10톤은 우리 양 어깨에 각 5톤이 되는 물기둥을 2개나 얹고 다니는 것에 비유할 수 있다.

(조사해보기) 마그데부르크 (Magdeberg) 실험

1654년 독일 마그데부르크시에서 게리케 (Gureicke)는 대기압이 얼마나 센지를 알아보기 위해 공개 실험을 하였다. 구리로 만든 반구 2개를 서로 붙이고 그 내부 공기를 빼내서 거의 진공으로 만든 후 말 8마리로 양쪽에서 잡아 당겼으나 붙어 있는 두 반구를 떼어낼 수 없었다.

대략 힘의 크기를 어림해 보자. 반구의 반지름 (R)을 1 m라고 하자.

$$\text{반구에 작용하는 힘} \sim 2\pi R^2 \times P_0 \quad (P_0\text{: 대기압})$$
$$\sim \pi(1\,\mathrm{m})^2 \times 10^5\,\mathrm{Pa}$$
$$\sim 3 \times 10^5\,\mathrm{N} \sim 30 \times 10^3\,\mathrm{kg} \times 10\,\mathrm{m/s^2}$$
$$\sim (30)\text{톤} \times g$$

즉, 말 여덟 마리가 30톤을 이겨내고 반구를 떼어 낼 수 있느냐 하는 문제로 귀결된다.

(생각해보기) 깊이 h인 Ⓐ지점에서 압력이 가장 큰 것은?

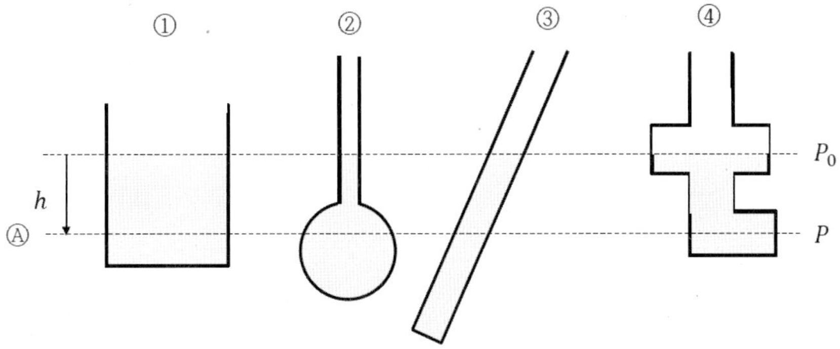

깊이가 h인 지점에서의 압력 (P)

$P = P_0 + \rho gh$ (P_0: 윗부분에서의 대기압, h: 깊이)

Ⓐ지점에서 압력은 모두 동일하다. 압력은 용기의 모양에 무관하고 물의 깊이 (h)에만 의존한다. 위 그림에서 깊이 h가 모두 동일하기 때문에 압력은 모두 같다.

(생각해보기) 그림처럼 컵에 물의 가득채운 후, 거꾸로 뒤집어서 종이위에 붙였다. 종이가 떨어질까?

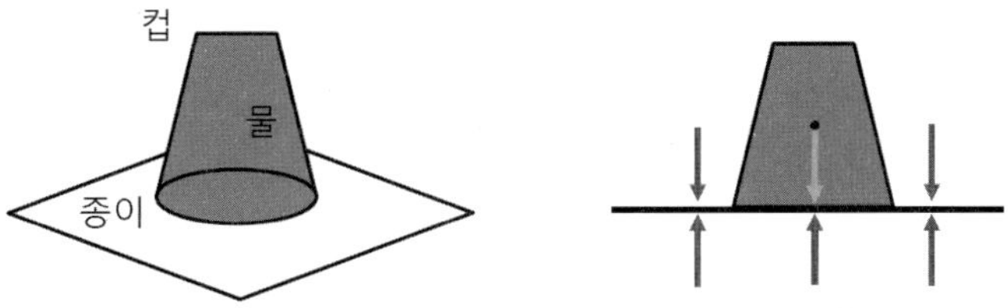

컵 바깥쪽 종이에 작용하는 압력은 위아래 같아 서로 상쇄된다. 컵 안쪽에서는 물의 중력과 종이 밑에서 위로 작용하는 압력 (대기압)이 서로 평형이기 때문에 종이는 떨어지지 않는다. 만약 물 컵 안에 공기방울이 한 개라도 있으면 힘의 평형이 깨지기 때문에 종이는 떨어질 것으로 예상한다.

(생각해보기) 빨대로 물이나 음료수를 마실 수 있는 이유는?

대기압이라는 것은 미시적으로 볼 때 공기 분자의 운동에 의해 발생한다고 볼 수 있다. 빨대로 공기를 들여 마시면 빨대와 입안의 공기가 희박해지기 때문에 기압이 낮아진다. 그러면 물이 담긴 컵이나 캔의 수면에는 여전히 대기압이 작용하고 있는데, 빨대안의 압력보다 크기 때문에 대기압이 물을 빨대와 입안으로 밀어 올리는 것이다.

(실험해보기) 대기압으로 캔이나 드럼통 찌그러트리기

캔에 물을 조금 집어넣고 가열을 한다. 그러면 캔 속에 있는 물은 수증기로 변할 것이고 수증기의 분자 운동이 활발해 진다. 이제 캔을 뒤집어서 물속에 집어넣으면 캔의 입구가 물로 막힐 것이고 시간이 지나감에 따라 수증기가 식어서 물로 돌아간다. 즉 캔 내부의 압력이 대기압보다 작아지기 때문에 캔이 찌그러진다.

→ 드럼통을 가지고도 실험 해 보기

■ 유체 깊이에 따른 압력의 변화

(상황) 그림처럼 질량 m인 물체를 위에 두고 유체를 누르면, 유체는 압축될 때, 모든 방향으로 고르게 밀고나간다. 즉, 고르게 압력을 전달한다.

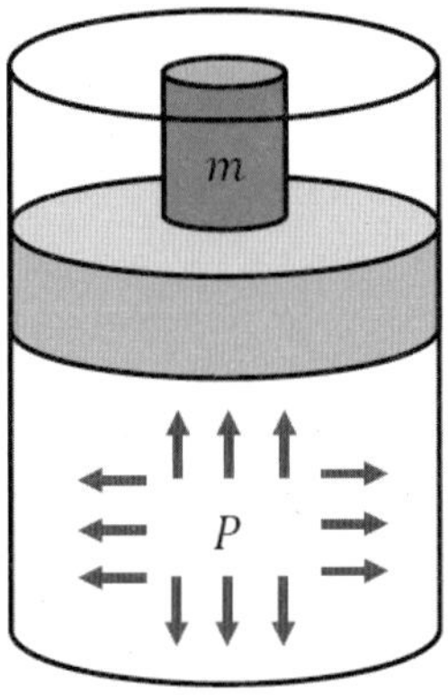

그림처럼 물체가 유체 속에 있을 때, 압력은 표면에 수직하게 작용하며, 깊이가 깊어질수록 압력이 커진다.

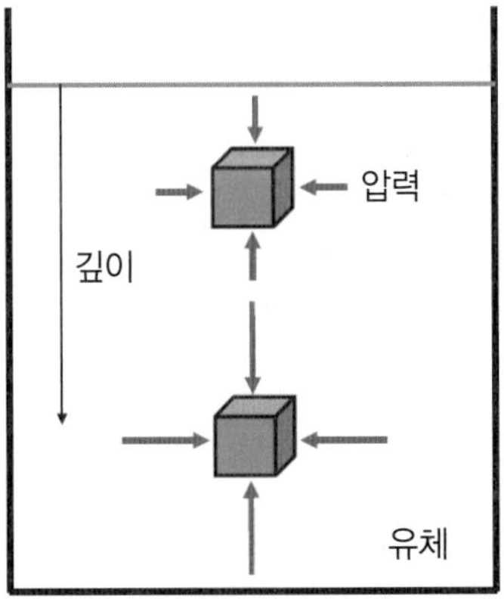

그럼, 그림처럼 유체 깊이에 따른 압력의 변화를 계산해 보자.

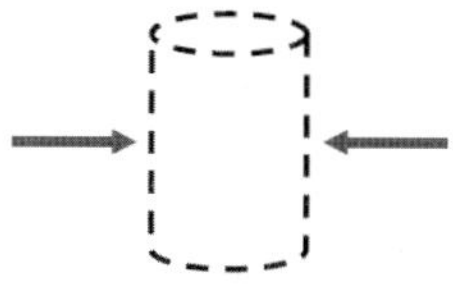

좌우 평형

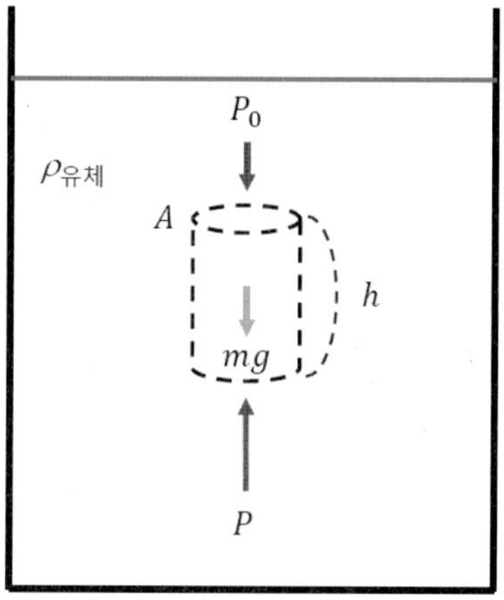

우리는 이미 답을 알고 있다.

→ $P = P_0 + \rho gh$

(P: 아래 부분에서 압력, P_0: 윗부분에서의 압력, ρ: 유체밀도, h: 높이)

이제 문제를 간단히 생각하기 위해 유체 내에 있는 가상적인 원통 (위아래 면적이 A이고 높이가 h)을 상상한다. 원통 좌우에 작용하는 압력은 크기가 같고 방향이 반대가 되어 합력은 0이 되어 좌우 평형을 이룬다. 하지만 원통 위와 아래에 작용하는 힘들은 방향은 서로 반대이지만, 크기가 서로 다르다. 원통내의 유체는 평형상태에 있기 때문에 수직방향으로 작용하는 합력의 총합은 0이다.

[Note] $P \equiv \dfrac{F}{A}$

$PA - P_0A - mg = 0$ ($\because$ P의 방향을 +라고 할 때, P_0와 중력의 방향은 −이다)

$PA - P_0A - \rho Vg = 0$ ($\because \rho \equiv \dfrac{m}{V}$)

$PA - P_0A - \rho Ahg = 0$ ($\because V = Ah$)

$\therefore P = P_0 + \rho gh$ ($\rho \equiv \rho_{유체}$)

(예)

① 잠수부들이 깊이 들어갈수록 수압이 커짐을 느낀다. (역으로, 대기압은 고도가 높아짐에 따라 감소한다. 그래서 비행기 내에서는 승객들의 불편을 최소화하기 위해 압력을 높여주어야 한다.)

② 밑에 깔린 축구나 럭비선수가 더 큰 압력을 느낀다.

[예제] 그림에서 기름 층 바닥과 물 층 바닥에 작용하는 압력[Pa]은? (단, 기름 밀도 $0.8\times10^3\,\mathrm{kg/m^3}$, h_1은 5 m이고, h_2는 10 m이고, 중력가속도는 10 m/s^{2}이다)

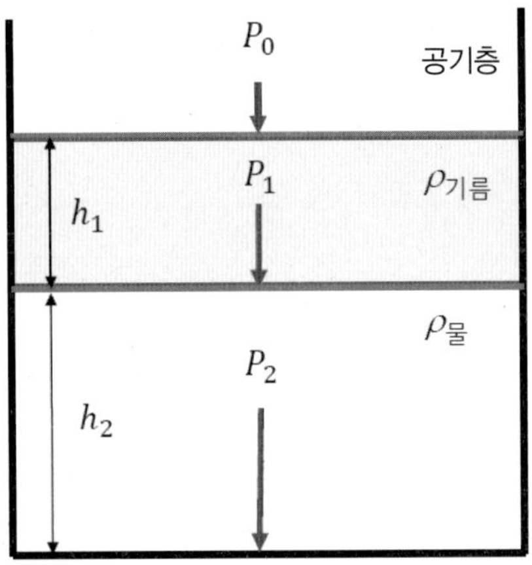

[해설] $P = P_0 + \rho g h$ Ⓐ

(P: 아래 부분에서 압력, P_0: 윗부분에서의 압력, ρ: 유체밀도, h: 높이)

기름 층 바닥에서 압력 $P_1 = P_0 + \rho_{기름} g h_1$

$$= 1\times10^5\,\mathrm{Pa} + 0.8\times10^3\,\mathrm{kg/m^3}\times10\,\mathrm{m/s^2}\times5\,\mathrm{m}$$
$$= 1.4\times10^5\,\mathrm{Pa}$$

물 층 바닥에서 압력은 앞에서 구한 P_1이 식 Ⓐ에서 P_0의 역할을 한다.

$$\rightarrow P_2 = P_1 + \rho_{물} g h_2$$
$$= 1.4\times10^5\,\mathrm{Pa} + 1\times10^3\,\mathrm{kg/m^3}\times10\,\mathrm{m/s^2}\times10\,\mathrm{m}$$
$$= 2.4\times10^5\,\mathrm{Pa}$$

[예제] 그림처럼 U자 관 한쪽에는 물을 넣고 다른 한쪽에는 기름을 넣었는데, 평형상태가 되었다. 기름 쪽 높이 h_2는?

[해설] $P = P_0 + \rho g h$

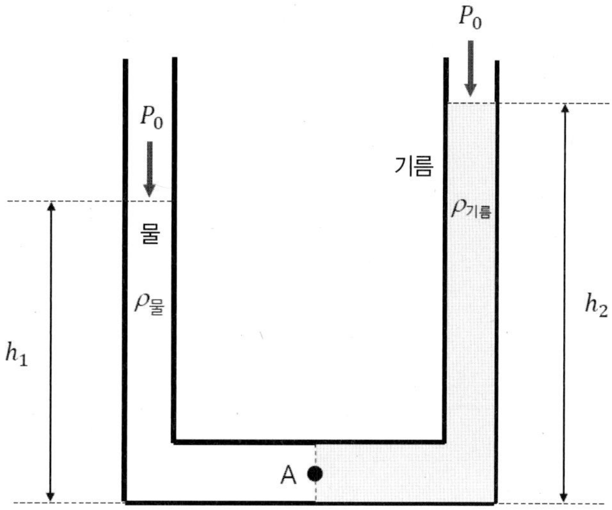

바닥 A지점에서의 압력은 동일하다.

물에 의한 압력 $P = P_0 + \rho_{물} g h_1$ Ⓐ

기름에 의한 압력 $P = P_0 + \rho_{기름} g h_2$ Ⓑ

Ⓐ = Ⓑ

$\rho_{물} h_1 = \rho_{기름} h_2$

$\therefore h_2 = \dfrac{\rho_{물}}{\rho_{기름}} h_1$

[Note] 이 장치를 사용해서 밀도를 측정할 수도 있다. 물의 밀도는 알기 때문에, 미지의 액체를 채우고 물의 높이와 미지 액체의 높이를 측정하면 바로 미지 액체의 밀도를 알 수 있다.

$$\therefore \rho_{기름} = \rho_{물} \frac{h_1}{h_2}$$

(각자 해 보기) 그림처럼 밀도를 알고 있는 ρ_0 액체에 밀도가 ρ_X 인 미지 액체를 넣었을 때 액체들의 높이가 h_1, h_2와 같았다. 미지 액체의 밀도 (ρ_X)는?

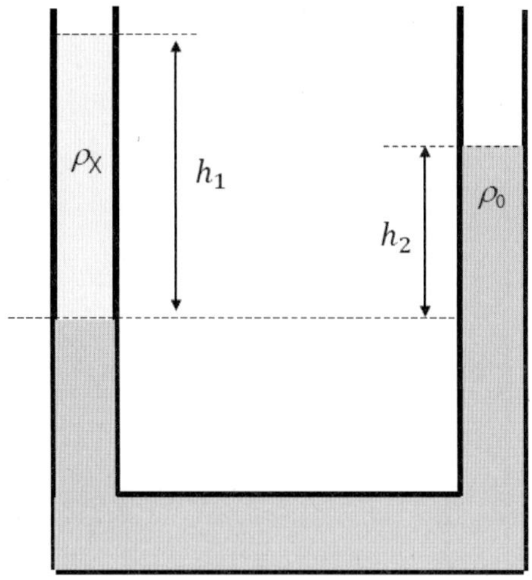

[정답] $\rho_X = \rho_0 \dfrac{h_2}{h_1}$

(생각해보기) 물속에 얼마만큼 들어갈 때 기압이 1기압씩 증가하는가?

$$\begin{aligned} P &= P_0 + \rho g h \\ &= 1\,\text{atm} + 1 \times 10^3\,\text{kg/m}^3 \times 10\,\text{m/s}^2 \times h\,\text{m} \qquad (\because P_0 = 1\ \text{atm, 수면에서 대기압}) \\ &= 1\,\text{atm} + 10^4\,\text{Pa} \times h \end{aligned}$$

만약, $h = 10$ m이면,

$$P = 1\,\text{atm} + 10^5\,\text{Pa} = 1\text{atm} + 1\text{atm} = 2\,\text{atm} \qquad (\because 1\text{atm} = 10^5\,\text{Pa})$$

따라서 수심 10 m 내려갈 때 마다 수압은 1 atm 씩 증가한다. 만약 100 m를 내려가면 10 atm 이 증가한다.

■ 아르키메데스 원리 (Archimedes's principle)

(정의) 부력의 크기는 그 물체에 의해 밀려난 유체의 무게와 같다.

(주목) 물체의 무게와는 상관이 없다. 예로 무거운 아령을 물속에 넣으면 바로 가라앉는다. 하지만 비치볼은 가볍지만 물위에 둥둥 뜬다.

(상황) 그림처럼 유체 내에 물체가 잠겨 있다. 부력 (B)은? (단 $\rho_{유체} \equiv \rho$ 라고 하자)

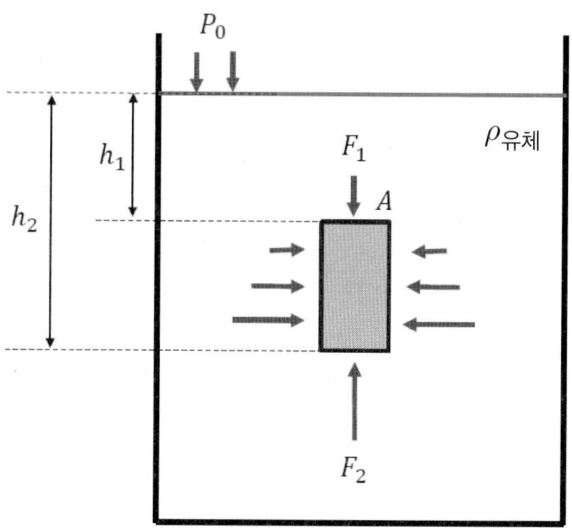

깊이에 따라 압력이 커지겠지만, 좌우 압력은 서로 상쇄된다.

깊이 h_1에서의 압력 $P_0 + \rho_{유체} g h_1 = P_0 + \rho g h_1$ $(\because \rho_{유체} \equiv \rho)$ Ⓐ

깊이 h_2에서의 압력 $P_0 + \rho_{유체} g h_2 = P_0 + \rho g h_2$ Ⓑ

물체 위와 아래 부분의 면적을 A라고 하자.

식 Ⓐ $\rightarrow F_1 = (P_0 + \rho g h_1)A$

식 Ⓑ $\rightarrow F_2 = (P_0 + \rho g h_2)A$

부력 $B \equiv \Delta F = F_2 - F_1$

$= \rho g(h_2 - h_1)A = \rho g V$ $[\because (h_2 - h_1)A = V$, 부피$]$

$= mg$

여기서 $m = \rho V$ 인데, ρ는 유체의 밀도이고, V는 유체에 잠긴 물체의 부피이므로, m은 물체의 질량이 아니라, 유체에 잠긴 물체의 부피에 해당하는 유체의 질량인 것에 주목해야 한다.

✍ **(정리)** 부력

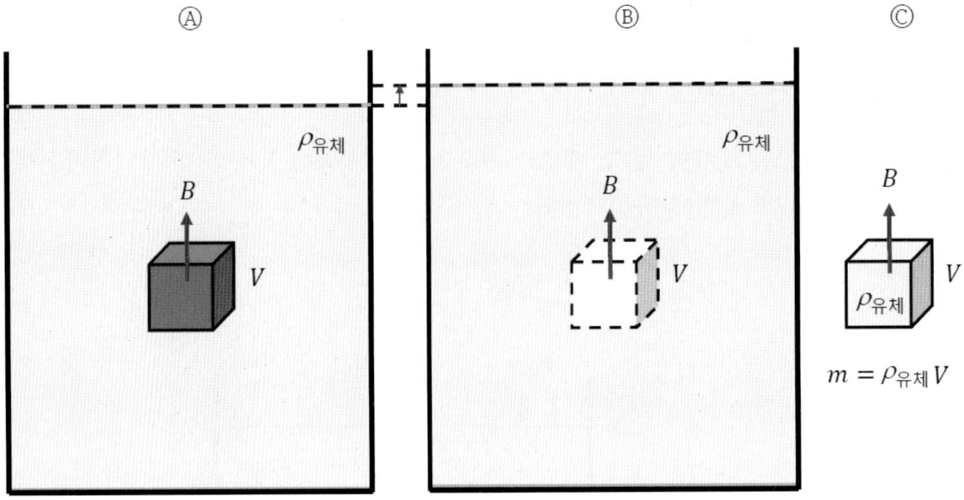

이렇게 생각하면 간단하다. 그림에서 Ⓐ처럼 부피가 V인 물체 (파란색 통)를 밀도가 $\rho_{유체}$인 유체 (노란색) 속에 담갔을 때 위 방향으로 부력 (B)이 작용한다. 그림 Ⓑ처럼 이 물체의 부피가 차지하는 (점선 부분) 만큼 원래 있던 유체가 어디 다른 곳으로 간 것이다. (예, 수위가 약간 더 올라갈 수도 있고 혹은 용기 밖으로 흘러나갈 수도 있다) 즉, 이 만큼의 빈공간이 생긴다. Ⓒ는 원래 이 빈 공간에 차 있던 유체를 나타내는 것이고 (즉, 다른 곳으로 간 유체의 양을 나타내고), 이것을 저울로 달면 이 만큼이 바로 부력으로 작용한다는 것이다. 즉, 부력은 물체의 부피에 해당하는 유체의 무게를 측정하면 된다.

♣ 부력 = 통 속에 있던 유체의 무게

(예) 그림처럼 부피가 동일한 물체 (예, 비치볼, 나무토막, 볼링공)가 있다. 부력은 어느 쪽이 더 큰가?

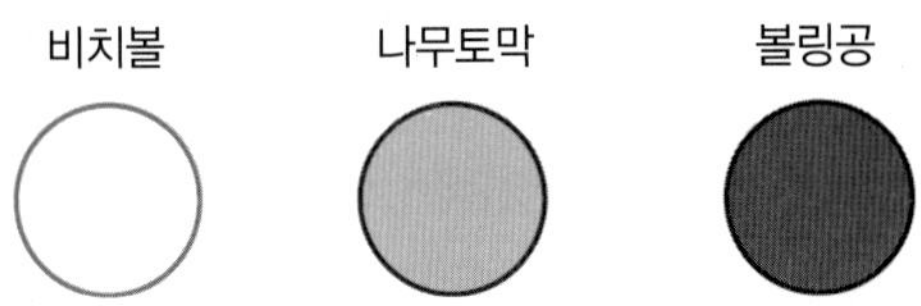

[정답] 동일하다. 유체에 잠긴 물질이 다르더라도 잠긴 부피가 동일하다면 부력은 같다.

✍ **(정리)**

① 부력은 물체의 무게하고는 무관하다. 비치볼의 경우 중력보다 부력이 더 크기 때문에 위로 떠오르는 것이고, 볼링공의 경우는 중력이 더 크기 때문에 가라앉은 것이다.

② 소형 잠수정하고 고래하고 물속에 잠긴 부피가 같다면 동일 부력을 받는다.

③ 부력은 깊이하고는 상관없다. 즉, 물체가 얼마나 깊은 곳에 있든 간에 관계없지만 압력은 깊이의 함수이다 ($P= P_0+ \rho gh$).

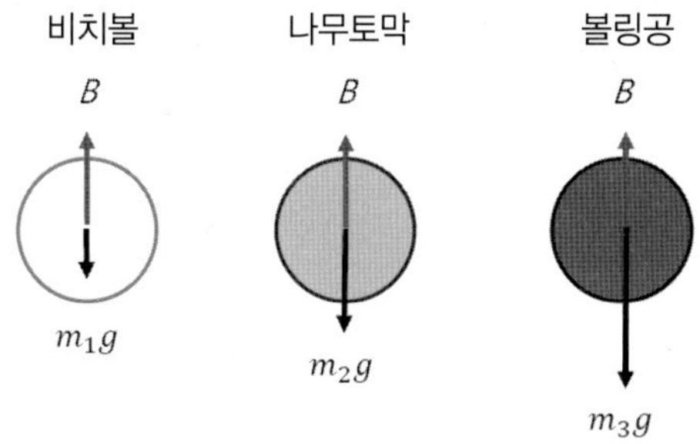

(토론해보기) 내 몸의 부력이 어느 정도인지를 알 수 있는 방법은?

간단한 방법 중의 하나로, 욕조에 물을 가득 채운 후, 욕조에 들어간다. 그럼, 물이 넘칠 것인데, 이 넘치는 물을 다 모아서 무게를 재면 그것이 바로 부력에 해당한다.

[예제] 가로 (1 m), 세로 (1 m), 높이 (1 m)이고 질량이 1 kg인 물체가 물속 10 m에 잠겨 있다. 부력[N]은? (단, 물 밀도 $1\times10^3\,\text{kg/m}^3$, 중력가속도는 $10\,\text{m/s}^2$이다)

[해설] $B= mg$

$$= \rho_{물} Vg$$

$$= 1\times10^3\,\text{kg/m}^3\times1\times1\times1\text{m}^3\times10\,\text{m/s}^2= 10^4\,\text{kg}\frac{\text{m}}{\text{s}^2}= 10^4\,\text{N}$$

중력 $W= mg= 1\text{kg}\times10\text{m/s}^2= 10\,\text{N}$

따라서 이 물체는 위로 떠오를 것이다.

[예제] 부피가 같은 금속 구 A와 B가 정지유체 속에 가라앉아 있다. A의 밀도는 2ρ, B의 밀도는 ρ이다. A가 B보다 2.5배 큰 알짜 힘을 받는다고 할 때, 유체의 밀도(ρ_X)는?

[해설]

금속 구 A에 작용하는 알짜 힘 $= (W- B)_A$

금속 구 B에 작용하는 알짜 힘 $= (W- B)_B$

$W= mg$

$B= m_{유체}g= \rho_X Vg$ (→ $m_{유체}=$ 부피 V인 금속 구에 의해 밀려난 유체의 질량)

$(m_Ag- B)_A= 2.5(m_B- B)_B$

$2\rho Vg- \rho_X Vg= 2.5(\rho Vg- \rho_X Vg)$

$2\rho - \rho_X= 2.5\rho- 2.5\rho_X$ → $1.5\rho_X= 0.5\rho$

$$\therefore \rho_X = \frac{0.5}{1.5}\rho = \frac{1}{3}\rho$$

(상황) 완전히 잠긴 물체

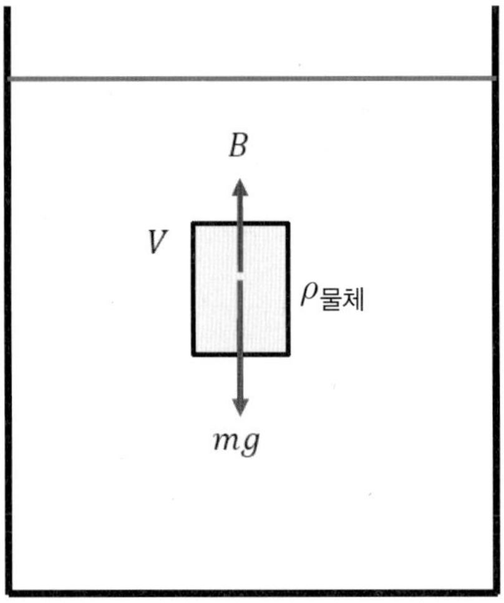

중력 $W = \rho_{물체} V g$

부력 $B = \rho_{유체} V g$

∴ 알짜 힘 $B - W = (\rho_{유체} - \rho_{물체}) V g$

따라서 물체가 떠오르던지 혹은 가라앉던지 하는 것은 유체와 물체의 밀도 차 $(\rho_{유체} - \rho_{물체})$ 에 의해 결정된다.

[예제] 떠 있는 물체. 그림처럼 밀도 $\rho = 900\,\text{kg/m}^3$ 인 나무토막이 밀도 $\rho_f = 1100\,\text{kg/m}^3$ 인 유체에 떠 있다. 나무토막의 높이 (H)가 11 cm 라면 나무토막이 유체에 잠긴 깊이 h[cm]는? (단, 중력가속도는 $10\,\text{m/s}^2$ 이다)

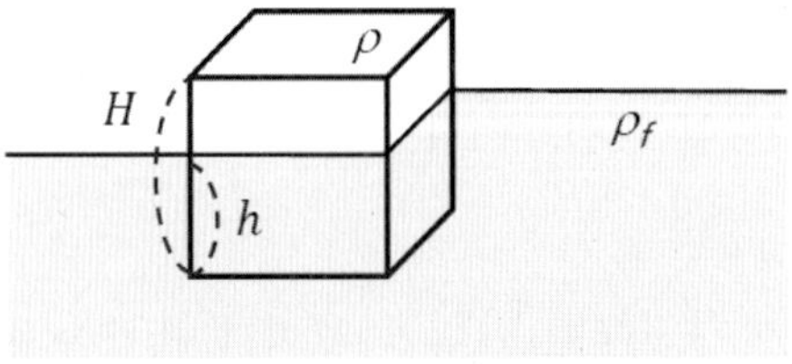

[해설] 부력의 크기는 그 물체에 의해 밀려난 유체의 무게와 같다. 나무토막의 단면적을 A라고 하자.

중력 $W = mg = \rho_{물체} Vg = \rho_{물체} HAg$

부력 $B = \rho_{유체} V_{잠긴곳} g = \rho_{유체} Ahg$ $(\rho_{유체} \equiv \rho_f)$

중력 = 부력 (∵ 평형상태)

$$\therefore \rho_{물체} AHg = \rho_{유체} Ahg$$

$$\therefore h = \frac{\rho_{물체}}{\rho_{유체}} H = \frac{900 \frac{\text{kg}}{\text{m}^3}}{1100 \frac{\text{kg}}{\text{m}^3}} 11\,\text{cm} = \frac{900 \times 11}{1100} \text{cm} = \frac{9900}{1100} \text{cm} = 9\,\text{cm}$$

[예제] 빙산의 일각. 그림처럼 바닷물위에 빙산이 떠 있다. 바닷물 위로 보이는 빙산은 몇 % 정도인가? (단, 빙산의 밀도는 920 kg/m^3, 바닷물의 밀도는 1020 kg/m^3 이다)

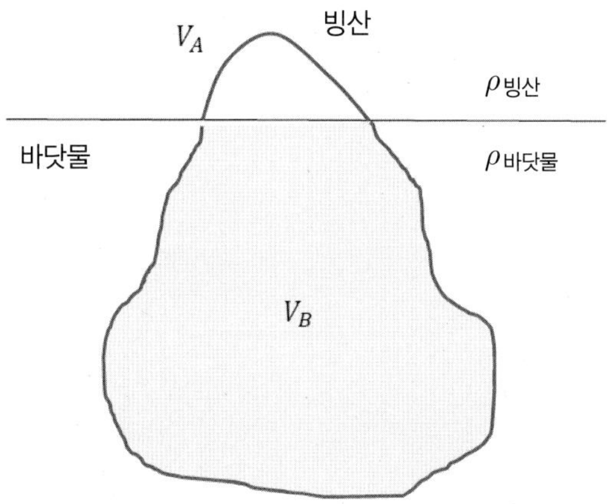

[해설]

$V_A =$ 빙산 전체의 부피

$V_B =$ 바닷물 속에 잠겨 있는 빙산의 부피

(빙산에 작용하는) 중력 $W = m_{빙산} g = \rho_{빙산} V_A g$ (∵ $m_{빙산} = \rho_{빙산} V_A$)

(빙산에 작용하는) 부력 $B = \rho_{바닷물} V_B g$ (←빙산에 의해 밀려난 바닷물의 무게. 그림에서 노란색 부분)

평형상태: 중력 = 부력

$$\rho_{빙산} V_A g = \rho_{바닷물} V_B g$$

$$\therefore \frac{V_B}{V_A} = \frac{\rho_{빙산}}{\rho_{바닷물}}$$

바닷물 수면 위로 보이는 빙산의 비율 $\frac{V_A - V_B}{V_A} = 1 - \frac{V_B}{V_A}$

$$= 1 - \frac{\rho_{빙산}}{\rho_{바닷물}}$$

$$= 1 - \frac{920}{1020} \simeq 0.1$$

따라서 빙산은 대략 ~10% 정도만이 바닷물 위에 떠 있다.

(생각해보기) 그림처럼 물위에 얼음이 떠 있다. 얼음이 다 녹으면 물 수위는 어떻게 될까?

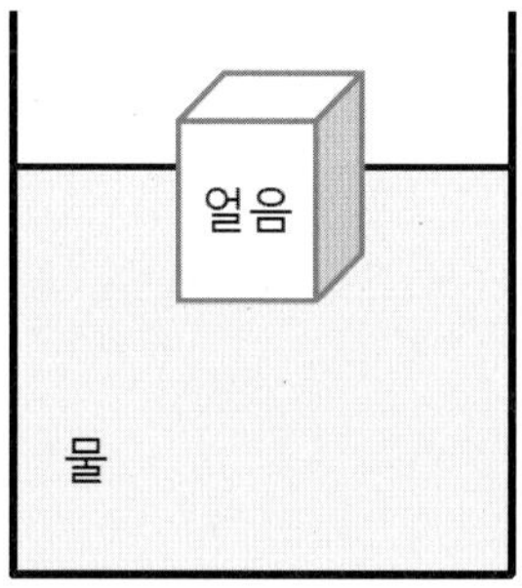

평형 상태에 있기 때문에 중력하고 부력하고 동일하다. 따라서 얼음 전체의 질량은 얼음이 밀어낸 물의 질량하고 같다.

얼음 전체의 질량 = 얼음에 의해 밀려나간 물의 질량

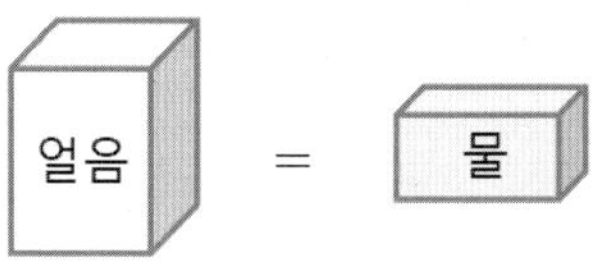

얼음이 녹아도 정확히 빈 공간을 채운다. 따라서 물 수위에는 변함이 없다.

[예제] 그림처럼 밀도가 ρ인 물체가 밀도가 5ρ인 정지 액체에 부피의 2/3가 잠겨 정지 상태를 유지하고 있다. 물체에 작용하는 중력의 크기를 F라고 할 때, 줄이 물체를 당기는 힘의 크기는? (단, 줄의 질량과 부피, 물체와 액체사이의 전기적인 상호작용은 무시한다)

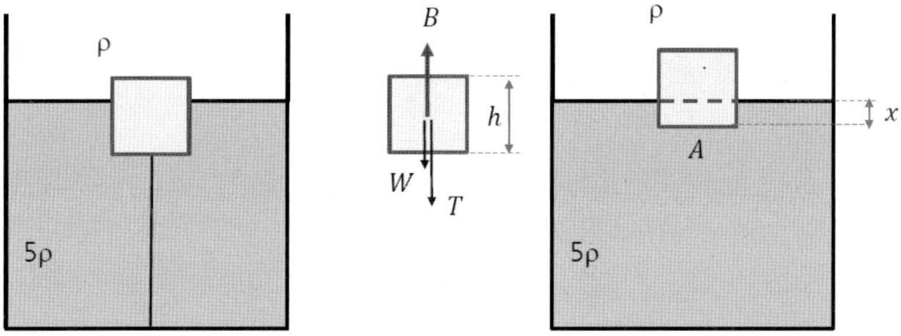

줄이 없는 경우

[해설]

우선, 줄이 없는 경우, 전체 부피의 얼마 정도가 잠겨 있는지를 계산해 보자.

물체: 정육면체
h: 정육면체 전체 높이
A: 정육면체 밑면 넓이
x: 물속에 잠긴 높이
V: 정육면체 부피

중력 = 부력

$\rho hAg = 5gxAg \quad \rightarrow x = \frac{1}{5}h$

잠긴 부피 $= xA = \frac{1}{5}hA = \frac{1}{5}V$

$\therefore$ 줄이 메어져 있지 않다면 정육면체는 전체 부피의 $\frac{1}{5}$이 잠겨 있다.

이제, 문제의 조건에서 부피의 2/3가 잠겨 있기 때문에 아랫방향으로 강제적으로 줄을 사용하여 잡아 당겨 주어야 한다.

중력 $(W) + T =$ 부력 (B)

$\rho Vg \quad + \quad T = 5\rho \frac{2}{3}Vg$

$T = 5\rho \frac{2}{3}Vg - \rho Vg = \frac{7}{3}\rho Vg$

$\therefore T = \frac{7}{3}\rho Vg = \frac{7}{3}F \quad (\because F = \rho Vg)$

(생각해보기) 공무원 시험의 경우, 잠겨 있는 물체가 정육면체라고 했는데, 정육면체의 뒤쪽 면에서의 거칠기, 변형, 기타 등에 대해 고려할 수도 있기 때문에, 공 (=구)으로 하는 것이 가장 좋다고 생각한다. 그래야 단서조항을 줄일 수 있기 때문이다.

[예제] 그림처럼 단면적 A, 질량 m인 직육면체 나무도막이 밀도 ρ인 액체에 l만큼 잠겨있다. 위에서 힘 F을 주어 깊이 x만큼 밀어 넣었다가 가만히 놓으면 나무도막은 상하로 단진동 운동을 한다. 주기 (T)는?

[해설]

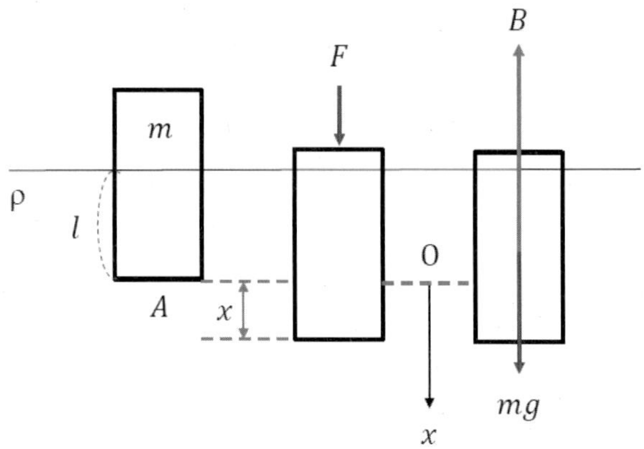

평행상태일 때

$$\begin{aligned} \text{중력} &= \text{부력} \\ \rightarrow mg &= \rho V g \\ &= \rho l A g \qquad (\because V = lA) \end{aligned}$$

(참고) 부력 (B): 유체 (액체)에 잠긴 물체의 부피에 해당하는 유체 (액체)의 무게.
부력 (B) $= Mg = \rho g V$ (M: 나무도막에 의해 밀려나간 유체의 질량,
ρ: 유체밀도, V: 유체에 잠긴 물체의 부피)

x만큼 밀어 넣을 때 부력 $\rho(l+x)Ag$

이제, x만큼 밀어 넣고, 손을 놓으면 그 순간 물체에 작용하는 모든 힘은 중력과 부력인데, 부력이 중력보다 크기 때문에 위쪽으로 떠오를 것이다.

중력−부력차 $mg - \rho(l+x)Ag$

운동방정식 $F = mg - \rho(l+x)Ag \equiv -kx$

즉, 마치 용수철처럼 운동한다고 가정하고 용수철 상수 (k)를 구하면 주기 (T)를 알 수 있다.

$\rho l A g - \rho(l+x)Ag = -kx$

$\rightarrow -\rho A g x = -kx$

$\therefore k = \rho g A$

(참고) 용수철 단진동. 주기 $T \equiv \frac{2\pi}{\omega} = 2\pi\sqrt{\frac{m}{k}}$

$$\therefore \text{ 주기 } (T) = 2\pi\sqrt{\frac{m}{k}} = 2\pi\sqrt{\frac{m}{\rho g A}}$$

[예제] 그림처럼 지구의 질량 (M), 반지름 (R)이며 균일한 질량분포를 갖는데 지구 중심을 통과하는 터널을 건설하였다. 터널 입구에 질량 (m)이 동일한 두 공 A, B가 있다. 공 A는 정지상태에서 자유낙하 운동을 하였고, 동시에 공 B는 지구 표면 근처에서 등속원운동을 시켰다. 다음을 구하라. (단, 마찰, 공기저항은 무시하고 만유인력 상수는 G이다)

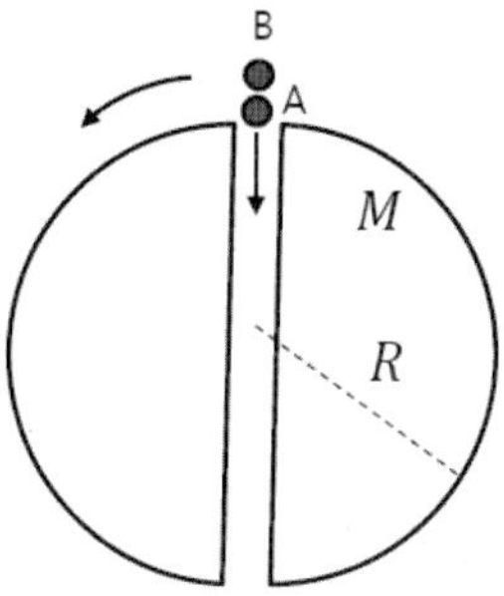

① 지구 내부 $r < R$인 지점에서 중력장의 세기와 중력

② 공 A의 운동방정식

③ 공 A의 왕복주기 (T_A), 공 B의 회전주기 (T_B)

④ 두 공 A, B가 운동을 시작한 후, 처음 만날 때까지 걸린시간은?

[해설]

① 지구 중심에서 거리가 r 지점까지의 지구의 질량을 M'이라고 하자.

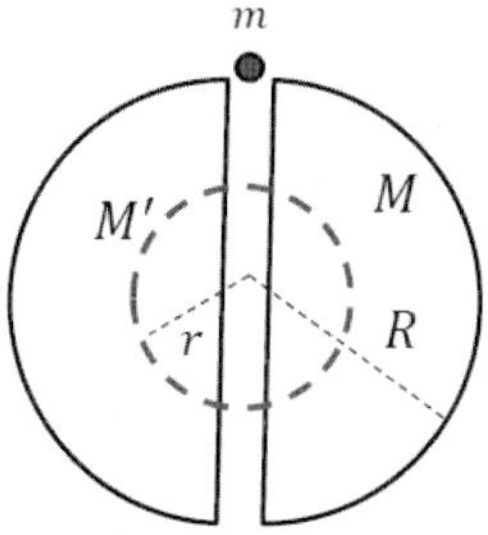

물체 m은 오직 반지름 r인 구의 질량 (M')에 의한 만유인력만을 받는다.

$$mg = G\frac{mM'}{r^2} \rightarrow g = \frac{GM'}{r^2}$$

질량분포 균일하기 때문에 지구 밀도를 이용할 수 있다.

$$\rho \equiv \frac{M}{V} = \frac{M}{\frac{4}{3}\pi R^3}$$

중심에서 r까지의 밀도분포 $\rho = \dfrac{M'}{\frac{4}{3}\pi r^3}$

$$\rightarrow M' = \rho \frac{4}{3}\pi r^3 = \frac{M}{\frac{4}{3}\pi R^3}\frac{4}{3}\pi r^3 = M\left(\frac{r}{R}\right)^3$$

$$\rightarrow g = \frac{GM'}{r^2} = \frac{G}{r^2}M\left(\frac{r}{R}\right)^3 = \left(\frac{GM}{R^3}\right)r$$

$\therefore\ g \propto r$ (즉, $r < R$ 영역에서 중력가속도는 거리에 따라 비례한다)

중력

$$F = -G\frac{mM'}{r^2} = -G\frac{m\left(\frac{4}{3}\pi r^3 \rho\right)}{r^2} = -\left(\frac{4}{3}\pi G\rho m\right)r$$

$$= -\frac{mg}{R}r \equiv -k \bullet r$$

여기서 (-)는 F와 변위 r가 서로 반대방향임을 나타낸다. 따라서 터널 속 물체는 변위 r에 비례하고 항상 지구 중심 방향으로 힘을 받는 주기운동을 한다 (→ 단진동 운동). 즉, 공 A는 북극과 남극을 왔다 갔다 하는 왕복 운동을 한다.

② $$m\ddot{r} = -G\frac{mM'}{r^2} = -G\frac{m}{r^2}M\frac{r^3}{R^3} = -\frac{GmM}{R^3}r$$

$$\ddot{r} = -\frac{GM}{R^3}r$$

$$\ddot{r} + \left(\frac{GM}{R^3}\right)r = 0$$

$$\therefore\ \ddot{r} + \omega_A^2 r = 0,\ \omega_A^2 \equiv \frac{GM}{R^3}$$

③ 지구 표면에서 중력가속도

$$g = G\frac{M}{R^2}$$

공 B는 등속원운동

$$m\frac{v^2}{R} = G\frac{mM}{R^2} \quad (\because F = ma = m\frac{v^2}{r},\ \text{등속 원운동})$$

$$v = R\omega \qquad (\because v = r\omega)$$

$$m\frac{(R\omega)^2}{R} = G\frac{mM}{R^2}$$

$$\therefore \omega^2 = \frac{GM}{R^3} \equiv \omega_B^2$$

④ 주기 (T)와 각속도 (w)의 관계, $T = \frac{2\pi}{\omega}$

$$T_A = \frac{2\pi}{\omega_A} = \frac{2\pi}{\sqrt{\frac{GM}{R^3}}} = 2\pi\sqrt{\frac{R^3}{GM}} = 2\pi\sqrt{\frac{R}{g}} \qquad (\because g = \sqrt{\frac{GM}{R^2}}\ )$$

$$T_B = \frac{2\pi}{\omega_B} = \frac{2\pi}{\sqrt{\frac{GM}{R^3}}} = 2\pi\sqrt{\frac{R^3}{GM}} = 2\pi\sqrt{\frac{R}{g}}$$

$$\therefore T_A = T_B$$

$$= 2\pi\sqrt{\frac{(6.37\times 10^3)\text{km}}{9.81\text{m/s}^2}} = 2\pi \times 805.31\ [\text{s}]$$

$$\simeq 84\ [\text{min}]$$

주기는 왕복시간이므로, 북극에서 남극까지 가는 시간은 84/2 $\simeq$ 42분 정도 걸린다. 또한 수식에서 보듯이 ($T \propto \sqrt{R/g}$), 주기는 입자 질량, 터널의 지름 등에는 무관하다.

☛ **(읽어보기)** 만약 우리가 지구를 관통하는 진공튜브 열차를 만들 수만 있다면 지구 반대편까지 최단시간에 연료를 사용하지 않고 중력에 의해서만 사람과 물자를 이동시킬 수 있다. (현재는 한국에서 브라질까지 가려면 미국을 경유하던지, 두바이 쪽으로 가던지 해서 거의 ~2일을 가야한다)

✏ **(심화문제)** 이번에는 마찰이 없는 터널을 지구 중심을 지나지 않게 뚫었다고 하자. 주기를 구하라.

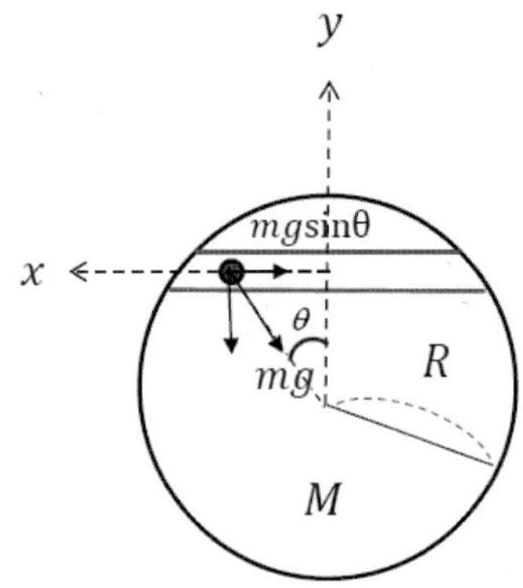

좌표를 그림과 같이 잡아줄 때, 중력의 x-방향 성분에 해당하는 $mg\sin\theta$의 힘에 의해 x-축에서 단진동 운동을 한다.

$$m\ddot{x} = -mg\sin\theta = -mg\frac{x}{R}$$

$$\ddot{x} + \frac{g}{R}x = 0 \qquad (\rightarrow \text{단진동 형태의 운동방정식})$$

$$\therefore\ \ddot{x} + \omega^2 x = 0\ ,\ \omega^2 \equiv \frac{g}{R}$$

$$\text{주기}\ \ T \equiv \frac{2\pi}{\omega} = 2\pi\sqrt{\frac{R}{g}}$$

터널을 지구 중심을 지나게 뚫던지, 지구 중심을 지나지 않게 뚫던지 주기는 동일함을 알 수 있다.

제6장

기타

□ 단위

✍ **(알아보기)**

■ (electronvolt, 전자볼트)

(상황) 1 eV 란 무엇인가?

해준 일 = 전하량 × 퍼텐셜 에너지 차 ($W = q\Delta V$)

→ $1q$를 1V 가속하는데 들어가는 일

$$1\text{eV} = 1.6\times10^{-19}\text{C}\times1\text{V} = 1.6\times10^{-19}\text{CV} = 1.6\times10^{-19}\text{J}$$

$$\therefore 1\text{J} = \frac{\text{eV}}{1.6\times10^{-19}}$$

(단위) $\text{keV} = 10^3\text{eV}$, $\text{MeV} = 10^6\text{eV}$, $\text{GeV} = 10^9\text{eV}$, $\text{TeV} = 10^{12}\text{eV}$

(예) $1\text{MeV} = 10^6\text{eV} = 10^6\times1.6\times10^{-19}\text{J} = 1.6\times10^{-13}\text{J}$

(계산해보기) 플랑크 상수 (h)의 단위를 eV • s로 환산하면?

$$\begin{aligned} h &= 6.62\times10^{-34}\text{J}\cdot\text{s} \\ &= 6.62\times10^{-34}\times\frac{\text{eV}}{1.6\times10^{-19}}\cdot\text{s} \\ &= 4.13\times10^{-15}\text{eV}\cdot\text{s} \end{aligned}$$

✍ **(알아두기)** 정지질량이 m_0인 물체의 정지에너지 E_0는?

에너지-질량 등가원리 $E_0 = m_0c^2$

(계산해보기) 1 kg의 질량을 에너지로 환산한 값[J]은?

$$1\text{kg}\times(3\times10^8\frac{\text{m}}{\text{s}})^2 = 9\times10^{16}\text{kg}\frac{\text{m}^2}{\text{s}^2} = 9\times10^{16}\,[\text{J}]$$

따라서 1g 물질 안에는 90조 ($= 9\times10^{13}\text{J}$)에 해당하는 에너지가 있다.

(계산해보기) 전자의 질량 (9.1100×10^{-31}kg)을 MeV로 환산하면?

$$E = \gamma m_0 c^2 \quad (\because \gamma = 1,\ \gamma \equiv \frac{1}{\sqrt{1-\beta^2}},\ \beta \equiv \frac{v}{c})$$

$$\therefore\ E = m_0 c^2$$

$$= 9.1100 \times 10^{-31}\text{kg} \times (3 \times 10^8 \frac{\text{m}}{\text{s}})^2$$

$$= 9.1100 \times 9 \times 10^{-31} \times 10^{16}\,\text{kg}\frac{\text{m}^2}{\text{s}^2}$$

$$= 9.1100 \times 9 \times 10^{-31} \times 10^{16}\,\text{J}$$

$$= 9.1100 \times 9 \times 10^{-31} \times 10^{16} \times \frac{\text{eV}}{1.6 \times 10^{-19}}$$

$$= 0.511\text{MeV}$$

$$\therefore\ m_e = 0.511 \frac{\text{MeV}}{\text{c}^2}$$

☛ 일반적으로 고에너지 물리에서는 전자의 질량이 너무 작아 불편하기 때문에 kg 대신 eV, MeV, GeV, TeV 단위를 쓴다.

(각자해보기) 양성자, 중성자에 대해서도 각자해보기

입자	기호	전하	질량 (kg)	질량 $\left[\frac{\text{MeV}}{\text{c}^2}\right]$
양성자 (proton)	p	$+e$	1.6726×10^{-27}	938.28
중성자 (neutron)	n	0	1.6750×10^{-27}	939.57
전자 (electron)	e^-	$-e$	9.1100×10^{-31}	0.511

(각자해보기) 뮤온 (muon) 질량 $m_\mu = 105.6 \left[\frac{\text{MeV}}{\text{c}^2}\right]$

파이온 (pion) 질량 $m_{\pi^\pm} = 139.5 \left[\frac{\text{MeV}}{\text{c}^2}\right]$

$m_{\pi^0} = 134.9 \left[\frac{\text{MeV}}{\text{c}^2}\right]$

케이온 (kaon) 질량 $m_{K^\pm} = 493.6 \left[\frac{\text{MeV}}{\text{c}^2}\right]$

■ Atomic mass unit (u)

① 정의는 무엇인가?

$1\,u$는 탄소 원자 1개 질량의 $\frac{1}{12}$로 정의한다.

② N_A (아보가드로 수)와 1몰의 정의

$N_A = 6.02 \times 10^{23}$ 개

1몰 (mole): 원자/분자/이온의 수가 N_A 있을 때, 그 때의 질량

③ 탄소 원자 ($^{12}_{6}C$) 1몰과 산소원자 ($^{16}_{8}O$) 1몰은 몇 g인가?

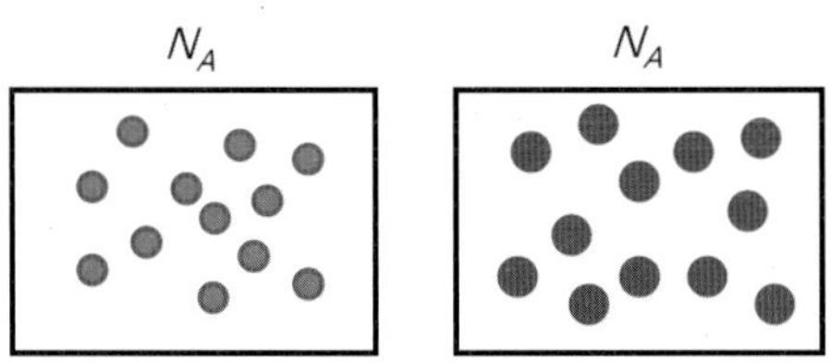

탄소 산소

그림처럼 N_A 개수만큼 탄소와 산소가 있다고 할 때, 질량을 잰다.

탄소 ($^{12}_{6}C$) 1몰의 질량 = 12 g

산소 ($^{16}_{8}O$) 1몰의 질량 = 16 g

즉, 어떤 원자/분자/이온의 1몰은 N_A 개수를 의미한다.

④ 탄소원자 한 개의 질량은?

$$N_A : 12\text{g} = 1\text{개} : x$$

$$\therefore x = \frac{12}{6.02 \times 10^{23}} = 1.99268 \times 10^{-23}\text{g}$$

⑤ $1u$를 다시 나타내면?

$$1u \equiv \frac{\text{탄소원자 1개 질량}}{12} = \frac{1.99268 \times 10^{-23}}{12} = 0.1660 \times 10^{-23}\text{g} = 1.660 \times 10^{-24}\text{g}$$

⑥ 12 g과 12 u를 구별하면? 어떻게 다른가?

12 g: 탄소 원자 $N_A = 6.02 \times 10^{23}$ 개 (=1몰)의 질량

12 u: 탄소 원자 1개의 질량 ($= 1.99268 \times 10^{-23}$g)

즉, 이 말은 현실적으로 탄소 원자 1개를 취한다는 것은 불가능 하지만, 12 g을 취할 수는 있다. 만약 탄소 1개의 질량이 1.99268×10^{-23}g 이라고 할 때, 12 g 속에 있는 탄소 원자의 개수는?

$$1\text{개} : 1.993 \times 10^{-23}\text{g} \;= x : 12\text{g}$$
$$\therefore x = 6.02 \times 10^{23} \text{ 개}$$

이것이 바로 N_A라는 것이다.

⑦ 1 u는 몇 $\frac{\text{MeV}}{\text{c}^2}$인가?

$$\begin{aligned} E &= \gamma m_0 c^2 \qquad\qquad (\because \gamma = 1) \\ &= 1.660 \times 10^{-27}\text{kg} \times (3 \times 10^8 \frac{\text{m}}{\text{s}})^2 \\ &= 1.660 \times 9 \times 10^{-27+16}\text{kg}\frac{\text{m}^2}{\text{s}^2} \\ &= 14.94 \times 10^{-11}\text{J} \\ &= 14.94 \times 10^{-11} \times \frac{\text{eV}}{1.6 \times 10^{-19}} \\ &= 931.50 \;\text{MeV} \end{aligned}$$

$$\therefore 1u = 931.5\frac{\text{MeV}}{\text{c}^2}$$

⑧ 양성자 질량 m_p는 몇[u]인가?

양성자의 경우, 1.6726×10^{-27}kg 이므로,

$$1u : 1.660 \times 10^{-27}\text{kg} \;= x : 1.6726 \times 10^{-27}\text{kg}$$
$$\therefore x = 1.007276u$$

다른 방법으로는, $m_p = 938.28\frac{\text{MeV}}{\text{c}^2}$이고, $1u = 931.5\frac{\text{MeV}}{\text{c}^2}$이므로,

$$1u : 931.5\frac{\text{MeV}}{\text{c}^2} \;=\; x : \;938.28\frac{\text{MeV}}{\text{c}^2}$$
$$\therefore x = 1.007276u$$

(각자해보기) $m_n = 1.008665u$, $m_e = 5.486 \times 10^{-4}u$ 임을 보여라.

⑨ 몰 수 (n)는?

$$n \equiv \frac{m}{M}$$

m : 질량

몰질량 (M) =1몰의 질량

(예) 탄소 36 g이 있다. 몇 몰인가?

$$n = \frac{36}{12} = 3 \text{ 몰}$$

⑩ 탄소 ($^{12}_{6}C$) 1몰의 질량은 12 g이라는 것을 알고 있다. 그럼 다음과 같은 식을 유도할 수 있다.

탄소 1개 질량 : $12u = N_A : x$

$$x\,[\mathrm{g}] = 12u \times N_A$$
$$= 12 \times 1.66 \times 10^{-24}\,\mathrm{g} \times 6.02 \times 10^{23} = 12\ \mathrm{g}$$

즉, 탄소 1몰 질량 (M) = 탄소 1개 질량 $(m) \times N_A$ 이다.

(일반화) M (몰질량) = m (1개질량) $\times N_A$

산소 ($^{16}_{8}O$) 1몰의 질량: $16u \times N_A$

질량수가 A인 미지 원소 (^{A}X) 1몰의 질량: $Au \times N_A$

⑪ 탄소원자 한 개의 질량을 몰질량 (M)과 N_A로 표시하면?

N_A : 12g = 1개 : x

$$\therefore x = \frac{12}{6.02 \times 10^{23}} = 1.99268 \times 10^{-23}\mathrm{g}$$

즉, $x = \dfrac{12}{N_A} = \dfrac{\text{탄소원자 1몰 질량}}{N_A} = \dfrac{M}{N_A}$ 이다.

(일반화) 미지 원자 (X) 1개 질량

N_A : 미지 원자 1몰 질량 = 1개 : x

$$\therefore \text{미지 원자 1개 질량} = \frac{\text{미지원자 1몰 질량}}{N_A} = \frac{M_X}{N_A}$$

(예) 헬륨 원자 1개 질량 (m_{He})

$$m_{\mathrm{He}} = \frac{4\mathrm{g}}{6.02 \times 10^{23}} = 6.64 \times 10^{-24}\ \mathrm{g}$$

□ 원자와 원자핵 구성

✍ (알아보기)

► 원자

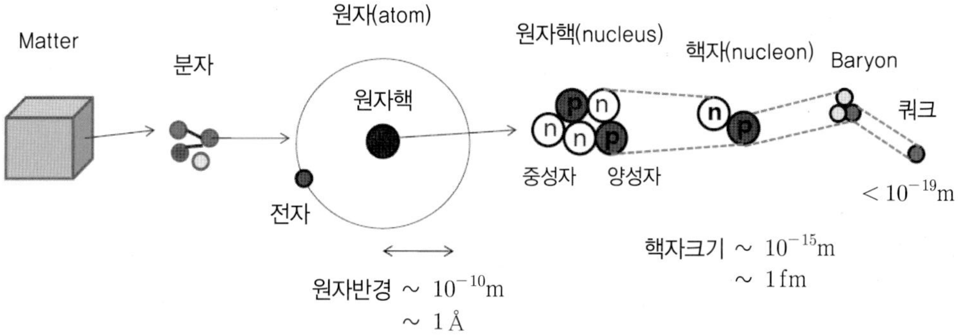

물질을 이루는 기본 구성단위를 생각해보자. 그림처럼 물질을 계속 쪼개면 분자가 나오고, 분자는 원자로 구성되어 있다. 원자는 원자핵 (nucleus)과 원자핵 주위를 마치 위성처럼 돌고 있는 전자로 되어 있는데, 원자반경은 10^{-10}m (= 1 Å)이다. 라틴어인 원자핵 (nucleus)은 "nut"의 의미를 가지므로 단단한 견과류에 비유를 한 것이라고 볼 수 있다. 전자는 더 이상 쪼갤 수 없는 기본입자 중의 하나이며 내부 구조 (inner structure)를 가지고 있지 않다. 또한 음으로 (negatively) 대전 (charged) 되어 있다. 원자핵은 멀리서 보면 마치 벌집에 엄청나게 많은 벌들이 모여 있어 하나의 커다란 덩어리처럼 보인다. 하지만 가까이 가서 확대해서 보면 결국 양성자와 중성자로 되어 있고 원자핵의 크기는 대략 10^{-14}m 이다. 양성자는 양으로 (positively) 대전 (charged) 되어 있고 중성자는 전기적으로 중성이므로, 결과적으로 원자핵은 양으로 대전되어 있는데, 전자의 전하량과 균형을 이루어, 원자는 전체적으로 볼 때 중성 (neutral)을 이룬다. 따라서 물질을 서로 구별시켜 주는 것이 양성자 개수라고 할 수 있다 (예로, 수소원자는 양성자 1개, 탄소 원자는 양성자 6개, 철은 26개, 우라늄은 92개 등). 일반적으로 양성자와 중성자를 핵자 (nucleon)이라고 하는데 핵자의 크기는 1 fm (fermi, 10^{-15}m) 정도이다. 핵자의 구성요소는 쿼크 (quark)로 양성자, 중성자도 쿼크로 구성되어 있고 현재까지는 더 이상 쪼갤 수 없는 입자이다. 따라서 현재까지 실험적으로 알려진 사실은 전자와 쿼크는 더 이상의 내부 구성 물질 (constituents)을 가지지 않는 기본입자라는 것이다.

☞ (요약)

물질 내부를 보기 위해 우리는 매우 짧은 거리까지 들어가야 한다. 그러기 위해서는 분해능이 아주 좋은 현미경이 필요하다. 가속기란 것이 바로 현대과학이 만들어낸 우수한 덩치가 큰 실험 도구 중의 하나인 것이다.

☛ (원자 크기)

① 원자의 크기는 대략 $\vartheta(\text{Å} = 10^{-10}\text{m})$ 이다.

② 천연으로 존재하는 원소 중 제일 작은 것은 수소이고 제일 큰 것은 우라늄이다. 수소를 1로 할 때 10배 정도 차이가 난다.

(상황) 원자를 광학현미경으로는 볼 수 없는 이유가 무엇인가?

가시광선 700 nm (red), 550 nm (green), 400 nm (blue)
원자크기 ~ Å
∴ 원자의 크기가 가시광선 파장보다 작기 때문이다 (즉, 분해능이 좋지 못한 경우이다.)

[예제] 원자는 무엇으로 구성되어 있는가?

① 전자, 광자, 중성자
② 전자, 양성자, α선, β선, γ선
③ 전자, 양성자, α선, β선
④ 전자, 양성자, 중성자
⑤ 전자, 양성자, 중성자, α선, β선, γ선

[정답] ④

(해보기) 전자와 양성자의 질량비는?

$$\frac{m_p}{m_e} = \frac{1.6726 \times 10^{-27}\text{kg}}{9.11 \times 10^{-31}\text{kg}} \simeq 1836$$

∴ 양성자는 전자에 비해 약 ~2000배 정도 무겁다고 생각하면 된다.

► 원자핵

(해보기) 원자에서 중심부의 원자핵 질량과 전자 질량의 비는?

$$\frac{m_e}{m_p + m_n} \simeq \frac{9.11 \times 10^{-31}}{2 \times 1.67 \times 10^{-27}} \sim 0.00025$$

∴ 원자핵 질량의 99.99% 이상이 모두 중심부에 몰려 있음을 알 수 있다.

[예제] 원자핵을 구성하고 있는 것은?

① 양성자와 전자 ② 양전자와 전자 ③ 중성자와 전자 ④ 양성자와 중성자
⑤ 중성자와 양전자

[정답] ④

[예제] 원자핵에 대한 설명 중 틀린 것은?

① 원자핵은 양전자를 가진다.

② 원자핵 속의 양성자수와 중성자수는 항시 같다.

③ 원자핵의 크기는 $\sim\vartheta$(fm) 이다.

④ 질량수는 원자핵 속의 양성자수와 중성자수를 합한 것이다.

⑤ 원자핵은 양성자와 중성자로 구성되어 있는데, 이를 핵자 (nucleon)이라고 한다.

[정답] ②

(해보기) 원자반경에 대한 핵반경의 비는?

$$\frac{R_{핵}}{R_{원자}} \simeq \frac{10^{-15}m}{10^{-10}m} \sim 10^{-5}$$

$\therefore$ 핵반경에 비해 원자반경은 $10^5 = 10^2 \times 10^3$ 배가 크다. 이것을 비유하면, 서울 남산에서 천안 사이의 거리 ($\sim$100 km)에 해당한다. 즉, 전자의 시각으로 (혹은 입장에서) 핵과 원자 사이의 거리를 보았을 때, 약 $\sim$100 m나 멀리 떨어진 거리로 느낀다는 것이다.

✍ **(정리)**

① "원자 속은 텅텅 비어있다?"

원자 level로 들어가면, 원자핵과 이웃하는 원자핵 사이의 거리가 마치 $\sim$100 km나 떨어진 허허 벌판이므로, 공간이 거의 텅텅 비어 있다는 것이다. 따라서 우리 눈으로 보이지는 않는 X선 같은 것을 주사하면, 비어있는 공간을 자유롭게 뚫고 지나갈 수 있다. 즉, 우리가 보는 것만이 모든 것이 아니라는 것을 의미한다고 할 수 있다. 하지만, 실제 우리 세계에서는 전기적 반발력 때문에 쉽게 뚫고 지나갈 수 없다.

② "질량의 99.99% 이상이 거의 질점에 해당하는 원자핵에 모여 있다?"

(비유) 위의 2가지 사실로부터 원자를 200 m정도인 운동장이라고 하자.

$$\frac{R_{원자}}{R_{핵}} \sim \frac{200m}{x} = 10^5$$

$$\therefore x = 2 \times 10^{-3}\text{m} = 2\ \text{mm}$$

따라서 200 m 정도 되는 운동장 (원자)의 중앙에 2 mm 크기에 해당하는 좁쌀 (핵)에 질량의 대부분 (99.99% 이상)이 모여 있는 그림이 그려진다.

(살펴보기) 원자핵의 기호에 대해 설명하라.

$^A_Z X$ 혹은 $_Z X^A$

X: 원소기호

Z: 원자번호. 양성자수 = 전자수

A: 질량수. 양성자수 + 중성자수. 중성자수 $(N) = A - Z$.

(예) 수소 ($^1_1\mathrm{H}$), 탄소 ($^{12}_6\mathrm{C}$), 산소 ($^{16}_8\mathrm{O}$), 양성자 ($^1_1\mathrm{H}$), α 입자 ($^4_2\mathrm{He}$), 전자 ($^0_{-1}e, e^-, \beta^-$), 중성자 ($^1_0 n$), 양전자 ($^0_1 e, e^+, \beta^+$)

[예제] 우라늄 ($^{235}_{92}\mathrm{U}$)에서 중성자수 (N)와 양성자수(Z)가 바르게 된 것은?

① (235, 92) ② (92, 235) ③ (92, 143) ④ (143, 235) ⑤ (143, 92)

[정답] ⑤

[예제] 원자번호는 같으나 질량수가 다른 원자를 무엇이라고 하는가?

① 전자 ② 중간자 ③ 중성자 ④ 동위원소 ⑤ 방사선

[정답] ④

[예제] 동위원소들 사이의 질량차는 무엇에 의해 결정되는가?

① 전자 ② 중간자 ③ 중성자 ④ 양성자 ⑤ 광자

[정답] ③

✍ **(찾아보기)** 동위원소의 예

원소		존재비
수소 (hydrogen)	$^1\mathrm{H}$	99.985
	$^2\mathrm{H}(={}^2\mathrm{D})$	0.015
헬륨 (helium)	$^3\mathrm{He}$	1.3×10^{-4}
	$^4\mathrm{He}$	$\simeq 100$
탄소 (carbon)	$^{12}\mathrm{C}$	98.892
	$^{13}\mathrm{C}$	1.108
산소 (oxygen)	$^{16}\mathrm{O}$	99.759
	$^{17}\mathrm{O}$	0.037
	$^{18}\mathrm{O}$	0.204
네온 (neon)	$^{20}\mathrm{Ne}$	90.920
	$^{21}\mathrm{Ne}$	0.257
	$^{22}\mathrm{Ne}$	8.820

(해보기) 염소 (Cl)는 질량수가 35와 37인 동위원소가 혼합되어 있는데, 원자량은 35.5이다. 이들의 구성비는?

$^{35}\mathrm{Cl}\ (N_1)$, $^{37}\mathrm{Cl}\ (N_2)$라고 하자.

$$\frac{35\times N_1+37\times N_2}{N_1+N_2}=35.5$$

$$\therefore\ N_1 : N_2 = 3:1$$

(예상해보기) 원자핵의 크기를 예상해 보면?

원자핵은 거의 구에 가까운 모양을 가지며, 실험적 결과에 의하면, 거리에 따른 핵의 전하밀도 (charge density)는 핵의 종류에 관계없이 일정하다.

핵밀도 (r) ~ 일정

$$\frac{\text{양성자수}+\text{중성자수}}{\text{핵의부피}}\sim\frac{A}{\frac{4}{3}\pi R^3}\sim\ \text{상수}\qquad (A:\ \text{질량수})$$

$$\rightarrow A\propto R^3$$

$$\therefore R\propto A^{\frac{1}{3}}$$

$$R=R_0A^{\frac{1}{3}},\ \ R_0\sim 1.2\,\mathrm{fm}$$

핵의 밀도는 일정하기 때문에, 핵자를 하나 더해도 중앙밀도는 일정해야 한다. 이것은 마치 소금 결정이 생기는 것과 동일한 것으로 크기는 커지나 여전히 밀도는 일정한 것을 의미 한다.

☛ 1fm = 1 femtometer (펨토미터) = 1 fm = 10^{-15} m

(해보기) 원자핵 A와 B의 질량비가 $m_A : m_B = 1:64$ 라면 반경의 비는 얼마인가?

$$R\propto A^{\frac{1}{3}}$$

$$R_A\sim(1)^{\frac{1}{3}}\sim 1$$

$$R_B\sim(64)^{\frac{1}{3}}\sim(4)^{3\times\frac{1}{3}}\sim 4$$

$$\therefore R_A : R_B = 1:4$$

(해보기) 전형적인 핵의 밀도를 계산하면?

$$\rho = \frac{M}{V} = \frac{Am_p}{\frac{4}{3}\pi(R_0 A^{\frac{1}{3}})^3} = \frac{1.67\times 10^{-27}\text{kg}}{\frac{4}{3}\pi(1.2\times 10^{-15}\text{m})^3} = 2\times 10^{17}\frac{\text{kg}}{\text{m}^3}$$

물의 밀도에 비해, $2\times 10^{14}(\rho_{water} = 10^3\frac{\text{kg}}{\text{m}^3})$배 크다.

☛ 물체가 차지하는 대부분의 공간은 텅텅 비어 있다고 생각할 수 있다.

(해보기) 질량수가 A인 원자핵의 밀도가 질량수에 관계없음을 보여라.

질량수가 A인 원자핵의 질량 $\simeq 1u\times A = 1.66\times 10^{-24}\text{g}\times \text{A}$

$$V = \frac{4}{3}\pi R^3 = \frac{4}{3}\pi(R_0 A^{\frac{1}{3}})^3 = \frac{4}{3}\pi R_0^3 A \qquad (\therefore \text{ 원자핵의 체적은 질량수에 비례})$$
$$= \frac{4}{3}\pi(1.2\times 10^{-15}\text{m})^3\text{A} = 7.2\times 10^{-45}\text{m}^3\text{A}$$

$$\rightarrow \rho = \frac{1.66\times 10^{-24}\text{g}\times \text{A}}{7.2\times 10^{-39}\text{cm}^3\times \text{A}} = 2.3\times 10^{14}\frac{\text{g}}{\text{cm}^3} = 2.3\times 10^{17}\frac{\text{kg}}{\text{m}^3}$$

즉, 원자핵의 밀도가 질량수 A에 관계없이 모든 원자핵에 대해 1cm^3당 ~2억 톤으로 같다.

(해보기) 단위체적당 핵자 (nucleon)의 개수는?

$$V = \frac{4}{3}\pi R^3 = \frac{4}{3}\pi(R_0 A^{\frac{1}{3}})^3 = \frac{4}{3}\pi R_0^3 A$$

$$\therefore \text{ \# of nucleons per unit volume } = \frac{A}{\frac{4}{3}\pi R_0^3 A} = \frac{3}{4\pi(1.2\,\text{fm})^3} \sim 0.19\frac{1}{\text{fm}^3}$$

□ 4가지 기본 힘

① 중력 (gravitational force)

- 인력 (attractive)으로 질량 (mass)을 가진 입자들 사이에 작용하는 장거리 힘 ($\propto \frac{1}{r^2}$, long-range force)이다. 즉 원리적으로는 중력의 작용 범위는 무한대 (∞)이다. 하지만 거리가 멀어짐에 따라 급격히 ($\propto \frac{1}{r^2}$) 떨어진다. 천체, 행성, 떨어지는 물체 등에 적용된다.

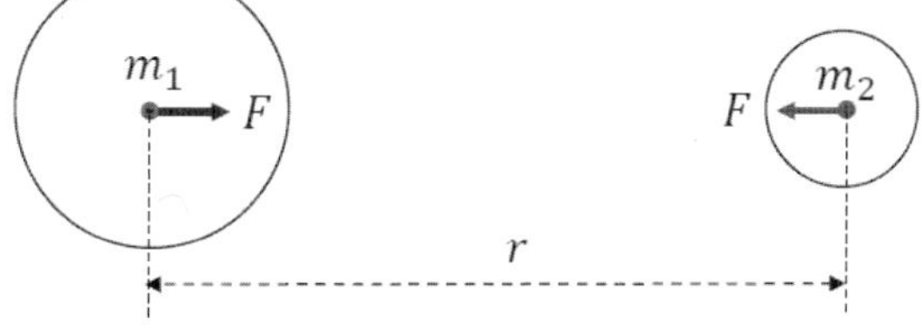

- $F = G\frac{m_1 m_2}{r^2}$

- 중력자 (graviton)에 의해 매개된다. 중력자는 아직까지 발견되지 않았는데 발견 노력을 계속되고 있다.

✍ **(찾아보기)** The Laser Interferometer Gravitational-Wave Observatory (LIGO) - 중력파 측정 실험

(예) 행성들 사이 운동, 떨어지는 사과, 무거운 물체 들어올리기 등을 할 때 작용한다.

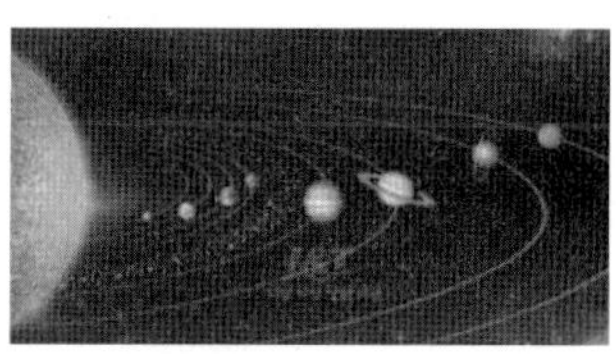

② 전자기력 (electromagnetic force)

- 전하 (electric charge)들 사이에 작용하는 장거리 힘 ($\propto \frac{1}{r^2}$, long-range force)으로 인력 (attractive) 혹은 척력 (repulsive)으로 작용한다. 아래 그림은 인력의 경우이다.

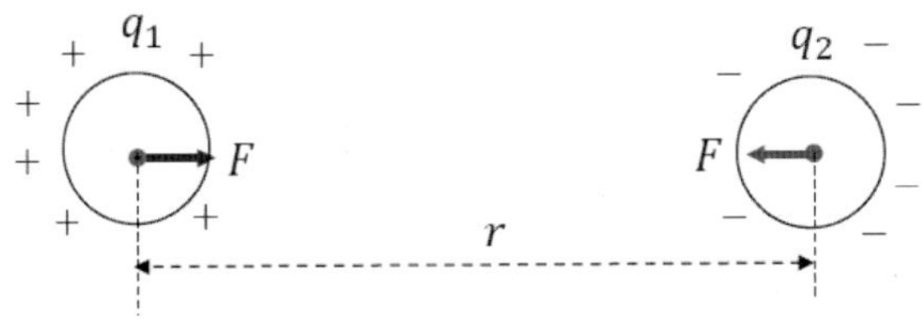

- $F = k\frac{q_1 q_2}{r^2}$
- 전자기력을 매개하는 입자는 광자 (γ)이다.

(예) 전하 사이의 인력과 척력, 자석의 힘, 원자핵과 주위를 도는 전자사이에 작용하는 힘 등이 있다.

$$e^+ + e^- \to e^+ + e^-$$
$$e^+ + e^- \to \mu^+ + \mu^-$$

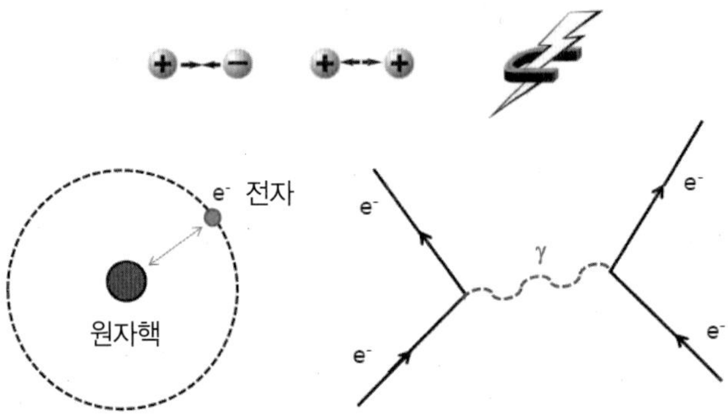

③ 강력 (strong force)

- 강한 상호작용
- 색소전하 (color charge)들 사이에 작용한다. 원자핵 내에 양성자들을 묶어두는 원천이다. 따라서 작용범위는 매우 짧다 (~fm).
- 강한 상호작용을 매개하는 입자는 글루온 (gluon)이다.

(예) 핵자 (nucleon)들 사이에 작용하는 힘. $p-p$, $p-n$, $n-n$ 사이에 작용하는 강한 상호작용은 양성자 (p)와 중성자 (n)를 따로 구별하지 않는다. 일본 물리학자 유가와 히데키는 핵자 사이의 상호작용을 설명하기 위해 이들 사이의 힘을 매개하는 중간자를 예측하였는데, 나중에 파이온이 발견되었고, 파이온 역시 쿼크로 구성되어 있음을 알게 되었다.

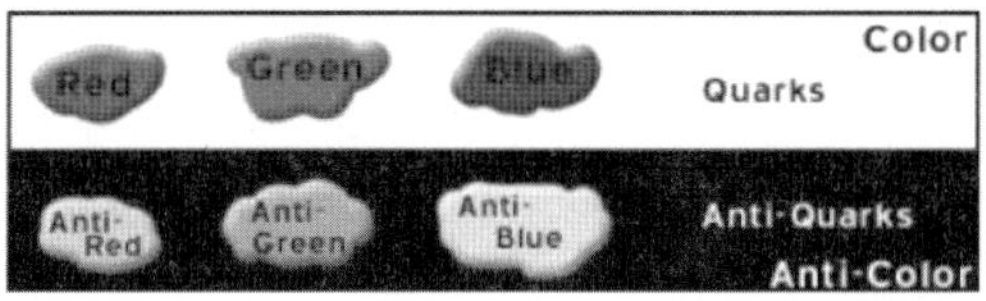

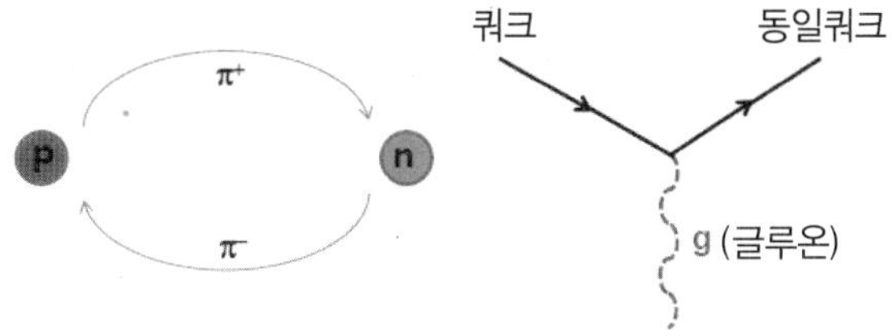

④ 약력 (weak force)

- 약한 상호작용
- 강력에 비해 세기 약하다는 의미에서 기인한 것으로, 베타 (β) 붕괴 등에 관여한다.
- $W^{\pm}$나 Z^0 보존 교환으로 일어난다.

(예) 원전에서 중성미자가 방출되거나, 태양 내부에서 중성미자가 방출되는 것은 약력과 관계가 있다.

$$n \rightarrow p + e^- + \overline{\nu_e}$$

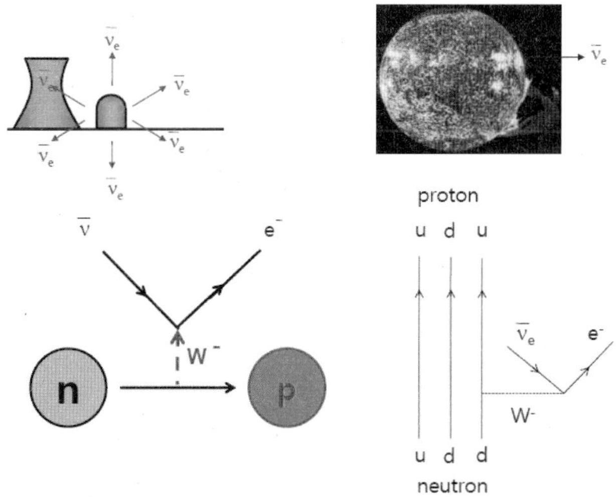

[예제] 중력은?

① 항시 척력 ② 항시 인력 ③ 때때로 척력, 때때로 인력
④ 거시물체에만 적용 ⑤ 광자를 매개입자로 함

[정답] ②

[예제] 전자기력은?

① 전하를 가진 입자들 사이에 작용 ② 항시 인력 ③ 항시 척력 ④ 거리에 무관
⑤ 중성입자에도 작용

[정답] ①

[예제] 강력은?

① 중성자와 양성자사이에 작용 ② 전자와 양성자사이에 작용 ③ 양성자와 양성자 사이에 작용 ④ 중성입자들 사이에 작용 ⑤ 거리에 무관

[정답] ①, ③

[예제] 약력은?

① 중성미자를 수반 ② 핵의 안정성에 책임 ③ 글루온이 매개입자 ④ 방사성 붕괴에 책임
⑤ 중성자에 영향을 주는 힘

[정답] ①, ④

□ 소립자관련

■ 매개입자 (gauge boson)

4가지 기본 힘 (상호작용)이 존재 한다고 했는데, 두 입자간의 힘은 그들 사이에 서로 다른 (매개) 입자들을 교환 (exchange)함으로써 전달되는 것으로 생각할 수 있다. 기본입자들 사이에 어떤 매개입자를 주고받느냐에 따라 상호 작용이 결정된다. 따라서 4가지 기본 힘은 아래 표와 같이 서로 다른 매개입자를 주고받는다. 하지만, 이중에 아직 중력자 (graviton)는 발견되지 않았다.

상호작용	매개입자 (gauge boson)	질량	스핀	작용시간 (s)
강력	글루온 (gluon)	0	1	10^{-23}
	중간자 (meson)	$\sim 140\ \frac{\text{MeV}}{c^2}$	0	
전자기력	광자 (photon)	0	1	10^{-18}
약력	중간벡터보존 (intermediate vector boson)	$W^{\pm}$(81 GeV/c^2) Z^0(91 GeV/c^2)	1	$10^{-16} \sim 10^{-10}$
중력	중력자 (graviton)	2	2	-

[예제] 강한 상호작용을 매개하는 입자는?

① 광자 ② 전자 ③ 양성자 ④ 글루온 ⑤ W/Z 입자

[정답] ④

✍ (정리) 기본 입자 분류

① 경입자 (lepton)

② 쿼크 (quark) 혹은 강입자 (hadron, 하드론)

■ 경입자 (lepton)

Lepto (얇은, 세밀한, 미미한) 혹은 light weight로 작거나 가볍다는 의미를 가지며 내부구조를 가지고 있지 않는 점과 같은 기본 소립자들이다. 이들의 스핀 (spin)은 $\frac{1}{2}$로 페르미온 (fermion)이다.

① 전자 (electron, e^-)

1897년에 영국의 J. J. Thomson에 의해 최초로 발견된 기본 소립자이다. 1932년에는 구름상자 (cloud chamber) 실험에서 반입자인 양전자 (e^+, positron, 반전자)가 Carl D. Anderson에 의해 발견되었다.

☛ 전자/양전자 질량 $m_e = 0.511\left[\frac{\text{MeV}}{\text{c}^2}\right]$

✍ **(찾아보기)** 반입자, 반물질, 반세계

② 뮤온 (muon, μ^-)

2번째 (second generation, II 세대) 경입자로 전자가 발견된 거의 40년 후인 1936년 양전자를 발견한 Carl D. Anderson에 의해 발견되었는데, 처음에는 이 뮤온 (mu-meson)이 유가와가 제안한 파이온 (pion)인 줄 잘못 알았다. 전자보다 약 207배 무겁다. 뮤온 입자 발견은 앞으로 발견될 무수한 새로운 입자 발견 (subatomic particle zoo)의 탄생을 알리는 것이었다. 무수히 많아진 입자들을 산뜻하고 간결한 이론적 틀에 맞출 수 없었던 당시 이론가들은 매우 당황하였고, I. I. Rabi는 “Who ordered that?”라는 유명한 말을 남기기도 하였다.

☛ 뮤온 (muon) 질량 $m_\mu = 105.6\left[\frac{\text{MeV}}{\text{c}^2}\right]$

$\mu^- \rightarrow e^- + \overline{\nu_e} + \nu_\mu$

③ 타우 (tau, τ^-)

3번째 (third generation, III 세대) 경입자로 1974년과 1977년 사이 SLAC LBL그룹의 Martin Lewis Perl과 그의 동료들에 의해 발견되었다.

④ 중성미자 (neutrino)

1930년 W. pauli에 의해 가상의 입자로 제안된 중성미자가 거의 20년이 지난후인 1953년에 F. Reines와 C.L. Cowan에 의해 원자로 중성미자를 이용하여 최초로 측정에 성공하였다. 이들은 역베타 붕괴 (inverse beta decay, $\overline{\nu_e} + p \rightarrow n + e^+$) 반응을 이용하였다.

▷ 중성미자 종류: 전자중성미자 (ν_e), 뮤온중성미자 (ν_μ), 타우중성미자 (ν_τ)

✍ **(찾아보기)** 중성미자를 만들 수 있는 방법이나 원천은 매우 다양하다. 몇 가지 예는 다음과 같다.

▷ 태양 중성미자: 태양에서 핵융합 할 때, ν_e (전자 중성미자)가 튀어 나온다

▷ 초신성이 폭발 할 때 (예, SN1987A 등)

▷ 대기 중성미자: 외부에서 날아온 우주선 (cosmic ray)이 대기 중에 있는 공기 분자들과 충돌해 ν_μ (뮤온 중성미자), ν_e (전자 중성미자)를 생성한다.

▷ 원전중성미자: 원자력 발전소에서 핵 분열시 $\overline{\nu_e}$ (반전자 중성미자)가 발생한다.

(요약) 경입자

세대	경입자	질량($\frac{\text{MeV}}{c^2}$)	평균수명	전하	반입자
I	e^-	0.511	∞	-1	e^+ (positron, 양전자)
	ν_e	?	?	0	$\overline{\nu_e}$
II	μ^-	105.7	$2.2\mu s$	-1	μ^+
	ν_μ	?	?	0	$\overline{\nu_\mu}$
III	τ^-	1777	$290\times 10^{-15}s$	-1	τ^+
	ν_τ	?	?	0	$\overline{\nu_\tau}$

[예제] 양전자 (positron)는 전하 및 스핀이 이 입자랑 동일하다. 이 입자는?

① 전자 ② 양성자 ③ 중성자 ④ 중성미자 ⑤ 알파입자

[정답] ①

[예제] 뮤온 설명으로 맞는 것은?

① 관측되기 전에 이론에 의해 예측됨 ② 안정된 입자 ③ 뮤온과 뮤온중성미자로 붕괴
④ 경입자 ⑤ 전자와 거의 동일한 질량

[정답] ④

[예제] 중성미자는 무슨 이유 때문에 파울리에 의해 제안되었는가?

① 원자로 핵반응에서 발견되었기 때문에

② 베타붕괴에서 전하보존을 만족하기 위해서

③ 베타붕괴에서 잃어버린 에너지 때문에

④ 감마붕괴에서 운동량 보존을 위해서

⑤ 태양 내부에서 지구로 많은 양이 오기 때문에

[정답] ③

■ 쿼크 (quark)

경입자는 내부 구조가 없는 점과 같은 입자로 더 이상 쪼갤 수 없는 기본 소립자이다. 이를 제외한 중간자 (meson)나 중입자 (baryon)로 구성된 강입자 (hadron)를 기본 입자로 취급하기에는 그 종류가 너무 많고 부자연스럽다. 따라서 1963년 Murray Gell-Mann (겔만)과 George Zweig (게오르게 쯔바이크)는 독립적으로 quark model (쿼크 모형)을 제안했는데, 강입자 (hadron)들은 내부 구조를 가지고 있고 기본 구성요소인 쿼크 (quark)의 조합으로 이루어져 있다고 생각했다. 쿼크라는 이름은 겔만이 James Joyce (제임스 조이스) 소설 "Finnegan's Wake"에 나오는 "Three quarks for Muster Mark"라는 구절에서 가져왔다. 초기에 쿼크는 u (up), d (down), s (strange)의 3가지 쿼크가 제안되었는데 그때까지 알려진 강입자들을 설명할 수 있었다. 그 이후 c (charm), b (bottom), t (top) 쿼크가 추가 되었다.

(요약)

"양성자와 중성자 같은 강입자들은 분수 전하 $\frac{2}{3}e$나 $-\frac{1}{3}e$를 갖는 쿼크와 그의 반입자로 구성되었다"

(정리)

① 쿼크의 종류

Ⅰ 세대	Ⅱ 세대	Ⅲ 세대	전하
u (up, 위)	c (charm, 맵시)	t (top, truth, 꼭대기)	$\frac{2}{3}e$
d (down, 아래)	s (strange, 야릇한)	b (bottom, beauty, 바닥)	$-\frac{1}{3}e$

3세대 (generation)가 있으며, 6개의 flavor (맛깔, u, d, c, s, t, b)로 구성되어 있다.

② 스핀

모든 쿼크는 페르미온 (fermion) 이며 스핀 (spin)은 $\frac{1}{2}$이다.

③ 특징

쿼크의 크기는 $\leq 10^{-18}$ m 이하이며, 혼자 독립적으로 단독으로 존재하지 않는다.

④ 질량

쿼크	u	d	c	s	t	b
질량 ($\frac{\text{MeV}}{\text{c}^2}$)	~2	~5	~1,200	~100	~173,000	~4,300

⑤ 질량 비교

경입자와 쿼크의 질량을 비교하면 그림과 같으며, 기본입자 중에서 톱 쿼크 (top quark)가 가장 무겁다.

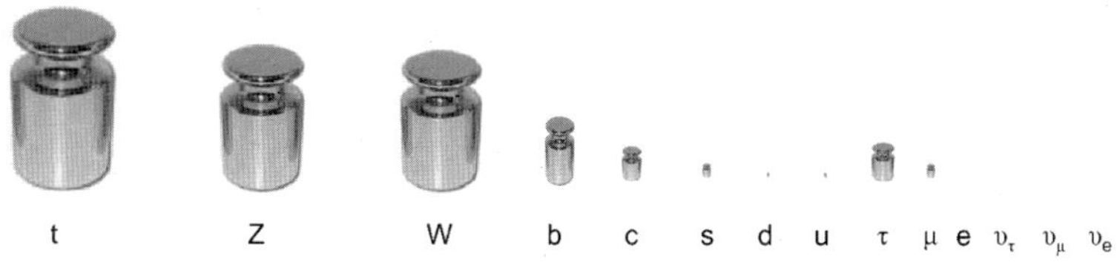

✍ **(알아보기)** c, b, t 쿼크 발견

① c (charm) 쿼크

- 1970년 Sheldon Lee Glashow (1979년 노벨상)가 4번째 쿼크인 c 쿼크 존재를 이론적으로 예측했다.
- c 쿼크 존재의 실험적 증거인 $J/\Psi(c\bar{c})$ 입자가 1974년 발견.

② b (bottom) 쿼크

- 1977년 Fermi Lab의 L. Lederman이 Y (upsilon, $b\bar{b}$) 발견. 그 후 Y', Y'', Y''' 이 발견 됨.
- B factory: SLAC의 BaBar 실험과 KEK의 BELLE/BELLEII 실험은 B meson 연구 중.

③ t (top) 쿼크

- 1994년 Fermi Lab에서 톱 쿼크 존재에 대한 첫 증거를 보고.
- 1995년 톱 쿼크의 질량이 ~ 173 GeV/c^{2}라고 발표하였다. 그리하여 현재까지 총 6가지 쿼크 (u, d, c, s, t, b)가 발견되었다.

[예제] 참 쿼크 (charm quark)은?

① 전하를 가지고 있지 않다　② 스핀이 0이다　③ 전자보다 가볍다
④ 가속기 실험에서 발견되었다　⑤ c-quark 단독으로 존재 한다

[정답] ④

[예제] 톱 쿼크 (top quark)는?

① 양성자보다 가볍다 ② 1960년대에 발견되었다 ③ 경입자이다

④ 전하 $-\frac{1}{3}$ 분수 값을 갖는다 ⑤ 양성자 질량의 약 200배 정도 무겁다

[정답] ⑤

✍ **(정리)** 강입자 (hadron) 분류

강입자는 강력 (strong force)을 통해 상호작용하는 입자를 말한다. 중간자 (meson)와 중입자 (baryon)로 나눌 수 있고, 기본적으로 쿼크가 묶인 상태라고 볼 수 있다.

① Meson (중간자, middle or medium weight)

이름은 희랍어 mesos (=middle)에서 유래했다. 스핀은 정수이고 0 혹은 1로 보존이며 파울리 배타원리를 따르지 않는다. 중간자는 기본적으로 쿼크와 반쿼크의 조합으로 구성되어 있다. 즉, 쿼크 2개로 만들어진다. 몇 가지 예를 들어보면 다음과 같다.

입자	구성	전하	질량 ($\frac{\text{MeV}}{c^2}$)
π^+	$u\bar{d}$	+1	136.9
π^0	$\frac{u\bar{u}-d\bar{d}}{\sqrt{2}}$	0	135.0
π^-	$\bar{u}d$	-1	136.9
K^+	$u\bar{s}$	+1	493.7
K^0	$d\bar{s}$	0	497.7
$\overline{K^0}$	$\bar{d}s$	0	497.7
K^-	$\bar{u}s$	-1	493.7

✍ **(찾아보기)** $\eta, \omega, \phi, \rho, D, B, J/\psi, \chi, \psi, Y$

② 중입자 (baryon, heavy weight)

희랍어 barys (=heavy)에서 유래되었고, 질량이 무거운 입자라는 뜻이다. Baryon은 쿼크 3개의 조합으로 만들어진다. 스핀은 반정수배 $\frac{1}{2}$, $\frac{3}{2}$ 등을 가진 페르미온이다. 중입자의 몇 가지 예는 다음과 같다.

입자	반입자	질량 $(\frac{\mathrm{MeV}}{c^2})$	스핀
$p\ (uud)$	$\bar{p}$	938.3	$\frac{1}{2}$
$n\ (udd)$	$\bar{n}$	939.6	$\frac{1}{2}$
$\Lambda^0\ (uds)$	$\bar{\Lambda}^0$	1115.7	$\frac{1}{2}$
$\Sigma^+\ (uus)$	$\bar{\Sigma}^-$	1189.4	$\frac{1}{2}$
$\Sigma^0\ (uds)$	$\bar{\Sigma}^0$	1192.6	$\frac{1}{2}$
$\Sigma^-\ (dds)$	$\bar{\Sigma}^+$	1197.4	$\frac{1}{2}$
$\Omega^-\ (sss)$	$\bar{\Omega}^+$	1672.4	$\frac{3}{2}$

✍ **(찾아보기)** Δ, Ξ

✍ **(알아두기)** 용어알기

Hyperon: 중성자 (n) 보다 무거운 중입자를 말한다. (예로, $\Lambda, \Delta, \Sigma, \Xi, \Omega$ 등이 있다) 붕괴 후, 마지막 생성물은 언제나 양성자 혹은 중성자이다.

(요약)

Quark 1개이면 quark 자체이고, quark이 2개이면 meson이고, 3개이면 baryon이다. 그럼, quark 4개, 5개, 혹은 6개도 가능하지 않는가?

▪ 표준모형 (Standard Model, SM)

앞에서 기본 입자에는 6가지 경입자와 6가지 쿼크가 있다고 하였다. 이들은 다시 (I, II, III) 세대로 분류된다. 또한 상호작용에는 4가지 기본 힘이 존재한다고 하였다. 이들 기본입자들 (fermion) 사이에 어떤 매개입자 (force carriers, intermediate gauge boson)를 주고받느냐에 따라서 상호작용이 결정된다. 즉, 광자는 전자기 상호작용을 중개하고, 글루온은 강력을, $W^{\pm}$와 Z^0 입자는 약력을 매개한다. 표준 모형은 기본입자와 상호작용을 기술하는 이론이다. 하지만, 중력은 표준모형에 포함되지 않으며, 중력을 매개하는 중력자 (graviton)는 아직 발견되지 않고 있다. 2013년에 스위스 CERN 연구소의 LHC (Large Hardon Collider)를 이용한 ATLAS, CMS 실험에서는, 입자들에게 질량을 주기 위해 필요한 Higgs (boson) 입자를 발견하였다고 발표하였다. 힉스 입자를 제안한 Peter Ware Higgs는 2013년 노벨 물리학상을 수상하였다.

<table>
<tr><td></td><td colspan="3">Fermion</td><td>전하</td><td rowspan="6">매개입자
(force carriers)</td><td>Boson</td></tr>
<tr><td rowspan="2">쿼크(quark)</td><td>u</td><td>c</td><td>t</td><td>$+\frac{2}{3}$</td><td>γ (광자)</td></tr>
<tr><td>d</td><td>s</td><td>b</td><td>$-\frac{1}{3}$</td><td>g (글루온)</td></tr>
<tr><td rowspan="2">경입자(lepton)</td><td>e</td><td>μ</td><td>τ</td><td>-1</td><td>Z^0</td></tr>
<tr><td>ν_e</td><td>ν_μ</td><td>ν_τ</td><td>0</td><td rowspan="2">$W^{\pm}$</td></tr>
<tr><td></td><td>Ⅰ세대</td><td>Ⅱ세대</td><td>Ⅲ세대</td><td></td></tr>
<tr><td colspan="7">Higgs 입자</td></tr>
</table>

다시 간단히 말해서, 기본입자 쿼크 6개, 경입자 6개만 있으면, 우리는 이런 말을 할 수 있다. "으~흣~, 별 것 아니네, 우리들만 있으면 다 되는구먼!"

(생각해보기) 표준 모형에 의하면 자연(우주)는 [ ]와 [ ]로 구성되어 있다.

[정답] 경입자, 강입자. 강입자는 쿼크(quark)의 조합으로 이루어져 있기 때문에, 기본적으로 경입자와 쿼크로 되어 있다고 볼 수 있다.

✍ **(찾아보기)** 다음 입자들에 대한 반입자 (anti-particle)들은 무엇인가?

전자, 전자뉴트리노, 뮤온, 뮤온-뉴트리노, 타우, 타우-뉴트리노, 파이온, 카온, 에타, 양성자, 중성자, 람다, 시그마, 카이, 오메가

[예제] 강력 (strong force)은?

① u-quark을 d-quark으로 바꿀 수 있다 ② 에너지를 주면 u와 $\bar{u}$-quark을 만들 수 있다
③ Quarks 재배열 시킬 수 있다 ④ 전자기력보다 약하다 ⑤ 글루온을 매개로 한다
[정답] ③, ⑤

[예제] 약력 (weak force)은?

① Quarks 재배열 시킬 수 있다 ② s-quark을 u-quark으로 바꿀 수 있다 ③ 광자를 매개로 한다 ④ 중력보다 약하다 ⑤ 경입자들 사이에 작용한다
[정답] ①, ②

□ Euler 방정식

✏ **(심화)**

(상황) 함수 $y(x)$를 결정하는데, 적분 $J=\int_{x_1}^{x_2} f\{y(x), y'(x) : x\}\,dx$ 가 최소 (혹은 최대, extremum) 값을 갖게 한다. (여기서 $y'(x) \equiv \frac{dy}{dx}$ 이고, J를 functional이라고 부르기도 한다)

J는 함수 $y(x)$에 의존하고 적분의 초기와 나중 값 (즉, x_1, x_2)는 고정되어 있다고 한다. 그림처럼 이제 $y(x)$를 변화시키는데, J가 최소값을 가질 때까지 변화시키자. 즉 함수 $y(x)$이고 J가 최소값을 가질 때, 이웃하는 함수를 아무리 함수 $y(x)$에 가깝게 잡아도 J 값은 증가한다.

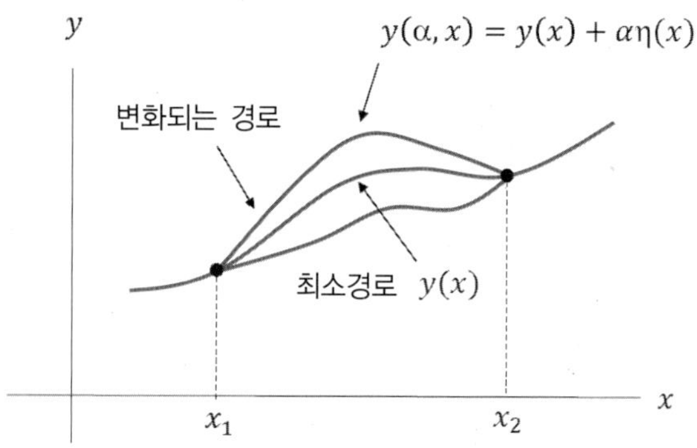

예로, 이웃하는 함수는 다음과 같이 잡을 수 있다.

$$y(\alpha, x) = y(0, x) + \alpha\eta(x)$$

여기서 $\eta(x)$는 x의 함수이고 연속이라고 하자. 만약 $\alpha = 0$이면 $y = y(0, x) = y(x)$ 이고 이때는 J가 최소값을 갖는 그런 상황을 만들고 싶다. 또한 경로의 양 끝점 (x_1, x_2)에서 $\eta(x_1) = \eta(x_2) = 0$ 을 만족하고, 변화되는 함수 $y(\alpha, x)$와 함수 $y(x)$는 동일해야 한다.

α까지 고려한 적분 J는 다음과 같이 쓸 수 있다.

$$J(\alpha) = \int_{x_1}^{x_2} f\{y(\alpha, x), y'(\alpha, x) : x\}\,dx$$

(알고 싶은 것) 어떤 조건하에서 첫 번째 차수에서 J가 α에 관계없이 적분 J가 최소값을 가지는가?

$$\Rightarrow \quad \left(\frac{\partial J}{\partial \alpha}\right)_{\alpha=0} = 0$$

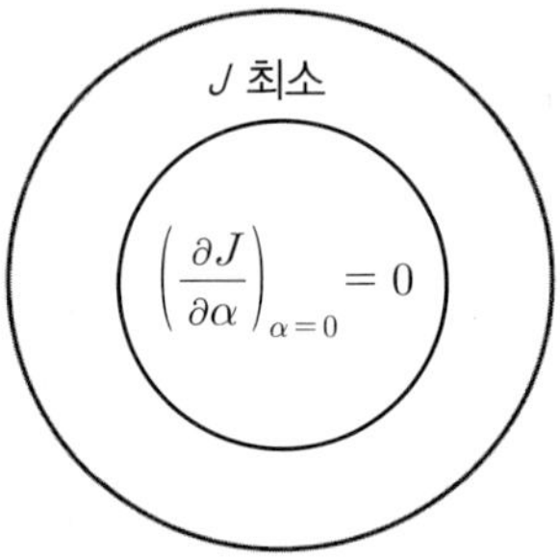

위 조건은 충분조건이 아니라 단지 필요조건임을 알 수 있다.

$$\frac{\partial J}{\partial \alpha} = \frac{\partial}{\partial \alpha}\int_{x_1}^{x_2} f\{y, y^{'}; x\}dx$$
$$= \int_{x_1}^{x_2}\left(\frac{\partial f}{\partial y}\frac{\partial y}{\partial \alpha} + \frac{\partial f}{\partial y^{'}}\frac{\partial y^{'}}{\partial \alpha}\right)dx$$

$$\frac{\partial y}{\partial \alpha} = \eta(x), \ \frac{\partial y^{'}}{\partial \alpha} = \frac{\partial}{\partial \alpha}\frac{dy}{dx} = \frac{d}{dx}\left(\frac{\partial y}{\partial \alpha}\right) = \frac{d\eta}{dx}$$

$$\frac{\partial J}{\partial \alpha} = \int_{x_1}^{x_2}\left(\frac{\partial f}{\partial y}\eta(x) + \frac{\partial f}{\partial y^{'}}\frac{d\eta}{dx}\right)dx$$

부분적분 이용 $\int u\,dv = uv - \int v\,du$

$$\int_{x_1}^{x_2}\frac{\partial f}{\partial y^{'}}\frac{d\eta}{dx}dx = \frac{\partial f}{\partial y^{'}}\eta(x)\Big|_{x_1}^{x_2} - \int_{x_1}^{x_2}\frac{d}{dx}\left(\frac{\partial f}{\partial y^{'}}\right)\eta(x)\,dx = 0 - \int_{x_1}^{x_2}\frac{d}{dx}\left(\frac{\partial f}{\partial y^{'}}\right)\eta(x)\,dx$$

$$(\because \eta(x_1) = \eta(x_2) = 0)$$

$$\frac{\partial J}{\partial \alpha} = \int_{x_1}^{x_2}\left[\frac{\partial f}{\partial y}\eta(x) - \frac{d}{dx}\left(\frac{\partial f}{\partial y^{'}}\right)\eta(x)\right]dx$$
$$= \int_{x_1}^{x_2}\left[\frac{\partial f}{\partial y} - \frac{d}{dx}\left(\frac{\partial f}{\partial y^{'}}\right)\right]\eta(x)dx$$

따라서 $\left(\frac{\partial J}{\partial \alpha}\right)_{\alpha=0} = 0$ 이 되려면 $\left[\frac{\partial f}{\partial y} - \frac{d}{dx}\left(\frac{\partial f}{\partial y^{'}}\right)\right] = 0$ 이 되어야 한다.

$$\therefore \frac{\partial f}{\partial y} - \frac{d}{dx}\left(\frac{\partial f}{\partial y'}\right) = 0 \qquad \text{Euler's equation (오일러 등식)}$$

이것은 J가 extremum (즉, 최소값)을 갖기 위한 필요조건이다.

[예제] xy-평면의 두 점 $\mathrm{A}(x_1, y_1)$와 $\mathrm{B}(x_2, y_2)$ 사이의 최단 거리는?

[해설] 문제를 풀지 않아도 우리는 직선이라는 것을 안다.

두 점 사이의 미세 거리 $ds = \sqrt{dx^2 + dy^2} = \sqrt{1 + y'^2}\,dx \qquad (\because y' \equiv \frac{dy}{dx})$

$$J = \int_{(x_1, y_1)}^{(x_2, y_2)} \sqrt{1 + y'^2}\,dx \equiv \int_{(x_1, y_1)}^{(x_2, y_2)} f\,dx \qquad (\because f \equiv \sqrt{1 + y'^2})$$

Euler's equation $\quad \frac{\partial f}{\partial y} - \frac{d}{dx}\left(\frac{\partial f}{\partial y'}\right) = 0$

$\rightarrow \frac{\partial f}{\partial y} = 0$ 이므로,

$\frac{\partial f}{\partial y'} = \frac{1}{2}(1 + y'^2)^{\frac{1}{2}-1} 2y' = \frac{y'}{\sqrt{1 + y'^2}}$ 인데 이 값을 미분 한 것이 0 이므로 $\frac{\partial f}{\partial y'}$ 자체는 상수일수 밖에는 없다.

$$\frac{\partial f}{\partial y'} = \frac{y'}{\sqrt{1 + y'^2}} \equiv C \text{ (상수)}$$

$$y' = C\sqrt{1 + y'^2}$$

$$y'^2 = C^2(1 + y'^2) \quad \rightarrow \quad y'^2 = \frac{C^2}{1 - C^2}$$

$$y' = \frac{C}{\sqrt{1 - C^2}} \equiv a \text{ (상수)} \qquad \rightarrow y' = \frac{dy}{dx} = a$$

$\therefore y = ax + b \qquad$ ($\leftarrow a, b$ 상수로 초기 조건이 주어지면 바로 구할 수 있다)

따라서 두 점 사이 가장 짧은 (=최단) 거리는 직선이다. 또한 이것은 필요조건임을 알 수 있다. 즉, 우리가 아직까지 알지 못하는 미지의 어떤 함수 역시 최단 거리를 만들 수 있는 가능성이 있기 때문이다.

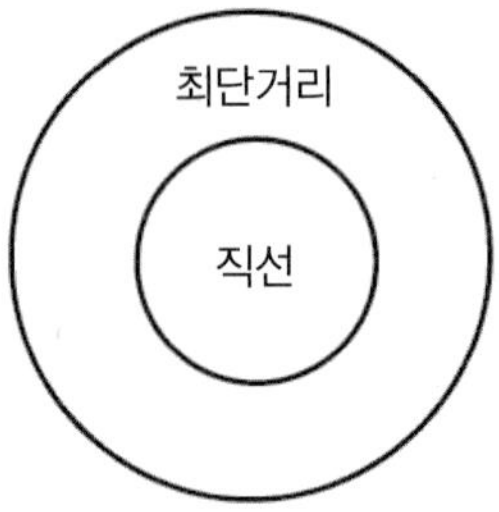

✍ **(찾아보기)** “인간은 포유류이다”에서 충분조건과 필요조건 구분해 보기

[각자해보기] 중력장에서 자유 낙하할 때 운동방정식이 $y = v_0 t + \frac{1}{2}gt^2$ 형태가 됨을 보여라.

[예제] Brachistochrone 문제. 중력장에서 두 지점사이를 어떤 경로를 지나가야 최단시간에 도달할 수 있을까?

[해설] 단순히 생각하면 앞 문제처럼 직선을 가야할 것 같다. 하지만 실제로 그런지를 확인하는 문제이다.

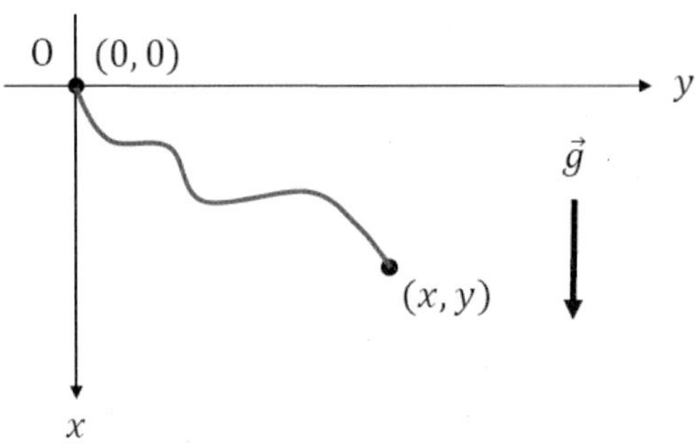

$$mgx = \frac{1}{2}mv^2 \quad \rightarrow \quad v = \sqrt{2gx}$$

$$t = \int_{(0,0)}^{(x,y)} \frac{ds}{v} = \int \frac{\sqrt{dx^2 + dy^2}}{\sqrt{2gx}} = \int \sqrt{\frac{1+y'^2}{2gx}}\,dx$$

$f \equiv \sqrt{\frac{1+y'^2}{2gx}}$ 로 하자.

Euler's equation $\quad \frac{\partial f}{\partial y} - \frac{d}{dx}\left(\frac{\partial f}{\partial y'}\right) = 0$

$$\frac{\partial f}{\partial y} = 0 \quad \rightarrow \quad \frac{d}{dx}\left(\frac{\partial f}{\partial y'}\right) = 0$$

$\therefore \ \frac{\partial f}{\partial y'} =$ 상수

$$\frac{\partial f}{\partial y'} = \frac{1}{2}\left(\frac{1+y'^2}{2gx}\right)^{\frac{1}{2}-1}\frac{2y'}{2gx} = \frac{y'}{\sqrt{2gx(1+y'^2)}} \equiv C(\text{상수})$$

$$y' = C\sqrt{2gx(1+y'^2)} \quad \rightarrow \quad y'^2 = C^2\,2gx(1+y'^2)$$

$$y'^2 = \frac{2gC^2x}{1-2gC^2x}$$

$$\therefore\ y' = \sqrt{\frac{2gC^2x}{1-2gC^2x}} \quad \rightarrow \quad dy = \sqrt{\frac{2gC^2x}{1-2gC^2x}}\,dx$$

$x = a(1-\cos\theta),\ a \equiv \dfrac{1}{4gC^2}$ 이라고 치환하자.

$$dx = a\sin\theta\, d\theta$$

$$y = \int dy = \int\sqrt{\frac{2gC^2x}{1-2gC^2x}}\,dx$$

$$= \int\sqrt{\frac{2gC^2\frac{1}{4gC^2}(1-\cos\theta)}{1-2gC^2\frac{1}{4gC^2}(1-\cos\theta)}}\,a\sin\theta\, d\theta = \int\sqrt{\frac{1-\cos\theta}{1+\cos\theta}}\,a\sin\theta\, d\theta$$

$$= a\int(1-\cos\theta)\,d\theta = a(\theta-\sin\theta) + D(\text{상수})$$

$= a(\theta - \sin\theta)$ $\qquad$ ($\because D = 0$ 이라고 초기조건을 잡으면 된다)

(요약) 최단 시간의 경로가 사이클로이드 (cycloid)임을 나타낸다.

$x = a(1-\cos\theta)$

$y = a(\theta - \sin\theta)$

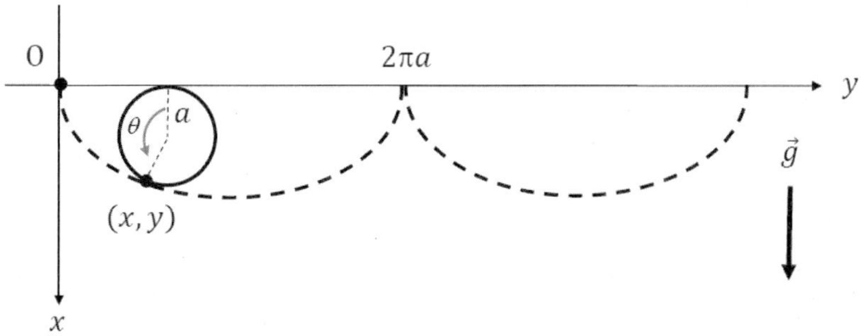

□ Lagrangian 방정식

✏ **(심화)**

✍ **(정리)** Hamilton's principle (해밀턴 변분 원리)

물체가 어떤 시간 안에 한 지점에서 다른 지점으로 움직이는 모든 가능한 경로 중에서, 실제 경로는 운동에너지 (T)에서 위치에너지 (U)를 뺀 값 ($L \equiv T - U$)의 시간 적분값이 최소가 되는 경로를 택하게 된다.

$$J = \int_{t_1}^{t_2} (T - U)\,dt \equiv \int L\,dt$$

$$\rightarrow \delta J = \delta \int_{t_1}^{t_2} (T - U)\,dt = \delta \int L\,dt = 0$$

$$T = T(\dot{x}_i),\ U = U(x_i)$$

$$L \equiv T - U = L(\dot{x}_i, x_i)$$

$$\delta \int_{t_1}^{t_2} L(\dot{x}_i, x_i)\,dt = 0$$

이 식은 Euler 방정식을 유도할 때, f에 해당한다고 볼 수 있다. 즉 1:1 대응 꼴이다.

x	$\rightarrow$	t
$y_i(x)$	$\rightarrow$	$x_i(t)$
$y_i'(x)$	$\rightarrow$	$x_i'(t)$
$f\{y_i(x), y_i'(x); x\}$	$\rightarrow$	$L(x_i, \dot{x}_i; t)$

Euler's equation $\dfrac{\partial f}{\partial y} - \dfrac{d}{dx}\left(\dfrac{\partial f}{\partial y'}\right) = 0$

Lagrangian 방정식 $\dfrac{\partial L}{\partial x_i} - \dfrac{d}{dt}\left(\dfrac{\partial L}{\partial \dot{x}_i}\right) = 0,\ i = 1, 2, 3, \cdot\cdot\cdot, n$

[예제] 용수철문제. 운동방정식 구하기

[해설] 이 문제를 푸는 방법은 여러 가지가 있다.

① 뉴턴 방정식, 복원력 사용 → 5장 참고

② 역학적 에너지 보존

$$E = T + U = \frac{1}{2}m\dot{x}^2 + \frac{1}{2}kx^2 = \text{ 상수}$$

양변 미분 → $m\ddot{x} + kx = 0$

③ Lagrangian 방정식

$$T = \frac{1}{2}m\dot{x}^2$$

$$U = \frac{1}{2}kx^2$$

$$L = T - U = \frac{1}{2}m\dot{x}^2 - \frac{1}{2}kx^2$$

독립변수: x

Lagrangian 방정식 $\dfrac{\partial L}{\partial x} - \dfrac{d}{dt}\left(\dfrac{\partial L}{\partial \dot{x}}\right) = 0$

$\rightarrow \; -kx - \dfrac{d}{dt}(m\dot{x}) = -kx - m\ddot{x} = 0$

$\therefore m\ddot{x} + kx = 0$

[예제] 단진자. 운동방정식 구하기

[해설] 이 문제를 푸는 방법 역시 여러 가지가 있다.

① 뉴턴 방정식 → 5장 참고

② 회전에 대한 운동방정식

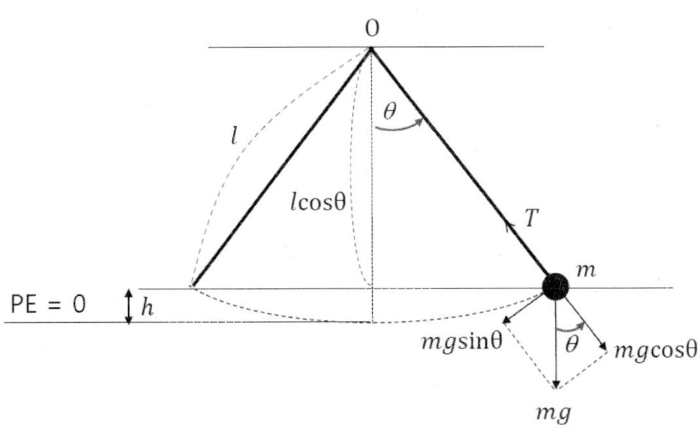

$\vec{\tau} \equiv \dfrac{d\vec{L}}{dt}$ 회전에 대한 뉴턴 제 2방정식에 해당

$\vec{\tau} \equiv \vec{r} \times \vec{F}$

$\vec{L} \equiv \vec{r} \times \vec{p}$

$\tau = -lmg\sin\theta$ ($\because$ $-$는 θ의 방향과 반대. 즉 θ를 시계반대 방향으로 돌릴 때 오른손 엄지를 지면 앞으로 나오는 방향으로 잡을 때, τ는 안쪽으로 들어가는 방향)

$L = rmv = rm(r\omega) = mr^2\omega$ 혹은

$= I\omega$

$$\rightarrow -lmg\sin\theta = \frac{d}{dt}(I\omega) = I\frac{d}{dt}\left(\frac{d\theta}{dt}\right) = I\ddot{\theta}$$

$$I\ddot{\theta} + lmg\sin\theta = 0$$

만약 θ가 작으면, Taylor 전개를 한다. ($\because \sin\theta \simeq \theta$)

$\therefore\ I\ddot{\theta} + lmg\theta = 0$ (혹은 $I\ddot{\theta} + \dfrac{lmg}{I}\theta = 0$)

$$ml^2\ddot{\theta} + lmg\theta = 0 \ \rightarrow\ \ddot{\theta} + \frac{g}{l}\theta = 0$$

운동방정식 $\ddot{\theta} + \omega^2\theta = 0$ ($\because \omega^2 \equiv \dfrac{g}{l}$)

③ Lagrangian 방정식

KE $\equiv T = \dfrac{1}{2}mv^2 = \dfrac{1}{2}I\omega^2 = \dfrac{1}{2}ml^2\dot{\theta}^2$

PE $\equiv V = mgh = mgl(1-\cos\theta)$

$L = T - V = \dfrac{1}{2}ml^2\dot{\theta}^2 - mgl(1-\cos\theta)$

독립변수: θ

Lagrangian 방정식 $\dfrac{\partial L}{\partial\theta} - \dfrac{d}{dt}\left(\dfrac{\partial L}{\partial\dot{\theta}}\right) = 0$

$$\rightarrow mgl(-)\sin\theta - \frac{d}{dt}(ml^2\dot{\theta}) = 0$$

$$ml^2\ddot{\theta} + mgl\sin\theta = 0$$

$\therefore\ \ddot{\theta} + \dfrac{g}{l}\theta = 0$ ($\leftarrow$ θ가 작을 때 단진자의 운동방정식)

[예제] Atwood 도르래 문제. Lagrangian을 사용하여 운동방정식 구하기

[해설]

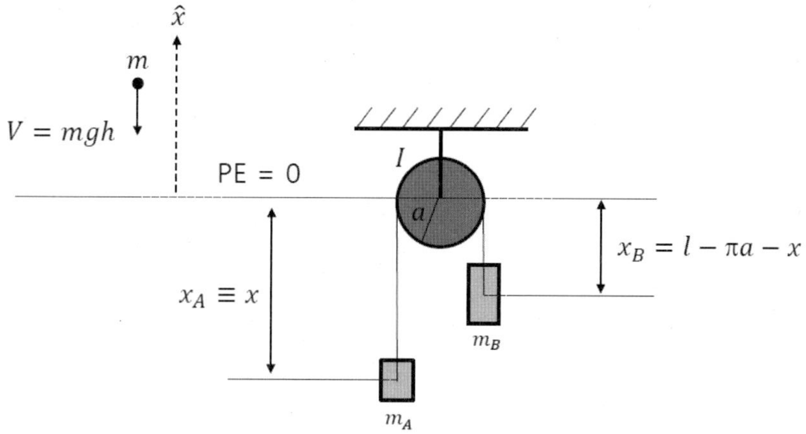

줄의 길이 l이라고 할 때, 다음 조건을 만족한다.

$x_A + \pi a + x_B = l \quad \rightarrow x_B = l - \pi a - x_A \equiv l - \pi a - x \qquad (\because x_A \equiv x)$

그러면 운동을 변수 x 하나로 나타낼 수 있다.

$$\text{KE} \equiv \ T = \frac{1}{2}m_A\dot{x}_A^2 + \frac{1}{2}m_B\dot{x}_B^2 + \frac{1}{2}I\omega^2$$

$$= \frac{1}{2}m_A\dot{x}^2 + \frac{1}{2}m_B\dot{x}^2 + \frac{1}{2}I\left(\frac{\dot{x}}{a}\right)^2$$

$$\text{PE} \ \equiv V = -m_A gx - m_B g(l - \pi a - x)$$

$$L = T - V = T = \frac{1}{2}\left(m_A + m_B + \frac{I}{a^2}\right)\dot{x}^2 - (m_A - m_B)gx + m_B g(l - \pi a)$$

독립변수: x

Lagrangian 방정식 $\quad \dfrac{\partial L}{\partial x} - \dfrac{d}{dt}\left(\dfrac{\partial L}{\partial \dot{x}}\right) = 0$

$$\rightarrow (m_A - m_B)g - \left(m_A + m_B + \frac{I}{a^2}\right)\ddot{x} = 0$$

$$\therefore \ \ddot{x} = \frac{(m_A - m_B)g}{m_A + m_B + \dfrac{I}{a^2}} \qquad (\text{가속도})$$

[예제] 이중 Atwood 도르래 문제. 도르래의 반지름은 줄의 길이 l, l'에 비해 매우 작다고 가정한다. 그러면 도르래에 걸치는 줄의 길이는 무시할 수 있다.

[해설] 좌표를 그림처럼 잡으면 이해하기 쉽다.

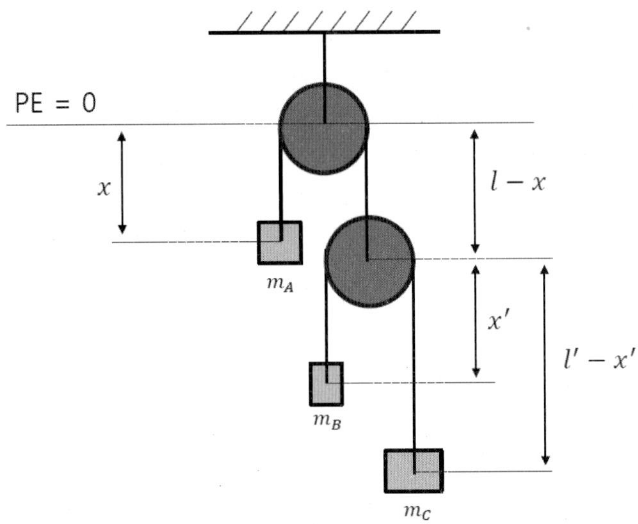

$$\text{KE} \equiv T = \frac{1}{2}m_A\dot{x}^2 + \frac{1}{2}m_B(-\dot{x}+\dot{x}')^2 + \frac{1}{2}(-\dot{x}-\dot{x}')^2$$

$$\text{PE} \equiv V = -m_A g x - m_B g(l - x + x') - m_C g(l - x + l' - x')$$

$$L = T - V = \frac{1}{2}m_A\dot{x}^2 + \frac{1}{2}m_B(-\dot{x}+\dot{x}')^2 + \frac{1}{2}m_C(\dot{x}+\dot{x}')^2$$

$$+ (m_A - m_B - m_C)gx + (m_B - m_C)g\dot{x}' + \text{상수}$$

독립변수 (x, x')

Lagrangian 방정식 $\quad \dfrac{\partial L}{\partial x} - \dfrac{d}{dt}\left(\dfrac{\partial L}{\partial \dot{x}}\right) = 0$

$$\frac{\partial L}{\partial x'} - \frac{d}{dt}\left(\frac{\partial L}{\partial \dot{x}'}\right) = 0$$

$$\rightarrow m_A\ddot{x} + m_B(\ddot{x} - \ddot{x}') + m_C(\ddot{x} + \ddot{x}') = (m_A - m_B - m_C)g$$

$$m_B(-\ddot{x} + \ddot{x}') + m_C(\ddot{x} + \ddot{x}') = (m_B - m_C)g$$

위 두식을 연립해서 풀면 가속도를 구할 수 있다.

[예제] 그림처럼 질량 M인 물체 위에 질량 m인 물체가 미끄러져 내려온다. 운동방정식과 각 물체의 가속도는? (단, 모든 마찰은 무시한다)

[해설]

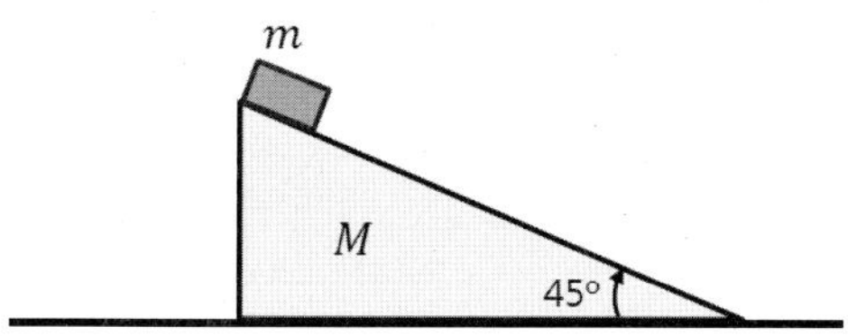

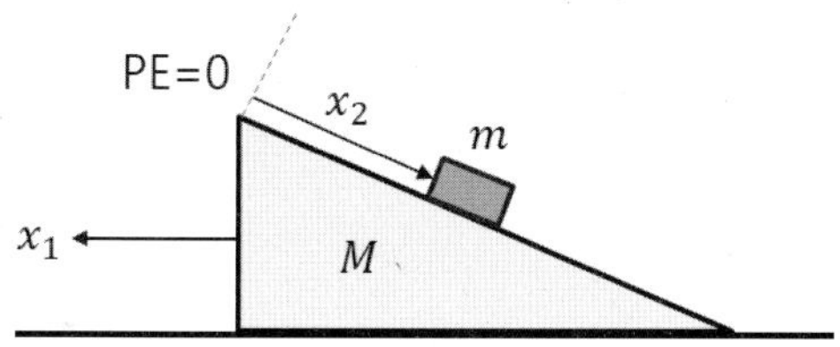

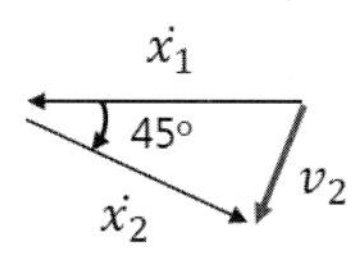

물체 M이 속력 $\dot{x}_1$로 움직일 때, 물체 M 위에 있는 물체 m이 $\dot{x}_2$의 속력을 가지고 경사면을 미끄러져 내려오기 때문에, 물체 M이 보는 물체 m의 속력은 두 속도 벡터의 합 (v_2)이고 크기는 코사인 법칙에 의해 구할 수 있다.

$$v_2^2 = \dot{x}_1^2 + x_2^2 - 2\dot{x}_1\dot{x}_2\cos 45 = \dot{x}_1^2 + x_2^2 - \sqrt{2}\,\dot{x}_1\dot{x}_2$$

$$(\mathrm{KE})_{\mathrm{M}} = \frac{1}{2}M\dot{x}_1^2$$
$$(\mathrm{KE})_{\mathrm{m}} = \frac{1}{2}mv^2 = \frac{1}{2}m\left(\dot{x}_1^2 + x_2^2 - \sqrt{2}\,\dot{x}_1\dot{x}_2\right)$$
$$T \equiv (\mathrm{KE})_{\mathrm{M}} + (\mathrm{KE})_{\mathrm{m}}$$

위치에너지의 기준은 경사면의 꼭대기로 잡는다.

$$(\mathrm{PE})_{\mathrm{M}} = 0$$
$$(\mathrm{PE})_{\mathrm{m}} = -mgx_2\cos 45 = -\frac{1}{\sqrt{2}}mgx_2$$
$$V \equiv (\mathrm{PE})_{\mathrm{M}} + (\mathrm{PE})_{\mathrm{m}}$$

$$L \equiv T - V = \frac{1}{2}M\dot{x}_1^2 + \frac{1}{2}m\left(\dot{x}_1^2 + x_2^2 - \sqrt{2}\,\dot{x}_1\dot{x}_2\right) - \left(-\frac{1}{\sqrt{2}}mgx_2\right)$$

Lagrangian 방정식

$$\frac{\partial L}{\partial x_1} - \frac{d}{dt}\left(\frac{\partial L}{\partial \dot{x}_1}\right) = 0 \qquad \rightarrow \quad 0 - \left(M\dot{x}_1 + m\dot{x}_1 - \frac{1}{2}m\sqrt{2}\,\dot{x}_2\right)' = 0$$

$$\therefore\ (M+m)\ddot{x}_1 - \frac{1}{\sqrt{2}}m\ddot{x}_2 = 0$$

$$\frac{\partial L}{\partial x_2} - \frac{d}{dt}\left(\frac{\partial L}{\partial \dot{x}_2}\right) = 0 \qquad \rightarrow \qquad \frac{1}{\sqrt{2}}mg - \frac{1}{2}m(2\dot{x}_2 - \sqrt{2}\,\dot{x}_1)' = 0$$

$$\therefore\ -\frac{1}{\sqrt{2}}m\ddot{x}_1 + m\ddot{x}_2 - \frac{1}{\sqrt{2}}mg = 0 \qquad \rightarrow \quad m\ddot{x}_2 = \frac{1}{\sqrt{2}}m\ddot{x}_1 + \frac{1}{\sqrt{2}}mg$$

$$(M+m)\ddot{x}_1 - \frac{1}{\sqrt{2}}m\ddot{x}_2 = (M+m)\ddot{x}_1 - \frac{1}{\sqrt{2}}\times\ \left(\frac{1}{\sqrt{2}}m\ddot{x}_1 + \frac{1}{\sqrt{2}}mg\right)$$

$$= (M+m)\ddot{x}_1 - \frac{1}{2}m\ddot{x}_1 - \frac{1}{2}mg = (M+\frac{1}{2}m)\ddot{x}_1 - \frac{1}{2}mg = 0$$

$$\therefore\ \ddot{x}_1 = \frac{\frac{1}{2}mg}{M+\frac{1}{2}m} = \frac{mg}{2M+m}$$

$$m\ddot{x}_2 = \frac{1}{\sqrt{2}}m\ddot{x}_1 + \frac{1}{\sqrt{2}}mg \quad \rightarrow \ddot{x}_2 = \frac{1}{\sqrt{2}}\ddot{x}_1 + \frac{1}{\sqrt{2}}g$$

$$\therefore\ \ddot{x}_2 = \frac{1}{\sqrt{2}}\frac{mg}{2M+m} + \frac{1}{\sqrt{2}}g\ = \frac{1}{\sqrt{2}}g\left(\frac{m}{2M+m}+1\right) = \frac{1}{\sqrt{2}}g\left(\frac{m+2M+m}{2M+m}\right)$$

$$= \frac{2}{\sqrt{2}}g\left(\frac{M+m}{2M+m}\right) = \sqrt{2}\left(\frac{M+m}{2M+m}\right)g$$

[예제] [Double pendulum (이중 진자)] 그림처럼 연직면에서 진자가 연결되어 있다. 운동방정식을 구하고 운동 각도가 작은 경우에 대해 논하라.

[해설]

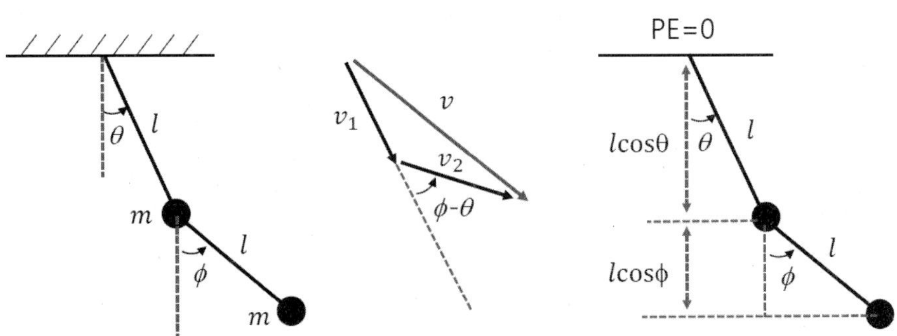

원운동 할 때 속도 $v = l\dot{\theta}$

첫 번째 추가 운동할 때 속도를 v_1이라고 하고, 두 번째 추의 속도를 v_2라고 하자. 첫 번째 추에서 볼 때 두 번째 추는 v_1과 v_2의 합 벡터 속도 $(v_1 + v_2)$를 측정할 것이고, 크기는 코사인 법칙으로 구할 수 있다.

$$v_1 = l\dot{\theta}$$

$$v_2 = l\dot{\phi}$$

$$v^2 = v_1^2 + v_2^2 - 2v_1 v_2 \cos[180-(\phi-\theta)] \quad = l^2[\dot{\theta}^2 + \dot{\phi}^2 + 2\dot{\theta}\dot{\phi}\cos(\phi-\theta)]$$

$$\therefore\ v = l[\dot{\theta}^2 + \dot{\phi}^2 + 2\dot{\theta}\dot{\phi}\cos(\phi-\theta)]^{\frac{1}{2}}$$

$$T = \frac{1}{2}mv_1^2 + \frac{1}{2}mv^2 = \frac{1}{2}m(l\dot{\theta})^2 \quad + \frac{1}{2}ml^2[\dot{\theta}^2 + \dot{\phi}^2 + 2\dot{\theta}\dot{\phi}\cos(\phi-\theta)]$$

$$= \frac{1}{2}ml^2[2\dot{\theta}^2 + \dot{\phi}^2 + 2\dot{\theta}\dot{\phi}\cos(\phi-\theta)]$$

위치에너지의 기준은 천장으로 잡는다.

$$V = -mgl\cos\theta - -mg(l\cos\theta + l\cos\phi) = -mgl(2\cos\theta + \cos\phi)$$

(각자해보기) Lagrangian 방정식 (θ, ϕ)

$$ml^2[2\ddot{\theta} + \ddot{\phi}\cos(\phi-\theta) - \dot{\phi}^2\sin(\phi-\theta)] + 2mgl\sin\theta = 0 \qquad Ⓐ$$

$$ml^2[\ddot{\phi} + \ddot{\theta}\cos(\phi-\theta) + \dot{\theta}^2\sin(\phi-\theta)] + mgl\sin\phi = 0 \qquad Ⓑ$$

진동 각도가 작은 경우

$\cos(\phi-\theta) \simeq 1$

$\sin(\phi-\theta) \simeq \phi-\theta$

식 Ⓐ $\quad ml^2[2\ddot{\theta} + \ddot{\phi} - \dot{\phi}^2(\phi-\theta)] + 2mgl\theta = 0$

$\therefore\ ml^2(2\ddot{\theta} + \ddot{\phi}) + 2mgl\theta = 0$ $\qquad$ ($\because$ 작은 각도이므로 고차항 무시)

식 Ⓑ $\quad ml^2[\ddot{\phi} + \ddot{\theta} + \dot{\theta}^2(\phi-\theta)] + mgl\phi = 0$

$\therefore\ ml^2(\ddot{\phi} + \ddot{\theta}) + mgl\phi = 0$ $\qquad$ ($\because$ 작은 각도이므로 고차항 무시)

(각자해보기) 진자가 작은 각도로 움직일 때 진동수는?

연직으로 용수철이 2개가 연결 되었을 때의 운동이랑 유사하므로, 이것을 참고한다. (제2장)

| 찾아보기 |

ㅇ

ㅈ

ㅊ

ㅋ

ㅌ

ㅍ

ㅎ